에듀윌과 함께 시작하면,
당신도 합격할 수 있습니다!

대학 졸업 후 취업을 위해 바쁜 시간을 쪼개며
전기기능사 자격시험을 준비하는 취준생

비전공자이지만 더 많은 기회를 만들기 위해
전기기능사에 도전하는 수험생

전기직 업무를 수행하면서 승진을 위해
전기기능사에 도전하는 주경야독 직장인

누구나 합격할 수 있습니다.
시작하겠다는 '다짐' 하나면 충분합니다.

마지막 페이지를 덮으면,

에듀윌과 함께
전기기능사 합격이 시작됩니다.

전기기능사 1위

꿈을 실현하는 에듀윌
Real 합격 스토리

김○덕 합격생

에듀윌이라 가능했던 10년차 사무직의 동차 합격

퇴사 후 기술을 배워야겠다는 생각으로 전기기능사에 도전하였습니다. 사무직이었던 저는 숫자와 공식만 보면 지레 겁을 먹곤 했습니다. 그러한 두려움이 없어진 것은 에듀윌 강의를 수강하면서부터였습니다. 에듀윌의 이해하기 쉬운 강의를 들으며 자신감이 생기기 시작했고 반복 회독을 통해 핵심내용을 다질 수 있었습니다. 덕분에 필기 75점, 실기 84점으로 단기간에 합격할 수 있었습니다.

한○준 합격생

틈틈이 인강학습으로 합격

직장을 다니면서 시험 준비를 병행하느라 시간이 부족한 상황이었습니다. 주변 친구들의 권유로 에듀윌에서 전기기능사를 신청하여 강의를 들으면서 틈나는 대로 열심히 공부했습니다. 처음에는 너무 막막해 포기를 생각하기도 했지만, 에듀윌 교수님의 명쾌한 강의를 따라가며 학습을 진행하다 보니 어느 순간 이해가 잘 되고 문제도 잘 풀 수 있게 됐습니다. 꾸준히 노력해서 좋은 결실을 볼 수 있었던 만큼 에듀윌과 함께 기사 시험까지 도전할 생각입니다.

이○훈 합격생

체계적인 학습과정으로 동차 합격

취업을 준비하는 데 전기기능사 자격증이 필요하여 공부를 시작하게 되었습니다. 계획한 바가 있었기 때문에 필기와 실기 모두 한 번에 붙어야 하는 압박감이 있었지만, 에듀윌과 함께 공부하면서 이러한 걱정은 모두 사라지게 되었습니다. 에듀윌의 체계적인 학습과정을 따르며 교수님을 믿고 학습한 결과 당당히 동차 합격할 수 있었습니다. 짧은 기간에 합격할 수 있도록 도와주신 에듀윌 교수님들께 감사드립니다.

다음 합격의 주인공은 당신입니다!

더 많은 합격스토리

* 2023 대한민국 브랜드만족도 전기기능사 교육 1위(한경비즈니스)

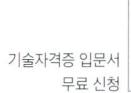

전기기능사 1위

이제 국비무료 교육도
에듀윌

수강생을 반겨주는 에듀윌의 환한 복도 (구로)

언제나 전문 학습 매니저와 상담이 가능한 안내데스크 (부평)

고품질 영상 및 음향 장비를 갖춘 최고의 강의실 (구로)

재충전을 위한 카페 분위기의 아늑한 휴게실 (부평)

다용도로 활용이 가능한 휴게실 (성남)

전기/소방/건축/쇼핑몰/회계/컴활 자격증 취득
국민내일배움카드제

에듀윌 국비교육원 대표전화

서울 구로	02)6482-0600	구로디지털단지역 2번 출구
경기 성남	031)604-0600	모란역 5번 출구
인천 부평	032)262-0600	부평역 5번 출구
인천 부평2관	032)263-2900	부평역 5번 출구

국비교육원 바로가기

* 2023 대한민국 브랜드만족도 전기기능사 교육 1위(한경비즈니스)

에듀윌이
너를
지지할게
ENERGY

처음에는 당신이 원하는 곳으로
갈 수는 없겠지만,
당신이 지금 있는 곳에서
출발할 수는 있을 것이다.

– 작자 미상

에듀윌 전기 전기기능사

실기 이론 및 실습편

What's News?

1. 수험자 **지참 준비물** 변경(2024년 제2회 시험부터 적용)

- 2024년 제2회 시험부터 수험자 지참 준비물이 일부 변경됩니다. 또한, 개인이 제작한 것이나 상용품을 개조 및 변경한 물품은 사용이 불가능해지며 반드시 시중에 유통되는 원형으로 지참해야 합니다.
- 전기기능사 실기 시험에 사용 가능한 공구들을 수험자들이 알기 쉽도록 표로 정리하였습니다.
 (1권 이론 및 실습편 p22~p24 참고)

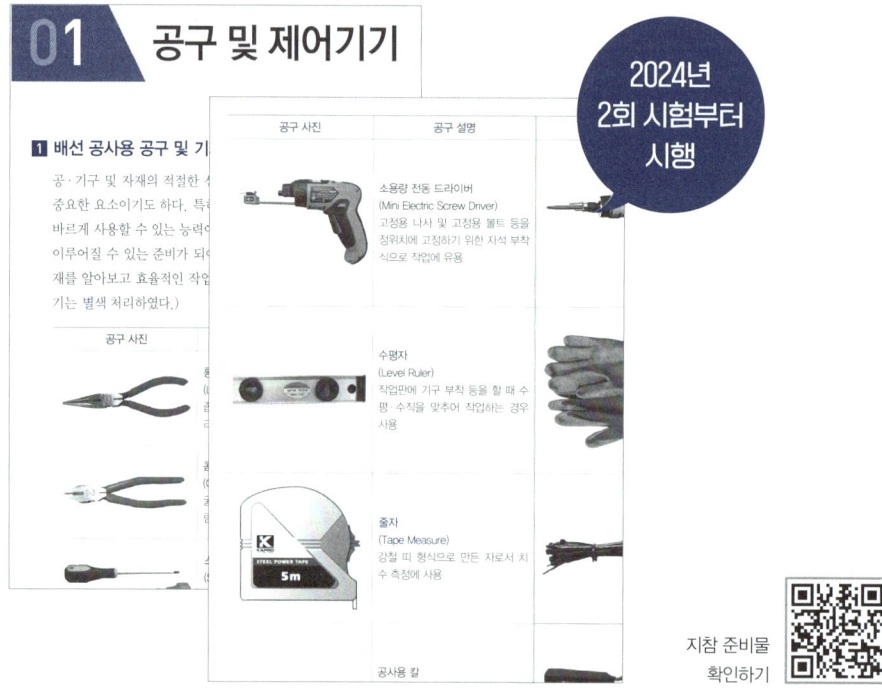

- 변경된 준비물을 정리하여 무엇이 변하였는지 한눈에 알 수 있게 했습니다. 우측 상단의 QR코드를 스캔하여 PDF를 확인할 수 있으며 컴퓨터 등을 이용할 경우 아래 경로에서 다운 받을 수 있습니다.

 * 에듀윌 도서몰 방문(book.eduwill.net) ▶ 도서자료실 ▶ 부가학습자료 ▶ [2026 전기기능사 실기] 검색 ▶ 부가자료 다운로드

2 용어 표준화 및 국문순화 적용

- 산업통상자원부에서 전기설비기술기준 및 한국전기설비규정(KEC) 내 일본식 한자, 어려운 축약어, 외래어 등의 순화에 관한 내용을 2023년 10월 12일에 공고하였습니다
- 용어표준화 및 국문순화는 공고 즉시 시행되었으며 순화 대상이 된 용어는 앞으로 전기관련 시험에 반영되어 출제될 것으로 예상합니다.
- 바뀐 용어를 완벽히 적용한 **[2025 에듀윌 전기 전기기능사 실기 한권끝장]**으로 학습하면 시험에 충분히 대비할 수 있습니다.

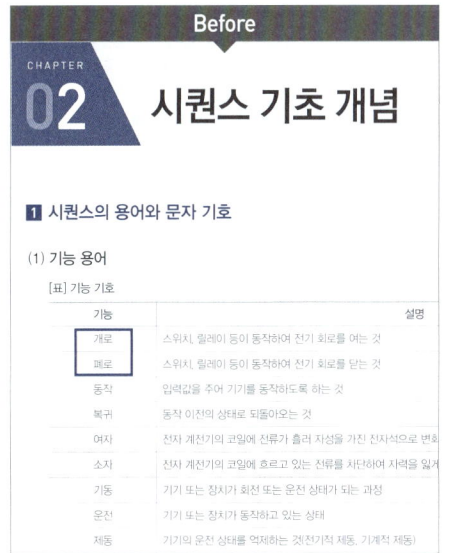
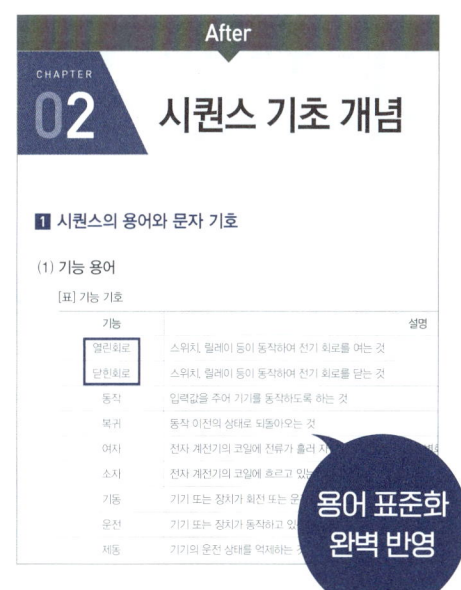

※ 아직 산업현장에서는 변경 전 단어를 많이 쓰고 있기 때문에 일부 용어는 변경 전의 용어를 사용 하였습니다.

예 국문순화 내용을 적용할 경우 [적색]이라는 용어 대신 [빨간색]이라는 용어로 변경하여야 하나 두 단어의 의미가 유사하고 현장에서 [적색]이라는 표현을 아직까지 많이 사용하고 있으므로 본 교재 내에서는 [적색]으로 기존 용어를 사용하였습니다.

에듀윌 전기
전기기능사 실기 한권끝장은
이것이 다릅니다.

1 공개문제 18

2021년 제2회부터 적용된 '공개문제 18'을 완벽하게 분석 및 최신화하여 2개의 대유형과 9개의 세부유형으로 체계화하였습니다. 이번 시험에서 출제될 공개문제를 완벽하게 대비할 수 있습니다.

2 기출유형 17

과년도에 출제된 모든 기출유형을 분석하여 17개의 대유형과 85개의 세부유형으로 체계화하였습니다. 공개문제를 학습한 후 '기출유형 17'을 추가학습하여 더 확실하게 시험을 대비할 수 있습니다.

3 실무자료

공구 및 장비 사진을 정리하여 제공하였습니다. 또한 많은 현장 사진과 실제 도면을 제공하여 실기시험에서 꼭 알아야 할 실무 중심의 이론을 학습할 수 있습니다.

4 현장전문가

최대규 저자, 홍석묵 저자, 유치형 저자 등 현장 중심 전문가들이 집필한 〈에듀윌 전기 전기기능사 실기 한권끝장〉은 전기기능사 실기시험을 이론뿐만 아니라 실무까지 단기간에 학습할 수 있도록 완벽하게 구성했습니다.

시험소개

2026 전기기능사 예상 시험일정

- 시행처: 한국산업인력공단
- 출제방식: 작업형 / 전기설비작업
- 합격기준: 60점 이상 / 100점 만점 기준
- 시험시간: 4시간 30분
- 시험수수료: 106,200원
- 시험일정

구분	필기시험	필기합격(예정자) 발표	실기시험	최종합격자 발표일
1회	2026. 01	2026. 02	2026. 03~04	2026. 04
2회	2026. 04	2026. 04	2026. 06	2026. 06
산업별 맞춤형 고교등 필기면제 검정	-	-	2026. 06	2026. 07
3회	2026. 06	2026. 07	2026. 08~09	2026. 09
4회	2026. 09	2026. 10	2026. 11~12	2026. 12

  ＊정확한 시험일정은 한국산업인력공단(Q-net) 참고
  ＊전기기능사 시험은 연 4회 시행되고, 산업수요 맞춤형 고등학교 및 특성화 고등학교 필기시험 면제자 전형이 추가로 1회 실시됨

- 접수시간: 원서접수 첫날 10:00 ~ 마지막 날 18:00
- 필기시험 합격 예정자 및 최종 합격자 발표시간: 해당 발표일 09:00
- 필기시험 면제 기간(필기시험 합격자): 합격자 발표일로부터 2년간 필기시험 면제

최근 5년간 전기기능사 필기/실기 합격률

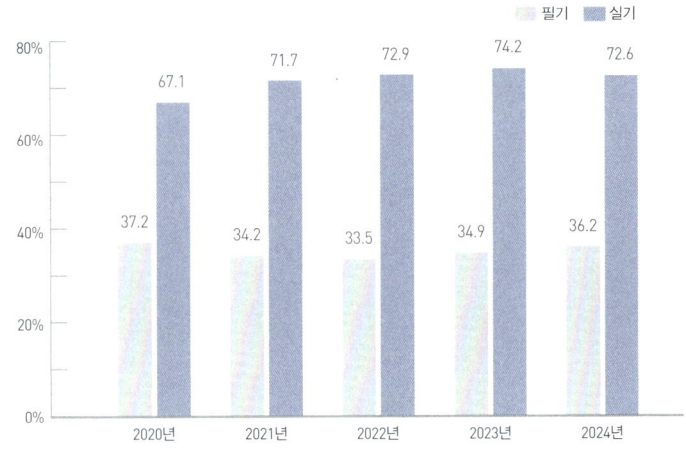

> 합격률 약 72%로 확실하게 준비한다면 쉽게 합격할 수 있는 전기기능사 실기시험

응시자격

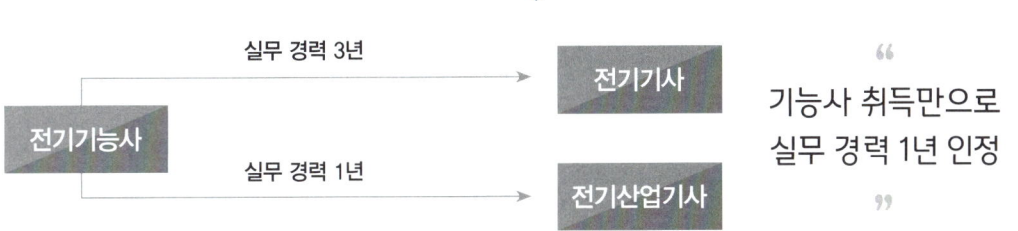

> 기능사 취득만으로 실무 경력 1년 인정

구분	응시자격 조건	
전기기능사	자격제한 없음	
전기산업기사	자격증 + 실무 경력	**기능사 + 실무 경력 1년**
		실무 경력 2년
	관련학과 졸업	관련학과 4년제 대졸 또는 졸업 예정
		관련학과 2, 3년제 대졸 또는 졸업 예정
전기기사	자격증 + 실무 경력	**기능사 + 실무 경력 3년**
		산업기사 + 실무 경력 1년
		실무 경력 4년
	관련학과 졸업	관련학과 4년제 대졸 또는 졸업 예정
		관련학과 3년제 대졸 + 실무 경력 1년
		관련학과 2년제 대졸 + 실무 경력 2년

출제&채점 기준

전기기능사 실기 출제 기준

항목	내용
전기공사 준비하기	- 전기공사를 수행하기 위한 도면 이해 - 전기공사 수행을 위한 자재 물량 산출 - 전기공사 수행을 위한 적절한 공구 준비
전기배관 배선하기	- 배관 및 배선 공사를 위한 전선관 및 전선을 적절한 크기로 재단 - 배관 및 배선 공사를 위한 도면 이해, 금속관, PVC관 배관 - 전기배선을 위해 전선 접속을 정확하게 수행
전기기계기구 설치하기	- 각종 장비의 매뉴얼에 따라 해당 장비가 정상적으로 작동하는지 판단 - 설계도면에 따라 선로의 시공의 적합성에 대해 판단 - 기기의 설치 위치 및 관로의 구성 파악, 문제점 판단
전동기제어 및 운용하기	- 시퀀스 원리를 활용하여 작업 지침서에 따라 시퀀스 회로를 완성하고 제어용 기기를 설치 - 전동기 정회전, 역회전 원리를 기초로 작업 지침서에 따라 전동기 단자에 전원선을 연결 - 전동기 기동 원리를 기초로 작업 지침서에 따라 전동기 기동장치 설치 및 기동 운전 - 전동기 운전 조건을 활용하여 운전 지침에 따라 전동기를 기동하고 정지 - 전동기 정격운전 조건을 기초로 하여 전동기 운전 지침에 따라 전동기 운전 값을 계측, 기록, PC에 모니터링
전기시설물의 검사 및 점검하기	- 계측기를 활용하여 지정된 운전정격 값에 따라 운전 값을 측정 - 계측된 값을 활용하여 운전 지침에 따라 운전 값을 기록, 저장, 컴퓨터 모니터링 - 계측된 값을 활용하여 정상 운전 값에 따라 계측된 값을 비교하여 기록 - 운전지식을 활용하여 운전 지침에 따라 전력시설물을 정지 또는 가동

전기기능사 실기 채점 기준

번호	항목	세부 항목	채점 방법	배점
1	동작	동작사항 및 유의사항	세부적인 회로 작동 유무	25점
2	배관	전선관 굽힘	전선관 작업 상태, 수평 및 수직 불량, 굽힘의 정도	10점
		전선관 고정	뜨지 않고 견고한지, 새들의 수평 및 수직 여부	6점
		기구 고정 및 배치	기구 미부착 및 기구 고정 불량 유무	10점
3	배선 결선	제어함 배선 상태	전선배열의 수직·수평 및 전선의 흐트러짐 유무	6점
		전원준비 상태	퓨즈 삽입 여부, 전원측 인출선 상태	3점
		단자조임 상태	단자조임 상태의 정도	20점
4	경제성	기구파손	기구 파손 유무	2점
		안전 복장	적합한 복장 착용 유무	3점
5	치수	제어함 내부 기구 배치도	기구 배치에 대한 양호 정도	6점
		배관 및 기구 배치도	도면 치수, 배관 및 기구 배치도의 오차 정도	9점
		합계		100점

" 전기기능사 실기 채점 기준을 숙지하고 시험을 보면 감점을 줄일 수 있습니다. "

공개문제 완벽반영

전기기능사 실기시험 공개문제 등재

1. 2021년 제2회부터 공개문제에서 시험 출제!

- 전기기능사 실기와 관련한 공개문제가 등재되어 시험 전 시험 출제 유형을 알 수 있습니다.

* 한국산업인력공단 공개문제 등재 및 적용공지
* 한국산업인력공단 문의 및 공개문제에서 출제 확인

2. 시험 응시기간 중 날짜별로 다른 공개문제 출제!

- 18개 문제 중 어떤 문제가 출제될지 모르기 때문에 모든 공개문제를 대비하는 것이 중요합니다.

> " 공개문제 완벽대비,
> 합격의 지름길입니다. "

2025년 8월 공개문제 최신화 완벽반영

1 체계화한 공개문제 대표유형

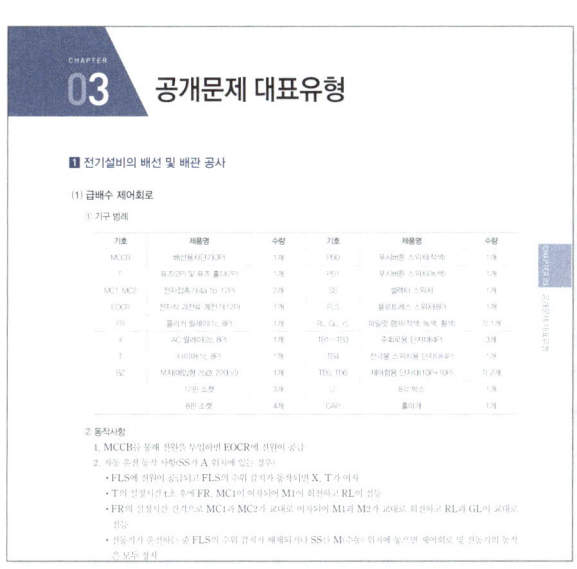

- '공개문제 18'을 2개의 대유형과 9개의 세부유형으로 분석하여 재구성하였습니다.
- 각 유형별 대표문제에 대한 맞춤형 이론을 제공하였습니다.

2 유형별 무료강의 제공

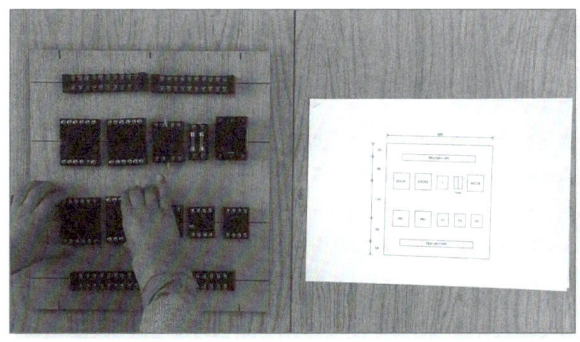

- 각 유형별 대표문제의 작업형 무료강의를 제공합니다.(QR코드 스캔)
- 실제 시험을 시연해 주는 무료강의로 효율적인 시험 대비가 가능합니다.

교재 설명서

1권 이론 및 실습편 — 기출문제를 해결하기 위한 준비 학습

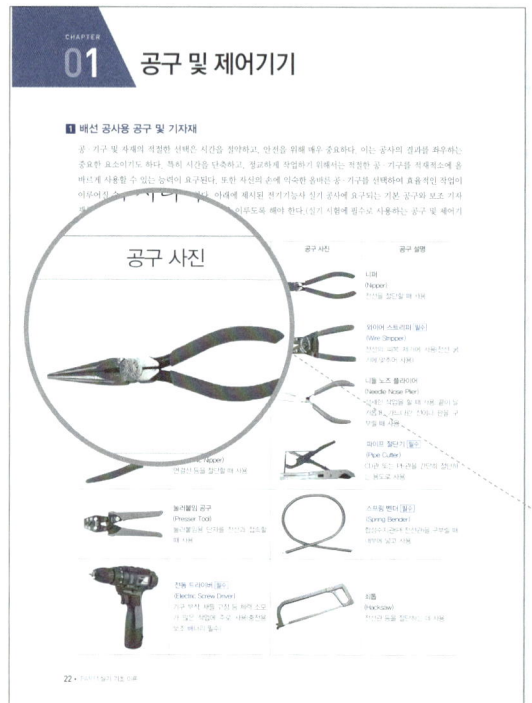

PART 1 실기 기초 이론
현장에서 다루어지는 공구와 실무 중심의 이론을 학습한다!

학습의 이해를 돕기 위해 공구 및 현장 사진을 다수 수록

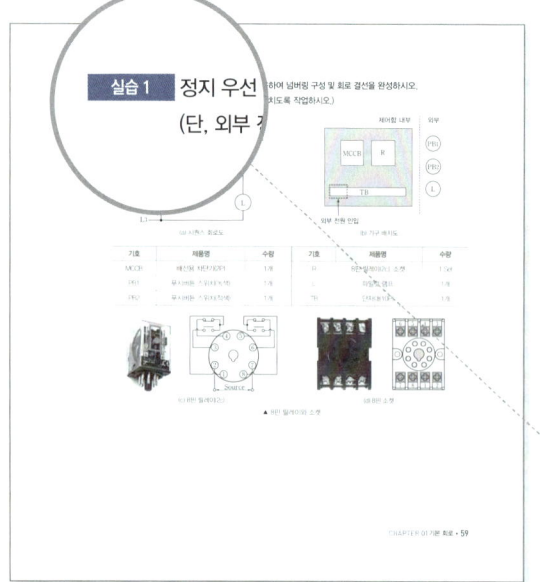

PART 2 실전 학습
실습 문제를 풀어보면서 기본 회로 및 여러가지 회로의 실전 연습을 할 수 있다!

문제를 무료강의와 함께 실습하며 다양한 회로의 구성 및 작동 요령 습득

2권 기출유형편   모든 기출 패턴 완벽 학습

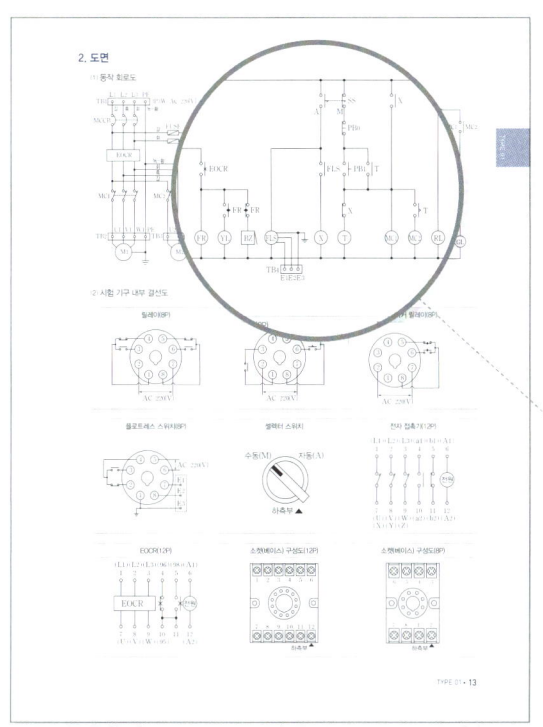

PART 3   공개문제 18

2021년 제2회부터 출제된 '공개문제 18'로 실전을 완벽하게 대비한다!

공개문제와 동일한 도면 제공,
KEC를 반영하여 실제 시험 완벽대비

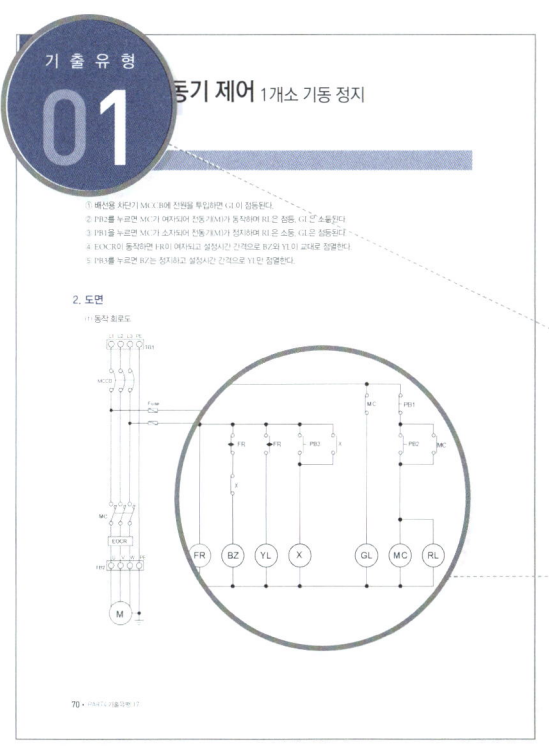

PART 4   기출유형 17

2021년 제1회까지 출제된 패턴을 모두 분석하여 체계화한 '기출유형 17'로 더욱 확실하게 시험을 대비한다!

과년도 기출 패턴을 분석하여 체계적으로 분류한 '기출유형 17' 제공

기출과 매우 유사한 도면 제공, KEC를 반영하여 현재 기준에 맞춘 과년도 출제 패턴을 한눈에 확인

학습가이드

실기 합격 공부법 — 에듀윌 전기기능사 실기 선택 학습법

정석 학습법

이론을 학습한 후 실습 예제를 학습한다.
최종으로 공개문제와 기출유형을 풀면서 학습을 마무리한다.

PART 1 — 실기 기초 이론
실습 전 기본 이론을 숙지

PART 2 — 실전 학습
기출유형을 보다 쉽게 풀기 위한 사전 실습

PART 3 — 공개문제 18
사전에 공개된 시험문제를 학습하여 실전 대비

PART 4 — 기출유형 17
과년도에 출제된 모든 유형 완벽 학습

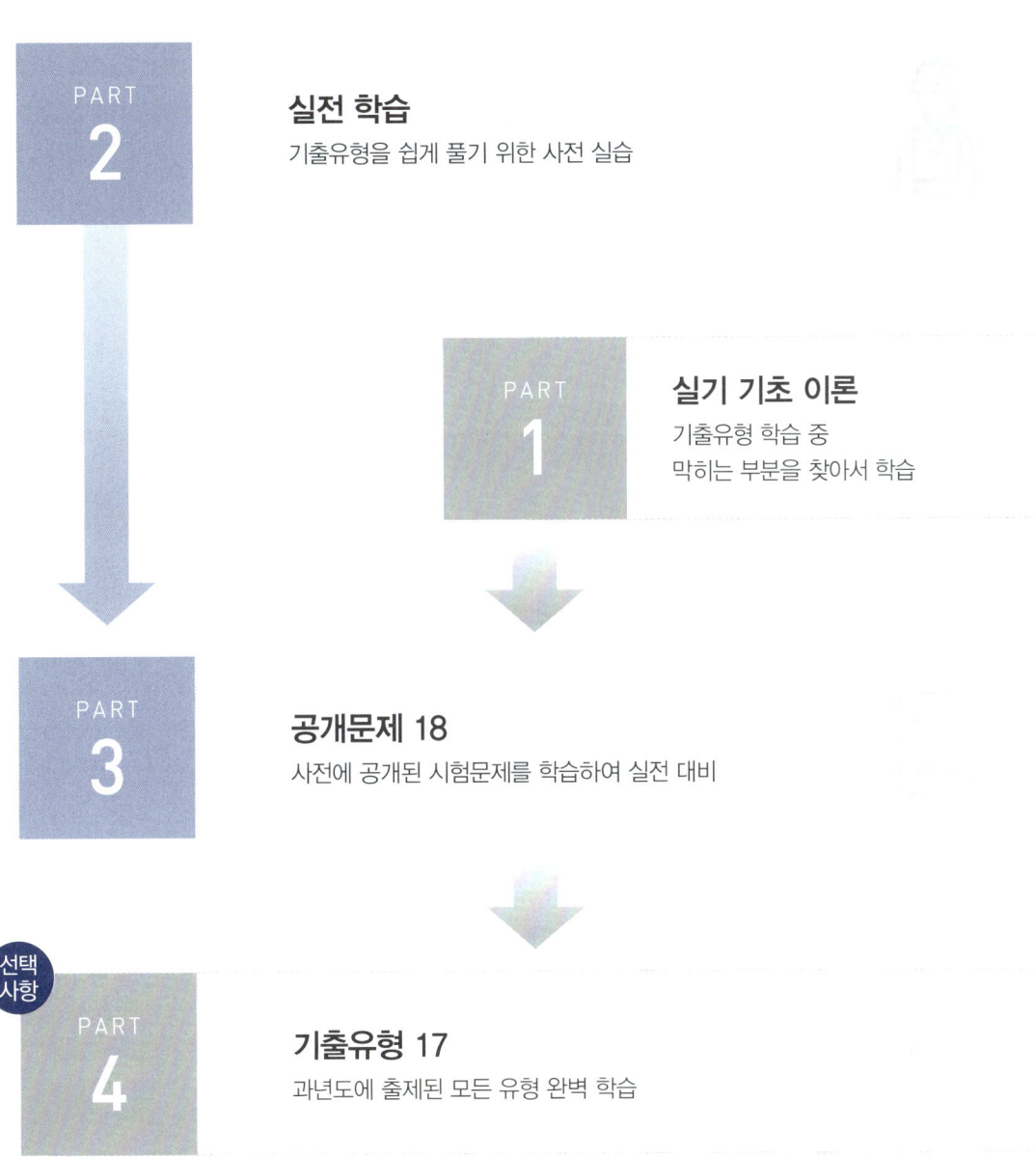

차 례

PART 1

실기 기초 이론

CHAPTER 01

공구 및 제어기기   22
배선 공사용 공구 및 기자재
제어기기(스위치)
제어기기(전자계전기)
전자 접촉기(개폐기) 및 보조기구 사용 제어회로

CHAPTER 02

시퀀스 기초 개념   45
시퀀스의 용어와 문자 기호
시퀀스 제어 요소
전기 시퀀스도의 종류
시퀀스 회로도 작성
자기 유지 기본 회로

※ 2023년 10월 12일부터 [용어 표준화 및 국문순화]가 시행되어 모든 변경된 용어를 교재에 반영하였지만 다음 일부 용어에 대해서는 교재 내에 변경 전 용어를 그대로 두었습니다. 이는 그렇게 하는 것이 학습에 더 유용하다는 판단이 있었기 때문입니다.

변경 전	변경 후
적색	빨간색
황색	노란색
흑색	검은색
청색	파란색
백색	흰색
결선	전선연결

PART 2

실전 학습

CHAPTER 01

기본 회로   60
회로 결선 실습
전기 기능사 작업 요령

CHAPTER 02

6가지 제어회로   98
전동기 제어회로
컨베이어 제어회로
승강기 제어회로
급배수 제어회로
온도 제어회로
화재 감지 회로

CHAPTER 03

공개문제 대표유형   197
급배수 제어회로
전동기 제어회로

PART

1

실기 기초 이론

실습 전, 가장 기초가 되는
필수 이론 정리

> **내용 미리보기**   주요 공구와 시퀀스에 대해 알고 시작하자!

실기 기초 이론은 실습 전 반드시 알아야 할 배선 공사용 공구와 기자재를 파악하고 제어기기에 대해 학습하도록 구성되었습니다. 또한 시퀀스 기초 개념을 통해 실습에 도움이 될 수 있도록 구성되었습니다.

> **챕터별 학습 전략**

CHAPTER 01
공구 및 제어기기   전기기기 및 공구의 용도와 사용법을 이해하여 효율적인 작업을 할 수 있도록 학습하는 단원입니다.

CHAPTER 02
시퀀스 기초 개념   실제 배선 작업에 활용되는 회로도를 쉽게 이해하기 위해 학습하는 단원입니다.

CHAPTER 01 공구 및 제어기기

1 배선 공사용 공구 및 기자재

공·기구 및 자재의 적절한 선택은 시간을 절약하고, 안전을 위해 매우 중요하다. 이는 공사의 결과를 좌우하는 중요한 요소이기도 하다. 특히 시간을 단축하고, 정교하게 작업하기 위해서는 적절한 공·기구를 적재적소에 올바르게 사용할 수 있는 능력이 요구된다. 또한 자신의 손에 익숙한 올바른 공·기구를 선택하여 효율적인 작업이 이루어질 수 있는 준비가 되어야 한다. 아래에 제시된 전기기능사 실기 공사에 요구되는 기본 공구와 보조 기자재를 알아보고 효율적인 작업과 시간 절약을 이루도록 해야 한다.(실기 시험에 필수로 사용하는 공구 및 제어기기는 별색 처리하였다.)

공구 사진	공구 설명	공구 사진	공구 설명
	롱 노즈 플라이어 (Long Nose Plier) 좁은 공간의 전선 접속 및 접속고리 단자를 만들 때 사용		니퍼 (Nipper) 전선을 절단할 때 사용
	콤비네이션 플라이어 (Combination Plier) 굵은 전선 및 케이블의 절단, 구부림 등에 사용		와이어 스트리퍼 [필수] (Wire Stripper) 전선의 피복 제거에 사용(전선 굵기에 맞추어 사용)
	스크류 드라이버 [필수] (Screw Driver) 나사를 조이거나 풀 때 사용하는 일반적인 드라이버		니들 노즈 플라이어 (Needle Nose Plier) 섬세한 작업을 할 때 사용. 끝이 날카롭고, 가느다란 선이나 판을 구부릴 때 사용
	전자용 니퍼 (Electronic Nipper) 연결선 등을 절단할 때 사용		파이프 절단기 [필수] (Pipe Cutter) CD관 또는 PE관을 간단히 절단하는 용도로 사용
	눌러붙임 공구 (Presser Tool) 눌러붙임용 단자를 전선과 접속할 때 사용		스프링 벤더 [필수] (Spring Bender) 합성수지관(PE전선관)을 구부릴 때 내부에 넣고 사용
	전동 드라이버 [필수] (Electric Screw Driver) 기구 부착, 새들 고정 등 체력 소모가 많은 작업에 주로 사용(충전용 보조 배터리 필수)		쇠톱 (Hacksaw) 전선관 등을 절단하는 데 사용

공구 사진	공구 설명	공구 사진	공구 설명
	소용량 전동 드라이버 (Mini Electric Screw Driver) 고정용 나사 및 고정용 볼트 등을 정위치에 고정하기 위한 자석 부착식으로 작업에 유용		소용량 전동 드라이버 (Mini Electric Screw Driver) 단자대 및 기구류 전선 접속 등 반복 작업에 사용(자석 부착형으로 효율성 강화)
	수평자 (Level Ruler) 작업판에 기구 부착 등을 할 때 수평·수직을 맞추어 작업하는 경우 사용		작업용 안전 장갑 (Safety Glove) '안전제일'의 작업 완수를 위한 보호용 장갑
	줄자 (Tape Measure) 강철 띠 형식으로 만든 자로서 치수 측정에 사용		케이블 묶음 밴드 (Cable Tie) 제어함 내의 전선 정리 및 컨트롤 박스의 선 정리 등에 사용
	공사용 칼 (Utility Knife) 전선. 케이블의 피복 제거에 보조로 사용		벨테스터 필수 (Bell Tester) 회로 결선 체크용으로 악어클립 및 보조 전선을 이용한 결선 회로 확인 용도
	안전 헬멧 (Safety Helmet) 전기공사 현장 작업에서 머리를 보호하기 위한 도구		퓨즈, 퓨즈 홀더 (Fuse, Fuse Holder) 부하 및 사용자 안전을 위해 제어함 내의 보조회로에 적용
	14핀 릴레이 소켓 (Relay Socket) 14핀 4a 4b 접점용 릴레이 베이스로 보조 접점용으로 적용		14핀 릴레이 (Relay) 14핀 4a 4b 접점을 가진 릴레이로 항상 접점 번호는 릴레이에 제시된 사항을 확인하고 적용

공구 사진	공구 설명	공구 사진	공구 설명
	파워릴레이 소켓 (Power Relay Socket) 자격검정 용도로 개발되어 전자 접촉기에 핀을 달아 사용(반드시 사용할 때 상·하 구분하여 적용)		**파워릴레이** (Power Relay) 전자 접촉기를 활용하여 12핀 4a 1b 접점으로 사용하며 검정에서 채점용으로만 적용
	전자식 과전류 계전기 소켓 (Electronic Over Current Relay Socket) 자격검정 용도로 개발되어 EOCR에 핀을 달아 사용(반드시 사용할 때 상·하 구분하여 적용)		**전자식 과전류 계전기** (Electronic Over Current Relay) 전자식 과전류 계전기를 활용하여 12핀으로 구성되어 검정에서 채점용으로만 적용
	타이머 소켓 (Timer Socket) 8핀용 타이머 소켓으로 타이머를 반 고정하기 위한 걸이가 있으며, 8핀 릴레이 소켓보다 조금 크게 제작		**타이머** (Timer) 8핀용 타이머로서 일반적으로 사용되는 타이머 접점은 순시 a 접점 1개, 한시 a, b 접점으로 구성
	8핀 릴레이 소켓 (Relay Socket) 8핀용 릴레이 소켓으로 릴레이 사용에 따른 상·하 위치를 고려하여 고정해야 하고 회로 배선 시 과도한 조임이 이루어지지 않도록 유의		**8핀 릴레이** (Relay) 8핀용 릴레이로서 일반적으로 순시 동작 순시 복귀 2a 2b 접점으로 구성되어 있으나 접점은 항상 사용 전에 릴레이에 구성된 핀 번호를 확인하고 사용
	단자대 (Terminal Block) 제어함 내부 및 외부 판넬에 사용되며, 배선 시 과도한 조임이 이루어지지 않도록 유의		**플리커 릴레이** (Flicker Relay) 한시 전환 접점으로 ON/OFF되는 릴레이로서 8핀 타이머 소켓과 같이 사용
	새들 (Saddle) PE관, CD관의 형태를 잘 만들고 견고하게 고정하는 데 사용(케이블용, 16[mm], 22[mm] 등으로 구분되며 다양한 규격에 맞춰 사용)		**나사못** (Screw) 기구류, 박스, 새들 등을 고정하는 부자재로 사용되며, 1/4[inch], 1/2[inch], 3/4[inch], 1[inch] 등 고정되는 기구류가 견고하게 고정되도록 선택하여 사용

2 제어기기(스위치)

(1) 조작용 스위치

① 푸시(누름)버튼 스위치(Push Button Switch)

버튼을 누르면 접점 기구부를 열고 닫는 동작에 의해 회로를 열거나 닫는데, 손을 떼면 내장된 스프링에 의해 자동으로 원래 상태로 돌아오는 조작용 스위치이다.

▲ 푸시버튼 스위치

② 토글 스위치(Toggle Switch)

수동조작 수동복귀형인 조작용 스위치로서 자동복귀 기능이 없으며 소용량의 전원 스위치로 사용한다. 스위치를 밀어 올리면 ON되고 다시 스위치를 반대 동작하기 전까지는 직전 동작 상태를 유지한다.

 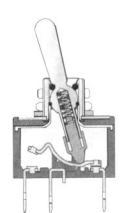

▲ 토글 스위치

③ 비상 스위치(Emergency Switch)

비상 스위치는 유지형 스위치의 일종으로 긴급 상황 발생 시 이 버튼을 누르면 시스템 회로 차단 또는 기계의 운전을 급히 정지할 목적으로 사용한다. 비상 스위치를 이용하여 시퀀스 회로 결선을 할 때에는 비상 스위치의 순시 접점을 사용해서 평상시 닫힘 상태(NC 접점)를 유지하도록 구성하여야만 한다. [그림]의 비상 스위치 사용 방법은 버섯 모양의 빨간 돌출부분을 누르면 회로가 즉시 차단되면서 비상 스위치는 잠금 상태가 되고, 버섯 모양의 빨간색 돌출부분을 시계방향으로 돌려야만 잠금 상태가 해제된다.

(a) 동작(누름)　　　　　　(b) 복귀(시계방향으로 돌림)

▲ 비상 스위치 사용 방법

④ 셀렉터 스위치(Selector Switch)

스위치 핸들을 좌우로 조작하면 해당 조작 접점 상태를 유지하는 유지형 스위치로 운전/정지, 자동/수동, 연동/단동 등과 같이 전로를 구분하여 선택하는 경우에 주로 사용한다. 일반적으로 셀렉터 2단식 스위치인 경우에 11시 방향(반시계 방향)과 1시 방향(시계 방향)으로 조작 상태를 표시하는데 1시 방향은 일반적으로 운전, 자동, 연동, ON 등의 동작 상태를 나타낸다. 하지만 제품의 종류에 따라 접점이 다소 상이할 수 있으므로 반드시 접점을 확인한 후 사용한다.

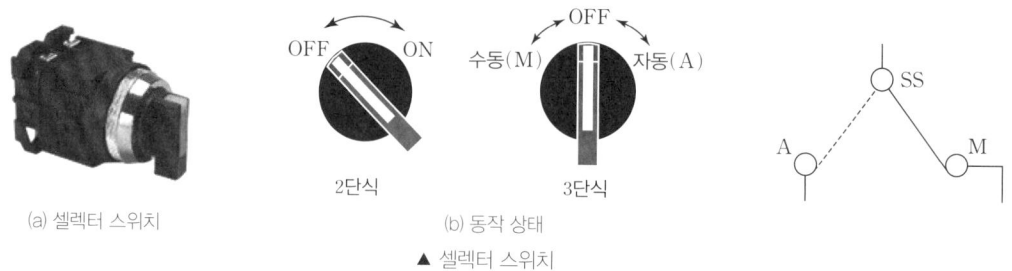

(a) 셀렉터 스위치   (b) 동작 상태

▲ 셀렉터 스위치

⑤ 로터리 스위치(Rotary Switch)

접점부의 회전에 의해 접점을 변환하는 스위치로서 원주상에 접촉 단자를 배열하고 회전축과 연결된 중심 단자와의 접속으로 회로가 연결된다. 감도의 전환이나 주파수의 선택 등 각종 측정기에 사용하기 편리하고, 접점 구성에 따라 여러 종류가 있다.

▲ 로터리 스위치

⑥ 캠 스위치(Cam Switch)

캠의 회전에 의하여 접점이 열리고 닫히는 스위치로서 여러 개의 단자를 이용할 수 있는 장점이 있다. 주로 전류계, 전압계의 절환 스위치로 사용되고 있다.

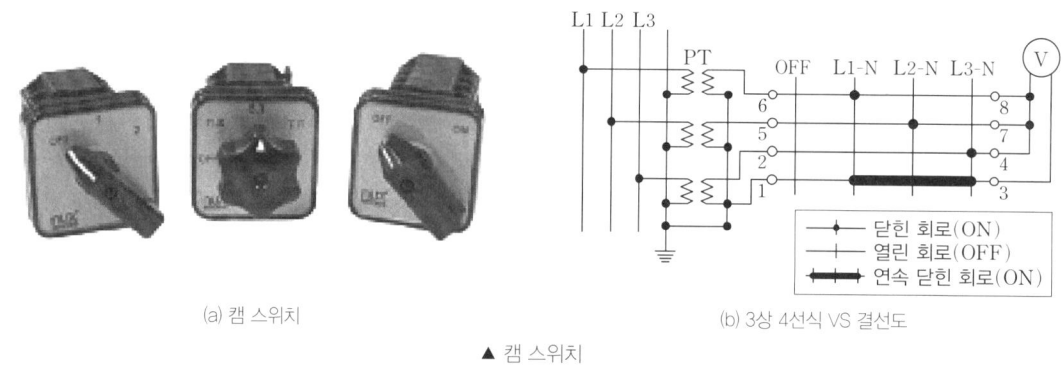

(a) 캠 스위치   (b) 3상 4선식 VS 결선도

▲ 캠 스위치

⑦ 풋 스위치(Foot Switch)

풋 스위치는 양손으로 작업을 할 때 발로 기계장치의 운전 및 정지의 조작을 할 수 있는 스위치이다. 대표적인 예로는 전동 재봉틀, 프레스 기계 등의 산업현장에서 사용된다.

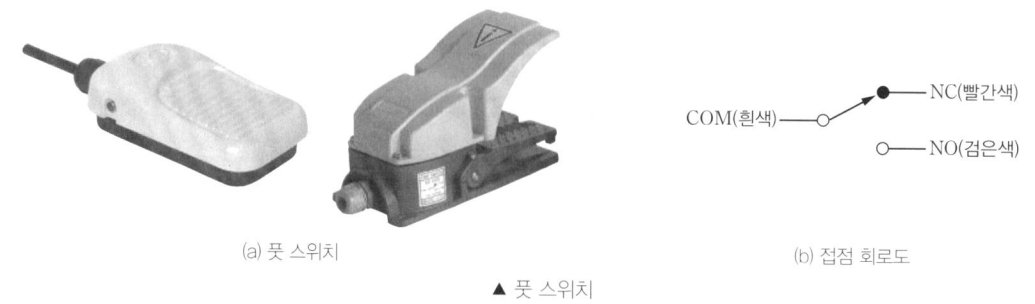

(a) 풋 스위치   (b) 접점 회로도

▲ 풋 스위치

(2) 검출용 스위치

① 마이크로 스위치(Micro Switch)

마이크로 스위치는 성형케이스 내부에 접점 기구를 내장하고 있으며 압력검출, 액면검출, 바이메탈을 이용한 온도 조절, 중량검출 등의 목적에 이용된다. 미소 접점 간격과 스냅 액션 기구를 가지고 정해진 힘과 움직임으로 열고 닫는 접점 기구를 절연 물질인 케이스(Case)에 내장하여 그 외부에 접촉자를 갖춘 소형의 스위치로 리밋 스위치와 같은 용도로 사용된다.

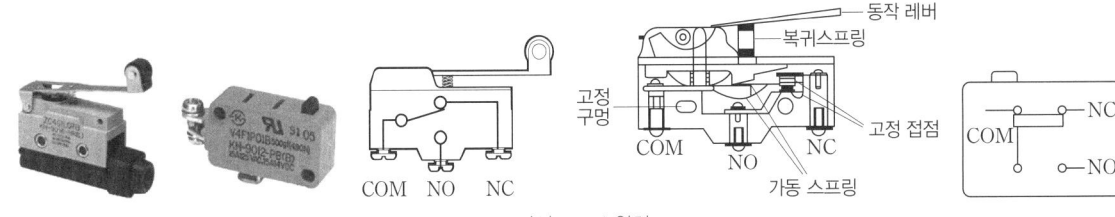

▲ 마이크로 스위치

영문 약어	영문명	명칭
COM	Common	공통 단자
NO	Normally Open	상시 열린 회로
NC	Normally Closed	상시 닫힌 회로

② 리밋 스위치(Limit Switch)

리밋 스위치는 제어대상의 위치 및 동작의 상태 또는 변화를 검출하는 스위치로 접촉자에 물체가 닿으면 접촉자가 움직여 접점이 열고 닫힌다. 접촉자(Actuator), 접점(Contact Block), 외장(Encloser)으로 구성되어 있다.

▲ 리밋 스위치

③ 플로트 스위치(Float Level Switch)

주로 액체 및 유체의 표면과 기준면과의 거리, 액체의 수위를 플로트(Float)로 검출하기 때문에 플로트 레벨(액면) 스위치라고도 하며, 부착 형태에 따라 기본적으로 수직식과 수평식으로 나누어진다.

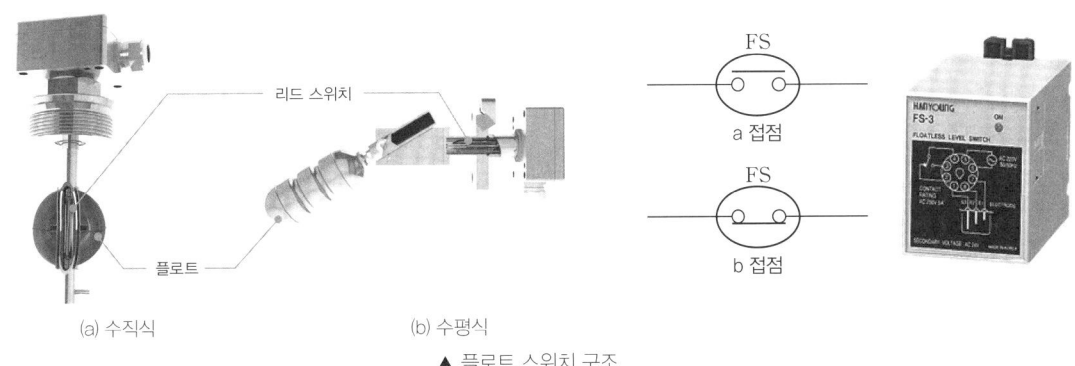

▲ 플로트 스위치 구조

④ 근접 센서(Proximity Sensor)

근접 검출이란 우리가 검출하려고 하는 대상(물체)과 센싱(Sensing) 요소 사이에 물리적 접촉 없이 물체의 존재를 검출하는 것을 의미한다. 근접 센서는 물체와 센서 사이의 거리에 비례하는 신호를 출력하지 않으며 대신 사이리스터의 애노드와 캐소드 사이를 도통(턴 온: Turn on) 또는 단락(턴 오프: Turn off)시키기 때문에 근접 스위치라고도 부른다. 근접 센서의 종류에는 전자유도를 이용한 고주파 발진형 또는 자기 포화형(인덕턴스 검출형), 검출물체와 근접 센서 간의 정전용량 변화를 검출하는 정전 용량형, 자석을 이용한 자기형 센서로 크게 나눌 수 있다.

⑤ 광전 스위치(Photoelectric Switch)

광전 스위치는 광원을 매개체로 전기량을 광량으로 변환·방사하여 방사된 빛이 피검출체에 따라서 차광되기도 하고 반사, 흡수, 투과되기도 한다. 이때 변화하는 광량을 수광 소자에서 받아서 광전 변환하고 그 변화량에 증폭, 제어를 가하여 최종적인 ON-OFF 스위칭 출력을 얻는다. 일반적으로 광원을 가지지 않고 피검출물체 자체가 방사하는 빛의 변화량으로 동작시키지만 제어출력이 아날로그인 전압·전류 등의 것도 있으며 이들을 포함하여 보통 광전 스위치라고 부른다. 광전 스위치의 검출 방식은 크게 투과형과 반사형으로 나누어진다.

⑥ 온도 릴레이(Temperature Relay)

온도가 일정한 값에 도달하였을 때 동작, 검출하는 계전기로 온도를 측정하는 온도 센서와 결합해서 사용된다. 온도 릴레이에 전원(7, 8)을 인가시킨 후 설정된 온도보다 열전대에서 측정된 온도가 낮을 경우에는 온도 릴레이 NC 접점(4, 6)을 유지시키고, 열전대에서 측정된 온도가 높을 경우에는 온도 릴레이 NO 접점(4, 5)이 동작하게 된다. 온도 센서는 기본적으로 접촉식과 비접촉식으로 나눌 수 있다. 비접촉식은 물체로부터 방사되는 열선을 측정하므로 접촉 때문에 발생하는 문제가 없으며 멀리 떨어진 물체 온도까지 측정할 수 있다. 접촉식은 측정대상이 되는 물체(고체, 액체, 기체)에 직접 접촉시키면 측정점의 온도가 열전도에 의해서 전달되는 방식으로 온도 측정의 기본이 되며 대표적으로 써미스터, 열전대와 측온저항체, IC 온도센서를 사용한다.

(a) 온도 릴레이

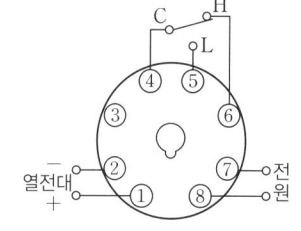
(b) 내부 회로도

▲ 온도 릴레이

⑦ 플로트레스 스위치(Floatless Switch)

플로트레스 스위치는 수조의 액면을 검출할 수 있는 전극봉 레벨 스위치를 설치하고 액면의 높이에 따라 계전기 접점이 동작되는 조합형 계전기로서 빌딩 또는 공장 등의 물탱크와 같은 수조의 급수 액면 제어에 주로 사용된다. 주의할 점은 액체의 도전성을 이용하는 전극봉을 사용하기 때문에 전극 전압(2차 전압)으로 인한 인체 감전사고 방지를 위하여 플로트레스 스위치의 E3 단자는 반드시 접지하여야 한다.

(a) 플로트레스 스위치

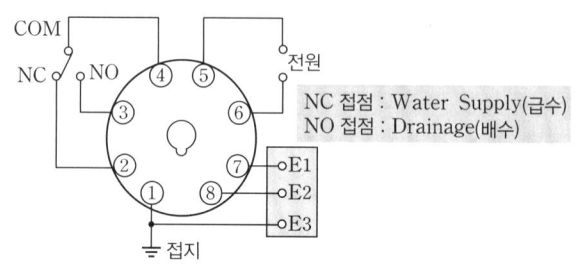
(b) 내부 회로도

▲ 플로트레스 스위치

3 제어기기(전자계전기)

(1) 전자계전기 분류

① 전자계전기 정의

전압, 전류, 전력, 주파수 등의 전기 신호를 비롯하여 온도, 빛 등 여러 가지 입력 신호에 따라 전기 회로를 열거나 닫거나 하는 동작을 하는 기기이다. 동작원리 및 구조 등에 따라 많은 종류가 있다. 회로의 입력 신호로 열고 닫는 경우에 이용하는 물리 현상에 따라 유접점 계전기와 반도체 계전기(트랜지스터 릴레이, SCR 릴레이)와 같은 무접점 계전기로 구별된다. 또한, 기능이나 구조에 따라 원형 계전기, 평형 계전기, 리드 스위치, 와이어 스프링 릴레이 등으로 구분된다.

② 전자계전기 기능에 의한 분류

- 제어용 계전기

  제어용 계전기는 접점의 전류 용량이 작은 힌지형 계전기의 일종으로 접점의 수에 따라 8핀, 11핀, 14핀 등이 있으며, 순시 접점만 있는 계전기와 한시접점이 같이 있는 타이머, 입력 횟수에 따라 동작하는 카운터 등이 있다.

- 전자 접촉기

  전자 접촉기는 일반 제어용 계전기보다 훨씬 큰 용량의 전류를 개폐할 수 있는 접점을 가지는 플런저형 계전기이다. 전자 접촉기에는 직류용과 교류용이 있고, 전기회로의 열고 닫는 빈도가 높은 전동기 기타의 교류, 직류회로의 부하전류 전달에 쓰인다.

- 전자 개폐기

  전자 개폐기는 전자 접촉기에 과부하 보호장치(열동형 계전기 또는 전자식 과부하 계전기)를 결합한 형태의 조합형 개폐기이다.

- 일반용 계전기

  코일이 여자되면 접점이 동작하고, 소자되면 접점이 복귀하는 계전기로, 보통 정보의 기억이나 신호의 전달에 많이 쓰인다.

- 한계 계전기

  코일에 걸리는 전압 또는 전류를 미리 정해 놓고 전압, 전류값이 규정값에 도달하면 접점이 순식간에 동작 또는 복귀하는 계전기로, 보통 전압, 전류의 변화가 완만한 경우의 전압, 전류 검출에 쓰인다.

- 한시 계전기

  계전기 전자코일이 여자 또는 소자되어도 접점이 순간적으로 동작하지 않고 코일의 신호에 대하여 접점의 동작 또는 복귀에 시간지연이 있는 계전기로, 일명 타이머(Timer)라고도 부른다.

- 유지형(維持形) 계전기

  입력신호가 들어가서 한 번 동작하면 입력신호가 끊어지더라도 접점은 기계적, 전기적으로 계속 동작하는 상태를 유지하게 되며 이것을 원상태로 복귀하려면 별도의 입력신호를 가해야만 동작되도록 설계된 것이다.

(2) 제어용 계전기

① 릴레이 기본 구조

전자계전기는 전기자 코일, 가동 접점 및 고정 접점 그리고 복귀 스프링 등으로 구성되어 있다. 전자계전기의 기본적인 동작원리는 전기자 코일에 전류가 흐르면 금속편을 잡아당길 수 있는 전자석이 되는데 이 힘을 이용하여 가동 접점을 동작시키고, 전류가 흐르지 않게 되면 복귀 스프링에 의해 가동 접점이 자동적으로 복귀된다. 이러한 전자계전기를 보통 릴레이(Relay)라고 한다. 사용 전원은 직류용(DC 6~24[V])과 교류용(AC 6~220[V])으로 구분하며 접점 수는 c 접점의 개수에 따라 $2a-2b$(8핀), $3a-3b$(11핀), $4a-4b$(14핀) 등 다양하게 있다. 그리고 이러한 전자계전기의 원리를 이용한 플리커 릴레이, 타이머, 온도 릴레이, SR 릴레이, 전자 접촉기, 전자식 과전류 계전기(EOCR), 카운터 등이 있다.

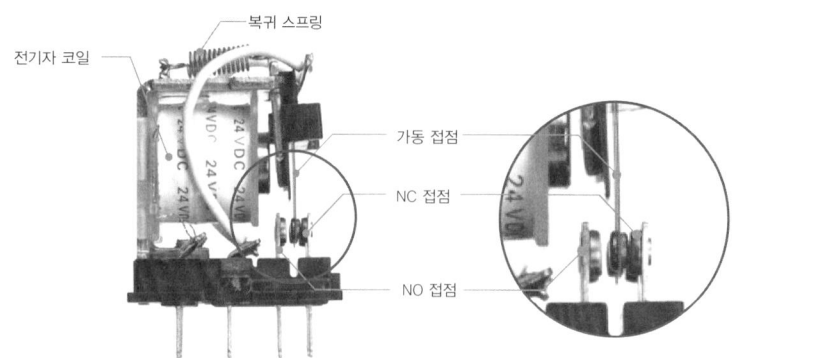

▲ 릴레이 구조

② 릴레이 기능

릴레이의 주요 기능에는 릴레이를 구동하는 작은 전류로 대용량 부하를 개폐할 수 있는 신호 증폭 기능, 직류의 신호를 교류의 신호로 교환할 수 있는 신호 교환 기능, 하나의 신호로 여러 회로를 동시 제어할 수 있는 신호 중계 기능이 있다.

- 신호 증폭 기능
  - 릴레이를 구동하는 작은 전류로 대용량 부하를 개폐하는 기능
  - 입력부와 출력부의 전압이 서로 다르더라도 신호를 전달하는 기능

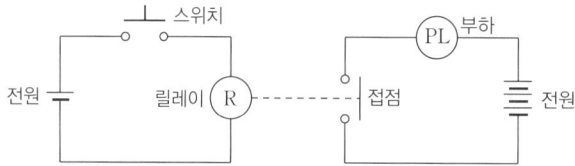

- 신호 교환 기능
  - 계전기로 직류 회로와 교류 회로의 상호 신호를 교환하는 기능

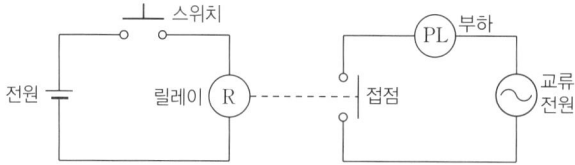

- 신호 중계 기능
  - 회로의 차단 및 접속을 제어하는 기능
  - 하나의 신호로 여러 회로를 동시에 제어하는 기능
  - 접점의 개수가 많을 때 동시에 여러 곳으로 신호를 전달하여 제어하는 기능

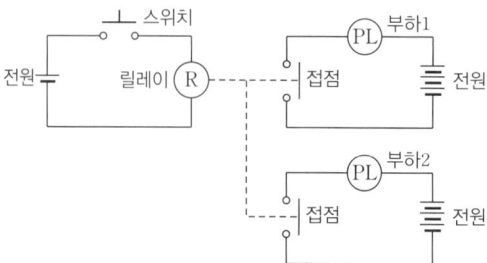

③ 8핀 릴레이(2c)

일명 전자계전기라고도 하며, 전원이 인가되면 전자기력의 원리에 의해 해당 접점을 개폐한다. 다음의 [그림] 8핀 릴레이의 접점 구성은 순시 동작 2a−2b이며, 제품 종류별로 동작 특성과 접점의 수가 다르므로 내부 회로도를 확인해야 한다.

(a) 8핀 릴레이

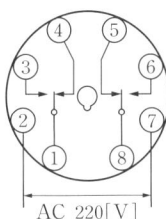
(b) 내부 회로도

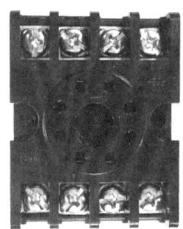
(c) 8핀 소켓

▲ 8핀 릴레이(2c)

④ 11핀 릴레이(3c)

8핀 릴레이와 사용 용도 및 작동 원리는 동일하며, 접점 구성은 순시 동작 3a−3b를 가지고 있다. 소켓은 여러 종류가 있으므로 소켓 단자 접점 번호를 확인해야 한다.

(a) 11핀 릴레이

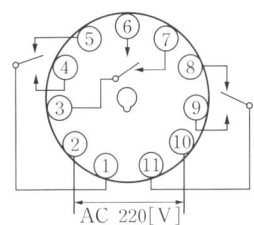
(b) 내부 회로도

(c) 11핀 소켓

▲ 11핀 릴레이(3c)

⑤ 14핀 릴레이(4c)

14핀 릴레이는 순시 동작 접점 수가 4a−4b로 구성되어 있으며, 릴레이 내부 결선도상의 번호와 실제 소켓 번호가 다를 수 있으므로 결선 시 주의해야 한다.

(a) 14핀 릴레이

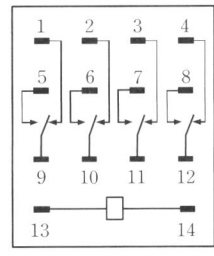
(b) 내부 회로도

(c) 14핀 소켓

▲ 14핀 릴레이(4c)

[그림]에서 소켓별 단자번호는 8핀, 11핀, 14핀 릴레이에 사용하는 단자번호를 명시한 것으로, 단자 상부 또는 측면에 작은 검은색 글자로 표기되어 있다.

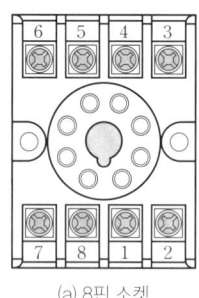
(a) 8핀 소켓

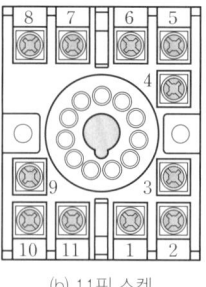
(b) 11핀 소켓

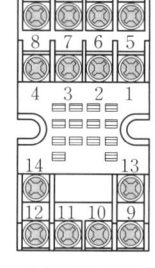
(c) 14핀 소켓

▲ 소켓별 단자번호

⑥ 카운터(Counter)

공연장에 들어오는 입장객 수나 컨베이어로 이송되어 오는 물체의 수량을 검출하여 계수하고자 할 때 카운터를 사용한다. 단위로는 CPS(Count Per Second)를 사용하는데, 100[cps]는 1초에 100개를 계수한다는 것을 의미한다. 구조에 따라 전자식 카운터(MC: Magnetic Counter)와 프리셋 카운터(PMC: Preset Magnetic Counter) 등이 있으며, 계수기용으로는 전자식 카운터가 많이 사용된다. [그림] (b)의 카운터 내부 회로도를 보면 Count In(1-4)으로 신호가 들어가면 1씩 카운터되며 신호 입력기기는 1-4번 단자 사이에 푸시버튼 스위치, 센서 및 광전 스위치 등을 연결하면 된다. 카운터 동작 중 Reset 단자(1-3)로 신호가 들어가면 현재까지 카운터된 수치가 0으로 된다.

(a) 디지털 카운터

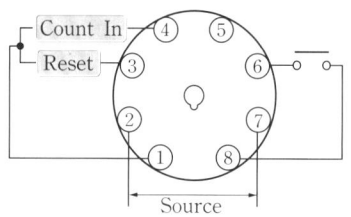
(b) 내부 회로도

▲ 카운터

PMC 카운터의 계수 방법에 따른 종류에는 카운터 입력이 있을 때마다 1씩 증가하는 UP 카운터, 1씩 감소하는 DOWN 카운터, 하나의 카운터 회로에서 가산 신호와 감산 신호에 의해 1씩 증감하는 UP-DOWN 카운터, 설정값에 도달하면 출력 신호를 내고 다시 '0(영)'부터 시작하는 링 카운터가 있다. 그 외에 '0(영)' 계수를 시작하고 설정값에 도달하면 내장된 마이크로 스위치를 작동시키는 적산식 카운터와 설정값에서부터 감산하여 '0(영)' 표시가 되면 내장된 마이크로 스위치가 작동하는 감산식 카운터가 있다. [그림]은 카운터와 입력 접점 간의 접속 방법으로, 근접 센서 또는 광전 센서로 입력 신호를 받는 무접점 방식은 센서를 동작시키기 위한 전원이 반드시 필요하고, 마이크로 스위치 또는 리밋 스위치로 입력 신호를 받는 유접점 방식은 기계적 변위에 의해 입력 신호가 전달되기 때문에 별도의 전원이 불필요하다.

- NPN 출력형 센서는 센서가 OFF 상태에서 ON이 되면 계수 또는 리셋이 된다.
- PNP 출력형 센서는 센서가 ON 상태에서 OFF가 되면 계수 또는 리셋이 된다.

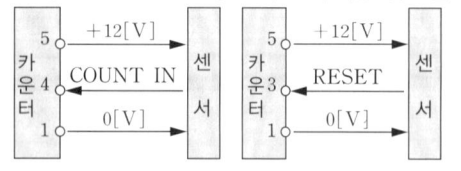
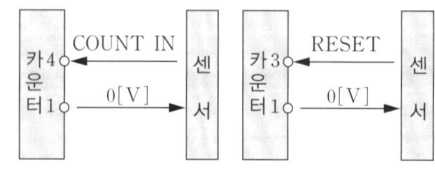

▲ 카운터 입력 접점 접속 방법

(3) 한시 계전기(Time Limit Relay)

일반적으로 전자계전기는 전자코일에 전류를 흐르게 하면, 그 접점은 순간적으로 닫히거나 열린다. 그러나 한시 계전기는 전자계전기와는 달리 설정 시간이 경과한 후에 그 접점을 닫히거나 열면서 시간지연을 만들어내는 계전기를 말하며, 일반적으로 타이머(Timer)라고 한다.

① 기본 동작

한시 계전기의 출력 접점은 동작 시에 시간지연이 있는 한시 동작형(On Delay)과 복귀 시에 시간지연이 있는 한시 복귀형(Off Delay), 동작 시에 시간지연과 복귀 시에 시간지연이 같이 있는 한시 동작 한시 복귀형(On/Off Delay), 일정시간만 동작하는 단안정 등이 있다.

(a) 한시 동작형   (b) 한시 복귀형

▲ 한시 계전기 기본 동작(NO 접점 기준)

② 한시 동작 순시 복귀 타이머(On Delay Timer)

타이머 전원이 ON되면 설정시간 t초 후에 한시 NO 접점(1－3, 8－6)이 동작하고 타이머 전원이 OFF되면 동작했던 한시 NO 접점(1－3, 8－6)은 즉시 복귀한다.

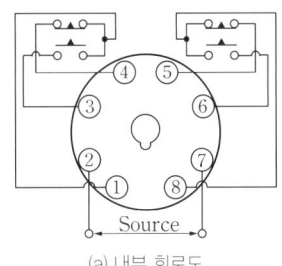 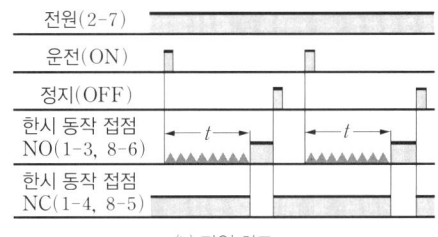

(a) 내부 회로도   (b) 타임 차트

▲ 한시 동작 순시 복귀 타이머(On Delay Timer)

③ 순시 동작 한시 복귀 타이머(Off Delay Timer)

한시 복귀형 타이머 전원이 ON되면 한시 NO 접점(1－3, 8－6)이 즉시 ON되고, 전원이 OFF되면 설정시간 t초 동안 닫힌 접점을 유지한 후 한시 NO 접점(1－3, 8－6)은 복귀한다. 시간 설정값의 정전 보상 기능이 있으므로 전원 차단 후에 설정시간을 변경하여도 전원 차단 전에 설정된 시간 후에 한시 NO 접점(1－3, 8－6)이 복귀한다.

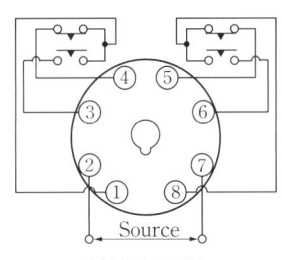

(a) 내부 회로도   (b) 타임 차트

▲ 순시 동작 한시 복귀 타이머(Off Delay Timer)

④ 플리커 릴레이(Flicker Relay)

플리커 릴레이는 설정된 시간 간격으로 접점이 반복적으로 동작하는 릴레이로서 주 용도는 경보용으로 사용한다. 기본 동작은 OFF 스타트와 ON 스타트 플리커가 있으며 내부접점의 수는 1a－1b 또는 2a－2b 한시 접점만 있거나 한시 접점과 순시 접점이 같이 있는 복합형이 있으므로 반드시 내부 회로도를 확인하고 사용해야 한다. 전원이 인가되어 있는 동안 설정시간 간격으로 NO 접점과 NC 접점이 열고 닫히는 과정이 서로 반복되면서 지속되는 것이고, 한시 동작 한시 복귀형인 경우는 전원이 인가되면 설정된 시간 후에 접점이 동작하고 전원이 종료되는 시점에서 설정된 시간 후에 접점의 복귀가 이루어지는 것이 다르다.

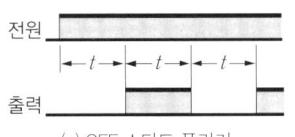 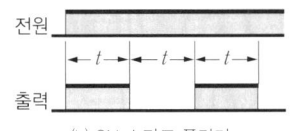

(a) OFF 스타트 플리커   (b) ON 스타트 플리커

▲ 플리커 릴레이 기본 동작(NO 접점 기준)

다음의 [그림] 플리커 릴레이(OFF 스타트 타입)는 한시 동작 접점(NO, NC)으로 구성되어 있다. 전원이 인가되면 설정시간 t초 후에 t초 동안 동작하는 한시 동작 NO 접점(8-6)과 설정시간 t초 후에 t초 동안 동작하는 한시 동작 NC 접점(8-5)이 교대로 반복하면서 점멸 동작한다.

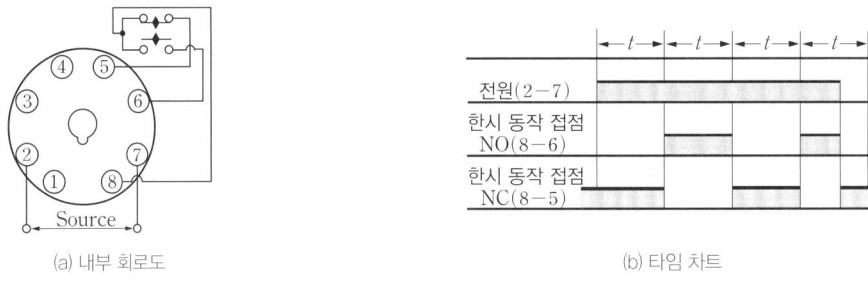

(a) 내부 회로도   (b) 타임 차트

▲ 플리커 릴레이(Flicker Relay)

(4) 보호 계전기

① 배선용 차단기(Molded Case Circuit Breaker: MCCB)

배선용 차단기는 부하전류를 열고 닫게 하는 전원 스위치로 사용되는 것 외에 과전류 및 단락 시에 열동식 또는 전자식 트립기구가 동작하여 자동적으로 회로 차단을 목적으로 한다. 과부하 단락 기구가 있는 장치로서 출력 $0.2[\mathrm{kW}]$ 이상의 전동기 운전 회로, 주택 배전반용 및 각종 제어반에 사용되고 있으며 전원의 상수와 정격 전류에 따라 구분하여 사용하고 주변의 온도는 $40[°\mathrm{C}]$를 기준으로 한다.

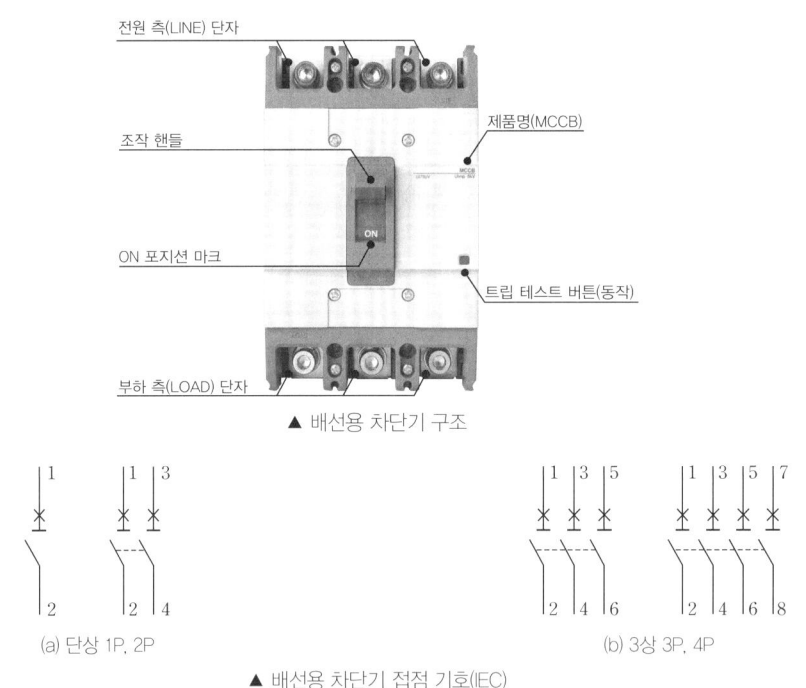

▲ 배선용 차단기 구조

(a) 단상 1P, 2P   (b) 3상 3P, 4P

▲ 배선용 차단기 접점 기호(IEC)

② 누전 차단기(Earth Leakage Breaker: ELB, ELCB)

누전 차단기는 인체에 대한 감전사고 및 누전에 의한 화재, 전기기기 등에 발생하기 쉬운 누전, 감전 등의 재해를 방지하기 위해 누전이 발생하기 쉬운 곳에 설치하며, 이상 발생 시 감지하고 회로를 차단시키는 것을 목적으로 한다. [그림]의 제품의 경우 정상 상태(녹색), 누전에 의한 동작(노란색), 과부하 단락에 의한 동작(빨간색)인 경우를 구별할 수 있게 전면에 누전 동작 표시창과 별도의 테스트 버튼이 있다.

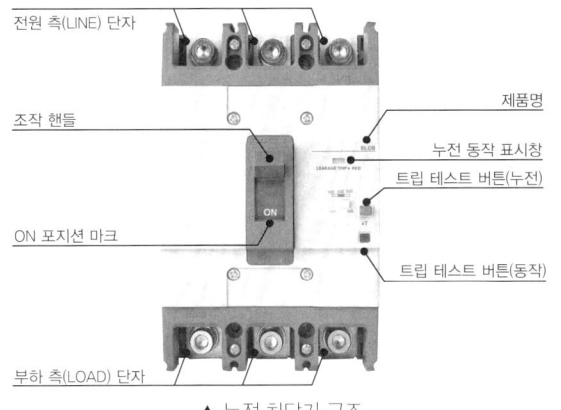

▲ 누전 차단기 구조

다음의 [그림]은 차단기 조작 핸들의 상태를 나타낸 것이다. 트립 동작이 발생하면 핸들(조작 스위치)은 ON과 OFF의 중간 위치에 놓이게 된다. 이때 전기회로를 복구하기 위해 재투입 할 경우에는 바로 조작 핸들을 ON 방향으로 올리면 올라가지 않는다. 이런 경우에는 반드시 조작 핸들을 OFF 방향으로 내린 다음 다시 ON 방향으로 올려야 한다.

▲ 차단기 조작 핸들 상태

③ 퓨즈(Fuse : F)

퓨즈란 과전류, 특히 단락 전류가 흘렀을 때, 퓨즈 엘리먼트가 용단되어 회로를 자동적으로 차단시켜 보호해 주는 역할을 한다. 납이나 주석 등 열에 녹기 쉬운 금속(가용체)으로 되어 있으며, 포장 여부에 따라 포장형과 비포장형으로 구분한다. 비포장 퓨즈는 포장되지 않아 퓨즈가 그대로 노출되어 있는 것으로 실 퓨즈, 판 퓨즈, 고리달림 퓨즈 등이 있다. 포장 퓨즈는 퓨즈가 노출되지 않게 포장되어 있는 것으로, 드럼 통 모양의 양쪽 금속부 사이에 퓨즈를 용접하고 가운데 부분을 유리로 포장한 유리관 퓨즈, 종이로 포장한 원통형 퓨즈, 다이젯 퓨즈 등이 있다. 다이젯 퓨즈는 내부에 모래가 있어 퓨즈가 폭발하지 않게 하는 완충제 역할을 한다.

▲ 포장형 퓨즈 종류

④ 전자 접촉기(Magnetic Contactor : MC)

전자 접촉기란 적은 양의 제어전원으로 고용량의 부하를 열고 닫는 접촉기라 할 수 있다. 접점의 스위칭 동작은 릴레이의 동작과 완전히 동일하다. 내부 고정 철심 전자 코일에 전류가 흐르면 고정 철심이 전자석으로 되어 가동 철심을 끌어당기게 된다. 이때 전자력에 의해 움직이는 가동 철심에 연결된 전자 접촉기 주 접점(가동 접점)과 보조 접점이 동시에 동작하고, 전자 코일에 전류가 흐르지 않으면 스프링에 의해서 주접점과 보조접점들이 복귀하므로 부하에 공급하는 전원을 차단하게 된다.

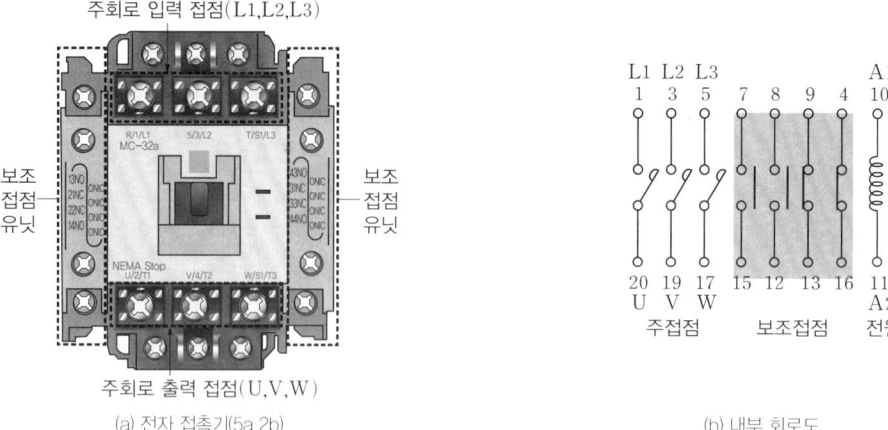

▲ 전자 접촉기(5a 2b)

전자 접촉기가 소형 릴레이와 다른 점은 주접점과 보조접점이 있다는 것이다. 여기서 주접점은 큰 전류를 흘려도 안전한 대전류 용량의 접점을 말하고, 보조접점은 전자 릴레이 접점과 같이 소전류 용량의 접점을 말한다. 그리고 아래의 [그림] (a), (b)의 제품에 보조접점을 부착하여 추가로 사용이 가능하다. 전자 접촉기는 주로 주회로 대전류의 개폐나 전동기의 빈번한 시동, 정지, 제어 등에 사용되기 때문에 사용 동력, 적용 등급, 스위칭 회수 등을 고려하여 맞는 제품을 선택해야 한다.

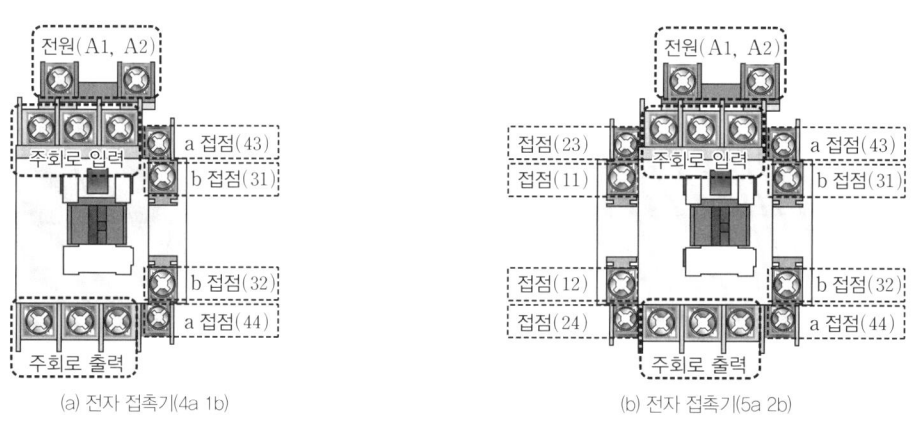

▲ 전자 접촉기(MC) 접점 단자

전자 접촉기의 보조접점 유닛은 아래의 [그림]처럼 2극용과 4극용 등이 있으며 측면과 전면 부착용으로 구분된다.

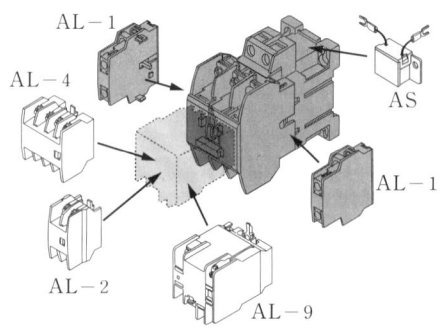

▲ 전자 접촉기 보조접점 유닛 종류

먼저 아래의 [그림] (a) 정면 보조접점 유닛의 결합은 후크가 전자 접촉기의 상부 홀더의 홈에 걸릴 때까지 밀어주면 결합이 되며, 분해 시 ① 보조접점 유닛의 후크를 잡아당기면서 ② 보조접점 유닛을 위로 밀어 올리면 분해가 된다. [그림] (b) 측면 보조접점 유닛의 결합은 먼저 전자 접촉기의 홀더를 밑으로 누른 후 ② 측면 보조접점의 홀더와 ① 전자 접촉기의 홀더를 맞추어 후크를 끼워주면 된다. 분해는 측면 보조접점 유닛의 후크에 (-) 드라이버를 이용하여 잡아당기면 분해된다. 부착 후에는 전자 접촉기의 홀더가 원활하게 움직이는지와 주접점과 보조접점이 동시에 연동되어 동작하는지 확인해야 한다.

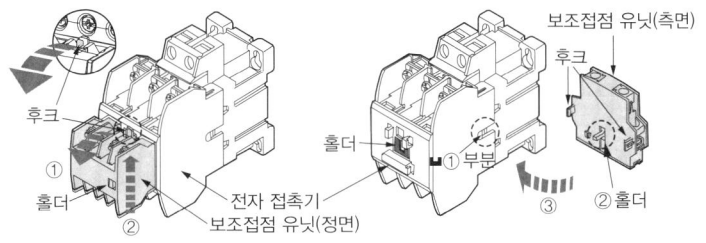

▲ 전자 접촉기와 보조접점 유닛 결합 방법

⑤ **열동형 과부하 계전기**(Thermal Overload Relay: THR/TOR)

유도 전동기의 주회로에 전자 접촉기와 같이 사용되어, 전동기의 운전 전류가 흐르도록 한다. 운전 전류가 설정해 놓은 허용전류 값 이상으로 일정시간 지속되면, 내장된 접점을 트립시켜 전자 접촉기를 열리게하고 전동기에 공급되는 전원을 차단함으로서 전동기의 소손을 방지할 목적으로 사용한다. 주회로의 과부하 또는 단락으로 인하여 정격 전류 이상의 과전류가 흐르면 전선에서 열이 발생한다. 이때 발생한 열에 의해 주회로에 연결된 열동형 과부하 계전기의 히팅 코일의 온도가 상승하면 바이메탈에 의해 주접점을 열리게하여 부하와 전선의 과열을 방지하는 회로 차단용으로 사용한다.

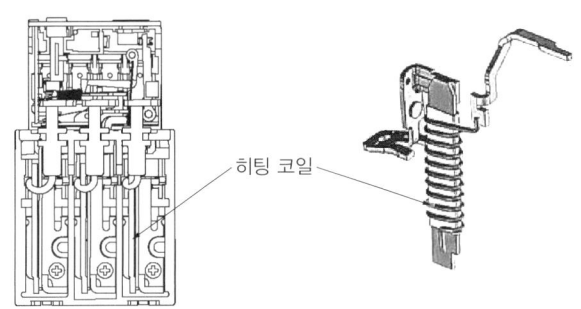

▲ 열동형 과부하 계전기 구조

일반 표준형인 경우에 아래의 [그림]에서 보면 각 상에 과전류 요소를 검출하는 히팅 코일 부착수에 따라 '2소자', '3소자' 제품으로 나누어진다. 국내의 경우 '2소자' 제품을 주로 사용하고 있으나, '2소자' 제품은 'L2상'에 과전류 검출소자가 없기 때문에 더욱 정확한 부하 보호를 위해서는 '3소자' 제품을 사용하는 것이 전동기 보호에 유리하다.

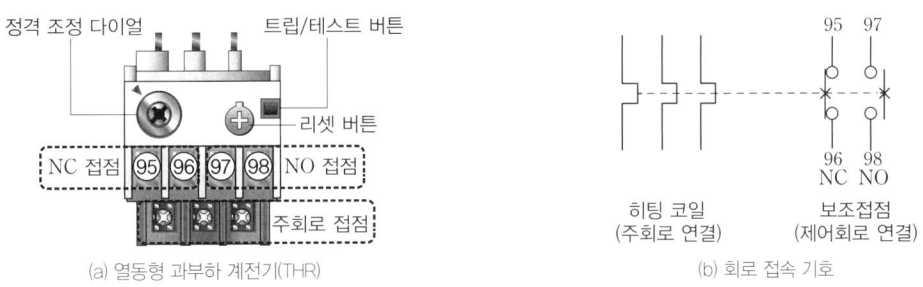

▲ 열동형 과부하 계전기(THR)

위의 [그림]에서 트립/테스트 버튼을 잡아당기면 주회로에 과전류를 흘리지 않고도 회로를 트립시킬 수 있다. 그리고 실제 전동기 회로에서 과부하가 발생하여 계전기가 동작했을 때에는 과부하의 원인을 제거한 후 리셋버튼(자동/수동)을 눌러야만 전동기 운전회로가 복구된다. 이러한 열동형 과부하 계전기의 접점을 수동 복귀 접점이라고 한다. 열동형 과부하 계전기의 사용 방법에 따라 아래의 [그림]처럼 배선 작업의 편리성을 위해 전자 접촉기와 연결되는 부분에는 직렬로 설치하거나 또는 단독 설치 유닛을 이용하여 설치할 수 있도록 되어 있다.

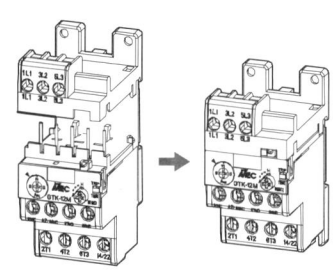
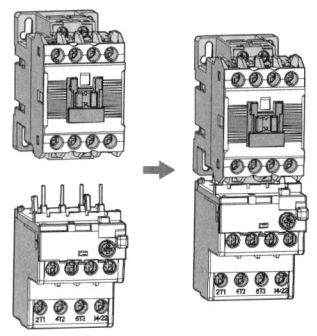

(a) 단독설치 유닛에 연결   (b) 전자 접촉기에 직접 연결

▲ 열동형 과부하 계전기(THR) 접속 방법

⑥ 전자 개폐기(Magnetic Switch : MS)

전자 접촉기(MC)에 열동형 과부하 계전기(THR)를 결합한 것을 전자 개폐기라고 한다. 바이메탈을 사용하므로 동작이 느려서 전동기를 시동할 때 단시간만 흐르는 과전류에서는 작동하지 않고, 전동기에 과전류가 계속해서 흐를 때에만 작동하는 계전기이다. 개폐기는 과부하 계전기가 조합된 상태로서 과부하 계전기에서 발생되는 신호가 접촉기 조작 코일 전원을 제어하게 된다.

(a) 전자 접촉기(MC)   (b) 열동형 과부하 계전기(THR)   (c) 전자 개폐기(MS)

▲ 전자 개폐기(MS)

전자 개폐기(MS)를 사용한 시퀀스 회로 결선은 다음의 [그림]과 같다.

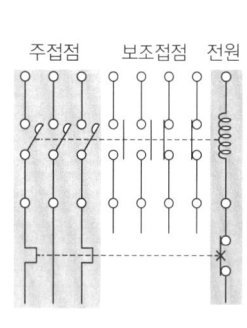
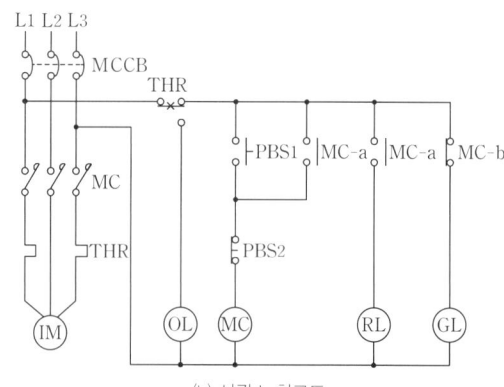

(a) 내부 회로도   (b) 시퀀스 회로도

▲ 전자 개폐기(MS) 내부 접점 및 시퀀스 회로도

[그림] (b)의 전자 개폐기 시퀀스 회로도의 동작 설명은 다음과 같다. 먼저 누름버튼 스위치 PBS1에 의해서 전자 접촉기 MC코일이 여자되면 전자 접촉기의 주회로 MC 접점과 보조회로 MC-a 접점이 닫히면서 자기유지회로를 형성하여 전동기가 운전된다. 만약 전동기 운전 중 과부하가 발생하게 된다면 열동형 과부하 계전기(THR)의 히팅 코일에 의해 THR-b 접점이 동작한다. 전자 접촉기 코일에 흐르던 여자전류가 끊어져 닫혀 있던 전자 접촉기 MC 주접점과 MC-a 보조접점이 복귀되고 전동기는 정지된다. 이때 과부하를 해결하여 전동기를 다시 운전하고자 한다면 열동형 과부하 계전기의 리셋버튼을 수동으로 눌러 주어야만 운전회로가 복구된다.

⑦ 전자식 과전류 계전기(Electronic Over Current Relay: EOCR)

전자식 과전류 계전기는 과부하, 저부하, 결상, 역상, 불평형, 지락, 단락 등을 검출할 수 있도록 반도체 무접점으로 구성되어 있어 반응 속도가 빠르고 접점 수명이 길며 미세한 전류의 변화에도 반응할 수 있도록 정밀하게 만든 전자식 계전기이다. 흐르는 전류를 측정하여 별도의 내부 릴레이를 구동해야 하므로 별도 전원을 필요로 한다.

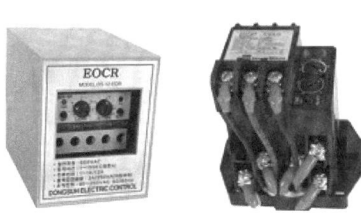
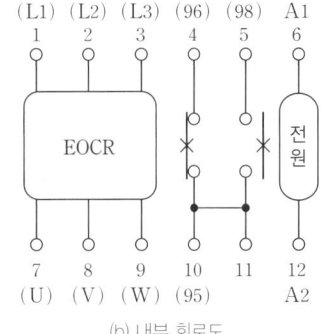

(a) 전자식 과전류 계전기　　　　　　(b) 내부 회로도

▲ 전자식 과전류 계전기(EOCR)

전자식 과전류 계전기(Electronic Over Current Relay)

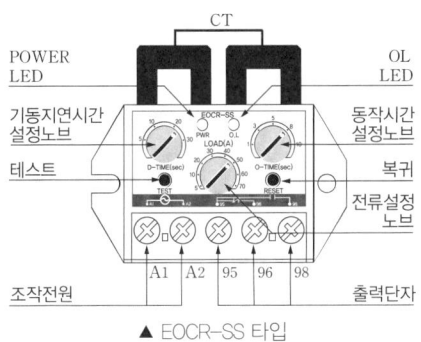

▲ EOCR-SS 타입

- PWR: 전원이 공급되면 점등
- TEST: 누르면 동작되어 OL 램프 점등(강제 차단)
- RESET: 복귀 버튼
- LOAD: 부하 동작 전류 설정
- O-TIME: EOCR 동작 지연 시간 설정

AR 타입은 과전류가 흐르면 동작되었다가 과전류가 사라지면 지정된 시간 후 원상복귀하는 방식이고, SS 타입은 과전류가 흐르면 동작되었다가 리셋 버튼을 누르거나 전원을 껐다 켤 때까지 동작하는 방식이다. AR 타입에는 전류를 조절하는 부분 이외에 O-TIME과 R-TIME이 있다. O-TIME은 과전류가 감지되었을 때 동작될 때까지의 시간을 지정하는 기능을 가지고 있고, R-TIME은 동작된 후 다시 복귀될 때까지의 시간을 지정하는 기능이 있다. SS 타입에는 D-TIME과 O-TIME이 있는데, D-TIME은 과전류가 감지되어도 이 시간 동안은 감지하지 않게 하는 기능이 있다. 전동기 등에서 최초 기동 전류는 정상 전류의 6~7배 정도되므로 기동전류를 과전류로 감지하여 동작하지 않게 하는 기능이다. O-TIME은 과전류가 감지되었을 때, 이 시간이 지난 다음 동작하도록 설정하는 기능이다.

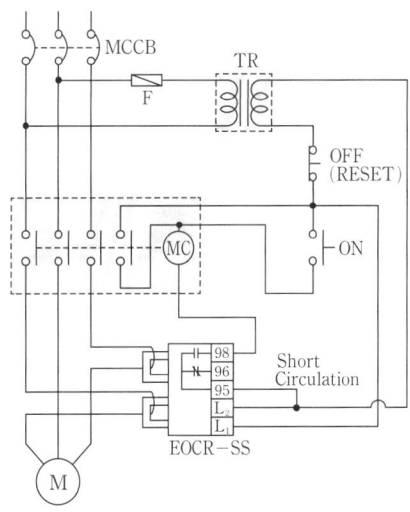

▲ 전자식 과전류 계전기 시퀀스 결선도

(5) 표시 및 경보용 기기

① 부저(Buzzer)

부저는 시퀀스 회로에 이상이 생기거나 고장이 발생하였을 때 운전자에게 음향으로 이상 상황을 알려주는 경보용으로 사용되며 직류용과 교류용이 있다. 직류용은 전자회로를 사용하여 다양한 소리를 내는 것들이 있으며 사용 전원은 DC 24[V], 크기는 16[mm]용이 시판되고 있다. 교류용은 철판의 떨림으로 인한 소리를 내며 사용 전원은 AC 220[V], 크기는 30[mm]용이 시판되고 있다.

▲ 부저

② 파일럿 램프(Pilot Lamp)

각 검출요소에 표시등을 접속하여 회로의 동작 상태 및 고장 등을 구별하기 위해 각각의 동작 상태에 맞추어 구분하여 설치한다.

▲ 파이럿 램프(표시등)

(6) 기타

① 단자대(TB: Terminal Block)

제어반과 조작반의 연결 등에 사용하는 것으로 터미널 또는 단자라고 한다. 전선을 단자대와 접속하는 방법에는 눌러 붙임 단자에 의한 방법, 링 고리에 의한 방법, 누름판 눌러붙임 방법 등이 있으며, 배선수와 정격 전류를 감안하여 정격 용량의 것을 사용해야 한다. 단자대의 종류에는 고정식과 조립식이 있다.

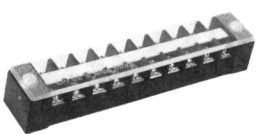

(a) 고정식 단자대

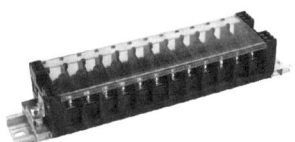

(b) 조립식 단자대

▲ 단자대 종류

② 커버 나이프 스위치(Cover Knife Switch)

나이프 스위치 윗면의 충전부를 절연 덮개로 덮은 것으로, 나이프가 출입하는 홈이 있는 안전 덮개를 씌우고 각 극 사이에 격벽을 설치하여 안전 덮개를 열지 않고 수동으로 개폐할 수 있는 스위치이다. 주로 전등, 전열 및 동력용의 인입 개폐기 또는 분기 개폐기로 사용한다. 그리고 하단부의 평판 덮개에는 고리 퓨즈를 삽입하여 단락이 발생하거나 퓨즈 정격 용량 이상의 과전류가 흐르면 고리 퓨즈가 용단되어 옥내 배선을 보호하는 역할을 한다.

▲ 커버 나이프 스위치와 고리퓨즈

③ 소켓(Socket)

백열전구를 끼우기 위한 단자로, 코드의 끝에 붙이거나 전등 기구의 파이프 끝에 끼워서 사용한다. 300[W] 이상의 백열전구는 대형 베이스의 것을 사용(모걸 소켓: Mogul Socket)하고 200[W] 이하의 백열전구는 보통 베이스의 소켓을 사용한다. 소켓의 종류에는 스위치 손잡이가 열쇠 모양으로 만들어진 스위치 소켓, 별도로 설치된 텀블러 스위치에 의해서 점멸하는 스위치 리스 타입인 리셉터클, 누름 단추 소켓, 방수용 소켓, 분기 소켓 등이 있다.

(a) 스위치 소켓

(b) 리셉터클

▲ 소켓 종류

그 외에도 코드 펜던트를 설치할 때 천장에 코드를 매기 위하여 사용하는 옥내 배선용 기구로서 로제트가 있다. 주로 저압 옥내 천장에 부착되어 조명 기구의 전원을 접속하기 위해 사용한다.

(a) 로제트(Rosette)

(b) 펜던트 스위치

(c) 목대

▲ 로제트와 펜던트 스위치

전선식별 제정(KEC 적용)

1. 전선의 식별은 아래의 표에 따라 적용해야 한다.

상(문자)	색상
L1	갈색
L2	검은색
L3	회색
N	파란색
보호도체(PE)	녹색 – 노란색 줄무늬

【비고1】 보호도체는 두 색(녹색–노란색의 조합)으로 식별되어야 한다. 녹색–노란색의 색 조합은 색 부호화가 적용되는 선심의 15[mm] 길이의 도체에서 두 색 중 한 색이 선심 표면적의 30[%] 이상, 70[%] 이하를 덮고 다른 한 색이 나머지 표면을 덮어야 한다.

【비고2】 보호도체가 모양, 설치 상태 또는 위치에 의해 쉽게 인식되는 경우에는 도체의 전체 길이에 색상 표시를 할 필요는 없으나 보호도체의 끝부분이나 접근 가능한 위치에서는 기호 또는 녹색–노란색의 두 색 조합 또는 문자표시인 PE로 표시해야 한다.

【비고3】 PEN이 절연되는 경우에는 전체 길이를 녹색–노란색으로 하고 끝부분에는 추가로 파란색 표시를 하거나 전체 길이를 파란색으로 하고 끝부분에는 추가로 녹색–노란색 표시를 해야 한다.

2. 전선 끝부분에 도색, 밴드, 색 테이프 등의 방법으로 표시할 수 있다.

4 전자 접촉기(개폐기) 및 보조기구 사용 제어회로

(1) 전자 접촉기

전원을 인가시켜 전기가 흐르면, 코일과 함께 고정 철심이 전자석이 되어 상측의 가동 철심을 당겨 접점을 접속하고, 반대로 전원을 끄게 되면 전류가 흐르지 않아 코일은 자력을 잃는 원리로 부하 회로를 빈번하게 개폐하는 접촉기를 말한다. 접점에는 주접점과 보조접점이 있으며, 주접점은 용량이 크고 a 접점만으로 구성되어 있다. 보조 접점은 보조 계전기와 마찬가지로 작은 전류 및 제어회로에 사용하며, a 접점과 b 접점으로 구성되어 있다.

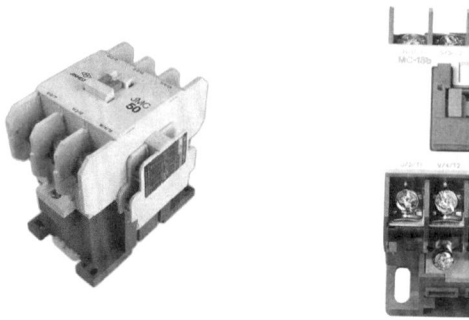

▲ 전자 접촉기

전자 개폐기는 과전류나 단락 등의 전류에 의해 트립 소자(바이메탈 등)를 움직여서 작동시킬 수도 있으나, 전자 접촉기는 외부에서 신호를 주어 접촉기에 전기 신호로 인가를 시키게 되면, 가동 철심이 끌어 당겨지면서 두 접점이 붙어 전기가 통하게 되며, 전자 접촉기 단독으로는 과전류 보호 기능은 없다. [그림]은 전자 접촉기의 동작에 관한 사항을 도식화한 것이다.

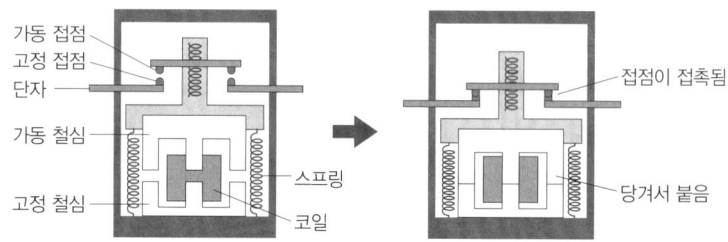

▲ 전자 접촉기 내부회로

(2) 전자 개폐기와 열동형 과부하 계전기

전자 접촉기에 전동기의 보호장치인 전자식 과전류 계전기(EOCR) 또는 열동형 과전류 계전기(THR)를 조합한 주 회로용 개폐기로서 회로를 열고 닫는 것을 목적으로 사용되며, 주로 과전류를 차단하여 부하를 보호하고자 하는 목적으로 사용한다.

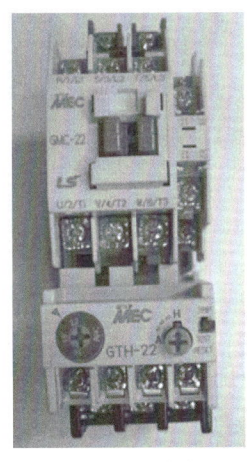 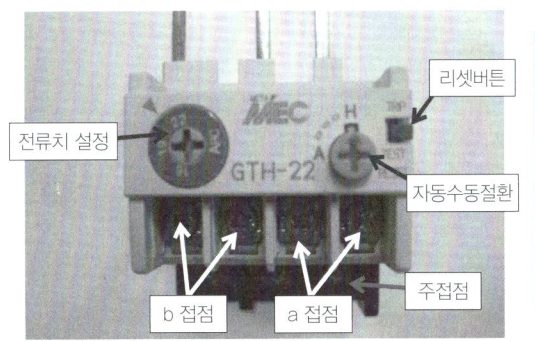 

▲ 전자 개폐기　　　　　　　　▲ 열동형 과부하 계전기의 외관과 명칭

열동형 계전기는 열 효과에 의해 작동하는 계전기로, 흔히 과부하 계전기 또는 서멀 릴레이라고도 하며, 주로 전동기 설비의 과부하 보호에 사용된다.

(3) 전자식 과전류 계전기

과전류에 의한 결상 및 단상 운전이 완벽하게 방지되며 전류 조정 노브(Knob)와 램프에 의해 실제 부하 전류의 확인과 전류의 정밀 조정이 가능하고 지연시간과 동작시간이 서로 독립되어 있어 동작시간의 선택에 따라 완벽한 보호가 가능하다. 변류기(CT) 관통식으로 관통 횟수를 가감하여 사용 범위를 확대할 수 있으며, 온도 보상회로가 내장되어 있어 안전하다.

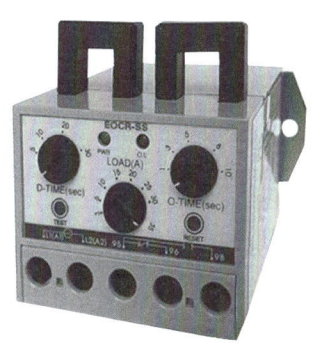

▲ 전자식 과전류 계전기

EOCR 각부 명칭
1. D-Time(Delay Time: 기동지연시간 설정 노브)
2. O-Time(Operating Time: 동작시간 설정 노브)
3. LOAD(전류 설정 노브): 최대치에서 정상 운전 중 실제 부하전류로 Setting(LED 꺼지는 시점)
4. CT(Current Transformer)
5. Test 버튼: EOCR 이상 유무 확인
6. Reset 버튼: EOCR 가동 후 초기화. Reset을 누르지 않으면 재투입 불가
7. 접점: N Type과 R Type(통상 사용)로 구분

① EOCR 설정

분류	설정 노브	방법
지연시간 설정	D-Time	D-Time 노브를 돌려 모터의 기동시간에 맞게 설정
동작시간 설정	O-Time	O-Time 노브를 돌려 필요한 동작시간 설정
전류 설정	LOAD	• 기동 후 LOAD 노브를 최대치에서 반시계 방향으로 돌려 LED 점멸하는 점을 찾음 • 노브를 다시 시계 방향으로 돌리면 LED가 꺼지는 점에서 설정하면 103[%] 설정 • 만약 너무 예민하다 생각할 경우 실 전류치의 110~125[%]로 설정

② 보호 기능

보호 항목	동작 시간
과전류	O-Time
결상	O-Time
구속	O-Time+D-Time

③ LED

전류계 기능	방법
정밀 설정	• 전류 설정 시 설정 노브의 전류 지시치가 실 부하 전류의 100[%]인 점에서 LED 점멸 • 실 전류 확인 후 설정 가능 • 103[%]까지의 정밀 설정이 가능
운전/동작 표시	• 계전기 동작: 빨간색 • 전원 인가/정상운전 상태: 녹색

④ Test 방법
- 결선 및 전원 공급 후 Test 버튼을 누르고 있으면 빨간색 LED가 켜지고 설정된 D-Time과 O-Time 경과 후 출력 접점이 동작하면 정상
- Reset 버튼을 누르거나 Control Power를 차단하면 즉시 복귀

CHAPTER 02 시퀀스 기초 개념

1 시퀀스의 용어와 문자 기호

(1) 기능 용어

[표] 기능 기호

기능	설명
열린회로	스위치, 릴레이 등이 동작하여 전기 회로를 여는 것
닫힌회로	스위치, 릴레이 등이 동작하여 전기 회로를 닫는 것
동작	입력값을 주어 기기를 동작하도록 하는 것
복귀	동작 이전의 상태로 되돌아오는 것
여자	전자 계전기의 코일에 전류가 흘러 자성을 가진 전자석으로 변화하여 자속을 발생하는 것
소자	전자 계전기의 코일에 흐르고 있는 전류를 차단하여 자력을 잃게 하는 것
기동	기기 또는 장치가 회전 또는 운전 상태가 되는 과정
운전	기기 또는 장치가 동작하고 있는 상태
제동	기기의 운전 상태를 억제하는 것(전기적 제동, 기계적 제동)
정지	기기 또는 장치가 운전 상태에서 정지 상태로 변화하는 것
인칭(촌동)	기계의 순간 동작 운동을 얻기 위해 미소시간의 조작을 1회 행하는 것
미속	기계를 아주 느린 속도로 운전하게 하는 것
보호	피제어 대상품의 이상 상태를 검출하여 기기의 손상을 막는 것
조작	인력 또는 기타의 방법으로 운전을 하도록 하는 것
차단	개폐기류를 조작하면 전기회로가 개방되어 전류가 통하지 않는 상태로 만드는 것
투입	개폐기류를 조작하면 전기회로가 닫혀 전류가 통하는 상태로 만드는 것
트리핑	유지 기구를 분리하여 개폐기 등을 여는 것
조정	양 또는 상태를 일정하게 유지하거나 일정한 기준에 따라 변화시키는 것
인터록	복수의 동작을 관련시키는 것으로 어떤 조건이 갖추기까지의 타 동작을 정지시키는 것
연동	복수의 동작을 관련시키는 것으로 어떤 조건이 갖추어졌을 때 같이 동작을 진행시키는 것
경보	제어대상의 위험 상태를 램프, 벨, 부저 등으로 조작자에게 알리는 것

(2) 문자 기호

[표] 계기류

약호	한글 명칭	영문 명칭
A	전류계	Ammeter
F	주파수계	Frequency Meter
FL	유량계	Flow Meter
MDA	최대 수요 전류계	Maximum Demand Ammeter

MDW	최대 수요 전력계	Maximum Demand Wattmeter
PF	역률계	Power-Factor Meter
PG	압력계	Pressure Gauge
SH	분류계	Shunt
SY	동기 검정기	Synchronoscope, Synchronism Indicator
TH	온도계	Thermometer
THC	열전대	Thermocouple
V	전압계	Voltmeter
VAR	무효 전력계	Var Meter, Reactive Power Meter
VG	진공계	Vacuum Gauge
W	전력계	Wattmeter
WH	전력량계	Watt-hour Meter

2 시퀀스 제어 요소

(1) 접점의 의미

제어대상에 전류를 흐르게 하거나 또는 흐르지 못하게 하는 목적에 이용하는 것으로 전류를 통전(ON) 또는 단전(OFF)시키는 역할을 하는 것을 접점(Contact)이라고 한다. 접점의 구성요소에는 아래의 [그림]과 같이 고정 접점과 가동 접점이 있으며 구성 접점수와 접점 동작형태를 연결하여 1a-1b(1c), 2a-2b(2c), 3a-3b(3c), 4a-4b(4c) 등으로 소문자를 사용하여 표시한다.

(2) 접점의 동작 원리

a 접점의 기본 동작 원리는 [그림] (a)와 같이 가동 접점과 고정 접점이 상시 열려있다. 이때 외부 조작력(손 또는 기계적인 힘)이 가해지면 가동 접점이 아래 방향으로 이동하면서 고정 접점과 접촉되어 양측 단자가 도통된다. b 접점의 기본 동작 원리는 [그림] (b)와 같이 가동 접점과 고정 접점이 상시 접촉되어 있다. 이때 외부 조작력이 가해지면 고정 접점과 접촉되어 있는 가동 접점이 아래 방향으로 이동하면서 고정 접점과 떨어져 양측 단자가 개방상태가 된다.

▲ 접점 동작 원리

(3) 접점의 분류와 기호

접점을 동작(ON/OFF)시키는 것을 조작이라고 한다. 누름버튼 스위치를 손으로 눌러 조작하는 방식을 수동조작이라 하고, 전자 접촉기 및 릴레이 접점과 같이 전기 신호에 의해 열고 닫는 방식은 자동조작이라고 한다.

① 접점(일반) 또는 수동 접점

한 번 동작시키면 그 상태를 유지하고, 복귀시키면 복귀한 상태를 유지하는 접점을 수동 접점이라고 한다. 접점의 일반적인 기호로서 그 형상에 관계없이 용도를 표시하여 사용하기도 하며, 적용하는 대상으로는 텀블러 스위치, 나이프 스위치 등이 있다.

(a) 수동 접점 (b) 문 개폐기(용도 표시)

▲ 수동 접점 기호

② 수동복귀 접점

한 번 동작하면 수동으로 동작시키지 않는 한 복귀하지 않는 접점을 수동복귀 접점이라고 한다. 열동형 계전기(THR)의 트립 접점은 수동복귀 접점의 대표적인 예시이며, 부하에 과전류가 흐르면 자동적으로 접점이 동작하여 회로를 차단하지만 동작한 후에는 수동으로 복귀시켜야 한다.

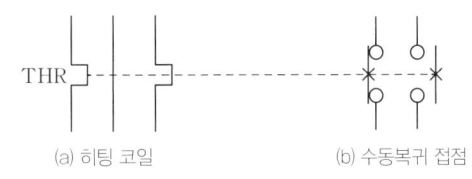

(a) 히팅 코일 (b) 수동복귀 접점

▲ 열동형 계전기의 수동복귀 접점

③ 자동복귀 접점

기계적 또는 전기적인 외력이 가해져서 작동했던 접점이 자동적으로 복귀하는 접점을 자동복귀 접점이라고 한다. 대표적인 것으로는 버튼을 누르고 있는 동안에 접점이 동작하고 버튼에서 손을 떼면 내장된 스프링에 의해 초기상태로 즉시 복귀하는 접점을 갖고 있는 누름버튼 스위치(PBS)가 있다.

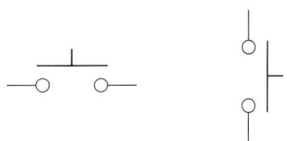

▲ 수동조작 자동복귀 a 접점

④ 한시동작 접점과 한시복귀 접점

전원이 인가될 때 타이머 코일이 여자되고 일정시간이 경과한 뒤에 동작하는 접점을 한시동작 접점이라고 한다. 접점이 복귀할 때에는 코일이 소자될 때 접점도 즉시 복귀한다. 이와 반대로 타이머 코일이 여자될 때 접점이 바로 동작하면 순시동작 접점이라고 한다. 접점이 복귀할 때에는 타이머의 설정된 시간만큼 지연되어 접점이 복귀하면 순시동작 한시복귀 접점이라고 한다. 대표적으로 온 딜레이 타이머(한시동작 순시복귀), 오프 딜레이 타이머(순시동작 한시복귀), 온-오프 딜레이 타이머, 인터벌 타이머 등이 있다.

(a) 한시동작 순시복귀 a 접점 (b) 순시동작 한시복귀 a 접점

▲ 한시 a 접점

⑤ 기계적 접점

수동조작 접점 또는 자동조작 접점과는 달리 기계적인 요소에 의하여 열고 닫는 접점을 기계적 접점이라고 한다. 대표적으로 마이크로 스위치, 리밋 스위치 등이 이에 속한다.

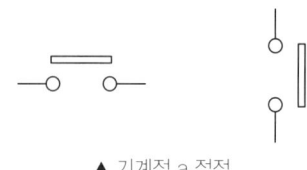

▲ 기계적 a 접점

⑥ 수동조작 잔류 접점

스위치에 한 번 조작을 가했을 때 손을 떼어도 한 번 조작된 상태가 기계적으로 유지되다가 반대 조작이 있을 때까지 처음 조작했을 때의 접점 상태를 유지하는 접점을 말한다. 대표적인 예로는 셀렉터 스위치가 있다.

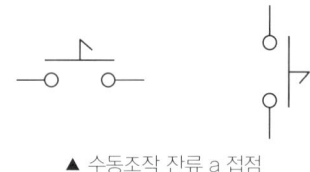

▲ 수동조작 잔류 a 접점

(4) 접점 동작방식에 따른 분류

① a 접점

- 개요

a 접점은 [그림] (a)와 같이 외력이 작용하고 있지 않을 때에는 항상 고정 접점과 가동 접점이 열려 있기 때문에 상시 열림형 또는 정상 상태 열림형 접점(Normally Open Contact, NO 접점)이라고 한다. 외력이 작용하고 있지 않은 상태에서는 접점이 열려 있어 전류가 흐르지 않으나, [그림] (b)와 같이 스위치에 외력이 가해지면 가동 접점이 닫혀서 전류가 통전된다.

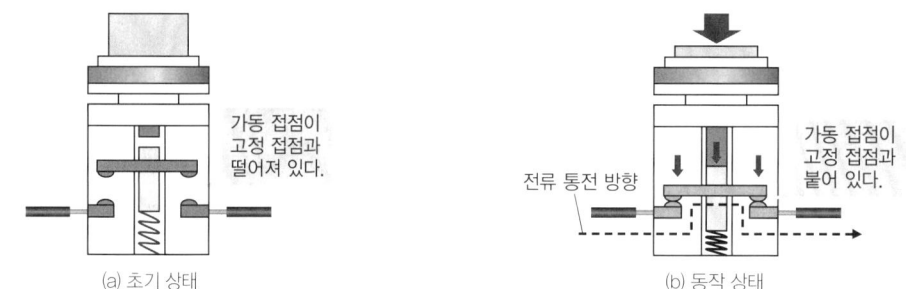

▲ 누름버튼 스위치 a 접점 동작 상태

- a 접점 표기

제어회로도에서 사용하는 표준화된 기호는 국제 규격 IEC 기호와 국내 규격 KS C 0102 기호가 있다. 하지만 KS C 0102는 2013.12.31. 일자로 폐지되어 IEC 규격으로 대체하여 작성되고 있다. a 접점은 IEC 기호에서의 접점 번호 3, 4로 표시되며, KS C 기호에서는 단자와 위 또는 우측 방향으로 떨어진 모양으로 그린다. [그림] (b)는 IEC 기호를 나타낸 것으로 자동 복귀(△)를 나타내는 것은 생략이 가능하다.

▲ 누름버튼 스위치 a 접점 기호

- a 접점 기호 종류

구분	종류	수동조작 접점		자동조작 접점		한시 접점		기계적 접점	수동조작 잔류 접점
		수동복귀	자동복귀	수동복귀	자동복귀	한시동작	한시복귀		
KS C	수평	─o o─	─o┴o─	─o×o─	─o o─	─o△o─	─o▽o─	─o□o─	─o┘o─
	수직								
IEC	수평								
	수직								

※ 전기기능사 실기 시험에서는 KS C 기호를 사용(IEC 기호는 참고 확인용으로 기재)

② b 접점

- 개요

b 접점은 a 접점과 반대로 동작된다. 외력이 가해지지 않은 평상시에는 항상 접점이 닫혀 있기 때문에 상시 닫힘형, 또는 정상상태 닫힘형 접점(Normally Closed Contact, NC 접점)이라고 한다. 그리고 전기적으로 여자되거나 외력이 가해지면 고정 접점과 접촉되어 있던 가동 접점이 떨어지게 되므로 브레이크 접점(Break Contact)이라고도 한다. 즉, b 접점은 끊어지는 접점이라는 뜻이다.

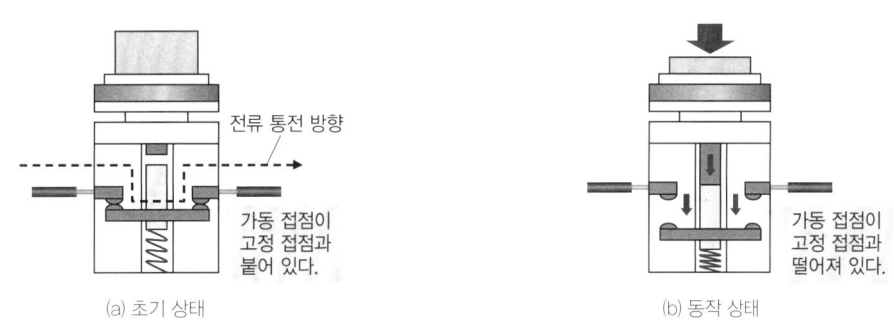

▲ 누름버튼 스위치 b 접점 동작 상태

- b 접점 표기

b 접점의 IEC 기호에서는 접점 번호가 1, 2로 표시되나 KS C 기호에서의 b 접점은 단자와 아래 또는 좌측 방향에서 단자와 붙은 모양으로 그린다. [그림] (b)는 IEC 기호를 나타낸 것으로 자동 복귀(△)를 나타내는 것은 생략이 가능하다.

▲ 누름버튼 스위치 b 접점 기호

접점을 표기할 때 a 접점을 붙이거나 b 접점이 동작되어 있는 것처럼 그리는 경우가 간혹 있는데 항상 접점 기호는 동작하기 전 초기상태로 작성해야 한다.

▲ a, b 접점 기호 잘못 표기 방법

- b 접점 기호 종류

구분		종류	수동조작 접점		자동조작 접점		한시 접점		기계적 접점	수동조작 잔류 접점
			수동복귀	자동복귀	수동복귀	자동복귀	한시동작	한시복귀		
KS C	수평									
	수직									
IEC	수평									
	수직									

※ 전기기능사 실기 시험에서는 KS C 기호를 사용(IEC 기호는 참고 확인용으로 기재)

③ c 접점

- 개요

c 접점이란 a 접점과 b 접점을 모두 가지고 있어 둘 다 사용이 가능하도록 공통된 가동 접점을 공유한 형식의 접점을 말한다. 이와 같이 한 개의 가동 접점이 조작되는 힘에 따라 a 접점 또는 b 접점과 접촉하여 신호를 전환시킨다는 뜻에서 전환 접점(Transfer Contact)이라고도 한다. 다음의 [그림] (a), (b)는 전자계전기(Relay)의 c 접점의 예를 보여 주는 구조로서 접점의 형태는 하나의 가동 접점과 고정 접점이 b 접점 형태로 접속되어 있다. [그림] (b)에서처럼 전자 계전기의 코일에 전류를 인가하면 가동 접점이 고정 접점의 b 접점으로부터 떨어져 a 접점에 접촉한다. 그리고 [그림] (c)에서 점선으로 그려진 부분은 계전기 코일과 접점이 전기적으로 연결되어 동작한다는 의미로 연동을 나타낸다. 전자 계전기 코일이 여자되었을 때 동시에 가동 접점이 동작하고 코일이 소자되면 가동 접점은 동작 이전의 상태로 즉시 복귀한다.

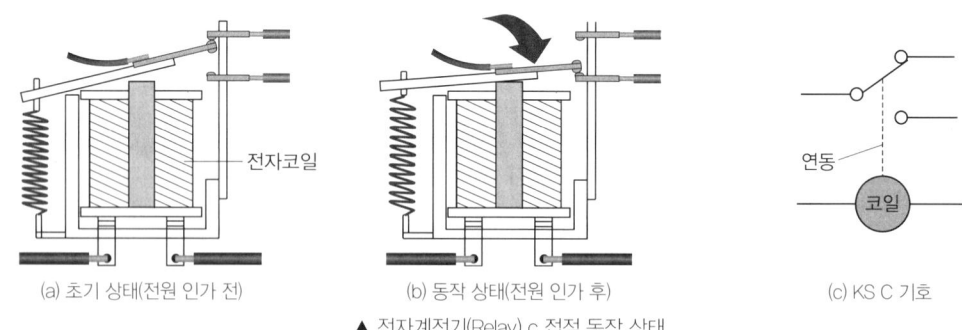

(a) 초기 상태(전원 인가 전)　　(b) 동작 상태(전원 인가 후)　　(c) KS C 기호

▲ 전자계전기(Relay) c 접점 동작 상태

- c 접점 표기

c 접점은 IEC 기호에서 접점 번호를 다음과 같이 표기한다.

(a) KS C 기호　　(b) IEC 기호

▲ 전자계전기(Relay) c 접점 기호

- c 접점 기호 종류

구분	종류	수동조작 접점		자동조작 접점		한시 접점		기계적 접점	수동조작 잔류 접점
		수동복귀	자동복귀	수동복귀	자동복귀	한시동작	한시복귀		
KS C	수평								
	수직								

※ 전기기능사 실기 시험에서는 KS C 기호를 사용(IEC 기호는 참고 확인용으로 기재)

④ 다(多)접점

- 개요

다접점 스위치는 c 접점과 동일한 동작 방식으로 1개 이상의 가동 접점과 다수의 고정 접점을 가지고 있어 하나의 스위치를 작동시키면 여러 개의 독립된 접점이 동시에 ON / OFF된다. 독립된 접점이란 여러 개의 접점이 기계적으로는 연결되어 있어 같이 작동되지만 c 접점과는 달리 전기적으로는 완전히 독립되어 있다는 것을 의미한다. 따라서 각각의 접점에 상이한 전압, 전류를 사용하여도 해당 기구의 접점 간에는 절연되어 있으므로 사용이 가능하다. 하지만 스위치의 구조와 크기에 영향을 받아 접점 용량에 제한이 있기 때문에 제어용 선택 스위치와 같은 저전류 제어용 스위치가 주로 사용된다. 다음 [그림] (a), (b)에서는 일반적인 누름버튼 스위치의 1a-1b 동작원리를 보여 주며, [그림] (c)에서의 점선은 각각의 접점이 서로 기계적으로 연동되는 것을 의미한다.

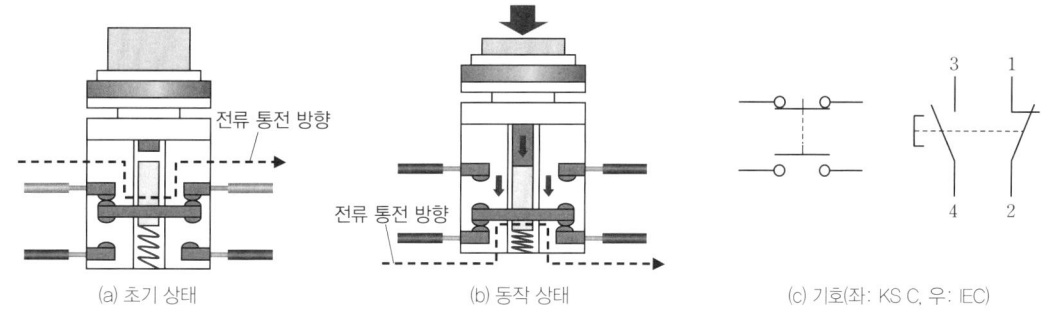

▲ 누름버튼 스위치의 다접점(1a 1b) 동작 상태와 기호

- 다접점 스위치 표기

다접점 스위치는 예를 들어 3a-1b형, 2a-2b형 스위치 등이 있으며, 아래의 [그림]은 3a-1b형 다접점 스위치의 기호를 나타낸다. 여기서 점선은 각각의 접점이 기계적으로 연동되는 것을 의미한다. [그림] (b) IEC 기호에서 (13, 14)는 첫 번째 a 접점, (23, 24)는 두 번째 a 접점, (33, 34)는 세 번째 a 접점, (41, 42)는 네 번째 b 접점을 나타낸다. 즉, 첫 번째 숫자는 접점의 순서를 나타내고 두 번째 숫자는 NO 접점(3, 4)과 NC 접점(1, 2)을 나타낸다. 다접점 스위치가 사용되는 경우에 관용적으로 NO 접점은 첫 번째 접점부터, NC 접점은 마지막 접점부터 거꾸로 사용한다. 그리고 [그림] (c)에서처럼 Ladder 기호 작성법에서 스위치, 차단기, 접촉기, 릴레이 등 계전기 접점을 작성하는 특별한 방식은 없다.

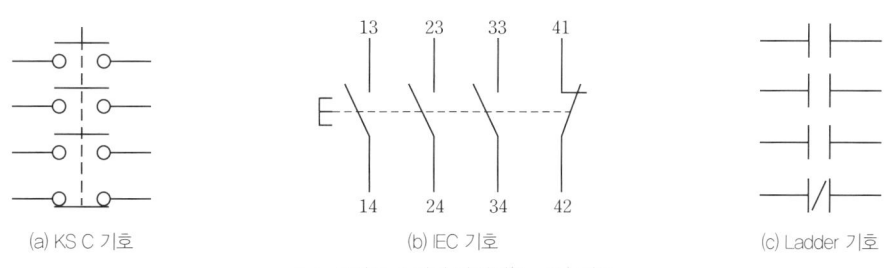

▲ 누름버튼 스위치 다접점(3a-1b) 기호

• 접점의 초기상태

시퀀스 제어회로도 작성 시 모든 기기의 접점은 초기 동작 이전의 조건으로 표시해야 한다. 초기 동작 이전의 조건이란 다음의 상태를 의미한다.

- 모든 에너지는 OFF되어 있다.
- 모든 수동조작 스위치는 OFF되어 있다.
- 모든 구동장치는 작업 전의 원래 위치를 유지하고 있다.

즉, 전원을 투입하여 운전스위치를 ON시키기 전에 접점의 초기 상태를 의미한다. 시퀀스 회로도에서 전기적 또는 기계적으로 작동되는 리밋 스위치와 검출 센서 같은 것은 초기 동작 상태로 작성하고, 이미 작동된 상태로 존재하는 것은 작동된 상태로 표시되어야 한다.

3 전기 시퀀스도의 종류

(1) 실체 배선도

실체 배선도란 기기의 기구(부품)배치나 접속방법, 배선상태 등을 실제로 설치한 것과 동일하게 구성하여 각 기구(부품)들을 전기용 심벌로 표시하는 배선도를 말한다. 실체 배선도는 기기의 기구(부품)와 접속방법, 배선상태를 정확히 표시하기 때문에 제품을 만들거나, 보수 또는 점검할 때 편리하다. 그러나 기구(부품)가 많아 회로가 복잡하거나, 상호 간에 간섭되는 부분이 많아 작동순서를 정확하게 표현하기 어려운 경우가 발생할 수 있어 실체 배선도는 간단한 회로에만 사용된다.

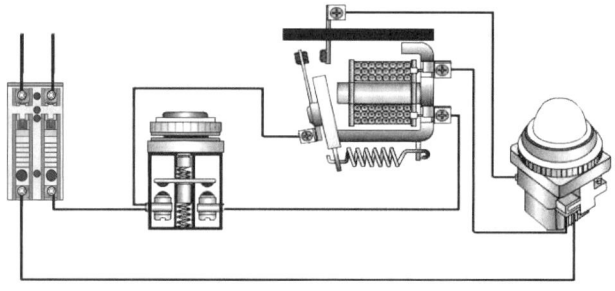

▲ 실체 배선도

(2) 타임 차트(Time Chart)

타임 차트란 시퀀스 제어에 있어서 시간의 순서에 따라 입력과 출력이 어떻게 동작하는지 나타내는 것이다.

① 세로축은 2진 신호 0과 1 또는 ON과 OFF로 기기의 동작 상태를 나타낸다.

② 가로축은 기기들의 시간적 순서를 선으로 표현한다.

MCCB	ON	OFF	ON	OFF
ON 스위치	동작	복귀	동작	복귀
전자릴레이	동작	복귀	동작	복귀
램프	점등	소등	점등	소등

▲ 타임 차트

(3) 플로우 차트(Flow Chart)

복잡한 회로도의 이해를 돕기 위해 필요한 논리적인 단계들을 [그림]으로 표현하여 동작순서의 흐름을 나타내는 것이 플로우 차트방식이다.

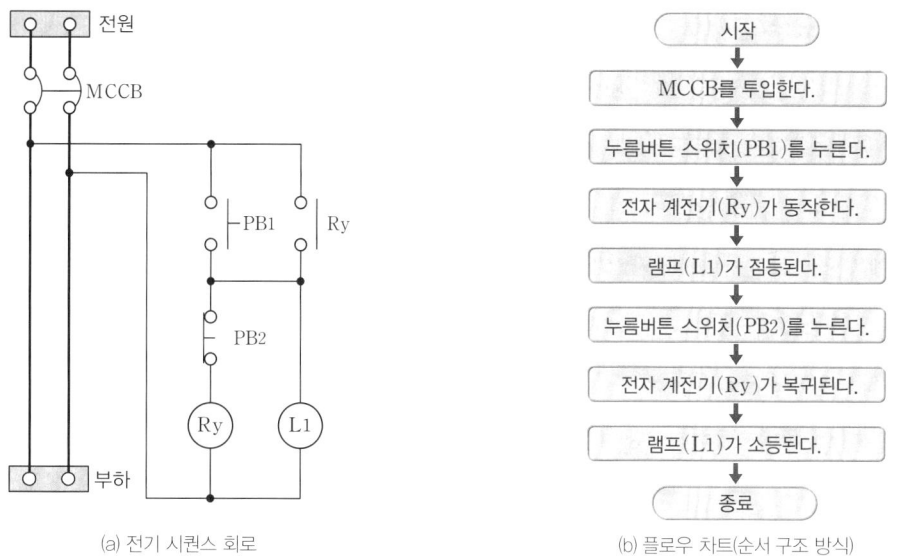

(a) 전기 시퀀스 회로   (b) 플로우 차트(순서 구조 방식)

▲ 전기 시퀀스 회로와 플로우 차트

(4) 단선 접속도

단선 접속도란 전기 기기의 계통과 전기적인 접속 관계를 단선으로 표시한 접속도이다. 주로 발전소, 변전소의 플랜트 등 전기 설비 관계의 계통 구성을 간략히 나타낼 때 사용한다.

(5) 복선 접속도

복선 접속도란 CT, PT 등의 접속 및 접지 상태와 전기 기기의 계통과 전기적인 접속 관계를 복선으로 표시한 접속도이다.

(6) 전개 접속도

전개 접속도는 전체 회로에 대한 제어동작을 이해하기 쉽도록 만든 회로의 동작순서에 따른 접속도이다. 좌에서 우로, 또는 위에서 아래의 순서로 기재한 EWD(Elementary Wiring Diagram) 방식과 각 제어기구의 설치 장소와 콘트롤 패널 사이를 접속하는 케이블을 모두 표시한 CWD(Control Wiring Diagram) 방식으로 나뉜다. 위의 [그림] (a)는 EWD 방식으로 작성되었으며, 보통 시퀀스라고 하면 EWD 방식을 가리킨다.

(7) 논리 회로도

시퀀스 제어계에서의 논리 회로도는 2진 신호의 동작을 논리 연산자로 조합하여 작성한다. 논리 연산자로 AND, OR, NOT 등이 많이 쓰이고 이들 동작들은 IC, Diode, Transistor, SCR 등과 같은 무접점 계전기 등으로 구성된다.

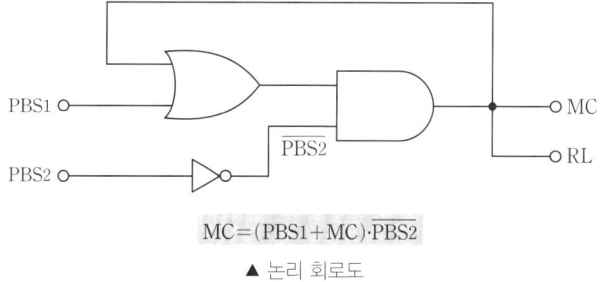

$MC = (PBS1 + MC) \cdot \overline{PBS2}$

▲ 논리 회로도

4 시퀀스 회로도 작성

전기 설비의 배전반·분전반 및 이와 관련된 기구의 기능을 중심으로 복잡한 제어 회로의 동작을 순서에 따라 전기적 접속을 전개하여 기호로 표시한 도면으로 시퀀스도 또는 전개 접속도라고 한다. 시퀀스도는 일반적으로 주회로와 제어회로, 표시회로로 구성된다. 주회로는 전원을 동력부하에 공급하기 위한 회로이며, 제어회로는 주회로의 개폐 및 표시회로의 동작 등의 모든 제어 동작이 이루어지는 제어의 핵심 회로이다. 그리고 표시회로는 제어의 동작을 알아볼 수 있도록 시각적·청각적으로 표현하는 부분이다. 실제 산업현장에서 주회로는 작업 현장에 있고, 제어회로는 제어실에 있는 경우가 대부분이다.

(1) 작성 원칙

시퀀스 회로도 작성법은 세로 방향 작성법과 가로 방향 작성법으로 나누어지며, 다음 사항을 공통적으로 적용한다.

[표] 시퀀스도 작성 원칙

항목	세로 방식	가로 방식
신호의 흐름	위에서 아래	왼쪽에서 오른쪽
동작의 흐름	왼쪽에서 오른쪽	위에서 아래
교류 제어모선	L1, L2, L3상의 2선을 상, 하	L1, L2, L3상의 2선을 좌, 우
직류 제어모선	양극 P(+) 모선을 위쪽 음극 N(−) 모선을 아래쪽	양극 P(+) 모선을 왼쪽 음극 N(−) 모선을 오른쪽
주회로	왼쪽	위
접속선	세로 직선	가로 직선
스위치, 접점의 위치	위쪽	왼쪽
코일, 표시등의 위치	아래쪽	오른쪽
기호의 표시상태	각 기기의 심벌 기호는 다음과 같이 표기한다. • 주회로의 전자 접촉기 전원이 인가되지 않았을 때의 상태, 즉 각 기기가 동작하지 않은 상태로 표기 • 수동조작인 것은 수동조작부에 손을 대지 않은 상태 • 전환 개폐기와 같이 상태가 대등한 것은 임의 상태	

(2) 시퀀스도 작성법

① 직류 및 교류 제어 전원 모선의 표시법

직류 제어 전원 모선은 P(+극), N(−극)으로 표시하고 세로에서는 위쪽으로, 가로에서는 왼쪽에 작성한다. 그리고 교류 제어 전원 모선은 L1, L2 또는 L1, L3로 표시하고 세로에서는 아래쪽으로, 가로에서는 오른쪽에 작성한다.

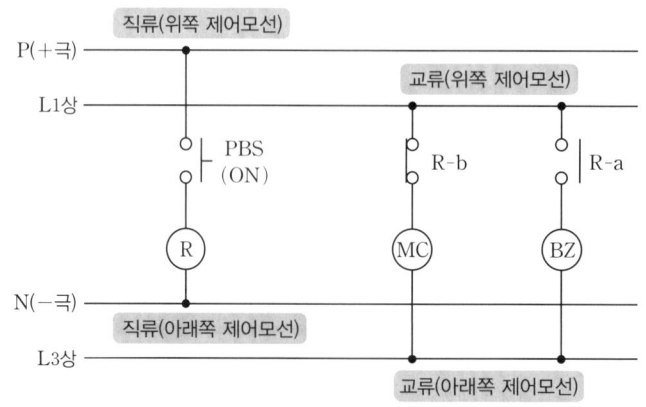

▲ 세로 방향 제어 전원 모선 표시법

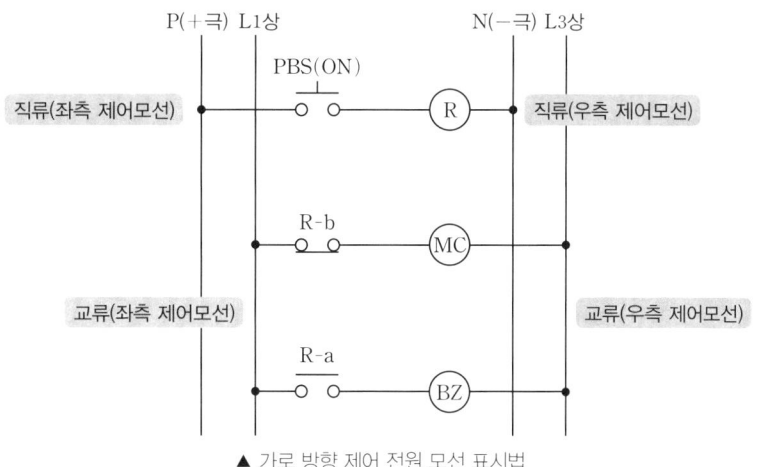

▲ 가로 방향 제어 전원 모선 표시법

② 세로 방향으로 시퀀스도 그리는 방법

접속선은 작동 순서에 따라 좌에서 우로 작성하도록 한다.

동작 1 신호의 흐름을 위쪽에서 아래쪽으로 흐르도록 배열한다. 동작이 먼저 이루어지는 THR의 기호와 연결된 OL 램프를 아래쪽에 그린다.

동작 2 PBS1, PBS2를 그리고 이와 연결된 MC 코일을 아래쪽에 그린다.

동작 3 오른쪽 줄에 MC-a 접점을 그리고 접속점을 연결한다.

동작 4 시퀀스 회로 동작의 흐름은 왼쪽에서 오른쪽으로 흐르도록 배열한다. MC 코일에 의하여 동작하는 MC-a 접점을 다음 오른쪽 줄에 그리고, MC-a 접점을 통하여 전원을 공급받아 동작하는 RL 램프를 연결하여 그린다.

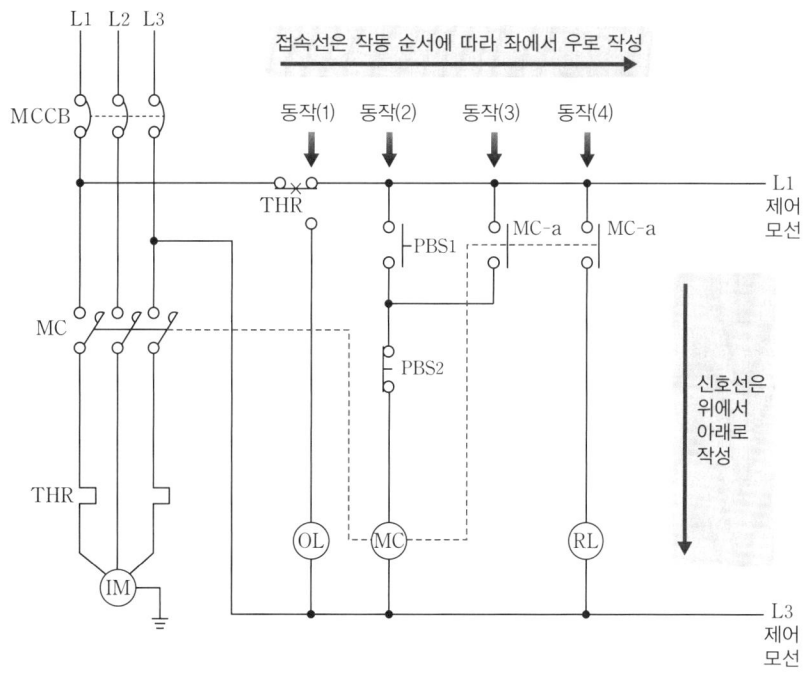

▲ 세로 방향 시퀀스 작성법

③ 가로 방향으로 시퀀스도 그리는 방법

접속선은 작동 순서에 따라 위에서 아래로 작성하도록 한다.

동작 1 신호의 흐름을 왼쪽에서 오른쪽으로 흐르도록 배열한다. 동작이 먼저 이루어지는 THR의 기호와 연결된 OL 램프를 오른쪽에 그린다.

동작 2 아래쪽 줄에 PBS1, PBS2를 그리고 이와 연결된 MC 코일을 그린다.

동작 3 아래쪽 줄에 MC-a 접점을 그리고 접속점을 연결한다.

동작 4 시퀀스 회로 동작의 흐름은 위쪽에서 아래쪽으로 흐르도록 배열한다. MC 코일에 의하여 동작하는 MC-a 접점을 다음 아래쪽 줄에 그리고 MC-a 접점을 통하여 전원을 공급받아 동작하는 RL 램프를 연결하여 그린다.

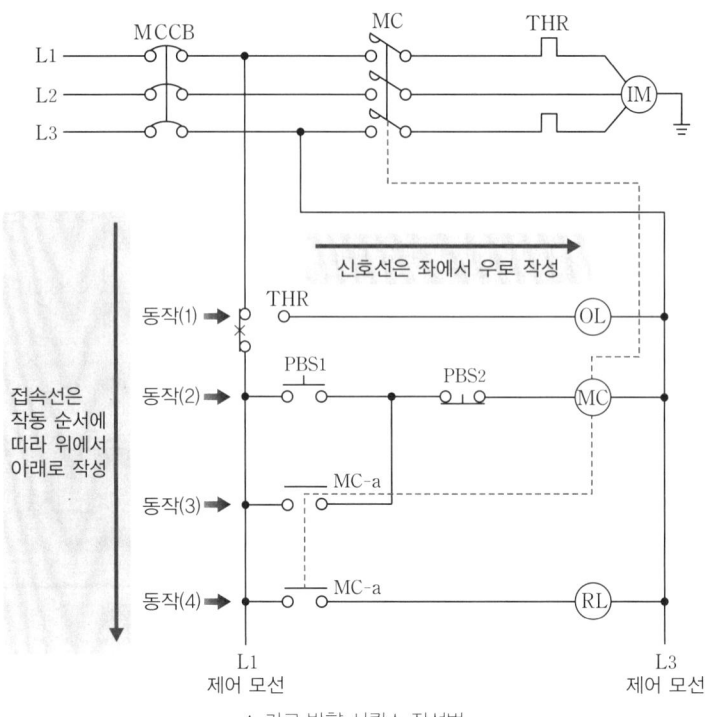

▲ 가로 방향 시퀀스 작성법

5 자기 유지 기본 회로

누름버튼 스위치는 버튼을 누를 때만 동작 상태를 유지하고 손을 떼면 초기의 상태로 복귀하므로 누름버튼 스위치와 전자계전기의 a 접점을 병렬로 연결하여 그 상태를 계속 유지할 수 있도록 자기 유지 회로를 구성한다. 자기 유지 회로는 입력신호(기동신호)가 소멸해도 병렬로 구성된 회로를 통하여 연속적으로 출력신호가 얻어지기 때문에 기억회로라고도 한다. 정지(OFF) 우선 자기 유지 회로와 기동(ON) 우선 자기 유지 회로가 있는데, 산업현장에서는 안전을 우선시하기 때문에 정지(OFF) 우선 자기 유지 회로를 많이 사용한다.

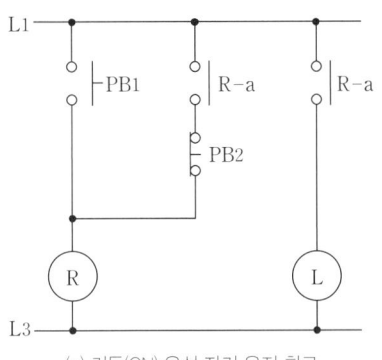

(a) 기동(ON) 우선 자기 유지 회로

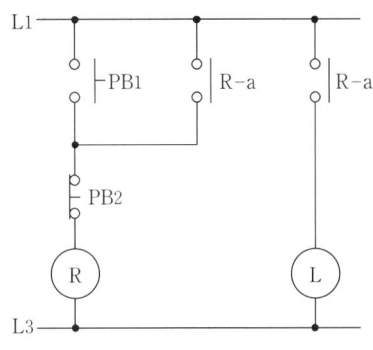

(b) 정지(OFF) 우선 자기 유지 회로

PART

2

실전 학습

이론과 접목하여
실제 예제를 통해 완벽 학습

내용 미리보기
실습을 통해서 여러가지 회로를 익힌다!

실전 학습은 실제 회로를 구성하기 위한 연습 단계로 주어진 도면을 분석하고 동작 조건에 맞는 회로의 결선과 배선, 배관에 대하여 학습합니다.

※ 제공되는 실습 풀이 영상과 함께 작업하며 회로의 구성 및 동작 요령을 습득할 수 있습니다.

PART 2 　 실습 풀이 영상

활용 방법
① 네이버앱 또는 카카오톡앱에서 QR코드 스캔 기능을 준비한다.
② QR코드를 스캔하여 각 실습에 해당하는 강의를 수강한다.
③ 동영상 강의와 함께 본문을 학습한다.

챕터별 학습 전략

CHAPTER 01
기본회로
실습 예제를 통해 다양한 계전기의 특성을 학습하고 시퀀스 넘버링 및 실체 배선도를 작성하는 연습을 할 수 있도록 구성되었습니다.

CHAPTER 02
6가지 제어회로
시험에 자주 출제되는 대표 유형 6가지를 학습합니다. 각 회로에 맞는 실체 배선도를 작성하고 배관 작업까지 연습할 수 있도록 구성되었습니다.

CHAPTER 01 기본 회로

1 회로 결선 실습

(1) 자기 유지 회로 기본 실습

① 정지(OFF) 우선 자기 유지 회로

- 기본 회로 구성
- PB1-a 접점과 릴레이 R-a 접점을 병렬로 연결한다.
  - 여기에 직렬로 PB2-b 접점을 연결한다.
  - 정지(OFF) 우선 자기 유지 회로의 특징은 PB1과 PB2를 동시에 눌렀을 때 릴레이는 소자(OFF) 상태가 된다.

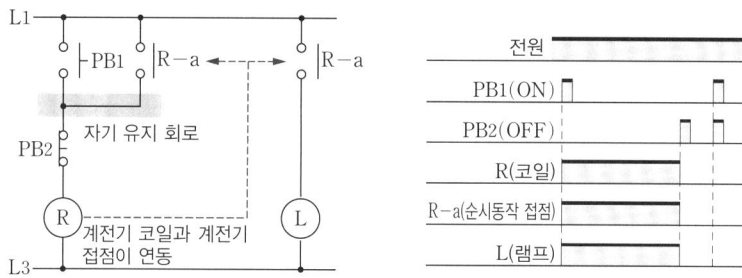

▲ 정지 우선 자기 유지 회로의 기본 구성

- 자기 유지 회로 동작 설명

동작 1 릴레이 R의 코일에 전원이 가해지지 않는 상태

동작 2 누름버튼 스위치 PB1을 누르면 화살표를 따라 전류가 흐르게 되고 릴레이 R은 여자된다. 이와 동시에 R-a 접점이 동작한다.

동작 3 누름버튼 스위치 PB1을 누르는 손을 떼어도 전류는 R-a 접점을 통해 계속 흐르게 되고 릴레이 R의 여자 상태도 계속 유지하게 된다.

동작 4 램프 L을 끄기 위해서 누름버튼 스위치 PB2를 누르면 릴레이 R은 소자되면서 R-a 접점은 복귀하게 되고 램프 L은 꺼진다.

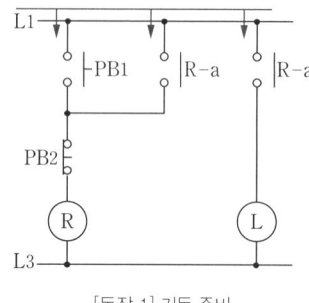

[동작 1] 기동 준비

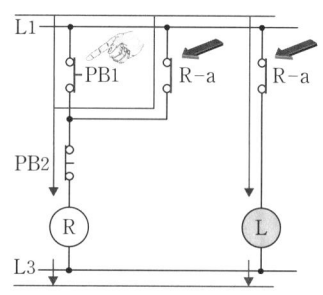

[동작 2] PB1을 손으로 누르고 있는 상태

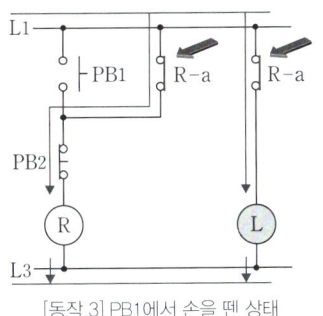
[동작 3] PB1에서 손을 뗀 상태

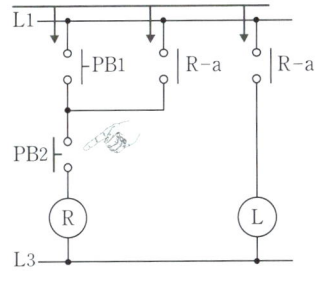
[동작 4] PB2를 손으로 누르고 있는 상태

▲ 정지 우선 자기 유지 회로의 동작

실습 1 정지 우선 자기 유지 회로를 8핀 릴레이를 사용하여 넘버링 구성 및 회로 결선을 완성하시오.
(단, 외부 전원과 입력, 출력기기는 단자대를 거치도록 작업하시오.)

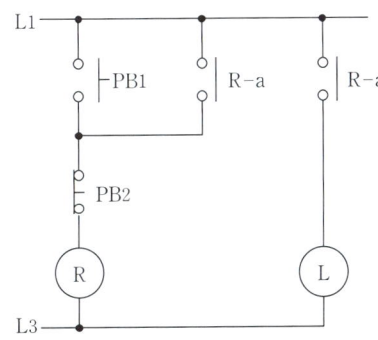
(a) 시퀀스 회로도

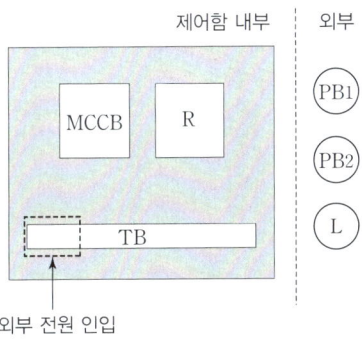
(b) 기구 배치도

기호	제품명	수량	기호	제품명	수량
MCCB	배선용 차단기(2P)	1개	R	8핀 릴레이(2c), 소켓	1 Set
PB1	푸시버튼 스위치(녹색)	1개	L	파일럿 램프	1개
PB2	푸시버튼 스위치(적색)	1개	TB	단자대(10P)	1개

 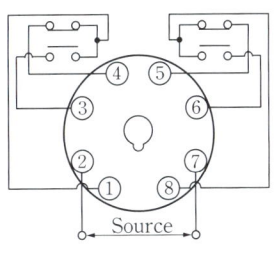 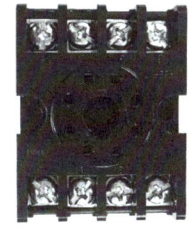

(c) 8핀 릴레이(2c)　　　　　　　(d) 8핀 소켓

▲ 8핀 릴레이와 소켓

※ 2025년 제1회 시험부터 푸시버튼 스위치가 신형 모델로 제공될 수 있습니다.
　신형 스위치의 상세 정보는 아래의 경로 또는 우측 QR코드를 통해 확인할 수 있습니다.
　* 에듀윌 도서몰 방문(book.eduwill.net) ▶ 도서자료실 ▶ 부가학습자료 ▶ [전기기능사 실기] 검색

[신형 모델 정보 바로가기]

실습1 풀이 | 정지 우선 자기 유지 회로 결선도 풀이

〈실습1 시퀀스 회로 넘버링 작업 방법〉

(가) 외부 입력 전원과 입력기구(PB), 출력 기구(램프)의 접점 번호는 원형 문자 및 숫자 ⓛ, ⓝ, ①, ②, ③, ④, ⑤, ⑥으로 작성한다.(외부로 나가는 입력, 출력의 접점은 ○ 안에 숫자로 표기한다.)

(나) 8핀 릴레이에 해당하는 접점은 해당 데이터 시트(2a-2b)를 참조하여 일반 숫자로 작성한다.

(다) PB1, PB2, L의 접점 번호는 위에서 아래 또는 좌에서 우로 순차적으로 작성하지 않아도 무방하다.
(예) PB1 번호 ①, ② ➡ ②, ① 가능)

(라) 릴레이 접점 R-a 번호는 위(1 또는 8), 아래(3 또는 6) 번호가 바뀌어도 무방하나 둘 이상 접점을 사용할 경우 공통 접점을 주의하여 작성해야 한다.(예: R-a 번호 1, 3 ➡ 3, 1 가능하나 주의할 것)

(마) AC용 릴레이인 경우 코일 접점 번호 위(7), 아래(2) 번호가 바뀌어도 무방하나 DC용 릴레이는 반드시 극성을 주의하여 작성해야 한다.(예: AC 릴레이 R 번호 7, 2 ➡ 2, 7 가능, DC 릴레이는 극성을 주의할 것)

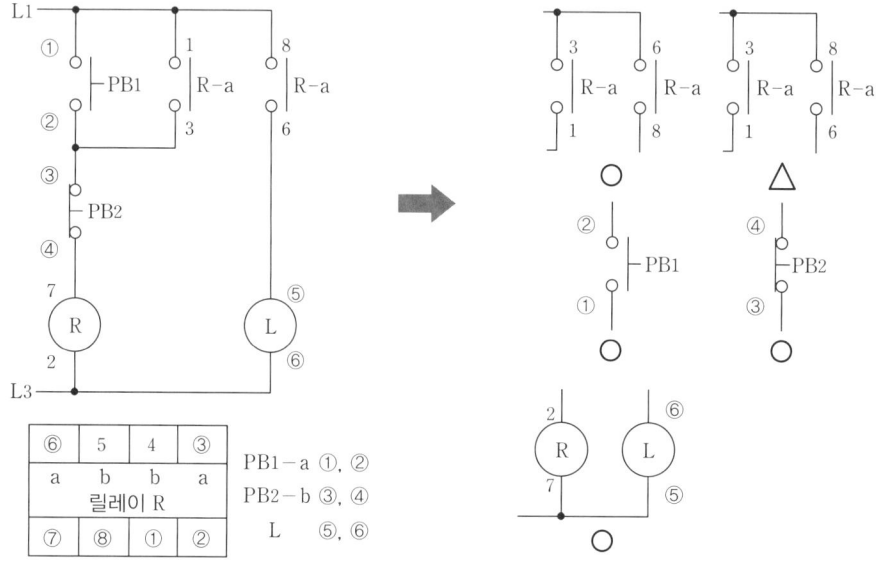

〈실습1 시퀀스 회로도 결선 방법〉

(가) 시퀀스 회로 배선 작업에 필요한 전원 상(L1, L2, L3)의 종류, 누름버튼 스위치(a, b 접점) 및 릴레이의 접점(1a-1b, 2a-2b) 등의 부품 규격을 확인한다.

(나) 외부 입력 전원은 터미널 단자대를 거쳐서 누전 차단기 전원 측으로 결선한다.

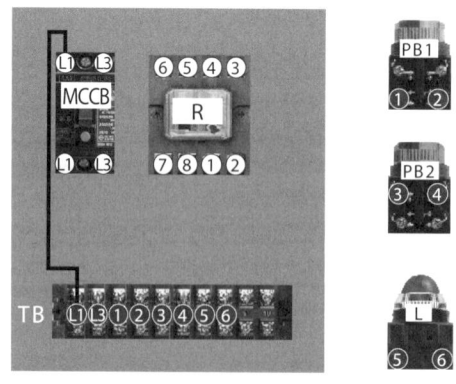

(다) 누전 차단기 1, 2차 측 배선(L1상)을 연결하고 완료한 부분은 시퀀스 회로도에 펜으로 표시한다.

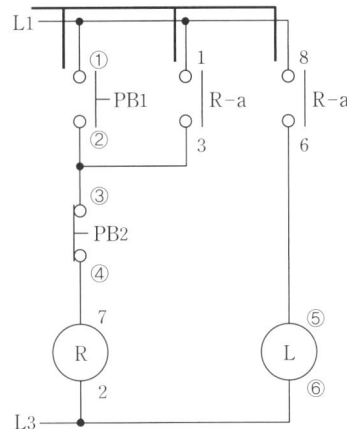 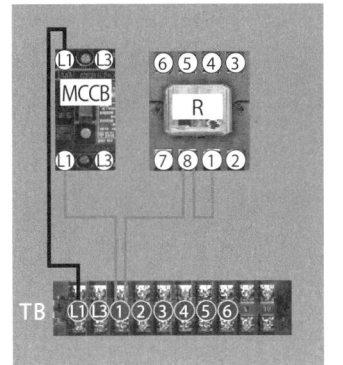  

(라) 8핀 릴레이 소켓과 터미널 단자대 간 배선을 연결하고 완료한 부분은 시퀀스 회로도에 펜으로 표시한다.

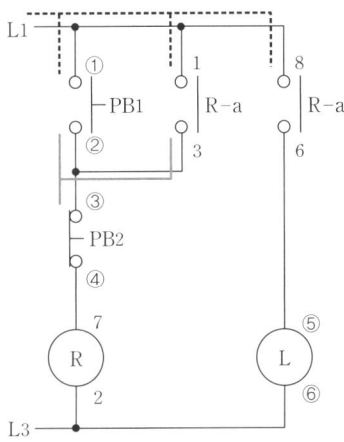 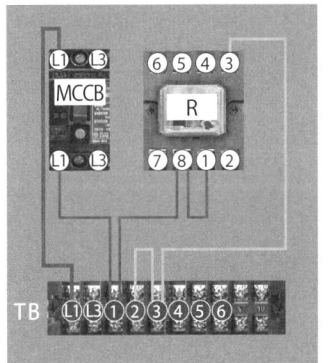  

(마) 8핀 릴레이 소켓과 터미널 단자대 간 배선을 연결하고 완료한 부분은 시퀀스 회로도에 펜으로 표시한다.

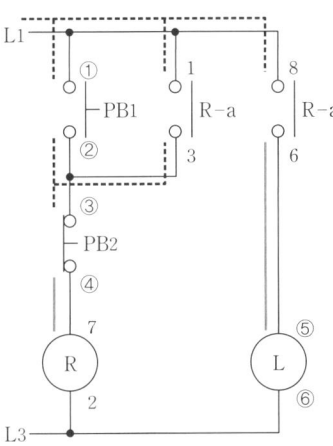 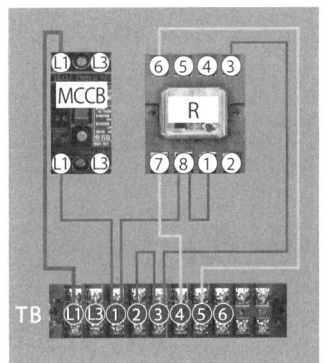

(바) 누전 차단기 1, 2차 측 배선(L3상)을 연결하고 완료한 부분은 시퀀스 회로도에 펜으로 표시한다.

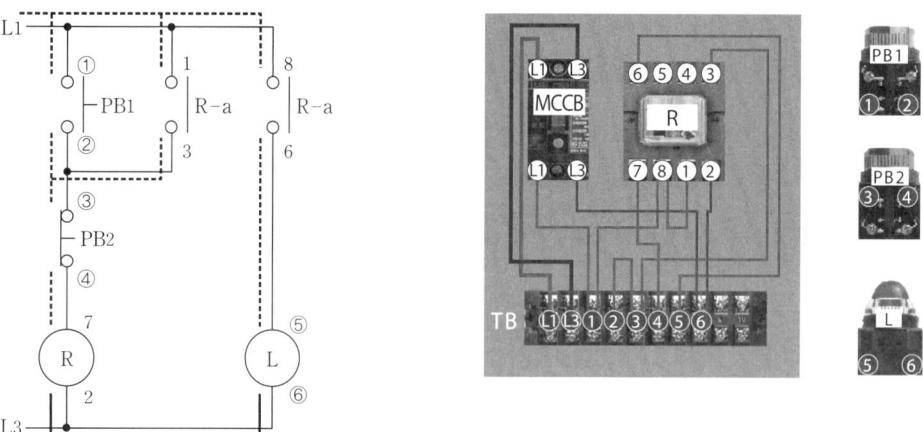

(사) 입력 및 출력 기구(PB1, PB2, L)와 터미널 단자대 간의 배선 작업을 한다. 그리고 차단기에 외부 입력 전원을 연결하기 전에 빠진 개소가 있는지 시퀀스 회로도를 보면서 반드시 확인 점검을 한다.

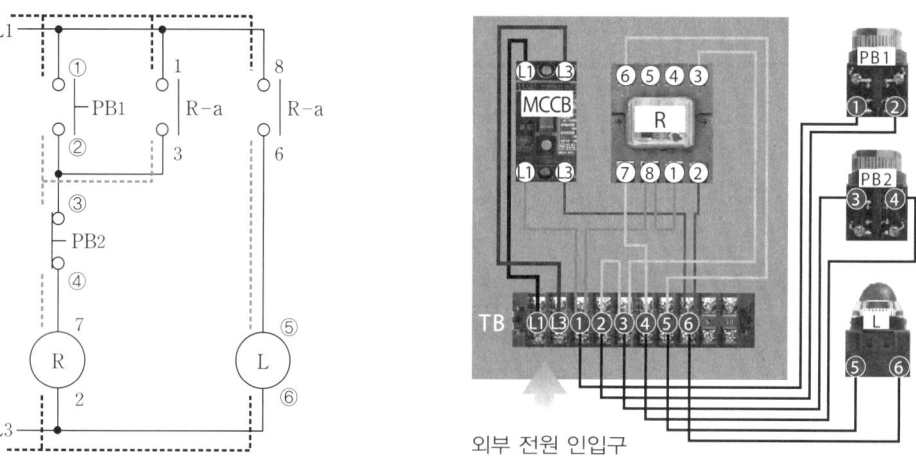

② 기동(ON) 우선 자기 유지 회로

• 기본 회로 구성
  - PB2-b 접점과 릴레이 R-a 접점을 직렬로 연결한다.
  - 여기에 PB1-a 접점과 병렬로 회로를 구성하여 연결한다.
  - 기동(On) 우선 자기 유지 회로의 특징은 PB1과 PB2를 동시에 눌렀을 때 계전기는 여자(동작) 상태가 된다.

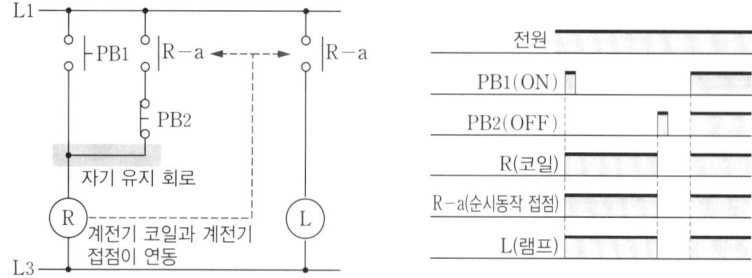

▲ 기동 우선 자기 유지 회로 기본 구성

실습 2 기동 우선 자기 유지 회로를 8핀 릴레이를 사용하여 넘버링 구성 및 회로 결선을 완성하시오.(단, 외부 전원과 입력, 출력기기는 반드시 단자대를 거치도록 작업하시오.)

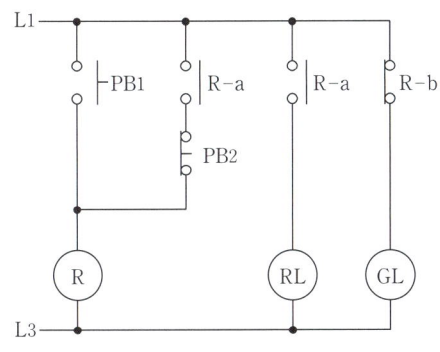

(a) 시퀀스 회로도

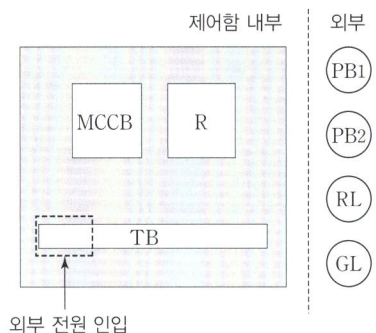

(b) 기구 배치도

기호	제품명	수량	기호	제품명	수량
MCCB	배선용 차단기(2P)	1개	R	8핀 릴레이(2c), 소켓	1 Set
PB1	푸시버튼 스위치(녹색)	1개	RL	파일럿 램프(적색)	1개
PB2	푸시버튼 스위치(적색)	1개	GL	파일럿 램프(녹색)	1개
TB	단자대(10P)	1개			

 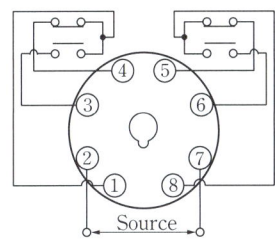 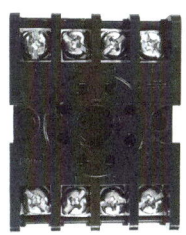 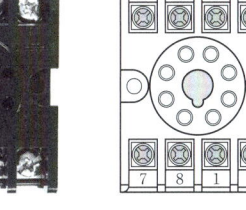

(c) 8핀 릴레이(2c)　　　　　　　(d) 8핀 소켓

▲ 8핀 릴레이와 소켓

실습2 풀이 기동 우선 자기 유지 회로 결선도 풀이

〈실습2 시퀀스 회로 넘버링 작업 방법〉

(가) 외부 입력 전원과 입력 기구(PB), 출력 기구(램프)의 접점 번호는 원형 문자 및 숫자 ⑪, ⑬, ①, ②, ③, ④, ⑤, ⑥, ⑦, ⑧로 작성한다.

(나) 릴레이에 해당하는 접점은 해당 데이터 시트(2a-2b)를 참조하여 일반 숫자로 작성한다.

(다) PB1, PB2, RL, GL의 접점 번호는 위에서 아래 또는 좌에서 우로 순차적으로 작성하지 않아도 무방하다.
(예: PB1 번호 ①, ② ➡ ②, ① 가능)

(라) 릴레이 접점 R-a 번호는 위(1 또는 8), 아래(3 또는 6) 번호가 바뀌어도 무방하나 둘 이상 접점을 사용할 경우 공통 접점을 주의하여 작성해야 한다.(예: R-a 번호 1, 3 ➡ 3, 1 가능하나 주의할 것)

(마) AC용 릴레이인 경우 코일 접점 번호 위(7), 아래(2) 번호가 바뀌어도 무방하나 DC용 릴레이는 반드시 극성을 주의하여 작성해야 한다.(예: AC 릴레이 R 번호 7, 2 ➡ 2, 7 가능, DC 릴레이는 극성을 주의할 것)

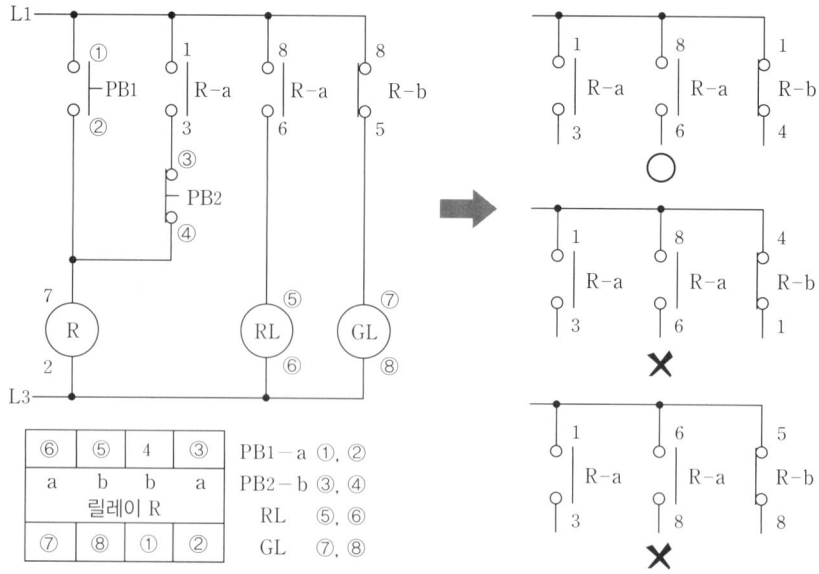

〈실습2 시퀀스 회로도 결선 방법〉

(가) 시퀀스 회로 배선 작업에 필요한 전원 상(L1, L2, L3)의 종류, 누름버튼 스위치(a, b 접점) 및 릴레이의 접점(1a-1b, 2a-2b) 등의 부품 규격을 확인한다.

(나) 외부 입력 전원은 터미널 단자대를 거쳐서 누전 차단기 전원 측으로 결선한다.

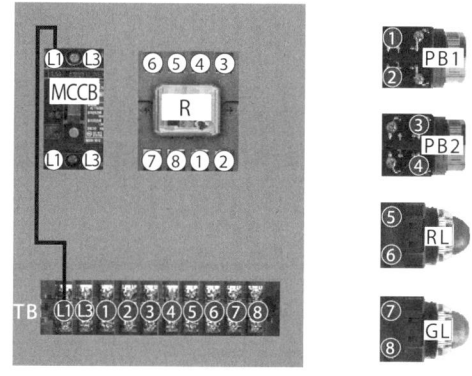

(다) 누전 차단기 1, 2차 측 배선(L1상)을 연결하고 완료한 부분은 시퀀스 회로도에 펜으로 표시한다.

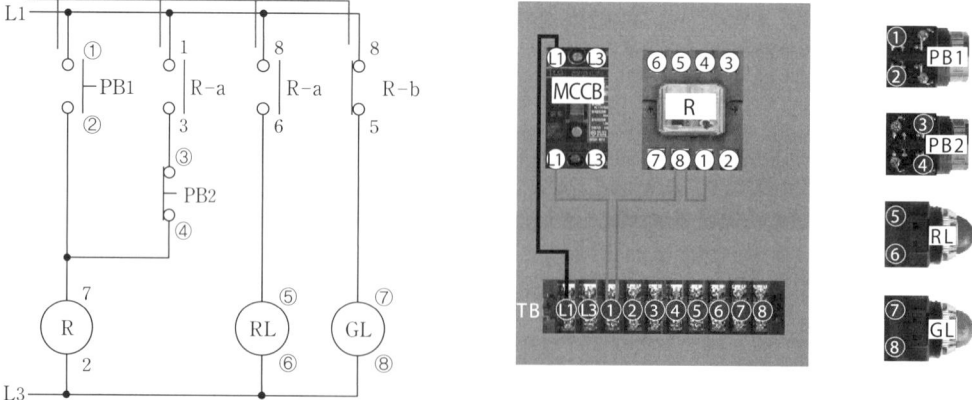

(라) 8핀 계전기 소켓과 터미널 단자대 간 배선을 연결하고 완료한 부분은 시퀀스 회로도에 펜으로 표시한다.

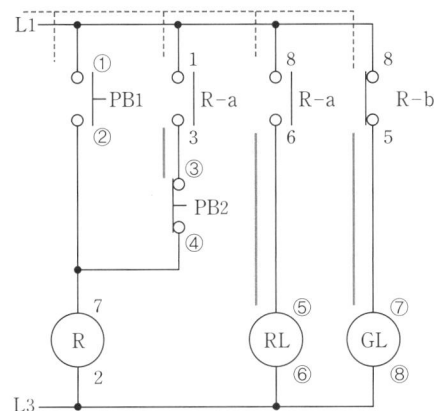 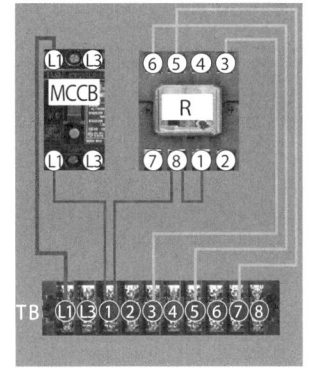

(마) 8핀 계전기 소켓과 터미널 단자대 간 배선을 연결하고 완료한 부분은 시퀀스 회로도에 펜으로 표시한다.

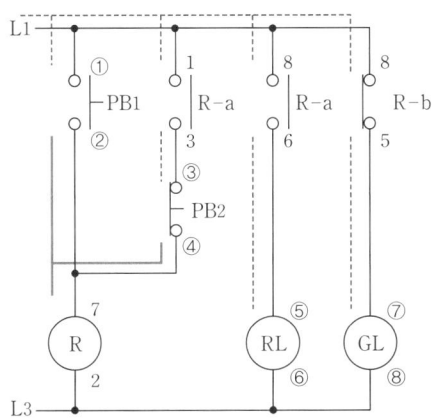 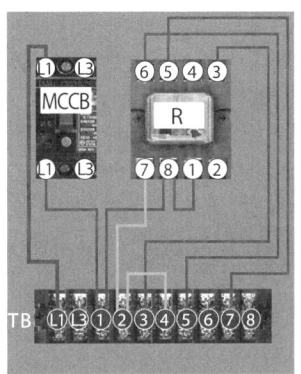

(바) 누전 차단기 1, 2차 측 배선(L3상)을 연결하고 완료한 부분은 시퀀스 회로도에 펜으로 표시한다.

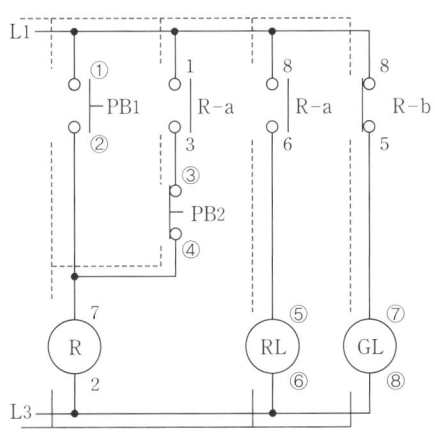 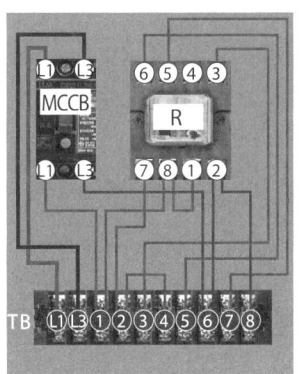

(사) 입력 및 출력 기구(PB1, PB2, RL, GL)와 터미널 단자대 간의 배선 작업을 한다. 그리고 외부 입력 전원을 연결하기 전에 빠진 개소가 있는지 시퀀스 회로도를 보면서 반드시 확인 점검을 한다.

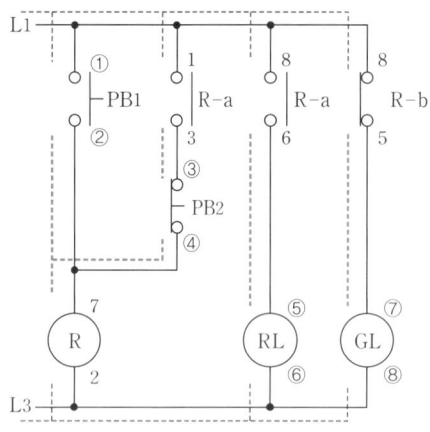
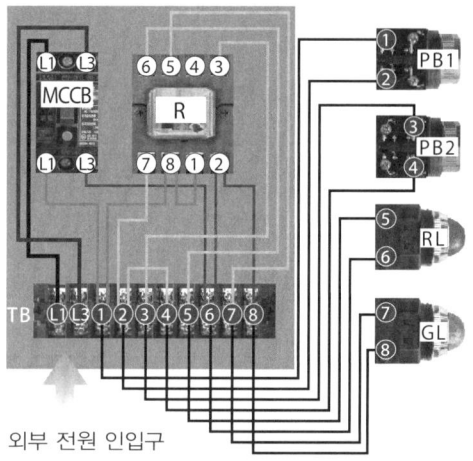

전동기 인칭 운전 제어

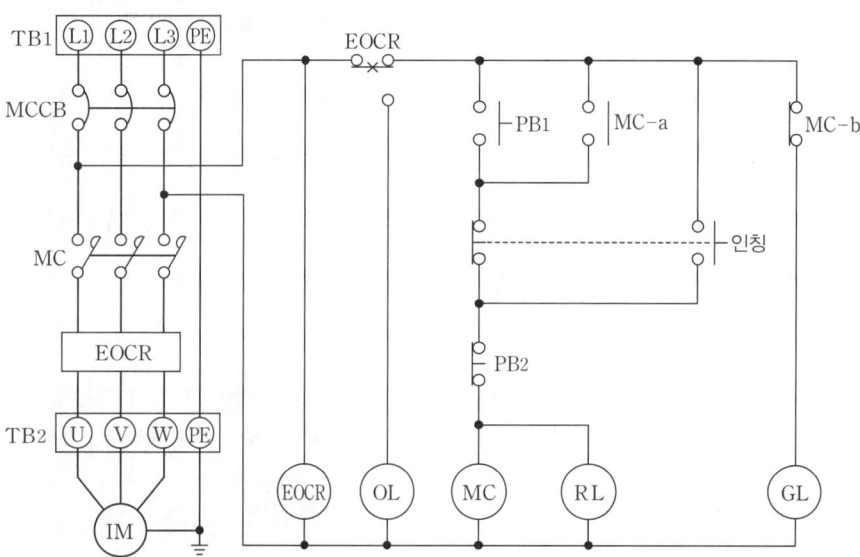

인칭 운전 스위치를 누르고 있는 동안에만 전동기가 회전하며, 인칭 운전 스위치에서 손을 떼면 전동기가 즉시 정지하는 제어를 인칭(Inching) 운전이라고 한다. 인칭의 다른 의미로는 조깅 또는 촌동이라고도 하며, 기계를 짧은 시간만 운전하기 위해 미소 시간 한 번 또는 여러 번 반복하여 조작하는 것을 말한다.

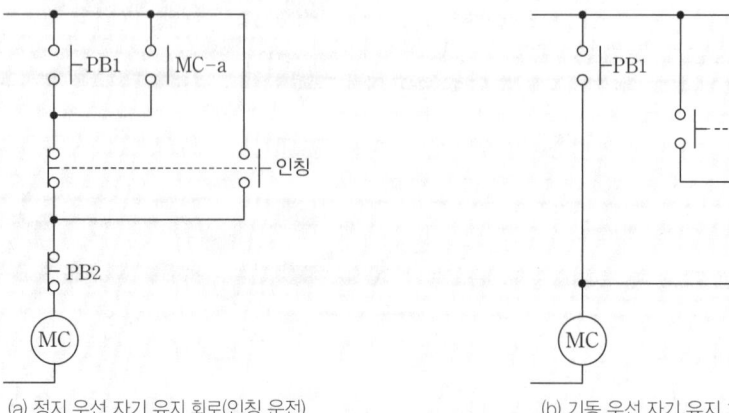

(a) 정지 우선 자기 유지 회로(인칭 운전)   (b) 기동 우선 자기 유지 회로(인칭 운전)

③ 수동 복귀 회로

- 기본 회로 구성
  - 열동형 계전기(THR), 전자식 과전류 계전기(EOCR) 등을 이용하여 전동기 보호에 사용된다.
  - 한 번 작동하면 기계적으로 작동 상태를 계속 유지한다.
  - 회로의 복귀는 수동으로 한다.

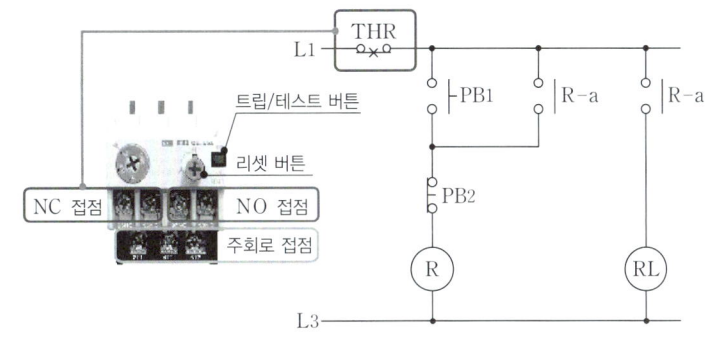

▲ 수동 복귀 회로 기본 구성

- 동작 설명
  - PB1을 누르면 릴레이 R이 여자된다.
  - 릴레이의 R-a 접점이 동작하여 RL이 점등된다.
  - PB1을 누르고 있는 손을 떼어도 R-a 접점에 의해 자기 유지된다.
  - THR 트립 버튼을 수동으로 동작한다.
  - THR-b 접점이 동작(개방)하여 릴레이 R이 소자된다.
  - 릴레이 R-a 접점이 복귀되어 RL이 소등된다.
  - THR 복구 버튼을 수동으로 복구해 주기 전까지는 계속해서 THR-b 접점이 개방 상태를 유지한다.

실습 3 릴레이(2c)와 전자식 과전류 계전기(EOCR)를 사용하여 수동 복귀 회로 넘버링 구성 및 회로 결선을 완성하시오.(단, 외부 전원과 입력, 출력 기기는 단자대를 거치도록 작업하시오.)

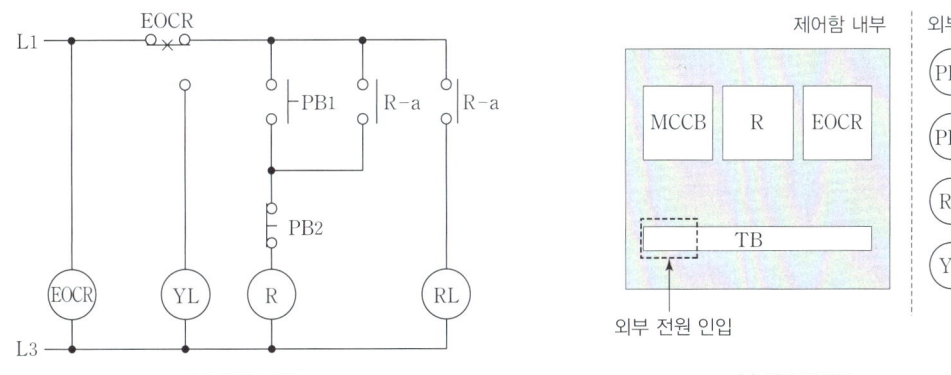

(a) 시퀀스 회로도　　　　　(b) 기구 배치도

기호	제품명	수량	기호	제품명	수량
MCCB	배선용 차단기(2P)	1개	R	8핀 릴레이, 소켓	1 Set
EOCR	전자식 과전류 계전기	1개	RL	파일럿 램프(적색)	1개
PB1	푸시버튼 스위치(녹색)	1개	YL	파일럿 램프(황색)	1개
PB2	푸시버튼 스위치(적색)	1개	TB	단자대(10P)	1개

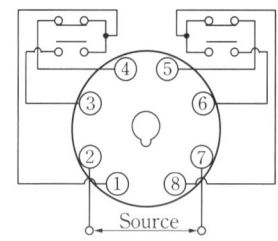
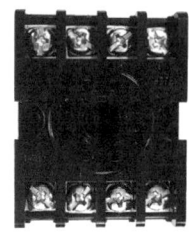
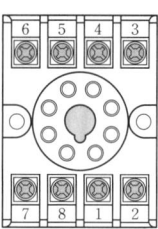

(c) 8핀 릴레이(2c)　　　　　　　　　　　(d) 8핀 소켓

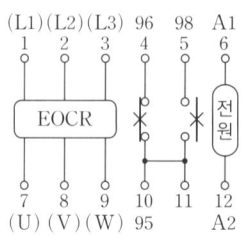

▲ 전자식 과전류 계전기(EOCR)와 12핀 소켓

실습3 풀이　수동 복귀 회로 결선도 풀이

〈실습3 시퀀스 회로 넘버링 작업 방법〉

(가) 외부 입력 전원과 입력 기구(PB), 출력 기구(램프)의 접점 번호는 ⑪, ⑬, ①, ②, ③, ④, ⑤, ⑥, ⑦, ⑧로 작성한다.

(나) 릴레이에 해당하는 접점은 해당 데이터 시트를 참조하여 일반 숫자로 작성한다.

(다) PB1, PB2, RL, YL은 위, 아래 번호 또는 좌, 우 순차적으로 작성하지 않아도 무방하다.
(예: PB1 번호 ①, ② ➡ ②, ① 가능)

(라) 릴레이 보조접점 R－a 번호는 위(1 또는 8), 아래(3 또는 6) 번호가 바뀌어도 무방하나 둘 이상 접점을 사용할 경우 공통 접점을 주의하여 작성해야 한다.(예: R－a 번호 1, 3 ➡ 3, 1 가능하나 주의할 것)

(마) AC용 릴레이인 경우 코일 접점 번호 위(7), 아래(2) 번호가 바뀌어도 무방하나 DC용 릴레이는 반드시 극성을 주의하여 작성해야 한다.(예: AC 릴레이 R 번호 7, 2 ➡ 2, 7 가능, DC 릴레이는 극성 주의할 것)

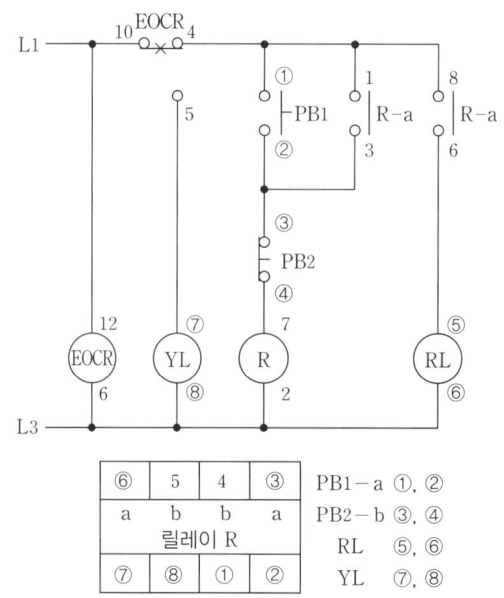

〈실습3 시퀀스 회로도 결선 방법〉

(가) 시퀀스 회로 배선 작업에 필요한 부품을 확인하고 회로도에 맞게 부품의 색상과 위치를 고려하여 배치한다.

(나) 외부 입력 전원은 터미널 단자대를 거쳐서 누전 차단기의 전원 측으로 결선한다.

(다) 열동형 과부하 계전기인 경우 제품마다 접점 사용 방법이 상이하므로 데이터 시트를 확인하여 결선해야 한다.

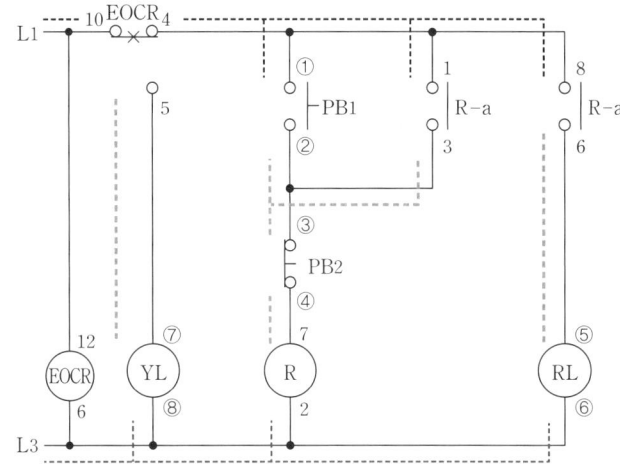

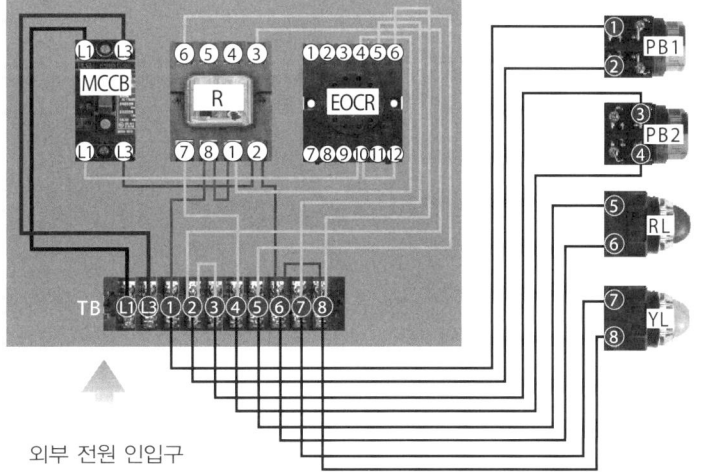

※ EOCR 1, 2, 3, 7, 8, 9 단자 결선은 실습 7, 실습 8에서 추가 학습하실 수 있습니다.

(2) 자기 유지 회로 응용 실습

실습 4 다음 시퀀스 회로를 보고 시퀀스 넘버링 및 실체 배선도를 작성하시오.(전자 접촉기 4a-1b 이용. 단, 외부 전원과 입력, 출력기기는 단자대를 거치도록 작업하시오.)

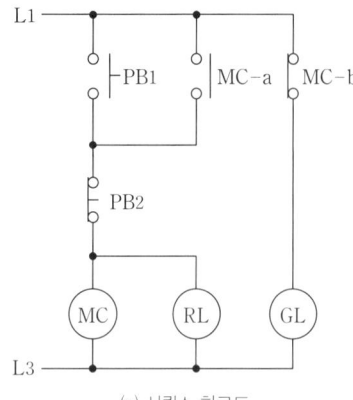

(a) 시퀀스 회로도

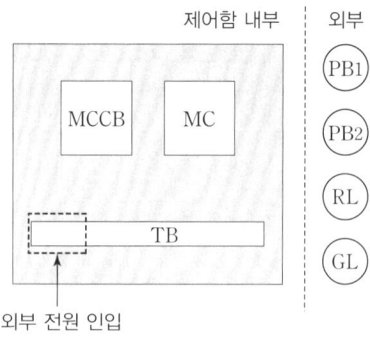

(b) 기구 배치도

기호	제품명	수량	기호	제품명	수량
MCCB	배선용 차단기(2P)	1개	MC	전자 접촉기(4a 1b)	1개
PB1	푸시버튼 스위치(녹색)	1개		12핀 소켓(MC 용)	1개
PB2	푸시버튼 스위치(적색)	1개	RL	파일럿 램프(적색)	1개
TB	단자대(10P)	1개	GL	파일럿 램프(녹색)	1개

(a) 전자 접촉기

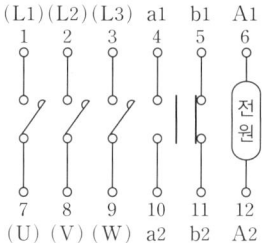

(b) 내부 회로도

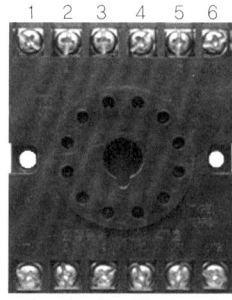

(c) 전자 접촉기 소켓(12P)

▲ 전자 접촉기(MC)와 12핀 소켓

실습4 풀이 **전자 접촉기(MC) 제어회로 결선도 풀이**

〈실습4 시퀀스 회로 넘버링 작업 방법〉

(가) 외부 입력 전원과 입력 기구(PB), 출력 기구(램프)의 접점 번호는 원형 숫자 ⑪, ⑬, ①, ②, ③, ④, ⑤, ⑥, ⑦, ⑧로 작성한다.

(나) 외부 입력 전원은 터미널 단자대를 거쳐서 배선용 차단기 전원 측으로 결선한다.

(다) 전자 접촉기는 12핀 소켓에 접속하여 사용해야 하므로 반드시 전자 접촉기의 데이터 시트를 확인하여 일반 숫자로 작성한다.

(라) PB1, PB2, RL, GL은 위, 아래 번호 또는 좌, 우 순차적으로 작성하지 않아도 무방하다.
  (예: PB1 번호 ①, ② ➡ ②, ① 가능)

(마) 전자 접촉기 보조접점 MC-a(10, 4)와 MC-b(11, 5) 번호는 위, 아래 번호가 바뀌어도 가능하지만 동시에 사용할 경우 공통 접점을 유의하여 작성하도록 한다.

(바) AC용 전자 접촉기인 경우 전원 코일 접점 번호 위(12), 아래(6) 번호가 바뀌어도 가능하다.

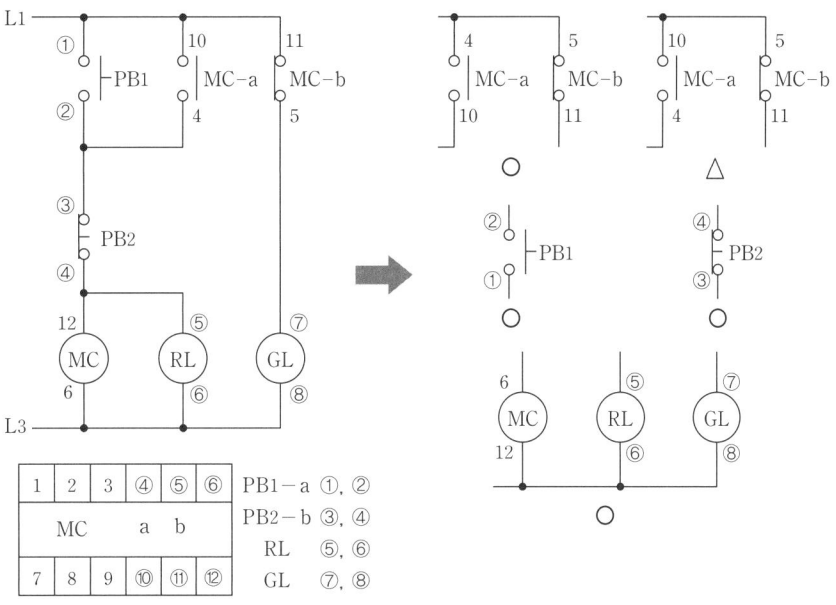

〈실습4 시퀀스 회로도 결선 방법〉

(가) 시퀀스 회로 배선 작업에 필요한 부품을 확인하고 회로도에 맞게 부품의 색상과 위치를 고려하여 배치한다.

(나) 전자 접촉기는 12핀 소켓에 접속하여 사용해야 하므로 전자 접촉기의 데이터 시트를 확인하여 결선해야 한다.

(다) 제어함 내의 제어회로와 푸시버튼 스위치, 파일럿 램프 등 외부 입력, 출력 기구를 터미널 단자대(TB)와 연결한다.

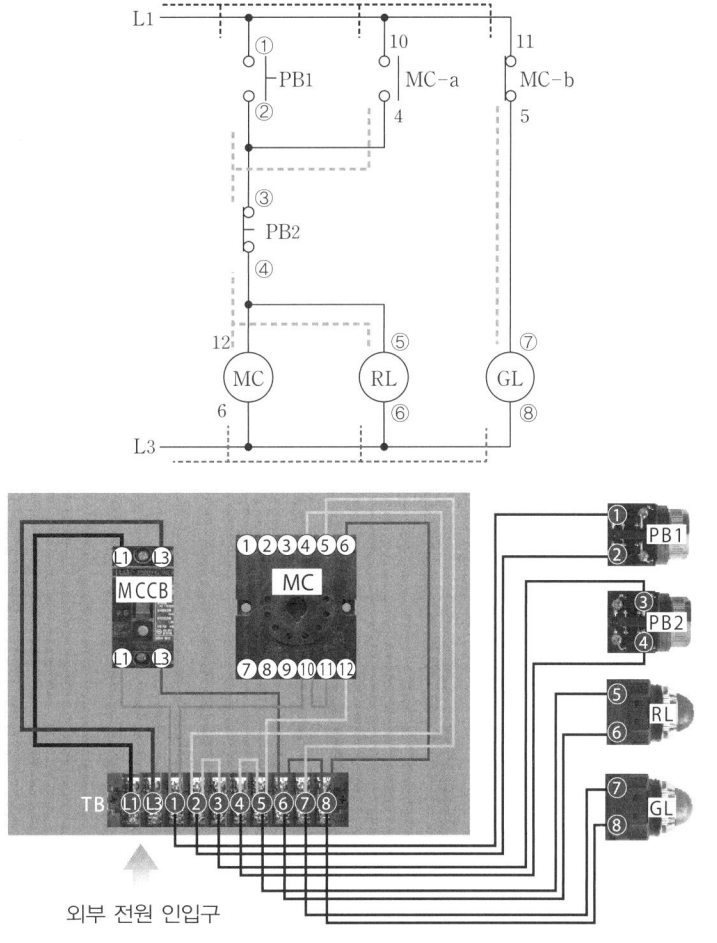

실습 5 다음 시퀀스 회로를 보고 시퀀스 넘버링 및 실체 배선도를 작성하시오.(전자 접촉기 4a 1b 이용. 단, 외부 전원과 입력, 출력기기는 단자대를 거치도록 작업하시오.)

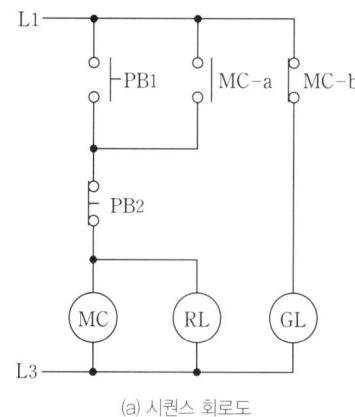

(a) 시퀀스 회로도

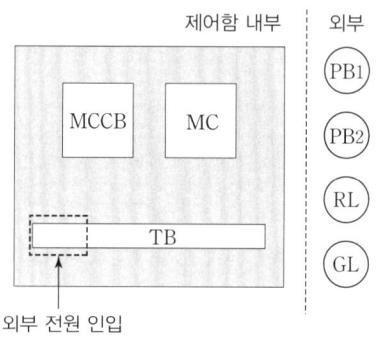

(b) 기구 배치도

기호	제품명	수량	기호	제품명	수량
MCCB	배선용 차단기(2P)	1개	MC	전자 접촉기(4a 1b)	1개
PB1	푸시버튼 스위치(녹색)	1개	RL	파일럿 램프(적색)	1개
PB2	푸시버튼 스위치(적색)	1개	GL	파일럿 램프(녹색)	1개
TB	단자대(10P)	1개		12핀 소켓(MC 용)	1개

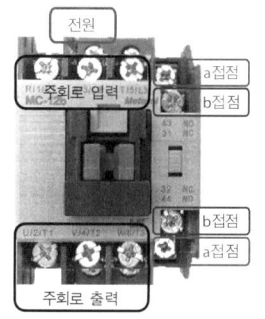

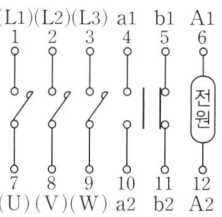

▲ 전자 접촉기(MC)와 12핀 소켓 내부 회로

실습5 풀이 전자 접촉기 제어회로 결선도 풀이

〈실습5 시퀀스 회로 넘버링 작업 방법〉

(가) 외부 입력 전원과 입력 기구(PB), 출력 기구(램프)의 접점 번호는 원형 숫자 ⑪, ⑬, ①, ②, ③, ④, ⑤, ⑥, ⑦, ⑧로 작성한다.
(나) 외부 입력 전원은 터미널 단자대를 거쳐서 배선용 차단기 전원 측으로 결선한다.
(다) 전자 접촉기의 접점 번호는 MC를 12핀 소켓에 접속하여 사용하는 방법과 동일하게 적용하여 일반 숫자로 작성한다.
(라) PB1, PB2, RL, GL은 위, 아래 번호 또는 좌, 우 순차적으로 작성하지 않아도 무방하다.
  (예: PB1 번호 ①, ② ➡ ②, ① 가능)
(마) 전자 접촉기 보조접점 MC-a(10, 4)와 MC-b(11, 5) 번호는 위, 아래 번호가 바뀌어도 가능하지만 동시에 사용할 경우 공통 접점을 유의하여 작성하도록 한다.
(바) AC용 전자 접촉기인 경우 전원 코일 접점 번호 위(12), 아래(6) 번호가 바뀌어도 가능하다.

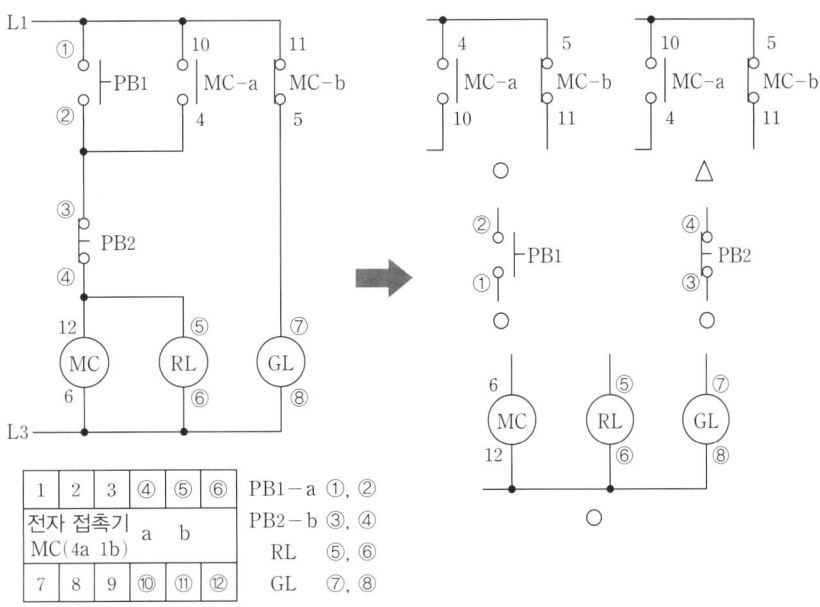

〈실습5 시퀀스 회로도 결선 방법〉

(가) 시퀀스 회로 배선 작업에 필요한 부품을 확인하고 회로도에 맞게 부품의 색상과 위치를 고려하여 배치한다.

(나) 외부 입력 전원은 터미널 단자대를 거쳐서 배선용 차단기 전원 측으로 결선한다.

(다) 전자 접촉기는 4a-1b 제품으로 데이터 시트를 확인하여 결선해야 한다.

(라) 제어함 내의 제어회로와 푸시버튼 스위치, 파일럿 램프 등 외부 입력, 출력 기구를 터미널 단자대(TB)와 연결한다.

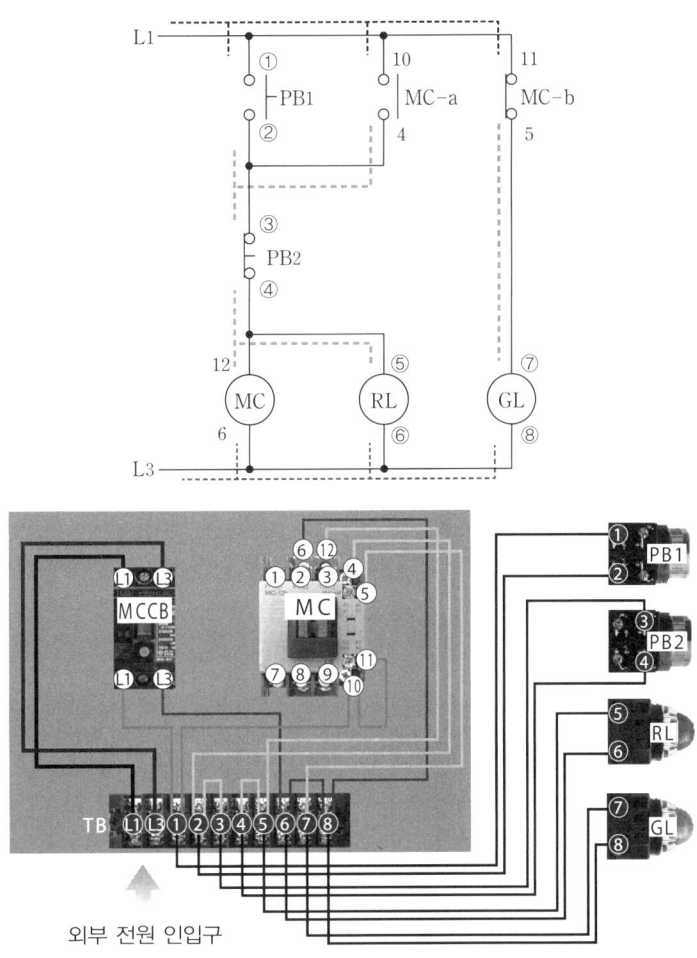

외부 전원 인입구

실습 6 3상 유도 전동기 1개소 운전 회로도를 보고 시퀀스 넘버링 및 실체 배선도를 작성하시오.(단, 외부 전원과 입력, 출력기기는 단자대를 거치도록 작업하시오.)

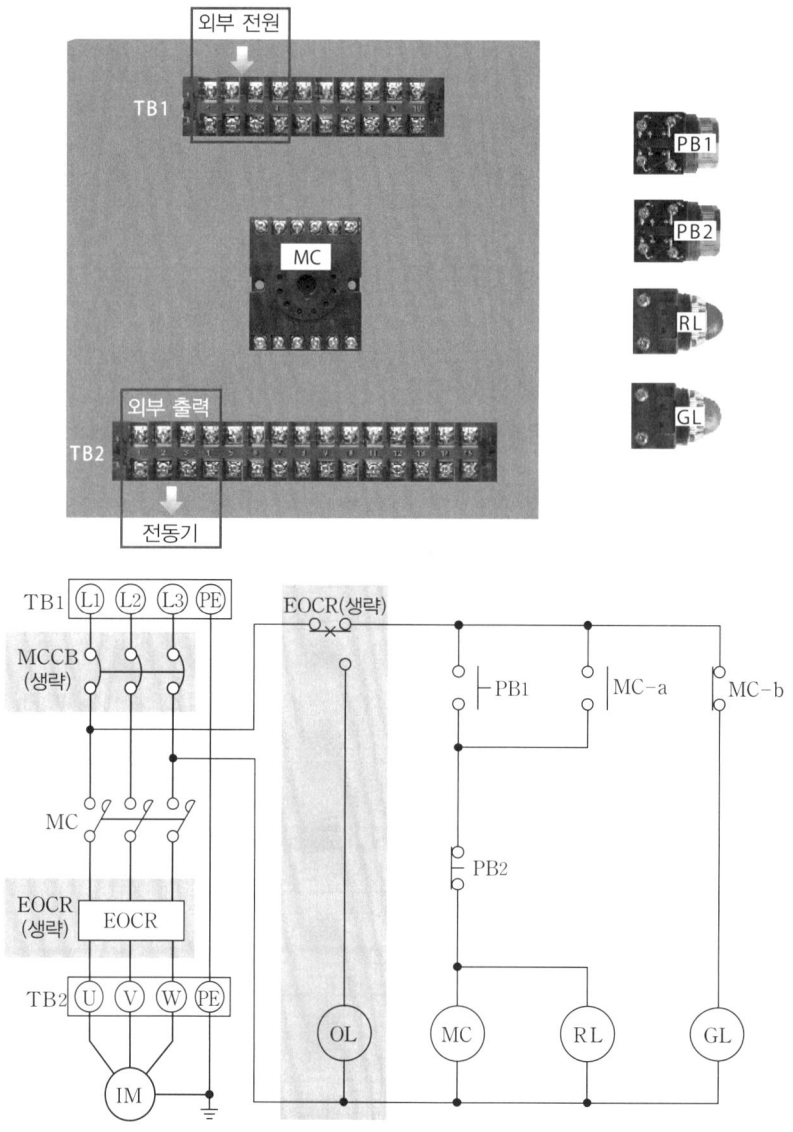

기호	제품명	수량	기호	제품명	수량
PB1	푸시버튼 스위치(녹색)	1개	RL	파일럿 램프(적색)	1개
PB2	푸시버튼 스위치(적색)	1개	GL	파일럿 램프(녹색)	1개
	12핀 소켓(전자 접촉기)	1개	TB1	단자대(10P)	1개
MC	전자 접촉기(4a 1b)	1개	TB2	단자대(15P)	1개

 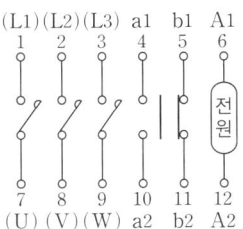 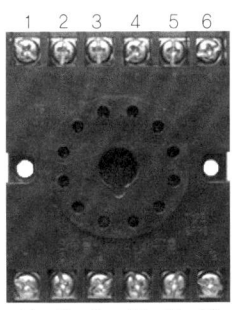

▲ 전자 접촉기와 12핀 소켓

 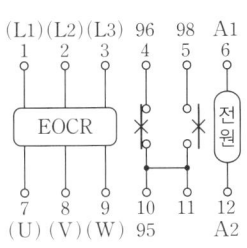 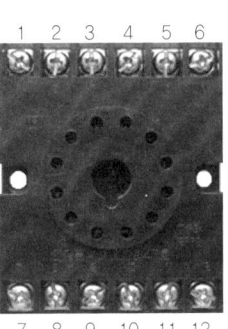

▲ 전자식 과전류 계전기(EOCR)와 12핀 소켓

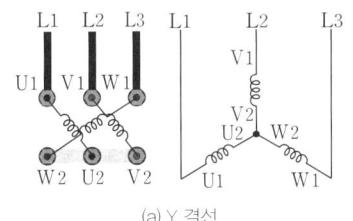 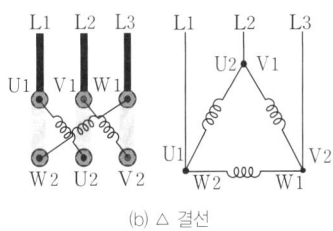

(a) Y 결선　　　　　　　　　　　　　(b) △ 결선

▲ 3상 유도 전동기 기본 결선법

실습6 풀이1   3상 유도 전동기 1개소 운전 회로 결선도 풀이 1(MC(4a 1b) 이용)

〈실습6-1 시퀀스 회로 넘버링 작업 방법〉

(가) 외부 입력 전원은 터미널 단자대(TB1)를 거쳐서 인입되도록 구성한다.

(나) 전동기의 외부 출력 결선은 터미널 단자대(TB2)를 거쳐서 연결되도록 구성한다.

(다) 외부 입력 전원과 입력 기구(PB), 출력 기구(램프)의 접점 번호는 원형 숫자 ⑪, ⑫, ⑬, ㉳, Ⓤ, Ⓥ, Ⓦ, ①, ②, ③, ④, ⑤, ⑥, ⑦, ⑧로 작성한다.

(라) 전자 접촉기는 12핀 소켓에 접속하여 사용해야 하므로 MC의 데이터 시트를 확인하여 일반 숫자로 작성한다.

(마) 배선용 차단기(MCCB), 전자식 과전류 계전기(EOCR), 황색 램프(OL)는 생략하기로 한다.

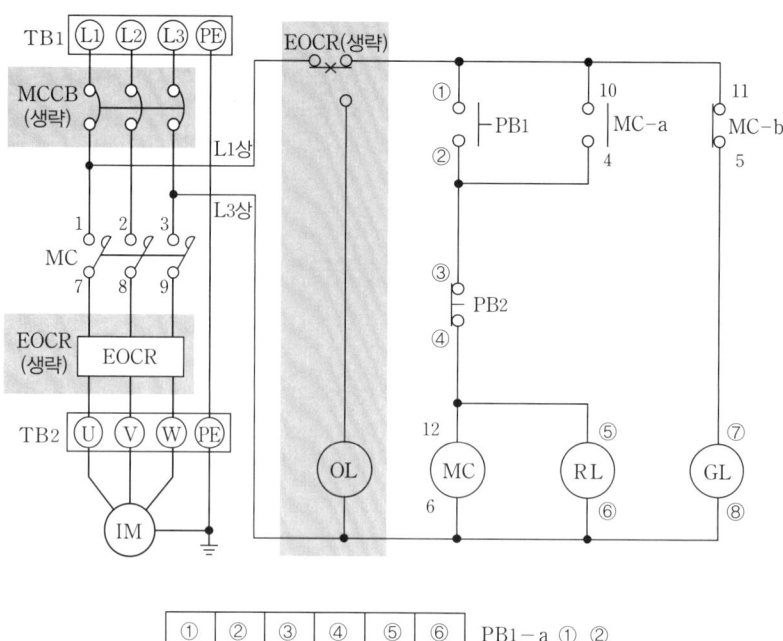

〈실습6-1 시퀀스 회로도 결선 방법〉

(가) 시퀀스 회로 배선 작업에 필요한 부품을 확인하고 회로도에 맞게 부품의 색상과 위치를 고려하여 배치다.

(나) 외부 입력 전원은 터미널 단자대(TB1)를 거쳐서 인입되도록 결선한다.

(다) 전동기의 외부 출력 결선은 터미널 단자대(TB2)를 거쳐서 연결되도록 결선한다.

(라) 주회로 배선(L1, L2, L3, PE)을 결선한다.

(마) 제어함 내의 제어회로 배선을 결선한다.

(바) 푸시버튼 스위치, 파일럿 램프 등 외부 입력, 출력 기구를 터미널 단자대(TB2)와 연결한다.

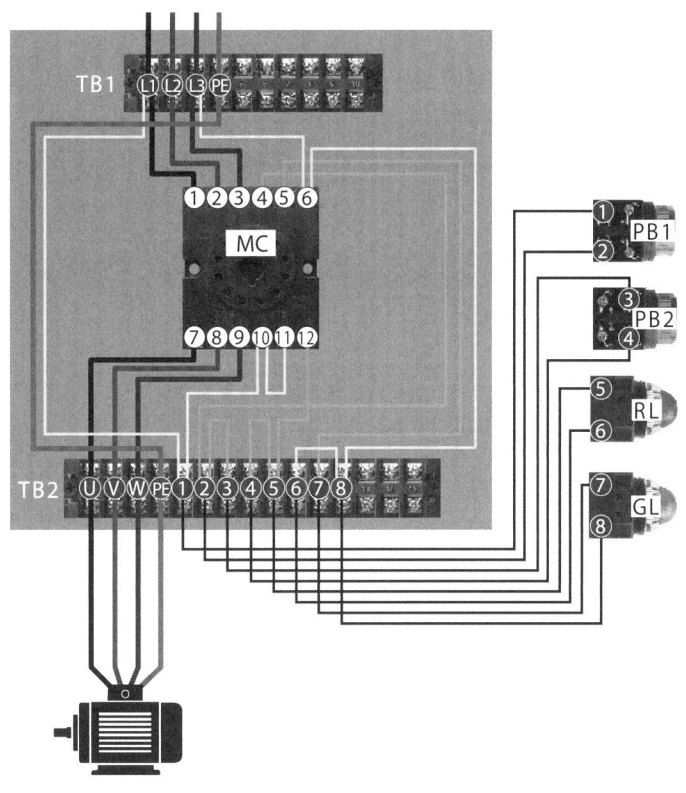

실습6 풀이2 3상 유도 전동기 1개소 운전 회로 결선도 풀이 2(전자 접촉기(4a-1b)와 열동형 계전기(THR) 이용)

〈실습6-2 시퀀스 회로 넘버링 작업 방법〉

(가) 외부 입력 전원은 터미널 단자대(TB1)를 거쳐서 인입되도록 구성한다.

(나) 전동기의 외부 출력 결선은 터미널 단자대(TB2)를 거쳐서 연결되도록 구성한다.

(다) 외부 입력 전원과 입력 기구(PB), 출력 기구(램프)의 접점 번호는 원형 숫자 ⓛ, ⓛ, ⓛ, ㉾, ⓤ, ⓥ, ⓦ, ①, ②, ③, ④, ⑤, ⑥, ⑦, ⑧, ⑨, ⑩으로 작성한다.

(라) 전자 접촉기(4a−1b)와 열동형 계전기를 사용하고 데이터 시트를 확인하여 일반 숫자로 작성한다.

(마) 배선용 차단기(MCCB)는 생략하기로 한다.

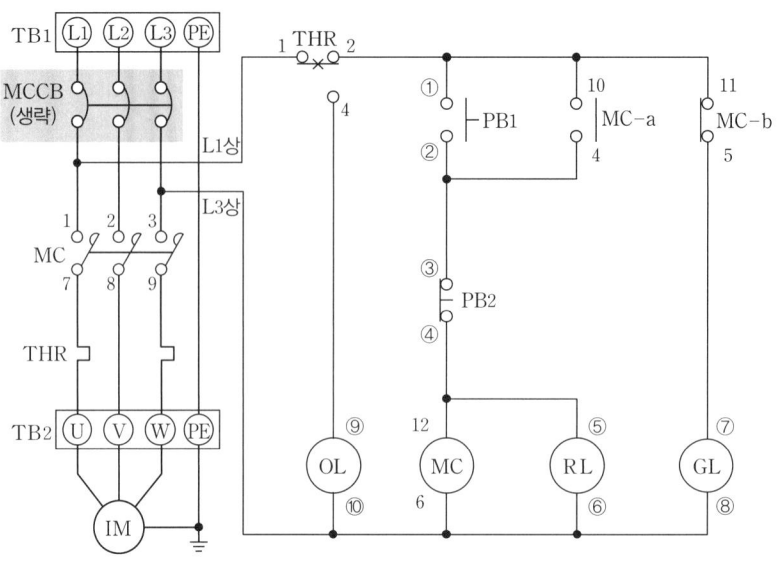

①	②	③	④	⑤	⑥
전자 접촉기 MC(4a 1b)		a	b		
⑦	⑧	⑨	⑩	⑪	⑫

PB1-a ①, ②
PB2-b ③, ④
RL ⑤, ⑥
GL ⑦, ⑧
OL ⑨, ⑩

〈실습6-2 시퀀스 회로도 결선 방법〉

(가) 시퀀스 회로 배선 작업에 필요한 부품을 확인하고 회로도에 맞게 부품의 색상과 위치를 고려하여 배치한다.

(나) 외부 입력 전원은 터미널 단자대(TB1)를 거쳐서 인입되도록 결선한다.

(다) 전동기의 외부 출력 결선은 터미널 단자대(TB2)를 거쳐서 연결되도록 결선한다.

(라) 주회로 배선(L1, L2, L3, PE)을 결선한다.

(마) 제어함 내의 제어회로 배선을 결선한다.

(바) 푸시버튼 스위치, 파일럿 램프 등 외부 입력, 출력 기구는 터미널 단자대(TB2)와 연결한다.

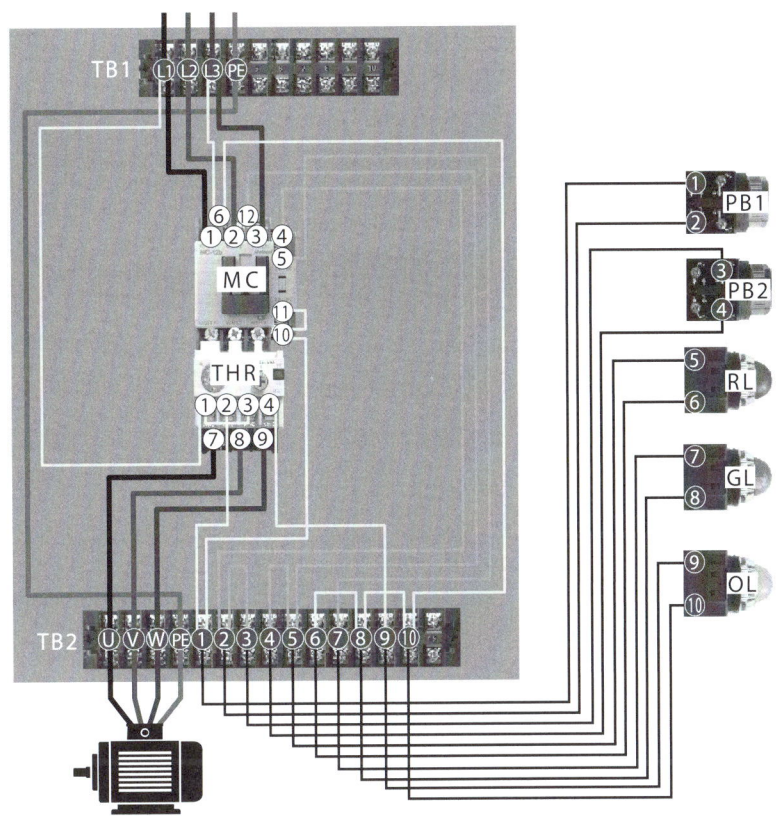

실습 7 3상 유도 전동기 1개소 운전 회로를 보고 시퀀스 넘버링 및 실체 배선도를 작성하시오.(전자식 과전류 계전기(EOCR)를 이용한다. 단, 외부 전원과 입력, 출력기기는 단자대를 거치도록 작업하시오.)

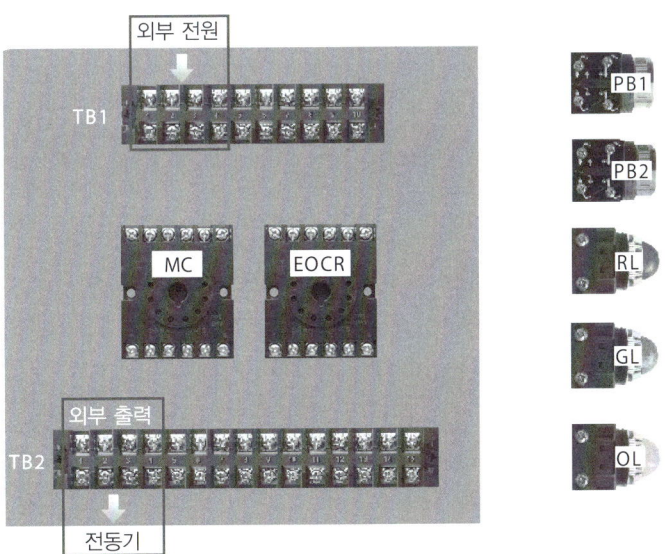

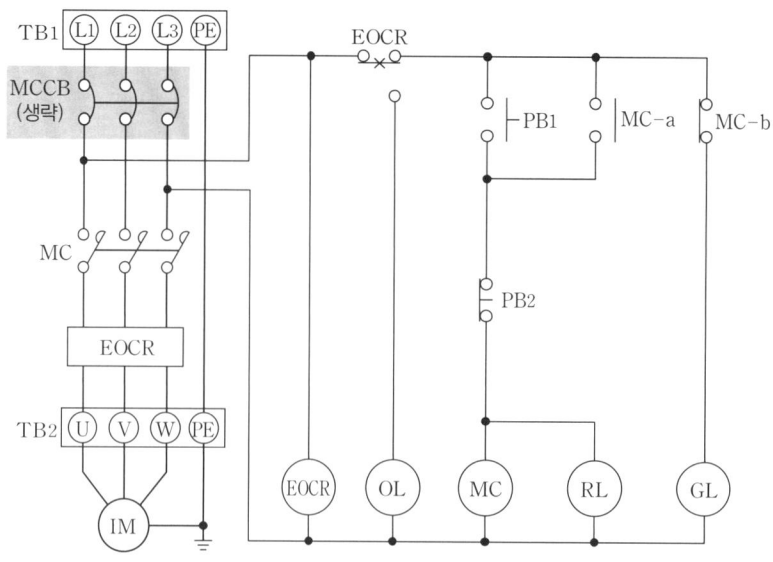

기호	제품명	수량	기호	제품명	수량
PB1	푸시버튼 스위치(녹색)	1개	GL	파일럿 램프(녹색)	1개
PB2	푸시버튼 스위치(적색)	1개	OL	파일럿 램프(황색)	1개
MC	전자 접촉기(4a 1b)	1개	TB1, TB2	단자대(10P), 단자대(15P)	각 1개
EOCR	전자식 과전류 계전기	1개		12핀 소켓	2개
RL	파일럿 램프(적색)	1개			

 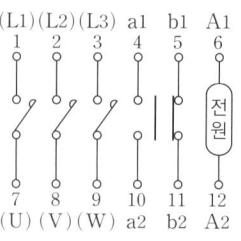 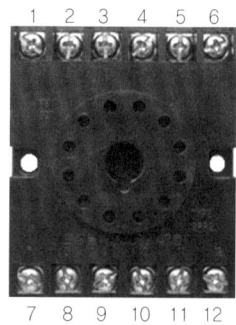

▲ 전자 접촉기 12핀 소켓

 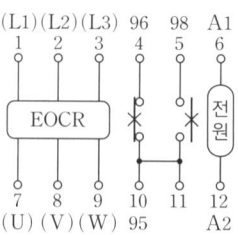

▲ 전자식 과전류 계전기(EOCR)와 12핀 소켓

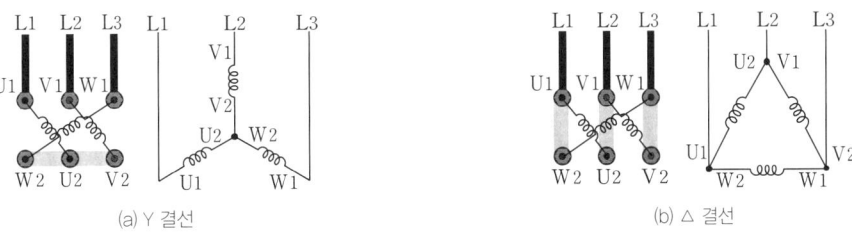

(a) Y 결선   (b) △ 결선

▲ 3상 유도 전동기 기본 결선법

실습7 풀이   3상 유도 전동기 1개소 운전 회로 결선도 풀이

〈실습7 시퀀스 회로 넘버링 작업 방법〉

(가) 외부 입력 전원은 터미널 단자대(TB1)를 거쳐서 인입되도록 구성한다.

(나) 전동기의 외부 출력 결선은 터미널 단자대(TB2)를 거쳐서 연결되도록 구성한다.

(다) 외부 입력 전원과 입력 기구(PB), 출력 기구(램프)의 접점 번호는 원형 숫자 ⓛ1, ⓛ2, ⓛ3, ㉾, Ⓤ, Ⓥ, Ⓦ, ①, ②, ③, ④, ⑤, ⑥, ⑦, ⑧, ⑨, ⑩으로 작성한다.

(라) MC와 전자식 과전류 계전기는 12핀 소켓에 접속하여 사용해야 하므로 데이터 시트를 확인하여 일반 숫자로 작성한다.

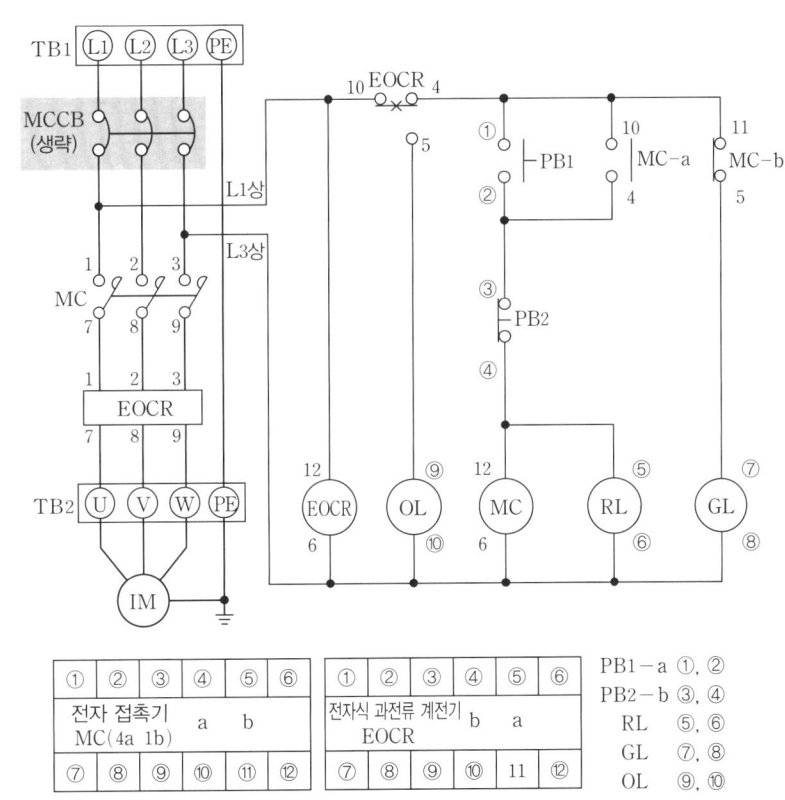

〈실습7 시퀀스 회로도 결선 방법〉

(가) 시퀀스 회로 배선 작업에 필요한 부품을 확인하고 회로도에 맞게 부품의 색상과 위치를 고려하여 배치한다.

(나) 외부 입력 전원은 터미널 단자대(TB1)를 거쳐서 인입되도록 결선한다.

(다) 전동기의 외부 출력 결선은 터미널 단자대(TB2)를 거쳐서 연결되도록 결선한다.

(라) 주회로 배선(L1, L2, L3, PE)을 결선한다.

(마) 제어함 내의 제어회로 배선을 결선한다.

(바) 푸시버튼 스위치, 파일럿 램프 등 외부 입력, 출력 기구는 터미널 단자대(TB2)와 연결한다.

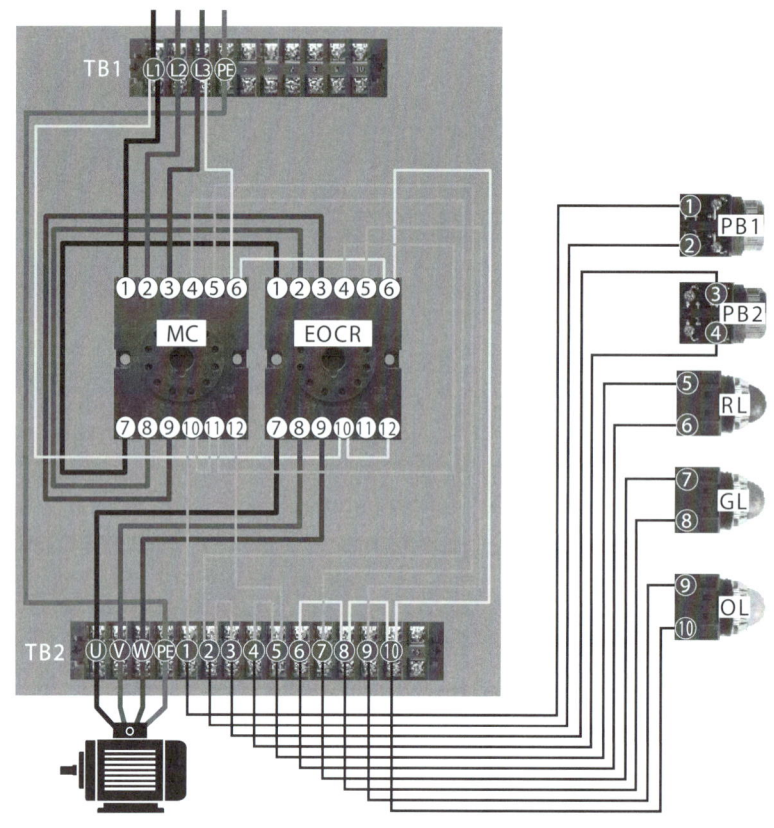

실습 8 시퀀스 회로를 참조하여 3상 유도 전동기를 2개소에서 운전 조작할 수 있도록 시퀀스 회로도를 완성하고 시퀀스 넘버링 및 실체 배선도를 작성하시오.

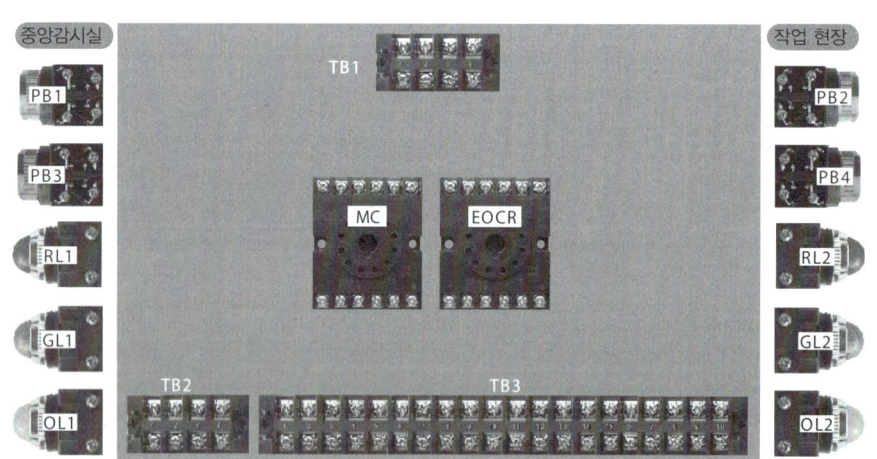

▲ 3상 유도 전동기 1개소 운전회로

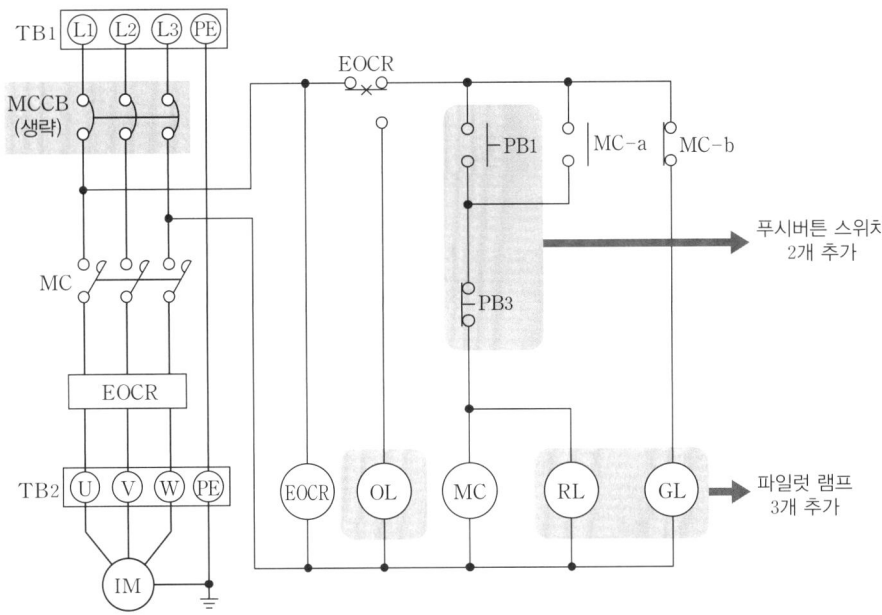

기호	제품명	수량	기호	제품명	수량
PB1, PB2	푸시버튼 스위치(녹색)	2개	GL1, GL2	파일럿 램프(녹색)	2개
PB3, PB4	푸시버튼 스위치(적색)	2개	OL1, OL2	파일럿 램프(황색)	2개
MC	전자 접촉기(4a 1b)	1개	TB1	외부 입력 전원 단자대(4P)	1개
EOCR	전자식 과전류 계전기	1개	TB2	전동기 외부 출력 단자대(4P)	1개
RL1, RL2	파일럿 램프(적색)	2개	TB3	단자대(20P)	1개
	12핀 소켓	2개			

 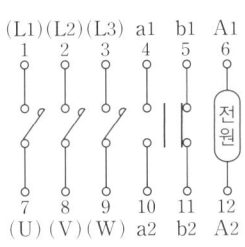 

▲ 전자 접촉기(MC)와 12핀 소켓

 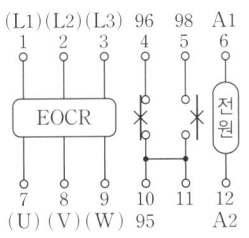 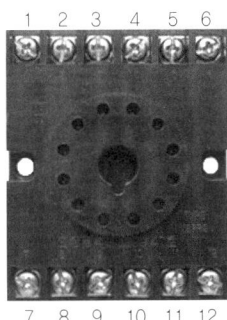

▲ 전자식 과전류 계전기(EOCR)와 12핀 소켓

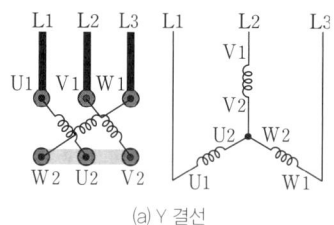
(a) Y 결선

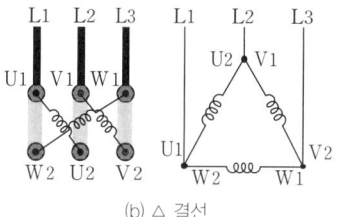
(b) △ 결선

▲ 3상 유도 전동기 기본 결선법

실습8 풀이 3상 유도 전동기 2개소 운전 회로 결선도 풀이

〈실습8 시퀀스 회로 넘버링 작업 방법〉

(가) [실습7] 시퀀스 회로에서 푸시버튼 스위치 2개, 파일럿 램프 3개를 추가하여 2개소에서 운전할 수 있는 시퀀스 회로도를 완성한다.

(나) 외부 입력 전원은 터미널 단자대(TB1)를 거쳐서 인입되도록 구성한다.

(다) 전동기의 외부 출력 결선은 터미널 단자대(TB2)를 거쳐서 연결되도록 구성한다.

(라) 전자 접촉기(MC)와 전자식 과전류 계전기(EOCR)는 12핀 소켓에 접속하여 사용해야 하므로 데이터 시트를 확인하여 일반 숫자로 작성한다.

(마) 입력 기구(PB), 출력 기구(램프)의 접점 번호는 원형 숫자 ①에서 ⑳까지 작성한다.

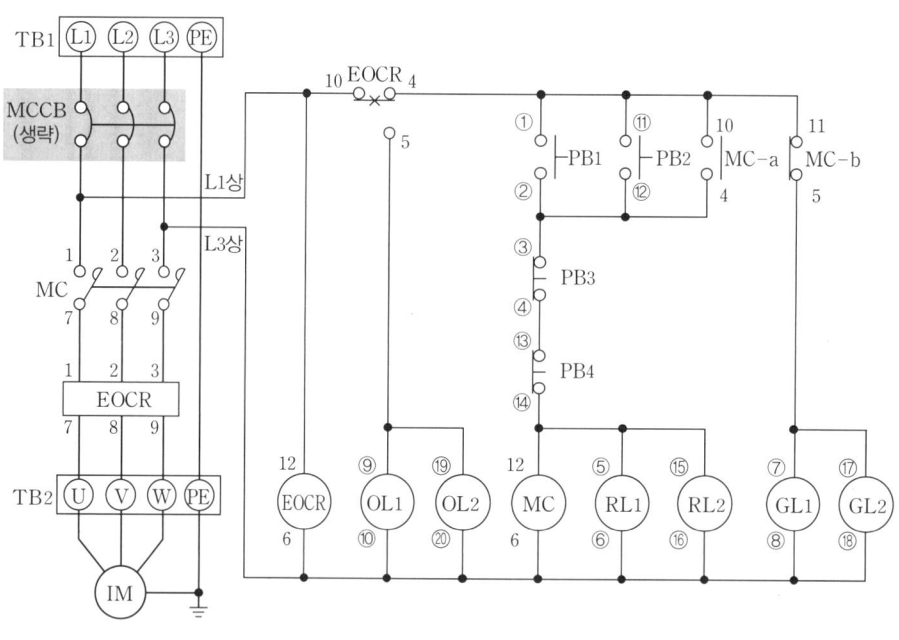

〈실습8 시퀀스 회로도 결선 방법〉

(가) 시퀀스 회로 배선 작업에 필요한 부품을 확인하고 회로도에 맞게 부품의 색상과 위치를 고려하여 배치한다.

(나) 외부 입력 전원은 터미널 단자대(TB1)를 거쳐서 인입되도록 결선한다.

(다) 전동기의 외부 출력 결선은 터미널 단자대(TB2)를 거쳐서 연결되도록 결선한다.

(라) 주회로 배선(L1, L2, L3, PE)을 결선한다.

(마) 제어함 내의 제어회로 배선을 결선한다.

(바) 푸시버튼 스위치, 파일럿 램프 등 외부 입력, 출력 기구는 터미널 단자대(TB3)와 연결한다.

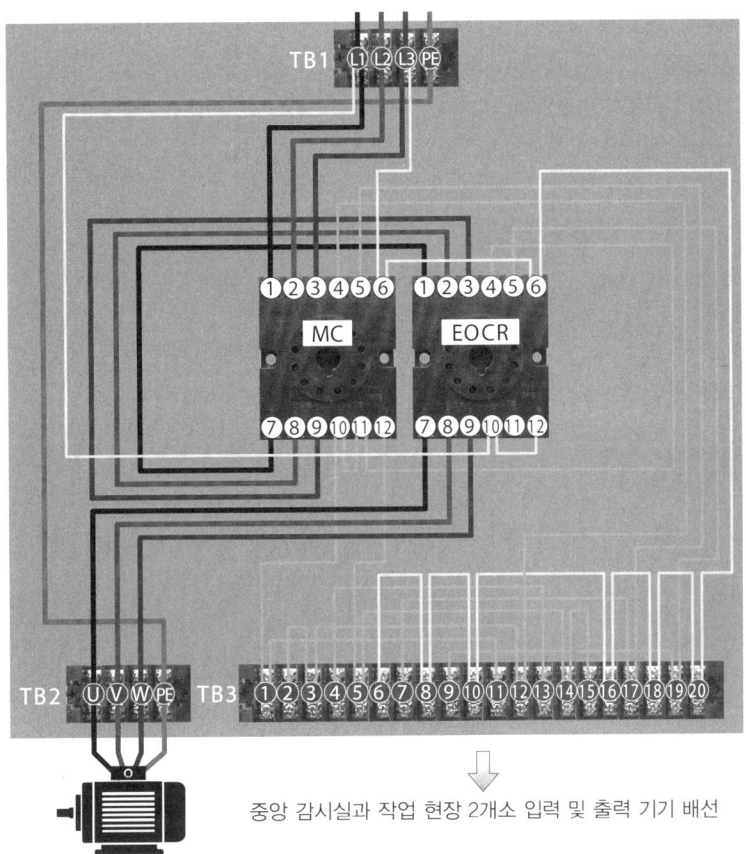

중앙 감시실과 작업 현장 2개소 입력 및 출력 기기 배선

2 전기 기능사 작업 요령

(1) 도면 검토 및 넘버링

도면은 수험자 유의사항, 배관도, 기구 배치도, 회로도, 동작 설명, 기구의 내부 결선도 등으로 구분되며 배관도와 회로도는 넘버링하는 데 중요하다. 시험 시작을 알리면 배관도와 시퀀스도를 보면서 넘버링을 시작한다.

① 검토 사항
- PB 공통이 있는지 확인
- 램프의 공통이 있는지 확인
- 센서 및 리밋 스위치의 공통이 있는지 확인
- 셀렉터 스위치의 공통이 있는지 확인
- 릴레이의 접점과 FR, EOCR, MC, TC, FLS 등을 확인

② 넘버링의 요령
- 우선 배관도의 외부 단자대로 배선되는 번호를 넘버링한다.
- 릴레이의 접점을 기억하여 넘버링한다.(릴레이의 핀 번호는 도면에 주어진다.)
- 주어진 접점이 a 또는 b인지를 확인하고 정확하게 넘버링한다.(릴레이, 타이머, 플리커 등은 1과 8이 공통이다.)

(2) 제어판 기구 배치

도면의 기구 배치도를 보고 단자대와 MC, EOCR, 릴레이, 타이머 등 도면의 치수를 연필 또는 준비한 도구로 가로선을 긋고 위에서부터 단자대, MCCB, 릴레이 순으로 고정한다. 릴레이 위에 종이 테이프를 이용하여 계전기의 명칭을 기입한다. 릴레이 배치 시 반드시 슬릿(배꼽)의 방향이 아래로 향하게 배치해야 한다.(기구와 기구 사이는 테스트용 기구를 꽂을 수 있도록 약간의 간격을 두고 설치해야 한다.)

▲ 넘버링 작업과 제어판 기구 배치

(3) 제어판 배선하기

① 넘버링한 도면을 참고하여 주어진 시퀀스 회로의 주회로를 먼저 배선한다.(L1—갈색, L2—검은색, L3—회색, 보호도체—녹색·황색) 이때 주어진 시퀀스 도면에 표기된 색상을 보고 배선해야 한다. 주회로 배선의 색상이 다르면 오작으로 처리된다.
② 보조회로 배선 시 전원선은 MCCB 2차 측이나 EOCR, MC 1차 측에서 황색선을 이용하여 배선한다.
③ 가능하면 공통선이 많은 쪽을 먼저 배선하고 배선한 곳은 펜을 이용하여 표시한다.
④ 배선 시 의심이 되는 곳이 있으면 벨 테스터기를 이용하여 확인한다.
⑤ 배선을 마치고 나면 도면대로 되었는지 확인해야 하며, 시간이 된다면 계전기를 연결하는 보조 도구를 이용하여 테스트한다.
⑥ 한 단자에 3선 이상 접속되면 오작으로 처리하므로 2선을 넘지 않도록 회로를 확인하여 배선한다.
⑦ 기구와 기구 사이로 수직 배선하면 오작으로 처리하므로 수평으로만 배선해야 한다. 제어판이 완성되면 배관에 앞서 제어판 네 모서리를 적당한 크기의 나사못으로 바닥에 부착하여 제어판의 떨어짐을 방지할 수 있다. 제어판을 붙이는 높이는 사람의 키에 따라 다를 수 있으나 대략 110[cm]~120[cm] 정도가 적당하다.

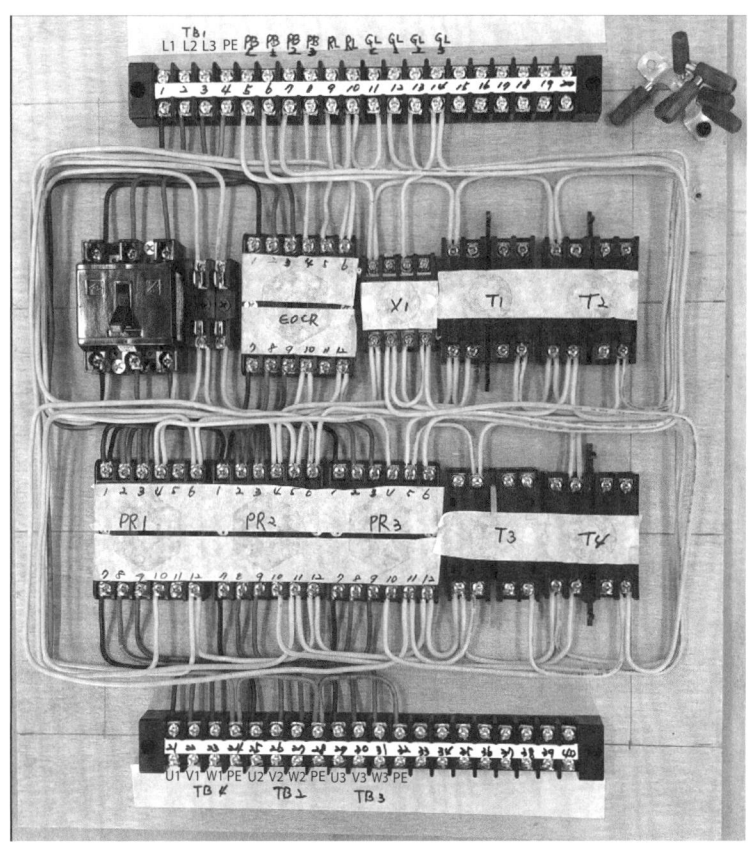

▲ 배선이 완료된 제어판

제어판 내 전선 가공 및 단자대 접속

단자 접속 시 한 단자에 2선까지만(2선 초과 금지) 접속하여 접속 오류가 발생하지 않도록 해야 한다. 또한 리셉터클 등 삽입식이 아닌 기구류 부착의 경우에는 나사 회전 방향으로 고정될 수 있도록 원형 아일렛을 부착하여 결선 오류가 없도록 해야 한다.(제어판 내부 등 배선에는 연선으로 O형 또는 U형 눌러붙임 접속을 해야 하나 제시되는 재료가 단선이므로 선 이탈에 유의해야 한다.)

주회로 및 보조회로 단자대 접속 예시

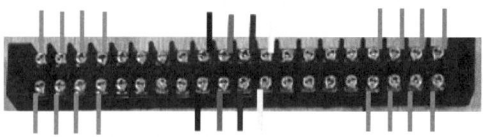

▲ 제어함 외부 인출 및 내부 단자대 접속(예시)

▲ 제어함 내부 상단 기구류와 접속 및 전선 가공(예시)

▲ 제어함 내부 하단 단자대 접속 및 전선 가공(예시)

▲ 제어함 내부 중간 기구류 접속 및 전선 가공(예시)

(4) 배관하기 제도(작도)

① 배관도를 보고 정확한 치수를 확인한다.
② 박스 부착을 확인하고 표시한다.
③ 박스에 부착되는 PB 또는 램프의 색상을 표시한다.

④ 새들 위치는 시작점을 기준으로 엘보 부분 단자대 부근의 약 15[cm] 이내로 하여 표기한다. 표기는 자를 이용하는 것이 좋으나 시간을 줄이기 위해서는 2구용 박스 커버를 이용하여 새들 위치를 표기한다.
⑤ 새들은 박스 시작점 및 제어판 시작점으로부터 15[cm] 이내에 설치하면 되고, 4편 단자대에서는 약 5[cm] 정도 띄워서 설치해야 배선하기 편하다.
⑥ 새들 고정 시 수평 부분이 약 400[mm] 이상이면 새들 2개 정도, 그 미만이면 1개를 박아야 한다.
⑦ 새들은 한쪽만 박아서 배관하고 나머지 하나는 파이프를 고정한다.

▲ 배관도 제도(상부)

▲ 배관도 제도(하부)

▲ 전기공사 배관도 작성 및 새들 박기

 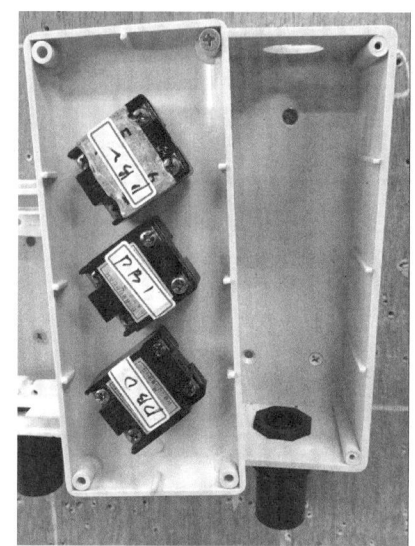

▲ 배관공사 박스 고정

(5) 파이프 배관하기(전기공사)

① 작도를 마친 뒤 배관 작업을 시작한다.
② 배관도면 확인을 마치면 CD(가요전선관) 배관을 먼저 배관한다.
③ PE 파이프 배관 시 스프링 벤더를 이용하여 작업한다.
④ 원형으로 된 PE 파이프를 적당한 길이로 잘라서 일자로 편 다음 PB 또는 램프 박스에서부터 배관을 시작한다.
  (제어판에서 시작하면 박스의 접속기를 풀어서 배관하는 경우가 발생한다.)
⑤ PE 파이프를 박스용 접속기에 넣은 다음 스프링 벤더를 이용하여 엘보가 되는 부분을 힘껏 구부리면 엘보 모양이 된다. 이때 스프링 벤더의 길이를 감안하여 반대 쪽에서 벤더를 넣어서 작업을 해야 실수를 줄일 수 있다.
⑥ 파이프 배관 시 반드시 접속기가 제어판 위에 올라오도록 해야 한다.
⑦ 케이블용 접속기도 동일하게 제어판 위로 오도록 해야 하며 케이블용 새들로 2곳만 고정하면 된다. 케이블 절단 시 너무 짧게 절단하면 추가로 지급되지 않기 때문에 조금 길게 말아 놓는 것이 좋다.

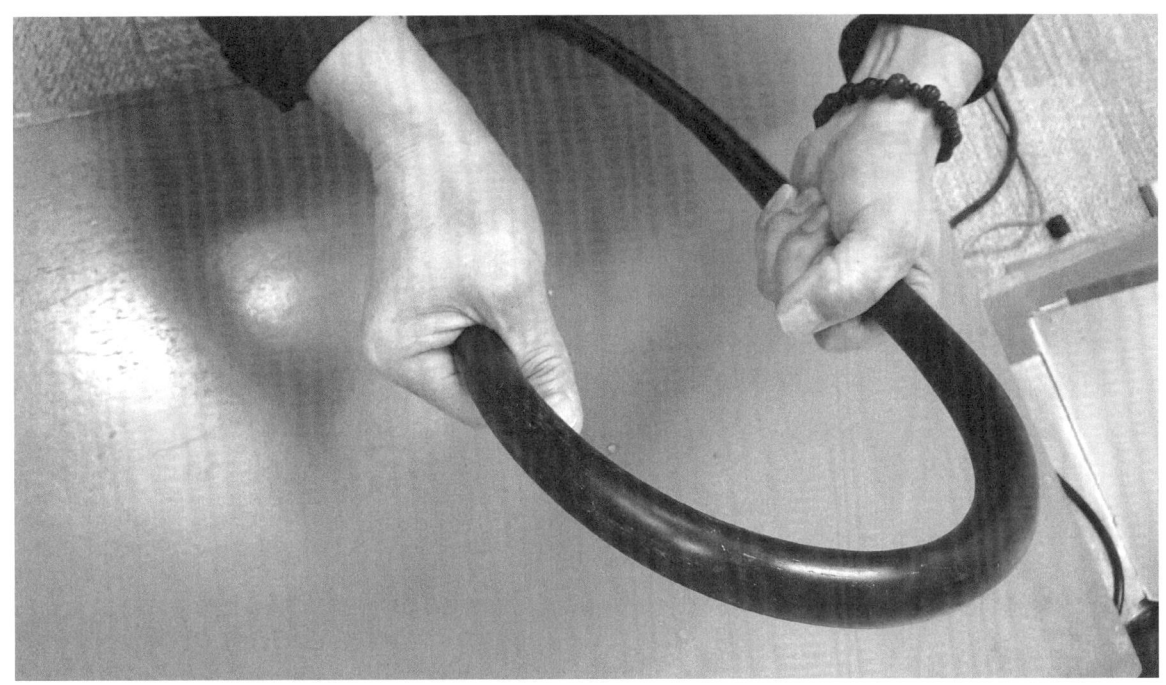
▲ 파이프 벤딩하기

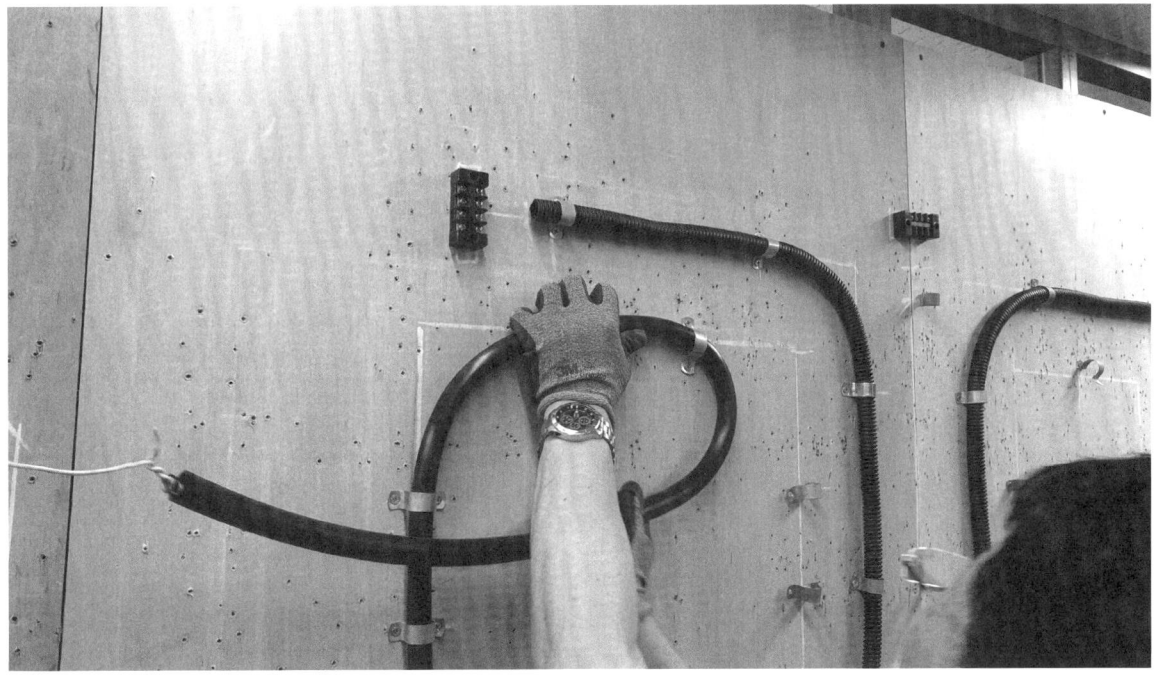
▲ 배관하기

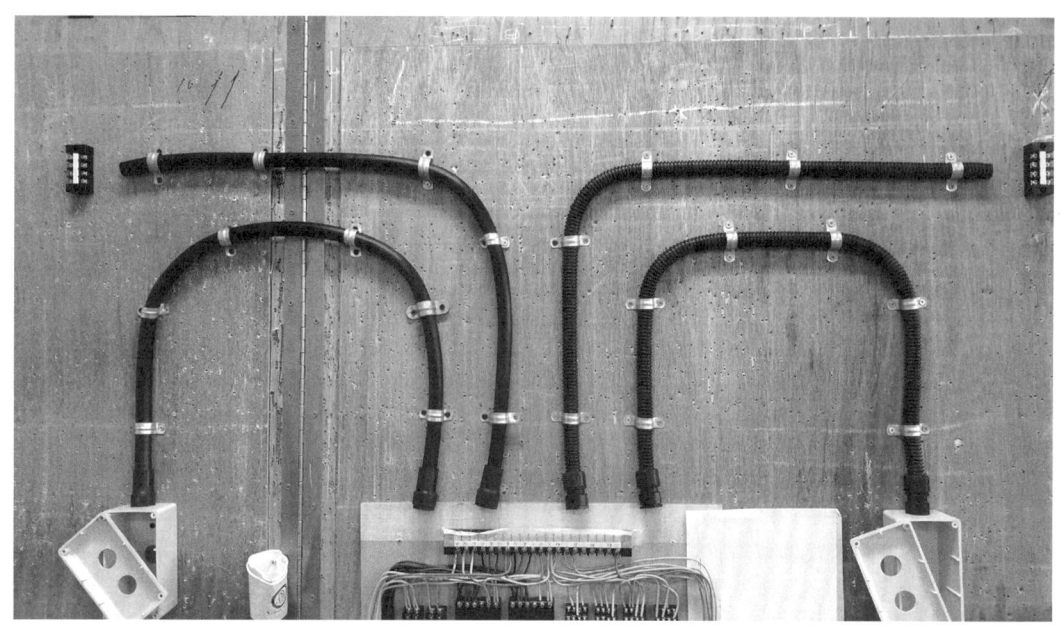

▲ 완성된 배관

(6) 배선하기

① 제어선용 전선은 말려서 주어지기 때문에 어느 정도 원형으로 펴서 사용하는 것이 편리하고 헝클어지지 않는다.
② 전선을 배선할 때에는 배관의 길이보다 길게 여유가 있도록 준비하여 가닥 수에 맞추어서 절단한다.
③ 파이프에 입선 시 앞머리 부분을 구부려서 할 수 있으며 절연 테이프를 사용해도 된다.
④ 배관의 중간에 조인트 박스(J)가 있을 경우 끝부분부터 조인트 박스로 입선을 하고 2곳 모두 조인트 박스에 모이면 한 번에 제어판 쪽으로 입선하는 것이 편하다.(조인트 박스에 남는 것은 박스 안에 접어서 넣어두면 된다.)
⑤ 배선이 완료되면 제어판과 박스 사이의 배선이 제대로 되었는지 확인한 후 박스 내 PB 또는 램프의 결선을 한다.
⑥ 전선 대조 시 벨 테스터기를 이용한다. 우선 제어판 한쪽의 피복을 벗기고 단자대에 결선을 한다. 그리고 제어판의 공통 단자에 한쪽 테스터기를 대고 박스 쪽 전선을 찾아서 PB 또는 램프에 결선을 하면 된다.
⑦ 모든 테스트를 마치고 박스 커버를 붙일 때 주의하여 달아야 된다.(급하게 달면 전선이 빠질 수도 있으며 부러지는 경우도 있다.)
⑧ 모든 배선이 종료되면 최종적으로 벨 테스트를 하고 주어진 케이블 타이를 이용하여 전선을 정리한다.

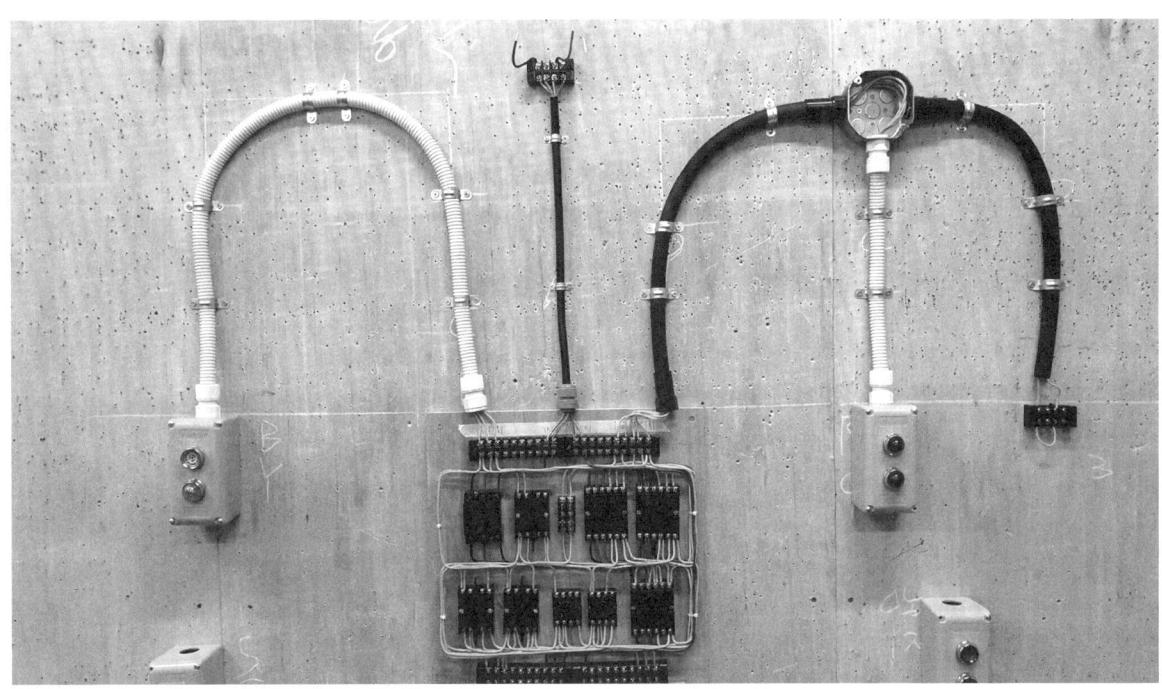

▲ 상부 측 배선

▲ 제어함 측 배선

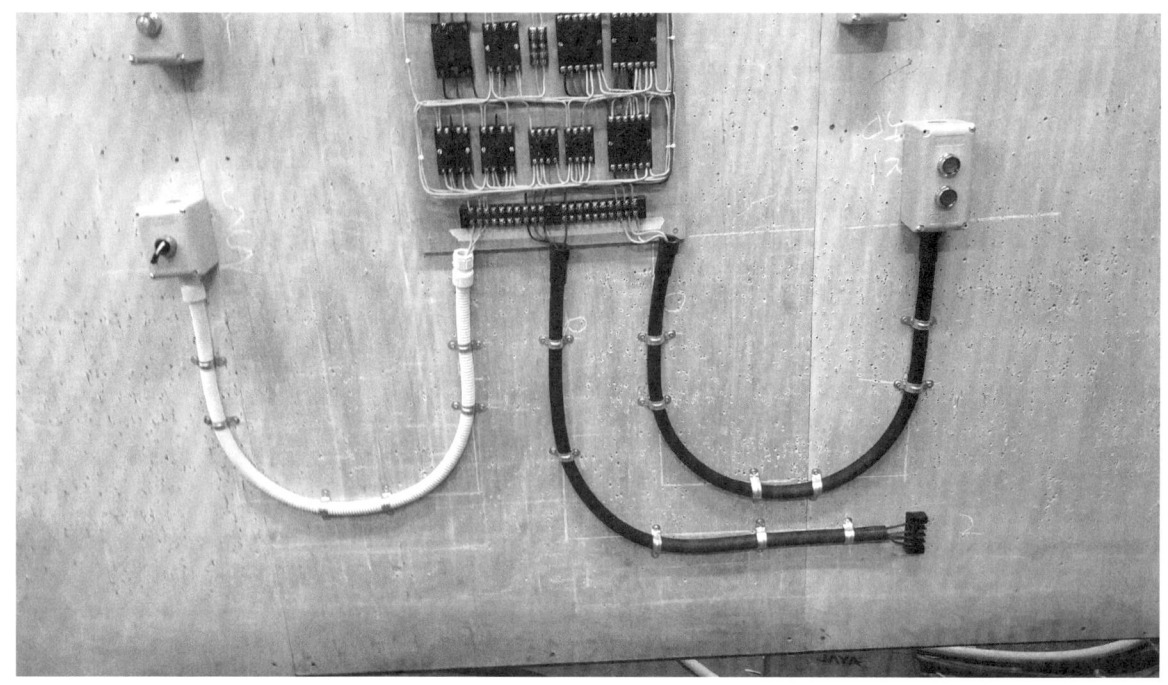

▲ 하부 측 배선

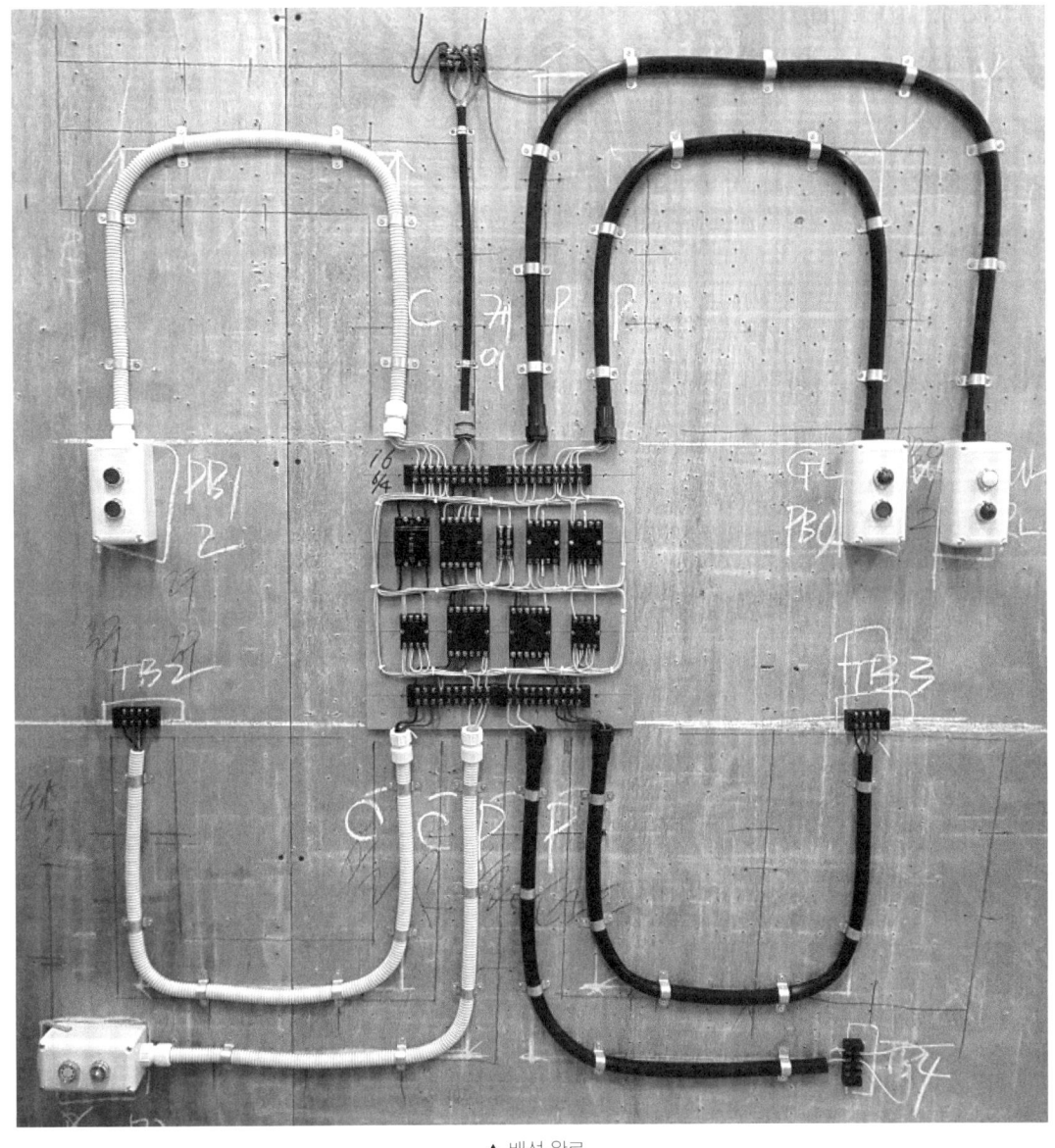

▲ 배선 완료

(7) 정리 및 완료

① 개인 공기구 정리
② 작업 완료 보고
③ 주변 정리 후 작업판에서 철수 대기
④ 대기 중 회로에 관한 복습을 하며 회로 동작 확인 대비

CHAPTER 02 6가지 제어회로

1 전동기 제어회로

(1) 전동기 기동·정지 회로(1개소)

① 기구 범례

기호	제품명	수량	기호	제품명	수량
MCCB	배선용 차단기(3P)	1개		12핀 소켓	2개
F	퓨즈(2P) 및 퓨즈 홀더(2P)	1개		8핀 소켓	2개
MC	전자 접촉기(4a 1b, 12P)	1개	PB1	푸시버튼 스위치(적색)	1개
EOCR	전자식 과전류 계전기(12P)	1개	PB2, PB3	푸시버튼 스위치(녹색)	2개
FR	플리커 릴레이(1c, 8P)	1개	RL, GL, YL	파일럿 램프(적색, 녹색, 황색)	각 1개
X	AC 릴레이(2c, 8P)	1개	TB1, TB2	주회로용 단자대(4P)	2개
BZ	부저(매입형 25Ø 220[V])	1개	TB3, TB4	제어함용 단자대(20P)	2개

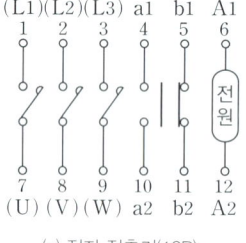 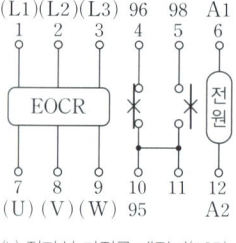 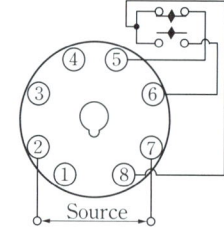 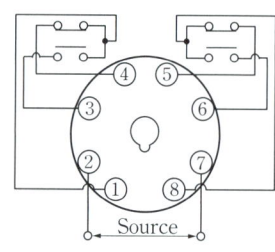

(a) 전자 접촉기(12P)　　(b) 전자식 과전류 계전기(12P)　　(c) 플리커 릴레이(1c, 8P)　　(d) AC 릴레이(2c, 8P)

▲ 계전기 내부 회로도

② 동작사항

1. 전원을 ON하면 GL 점등
2. PB2를 누르면 RL 점등, GL 소등, MC 여자, 전동기가 운전
3. PB1을 누르면 RL 소등, GL 점등, MC 소자, 전동기가 정지
4. 운전 중 과부하로 인하여 EOCR이 동작하면, BZ와 YL이 t초를 주기로 교대 반복 동작(이때 PB3을 누르면 BZ는 작동을 정지하며 YL만 t초 주기로 점멸 동작)
5. EOCR을 Reset하면 BZ는 정지, YL은 소등되고 1.의 동작 대기상태로 초기화

③ 제어함 기구와 배관 배치도[전동기 기동·정지 회로(1개소)]

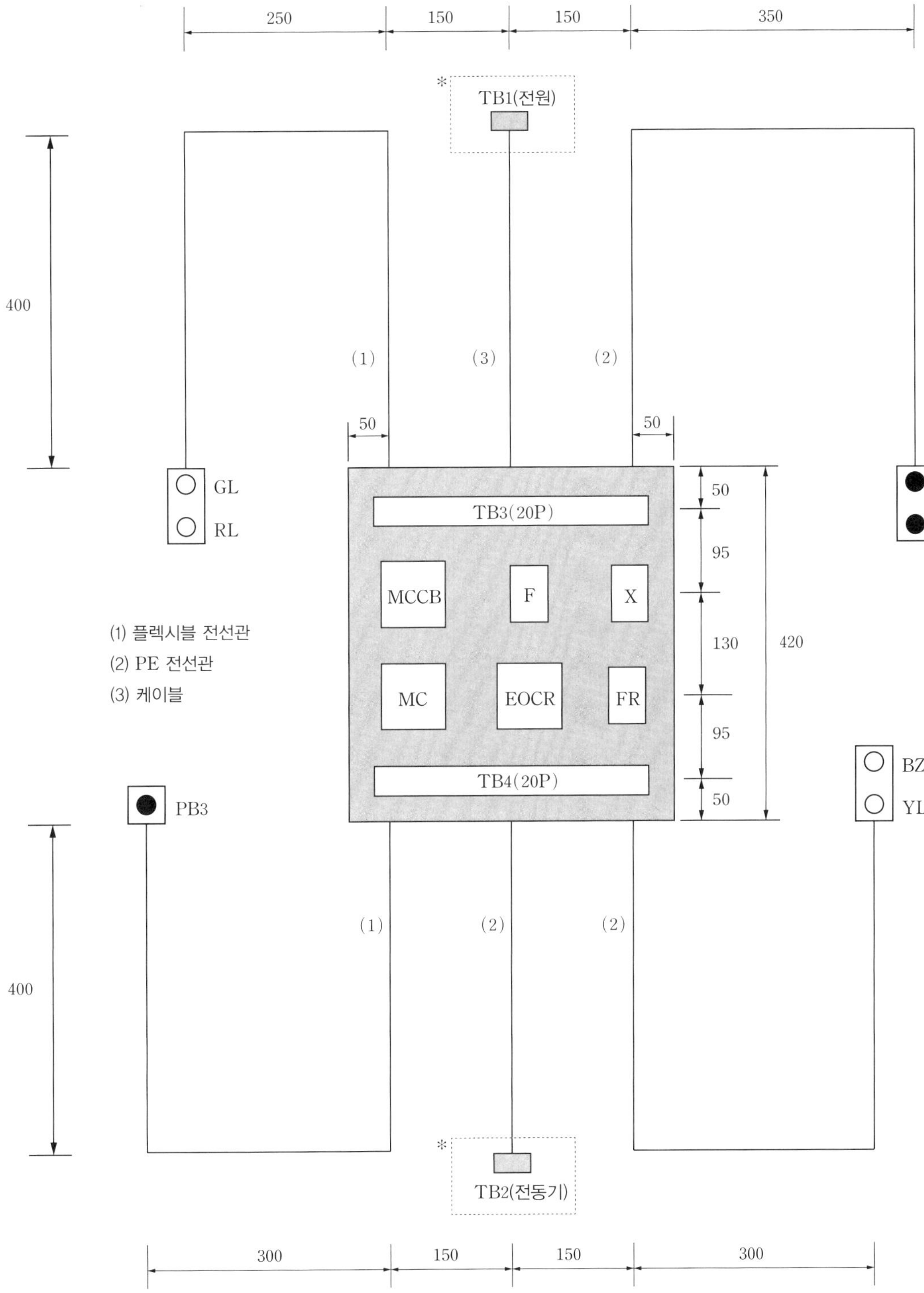

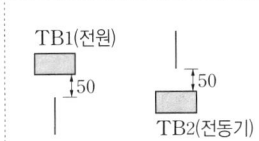

(1) 플렉시블 전선관
(2) PE 전선관
(3) 케이블

※ 실제 배관 작업 시 전원, 전동기 등의 단자대는 약 50[mm] 정도를 띄워준다. 시험장에서 감독위원의 지시사항 및 수험자 유의사항을 숙지하여 작업을 진행해야 한다.

④ 시퀀스 회로도[전동기 기동·정지 회로(1개소)]

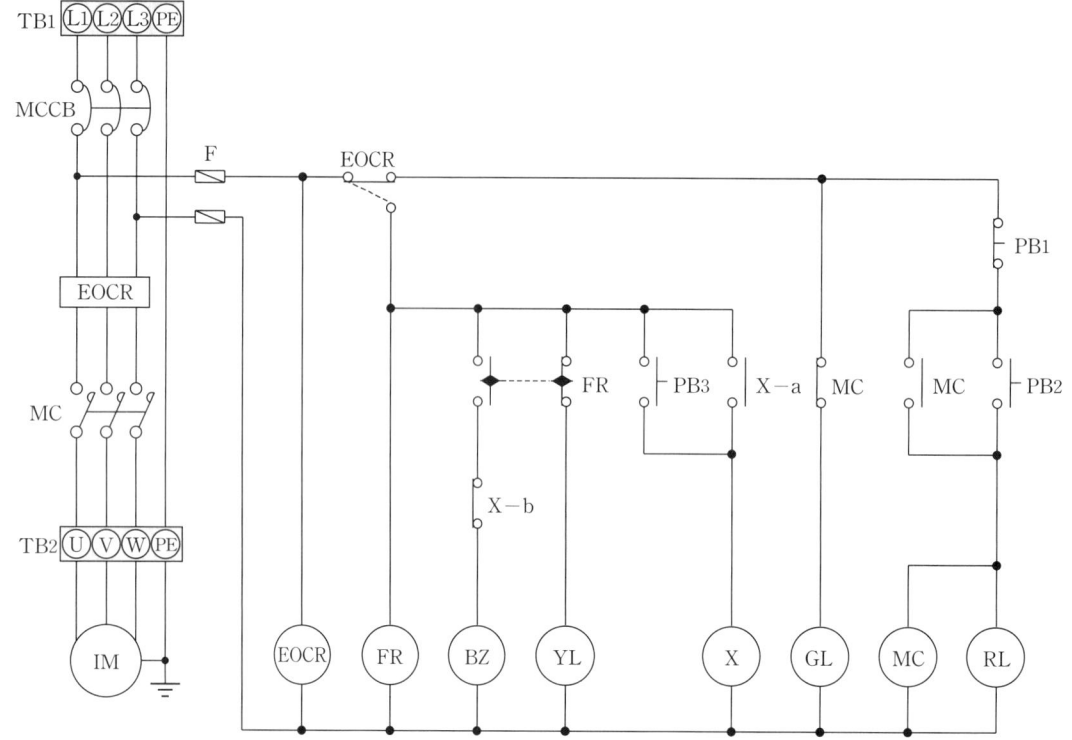

제어함 내부 계전기					
1	2	3	4	5	6
	MC			a	b
7	8	9	10	11	12

전자 접촉기 MC(12P)

1	2	3	4	5	6
	EOCR			b	a
7	8	9	10	11	12

전자식 과전류 계전기 EOCR(12P)

6	5	4	3
	FR		
7	8	1	2

플리커 릴레이 FR(1c, 8P)

6	5	4	3
	X		
7	8	1	2

AC 릴레이 X(2c, 8P)

입력, 출력 기구		번호
TB3		
가	GL	
	RL	
나	TB1	
다	PB1	
	PB2	
TB4		
라	PB3	
마	TB2	
바	BZ	
	YL	

⑤ 배관 배치도 넘버링[전동기 기동·정지 회로(1개소)]

> 시퀀스 결선 작업 시 입력 및 출력 기기에 대한 접점 번호는 배관 배치도와 시퀀스 결선도를 참고하여 배관 순서(가, 나, 다, ⋯)에 의한 기구 먼저 접점 번호를 부여합니다. 여기서 공통 접점(Com)을 이용하면 접점 번호를 줄일 수 있으므로 작업자가 가능하다면 작업의 용이성을 고려하여 최소한으로 접점 번호를 줄여서 결선 작업을 해야 합니다.

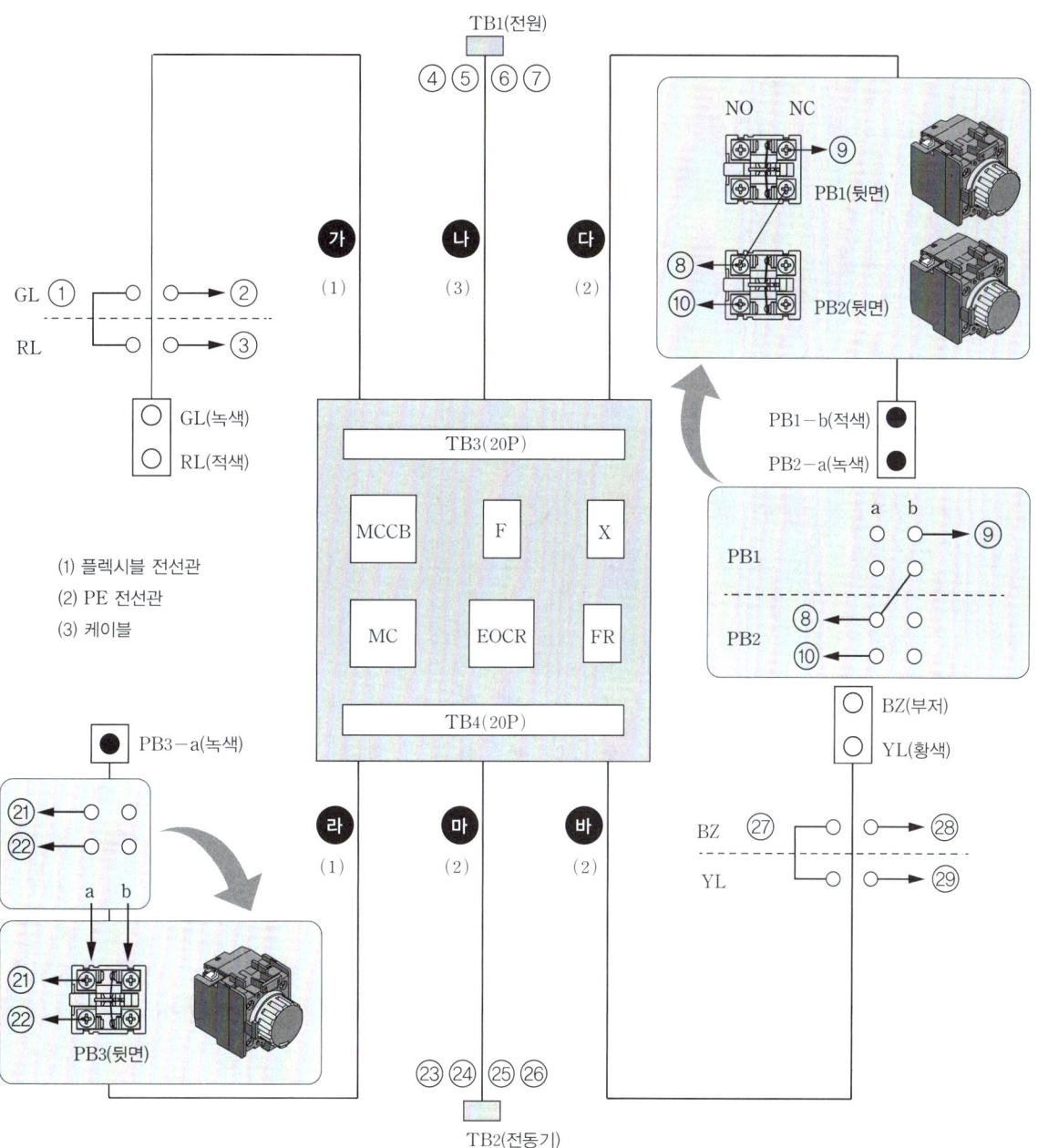

⑥ 시퀀스 회로 넘버링[전동기 기동·정지 회로(1개소)]

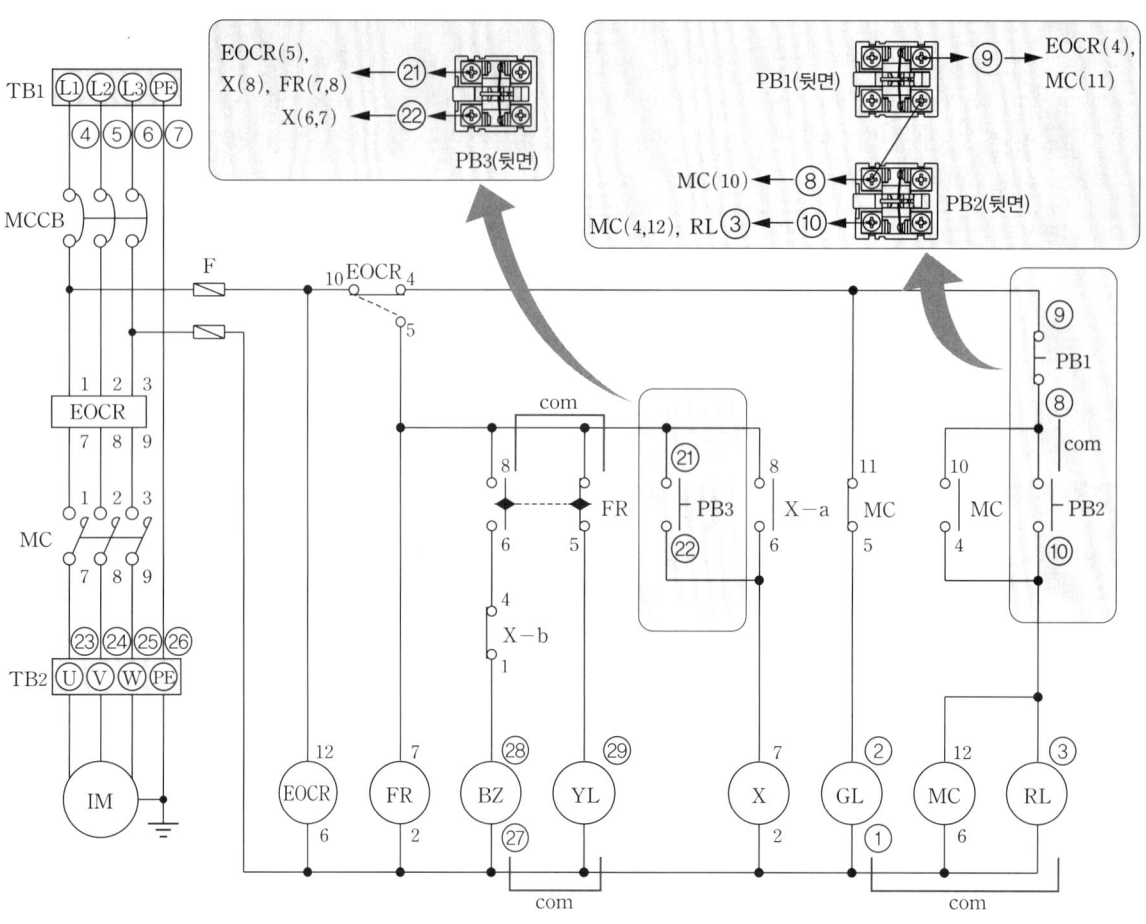

배관 배치도 새들 작업 예시[전동기 기동 · 정지 회로(1개소)]

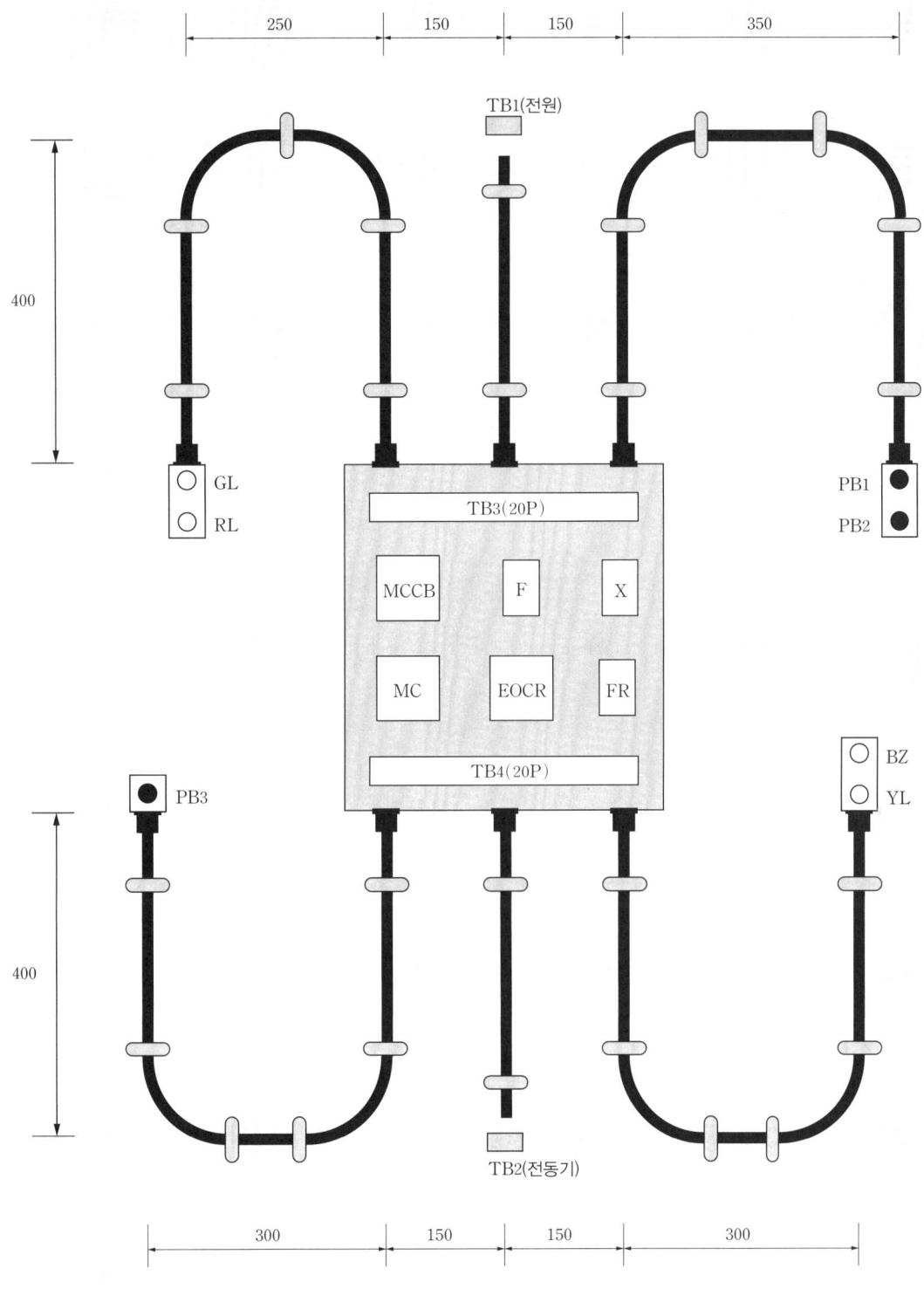

(2) 전동기 기동·정지 교번 회로(스위치 1개, 1개소)

① 기구 범례

기호	제품명	수량	기호	제품명	수량
MCCB	배선용 차단기(3P)	1개		12핀 소켓	2개
F	퓨즈(2P) 및 퓨즈 홀더(2P)	1개		8핀 소켓	4개
MC	전자 접촉기(4a 1b, 12P)	1개	PB1, PB2	푸시버튼 스위치(녹색)	각 1개
EOCR	전자식 과전류 계전기(12P)	1개	RL, GL	파일럿 램프(적색, 녹색)	각 1개
X1~X4	AC 릴레이(2c, 8P)	4개	TB1, TB2	주회로용 단자대(4P)	2개
BZ	부저(매입형 25Ø 220[V])	1개	TB3, TB4	제어함용 단자대(20P)	2개

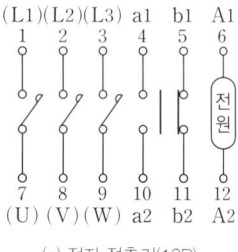
(a) 전자 접촉기(12P)

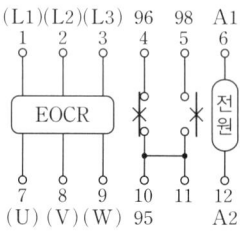
(b) 전자식 과전류 계전기(12P)

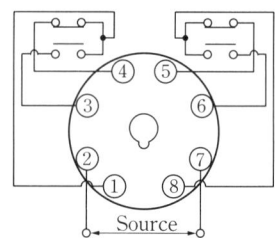
(c) AC 릴레이(2c, 8P)

▲ 계전기 내부 회로도

② 동작사항

1. 전원을 ON하면 GL 점등
2. PB1을 1회 ON-OFF 하면
   - X1 여자, X4 여자, GL 소등, RL 점등, MC 동작한 후 X1 소자
3. 다시 PB1을 1회 ON-OFF 하면
   - X2 여자, X4 소자, GL 점등, RL 소등, MC 정지한 후 X2 소자
4. 전동기 동작 중 과전류에 의해서 EOCR이 작동하면
   - MC 정지, RL 소등, GL소등, BZ 동작
   - 이때 PB2를 누르면 BZ 정지
5. EOCR을 Reset하면 BZ는 정지되면서 1.의 동작 대기상태로 초기화

③ 제어함 기구와 배관 배치도[전동기 기동·정지 교번 회로(스위치 1개, 1개소)]

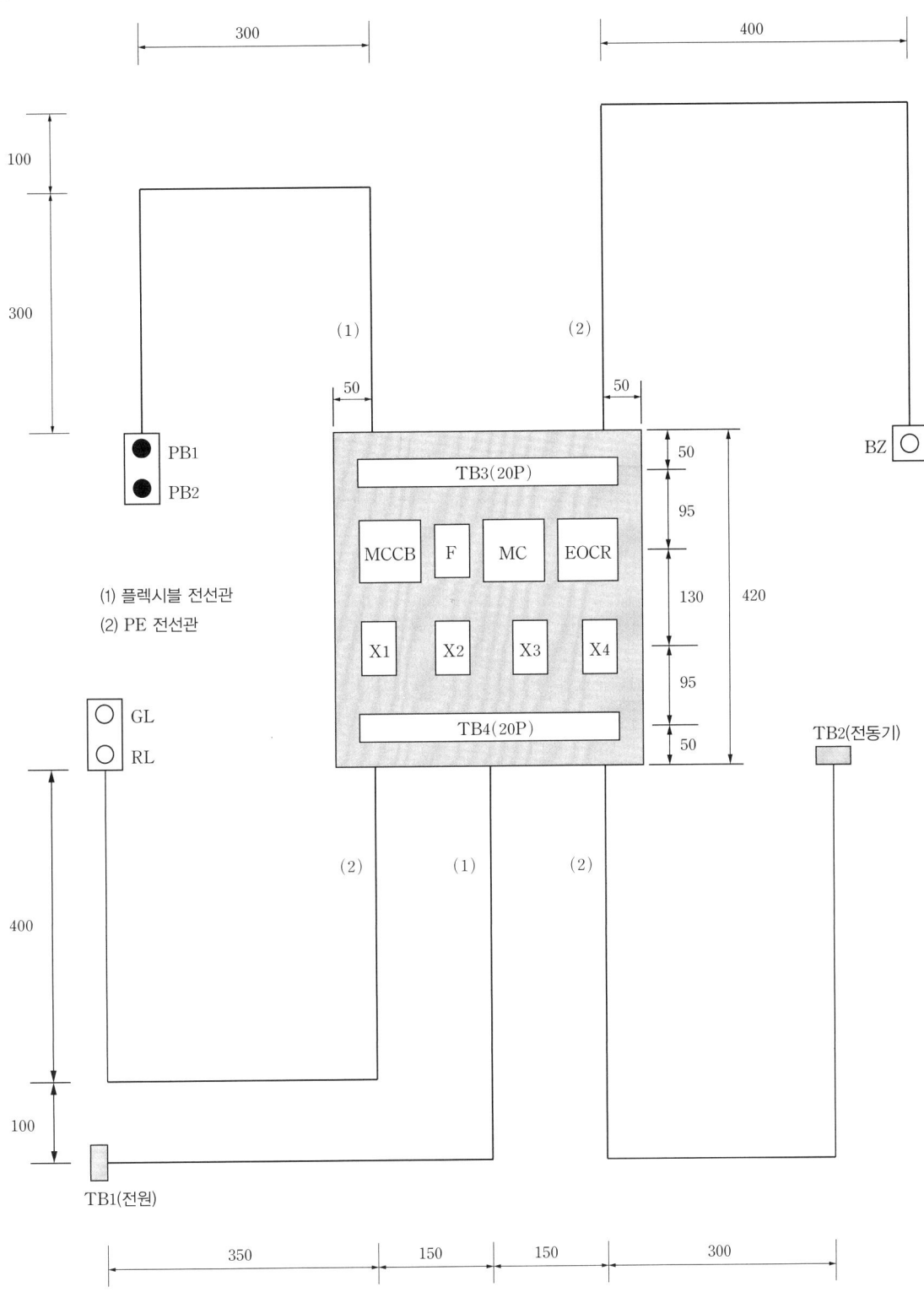

(1) 플렉시블 전선관
(2) PE 전선관

④ 시퀀스 회로도[전동기 기동·정지 교번 회로(스위치 1개, 1개소)]

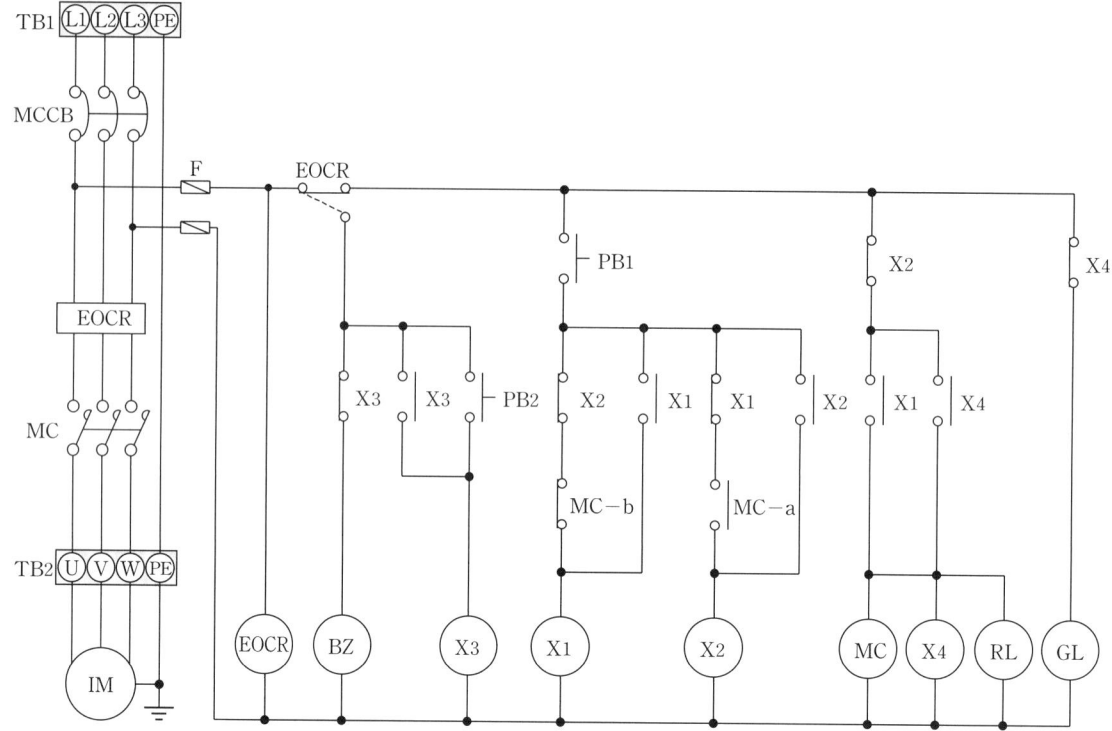

⑤ 배관 배치도 넘버링[전동기 기동·정지 교번 회로(스위치 1개, 1개소)]

> 시퀀스 결선 작업 시 입력 및 출력 기기에 대한 접점 번호는 배관 배치도와 시퀀스 결선도를 참고하여 배관 순서 (가, 나, 다, …)에 의한 기구 먼저 접점 번호를 부여합니다. 여기서 공통 접점(com)을 이용하면 접점 번호를 줄일 수 있으므로 작업자가 가능하다면 작업의 용이성을 고려하여 최소한으로 접점 번호를 줄여서 결선 작업을 해야 합니다.

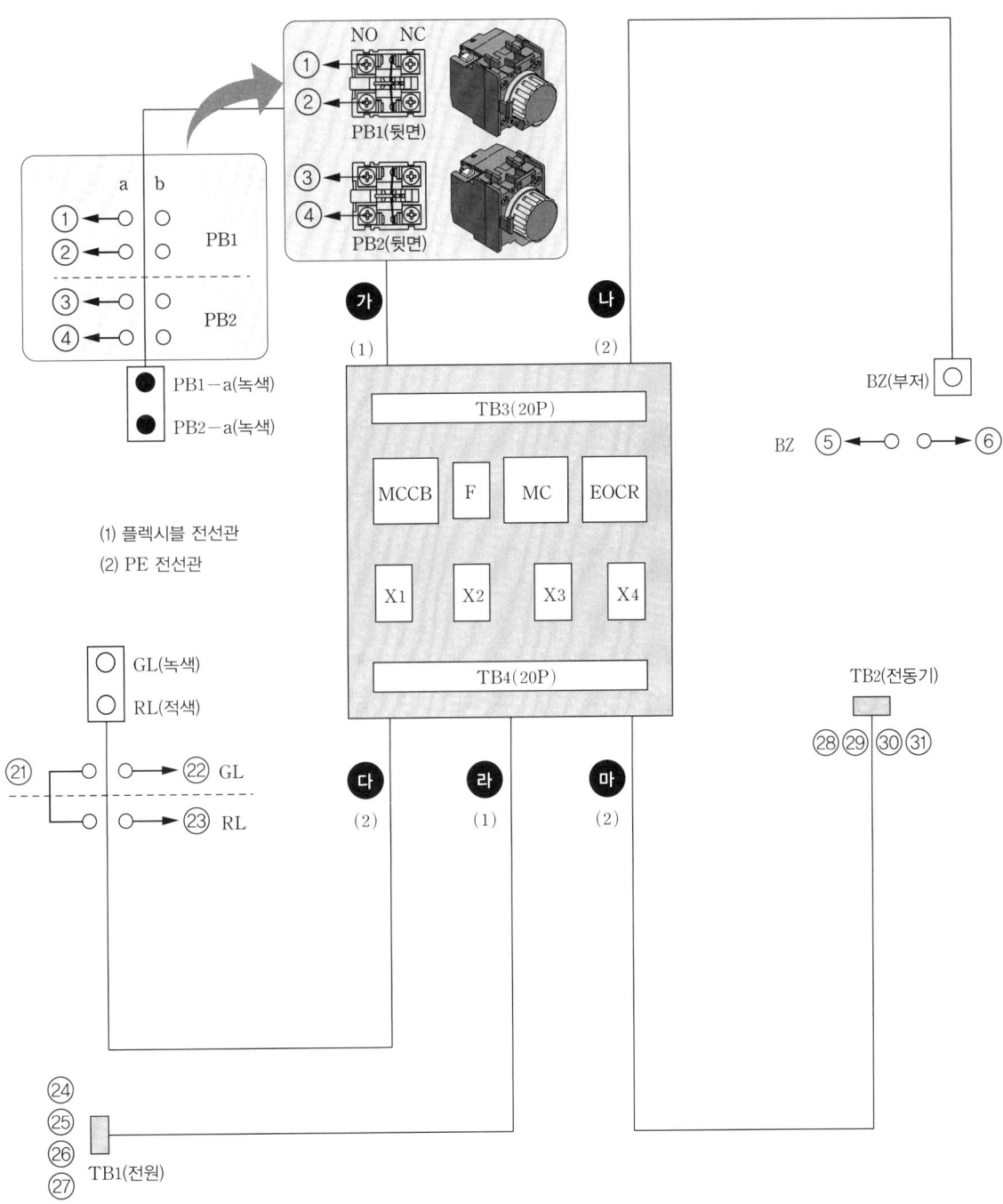

⑥ 시퀀스 회로도 넘버링[전동기 기동·정지 교번 회로(스위치 1개, 1개소)]

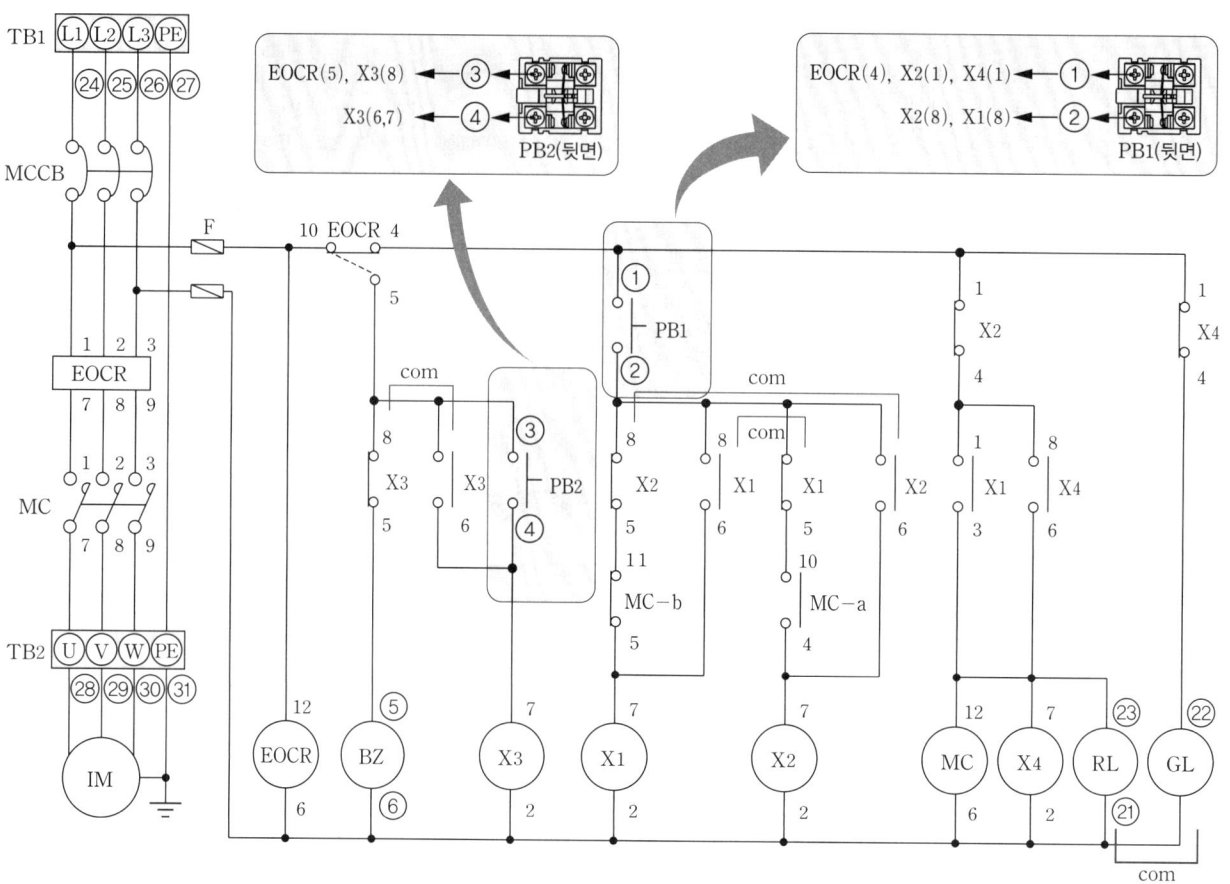

(3) 전동기 운전 회로(타이머, 리밋 스위치)

① 기구 범례

기호	제품명	수량	기호	제품명	수량
MCCB	배선용 차단기(3P)	1개	PB0	푸시버튼 스위치(적색)	1개
F	퓨즈(2P) 및 퓨즈 홀더(2P)	1개	PB1, PB2	푸시버튼 스위치(녹색)	각 1개
MC	전자 접촉기(4a 1b, 12P)	1개	BZ	부저(매입형 25Ø 220[V])	1개
EOCR	전자식 과전류 계전기(12P)	1개	RL, GL, YL	파일럿 램프(적색, 녹색, 황색)	각 1개
Ry	AC 릴레이(2c, 8P)	1개	TB1, TB2	주회로용 단자대(4P)	2개
T	타이머(1c, 8P)	1개	TB3	리밋 스위치용 단자대(4P)	1개
	8핀, 12핀 소켓	각 2개	TB4, TB5	제어함용 단자대(20P)	2개

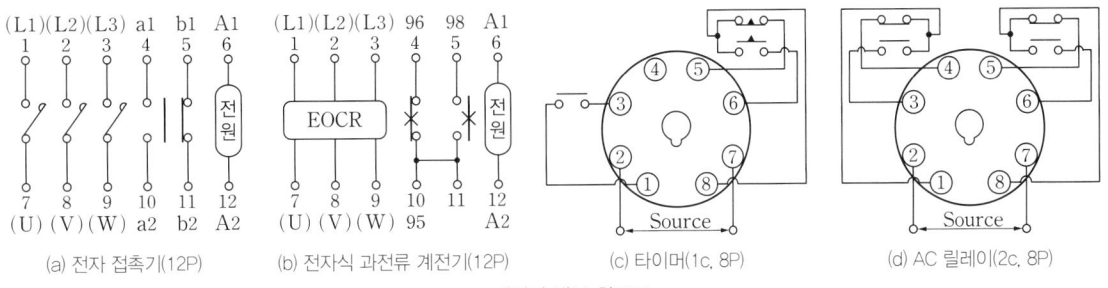

(a) 전자 접촉기(12P) (b) 전자식 과전류 계전기(12P) (c) 타이머(1c, 8P) (d) AC 릴레이(2c, 8P)

▲ 계전기 내부 회로도

② 동작사항

1. 전원을 ON하면 GL 점등
2. LS용 단자대(TB3)에서 수동으로 LS를 닫으면 타이머 T 여자
3. 이때 타이머 설정시간 t초 안에 PB1을 누르면
   - MC 여자, RL 점등, GL 소등 ➡ 전동기 동작
4. LS용 단자대(TB3)에서 수동으로 LS를 열면
   - 타이머 T가 여자된 후부터 타이머 설정시간 t초 후 타이머 T 소자
   - MC 소자, RL 소등, GL 점등 ➡ 전동기 정지
5. 전동기 동작 중 과전류에 의해서 EOCR이 동작하면 BZ 동작
6. 이때 PB2를 누르면 Ry 여자, BZ 멈춤, YL 점등
7. EOCR 수동 복귀 되면 Ry 소자, YL 소등, GL 점등

③ 제어함 기구와 배관 배치도[전동기 운전 회로(타이머, 리밋 스위치)]

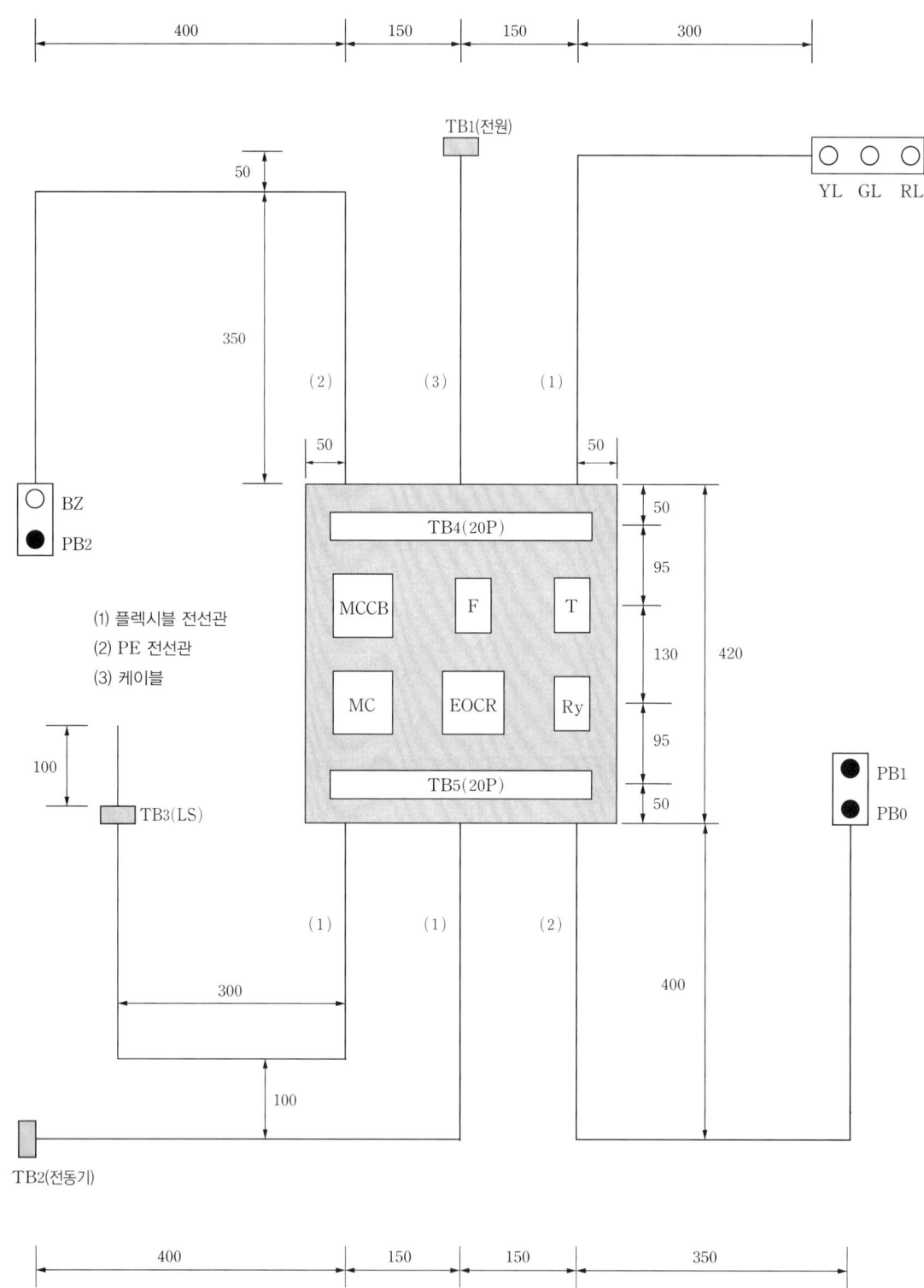

④ 시퀀스 회로도[전동기 운전 회로(타이머, 리밋 스위치)]

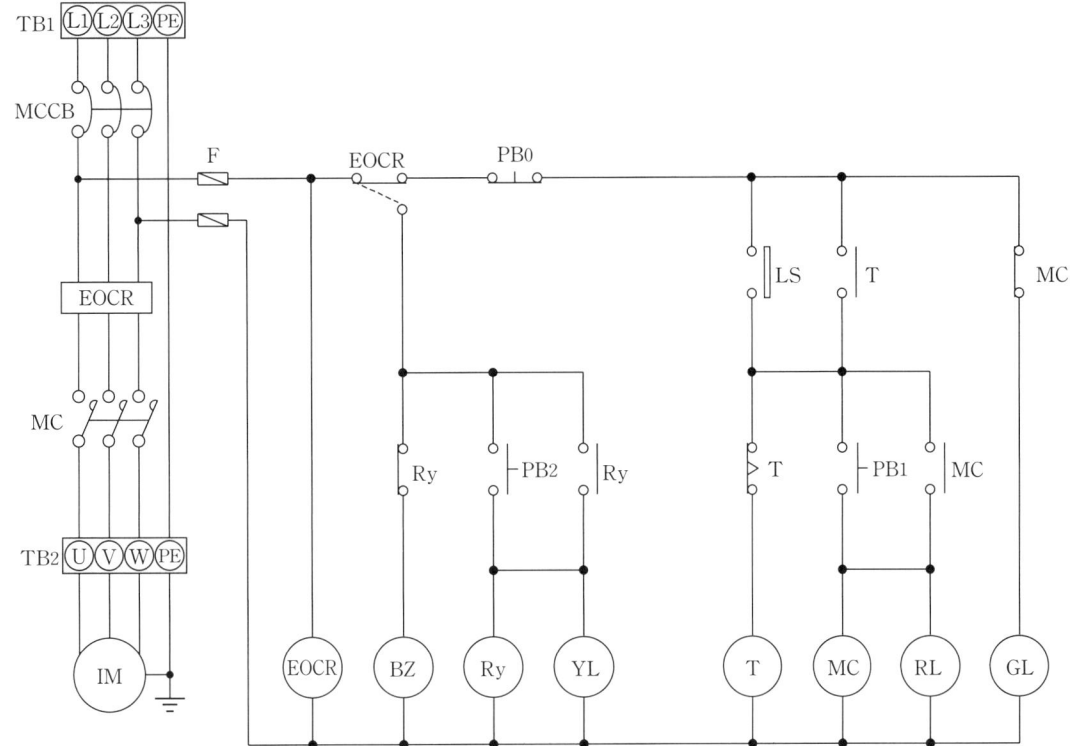

제어함 내부 계전기												
1	2	3	4	5	6		1	2	3	4	5	6
	MC		a		b			EOCR		b		a
7	8	9	10	11	12		7	8	9	10	11	12
전자 접촉기 MC(12P)							전자식 과전류 계전기 EOCR(12P)					
6	5	4	3				6	5	4	3		
	T							Ry				
7	8	1	2				7	8	1	2		
타이머 T(1c, 8P)							AC 릴레이 Ry(2c, 8P)					

입력, 출력 기구		번호
TB4		
가	BZ	
	PB2	
나	TB1	
다	YL	
	GL	
	RL	
TB5		
라	TB3	
마	TB2	
바	PB1	
	PB0	

⑤ 배관 배치도 넘버링[전동기 운전 회로(타이머, 리밋 스위치)]

> 시퀀스 결선 작업 시 입력 및 출력 기기에 대한 접점 번호는 배관 배치도와 시퀀스 결선도를 참고하여 배관 순서(가, 나, 다, …)에 의한 기구 먼저 접점 번호를 부여합니다. 여기서 공통 접점(com)을 이용하면 접점 번호를 줄일 수 있으므로 작업자가 가능하다면 작업의 용이성을 고려하여 최소한으로 접점 번호를 줄여서 결선 작업을 해야 합니다.

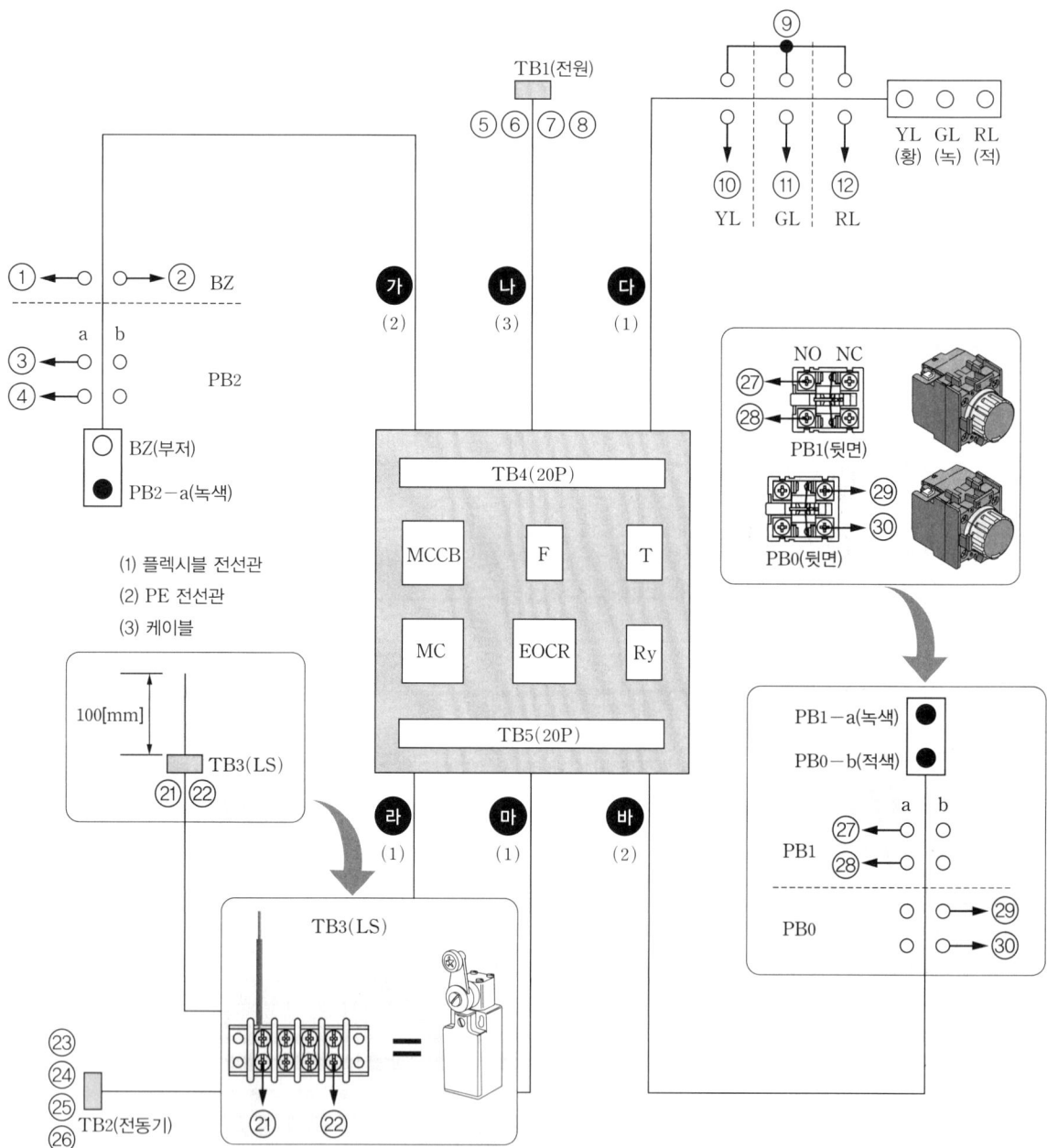

⑥ 시퀀스 회로도 넘버링[전동기 운전 회로(타이머, 리밋 스위치)]

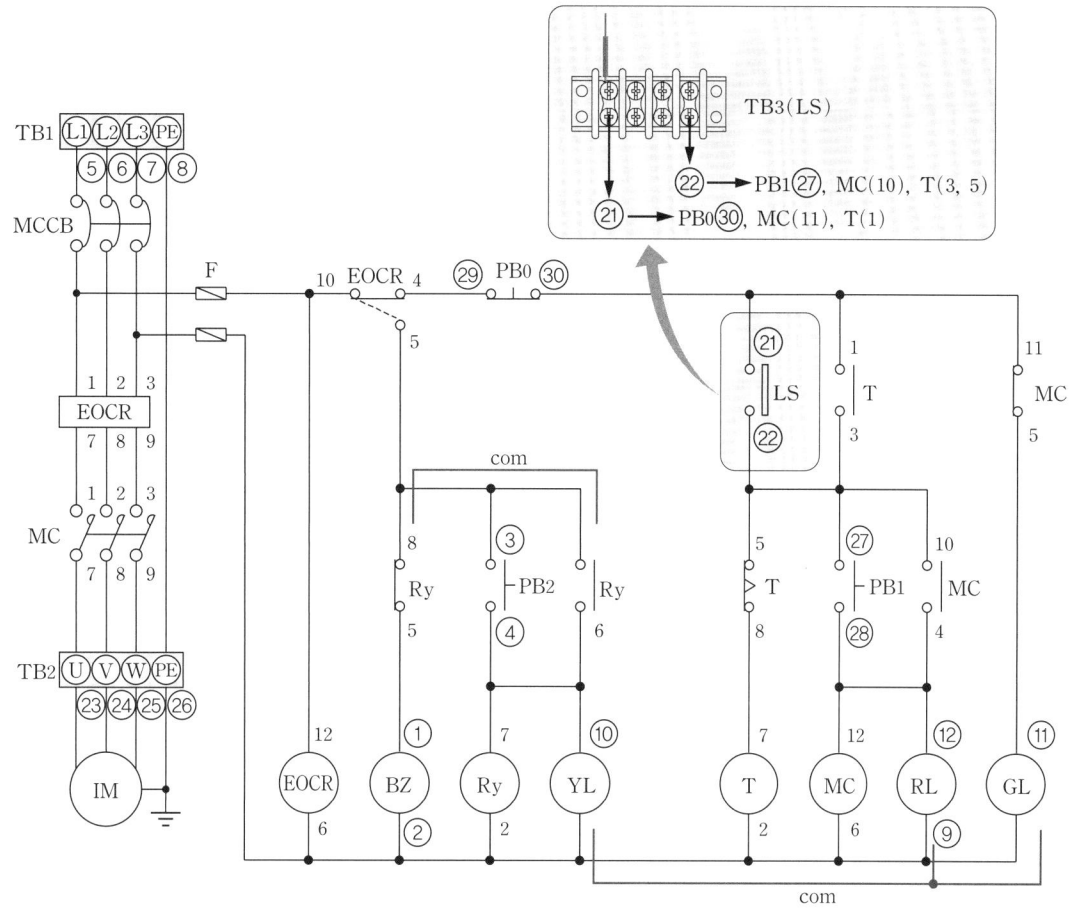

(4) 전동기 정·역 운전 회로(후행 우선 동작회로)

① 기구 범례

기호	제품명	수량	기호	제품명	수량
MCCB	배선용 차단기(3P)	1개	PB0	푸시버튼 스위치(적색)	1개
F	퓨즈(2P) 및 퓨즈 홀더(2P)	1개	PB1, PB2	푸시버튼 스위치(녹색)	2개
MC1, MC2	전자 접촉기(4a 1b, 12P)	2개	BZ	부저(매입형 25Ø 220[V])	1개
EOCR	전자식 과전류 계전기(12P)	1개	RL1, RL2	파일럿 램프(적색)	2개
FR	플리커 릴레이(1c, 8P)	1개	YL	파일럿 램프(황색)	1개
	12핀 소켓	3개	TB1, TB2	주회로용 단자대(4P)	2개
	8핀 소켓	1개	TB3, TB4	제어함용 단자대(20P)	2개

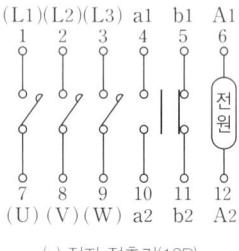

(a) 전자 접촉기(12P)

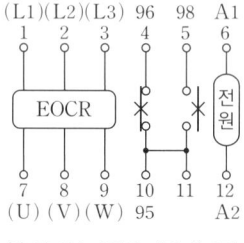

(b) 전자식 과전류 계전기(12P)

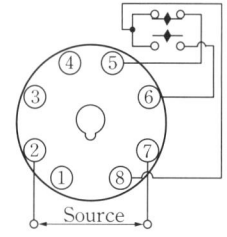

(c) 플리커 릴레이(1c, 8P)

▲ 계전기 내부 회로도

② 동작사항

3상 유도 전동기의 기본 회전 방향과 반대 방향으로 역회전 시키려면 전동기 전원선 L1, L2, L3의 3가닥 중 임의의 2가닥을 서로 바꾸어서 결선하면 된다. 즉, L1, L2, L3 3상 전원선을 처음 3상 유도 전동기에 전원을 공급했을 때의 회전 방향과 반대 방향으로 회전시키려면 아래 [그림]과 같이 일반적으로 L1상을 기준으로 L2상과 L3상을 바꾸어 결선해 주면 된다.

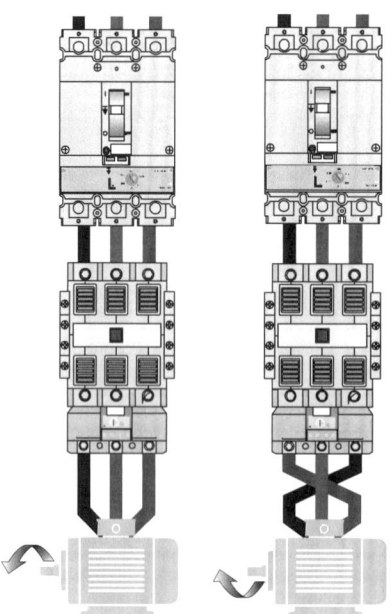

▲ 전동기의 정·역 운전

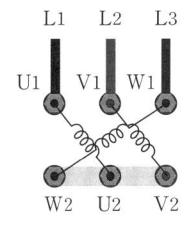
(a) 기준 회전 방향(정회전)

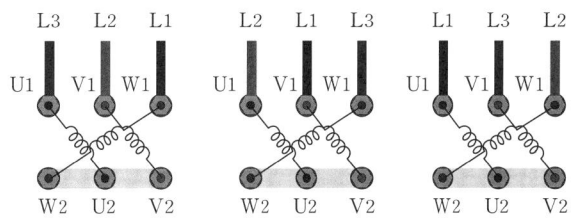
(b) 기준 회전 방향에 대한 역회전 결선

▲ 전동기 회전 방향 결선법(Y 결선)

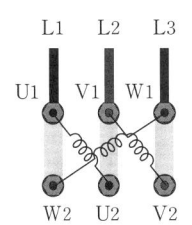
(a) 기준 회전 방향(정회전)

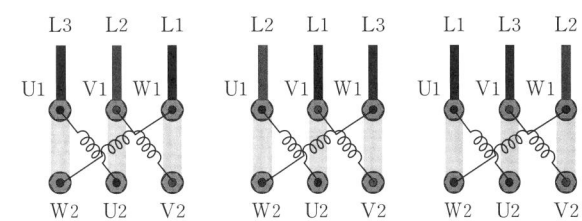
(b) 기준 회전 방향에 대한 역회전 결선

▲ 전동기 회전 방향 결선법(△ 결선)

1. PB1을 ON하면
   - MC1 여자(전동기 정회전 동작), RL1 점등
2. PB2를 ON하면
   - MC1 소자(전동기 정회전 정지), RL1 소등
   - MC2 여자(전동기 역회전 동작), RL2 점등
   ※ PB1과 PB2는 기계적인 인터록 접점이며 MC1과 MC2는 전기적인 인터록 접점으로 동작 ➡ 후행 우선 동작회로
3. 전동기 동작 중 PB0를 누르면 전동기 및 모든 기기의 동작이 정지
4. 전동기 운전 중 과전류에 의해서 EOCR이 동작되면
   - MC1 및 MC2 소자, RL1 및 RL2 소등 ➡ 전동기 정지
   - BZ와 YL이 FR의 설정시간 t초 간격으로 점멸 반복 동작
5. EOCR을 수동복귀하면 초기화된다.

③ 제어함 기구와 배관 배치도[전동기 정·역 운전 회로(후행 우선 동작회로)]

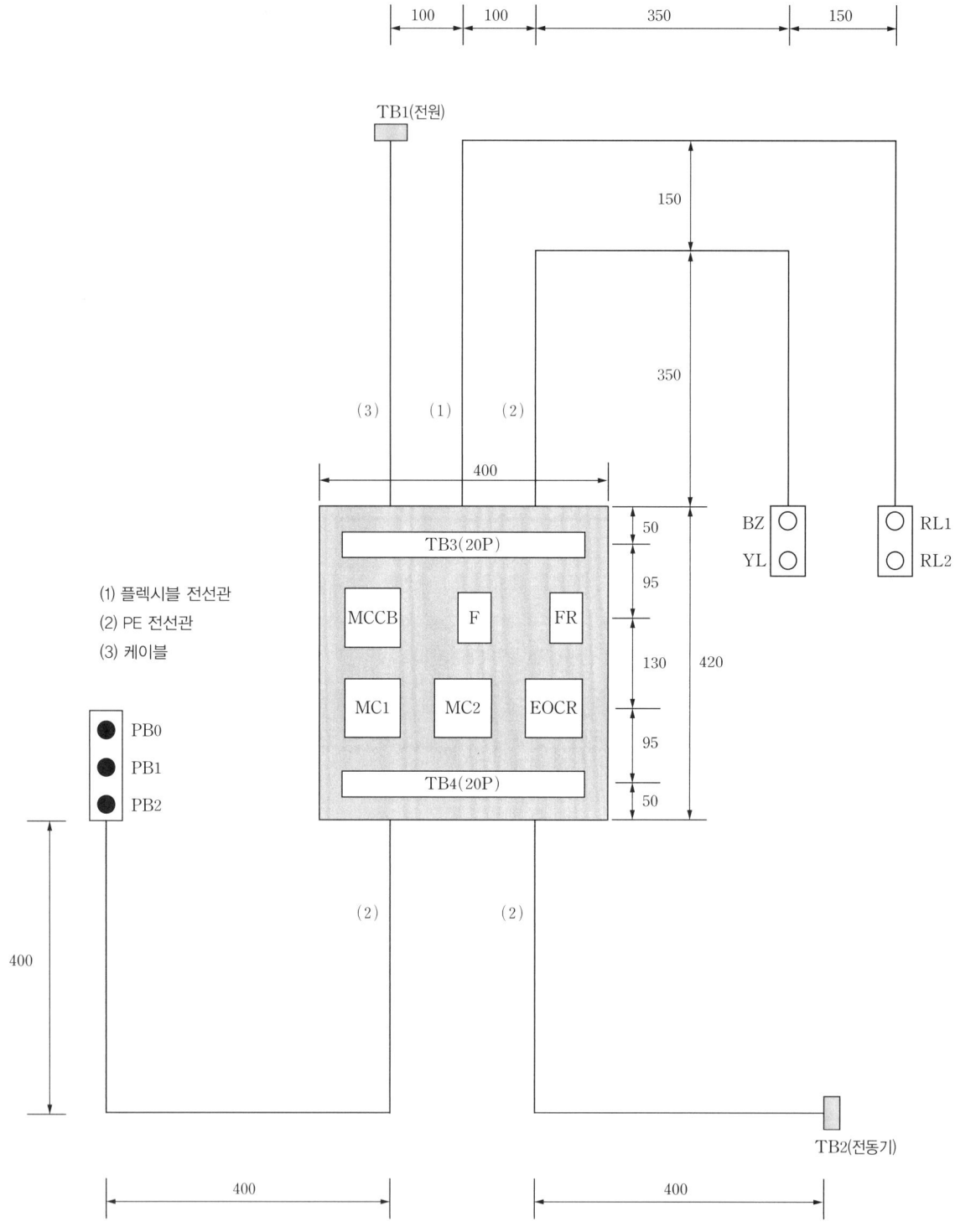

④ 시퀀스 회로도[전동기 정·역 운전 회로(후행 우선 동작회로)]

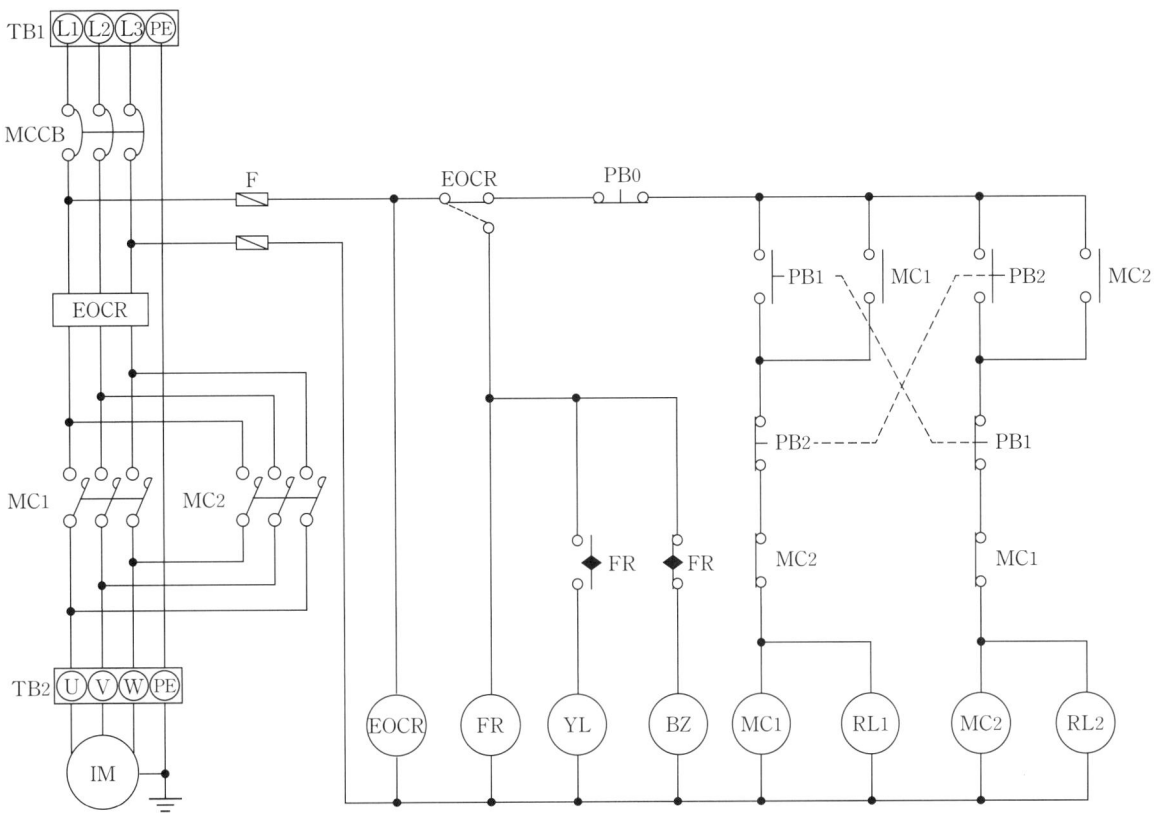

	제어함 내부 계전기	

1	2	3	4	5	6
	MC1		a	b	
7	8	9	10	11	12

전자 접촉기 MC1(12P)

1	2	3	4	5	6
	MC2		a	b	
7	8	9	10	11	12

전자 접촉기 MC2(12P)

1	2	3	4	5	6
	EOCR		b	a	
7	8	9	10	11	12

전자식 과전류 계전기 EOCR(12P)

6	5	4	3
	FR		
7	8	1	2

플리커 릴레이 FR(1c, 8P)

입력, 출력 기구		번호
TB3		
가	TB1	
나	RL1	
	RL2	
다	BZ	
	YL	
TB4		
라	PB0	
	PB1	
	PB2	
마	TB2	

⑤ 배관 배치도 넘버링[전동기 정·역 운전 회로(후행 우선 동작회로)]

> 시퀀스 결선 작업 시 입력 및 출력 기기에 대한 접점 번호는 배관 배치도와 시퀀스 결선도를 참고하여 배관 순서(가, 나, 다, …)에 의한 기구 먼저 접점 번호를 부여합니다. 여기서 공통 접점(com)을 이용하면 접점 번호를 줄일 수 있으므로 작업자가 가능하다면 작업의 용이성을 고려하여 최소한으로 접점 번호를 줄여서 결선 작업을 해야 합니다.

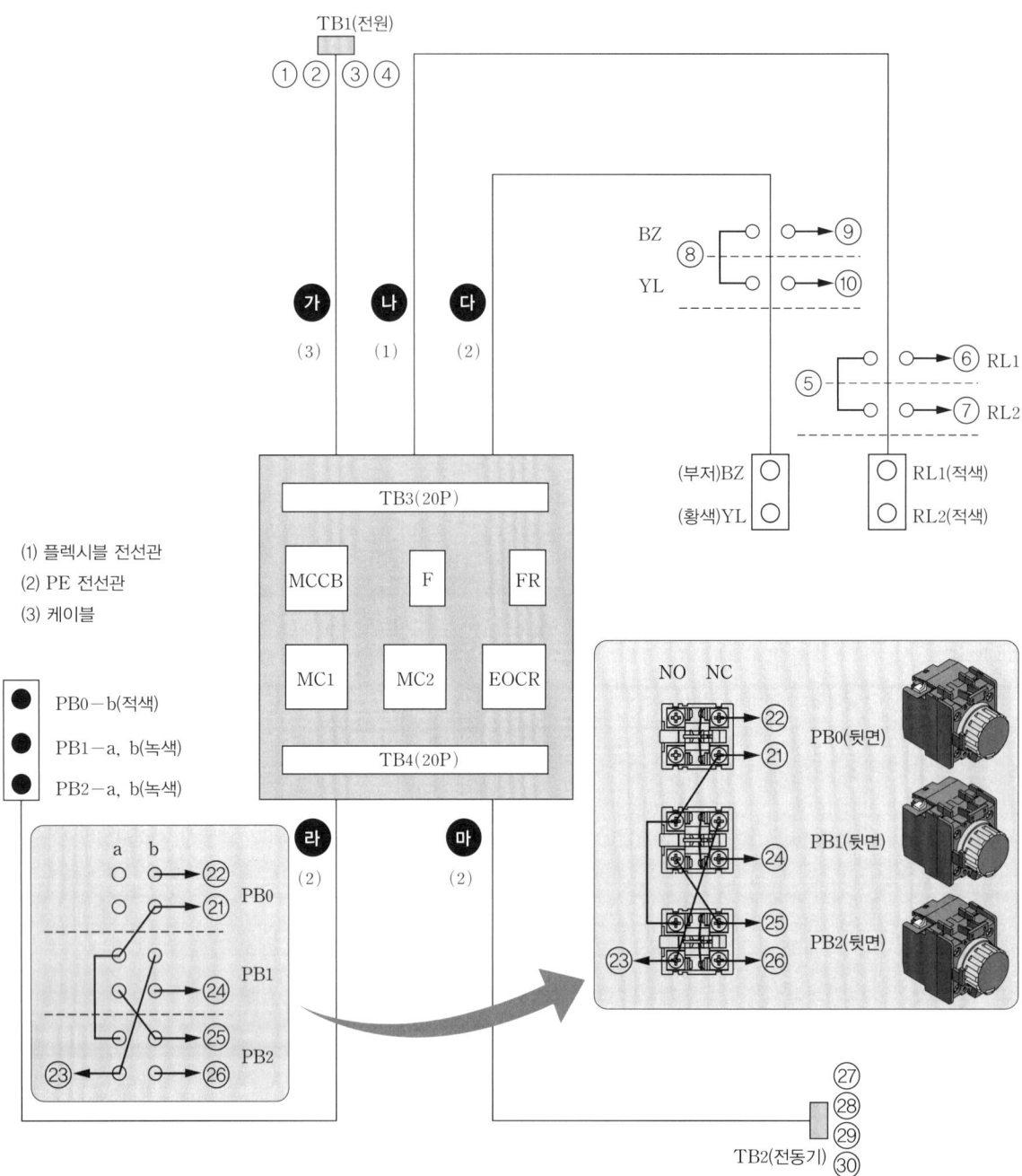

⑥ 시퀀스 회로도 넘버링[전동기 정·역 운전 회로(후행 우선 동작회로)]

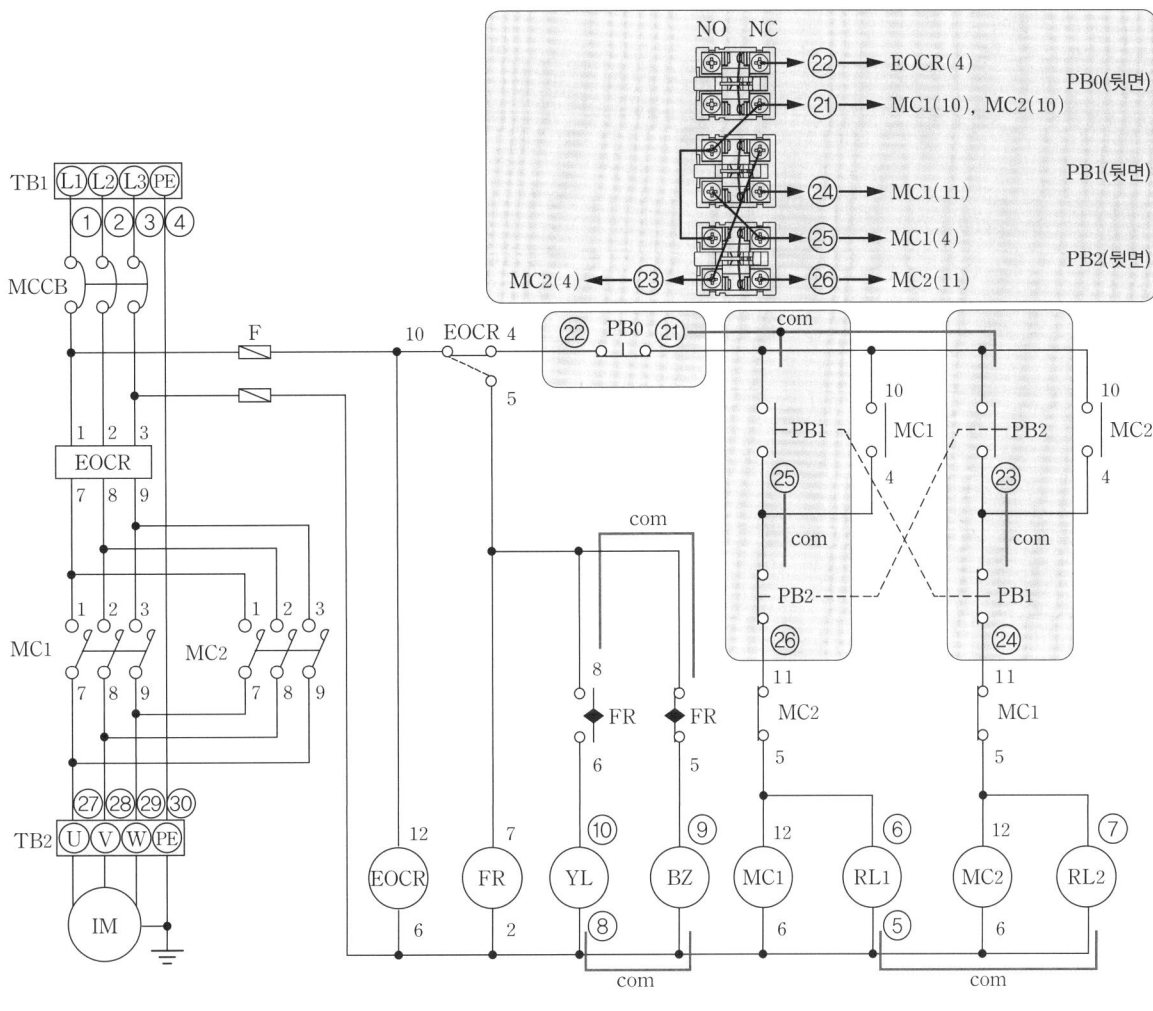

(5) 전동기 정·역 운전 회로(타이머)

① 기구 범례

기호	제품명	수량	기호	제품명	수량
MCCB	배선용 차단기(3P)	1개	X1, X2	릴레이(3c, 11P)	2개
F	퓨즈(2P) 및 퓨즈 홀더(2P)	1개	PB0	푸시버튼 스위치(적색)	1개
MCF, MCR	전자 접촉기(4a 1b, 12P)	2개	PB1, PB2	푸시버튼 스위치(녹색)	2개
EOCR	전자식 과전류 계전기(12P)	1개	BZ	부저(매입형 25∅ 220[V])	1개
T	타이머(1c, 8P)	1개	RL1, RL2, RL3	파일럿 램프(적색)	3개
	12핀 소켓	3개	TB1, TB2	주회로용 단자대(4P)	2개
	11핀 소켓	2개	TB3, TB4	제어함용 단자대(20P)	2개
	8핀 소켓	1개			

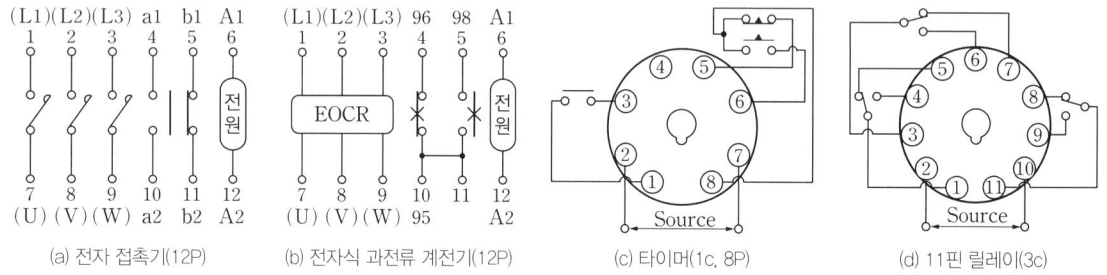

(a) 전자 접촉기(12P)   (b) 전자식 과전류 계전기(12P)   (c) 타이머(1c, 8P)   (d) 11핀 릴레이(3c)

▲ 계전기 내부 회로도

② 동작사항

다음과 같은 회로에서 전자 접촉기 2개가 동시에 동작하여 두 회로가 동시에 닫힌 회로로 된다면 전원회로의 단락(합선: Short) 사고가 발생된다. 이러한 단락사고를 방지하기 위해서는 반드시 서로 다른 2개의 전자 접촉기 b 접점을 상대쪽 전원 코일 회로에 직렬로 결선하여 한 쪽이 동작할 때 다른 한 쪽은 동작하지 않도록 결선하는 인터록(Interlock) 회로로 구성해야 한다. 이는 먼저 입력된 신호를 나중에 입력된 신호보다 우선시하여 처리되면 선행동작 우선회로, 나중에 입력된 신호가 먼저 입력된 신호를 끄고 실행되면 후행동작 우선회로에 적용이 된다.

1. PB1을 누르면
   - X1 여자, MCF 여자, RL1 점등, RL3 점등 ➡ 전동기 정회전 동작
2. PB2를 누르면
   - X1 소자, X2 여자, 타이머 T 여자, RL3 소등
3. 타이머 T의 설정시간 t초 동안
   - t초 동안 MCF 여자, RL1 점등 상태 유지 ➡ 전동기 정회전 동작 유지
4. 타이머 T의 설정시간 t초 후
   - MCF 소자, MCR 여자, RL1 소등, RL2 점등 ➡ 전동기 역회전 동작
   ※ PB1과 PB2는 기계적인 인터록 접점이며 X1과 X2, MCF와 MCR은 전기적인 인터록 접점으로 동작
5. PB0를 누르면 전동기가 운전 정지
6. 전동기 운전 중 주회로에 과전류가 흐르면 전자식 과전류 계전기(EOCR)가 동작되어 전동기 운전 회로가 정지되고 BZ 동작
7. 전자식 과전류 계전기(EOCR)를 리셋(Reset)하면 동작 초기 상태로 복귀

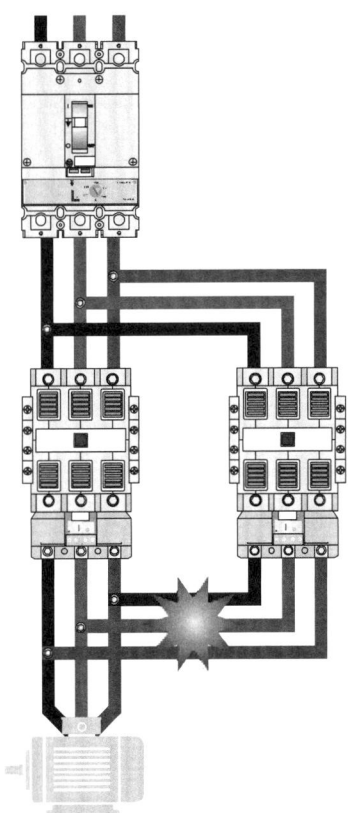

▲ 인터록 회로의 동작

③ 제어함 기구와 배관 배치도[전동기 정·역 운전 회로(타이머)]

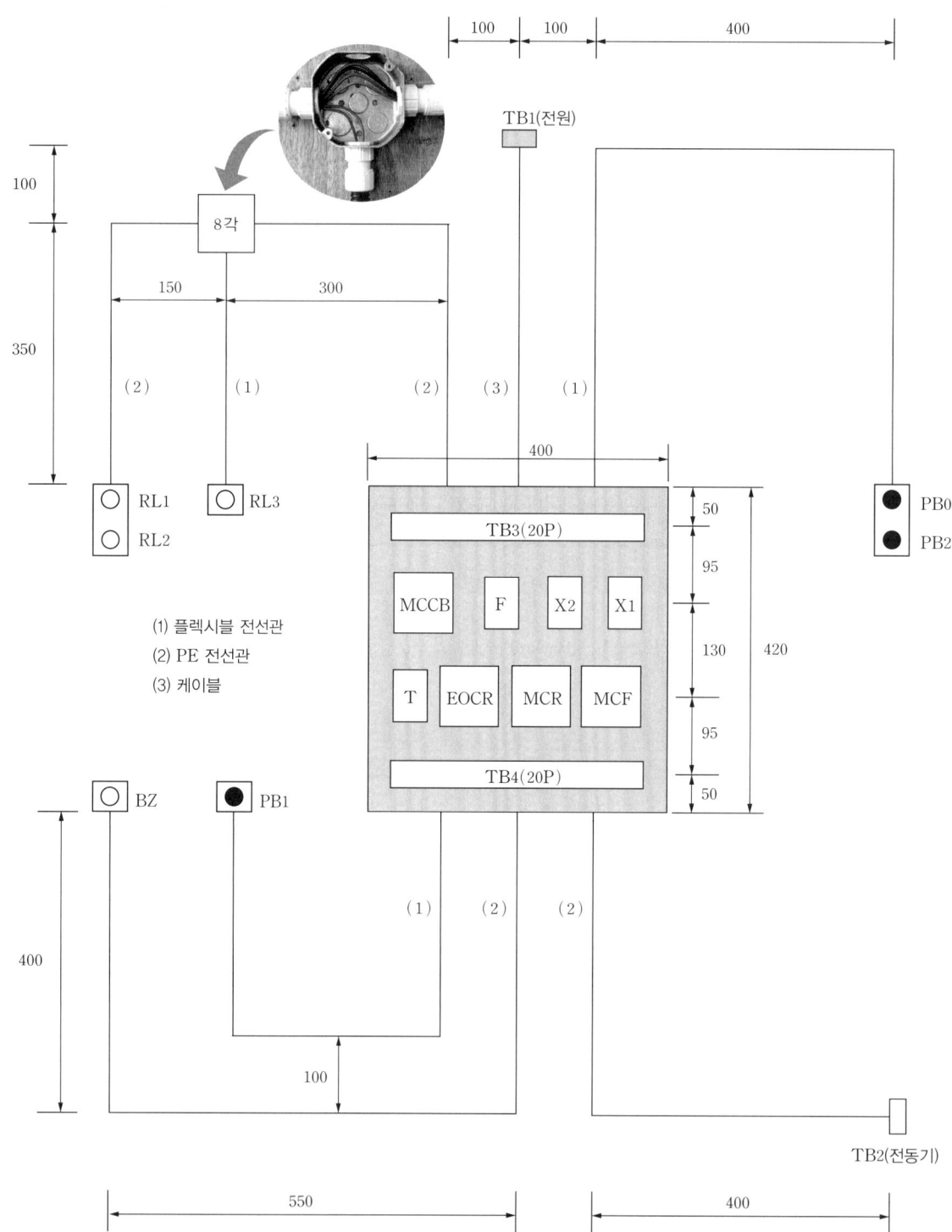

④ 시퀀스 회로도[전동기 정·역 운전 회로(타이머)]

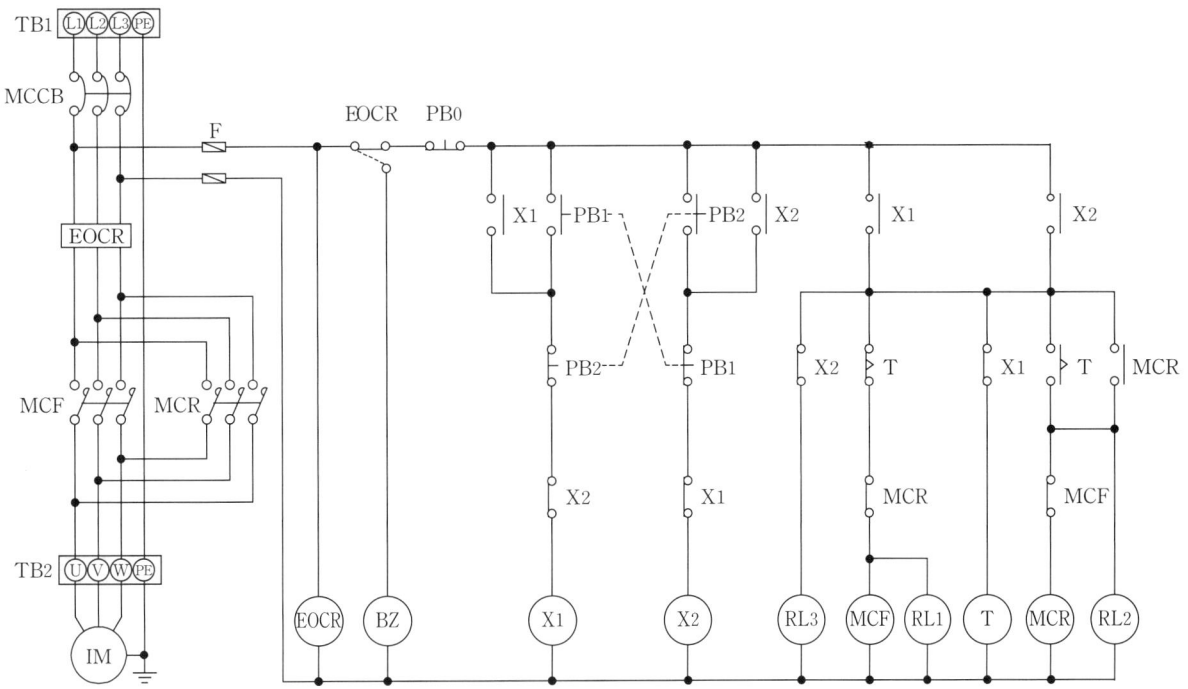

제어함 내부 계전기		
<table><tr><td>1</td><td>2</td><td>3</td><td>4</td><td>5</td><td>6</td></tr><tr><td colspan="2">MCF</td><td colspan="2">a</td><td colspan="2">b</td></tr><tr><td>7</td><td>8</td><td>9</td><td>10</td><td>11</td><td>12</td></tr></table> MCF(12P)	<table><tr><td>1</td><td>2</td><td>3</td><td>4</td><td>5</td><td>6</td></tr><tr><td colspan="2">MCR</td><td colspan="2">a</td><td colspan="2">b</td></tr><tr><td>7</td><td>8</td><td>9</td><td>10</td><td>11</td><td>12</td></tr></table> MCR(12P)	<table><tr><td>1</td><td>2</td><td>3</td><td>4</td><td>5</td><td>6</td></tr><tr><td colspan="2">EOCR</td><td colspan="2">b</td><td colspan="2">a</td></tr><tr><td>7</td><td>8</td><td>9</td><td>10</td><td>11</td><td>12</td></tr></table> EOCR(12P)
타이머 T(1c, 8P)	AC 릴레이 X1(11P)	AC 릴레이 X2(11P)

입력, 출력 기구		번호
TB3		
가	RL1	
	RL2	
	RL3	
나	TB1	
다	PB0	
	PB2	
TB4		
라	PB1	
마	BZ	
바	TB2	

⑤ 제어함 기구와 배관 배치도 넘버링[전동기 정·역 운전 회로(타이머)]

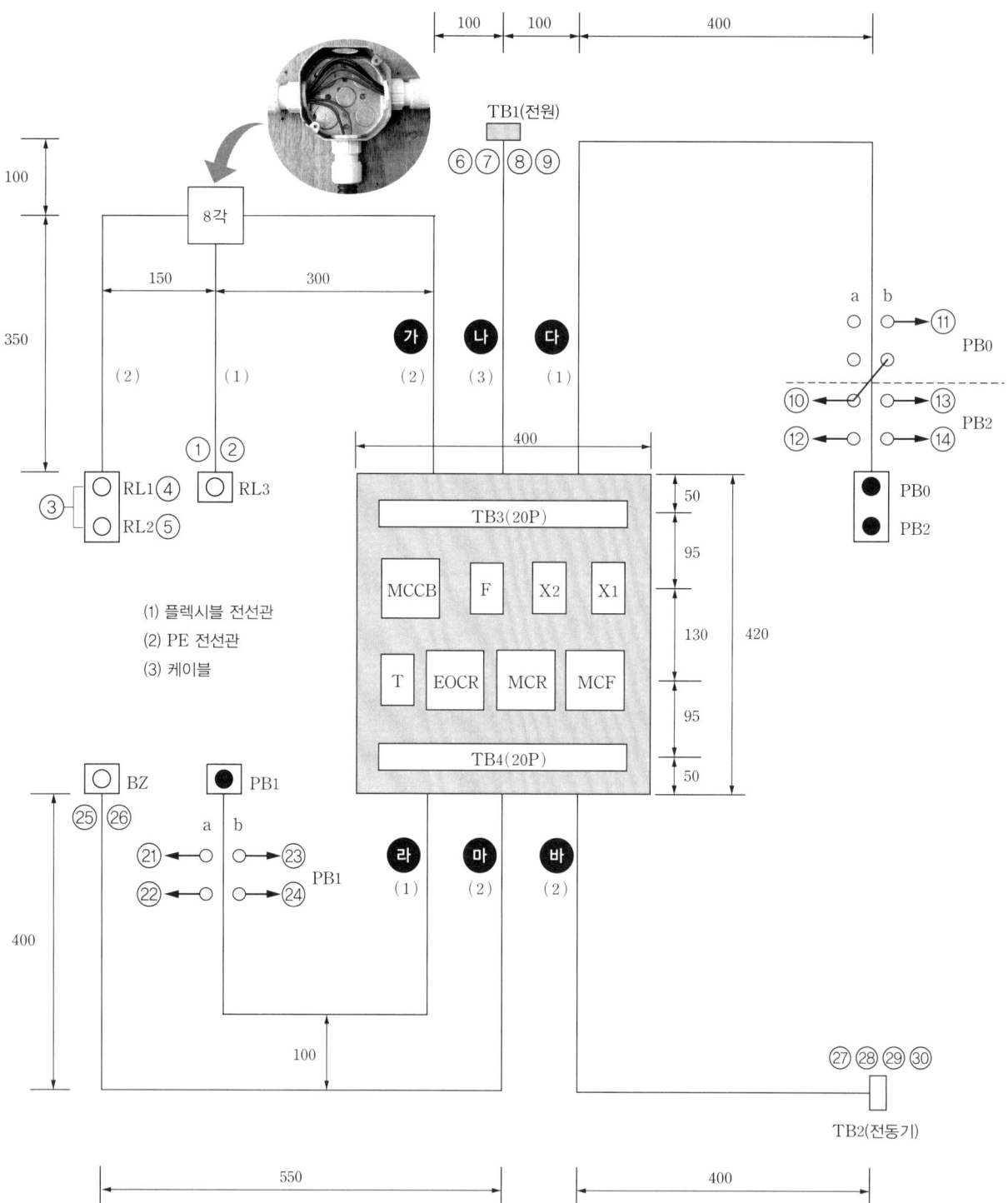

(1) 플렉시블 전선관
(2) PE 전선관
(3) 케이블

⑥ 시퀀스 회로도 넘버링[전동기 정·역 운전 회로(타이머)]

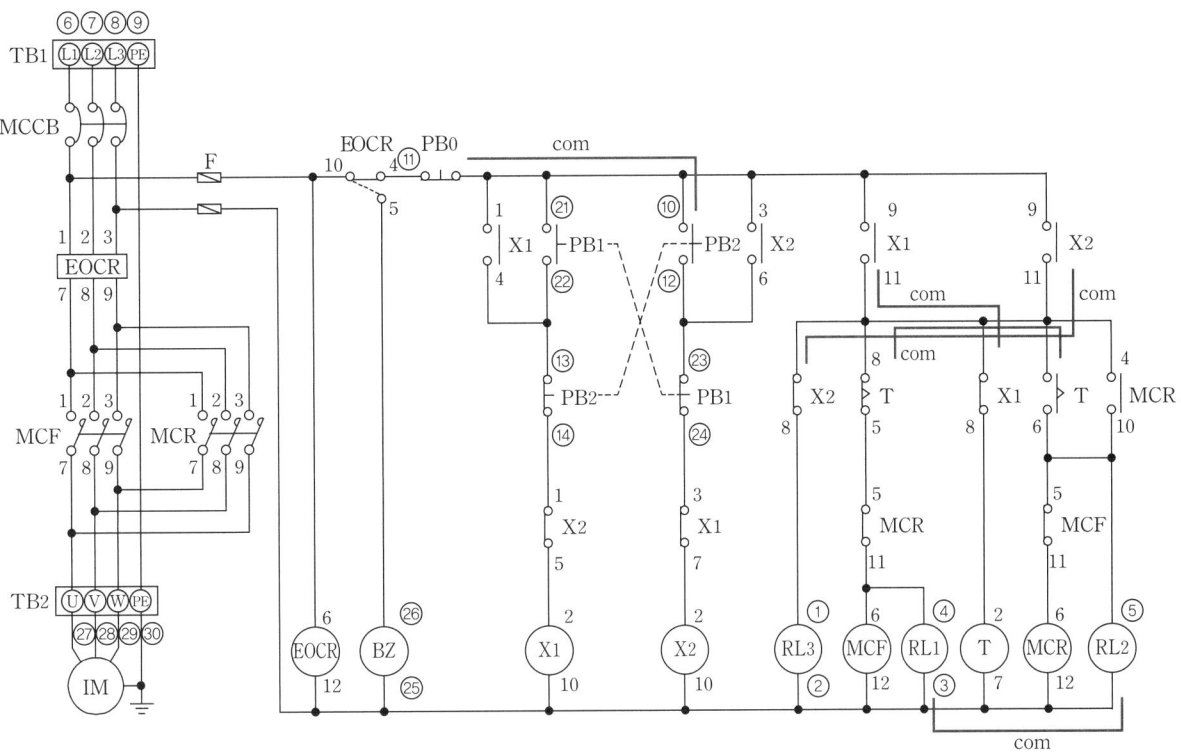

(6) 3상 유도 전동기 2접촉기식 Y-△ 운전 회로(타이머)

① 기구 범례

기호	제품명	수량	기호	제품명	수량
MCCB	배선용 차단기(3P)	1개	PB1	푸시버튼 스위치(녹색)	1개
F	퓨즈(2P) 및 퓨즈 홀더(2P)	1개	PB2	푸시버튼 스위치(적색)	1개
MCY, MC△	전자 접촉기(4a 1b, 12P)	2개	L1, L2	파일럿 램프(적색)	2개
EOCR	전자식 과전류 계전기(12P)	1개	L3	파일럿 램프(녹색)	1개
T	타이머(1c, 8P)	1개	BZ	부저(매입형 25∅ 220[V])	1개
	12핀 소켓	3개	TB1	주회로용 입력 단자대(4P)	1개
	8핀 소켓	1개	TB2	주회로용 출력 단자대(10P)	1개
TB3, TB4	제어함용 단자대(20P)	2개			

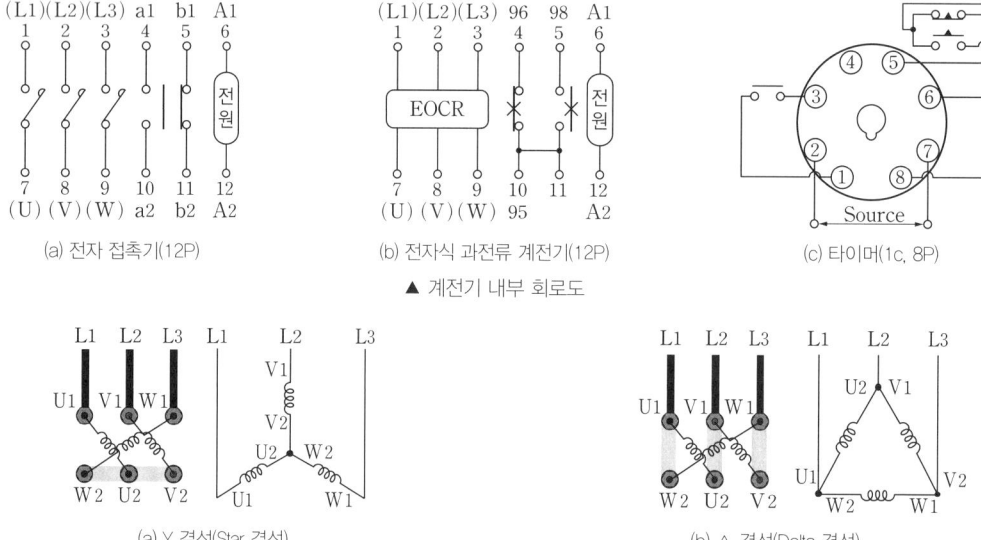

(a) 전자 접촉기(12P)   (b) 전자식 과전류 계전기(12P)   (c) 타이머(1c, 8P)

▲ 계전기 내부 회로도

(a) Y 결선(Star 결선)   (b) △ 결선(Delta 결선)

▲ 3상 유도 전동기 6-wire 기본 결선법

② 동작사항

유도 전동기의 기동 전류를 낮추기 위해 Y 결선을 통한 기동 방법을 주로 사용한다. 전동기의 코일을 Y 결선하면 유도 전동기는 저전류가 흐르게 되어 저속으로 기동 운전하게 된다. 이후 전동기의 속도가 일정 속도에 도달하면 전동기의 코일을 △ 결선으로 변경하여 정상 속도에 도달하게 된다. 즉, 기본 동작은 PB1을 누르면 전동기가 Y 결선으로 기동하고, 타이머의 설정시간 t초 후에 전동기는 △ 결선으로 운전된다.

▲ 유도 전동기

1. 전원을 투입하면 L3 점등
2. PB1을 눌렀다가 떼면
    - MCY 및 T 여자, L1 및 L3 점등 ➡ 전동기 Y 결선 기동
3. 타이머의 설정시간 t초 후
    - MC△ 여자(MCY 소자), L2 및 L3 점등(L1 소등) ➡ 전동기 △ 결선 운전
    - MCY와 MC△는 인터록 동작회로 결선
4. PB2를 눌렀다 떼면 전동기 정지 및 L1, L2가 꺼지고 동작 초기 상태가 됨
5. 전동기 운전 중 주회로에 과전류가 흐르면 전자식 과전류 계전기(EOCR)가 동작되어 전동기 운전 회로가 정지되고 BZ 동작
6. 전자식 과전류 계전기(EOCR)를 리셋(Reset)하면 동작 초기 상태로 복귀

③ 제어함 기구와 배관 배치도[3상 유도 전동기 2접촉기식 Y-△ 운전 회로(타이머)]

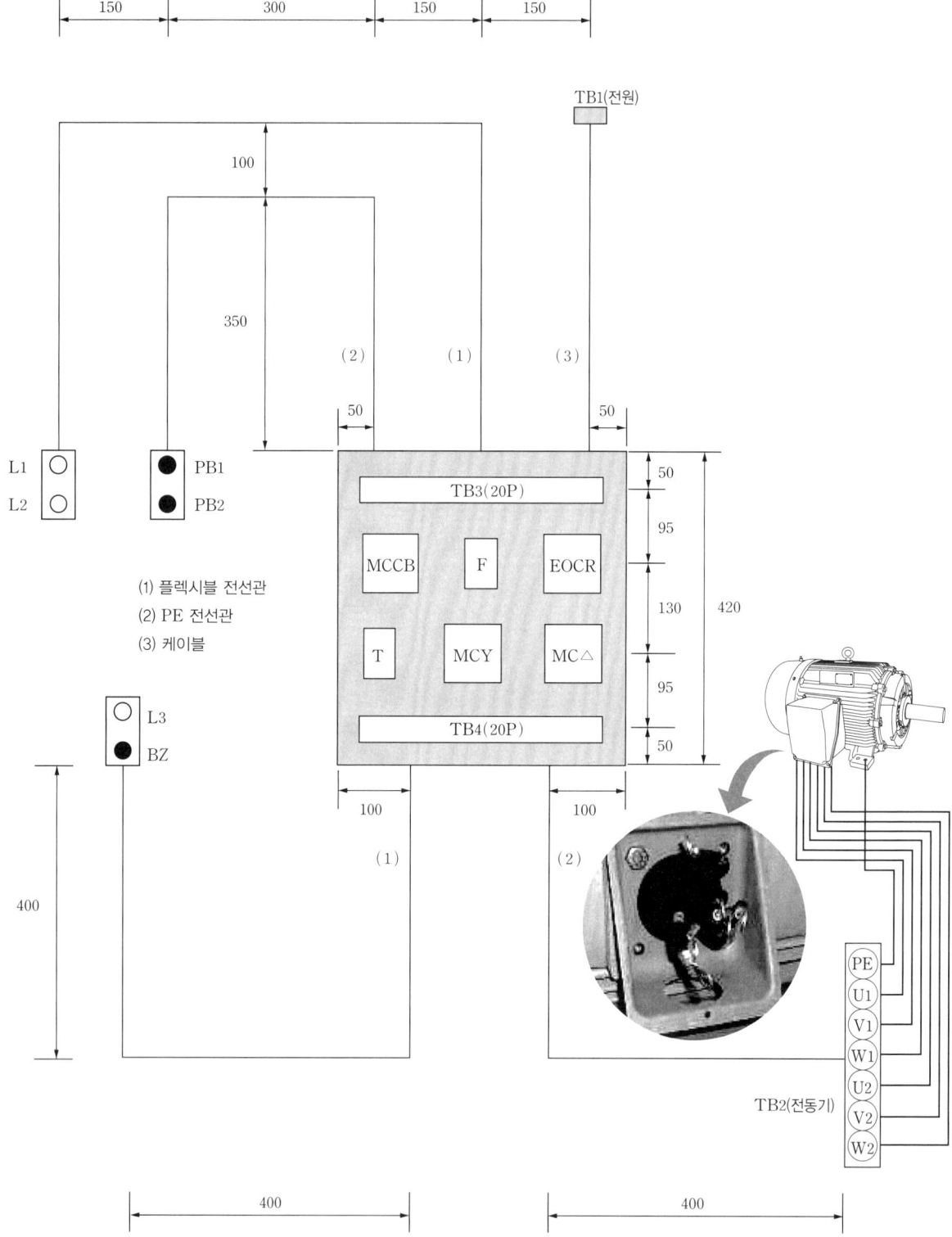

④ 시퀀스 회로도[3상 유도 전동기 2접촉기식 Y-△ 운전 회로(타이머)]

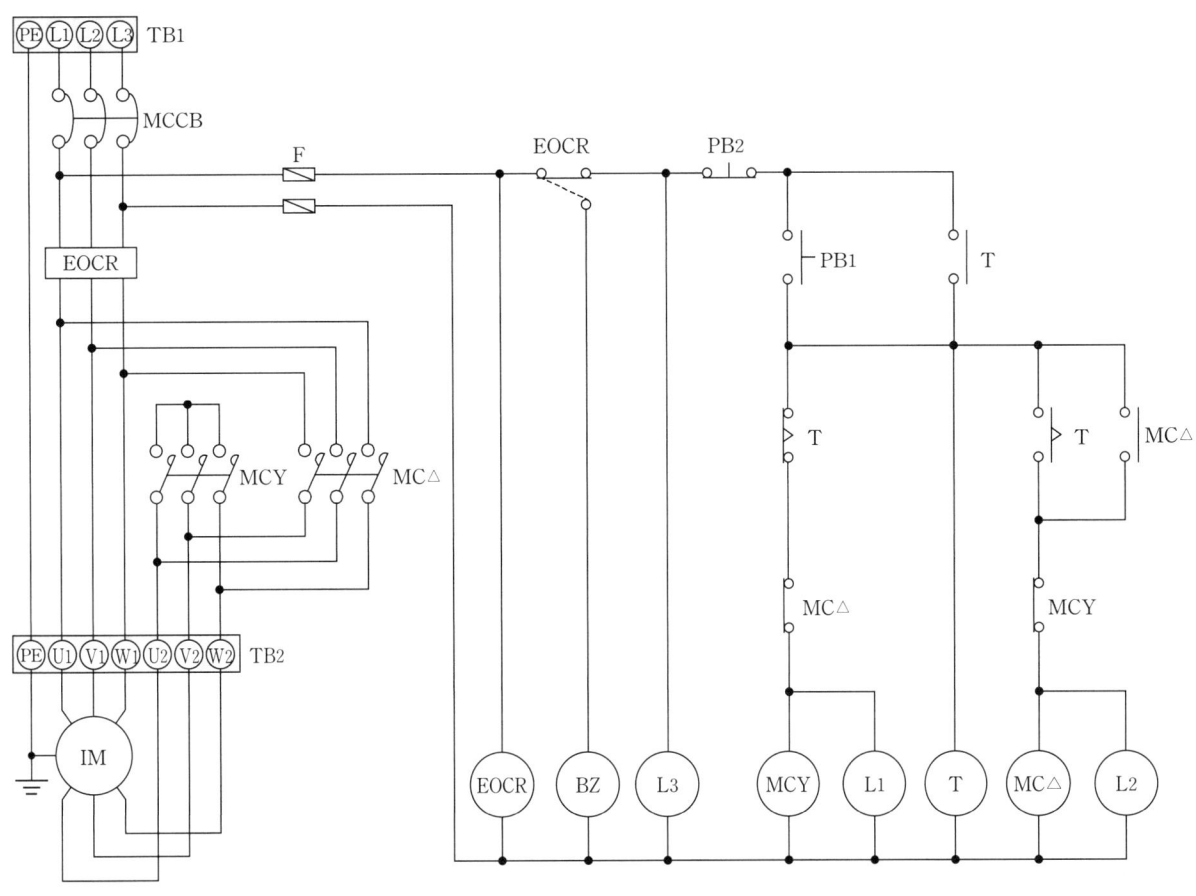

제어함 내부 계전기					
1	2	3	4	5	6
	MCY		a	b	
7	8	9	10	11	12

전자 접촉기 MCY(12P)

1	2	3	4	5	6
	MC△		a	b	
7	8	9	10	11	12

전자 접촉기 MC△(12P)

1	2	3	4	5	6
	EOCR		b	a	
7	8	9	10	11	12

전자식 과전류 계전기 EOCR(12P)

6	5	4	3
	T		
7	8	1	2

타이머 T(1c, 8P)

입력, 출력 기구		번호
TB3		
가	PB1	
	PB2	
나	L1	
	L2	
다	TB1	
TB4		
라	L3	
	BZ	
마	TB2	

⑤ 제어함 기구와 배관 배치도 넘버링[3상 유도 전동기 2접촉기식 Y-△ 운전 회로(타이머)]

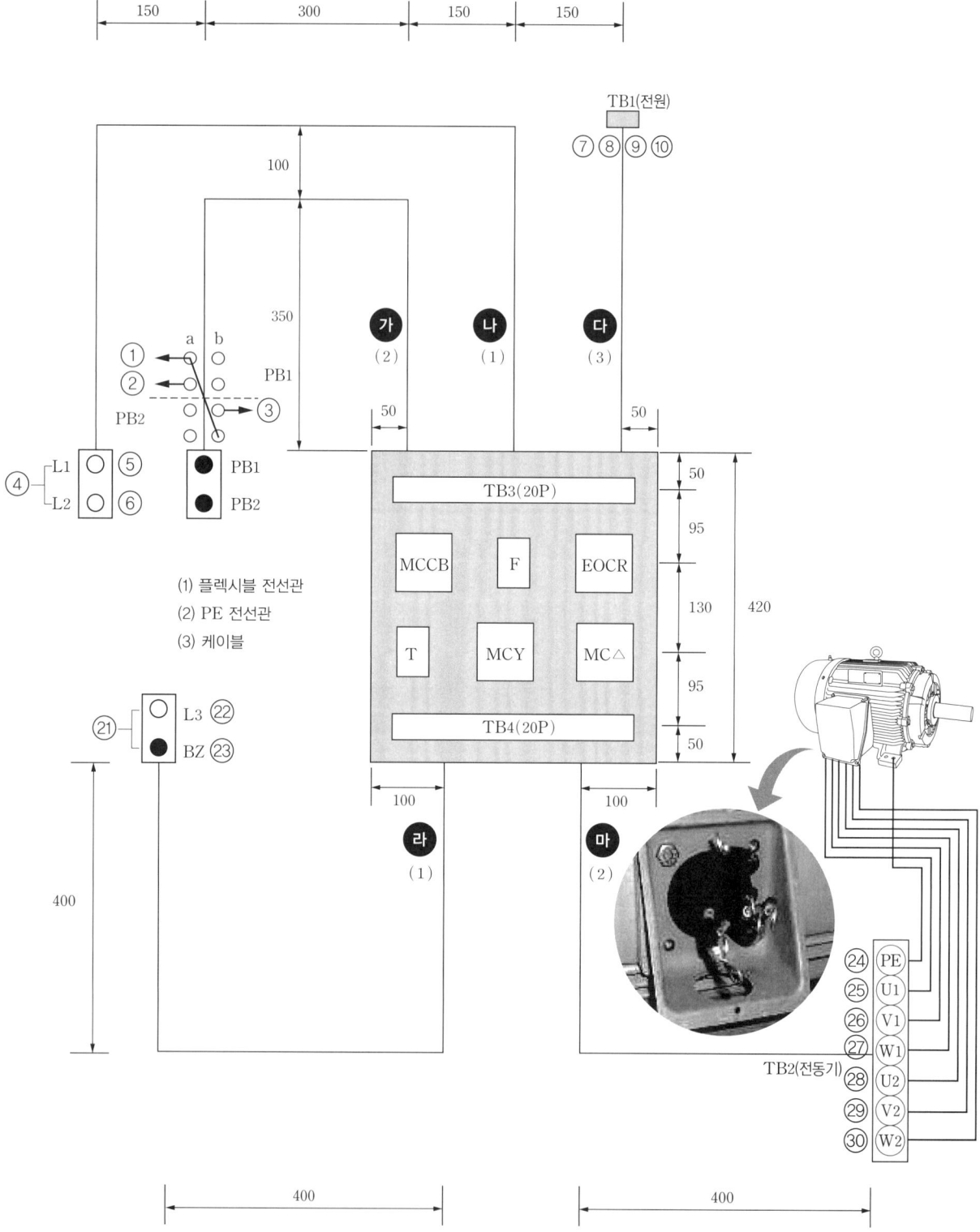

⑥ 시퀀스 회로도 넘버링[3상 유도 전동기 2접촉기식 Y-△ 운전 회로(타이머)]

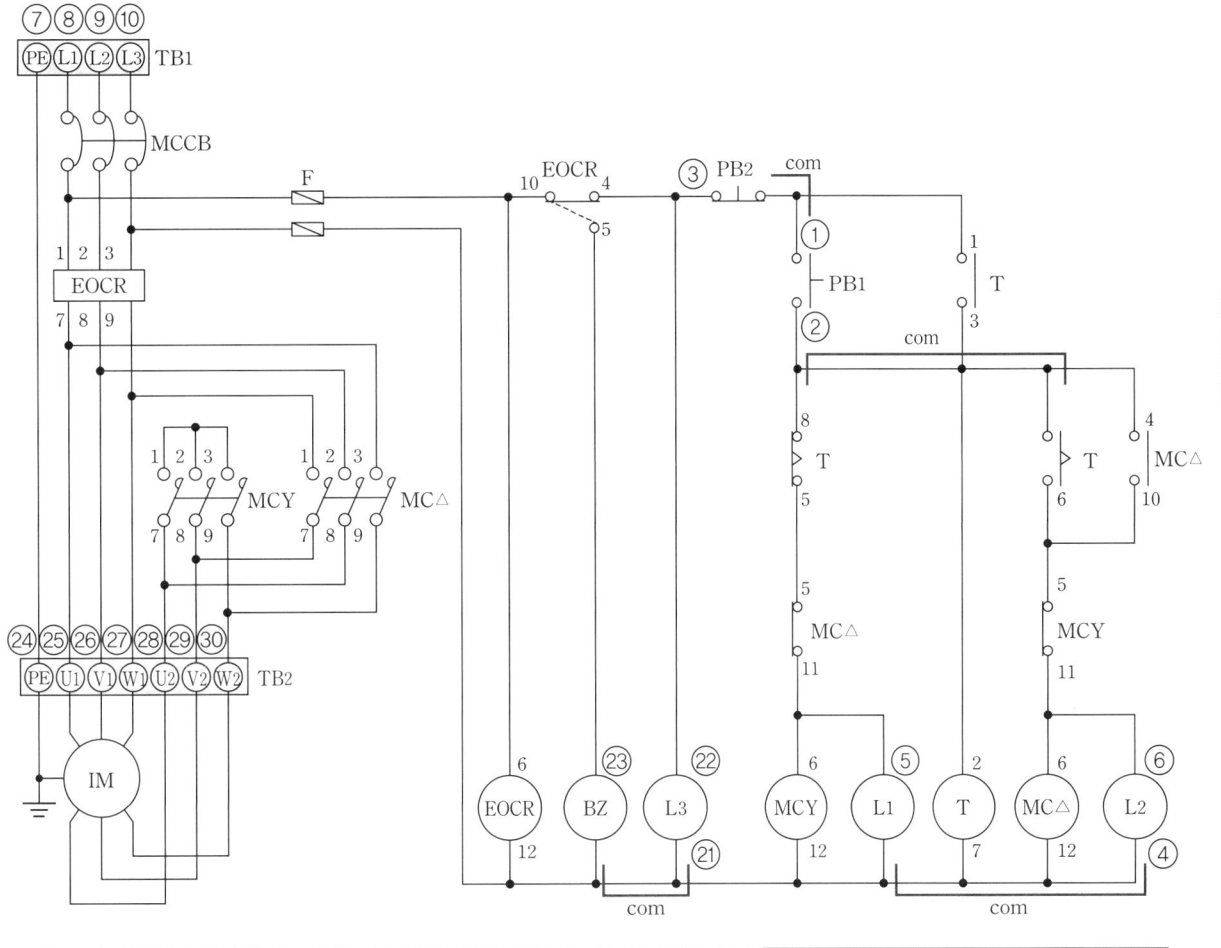

(7) 전동기 정·역 제어회로(셀렉터 스위치, 센서)

① 기구 범례

기호	제품명	수량	기호	제품명	수량
MCCB	배선용 차단기(3P)	1개	SS	셀렉터 스위치(2단식)	1개
F	퓨즈(2P) 및 퓨즈 홀더(2P)	1개	PB0	푸시버튼 스위치(적색)	1개
MC1, MC2	전자 접촉기(4a 1b, 12P)	2개	PB1	푸시버튼 스위치(녹색)	1개
EOCR	전자식 과전류 계전기(12P)	1개	BZ	부저(매입형 25Ø 220[V])	1개
T1, T2	타이머(1c, 8P)	2개	WL, YL	파일럿 램프(백색, 황색)	각 1개
X1, X2	AC 릴레이(2c, 8P)	2개	RL, GL	파일럿 램프(적색, 녹색)	각 1개
FR	플리커 릴레이(1c, 8P)	1개	TB1, TB2	주회로용 단자대(4P)	2개
	12핀 소켓	3개	TB3	Sen(센서)용 단자대(4P)	1개
	8핀 소켓	5개	TB4, TB5	제어함용 단자대(20P)	2개

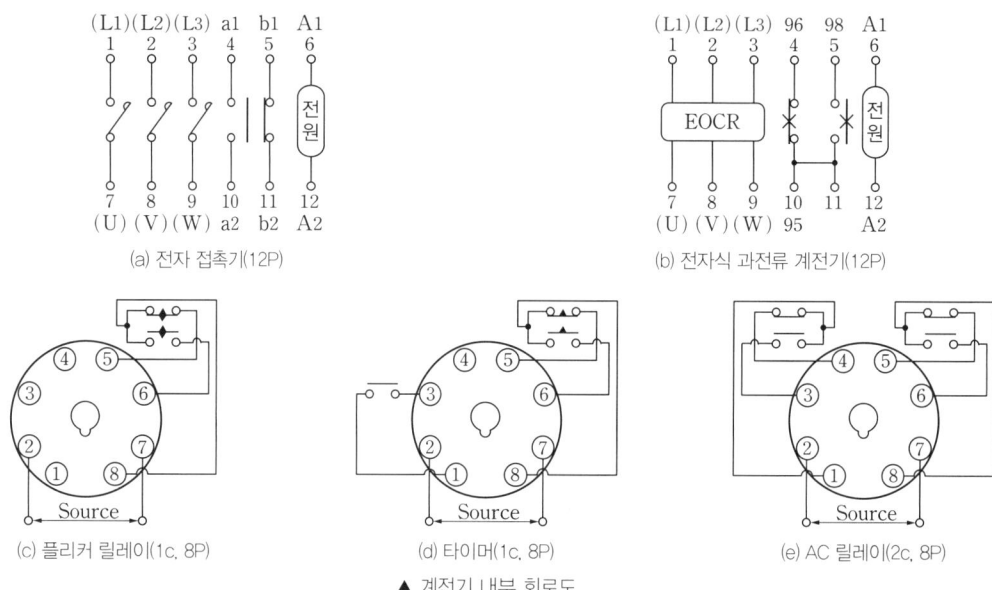

▲ 계전기 내부 회로도

② 동작사항

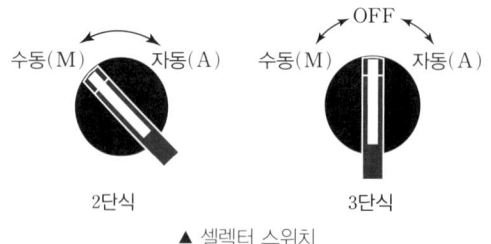

▲ 셀렉터 스위치

1. 공통 동작
   - MCCB에 전원을 투입하면 회로에 전원이 공급되고 WL 점등
   - 전동기 운전 중 과부하로 인하여 전자식 과전류 계전기(EOCR)가 동작되면 전동기가 정지, 플리커 릴레이 FR 여자
   - 플리커 릴레이 FR에 의해서 램프 YL과 부저 BZ가 교대로 반복 동작
   - 전자식 과전류 계전기(EOCR)를 리셋(Reset)하면 동작 초기 상태로 복귀
2. 자동 모드(Auto Mode)
   - SS를 자동(A) 방향으로 놓고, Sen(센서)가 감지되면 릴레이 X1 여자

- 릴레이 X1에 의하여 MC1 여자, 타이머 T2 여자, 램프 RL 점등, IM 정회전 동작
- 타이머 T2의 설정시간 t초 후
    1) MC1 소자, 타이머 T2 소자, 램프 RL 소등, IM 정회전 동작 정지
    2) MC2 여자, X2 여자, 램프 GL 점등, IM 역회전 동작
- Sen(센서) 감지가 해제된 후
    1) PB0를 누르면 운전 중인 전동기 동작이 정지

3. 수동 모드(Manual Mode)
- SS를 수동(M) 방향으로 놓고, PB1을 누르면 타이머 T1 여자
- 타이머 T1의 설정시간 t초 후
    1) MC1 여자, 타이머 T2 여자, 램프 RL 점등, IM 정회전 동작
- 타이머 T2의 설정시간 t초 후
    1) MC1 소자, 타이머 T2 소자, 램프 RL 소등, IM 정회전 동작 정지
    2) MC2 여자, X2 여자, 램프 GL 점등, IM 역회전 동작
- PB0를 누르면 운전 중인 전동기의 동작이 정지

③ 제어함 기구와 배관 배치도[전동기 정·역 제어회로(셀렉터 스위치, 센서)]

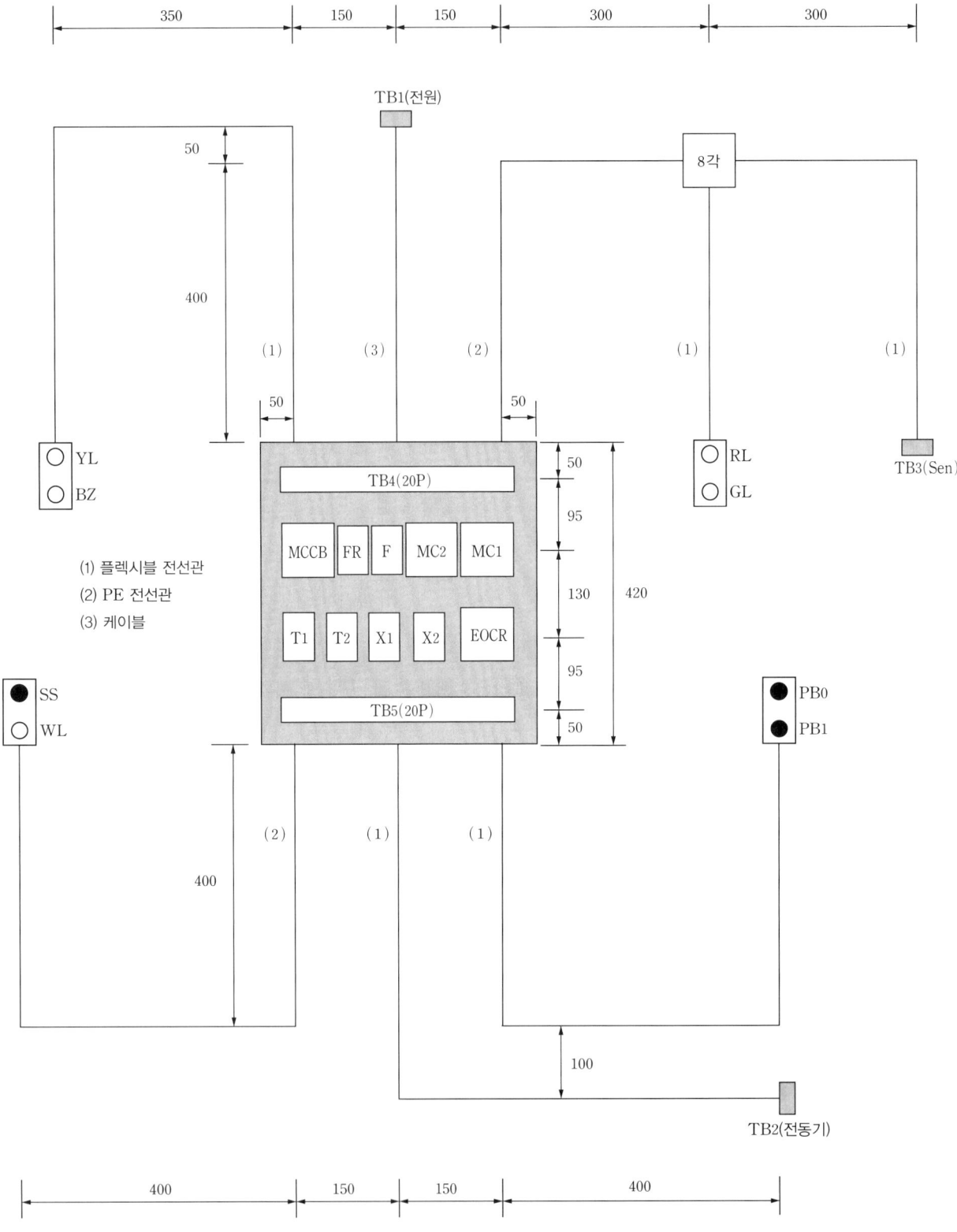

④ 시퀀스 회로도[전동기 정·역 제어회로(셀렉터 스위치, 센서)]

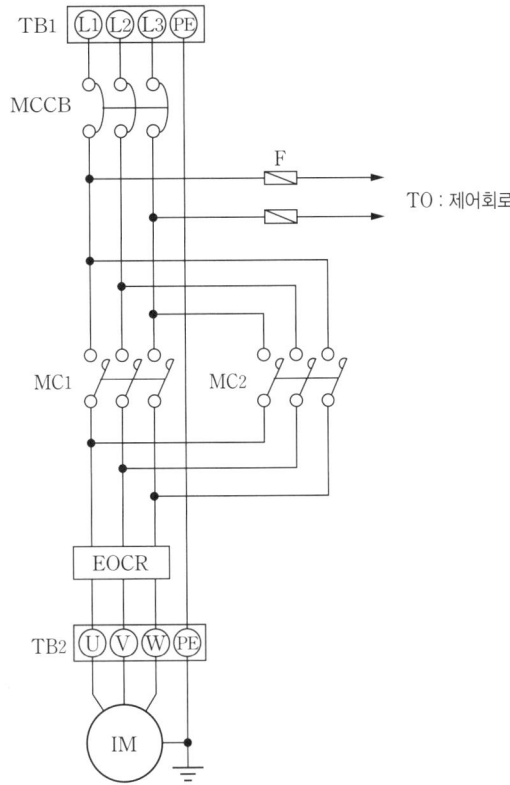

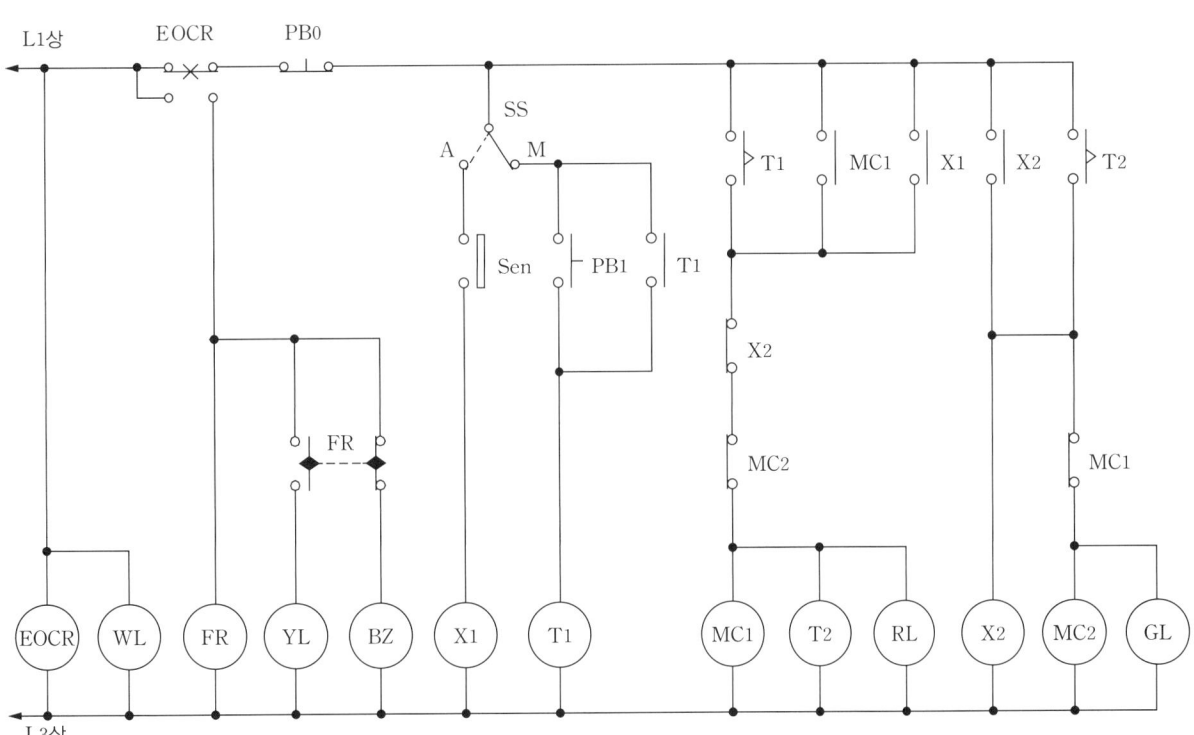

제어함 내부 계전기

1	2	3	4	5	6
	MC1			a	b
7	8	9	10	11	12

전자 접촉기 MC1(12P)

1	2	3	4	5	6
	MC2			a	b
7	8	9	10	11	12

전자 접촉기 MC2(12P)

1	2	3	4	5	6
	EOCR			b	a
7	8	9	10	11	12

전자식 과전류 계전기 EOCR(12P)

6	5	4	3
	FR		
7	8	1	2

플리커 릴레이 FR(1c, 8P)

6	5	4	3
	T1		
7	8	1	2

타이머 T1(1c, 8P)

6	5	4	3
	T2		
7	8	1	2

타이머 T2(1c, 8P)

6	5	4	3
	X1		
7	8	1	2

AC 릴레이 X1(2c, 8P)

6	5	4	3
	X2		
7	8	1	2

AC 릴레이 X2(2c, 8P)

입력, 출력 기구		번호
TB4		
가	YL	
	BZ	
나	TB1	
다	RL	
	GL	
	TB3	
TB5		
라	SS	
	WL	
마	TB2	
바	PB0	
	PB1	

⑤ 제어함 기구와 배관 배치도 넘버링[전동기 정·역 제어회로(셀렉터 스위치, 센서)]

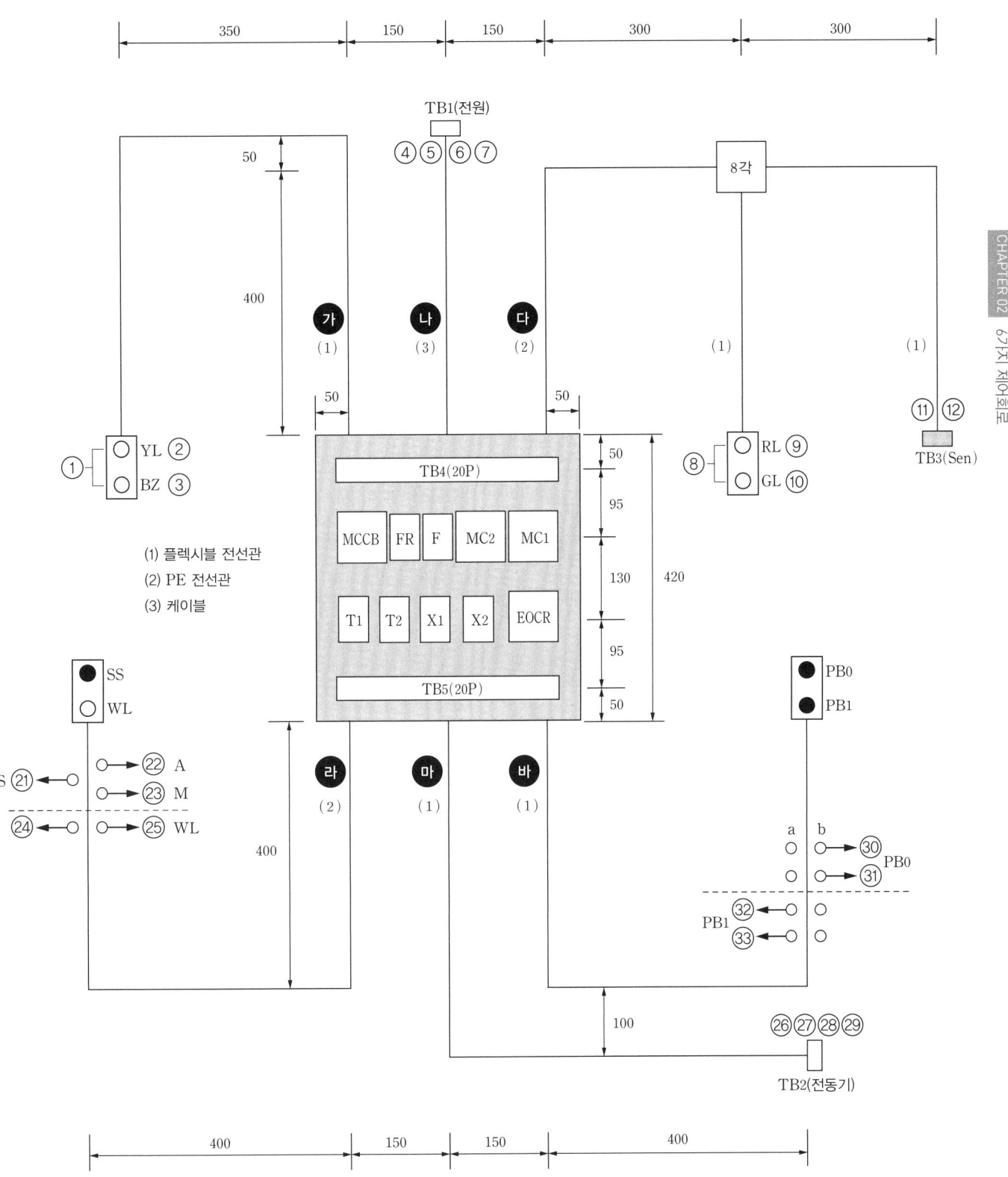

⑥ 시퀀스 회로도 넘버링[전동기 정·역 제어회로(셀렉터 스위치, 센서)]

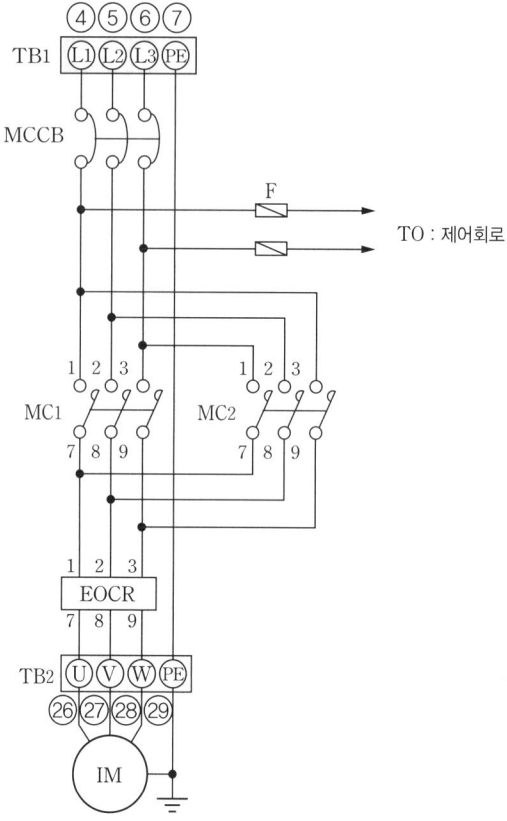
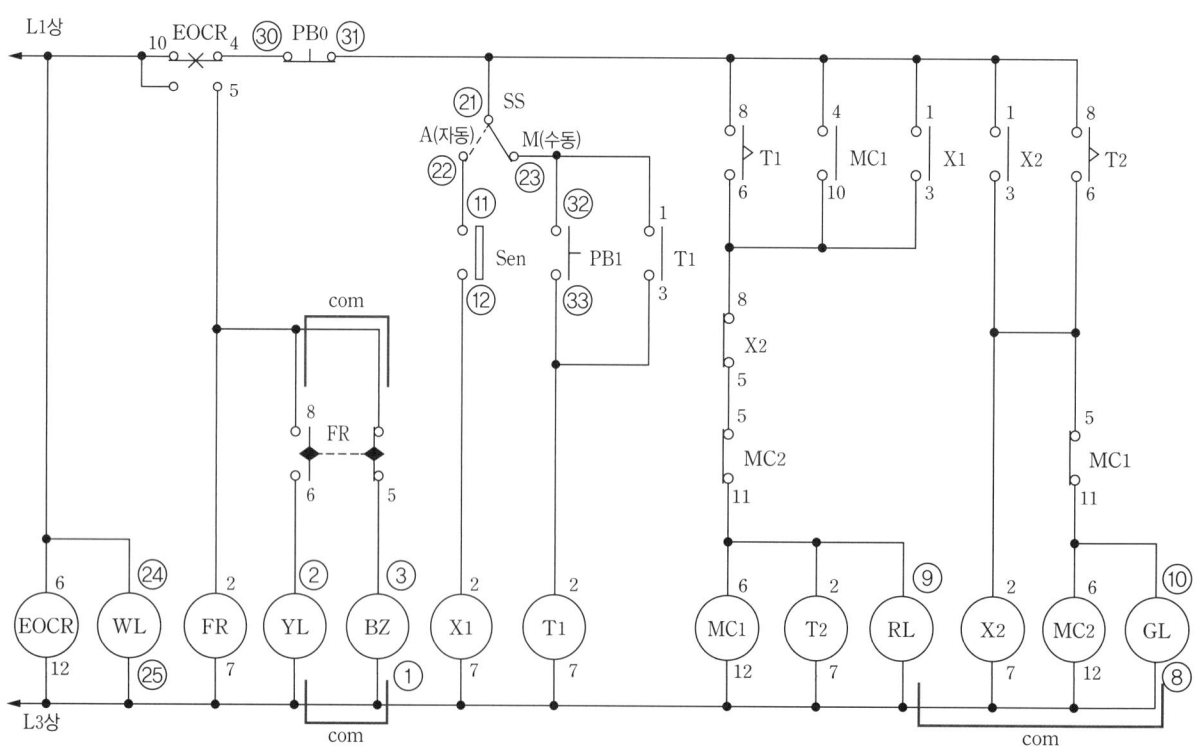

제어함 내부 계전기

❶	❷	❸	❹	❺	❻
		MC1	a	b	
❼	❽	❾	❿	⓫	⓬

전자 접촉기 MC1(12P)

❶	❷	❸	4	❺	❻
		MC2	a	b	
❼	❽	❾	10	⓫	⓬

전자 접촉기 MC2(12P)

❶	❷	❸	❹	❺	❻
		EOCR	b	a	
❼	❽	❾	❿	11	⓬

전자식 과전류 계전기 EOCR(12P)

❻	❺	4	3
	FR		
❼	❽	1	❷

플리커 릴레이 FR(1c, 8P)

❻	5	4	❸
	T1		
❼	❽	❶	❷

타이머 T1(1c, 8P)

❻	5	4	3
	T2		
❼	❽	1	❷

타이머 T2(1c, 8P)

6	5	4	❸
	X1		
❼	8	❶	❷

AC 릴레이 X1(2c, 8P)

6	❺	4	❸
	X2		
❼	❽	❶	❷

AC 릴레이 X2(2c, 8P)

입력, 출력 기구		번호
TB4 20P(①~⑫)		
가	YL(황색)	①, ②
	BZ(부저)	①, ③
나	TB1(전원)	④, ⑤, ⑥, ⑦
다	RL(적색)	⑧, ⑨
	GL(녹색)	⑧, ⑩
	TB3(센서)	⑪, ⑫
TB5 20P(㉑~㉝)		
라	SS(셀렉터)	㉑, ㉒, ㉓
	WL(백색)	㉔, ㉕
마	TB2(전동기)	㉖, ㉗, ㉘, ㉙
바	PB0(적색)	㉚, ㉛
	PB1(녹색)	㉜, ㉝

(8) 공장 배선 회로

① 기구 범례

기호	제품명	수량	기호	제품명	수량
MCCB	배선용 차단기(3P)	1개	PB0	푸시버튼 스위치(적색)	1개
F	퓨즈(2P) 및 퓨즈 홀더(2P)	1개	PB1, PB2	푸시버튼 스위치(녹색)	2개
MC1, MC2	전자 접촉기(4a 1b, 12P)	2개	BZ	부저(매입형 25Ø 220[V])	1개
EOCR	전자식 과전류 계전기(12P)	1개	WL, YL	파일럿 램프(백색, 황색)	각 1개
T	타이머(1c, 8P)	1개	RL, GL	파일럿 램프(적색, 녹색)	각 1개
X1, X2	AC 릴레이(2c, 8P)	2개	TB1~TB3	주회로용 단자대(4P)	3개
FR	플리커 릴레이(1c, 8P)	1개	TB4	센서용 단자대(4P)	1개
	12핀 소켓	3개	TB5, TB6	제어함용 단자대(20P)	2개
	8핀 소켓	4개			

② 동작사항

1. MCCB에 전원을 투입하면 회로에 전원이 공급
2. PB1을 누르면
   - MC1 여자, X1 여자, RL 점등, M1 동작
3. MC1이 여자되어 있는 상태에서 PB2를 누르면
   - MC2 여자, X2 여자, WL 점등, M2 동작
4. MC1, MC2 모두 여자되면 타이머 T 여자, GL 점등
5. 타이머 설정시간 t초 후
   - MC1 및 MC2 소자, X1 및 X2 소자, 타이머 T 소자, RL, WL, GL 소등
6. 동작사항 진행 중 SENSOR에 신호가 발생하면
   - MC1 및 MC2 소자, X1 및 X2 소자, 타이머 T 소자, RL, WL, GL 소등
7. PB0를 누르면 전동기 제어 동작은 모두 정지
8. 전동기 운전 중 전동기가 과부하되어 과전류가 흐를 때 전자식 과전류 계전기 EOCR이 동작되어 모든 전동기가 정지되고, 플리커 릴레이 FR 여자
9. 플리커 릴레이 FR에 의해서 YL과 BZ가 교대로 동작
10. 전자식 과전류 계전기 EOCR을 리셋하면 초기상태로 복귀

③ 제어함 기구와 배관 배치도[공장 배선 회로]

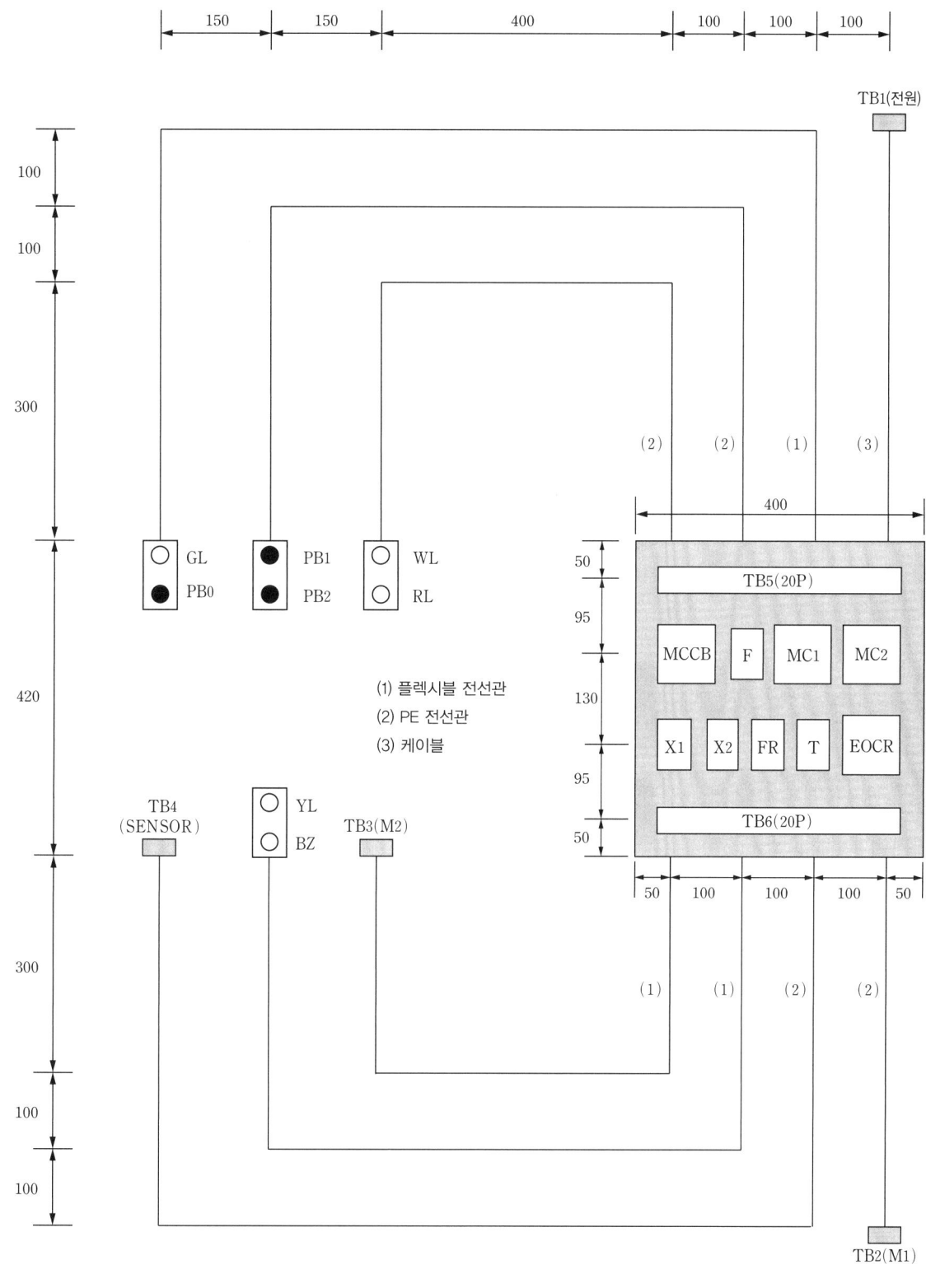

④ 시퀀스 회로도[공장 배선 회로]

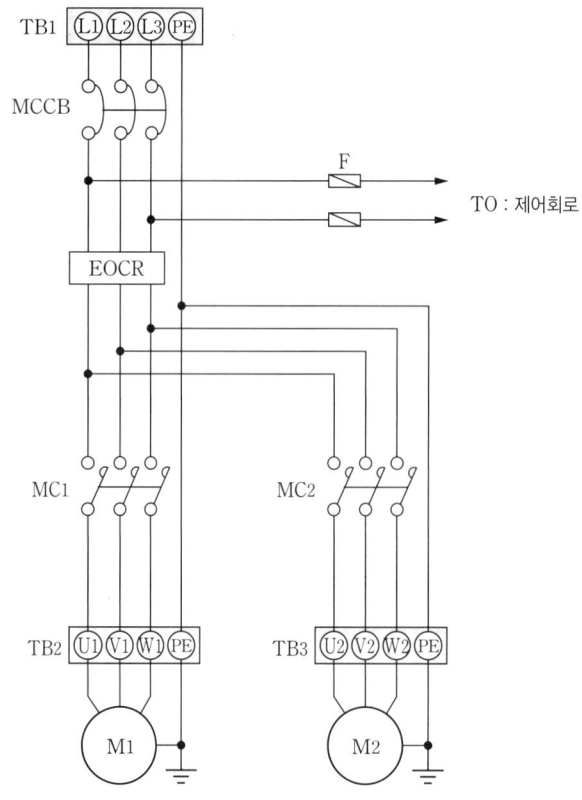

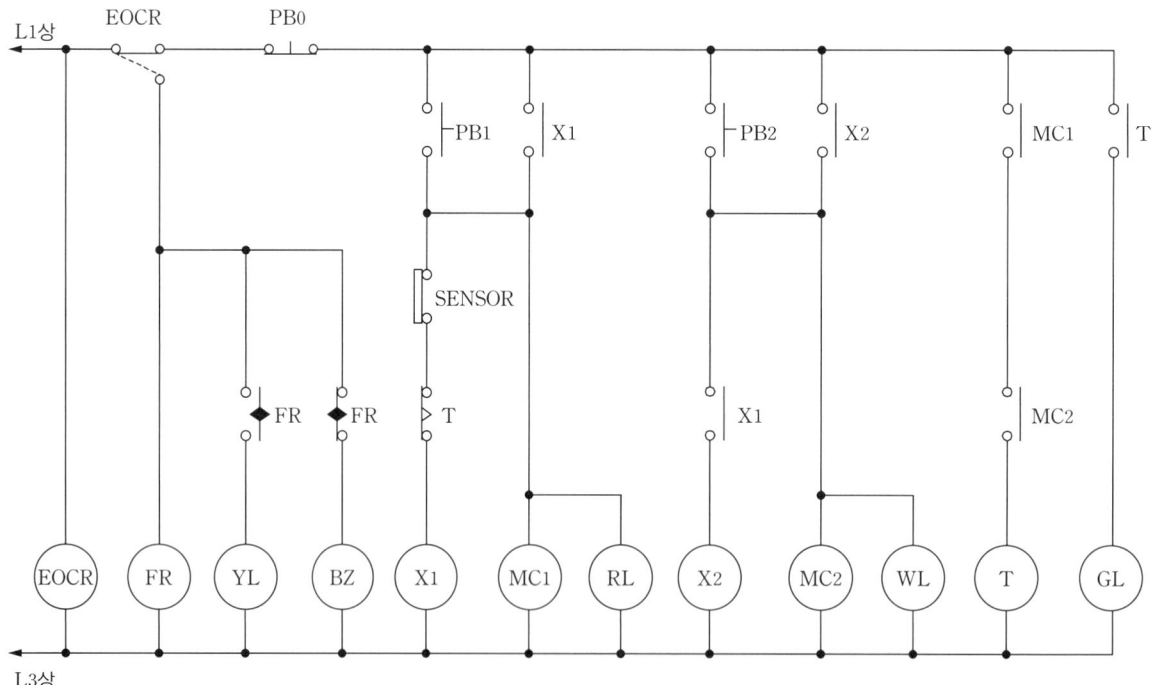

제어함 내부 계전기

1	2	3	4	5	6
	MC1			a	b
7	8	9	10	11	12

전자 접촉기 MC1(12P)

1	2	3	4	5	6
	MC2			a	b
7	8	9	10	11	12

전자 접촉기 MC2(12P)

1	2	3	4	5	6
	EOCR			b	a
7	8	9	10	11	12

전자식 과전류 계전기 EOCR(12P)

6	5	4	3
	FR		
7	8	1	2

플리커 릴레이 FR(1c, 8P)

6	5	4	3
	T		
7	8	1	2

타이머 T(1c, 8P)

6	5	4	3
	X1		
7	8	1	2

AC 릴레이 X1(2c, 8P)

6	5	4	3
	X2		
7	8	1	2

AC 릴레이 X2(2c, 8P)

입력, 출력 기구		번호
TB5		
가	WL	
	RL	
나	PB1	
	PB2	
다	GL	
	PB0	
라	TB1	
TB6		
마	TB3	
바	YL	
	BZ	
사	TB4	
아	TB2	

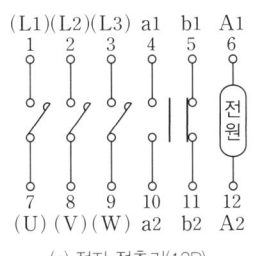

(a) 전자 접촉기(12P)

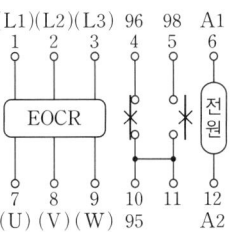

(b) 전자식 과전류 계전기(12P)

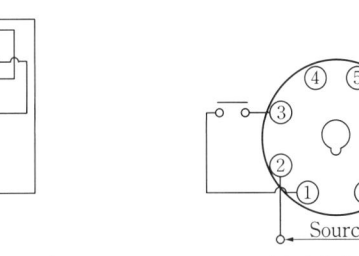

(c) 플리커 릴레이(1c, 8P)　　(d) 타이머(1c, 8P)

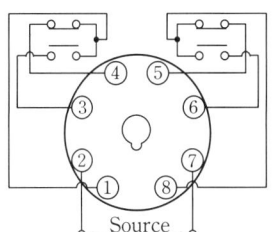

(e) AC 릴레이(2c, 8P)

▲ 계전기 내부 회로도

⑤ 제어함 기구와 배관 배치도 넘버링[공장 배선 회로]

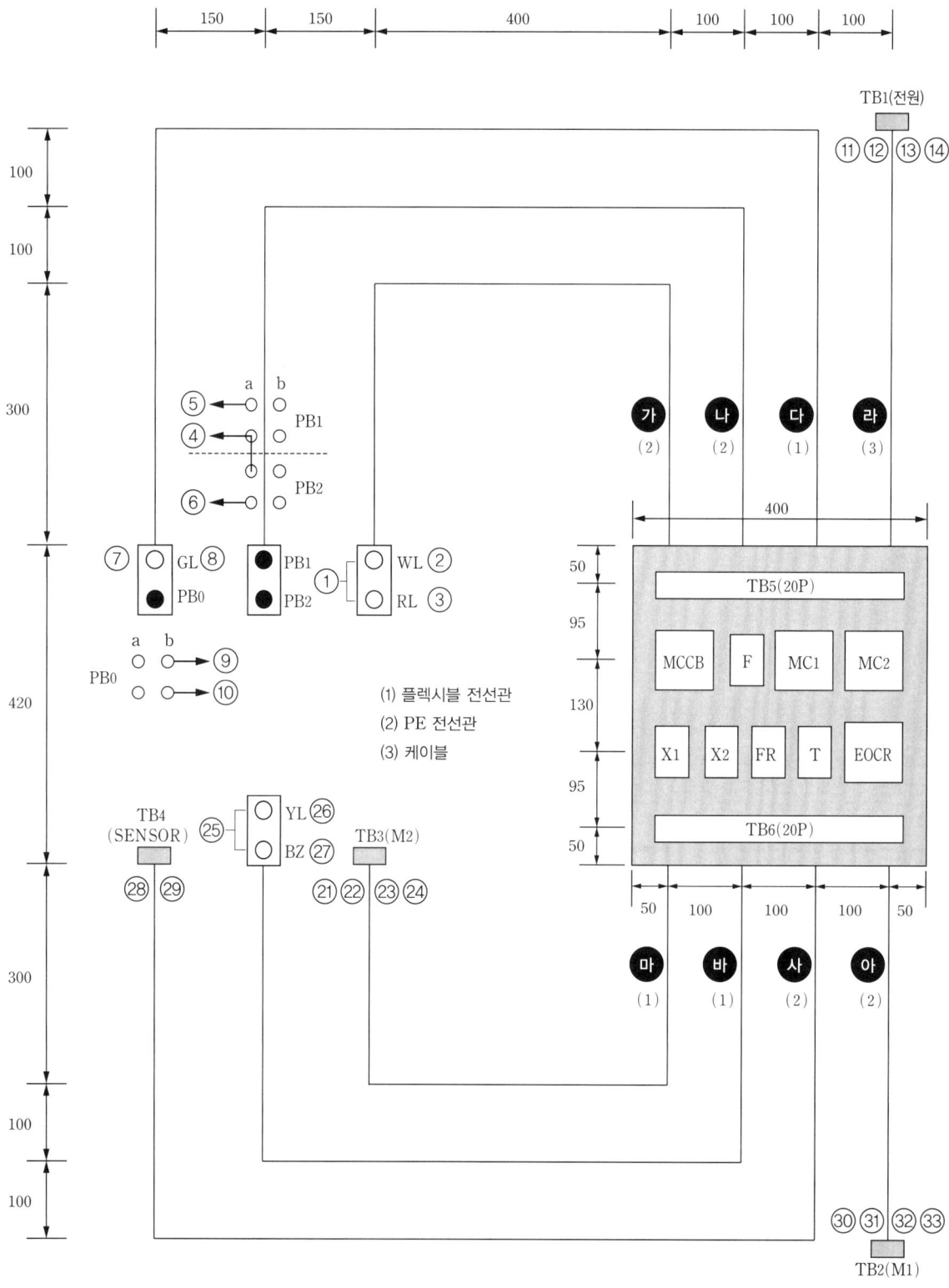

⑥ 시퀀스 회로도 넘버링[공장 배선 회로]

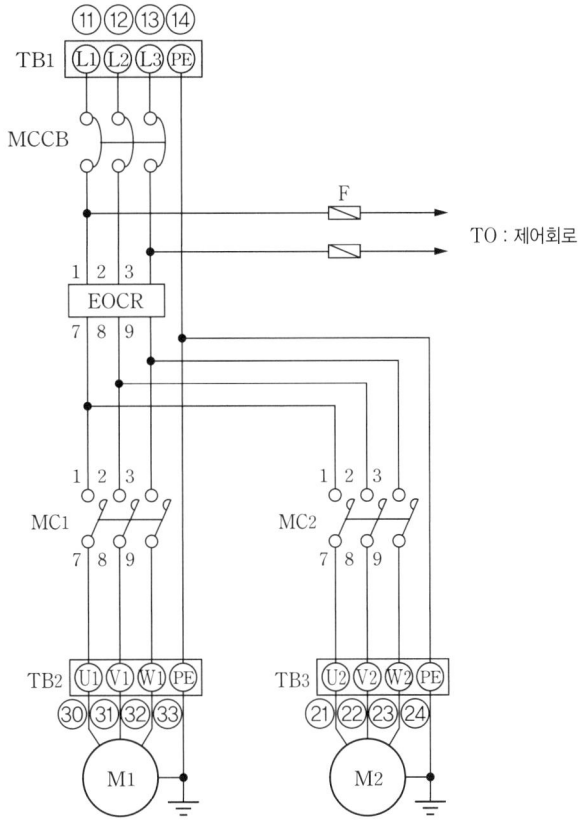
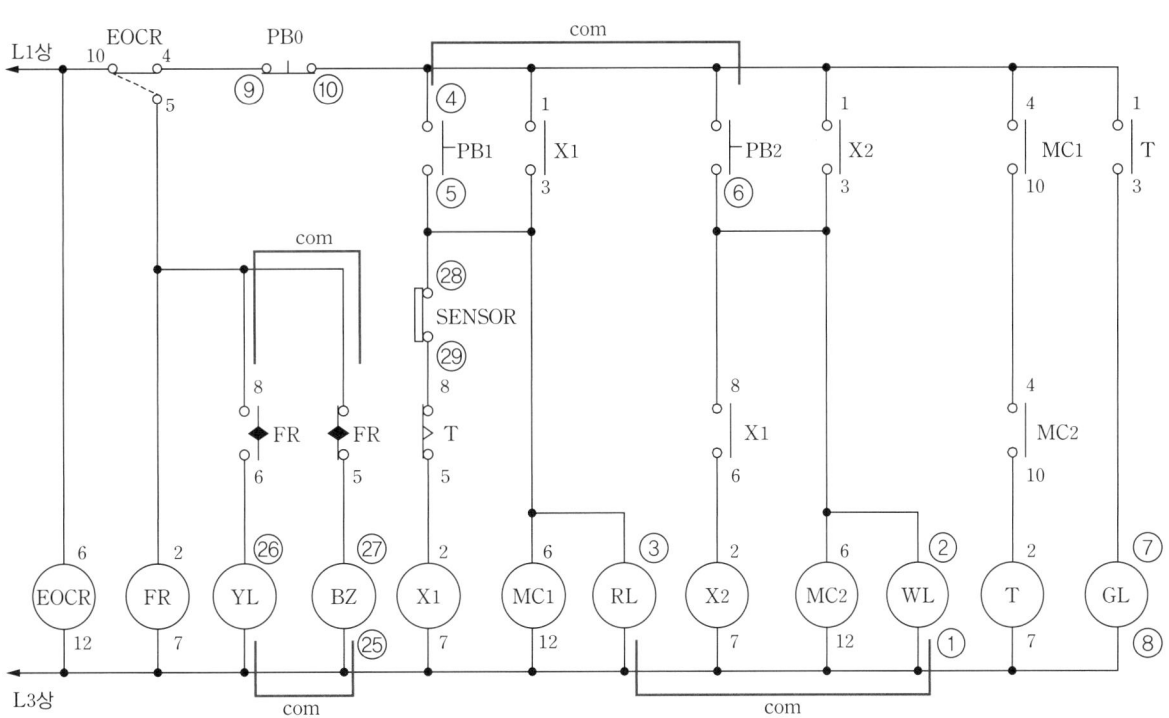

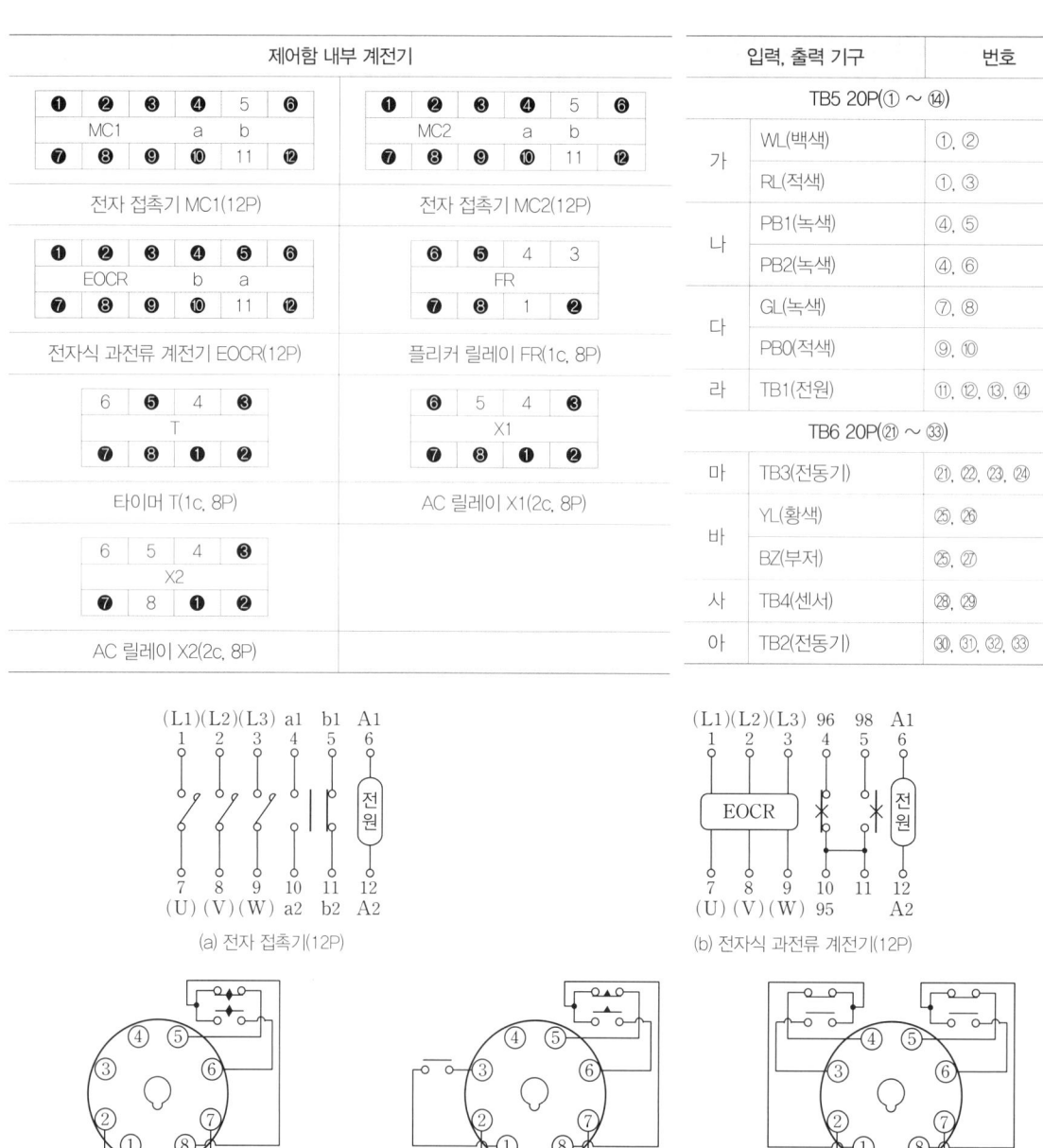

2 컨베이어 제어회로

(1) 컨베이어 순차 제어회로(타이머)

① 기구 범례

기호	제품명	수량	기호	제품명	수량
MCCB	배선용 차단기(3P)	1개	PB1, PB2	푸시버튼 스위치(녹색)	2개
F	퓨즈(2P) 및 퓨즈 홀더(2P)	1개	PB0	푸시버튼 스위치(적색)	1개
MC1~MC3	전자 접촉기(4a 1b, 12P)	3개	RL1~RL3	파일럿 램프(적색)	3개
	12핀 소켓	3개	GL	파일럿 램프(녹색)	1개
X	AC 릴레이(2c, 8P)	1개	TB1~TB4	주회로용 단자대(4P)	4개
T1~T4	타이머(1c, 8P)	4개	TB5, TB6	제어함용 단자대(20P)	2개
	8핀 소켓	5개			

② 동작사항

1. 전원을 ON하면 GL 점등
2. PB1을 ON하면
   - MC1 및 T1 여자, RL1 점등 ➡ M1 동작
3. T1 설정시간(3초) 후
   - MC2 및 T2 여자, RL2 점등, T1 소자, RL1 소등 ➡ M1, M2 동작
4. T2 설정시간(3초) 후
   - MC3 여자, RL3 점등, T2 소자, RL2 소등 ➡ M1, M2, M3 동작
5. PB2를 누르면
   - X(Relay)가 여자되어 MC3가 소자, RL3가 소등, 동시에 T3가 여자
   - M3는 정지 ➡ M1, M2는 동작 중
6. T3 설정시간(3초) 후 MC2가 소자되고, T4가 여자
   - M2 정지 ➡ M1 동작 중
7. T4 설정시간(3초) 후 MC1이 소자
   - M1 정지
8. 컨베이어 동작 진행 중에 PB0를 누르면 전동기는 모두 정지

③ 제어함 기구와 배관 배치도[컨베이어 순차 제어회로(타이머)]

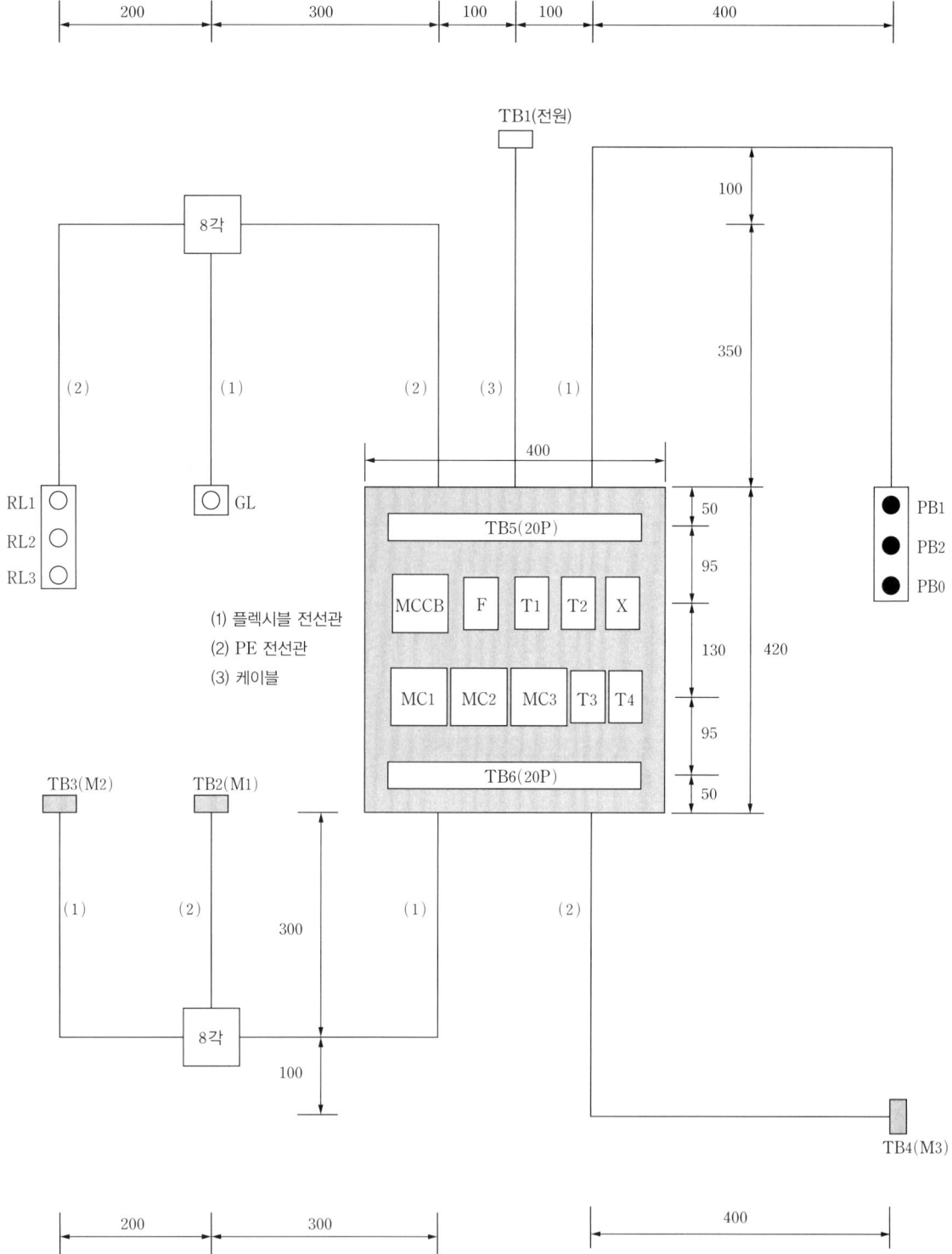

④ 시퀀스 회로도[컨베이어 순차 제어회로(타이머)]

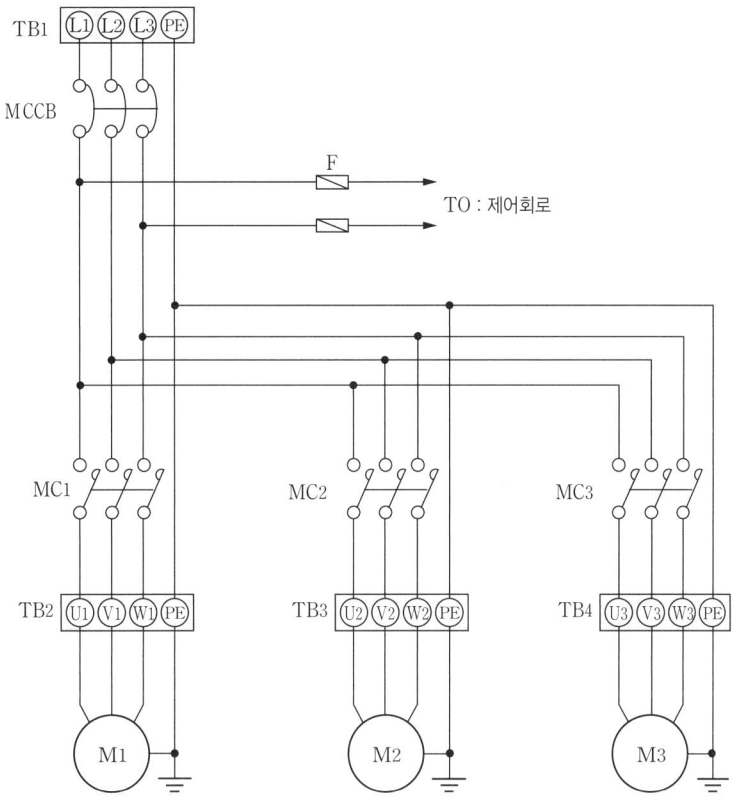

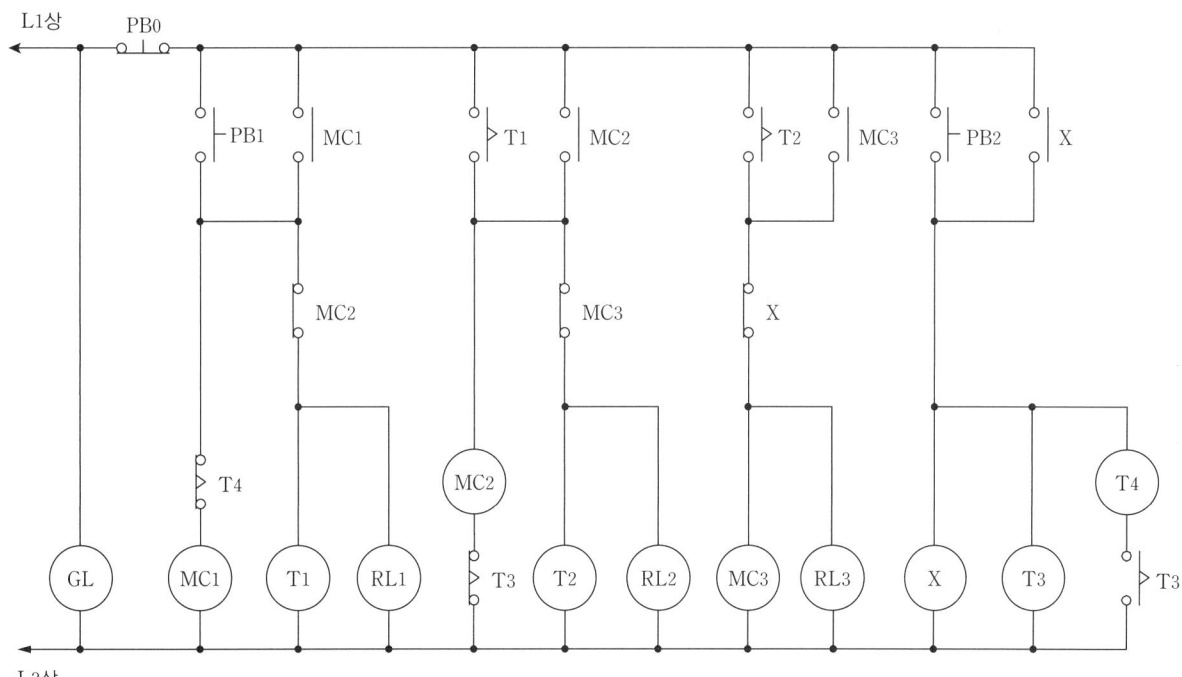

제어함 내부 계전기												
1	2	3	4	5	6		1	2	3	4	5	6
	MC1		a	b				MC2		a	b	
7	8	9	10	11	12		7	8	9	10	11	12
전자 접촉기 MC1(12P)							전자 접촉기 MC2(12P)					

1	2	3	4	5	6		6	5	4	3
	MC3		a	b					X	
7	8	9	10	11	12		7	8	1	2
전자 접촉기 MC3(12P)							AC 릴레이 X(2c, 8P)			

6	5	4	3		6	5	4	3
	T1					T2		
7	8	1	2		7	8	1	2
타이머 T1(1c, 8P)					타이머 T2(1c, 8P)			

6	5	4	3		6	5	4	3
	T3					T4		
7	8	1	2		7	8	1	2
타이머 T3(1c, 8P)					타이머 T4(1c, 8P)			

	입력, 출력 기구	번호
	TB5	
가	RL1	
	RL2	
	RL3	
	GL	
나	TB1	
다	PB1	
	PB2	
	PB0	
	TB6	
라	TB2	
	TB3	
마	TB4	

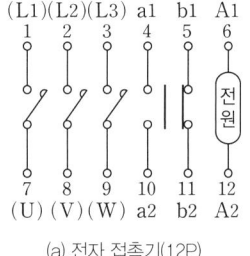

(a) 전자 접촉기(12P)

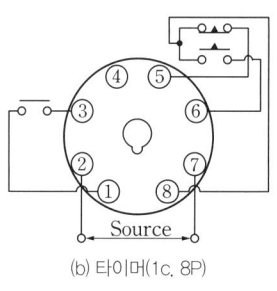

(b) 타이머(1c, 8P)

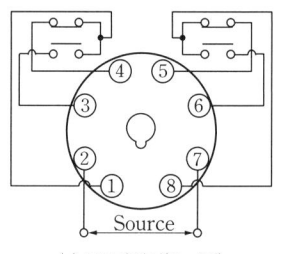

(c) AC 릴레이(2c, 8P)

▲ 계전기 내부 회로도

⑤ 제어함 기구와 배관 배치도 넘버링[컨베이어 순차 제어회로(타이머)]

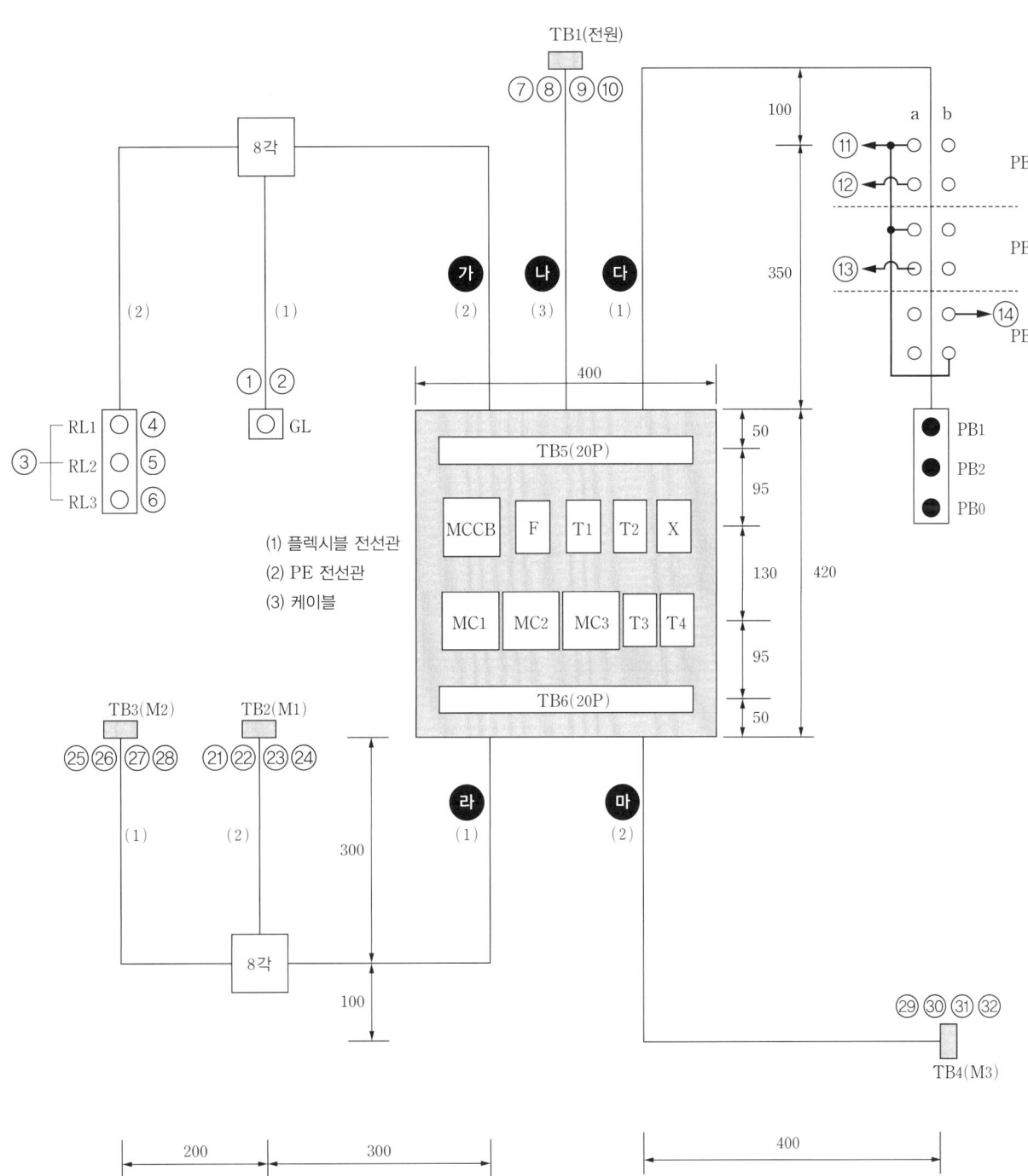

⑥ 시퀀스 회로도 넘버링[컨베이어 순차 제어회로(타이머)]

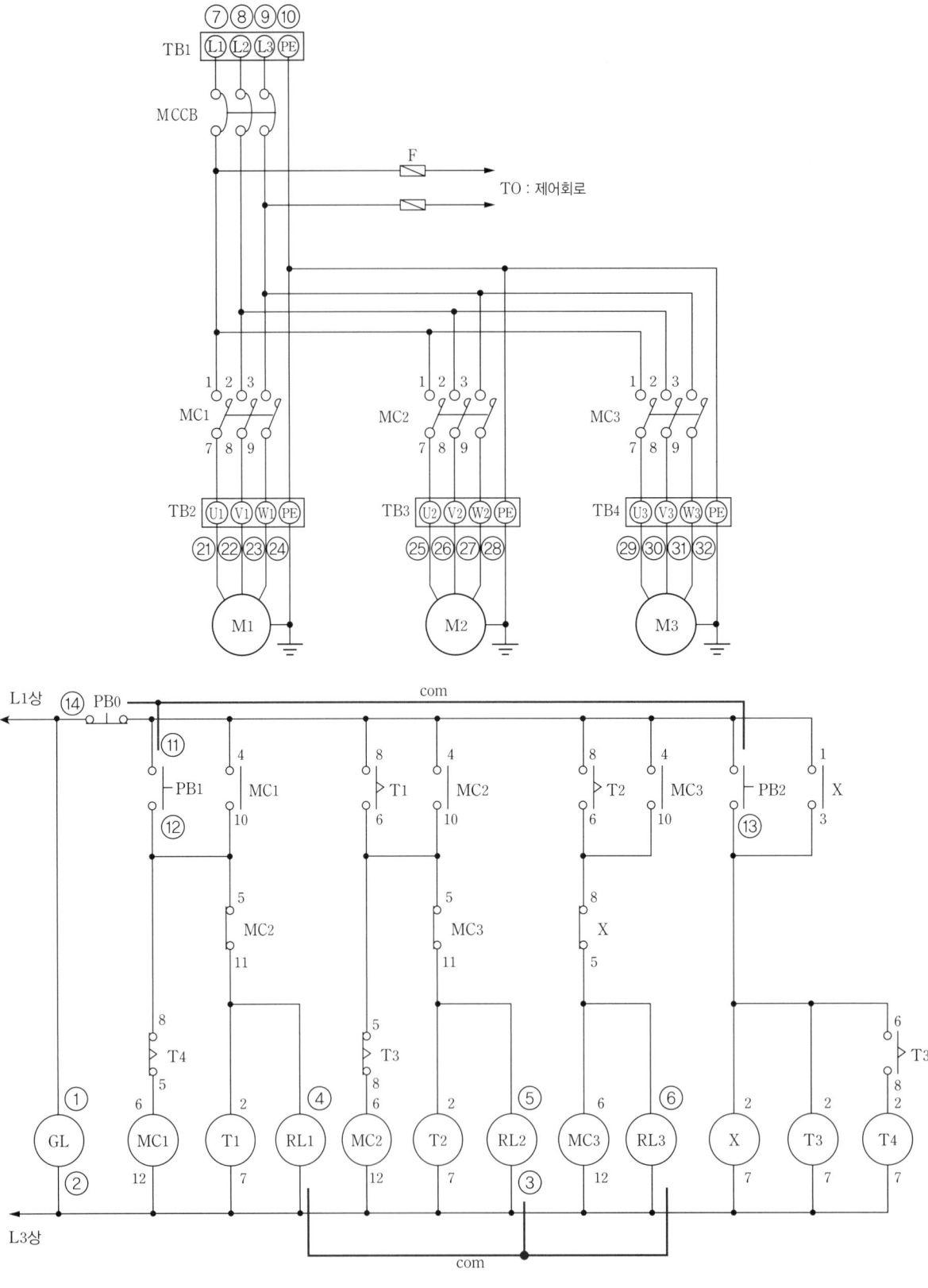

제어함 내부 계전기		입력, 출력 기구	번호
		TB5 20P(①~⑭)	

❶	❷	❸	❹	5	❻
	MC1		a		b
❼	❽	❾	❿	11	⓬

전자 접촉기 MC1(12P)

❶	❷	❸	❹	❺	❻
	MC2		a		b
❼	❽	❾	❿	⓫	⓬

전자 접촉기 MC2(12P)

❶	❷	❸	❹	❺	❻
	MC3		a		b
❼	❽	❾	❿	⓫	⓬

전자 접촉기 MC3(12P)

6	❺	4	❸
	X		
❼	❽	❶	❷

AC 릴레이 X(2c, 8P)

❻	5	4	3
	T1		
❼	❽	1	❷

타이머 T1(1c, 8P)

❻	5	4	3
	T2		
❼	❽	1	❷

타이머 T2(1c, 8P)

❻	❺	4	3
	T3		
❼	❽	1	❷

타이머 T3(1c, 8P)

6	❺	4	3
	T4		
❼	❽	1	❷

타이머 T4(1c, 8P)

입력, 출력 기구		번호
TB5 20P(①~⑭)		
가	RL1(적색)	③, ④
	RL2(적색)	③, ⑤
	RL3(적색)	③, ⑥
	GL(녹색)	①, ②
나	TB1(전원)	⑦, ⑧, ⑨, ⑩
다	PB1(녹색)	⑪, ⑫
	PB2(녹색)	⑪, ⑬
	PB0(적색)	⑪, ⑭
TB6 20P(㉑~㉜)		
라	TB2(전동기)	㉑, ㉒, ㉓, ㉔
	TB3(전동기)	㉕, ㉖, ㉗, ㉘
마	TB4(전동기)	㉙, ㉚, ㉛, ㉜

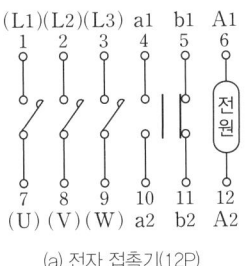

(a) 전자 접촉기(12P)

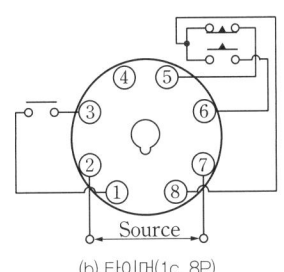

(b) 타이머(1c, 8P)

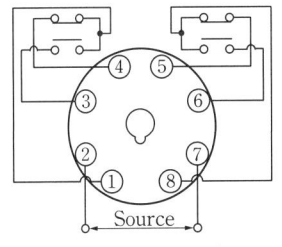

(c) AC 릴레이(2c, 8P)

▲ 계전기 내부 회로도

(2) 컨베이어 정·역 운전 회로(리밋 스위치)

① 기구 범례

기호	제품명	수량	기호	제품명	수량
MCCB	배선용 차단기(3P)	1개		8핀 소켓	4개
F	퓨즈(2P) 및 퓨즈 홀더(2P)	1개	PB0	푸시버튼 스위치(적색)	1개
MC1, MC2	전자 접촉기(4a 1b, 12P)	2개	PB1, PB2	푸시버튼 스위치(녹색)	2개
EOCR	전자식 과전류 계전기(12P)	1개	LS1, LS2	푸시버튼 스위치	2개
X1, X2	AC 릴레이(2c, 8P)	2개	RL, GL, YL	파일럿 램프(적색, 녹색, 황색)	각 1개
T1, T2	타이머(1c, 8P)	2개	TB1, TB2	주회로용 단자대(4P)	2개
	12핀 소켓	3개	TB3, TB4	제어함용 단자대(20P)	2개

② 동작 사항

1. 전원을 투입하고, 푸시버튼 스위치 PB1을 누르면
   - X1 및 MC1 여자(전동기 정회전 동작), GL 점등
2. 이때 리밋 스위치(푸시버튼 스위치) LS1을 눌렀다 떼면(누르면)
   - X1 및 MC1 소자(전동기 정회전 동작 정지), GL 소등
   - 타이머 T1 여자, 설정시간 t초 후에
   - X2 및 MC2 여자(전동기 역회전 동작), RL 점등, T1 소자
3. 리밋 스위치(푸시버튼 스위치) LS2를 눌렀다 떼면(누르면)
   - X2 및 MC2 소자(전동기 역회전 동작 정지), RL 소등
   - 타이머 T2 여자, 설정시간 t초 후에
   - X1 및 MC1 여자(전동기 정회전 동작), GL 점등, T2 소자
4. 전동기 동작 중 PB0를 누르면 전동기의 동작이 정지
5. 푸시버튼 스위치 PB2를 누르면
   - MC2 및 X2 여자(전동기 역회전 동작), RL 점등
   - 3.의 동작을 반복
6. 전동기 운전 중 전동기 과부하로 인하여 전로에 과전류가 흐를 때
   - EOCR 동작, 전동기 정지, YL 점등
7. 전자식 과전류 계전기 EOCR을 리셋(Reset)하면 동작 초기 상태로 복귀
   ※ 정회전 또는 역회전 동작 중일 때 PB0를 눌러 정지시킨 후 다음 동작을 진행

③ 제어함 기구와 배관 배치도[컨베이어 정·역 운전 회로(리밋 스위치)]

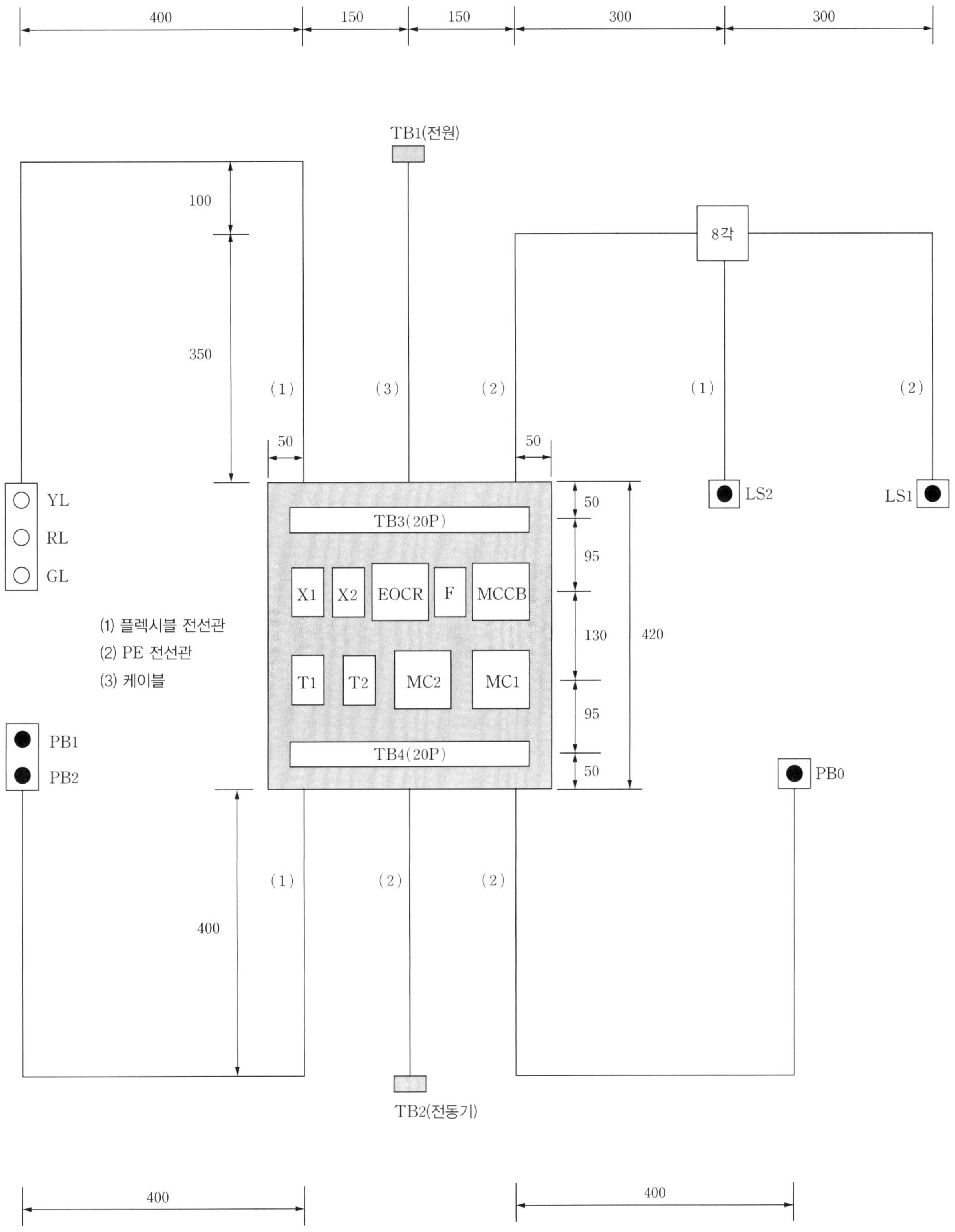

④ 시퀀스 회로도[컨베이어 정·역 운전 회로(리밋 스위치)]

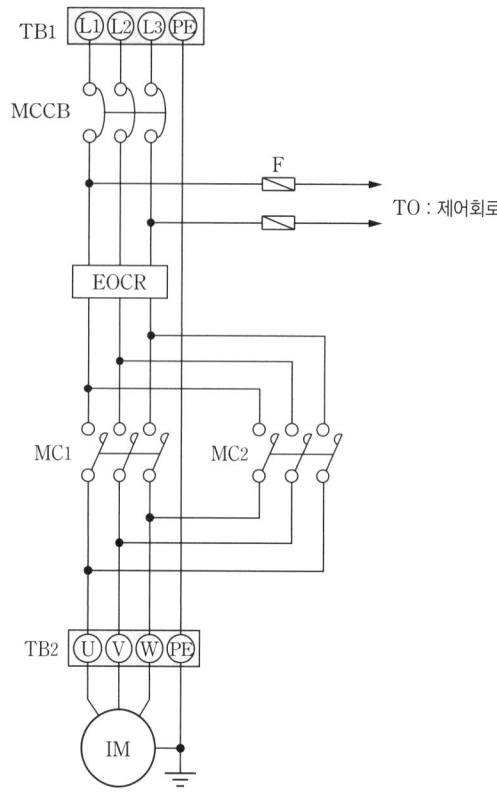
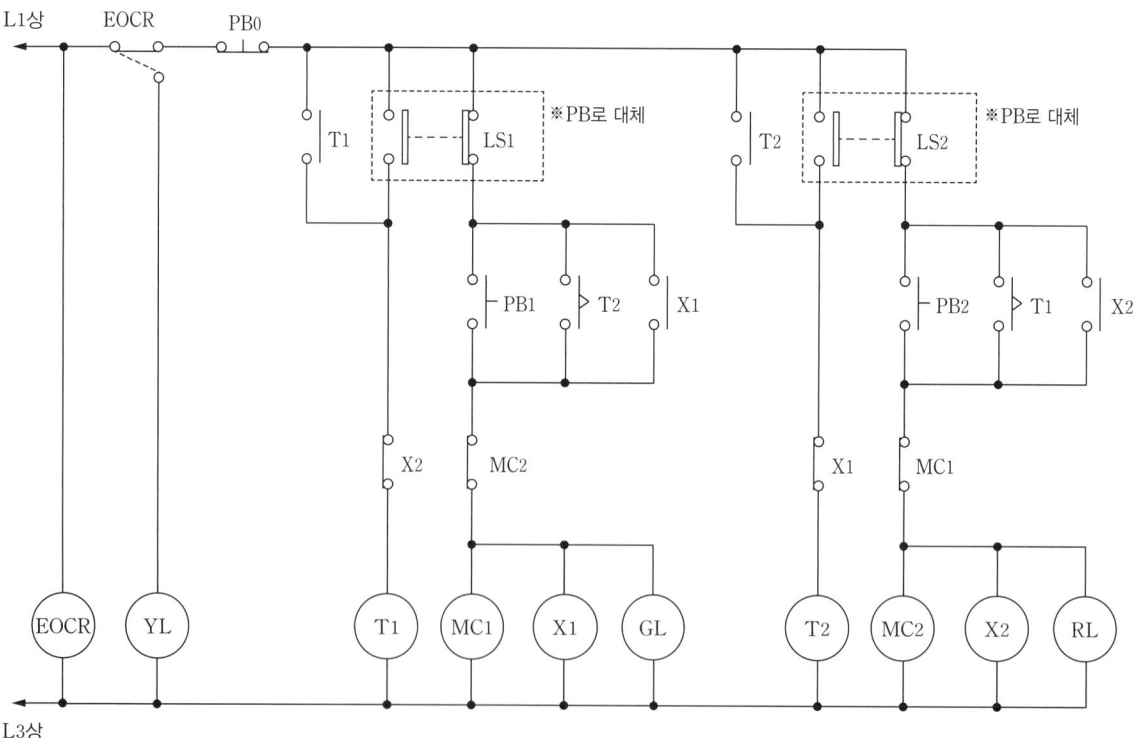

제어함 내부 계전기		입력, 출력 기구	번호

1	2	3	4	5	6
	MC1			a	b
7	8	9	10	11	12

전자 접촉기 MC1(12P)

1	2	3	4	5	6
	MC2			a	b
7	8	9	10	11	12

전자 접촉기 MC2(12P)

1	2	3	4	5	6
	EOCR			b	a
7	8	9	10	11	12

전자식 과전류 계전기 EOCR(12P)

6	5	4	3
	T1		
7	8	1	2

타이머 T1(1c, 8P)

6	5	4	3
	T2		
7	8	1	2

타이머 T2(1c, 8P)

6	5	4	3
	X1		
7	8	1	2

AC 릴레이 X1(2c, 8P)

6	5	4	3
	X2		
7	8	1	2

AC 릴레이 X2(2c, 8P)

입력, 출력 기구		번호
TB3		
가	YL	
	RL	
	GL	
나	TB1	
다	LS2	
	LS1	
TB4		
라	PB1	
	PB2	
마	TB2	
바	PB0	

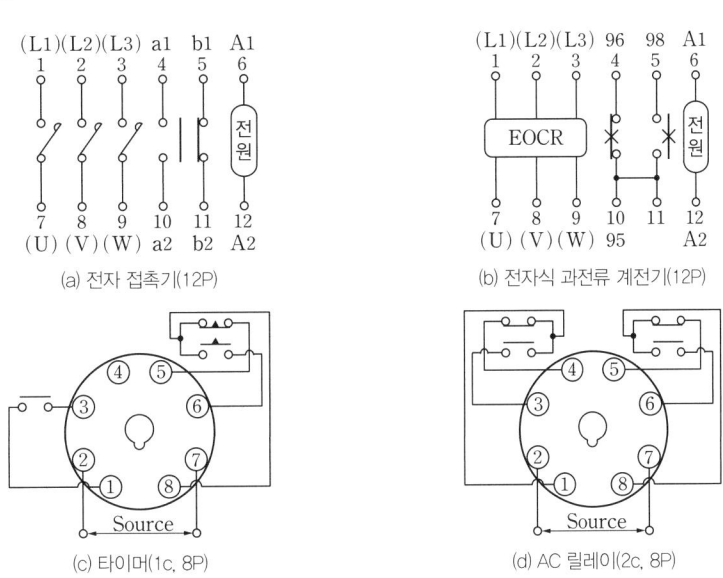

(a) 전자 접촉기(12P)　　(b) 전자식 과전류 계전기(12P)
(c) 타이머(1c, 8P)　　(d) AC 릴레이(2c, 8P)

▲ 계전기 내부 회로도

⑤ 제어함 기구와 배관 배치도 넘버링[컨베이어 정·역 운전 회로(리밋 스위치)]

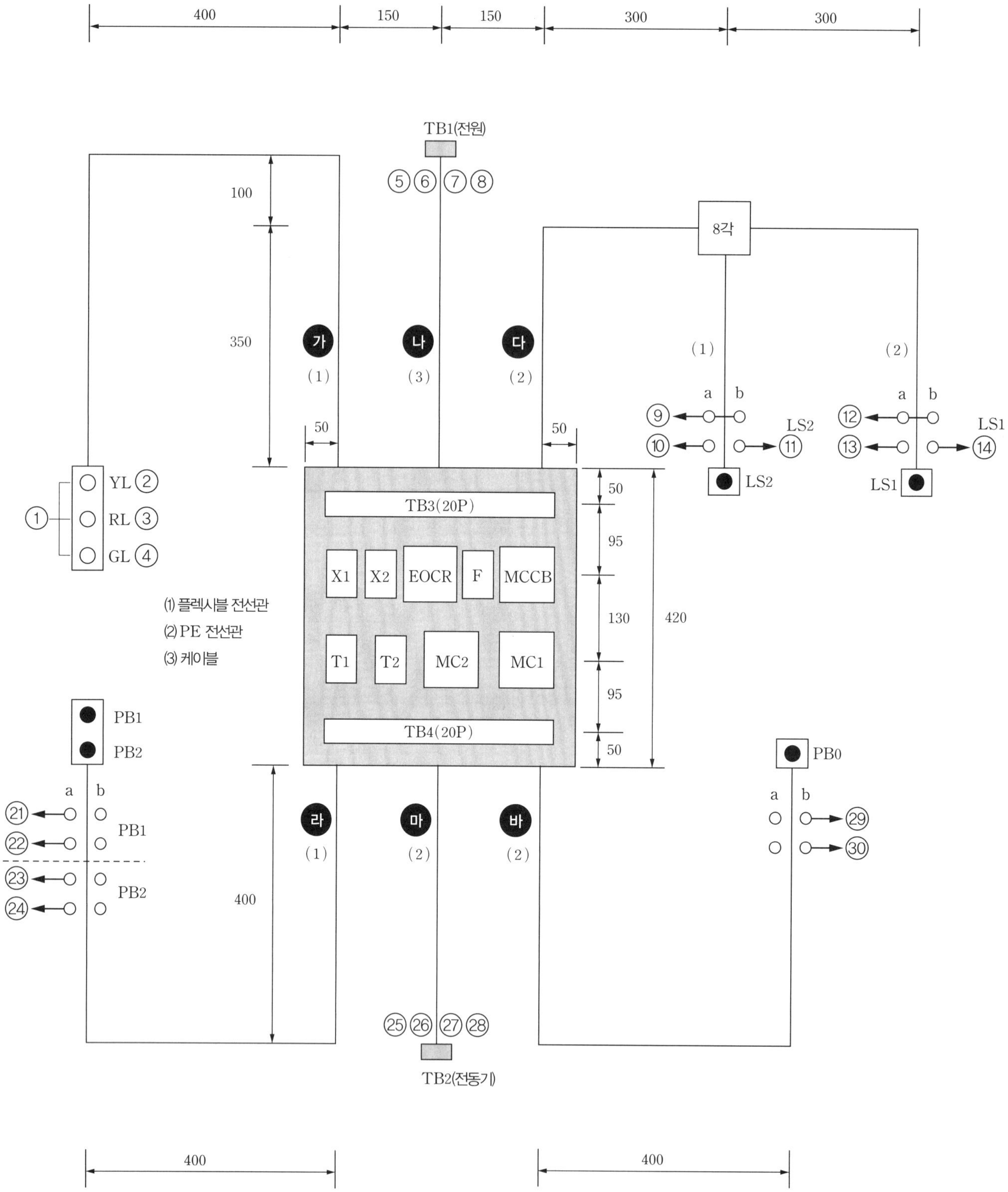

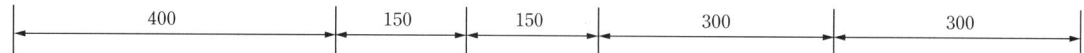

⑥ 시퀀스 회로도 넘버링[컨베이어 정·역 운전 회로(리밋 스위치)]

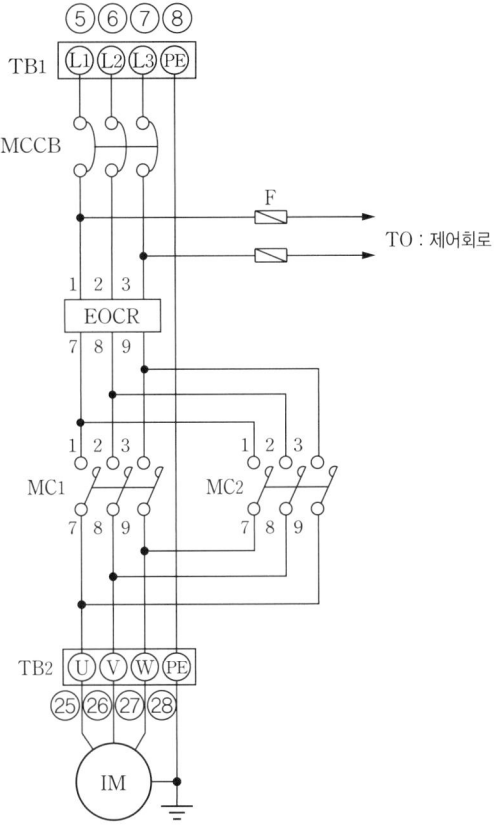
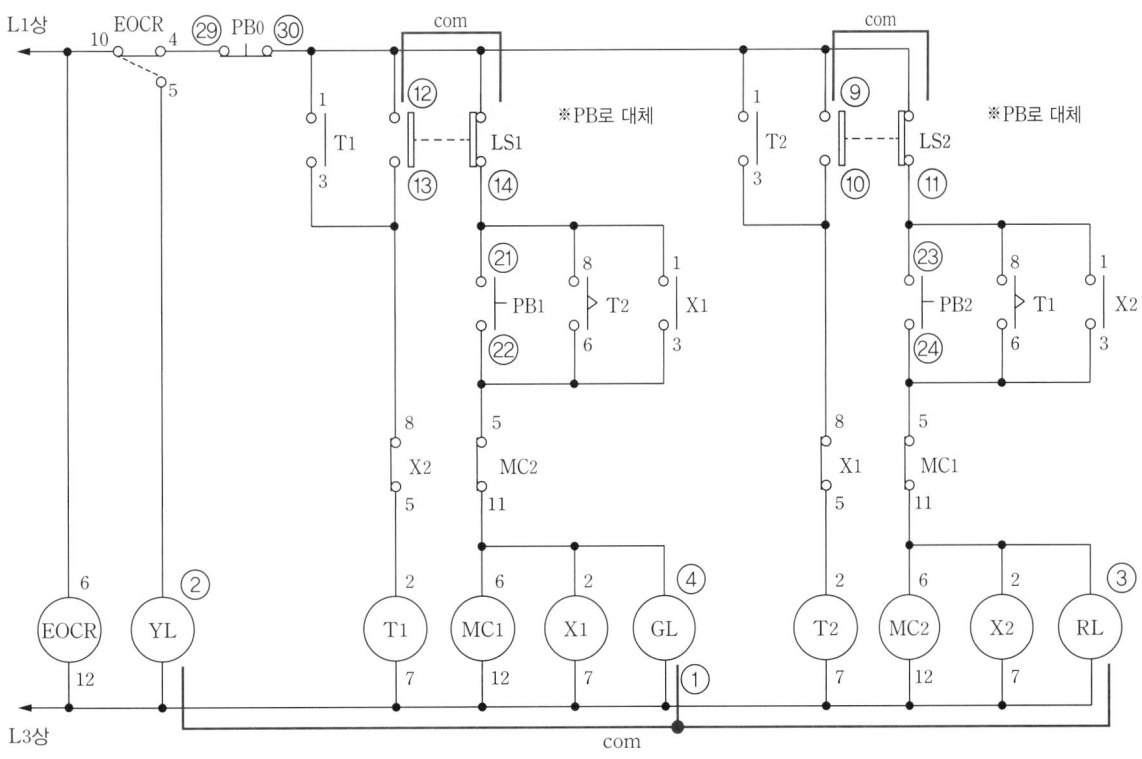

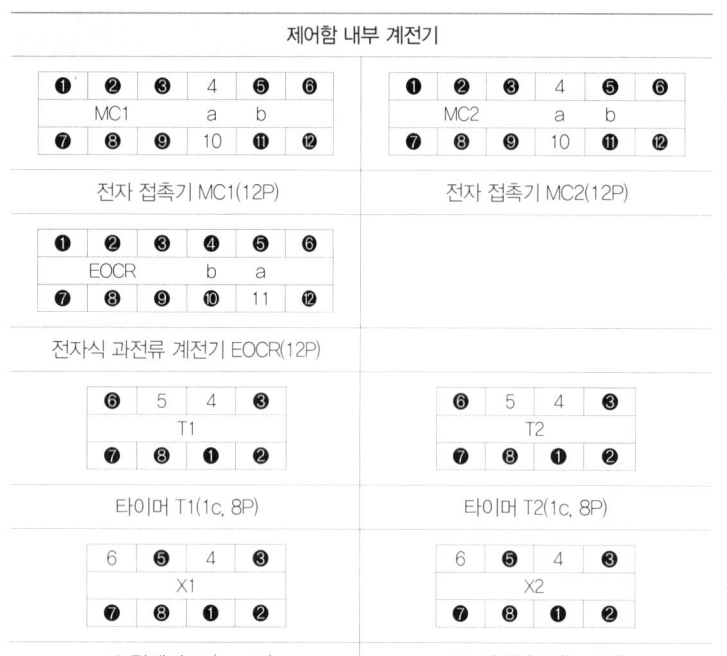

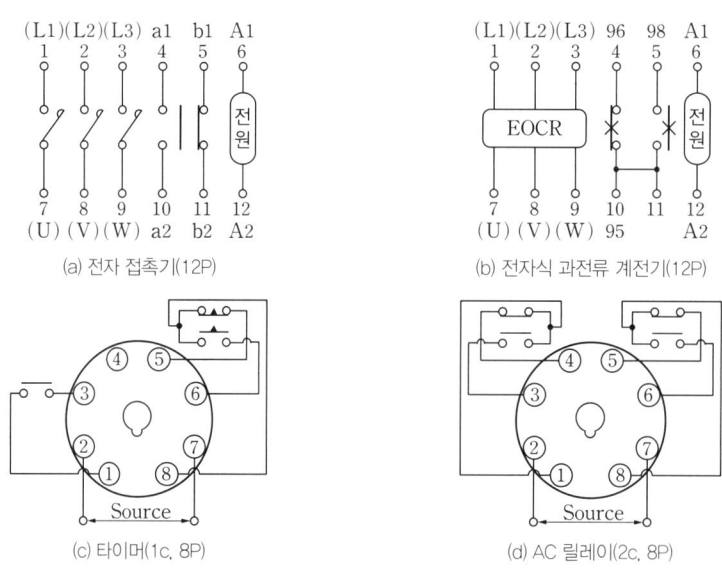

▲ 계전기 내부 회로도

3 승강기 제어회로

(1) 승강기 제어회로

① 기구 범례

기호	제품명	수량	기호	제품명	수량
MCCB	배선용 차단기(3P)_생략	1개		8핀 소켓	2개
F	퓨즈(2P) 및 퓨즈 홀더(2P)	1개	PB0, PB1	푸시버튼 스위치(적색, 녹색)	각 1개
MC1, MC2	전자 접촉기(4a 1b, 12P)	2개	RL1, RL2	파일럿 램프(적색)	2개
EOCR1, EOCR2	전자식 과전류 계전기(12P)	2개	WL, GL	파일럿 램프(백색, 녹색)	각 1개
T1, T2	타이머(1c, 8P)	2개	YL	파일럿 램프(황색)	1개
X1, X2	AC 릴레이(3c, 11P)	2개	TB1~TB3	주회로용 단자대(4P)	3개
	12핀 소켓	4개	TB4, TB5	리밋 스위치용 단자대(4P)	2개
	11핀 소켓	2개	TB6, TB7	제어함용 단자대(20P)	2개

② 동작사항

1. PB1을 누르면(ON) X1 여자, WL 점등 및 타이머 T1 여자
2. 타이머 T1 설정시간 t초 내 LS1 신호가 발생하면 MC1 여자, RL1 점등
3. 타이머 T1의 설정시간 t초 후
   - X2 여자, 타이머 T2 여자, GL 점등
   - MC1 소자, 타이머 T1 소자, RL1 소등
4. 타이머 T2 설정시간 t초 내 LS2에 신호가 발생하면 MC2 여자, RL2 점등
5. 타이머 T2의 설정시간 t초 후
   - X2 소자, 타이머 T2 소자, GL 소등
   - MC2 소자, 타이머 T1 여자, RL2 소등
6. 타이머 T1과 타이머 T2에 의하여 위의 동작을 반복하여 동작
7. PB0를 누르면 운전 중인 전동기의 동작이 정지
8. 전동기 운전 중 과부하로 과전류가 흐를 때 전자식 과전류 계전기 EOCR이 동작되어 전동기 M1, M2 정지, YL 점등, 기타 모든 기기는 OFF
9. 전자식 과전류 계전기 EOCR(1 또는 2)을 리셋(Reset)하면 동작 초기 상태로 복귀

③ 제어함 기구와 배관 배치도[승강기 제어회로]

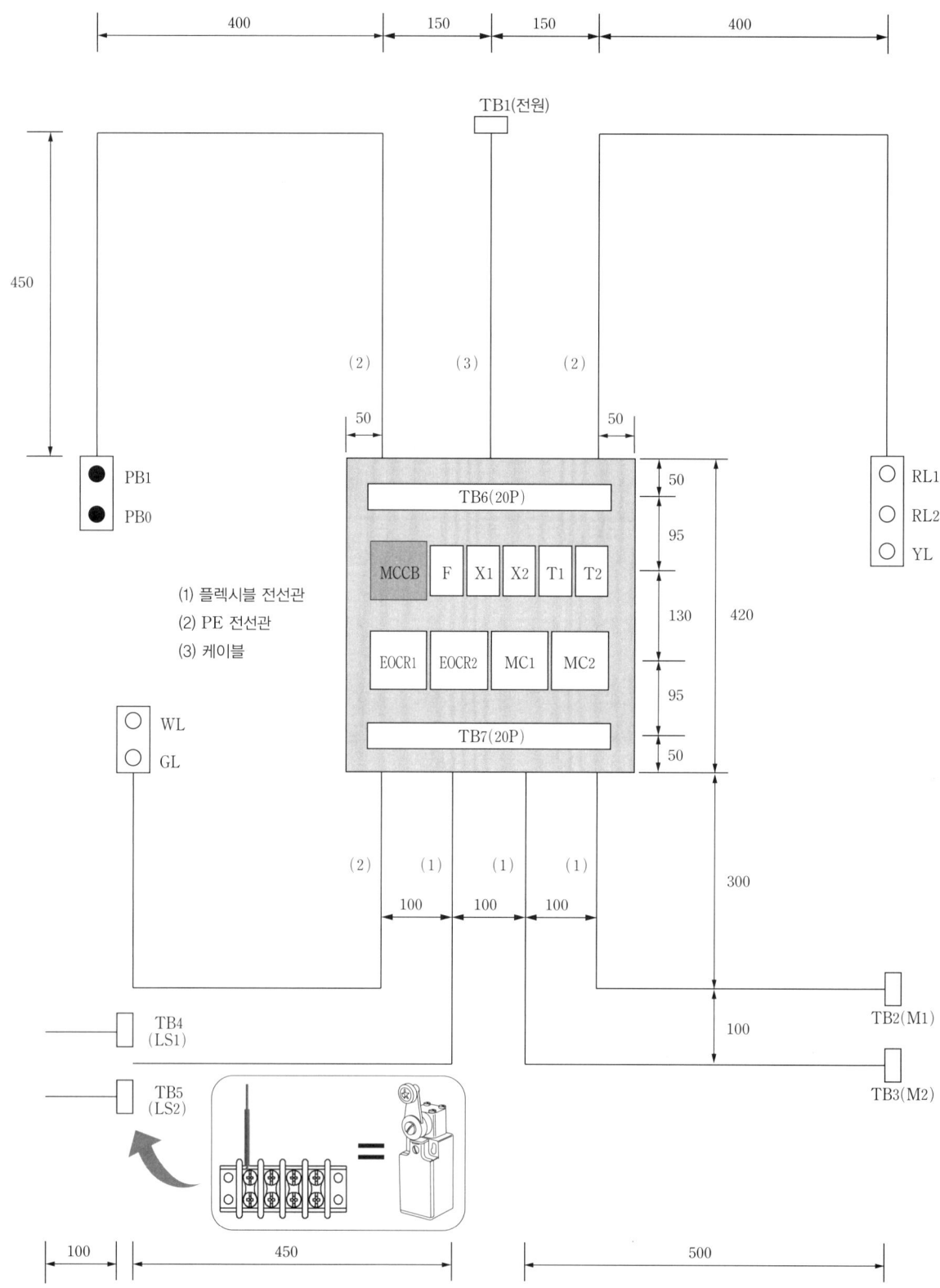

④ 시퀀스 회로도[승강기 제어회로]

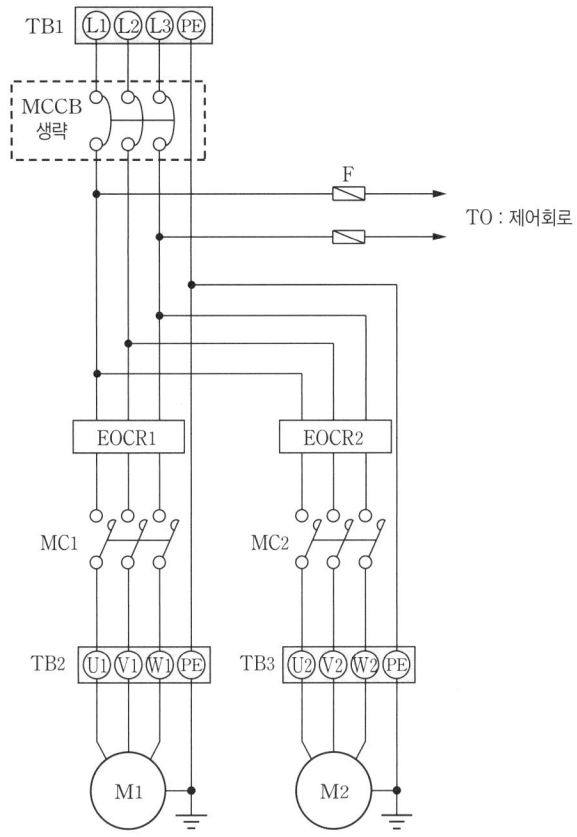

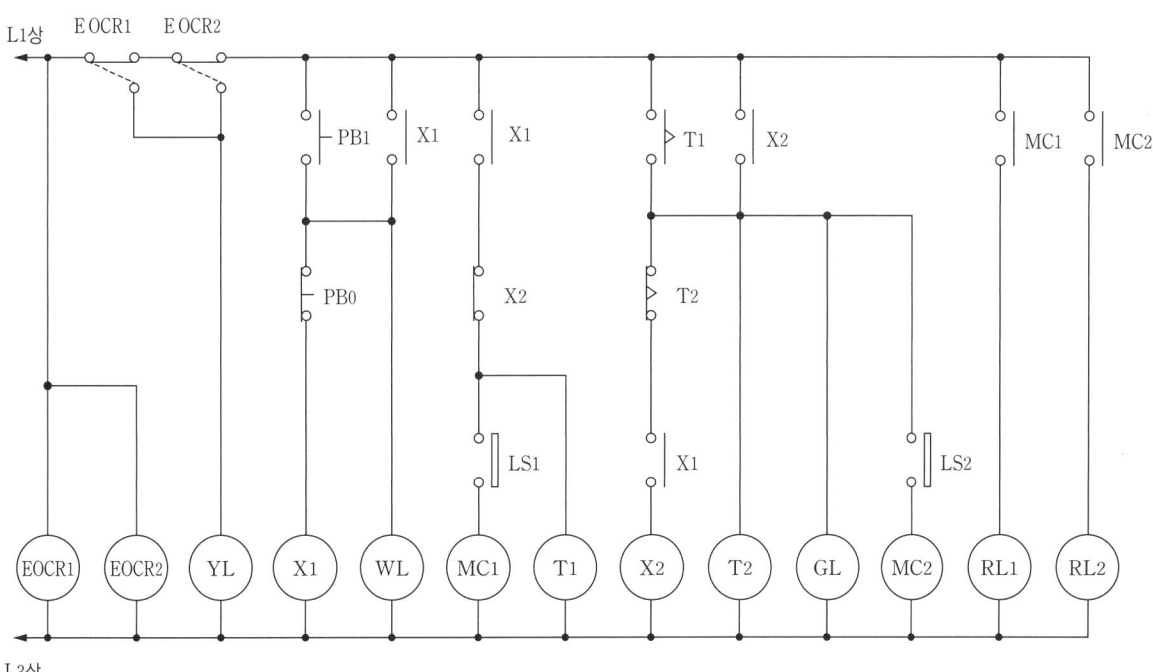

제어함 내부 계전기												
1	2	3	4	5	6		1	2	3	4	5	6
	MC1			a	b			MC2			a	b
7	8	9	10	11	12		7	8	9	10	11	12
전자 접촉기 MC1(12P)							전자 접촉기 MC2(12P)					
1	2	3	4	5	6		1	2	3	4	5	6
	EOCR1			b	a			EOCR2			b	a
7	8	9	10	11	12		7	8	9	10	11	12
전자식 과전류 계전기 EOCR1(12P)							전자식 과전류 계전기 EOCR2(12P)					

	6	5	4	3			6	5	4	3
		T1						T2		
	7	8	1	2			7	8	1	2

타이머 T1(1c, 8P)   타이머 T2(1c, 8P)

8	7	6	5		8	7	6	5
			4					4
	X1					X2		
9			3		9			3
10	11	1	2		10	11	1	2

AC 릴레이 X1(3c, 11P)   AC 릴레이 X2(3c, 11P)

입력, 출력 기구		번호
TB6		
가	PB1	
	PB0	
나	TB1	
다	RL1	
	RL2	
	YL	
TB7		
라	WL	
	GL	
마	TB4	
	TB5	
바	TB3	
사	TB2	

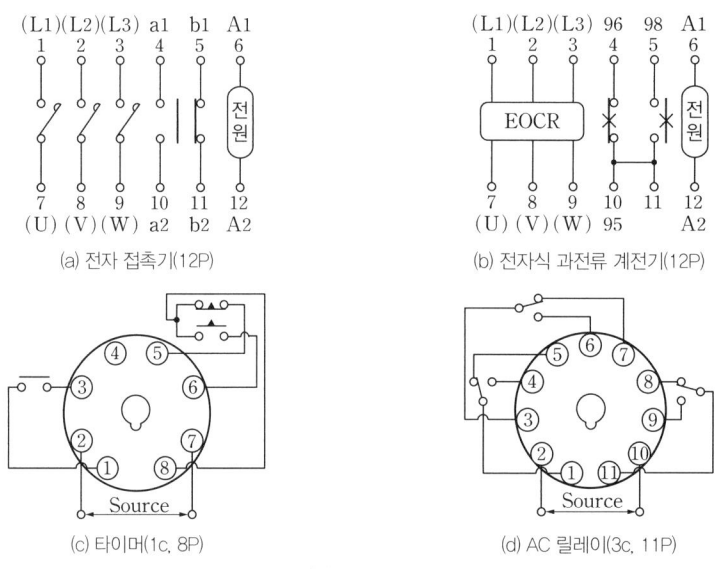

(a) 전자 접촉기(12P)   (b) 전자식 과전류 계전기(12P)

(c) 타이머(1c, 8P)   (d) AC 릴레이(3c, 11P)

▲ 계전기 내부 회로도

⑤ 제어함 기구와 배관 배치도 넘버링[승강기 제어회로]

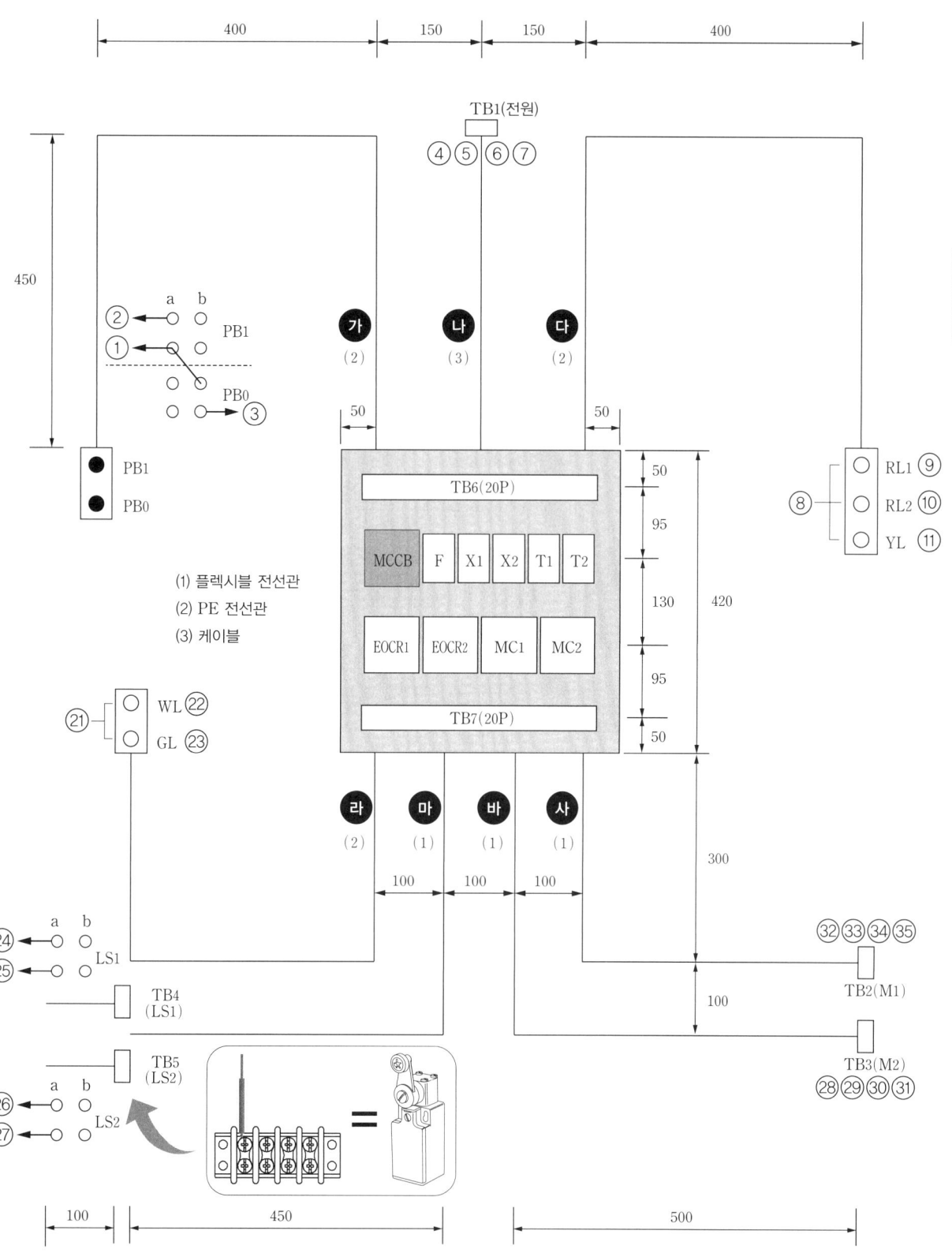

⑥ 시퀀스 회로도 넘버링[승강기 제어회로]

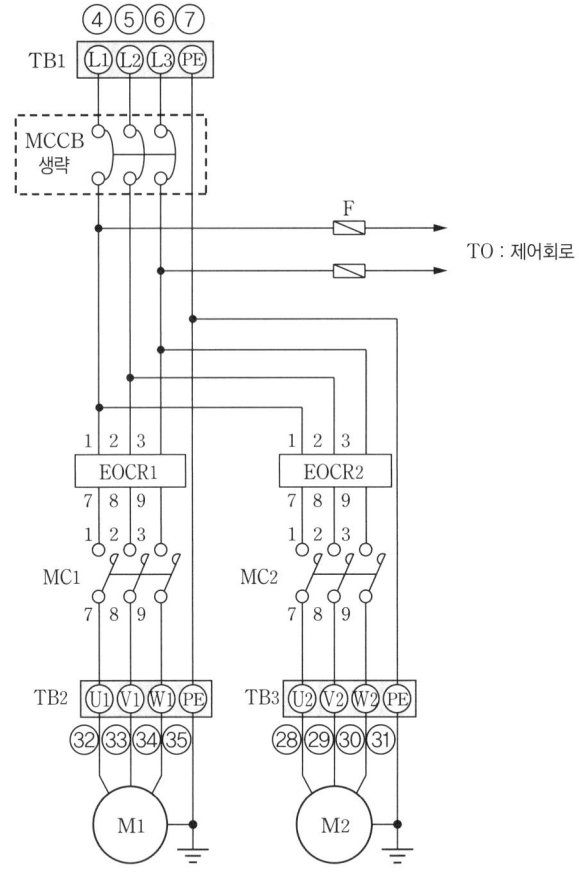
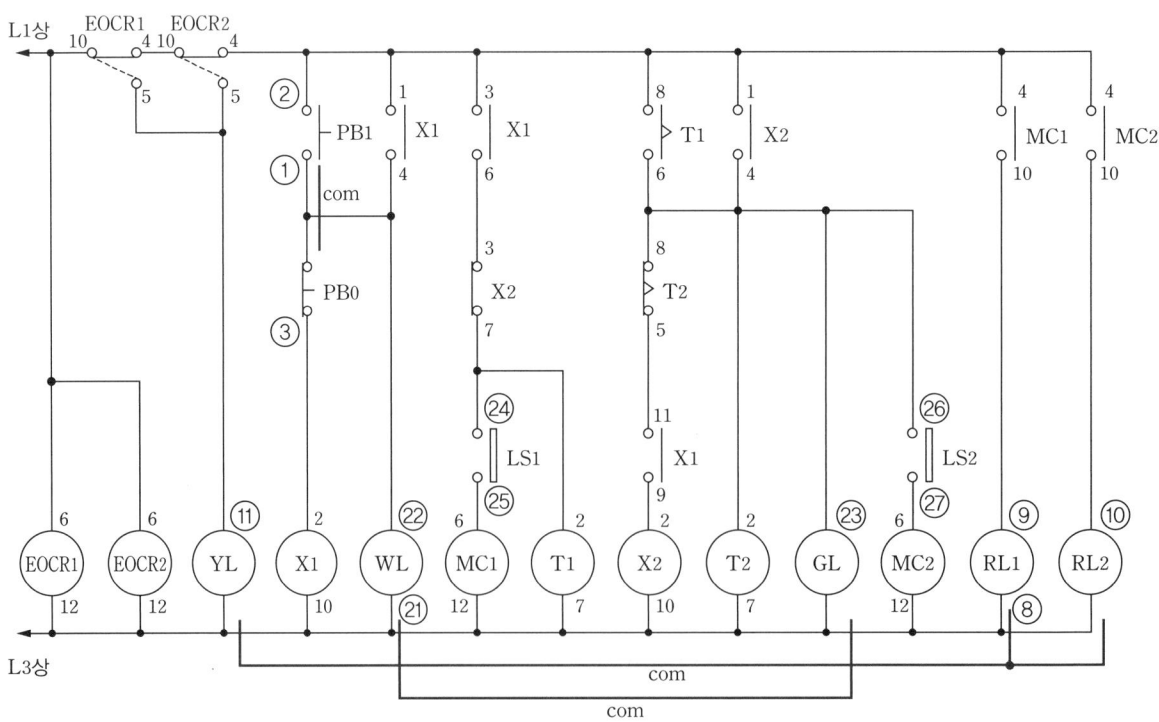

제어함 내부 계전기		입력, 출력 기구		번호
		TB6 20P(① ~ ⑪)		
전자 접촉기 MC1(12P) / MC2(12P)		가	PB1(녹색)	①, ②
			PB0(적색)	①, ③
		나	TB1(전원)	④, ⑤, ⑥, ⑦
전자식 과전류 계전기 EOCR1(12P) / EOCR2(12P)			RL1(적색)	⑧, ⑨
		다	RL2(적색)	⑧, ⑩
			YL(황색)	⑧, ⑪
타이머 T1(1c, 8P) / T2(1c, 8P)		TB7 20P(㉑ ~ ㉟)		
		라	WL(백색)	㉑, ㉒
			GL(녹색)	㉑, ㉓
		마	TB4(LS1)	㉔, ㉕
			TB5(LS2)	㉖, ㉗
AC 릴레이 X1(3c, 11P) / X2(3c, 11P)		바	TB3(전동기)	㉘, ㉙, ㉚, ㉛
		사	TB2(전동기)	㉜, ㉝, ㉞, ㉟

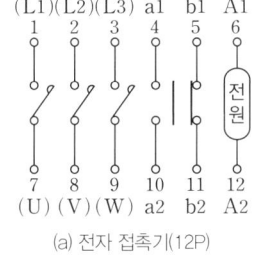

(a) 전자 접촉기(12P)

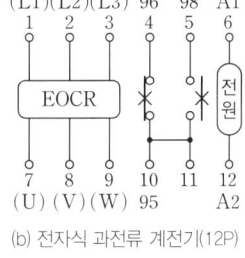

(b) 전자식 과전류 계전기(12P)

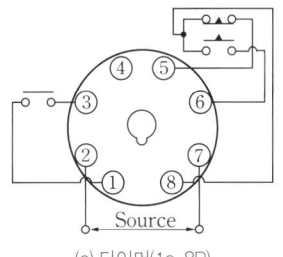

(c) 타이머(1c, 8P)

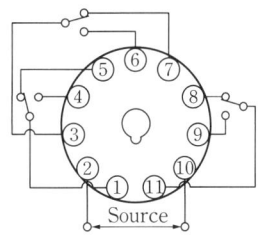

(d) AC 릴레이(3c, 11P)

▲ 계전기 내부 회로도

4 급배수 제어회로

(1) 급배수 제어회로(2개소)

① 기구 범례

기호	제품명	수량	기호	제품명	수량
MCCB	배선용 차단기(3P)	1개	SS	셀렉터 스위치(3단)	1개
F	퓨즈(2P) 및 퓨즈 홀더(2P)	1개	PB1, PB3	푸시버튼 스위치(적색)	2개
MC1, MC2	전자 접촉기(4a 1b, 12P)	2개	PB2, PB4	푸시버튼 스위치(녹색)	2개
EOCR	전자식 과전류 계전기(12P)	1개	RL1, RL2	파일럿 램프(적색)	2개
FLS1, FLS2	플로트레스 스위치(8P)	2개	GL	파일럿 램프(녹색)	1개
X	AC 릴레이(2c, 8P)	1개	TB1~TB3	주회로용 단자대(4P)	3개
	12핀 소켓	3개	TB4, TB5	전극봉 스위치용 단자대(3P)	2개
	8핀 소켓	3개	TB6, TB7	제어함용 단자대(20P)	2개

② 동작사항

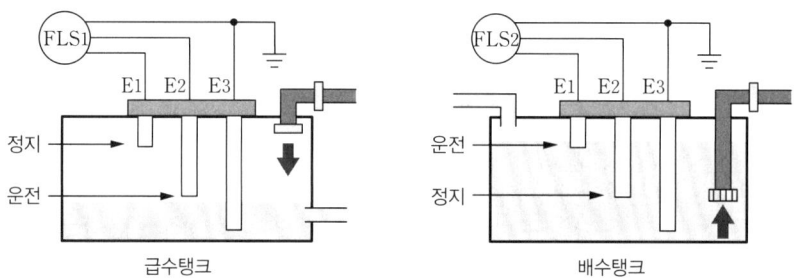

1. 공통 동작
   - 급수탱크에 물이 일정량 이하(저수위)가 되면 급수펌프가 운전을 시작하고 급수탱크에 물이 일정량 이상(고수위) 채워지면 급수 펌프는 정지한다.
   - 급수탱크의 물을 사용하면 물이 점차 줄어들어 일정량 이하(저수위)로 된다. 이때 급수펌프가 운전을 다시 시작하고, 급수탱크에 물이 일정량 이상(고수위) 채워지면 급수펌프는 정지하며 급수탱크의 수위에 따라 자동으로 급수펌프가 운전과 정지를 반복한다.
   - 배수탱크에 물이 일정량 이상(고수위) 채워지면 배수펌프가 운전을 시작하고 배수탱크에 물이 일정량 이하(저수위)가 되면 배수펌프는 정지한다.
   - 배수탱크에 다시 물이 일정량 이상(고수위) 채워지면 배수펌프가 운전을 다시 시작하고, 배수탱크에 물이 일정량 이하(저수위)가 되면 배수펌프는 정지하며 배수 탱크의 수위에 따라 자동으로 배수펌프가 운전과 정지를 반복한다.

2. 수동 모드(Manual Mode)
   - 전원을 ON하면 GL 점등
   - 셀렉터 스위치 SS를 수동 동작 모드(왼쪽)로 전환
     1) PB2를 누르면 MC1 여자, RL1 점등, GL 소등, 급수 시작 ➡ (M1 동작)
     2) PB1을 누르면 MC1 소자, RL1 소등, GL 점등, 급수 정지 ➡ (M1 정지)
     3) PB4를 누르면 MC2 여자, RL2 점등, GL 소등, 배수 시작 ➡ (M2 동작)
     4) PB3을 누르면 MC2 소자, RL2 소등, GL 점등, 배수 정지 ➡ (M2 정지)

3. 자동 모드(Auto Mode)
    - 셀렉터 스위치 SS를 자동 동작 모드(오른쪽)으로 전환
    - 릴레이 X가 여자되면
        1) MC1 동작, RL1 점등, GL 소등, 급수 시작 ➡ (M1 동작)
    - 급수탱크에서 FLS1의 센서 E1까지 물이 채워져 전극봉 센서가 작동하면 FLS1-b 접점이 동작
        1) MC1 정지, RL1 소등, GL 점등, 급수 정지 ➡ (M1 정지)
    - 배수탱크에서 FLS2의 센서 E1까지 물이 채워져 전극봉 센서가 작동하면 FLS2-a 접점이 동작
        1) MC2 동작, RL2 점등, GL 소등, 배수 시작 ➡ (M2 동작)
    - 배수가 완료되어 배수용 FLS2의 전극봉 센서가 복귀되면
        1) MC2 정지, RL2 소등, GL 점등, 배수 정지 ➡ (M2 정지)
    - 동작 중 전자식 과전류 계전기 EOCR이 동작하면 초기 상태로 복귀한다.

③ 제어함 기구와 배관 배치도[급배수 제어회로(2개소)]

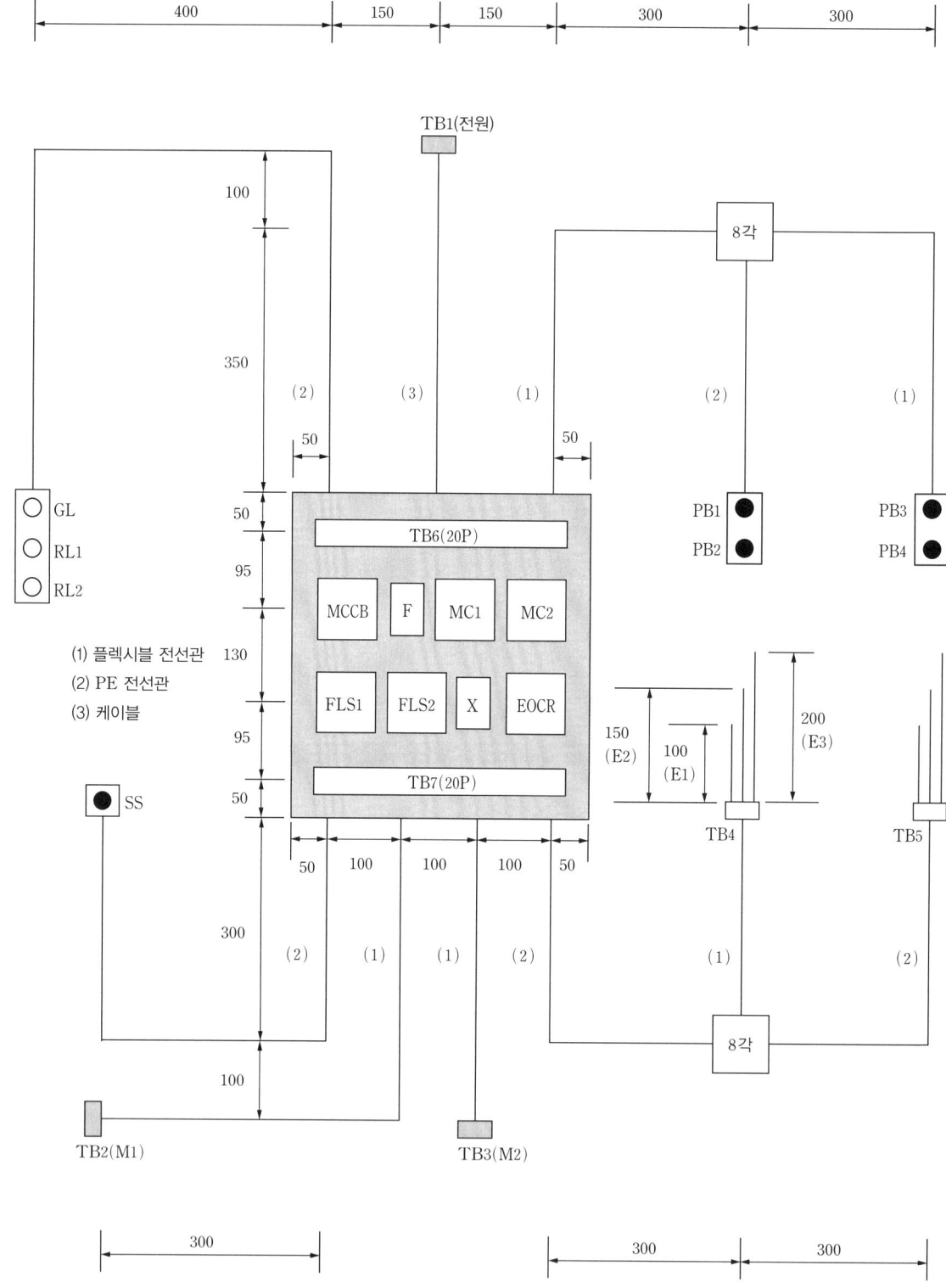

④ 시퀀스 회로도[급배수 제어회로(2개소)]

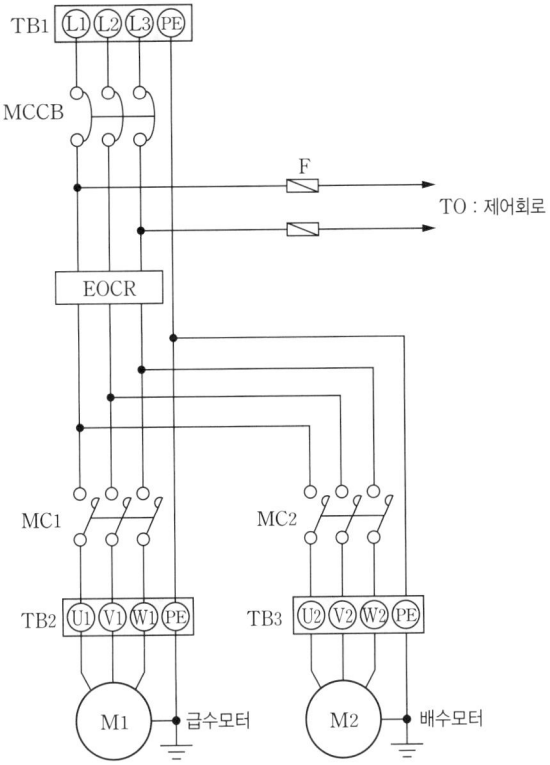

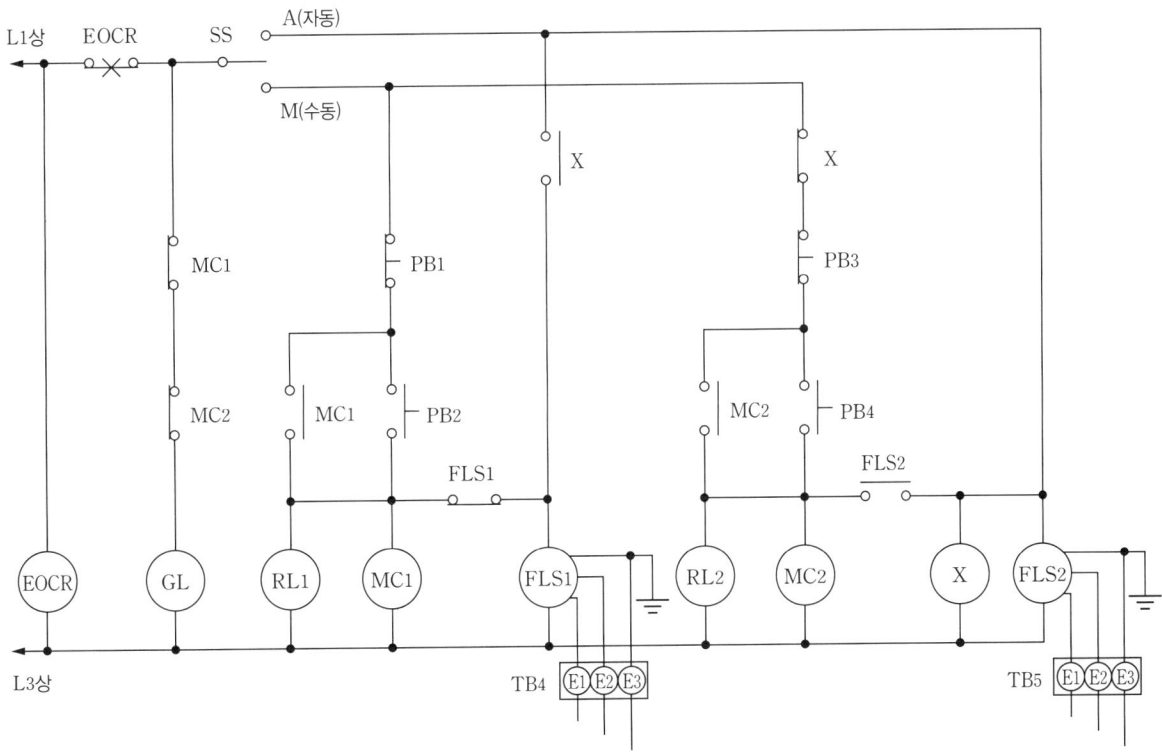

제어함 내부 계전기

1	2	3	4	5	6
MC1				a	b
7	8	9	10	11	12

전자 접촉기 MC1(12P)

1	2	3	4	5	6
MC2				a	b
7	8	9	10	11	12

전자 접촉기 MC2(12P)

1	2	3	4	5	6
EOCR				b	a
7	8	9	10	11	12

전자식 과전류 계전기 EOCR(12P)

6	5	4	3
	X		
7	8	1	2

AC 릴레이 X(2c, 8P)

6	5	4	3
	FLS1		
7	8	1	2

플로트레스 스위치 FLS1(8P)

6	5	4	3
	FLS2		
7	8	1	2

플로트레스 스위치 FLS2(8P)

	입력, 출력 기구	번호
	TB6	
가	GL	
	RL1	
	RL2	
나	TB1	
	PB1	
다	PB2	
	PB3	
	PB4	
	TB7	
라	SS	
마	TB2	
바	TB3	
사	TB4	
	TB5	

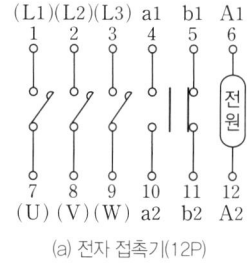

(a) 전자 접촉기(12P)

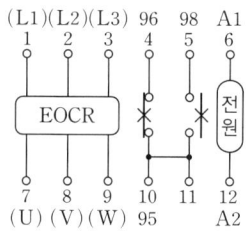

(b) 전자식 과전류 계전기(12P)

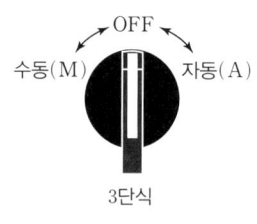

(c) 셀렉터 스위치(3단)

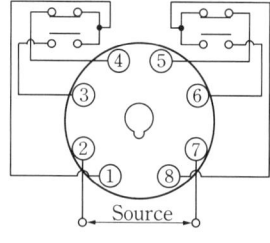

(d) AC 릴레이(2c, 8P)

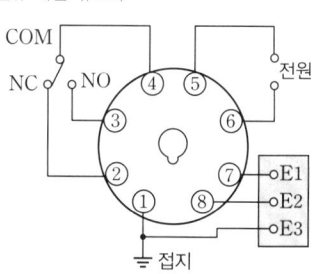

(e) 플로트레스 스위치(8P)

▲ 계전기 내부 회로도

⑤ 제어함 기구와 배관 배치도 넘버링[급배수 제어회로(2개소)]

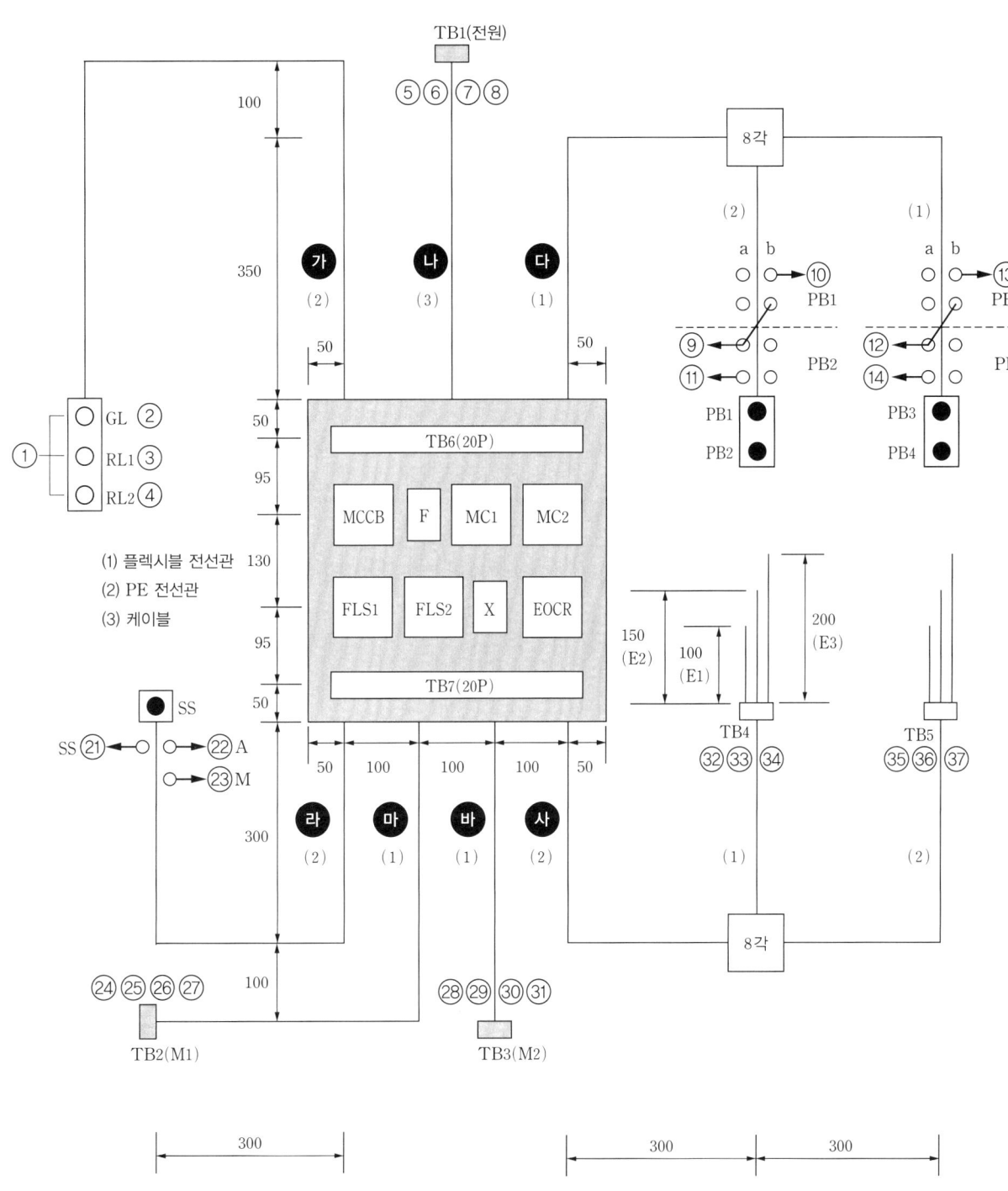

⑥ 시퀀스 회로도 넘버링[급배수 제어회로(2개소)]

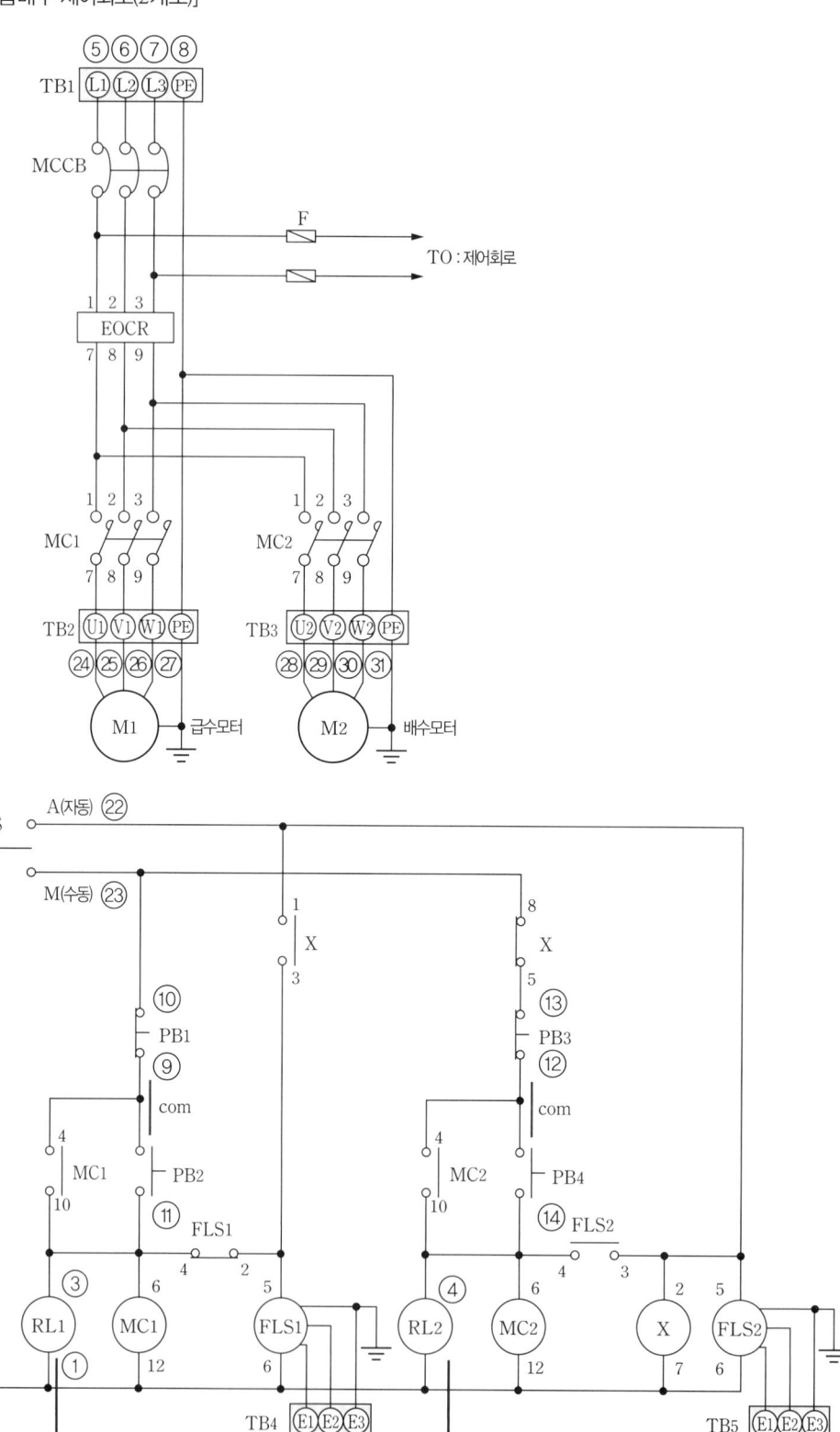

제어함 내부 계전기		입력, 출력 기구	번호
전자 접촉기 MC1(12P) ❶❷❸❹❺❻ MC1 a b ❼❽❾❿⓫⓬	전자 접촉기 MC2(12P) ❶❷❸❹❺❻ MC2 a b ❼❽❾❿⓫⓬	TB6 20P(①~⑭)	
		가 GL(녹색)	①, ②
		RL1(적색)	①, ③
		RL2(적색)	①, ④
전자식 과전류 계전기 EOCR(12P) ❶❷❸❹ 5 ❻ EOCR b a ❼❽❾❿ 11 ⓬	AC 릴레이 X(2c, 8P) 6 ❺ 4 ❸ X ❼❽❶❷	나 TB1(전원)	⑤, ⑥, ⑦, ⑧
		다 PB1(적색)	⑨, ⑩
		PB2(녹색)	⑨, ⑪
		PB3(적색)	⑫, ⑬
		PB4(녹색)	⑫, ⑭
플로트레스 스위치 FLS1(8P) ❻❺❹ 3 FLS1 ❼❽❶❷	플로트레스 스위치 FLS2(8P) ❻❺❹ ❸ FLS2 ❼❽❶ 2	TB7 20P(㉑~㊴)	
		라 SS(셀렉터)	㉑, ㉒, ㉓
		마 TB2(전동기)	㉔, ㉕, ㉖, ㉗
		바 TB3(전동기)	㉘, ㉙, ㉚, ㉛
		사 TB4(전극봉)	㉜, ㉝, ㉞, ㉟
		TB5(전극봉)	㊱, ㊲, ㊳, ㊴

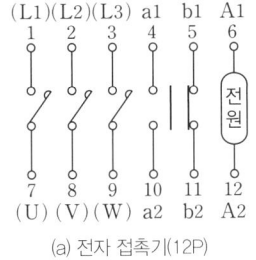

(a) 전자 접촉기(12P)

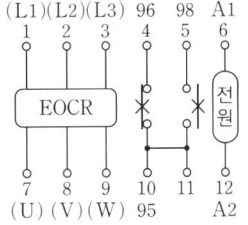

(b) 전자식 과전류 계전기(12P)

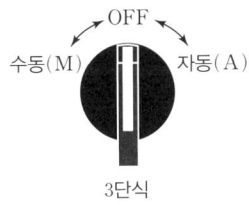

(c) 셀렉터 스위치(3단)

(d) AC 릴레이(2c, 8P)

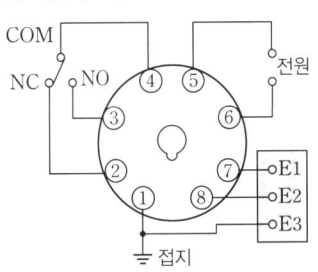

(e) 플로트레스 스위치(8P)

▲ 계전기 내부 회로도

5 온도 제어회로

(1) 자동 온도 조절 회로(열전대)

① 기구 범례

기호	제품명	수량	기호	제품명	수량
MCCB	배선용 차단기(3P)	1개	X	AC 릴레이(2c, 8P)	1개
F	퓨즈(2P) 및 퓨즈 홀더(2P)	1개	PB1	푸시버튼 스위치(녹색)	1개
MC1, MC2	전자 접촉기(4a 1b, 12P)	2개	PB2	푸시버튼 스위치(적색)	1개
EOCR	전자식 과전류 계전기(12P)	1개	GL, YL	파일럿 램프(녹색, 황색)	각 1개
TC	온도 릴레이(8P)	1개	RL1, RL2	파일럿 램프(적색)	2개
FR	플리커 릴레이(1c, 8P)	1개	BZ	부저(매입형 25∅ 220[V])	1개
T	타이머(1c, 8P)	1개	TB1~TB3	주회로용 단자대(4P)	3개
	12핀 소켓	3개	TB4	TC(열전대)용 단자대(4P)	1개
	8핀 소켓	4개	TB5, TB6	제어함용 단자대(20P)	2개

② 동작사항

1. 전원을 인가하면 GL 점등
2. PB1을 ON 하면
   - X 및 MC1 여자, RL1 점등 ➡ 순환 모터(M1) 동작
3. TC(열전대) 동작
   - MC1 소자, RL1 소등, T 여자 ➡ 순환 모터(M1) 정지
4. 타이머 설정시간 t초 후에
   - MC2 여자, RL2 점등 ➡ 배기 모터(M2) 동작
5. TC(열전대) 복귀
   - MC2 소자, RL2 소등 ➡ 배기 모터(M2) 정지
   - MC1 여자, RL1 점등 ➡ 순환 모터(M1) 동작
6. 모터 동작 중 PB2를 누르면 순환 및 배기 모터 회로가 정지하며 초기화
7. EOCR 동작 시(과부하 시) YL, BZ가 플리커 릴레이 FR 설정시간 간격으로 점멸하면서 반복 동작

③ 제어함 기구와 배관 배치도[자동 온도 조절 회로(열전대)]

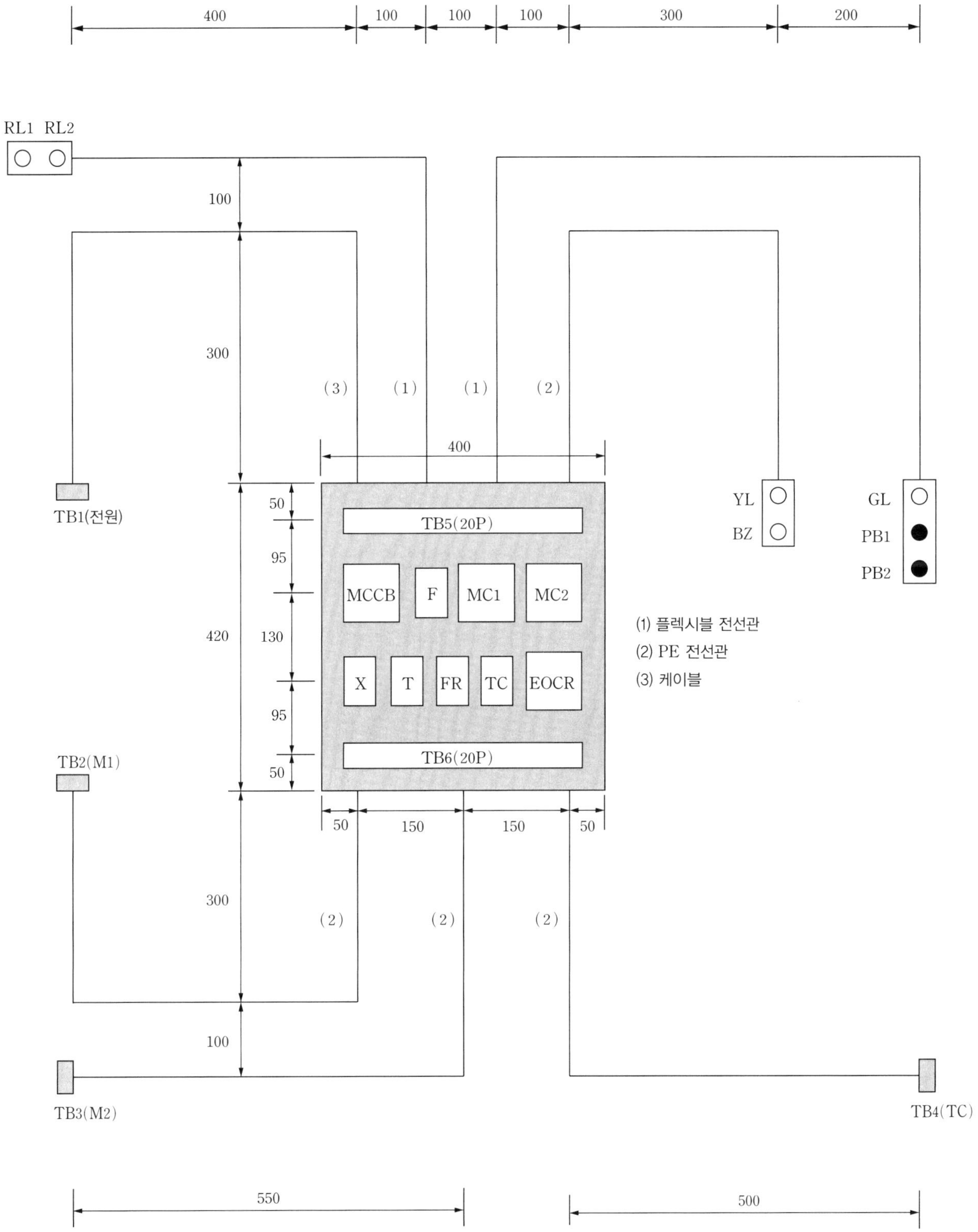

(1) 플렉시블 전선관
(2) PE 전선관
(3) 케이블

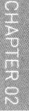

④ 시퀀스 회로도[자동 온도 조절 회로(열전대)]

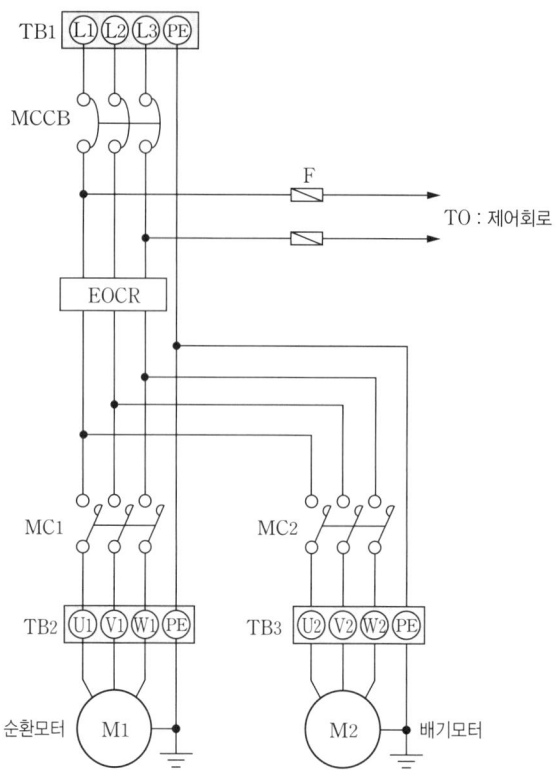

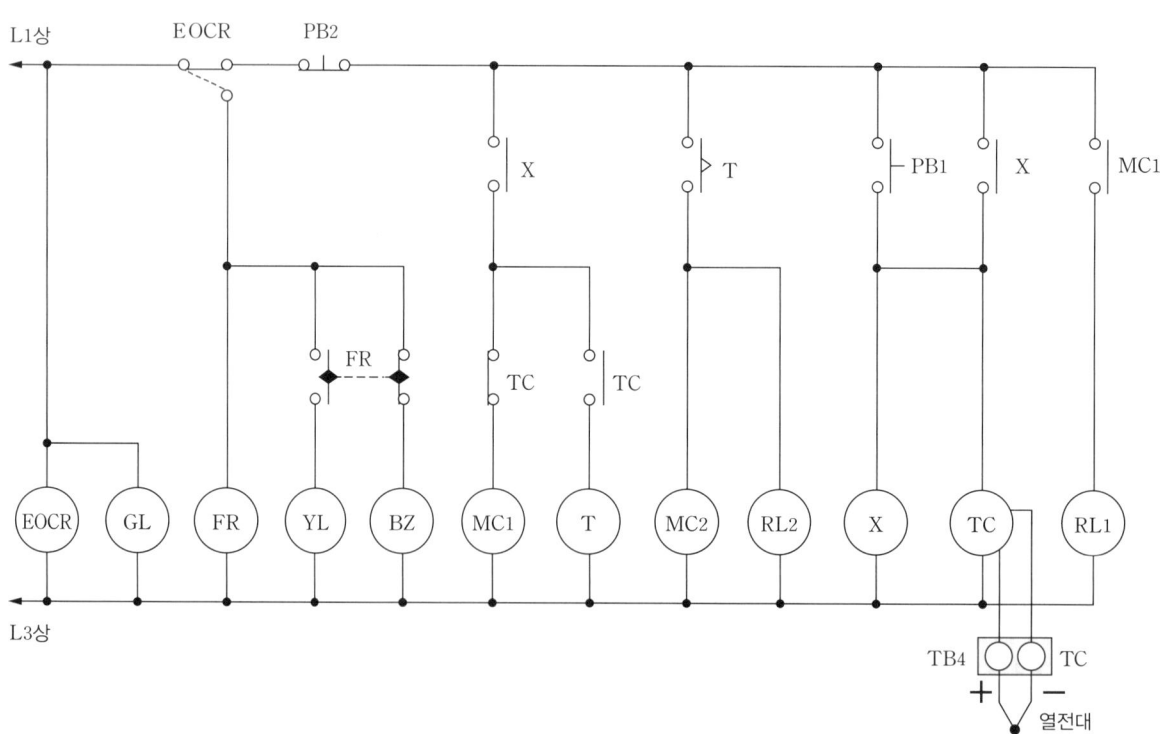

제어함 내부 계전기		입력, 출력 기구	번호
전자 접촉기 MC1(12P) / 전자 접촉기 MC2(12P)		TB5	
		가 — TB1	
		나 — RL1 / RL2	
전자식 과전류 계전기 EOCR(12P) / 타이머 T(1c, 8P)		다 — GL / PB1 / PB2	
플리커 릴레이 FR(1c, 8P) / AC 릴레이 X(2c, 8P)		라 — YL / BZ	
온도 릴레이 TC(8P)		TB6	
		마 — TB2	
		바 — TB3	
		사 — TB4	

전자 접촉기 MC1(12P)

1	2	3	4	5	6
MC1			a	b	
7	8	9	10	11	12

전자 접촉기 MC2(12P)

1	2	3	4	5	6
MC2			a	b	
7	8	9	10	11	12

전자식 과전류 계전기 EOCR(12P)

1	2	3	4	5	6
EOCR			b	a	
7	8	9	10	11	12

타이머 T(1c, 8P)

6	5	4	3
T			
7	8	1	2

플리커 릴레이 FR(1c, 8P)

6	5	4	3
FR			
7	8	1	2

AC 릴레이 X(2c, 8P)

6	5	4	3
X			
7	8	1	2

온도 릴레이 TC(8P)

6	5	4	3
TC			
7	8	1	2

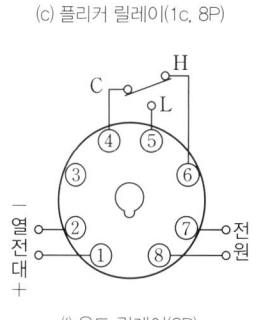

(a) 전자 접촉기(12P)

(b) 전자식 과전류 계전기(12P)

(c) 플리커 릴레이(1c, 8P)

(d) 타이머(1c, 8P)

(e) AC 릴레이(2c, 8P)

(f) 온도 릴레이(8P)

▲ 계전기 내부 회로도

⑤ 제어함 기구와 배관 배치도 넘버링[자동 온도 조절 회로(열전대)]

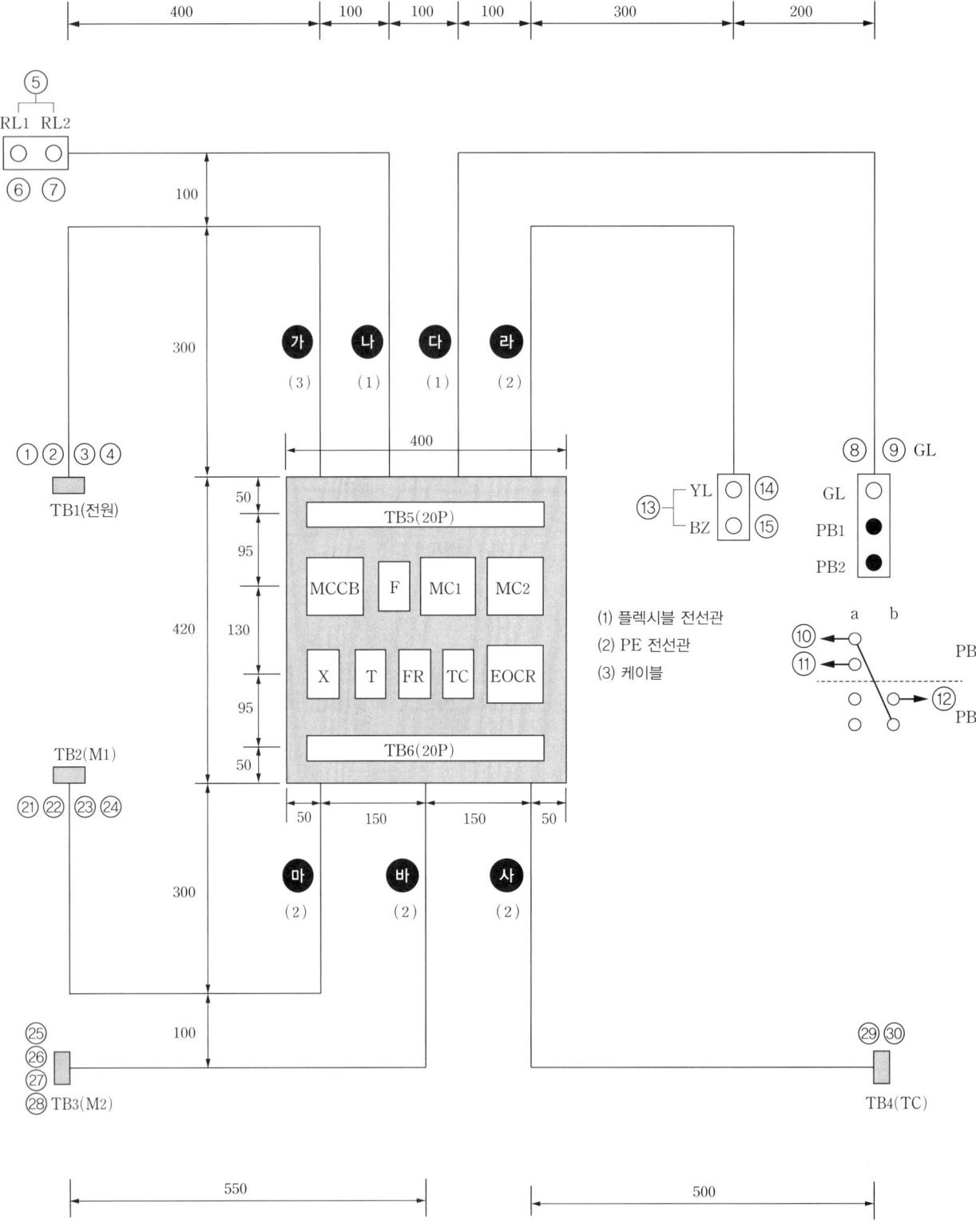

⑥ 시퀀스 회로도 넘버링[자동 온도 조절 회로(열전대)]

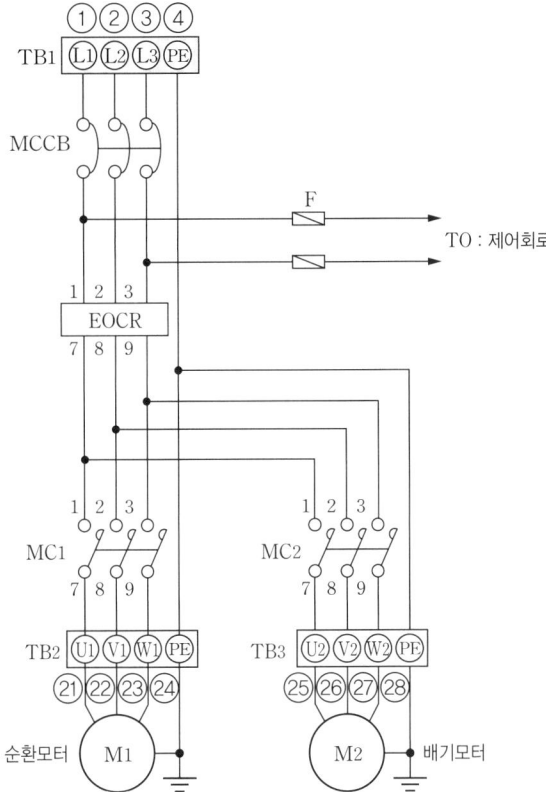
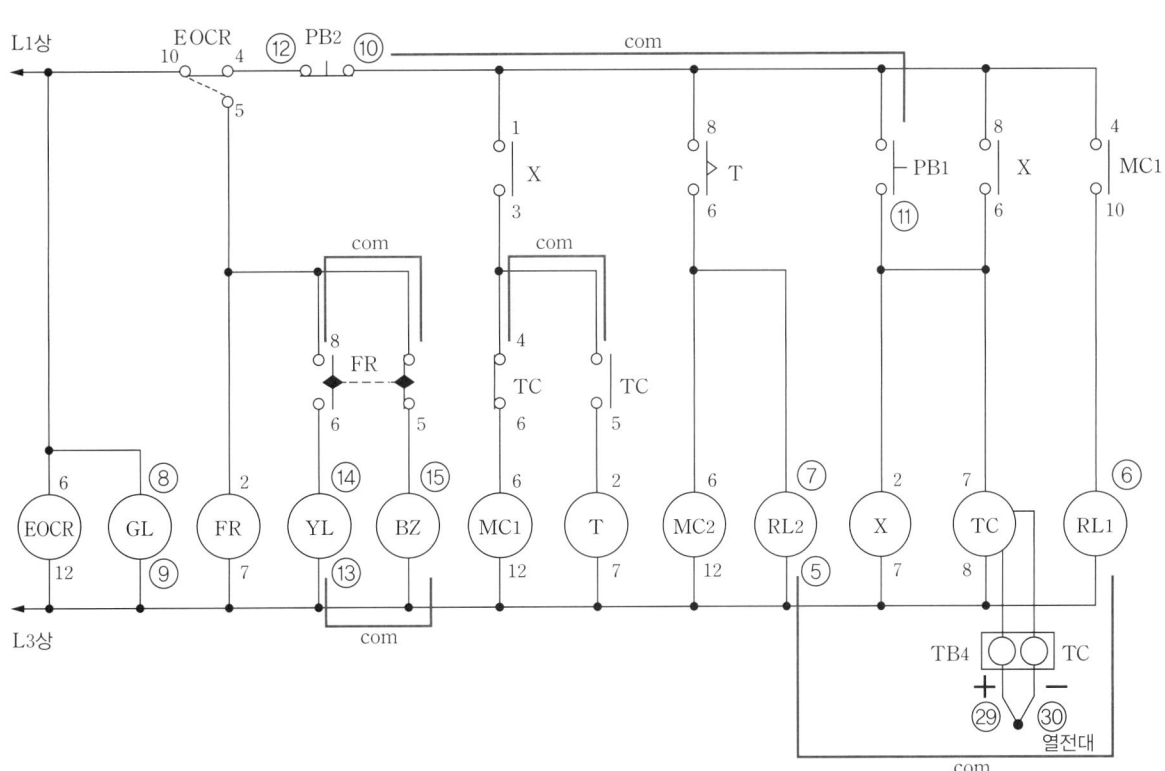

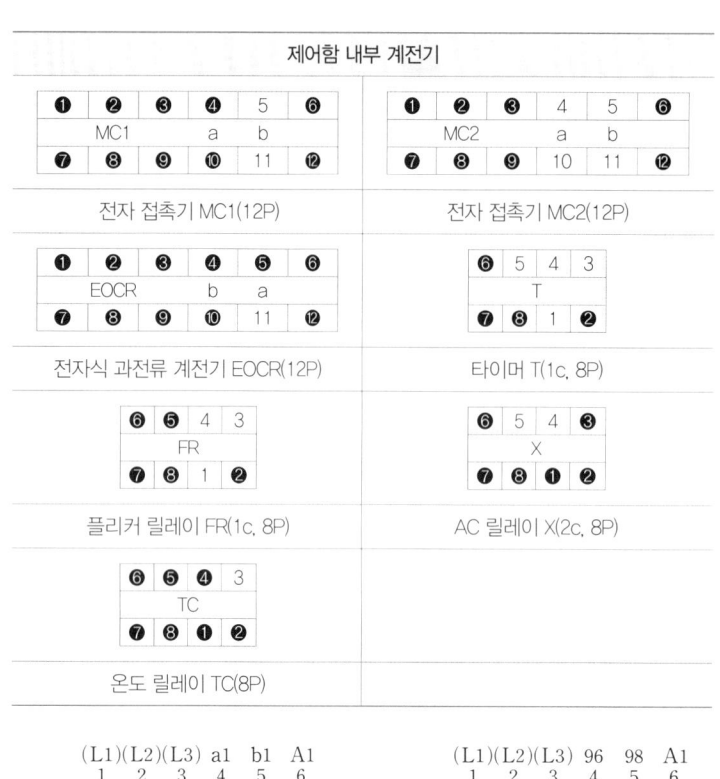

제어함 내부 계전기							입력, 출력 기구		번호

❶	❷	❸	❹	5	❻
MC1			a		b
❼	❽	❾	❿	11	⓬

전자 접촉기 MC1(12P)

❶	❷	❸	4	5	❻
MC2			a		b
❼	❽	❾	10	11	⓬

전자 접촉기 MC2(12P)

❶	❷	❸	❹	❺	❻
EOCR			b		a
❼	❽	❾	❿	11	⓬

전자식 과전류 계전기 EOCR(12P)

❻	5	4	3
		T	
❼	❽	1	❷

타이머 T(1c, 8P)

❻	❺	4	3
		FR	
❼	❽	1	❷

플리커 릴레이 FR(1c, 8P)

❻	5	4	❸
		X	
❼	❽	❶	❷

AC 릴레이 X(2c, 8P)

❻	❺	❹	3
		TC	
❼	❽	❶	❷

온도 릴레이 TC(8P)

	입력, 출력 기구	번호
	TB5 20P(①~⑮)	
가	TB1(전원)	①, ②, ③, ④
나	RL1(적색)	⑤, ⑥
	RL2(적색)	⑤, ⑦
다	GL(녹색)	⑧, ⑨
	PB1(녹색)	⑩, ⑪
	PB2(적색)	⑩, ⑫
라	YL(황색)	⑬, ⑭
	BZ(부저)	⑬, ⑮
	TB6 20P(㉑~㉚)	
마	TB2(전동기)	㉑, ㉒, ㉓, ㉔
바	TB3(전동기)	㉕, ㉖, ㉗, ㉘
사	TB4(열전대)	㉙, ㉚

(a) 전자 접촉기(12P)

(b) 전자식 과전류 계전기(12P)

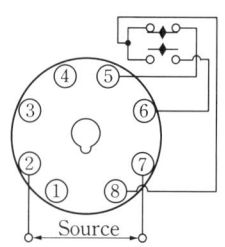

(c) 플리커 릴레이(1c, 8P)

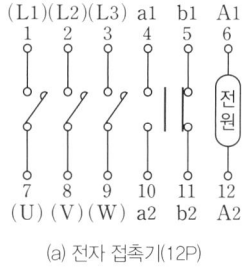

(d) 타이머(1c, 8P)

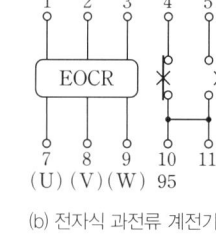

(e) AC 릴레이(2c, 8P)

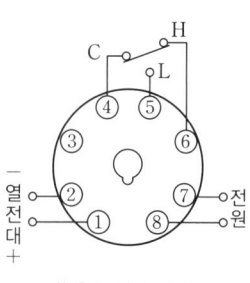

(f) 온도 릴레이(8P)

▲ 계전기 내부 회로도

(2) 온실 하우스 간이 난방 제어(센서)

① 기구 범례

기호	제품명	수량	기호	제품명	수량
MCCB	배선용 차단기(3P)	1개	PB0	푸시버튼 스위치(적색)	1개
F	퓨즈(2P) 및 퓨즈 홀더(2P)	1개	PB1, PB2	푸시버튼 스위치(녹색)	2개
MCH, MCF	전자 접촉기(4a 1b, 12P)	2개	WL, YL	파일럿 램프(백색, 황색)	각 1개
EOCR	전자식 과전류 계전기(12P)	1개	RL1, RL2	파일럿 램프(적색)	2개
FR	플리커 릴레이(1c, 8P)	1개	GL	파일럿 램프(녹색)	1개
T	타이머(1c, 8P)	1개	BZ	부저(매입형 25∅ 220[V])	1개
X1, X2	AC 릴레이(2c, 8P)	2개	TB1~TB3	주회로용 단자대(4P)	3개
	12핀 소켓	3개	TB4	SENSOR용 단자대(4P)	1개
	8핀 소켓	4개	TB5, TB6	제어함용 단자대(20P)	2개

② 동작사항

1. MCCB에 전원을 투입하면 WL 점등
2. PB1(수동모드)을 누르면
   - RL1 점등, X1 여자, 타이머 T 여자, MCH 여자, 히터 운전
3. 타이머 설정시간 t초 후 MCF 여자, GL 점등, 팬 운전
4. 동작사항 진행 중 PB0를 누르면
   - 히터와 팬의 운전 정지
5. PB2(자동모드)를 누르면 X2 여자, RL2 점등
   - 이때 SENSOR에 신호가 들어오면 타이머 T여자, MCH 여자, 히터 운전
6. 타이머 설정시간 t초 후
   - MCF 여자, GL 점등, 팬 운전
7. 동작사항 진행 중 PB0를 누르면 히터와 팬의 운전은 정지
8. 히터와 팬 운전 중 히터와 팬이 과부하되어 과전류가 흐를 때 전자식 과전류 계전기(EOCR)가 동작되어 히터와 팬이 정지되고, 플리커 릴레이 FR이 여자
9. 플리커 릴레이 FR에 의하여 YL과 BZ가 교대로 반복하여 동작
10. 전자식 과전류 계전기(EOCR)를 리셋(Reset)하면 동작 초기 상태로 복귀

③ 제어함 기구와 배관 배치도[온실 하우스 간이 난방 제어(센서)]

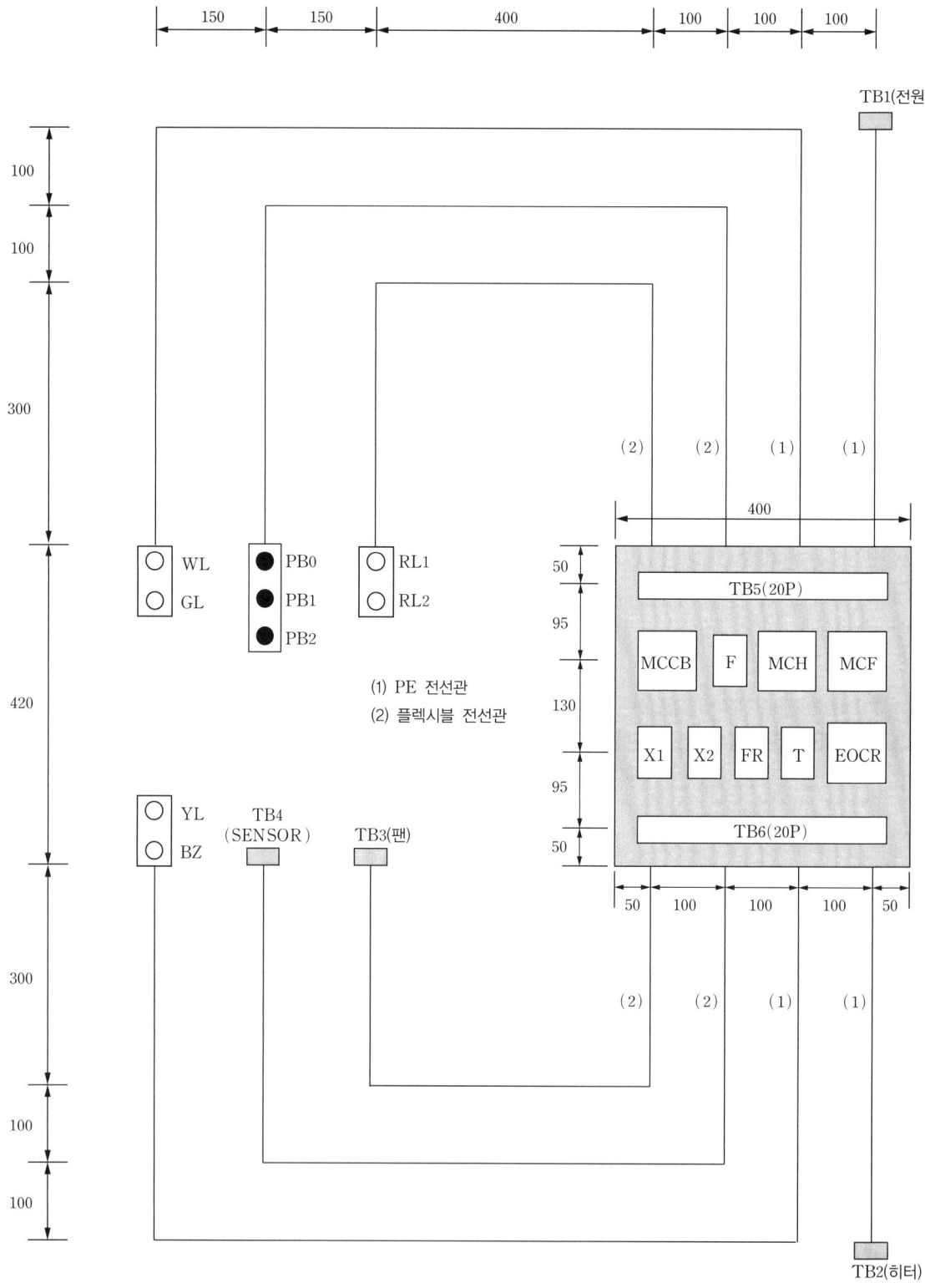

④ 시퀀스 회로도[온실 하우스 간이 난방 제어(센서)]

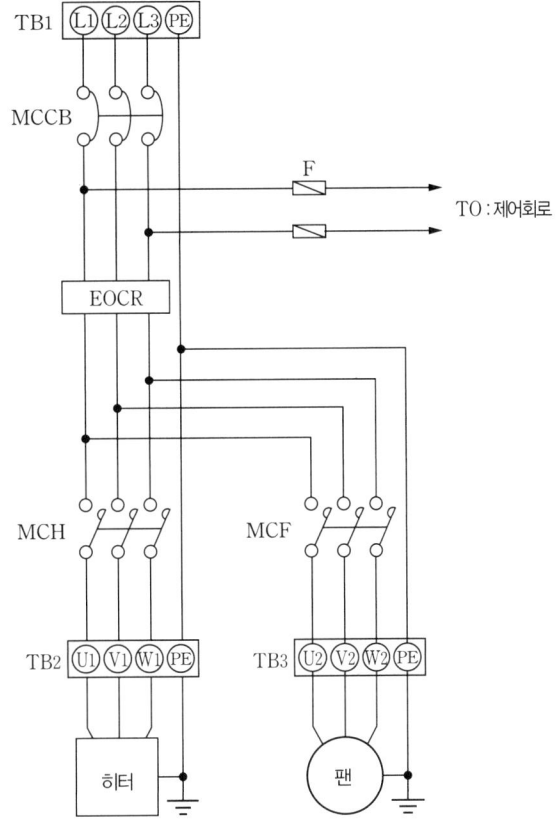

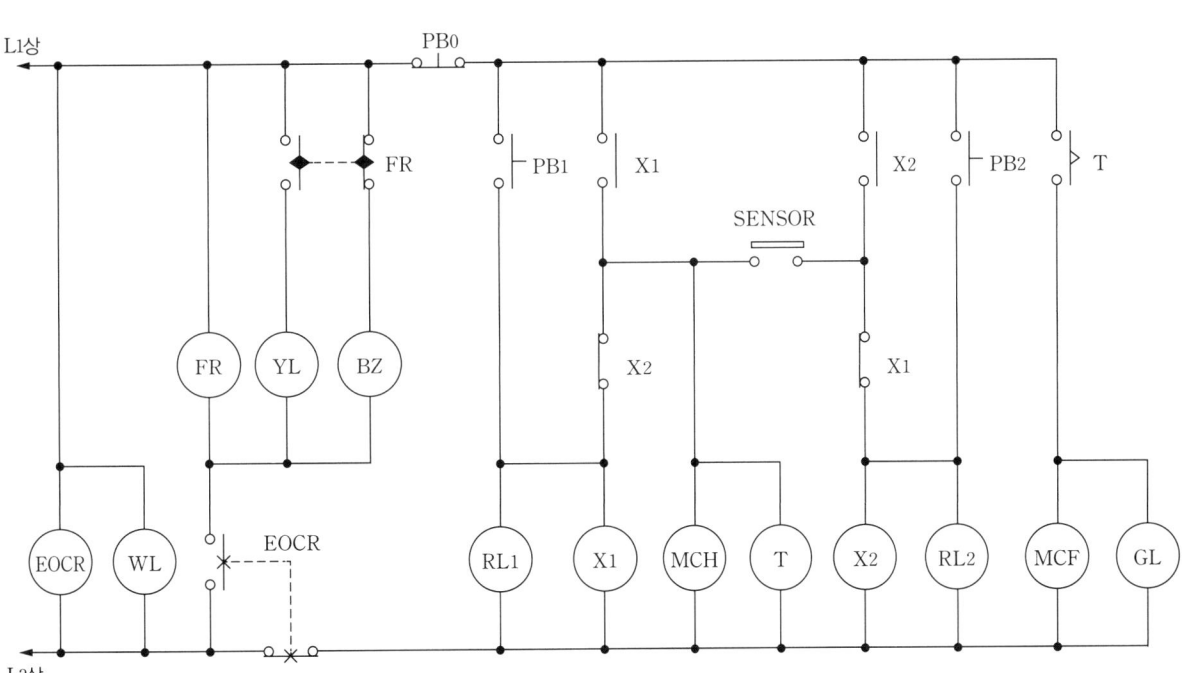

제어함 내부 계전기		입력, 출력 기구	번호

제어함 내부 계전기:

1	2	3	4	5	6
MCH			a	b	
7	8	9	10	11	12

전자 접촉기 MCH(12P)

1	2	3	4	5	6
MCF			a	b	
7	8	9	10	11	12

전자 접촉기 MCF(12P)

1	2	3	4	5	6
EOCR			b	a	
7	8	9	10	11	12

전자식 과전류 계전기 EOCR(12P)

6	5	4	3
	T		
7	8	1	2

타이머 T(1c, 8P)

6	5	4	3
	FR		
7	8	1	2

플리커 릴레이 FR(1c, 8P)

6	5	4	3
	X1		
7	8	1	2

AC 릴레이 X1(2c, 8P)

6	5	4	3
	X2		
7	8	1	2

AC 릴레이 X2(2c, 8P)

입력, 출력 기구		번호
TB5		
가	RL1	
	RL2	
나	PB0	
	PB1	
	PB2	
다	WL	
	GL	
라	TB1	
TB6		
마	TB3	
바	TB4	
사	YL	
	BZ	
아	TB2	

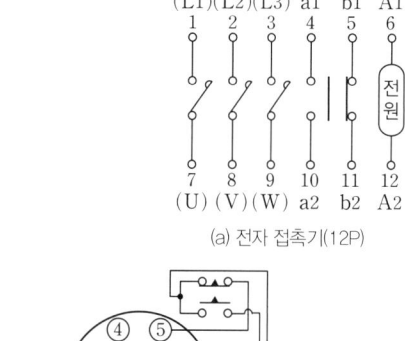

(a) 전자 접촉기(12P)

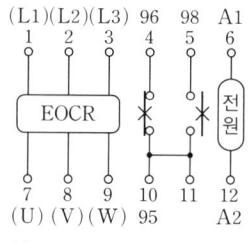

(b) 전자식 과전류 계전기(12P)

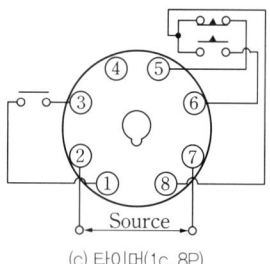

(c) 타이머(1c, 8P)

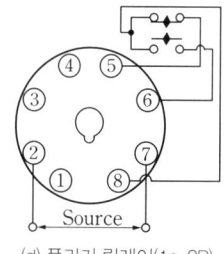

(d) 플리커 릴레이(1c, 8P)

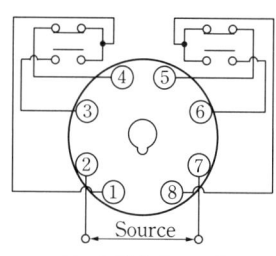

(e) AC 릴레이(2c, 8P)

▲ 계전기 내부 회로도

⑤ 제어함 기구와 배관 배치도 넘버링[온실 하우스 간이 난방 제어(센서)]

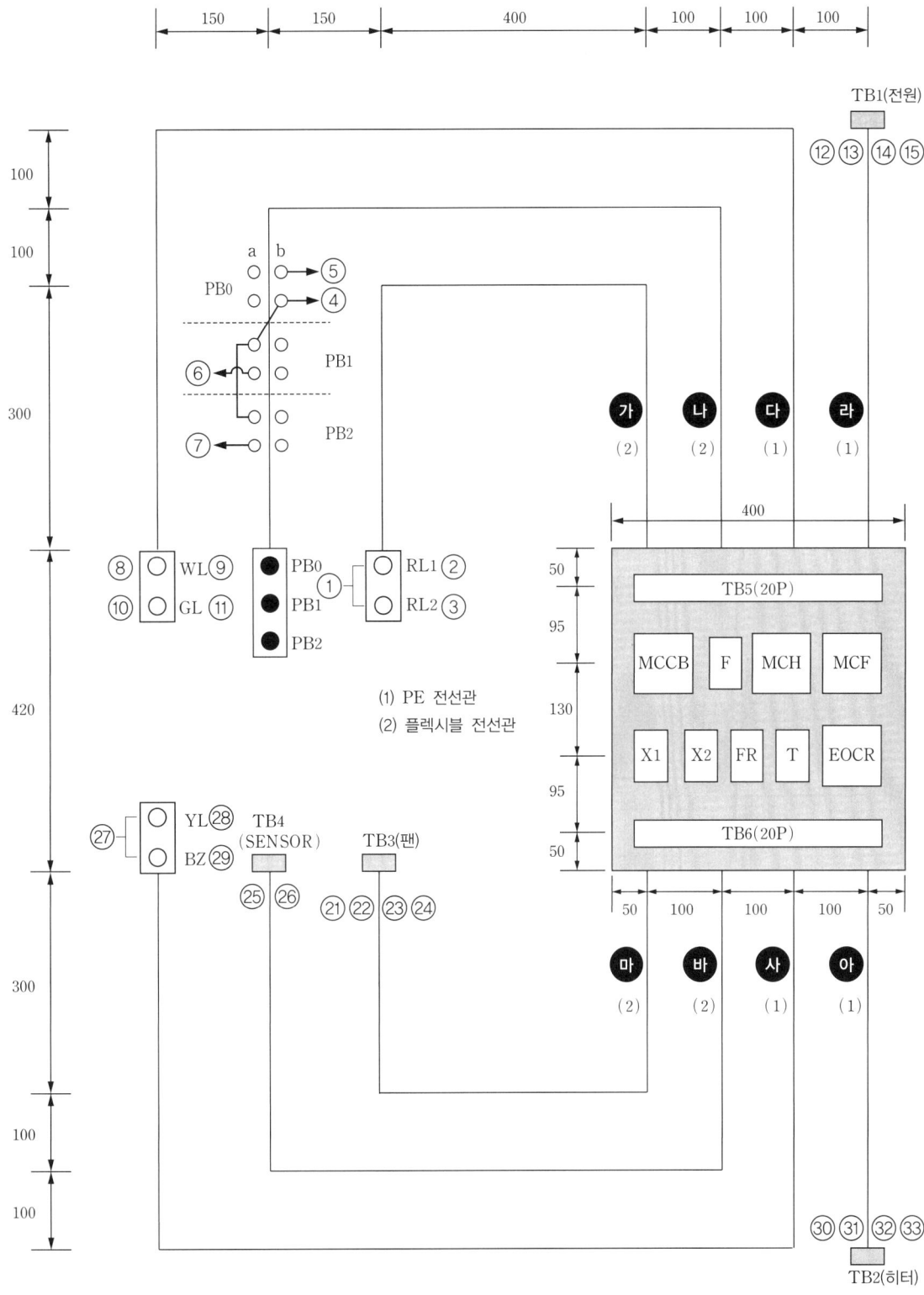

⑥ 시퀀스 회로도 넘버링[온실 하우스 간이 난방 제어(센서)]

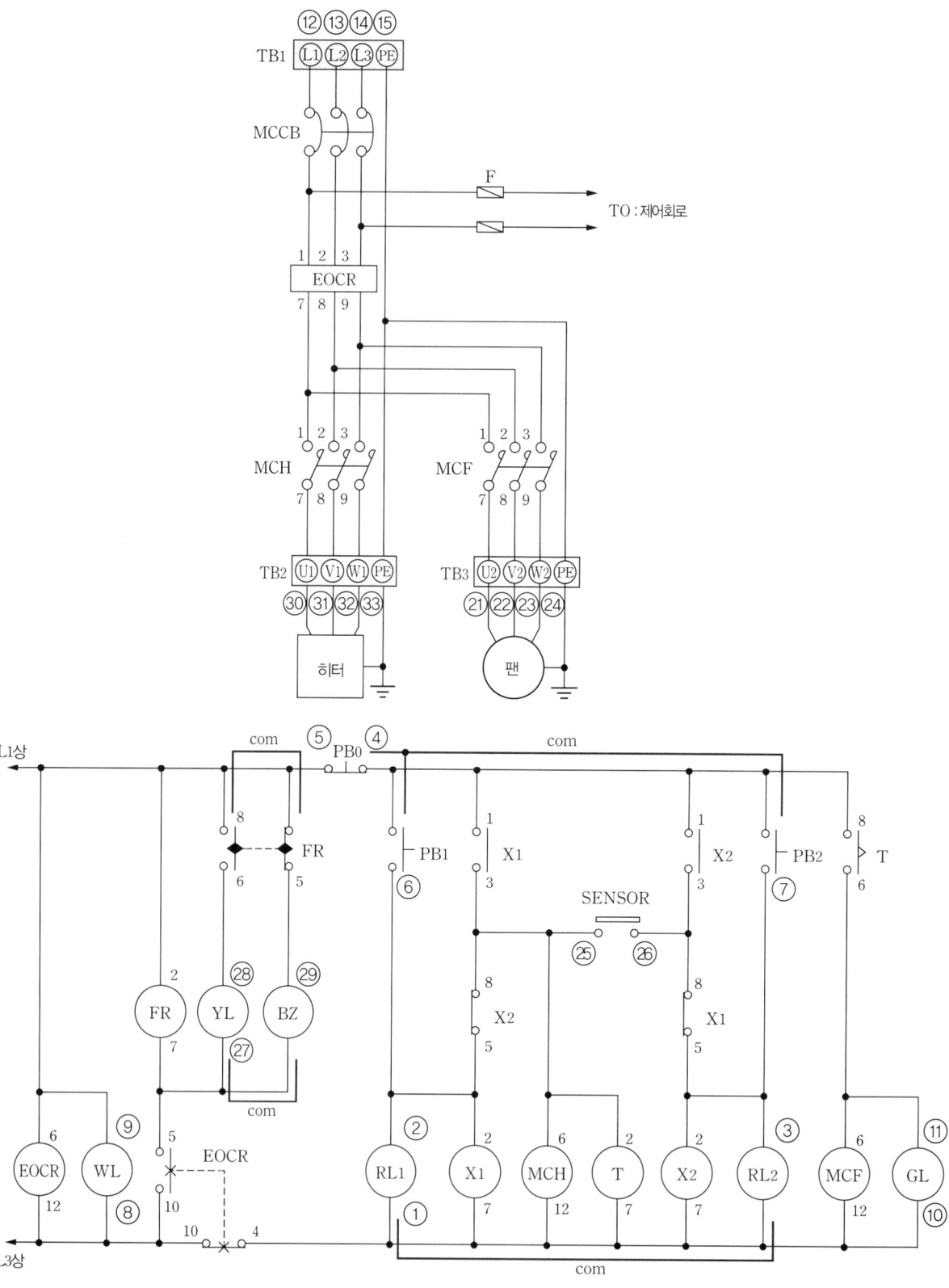

제어함 내부 계전기		입력, 출력 기구		번호
		TB5 20P(① ~ ⑭)		

❶	❷	❸	4	5	❻
	MCH		a	b	
❼	❽	❾	10	11	⑫

전자 접촉기 MCH(12P)

❶	❷	❸	4	5	❻
	MCF		a	b	
❼	❽	❾	10	11	⑫

전자 접촉기 MCF(12P)

❶	❷	❸	❹	❺	❻
	EOCR		b	a	
❼	❽	❾	❿	11	⑫

전자식 과전류 계전기 EOCR(12P)

6	❺	4	3
	T		
❼	❽	1	❷

타이머 T(1c, 8P)

❻	❺	4	3
	FR		
❼	❽	1	❷

플리커 릴레이 FR(1c, 8P)

6	❺	4	❸
	X1		
❼	❽	❶	❷

AC 릴레이 X1(2c, 8P)

6	❺	4	❸
	X2		
❼	❽	❶	❷

AC 릴레이 X2(2c, 8P)

입력, 출력 기구		번호
가	RL1(적색)	①, ②
	RL2(적색)	①, ③
나	PB0(적색)	④, ⑤
	PB1(녹색)	④, ⑥
	PB2(녹색)	④, ⑦
다	WL(백색)	⑧, ⑨
	GL(녹색)	⑩, ⑪
라	TB1(전원)	⑫, ⑬, ⑭, ⑮
TB6 20P(㉑ ~ ㉝)		
마	TB3(팬)	㉑, ㉒, ㉓, ㉔
바	TB4(센서)	㉕, ㉖
사	YL(황색)	㉗, ㉘
	BZ(부저)	㉗, ㉙
아	TB2(히터)	㉚, ㉛, ㉜, ㉝

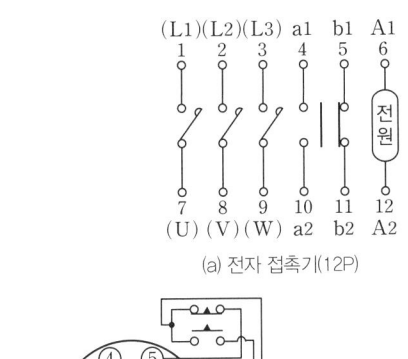

(a) 전자 접촉기(12P)

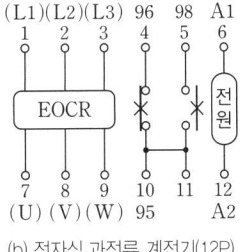

(b) 전자식 과전류 계전기(12P)

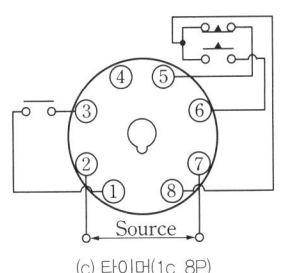

(c) 타이머(1c, 8P)

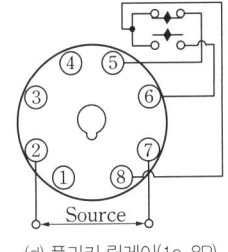

(d) 플리커 릴레이(1c, 8P)

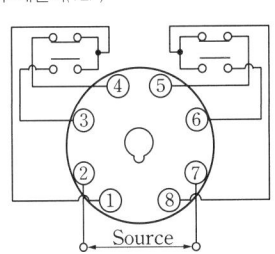

(e) AC 릴레이(2c, 8P)

▲ 계전기 내부 회로도

6 화재 감지 회로

(1) 화재 감지 회로

① 기구 범례

기호	제품명	수량	기호	제품명	수량
MCCB	배선용 차단기(3P)	1개		리셉터클(250[V] 6[A])	2개
F	퓨즈(2P) 및 퓨즈 홀더(2P)	1개	SS	셀렉터 스위치(3단)	1개
MC	전자 접촉기(4a 1b, 12P)	1개	PB1, PB2	푸시버튼 스위치(녹색)	2개
L1, L2	전구(220[V] 100[W])	2개	RL, GL, YL	파일럿 램프(적색, 녹색, 황색)	각 1개
X1, X2	AC 릴레이(2c, 8P)	2개	BZ	부저(매입형 25Ø 220[V])	1개
FR	플리커 릴레이(1c, 8P)	1개	TB1, TB2	주회로용 단자대(4P)	2개
	12핀 소켓	1개	TB3, TB4	화재 감지 센서용 단자대(4P)	2개
	8핀 소켓	3개	TB5, TB6	제어함용 단자대(20P)	2개

② 동작사항

1. 배선용 차단기 MCCB를 투입하고 셀렉터 스위치 SS를 수동모드로 전환하면 GL 점등
2. PB1을 누르면 X1 여자, FR 여자
   − BZ가 플리커 릴레이 설정시간 간격으로 경보음이 발생, L1 점등, YL 점등
3. 이때 MC 여자, GL 소등 ➡ 전동기 동작
4. PB2를 눌러도 2, 3의 순서대로 동일한 방식대로 동작한다.
5. 배선용 차단기 MCCB를 투입하고 셀렉터 스위치 SS를 자동모드로 전환하면 RL 점등
6. 화재 감지 센서 FD1이 작동하면 X1 여자, FR 여자
   − BZ가 플리커 릴레이 설정시간 간격으로 경보음이 발생, L1 점등, YL 점등
7. 이때 MC가 여자되고 RL 소등 ➡ 전동기 동작
8. 화재 감지 센서 FD2가 작동되어도 6, 7의 순서대로 동일한 방식대로 동작

③ 제어함 기구와 배관 배치도[화재 감지 회로]

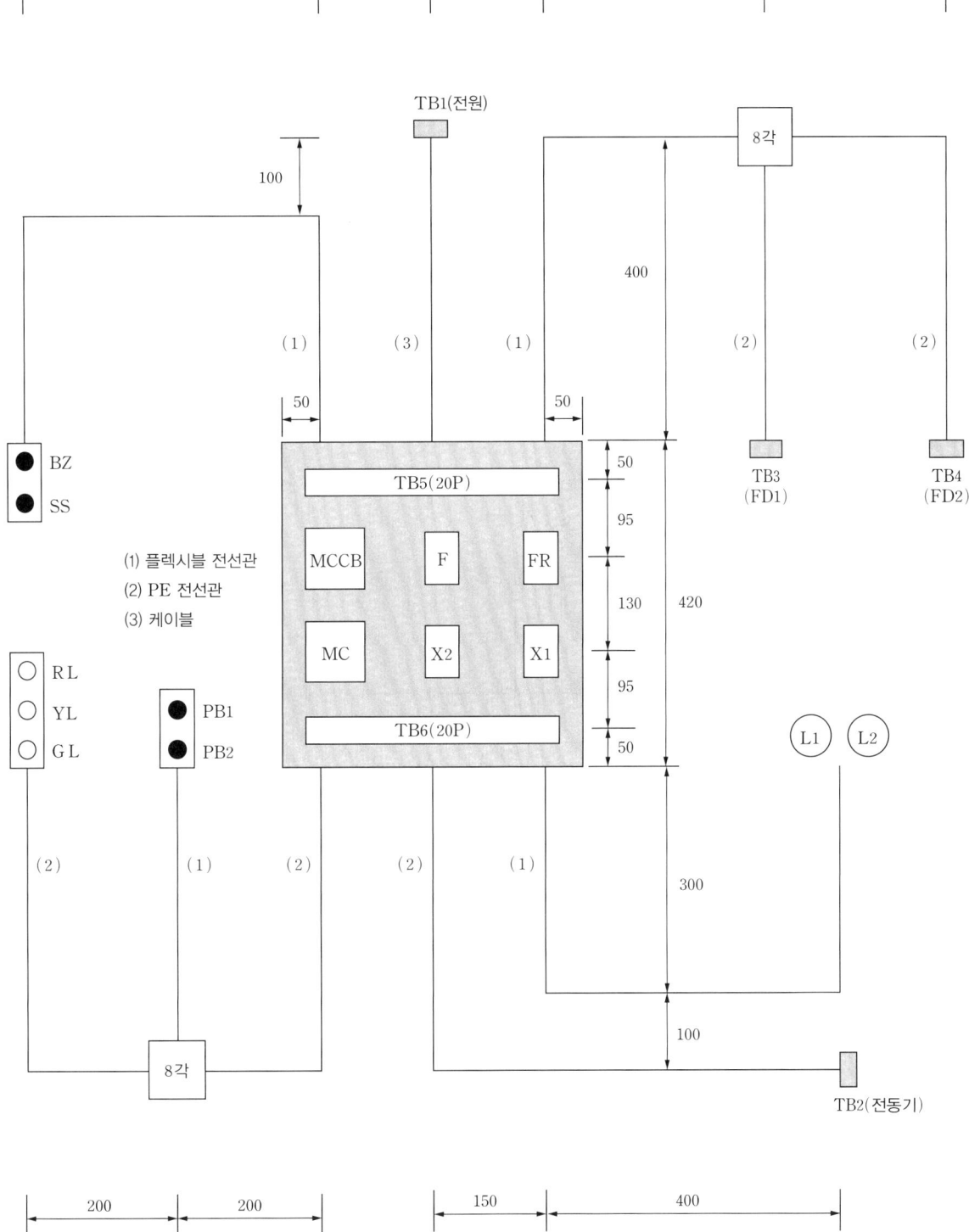

④ 시퀀스 회로도[화재 감지 회로]

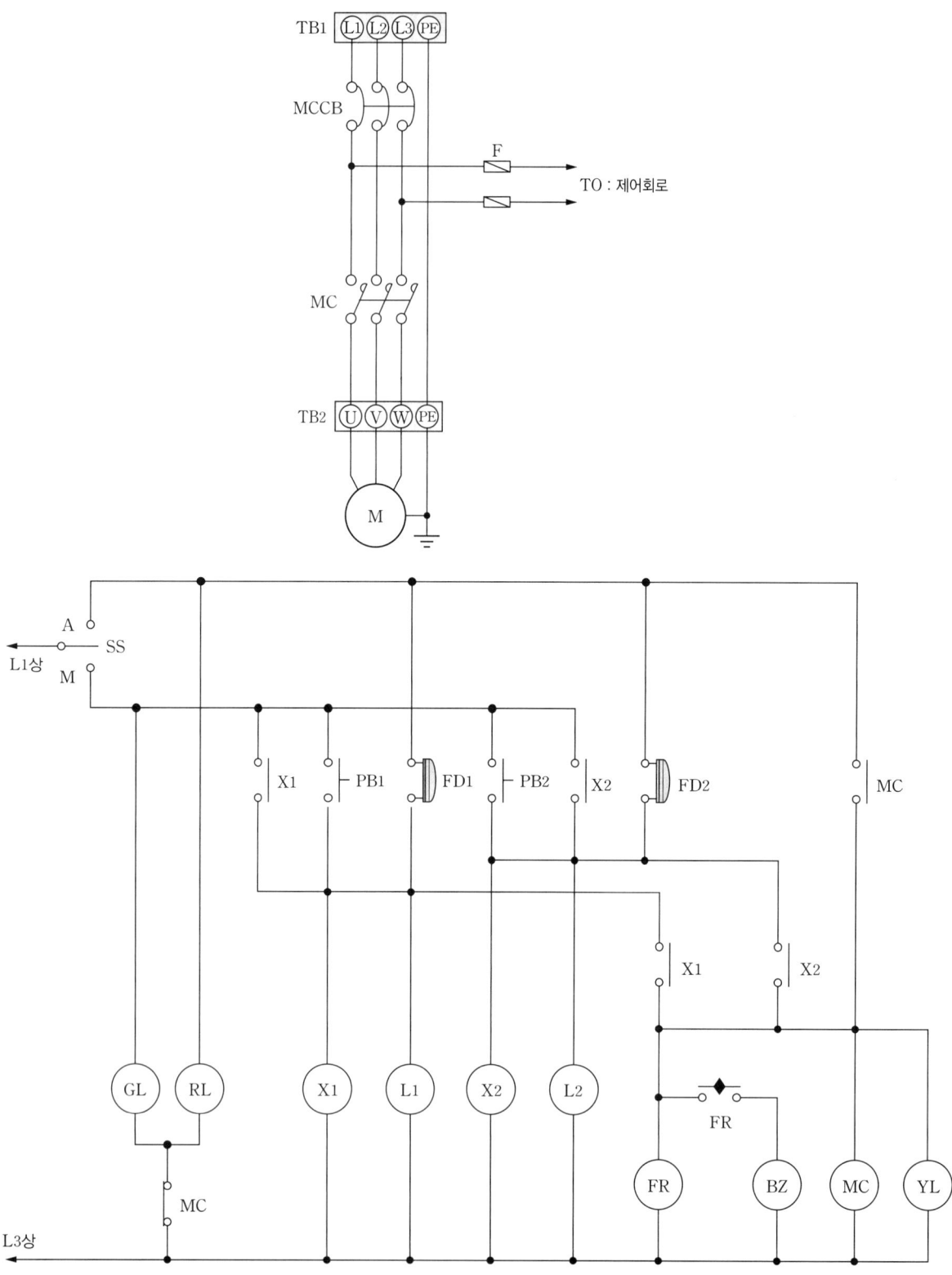

제어함 내부 계전기

1	2	3	4	5	6
MC				a	b
7	8	9	10	11	12

전자 접촉기 MC(12P)

6	5	4	3
	FR		
7	8	1	2

플리커 릴레이 FR(1c, 8P)

6	5	4	3
	X1		
7	8	1	2

AC 릴레이 X1(2c, 8P)

6	5	4	3
	X2		
7	8	1	2

AC 릴레이 X2(2c, 8P)

입력, 출력 기구		번호
TB5		
가	BZ	
	SS	
나	TB1	
다	TB3	
	TB4	
TB6		
라	RL	
	YL	
	GL	
	PB1	
	PB2	
마	TB2	
바	L1	
	L2	

(a) 전자 접촉기(12P)

(b) 셀렉터 스위치(3단)

(c) 플리커 릴레이(1c, 8P)

(d) AC 릴레이(2c, 8P)

▲ 계전기 내부 회로도

⑤ 제어함 기구와 배관 배치도 넘버링[화재 감지 회로]

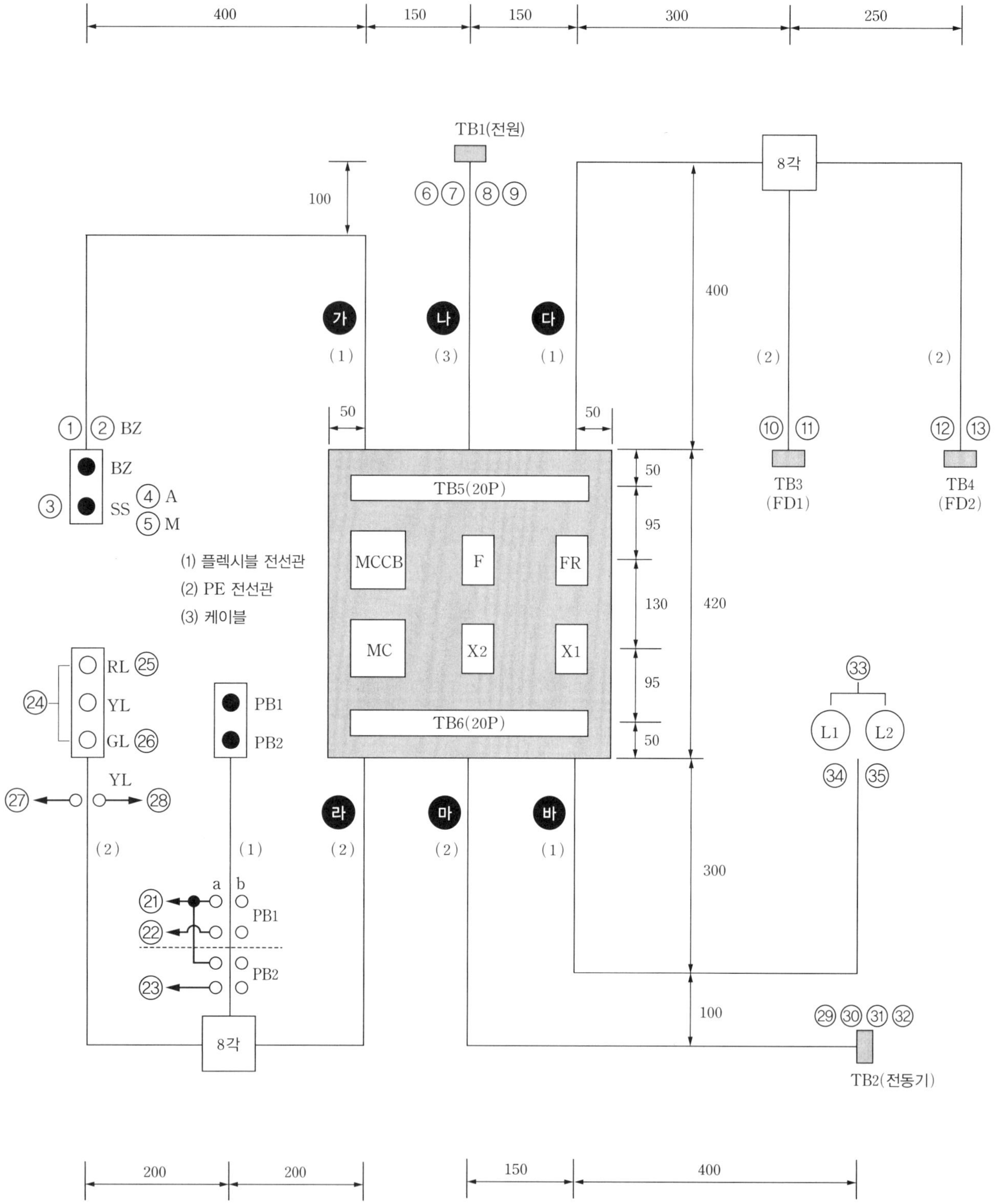

⑥ 시퀀스 회로도 넘버링[화재 감지 회로]

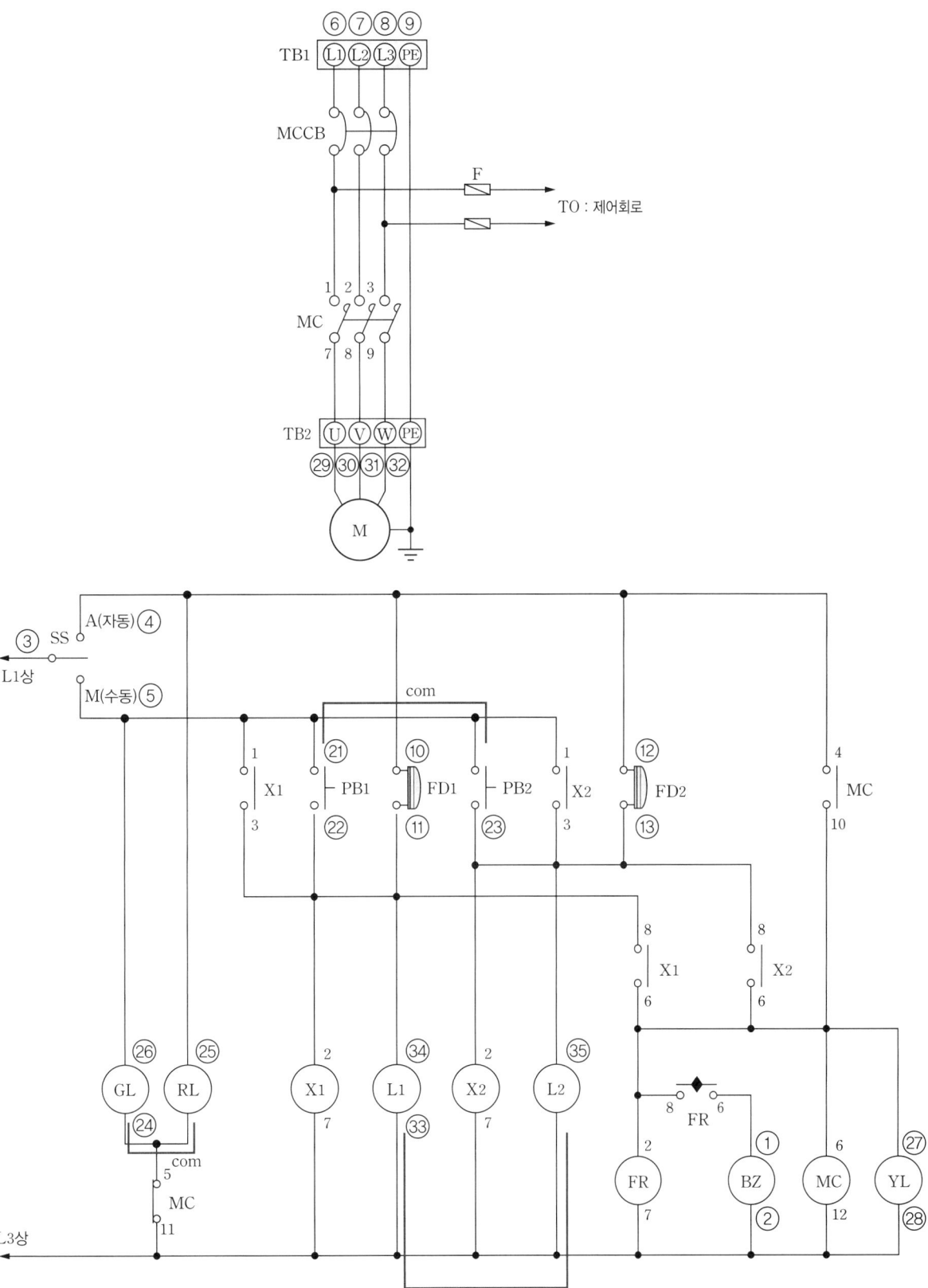

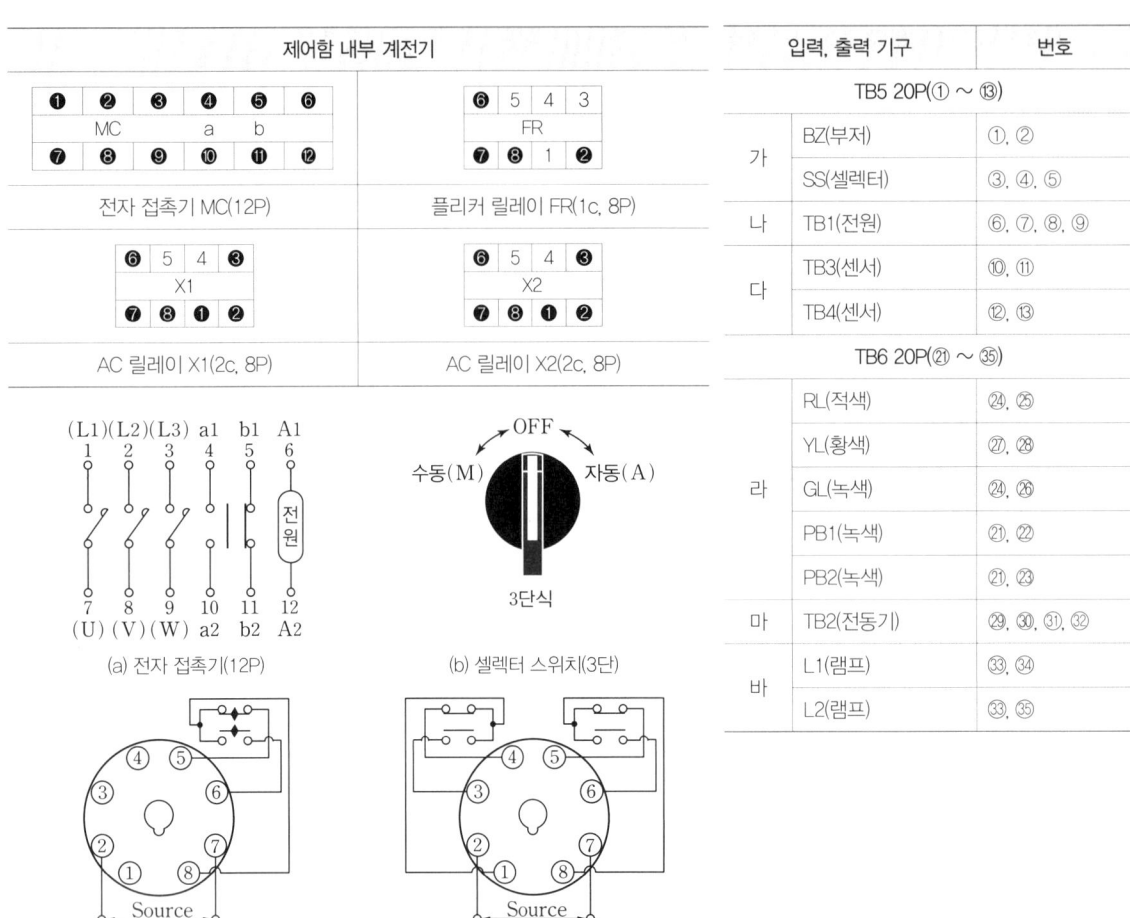

▲ 계전기 내부 회로도

CHAPTER 03 공개문제 대표유형

1 전기설비의 배선 및 배관 공사

(1) 급배수 제어회로

① 기구 범례

기호	제품명	수량	기호	제품명	수량
MCCB	배선용 차단기(3P)	1개	PB0	푸시버튼 스위치(적색)	1개
F	퓨즈(2P) 및 퓨즈 홀더(2P)	1개	PB1	푸시버튼 스위치(녹색)	1개
MC1, MC2	전자 접촉기(4a 1b, 12P)	2개	SS	셀렉터 스위치	1개
EOCR	전자식 과전류 계전기(12P)	1개	FLS	플로트레스 스위치(8P)	1개
FR	플리커 릴레이(1c, 8P)	1개	RL, GL, YL	파일럿 램프(적색, 녹색, 황색)	각 1개
X	AC 릴레이(2c, 8P)	1개	TB1~TB3	주회로용 단자대(4P)	3개
T	타이머(1c, 8P)	1개	TB4	전극봉 스위치용 단자대(4P)	1개
BZ	부저(매입형 25Ø, 220[V])	1개	TB5, TB6	제어함용 단자대(10P+10P)	각 2개
	12핀 소켓	3개	ⓙ	8각 박스	1개
	8핀 소켓	4개	CAP	홀마개	1개

② 동작사항

1. MCCB를 통해 전원을 투입하면 EOCR에 전원이 공급
2. 자동 운전 동작 사항(SS가 A 위치에 있는 경우)
    - FLS에 전원이 공급되고 FLS의 수위 감지가 동작되면 X, T가 여자
    - T의 설정시간 t초 후에 FR, MC1이 여자되어 M1이 회전하고 RL이 점등
    - FR의 설정시간 간격으로 MC1과 MC2가 교대로 여자되어 M1과 M2가 교대로 회전하고 RL과 GL이 교대로 점등
    - 전동기가 운전하는 중 FLS의 수위 감지가 해제되거나 SS를 M(수동) 위치에 놓으면 제어회로 및 전동기의 동작은 모두 정지
3. 수동 운전 동작 사항(SS가 M 위치에 있는 경우)
    - PB1을 누르면 X, T가 여자
    - T의 설정시간 t초 후에 FR, MC1이 여자되어 M1이 회전하고 RL이 점등
    - FR의 설정시간 간격으로 MC1과 MC2가 교대로 여자되어 M1과 M2가 교대로 회전하고 RL과 GL이 교대로 점등
    - 전동기가 운전하는 중 PB0를 누르거나 SS를 A(자동) 위치에 놓으면 제어회로 및 전동기의 동작은 모두 정지
4. EOCR 동작 사항
    - 전동기가 운전 중 전동기의 과부하로 과전류가 흐르면 EOCR이 동작되어 전동기는 정지하고 BZ가 동작되고 YL이 점등
    - EOCR을 리셋(RESET)하면 제어회로는 초기 상태로 복귀

③ 제어함 기구와 배관 배치도[급배수 제어회로]

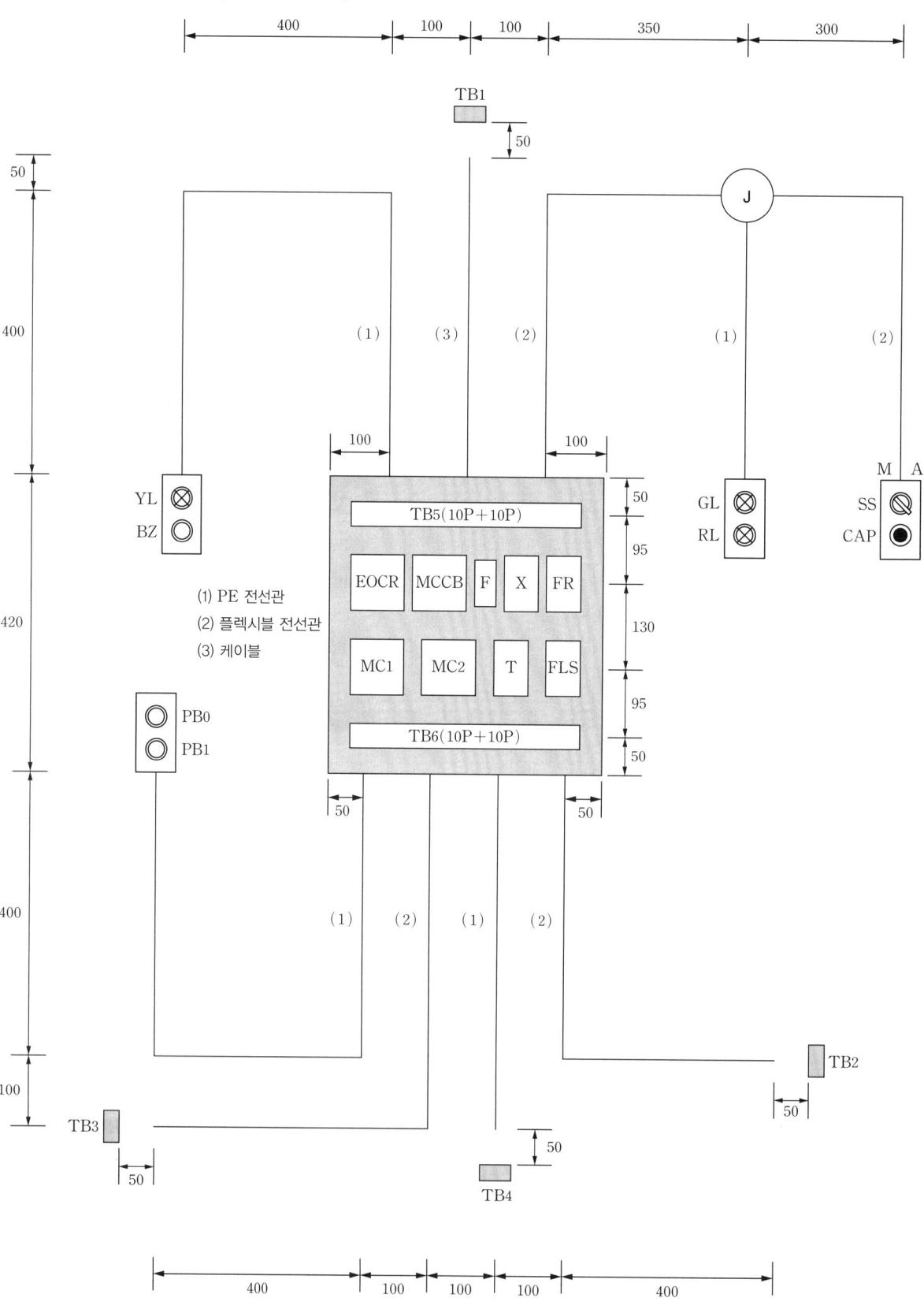

④ 시퀀스 회로도[급배수 제어회로]

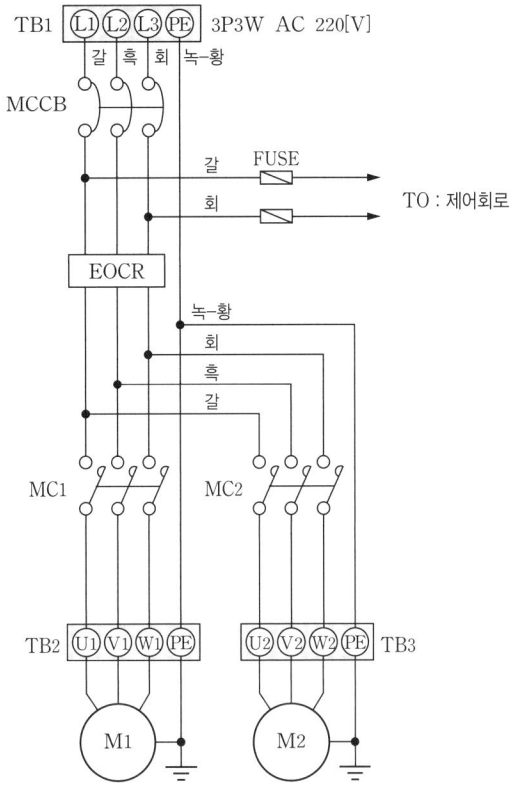

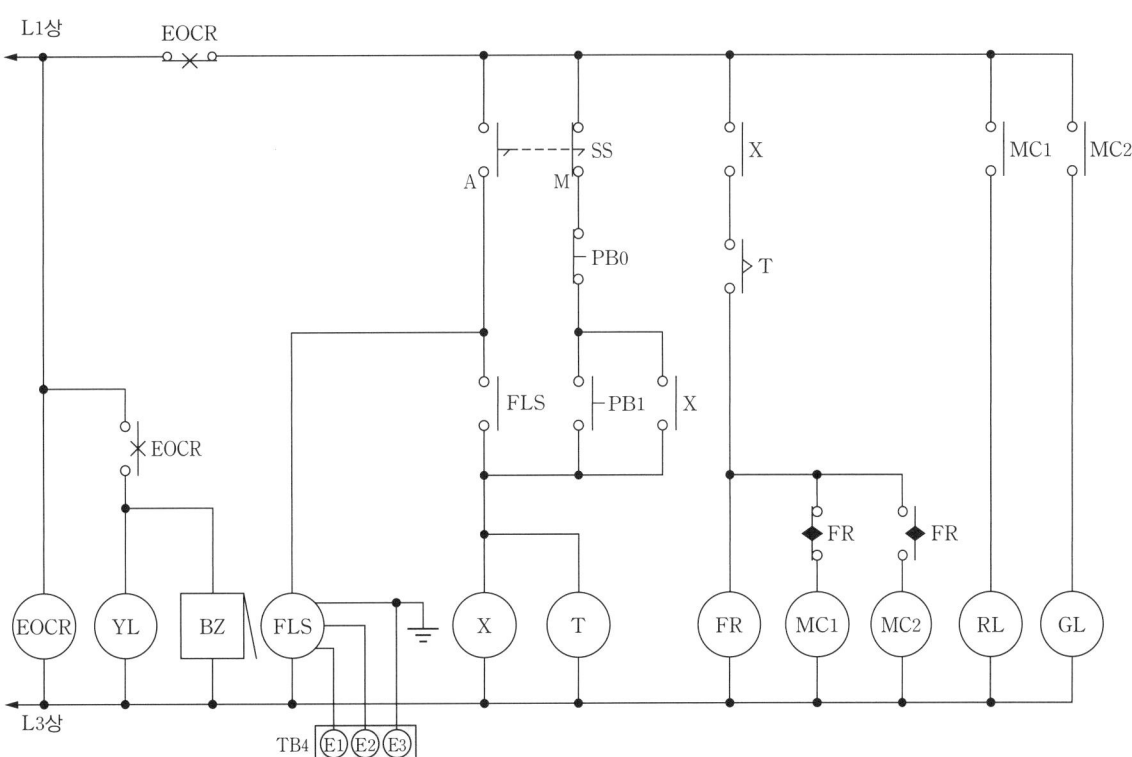

제어함 내부 계전기

1	2	3	4	5	6
	MC1			a	b
7	8	9	10	11	12

전자 접촉기 MC1(12P)

1	2	3	4	5	6
	MC2			a	b
7	8	9	10	11	12

전자 접촉기 MC2(12P)

1	2	3	4	5	6
	EOCR			b	a
7	8	9	10	11	12

전자식 과전류 계전기 EOCR(12P)

6	5	4	3
	T		
7	8	1	2

타이머 T(1c, 8P)

6	5	4	3
	X		
7	8	1	2

AC 릴레이 X(2c, 8P)

6	5	4	3
	FR		
7	8	1	2

플리커 릴레이 FR(1c, 8P)

6	5	4	3
	FLS		
7	8	1	2

플로트레스 스위치 FLS(8P)

입력, 출력 기구		번호
TB5		
가	YL	
	BZ	
나	TB1	
다	GL	
	RL	
	SS	
	CAP	
TB6		
라	PB0	
	PB1	
마	TB3	
바	TB4	
사	TB2	

(a) 전자 접촉기(12P)

(b) 전자식 과전류 계전기(12P)

(c) 타이머(1c, 8P)

(d) AC 릴레이(2c, 8P)

(e) 플로트레스 스위치(8P)

(f) 플리커 릴레이(1c, 8P)

▲ 계전기 내부 회로도

⑤ 배관 배치도 넘버링[급배수 제어회로]

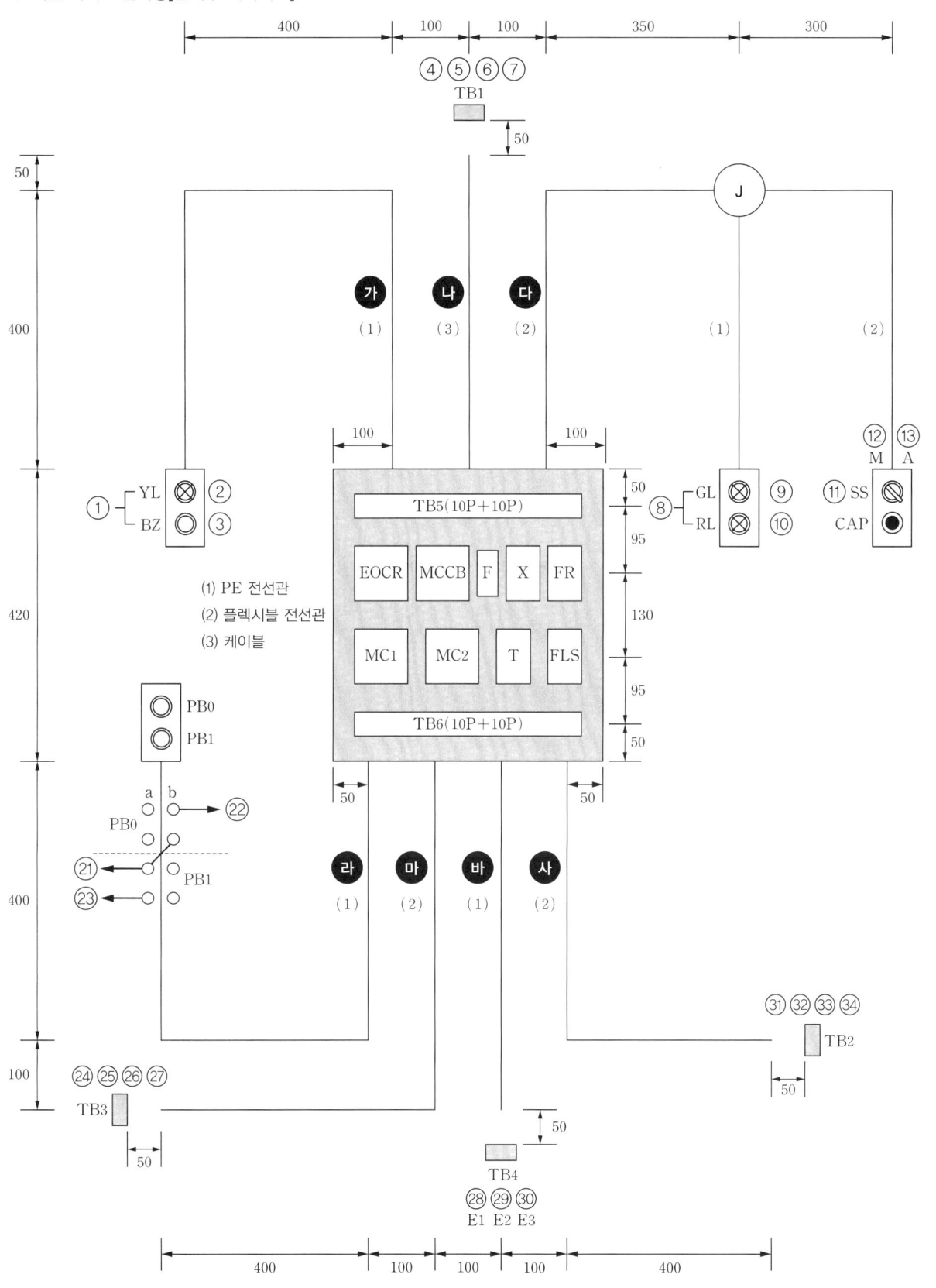

⑥ 시퀀스 회로도 넘버링[급배수 제어회로]

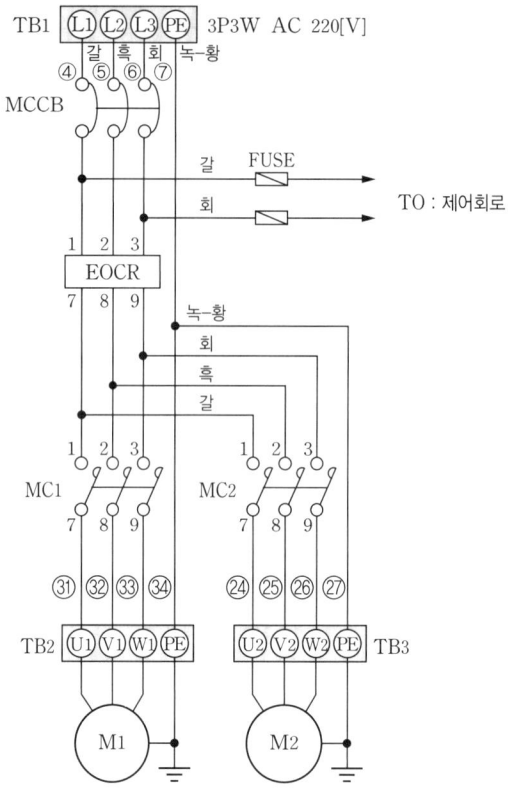

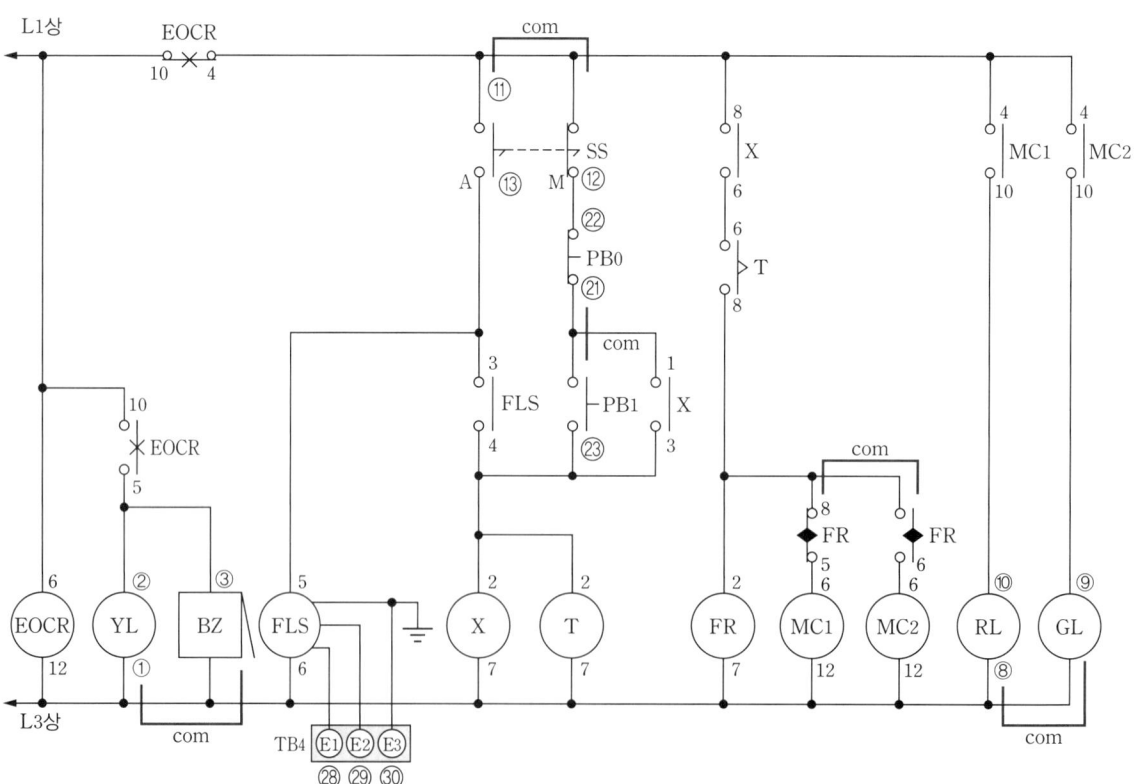

제어함 내부 계전기

❶	❷	❸	❹	5	❻
	MC1			a	b
❼	❽	❾	❿	11	⓬

전자 접촉기 MC1(12P)

❶	❷	❸	❹	5	❻
	MC2			a	b
❼	❽	❾	❿	11	⓬

전자 접촉기 MC2(12P)

❶	❷	❸	❹	❺	❻
	EOCR			b	a
❼	❽	❾	❿	11	⓬

전자식 과전류 계전기 EOCR(12P)

❻	5	4	3
	T		
❼	❽	1	❷

타이머 T(1c, 8P)

❻	5	4	❸
	X		
❼	❽	❶	❷

AC릴레이 X(2c, 8P)

❻	❺	4	3
	FR		
❼	❽	1	❷

플리커 릴레이 FR(1c, 8P)

❻	❺	❹	❸
	FLS		
❼	❽	❶	2

플로트레스 스위치 FLS(8P)

입력, 출력 기구		번호
TB5(10P+10P)(① ~ ⑬)		
가	YL(황색)	①, ②
	BZ(부저)	①, ③
나	TB1(전원)	④, ⑤, ⑥, ⑦
다	GL(녹색)	⑧, ⑨
	RL(적색)	⑧, ⑩
	SS(셀렉터)	⑪, ⑫, ⑬
	CAP(홀마개)	
TB6(10P+10P)(㉑ ~ ㉟)		
라	PB0(적색)	㉑, ㉒
	PB1(녹색)	㉑, ㉓
마	TB3(전동기)	㉔, ㉕, ㉖, ㉗
바	TB4(전극봉)	㉘, ㉙, ㉚, ㉛
사	TB2(전동기)	㉜, ㉝, ㉞, ㉟

(a) 전자 접촉기(12P)

(b) 전자식 과전류 계전기(12P)

(c) 타이머(1c, 8P)

(d) AC 릴레이(2c, 8P)

(e) 플로트레스 스위치(8P)

(f) 플리커 릴레이(1c, 8P)

▲ 계전기 내부 회로도

(2) 전동기 제어회로

① 기구 범례

기호	제품명	수량	기호	제품명	수량
MCCB	배선용 차단기(3P)	1개	PB0	푸시버튼 스위치(적색)	1개
F	퓨즈(2P) 및 퓨즈 홀더(2P)	1개	PB1	푸시버튼 스위치(녹색)	1개
MC1, MC2	전자 접촉기(4a 1b, 12P)	2개	PB2	푸시버튼 스위치(녹색)	1개
EOCR	전자식 과전류 계전기(12P)	1개	RL, GL, YL, WL	파일럿 램프(적색, 녹색, 황색, 백색)	각 1개
X1, X2	AC 릴레이(2c, 8P)	2개	TB1~TB3	주회로용 단자대(4P)	3개
T1, T2	타이머(1c, 8P)	2개	TB4	리밋 스위치 단자대(4P)	1개
	12핀 소켓	3개	TB5, TB6	제어함용 단자대(10P+10P)	각 2개
	8핀 소켓	4개	ⓙ	8각 박스	1개
CAP	홀마개	1개			

② 동작사항

1. MCCB를 통해 전원을 투입하면 EOCR에 전원이 공급되고 WL이 점등
2. PB1 동작 사항
   - LS1과 LS2가 모두 감지된 상태에서 PB1을 누르면 T1, MC1이 여자되어 M1이 회전, RL이 점등, WL이 소등
   - M1이 회전 상태
     - T1의 설정시간 t1초 후 T1, MC1이 소자되어 M1이 정지, RL이 소등, WL이 점등
     - LS1과 LS2 중 어떤 하나라도 감지가 해제되면 T1, MC1이 소자되어 M1이 정지, RL이 소등, WL이 점등
3. PB2 동작 사항
   - LS1 또는 LS2 중 하나 이상이 감지된 상태에서 PB2를 누르면 T2, MC2가 여자되어 M2가 회전, GL이 점등, WL이 소등
   - M2가 회전 상태
     - T2의 설정시간 t2초 후 T2, MC2가 소자되어 M2가 정지, GL이 소등, WL이 점등
     - LS1과 LS2의 감지가 모두 해제되면 T2, MC2가 소자되어 M2가 정지, GL이 소등, WL이 점등
4. 제어회로가 동작하는 중 PB0를 누르면 제어회로 및 전동기 동작은 모두 정지
5. EOCR 동작 사항
   - 전동기가 운전하는 중 전동기의 과부하로 과전류가 흐르면 EOCR이 동작되어 전동기는 정지, YL이 점등
   - EOCR을 리셋(RESET)하면 제어회로는 초기 상태로 복귀

③ 제어함 기구와 배관 배치도[전동기 제어회로]

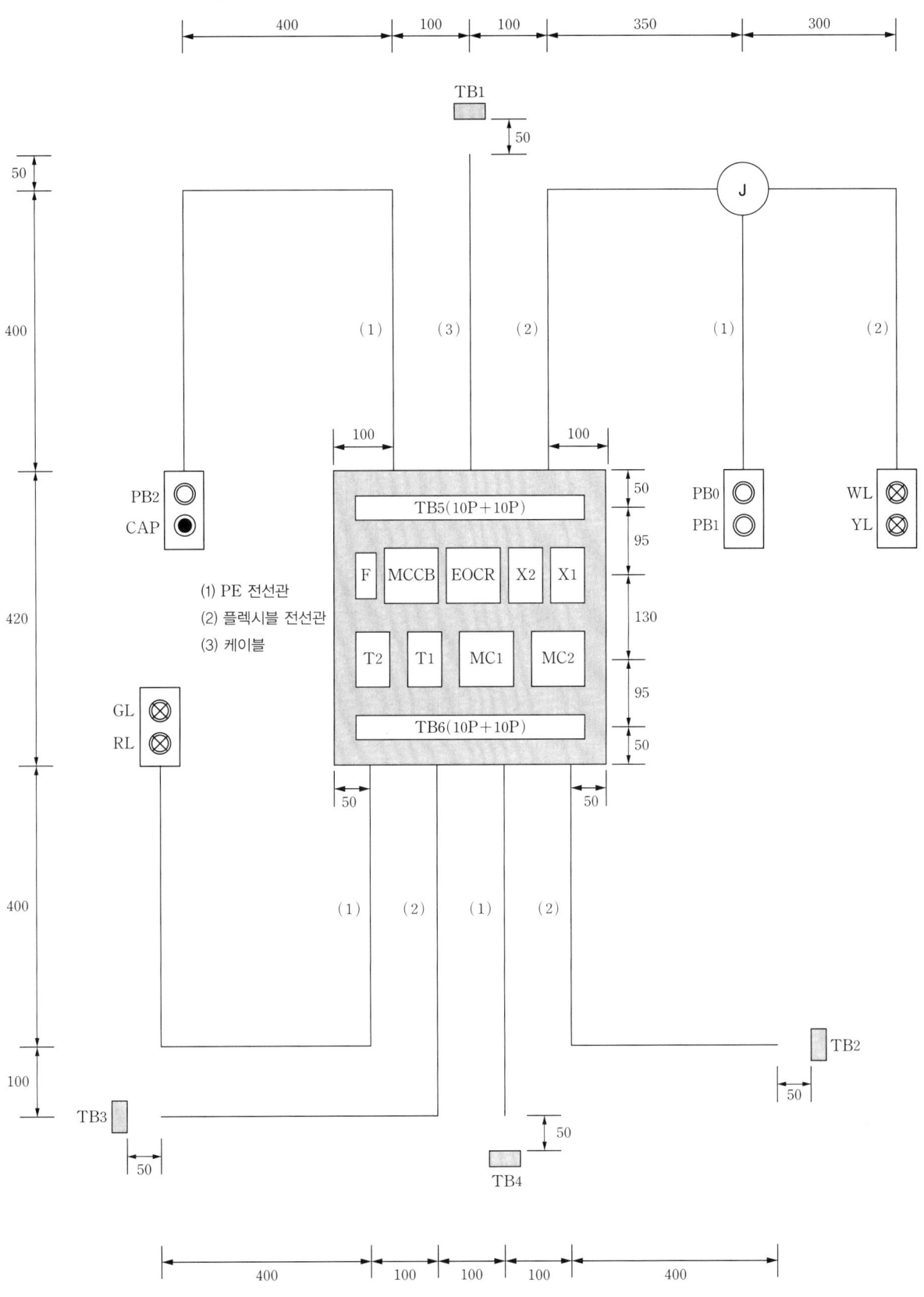

④ 시퀀스 회로도[전동기 제어회로]

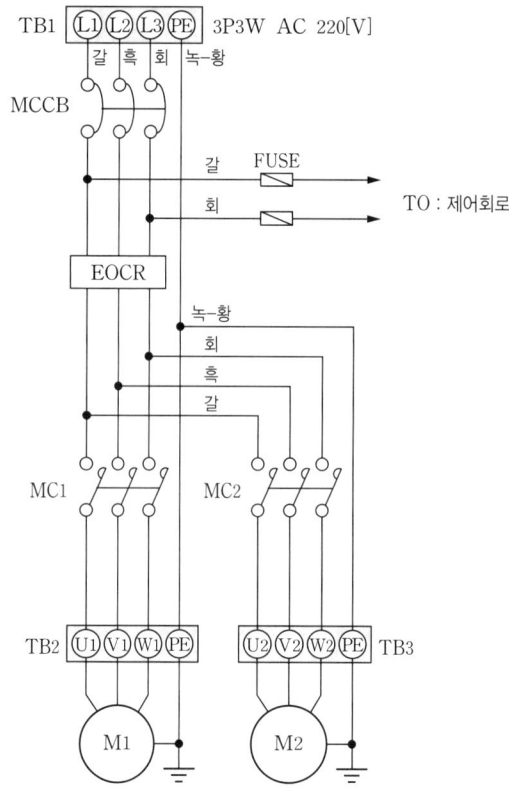

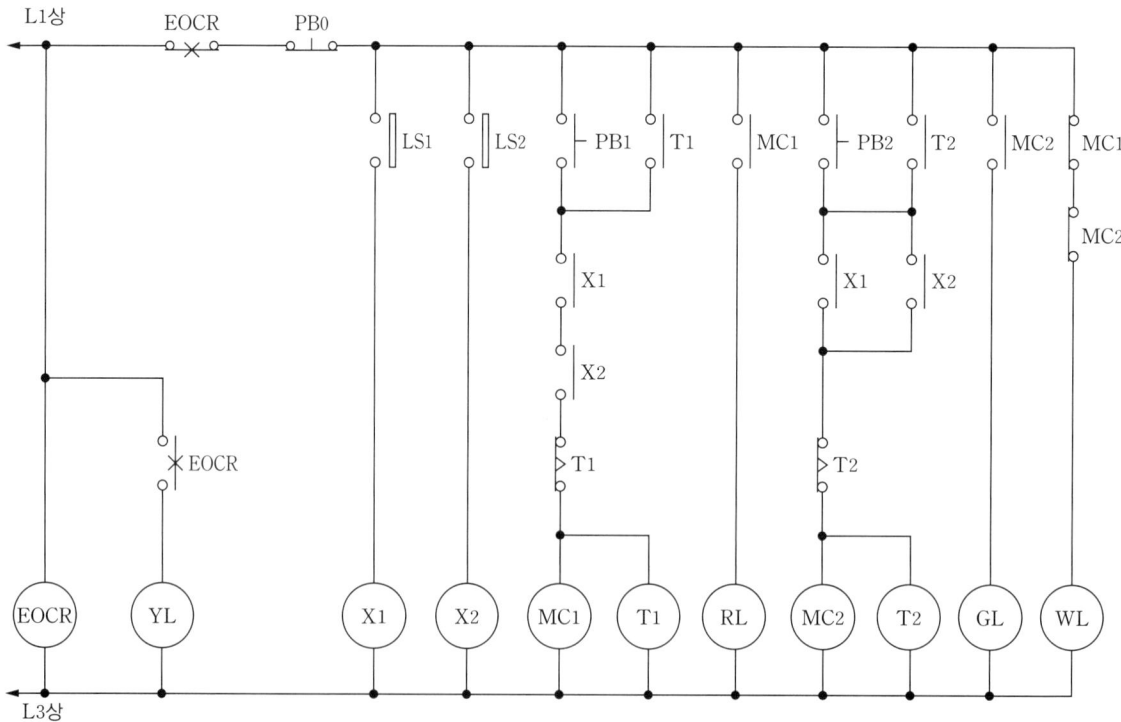

제어함 내부 계전기

1	2	3	4	5	6
	MC1			a	b
7	8	9	10	11	12

전자 접촉기 MC1(12P)

1	2	3	4	5	6
	MC2			a	b
7	8	9	10	11	12

전자 접촉기 MC2(12P)

1	2	3	4	5	6
	EOCR		b	a	
7	8	9	10	11	12

전자식 과전류 계전기 EOCR(12P)

6	5	4	3
	T1		
7	8	1	2

타이머 T1(1c, 8P)

6	5	4	3
	T2		
7	8	1	2

타이머 T2(1c, 8P)

6	5	4	3
	X1		
7	8	1	2

AC릴레이 X1(2c, 8P)

6	5	4	3
	X2		
7	8	1	2

AC릴레이 X2(2c, 8P)

	입력, 출력 기구	번호
	TB5	
가	PB2	
	CAP	
나	TB1	
다	PB0	
	PB1	
	WL	
	YL	
	TB6	
라	GL	
	RL	
마	TB3	
바	TB4	
사	TB2	

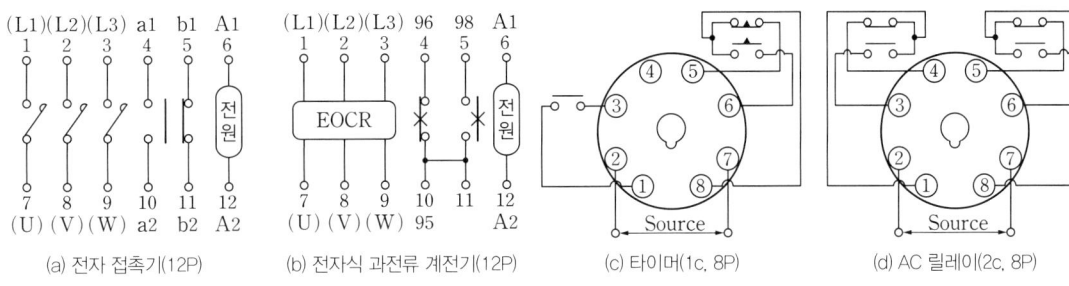

(a) 전자 접촉기(12P)　　(b) 전자식 과전류 계전기(12P)　　(c) 타이머(1c, 8P)　　(d) AC 릴레이(2c, 8P)

▲ 계전기 내부 회로도

⑤ 배관 배치도 넘버링[전동기 제어회로]

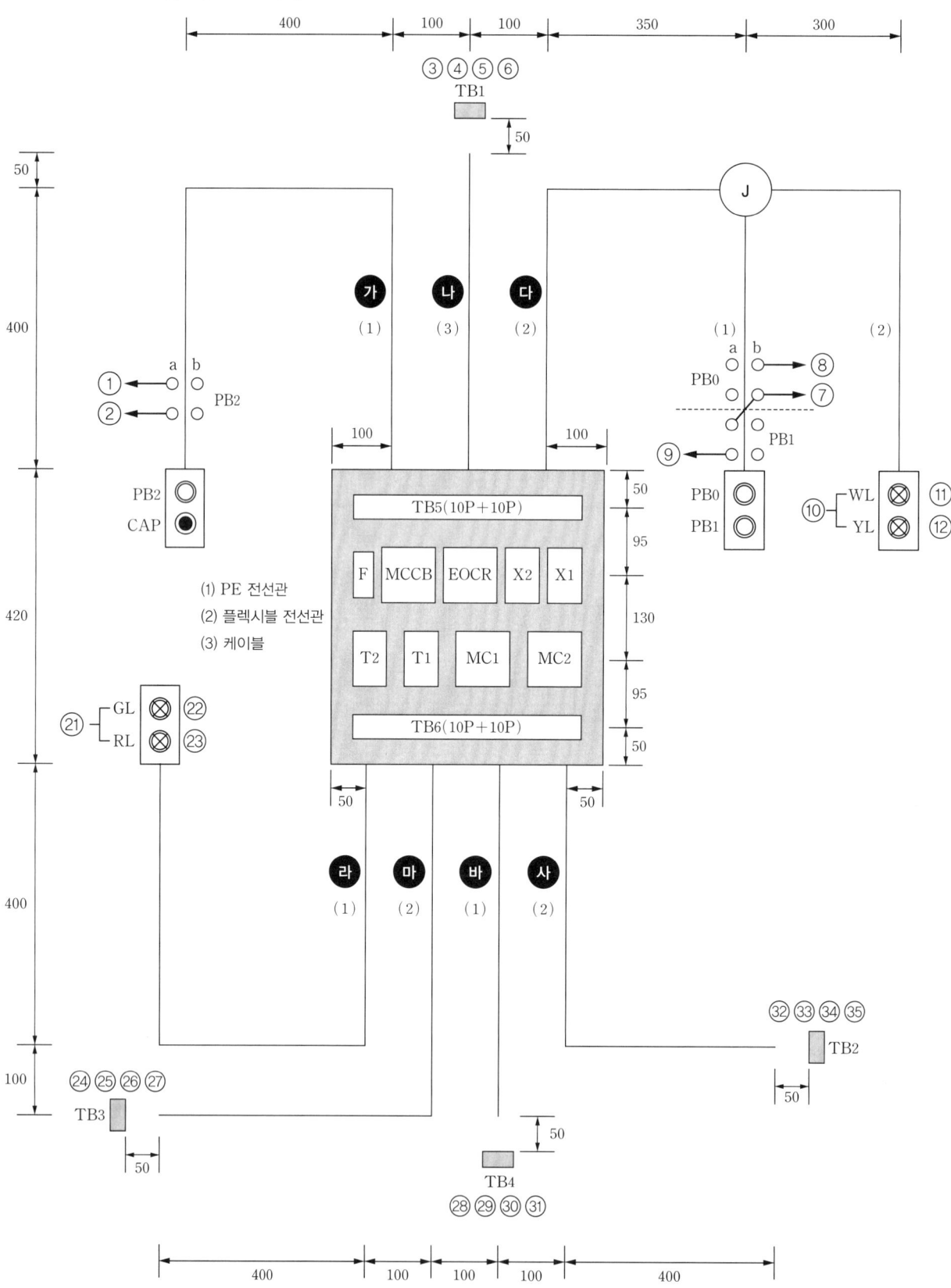

⑥ 시퀀스 회로도 넘버링[전동기 제어회로]

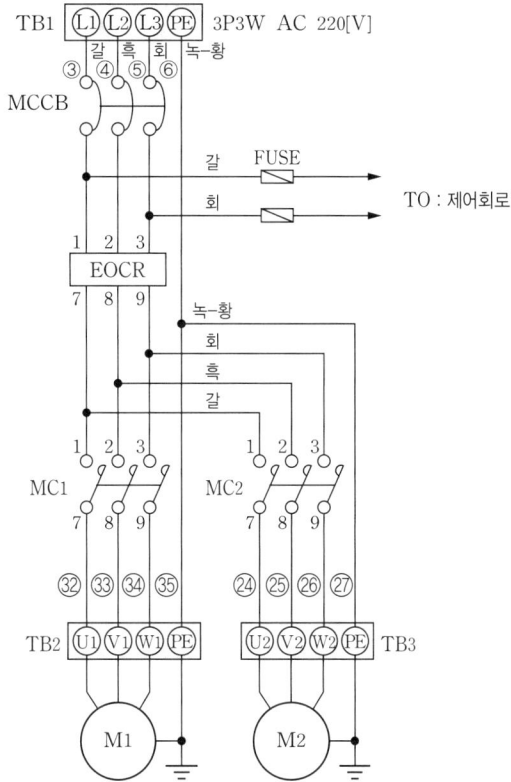
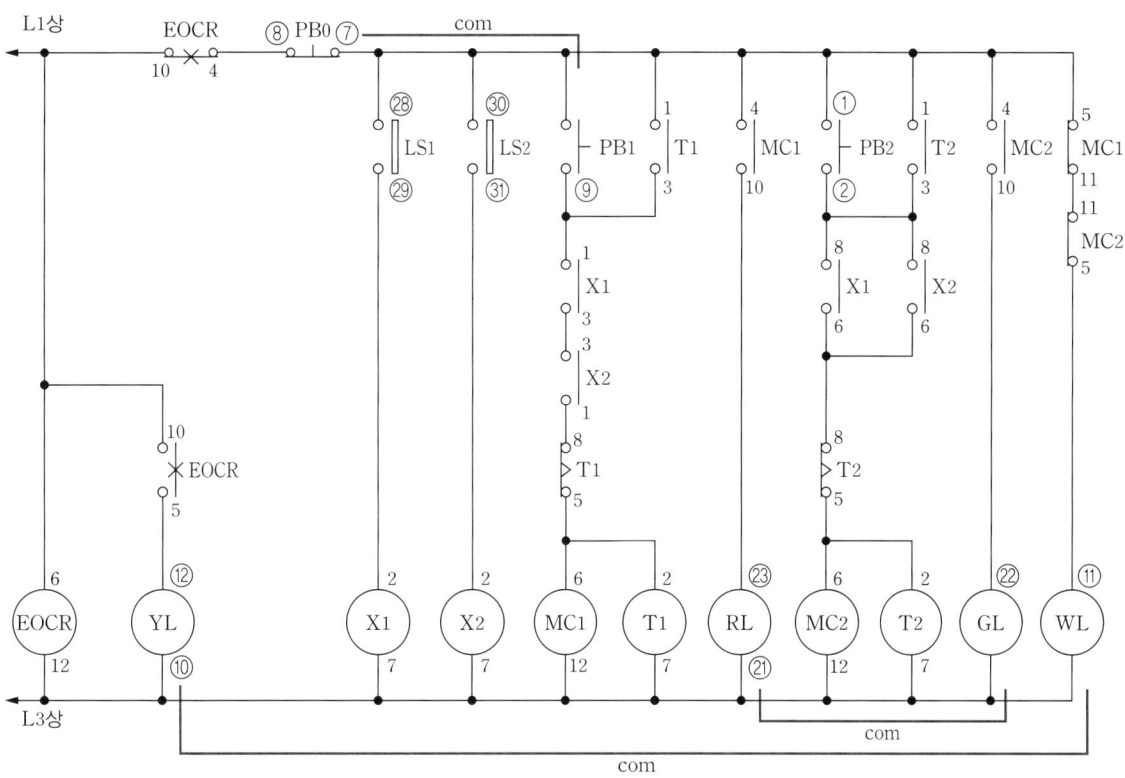

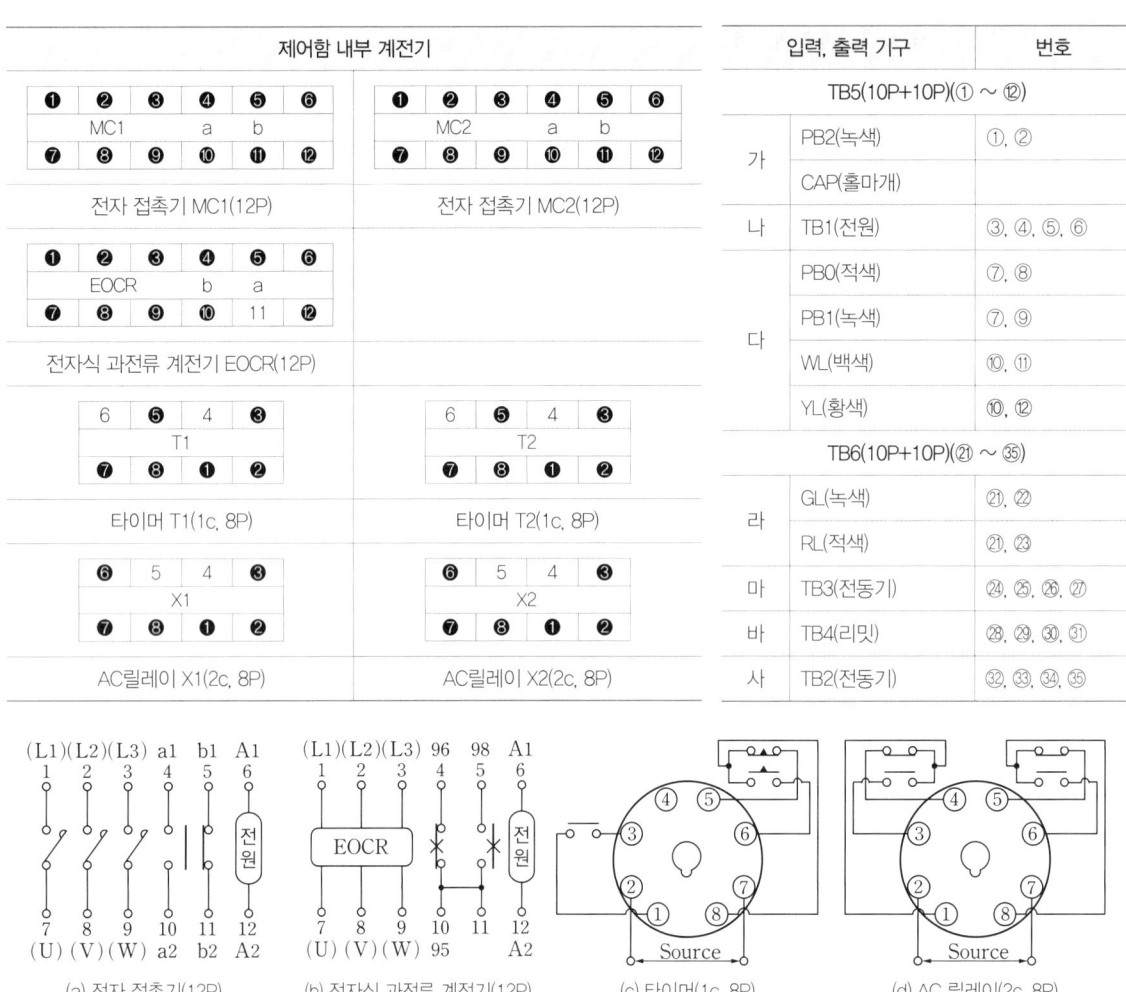
▲ 계전기 내부 회로도

삶의 순간순간이
아름다운 마무리이며
새로운 시작이어야 한다.

– 법정 스님

여러분의 작은 소리
에듀윌은 크게 듣겠습니다.

본 교재에 대한 여러분의 목소리를 들려주세요.
공부하시면서 어려웠던 점, 궁금한 점,
칭찬하고 싶은 점, 개선할 점, 어떤 것이라도 좋습니다.

에듀윌은 여러분께서 나누어 주신 의견을
통해 끊임없이 발전하고 있습니다.

에듀윌 도서몰 book.eduwill.net
- 부가학습자료 및 정오표: 에듀윌 도서몰 → 도서자료실
- 교재 문의: 에듀윌 도서몰 → 문의하기 → 교재(내용, 출간) / 주문 및 배송

2026 에듀윌 전기 전기기능사 실기 한권끝장

발 행 일	2025년 8월 14일 초판
편 저 자	최대규, 홍석묵, 유치형 편저
펴 낸 이	양형남
개발책임	목진재
개 발	서보경, 최윤석, 박원서
펴 낸 곳	(주)에듀윌
I S B N	979-11-360-3879-1
등록번호	제25100-2002-000052호
주 소	08378 서울특별시 구로구 디지털로34길 55 코오롱싸이언스밸리 2차 3층

* 이 책의 무단 인용 · 전재 · 복제를 금합니다.

www.eduwill.net
대표전화 1600-6700

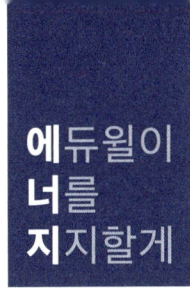

세상을 움직이려면
먼저 나 자신을 움직여야 한다.

– 소크라테스(Socrates)

에듀윌 전기 전기기능사
실기 기출유형편

차 례

PART 3 공개문제 18

TYPE 01
급배수 제어회로 12

TYPE 02
전동기 제어회로 39

PART 4

기출유형 17

항목	페이지
전동기 제어_1개소 기동 정지	70
전동기 제어_리밋	80
전동기 제어_리밋-타이머	90
전동기 제어_수동-센서	100
전동기 제어_정역1	110
전동기 제어_정역2	120
전동기 제어_정역 순차	130
공장 동력 배선(1)	140
공장 동력 배선(2)	150
컨베이어 제어_정역	160
컨베이어 제어_순차	170
승강기 제어	180
리프트 자동 제어	190
급배수 처리장치	200
자동온도 조절 제어	210
온실 하우스 간이난방 운전	220
전기 설비의 배선 및 배관 공사	230

PART

3

공개문제 18

Q-net 공개문제 18개 중
1문제는 반드시 출제!

체계화한 공개문제 유형

TYPE 01   급배수 제어회로(공개문제 ①~⑨)

TYPE 02   전동기 제어회로(공개문제 ⑩~⑱)

※ 각 유형별 대표문제의 모든 작업과정을 보여주는 실습영상과 함께 효율적인 학습이 가능합니다.(QR코드 스캔)
※ 출제기관에서 제공한 공개문제는 변경될 수 있으며 변경될 경우 에듀윌 도서몰>부가학습자료>'2026 에듀윌 전기 전기기능사 실기 한권끝장'에 변경된 공개문제를 업로드하겠습니다.

참고자료   공개문제 18개 넘버링

활용 방법
① 네이버앱 또는 카카오톡앱에서 QR코드 스캔 기능을 준비한다.
② QR코드를 스캔하여 공개문제 18개의 넘버링을 참고하여 확인한다.
※ 부가학습자료의 검색창에 '전기기능사'를 검색한다.

국가기술자격 실기시험 요구 및 유의사항

자격종목	전기기능사	과제명	전기 설비의 배선 및 배관 공사
비번호		시험일시		시험장명	

※ 시험시간: 4시간 30분

1. 요구사항

가. 지급된 재료와 시험장 시설을 사용하여 제한 시간 내에 주어진 과제를 안전에 유의하여 완성하시오.
  (단, 지급된 재료와 도면에서 요구하는 재료가 서로 상이할 수 있으므로 도면을 참고하여 필요한 재료를 지급된 재료에서 선택하여 작품을 완성하시오.)

나. 배관 및 기구 배치 도면에 따라 배관 및 기구를 배치하시오.
  (단, 제어판을 제어함이라고 가정하고 전선관 및 케이블을 접속하시오.)

다. 전기 설비 운전 제어회로 구성
  (1) 제어회로의 도면과 동작 사항을 참고하여 제어회로를 구성하시오.
  (2) 전원 방식: 3상 3선식 220[V]
  (3) 전동기의 접속은 생략하고 접속할 수 있게 단자대까지 배선하시오.

라. 특별히 명시되어 있지 않은 공사방법 등은 전기사업법령에 따른 행정규칙
  (전기설비기술기준, 한국전기설비규정(KEC))에 따릅니다.

2. 수험자 유의사항

※ 수험자 유의사항을 고려하여 요구사항을 완성하도록 합니다.

(1) 시험 시작 전 지급된 재료의 이상 유무를 확인하고 이상이 있을 때에는 감독위원의 승인을 얻어 교환할 수 있습니다.(단, 시험 시작 후 파손된 재료는 수험자 부주의에 의해 파손된 것으로 간주되어 추가로 지급받지 못 합니다.)

(2) 제어판을 포함한 작업판에서의 제반 치수는 [mm]이고, 치수 허용 오차는 외관(전선관, 케이블, 박스, 전원 및 부하 측 단자대 등)은 ±30[mm], 제어판 내부는 ±5[mm]입니다.(단, 치수는 도면에 표시된 사항에 의하여 표시되지 않은 경우 부품의 중심을 기준으로 합니다.)

(3) 전선관 및 케이블의 수직과 수평을 맞추어 작업하고, 전선관의 굽은 부분 반지름은 전선관 안지름의 6배 이상, 8배 이하로 작업해야 합니다.

(4) 기구(컨트롤 박스, 8각 박스, 제어판, 단자대)와 전선관 및 케이블이 접속되는 부분에서 가까운 곳(300[mm] 이하)에 새들을 설치하고 전선관 및 케이블이 작업판에서 뜨지 않도록 새들을 적절히 배치하여 튼튼하게 고정합니다.(단, 굽은 부분이 없는 배관에서 기구와 기구 끝단 사이의 치수가 400[mm] 미만이면 새들 1개도 가능하고, 새들로 고정 시 나사를 2개 모두 체결해야 고정된 것을 인정)

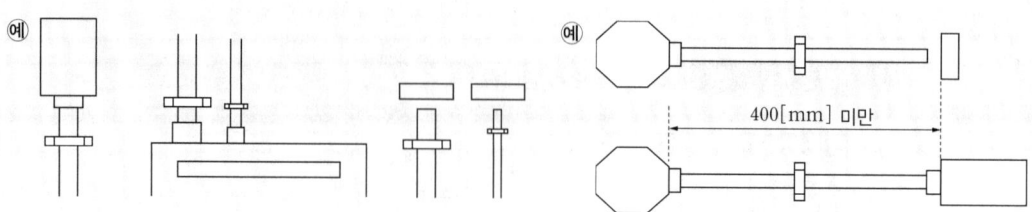

⑤ 기구(컨트롤 박스, 8각 박스, 제어판)와 전선관 및 케이블이 접속되는 부분에 전선관 및 케이블용 접속기를 사용하고 제어판에 전선관 및 케이블용 접속기를 5[mm] 정도 올리고 새들로 고정해야 합니다.(단, 단자대와 전선관이 접속되는 부분에 전선관 접속기를 사용하는 것을 금지합니다.)

⑥ 전선의 열적 용량에 대한 전선관의 용적률은 고려하지 않습니다.

⑦ **컨트롤 박스에서 사용하지 않는 홀(구멍)에 홀마개를 설치합니다.**

⑧ 제어판 내의 기구는 기구 배치도와 같이 균형 있게 배치하고 흔들림이 없도록 고정합니다.

⑨ 소켓(베이스)에 채점용 기기가 들어갈 수 있도록 작업합니다.

⑩ 제어판 배선은 미관을 고려하여 전면에 노출 배선(수평·수직)하고 전선의 흐트러짐 등이 없도록 케이블 타이를 이용하여 균형 있게 배선합니다.(단, 제어판 배선 시 기구와 기구 사이의 배선을 금지합니다.)

⑪ 주회로는 2.5[mm^2](1/1.78) 전선, 보조회로는 1.5[mm^2](1/1.38) 전선(노란색)을 사용하고 주회로의 전선 색상은 L1은 갈색, L2는 검은색, L3는 회색을 사용합니다.

⑫ 보호도체(접지) 회로는 2.5[mm^2](1/1.78) 녹색-노란색 전선으로 배선하여야 합니다.

⑬ 퓨즈홀더 1차 측 주회로는 각각 2.5[mm^2](1/1.78) 갈색과 회색 전선을 사용하고, 퓨즈홀더 2차 측 보조회로는 1.5[mm^2](1/1.38) 노란색 전선을 사용하고, 퓨즈홀더에는 퓨즈를 끼워 놓아야 합니다.

⑭ 케이블의 색상이 주회로 색상과 상이한 경우 감독위원이 지정한 색상으로 대체합니다.(단, 보호도체(접지) 회로 전선은 제외)

⑮ 단자에 전선을 접속하는 경우 나사를 견고하게 조입니다. 단자 조임 불량이란 피복이 제거된 나선이 2[mm] 이상 보이거나, 피복이 단자에 물린 경우를 말합니다.(단, 한 단자에 전선 3가닥 이상 접속하는 것을 금지합니다.)

⑯ 전원과 부하(전동기) 측 단자대, 리밋스위치의 단자대, 플로트레스 스위치의 단자대는 가로인 경우 왼쪽부터 세로인 경우 위쪽부터 각각 "L1, L2, L3, PE(보호도체)"의 순서, "U(X), V(Y), W(Z), PE(보호도체)"의 순서, "LS1, LS2"의 순서, "E1, E2, E3"의 순서로 결선합니다.

⑰ 배선점검은 회로시험기 또는 벨시험기만을 가지고 확인할 수 있고, 전원을 투입한 동작시험은 할 수 없습니다.

⑱ 전원 측 단자대는 동작시험을 할 수 있도록 전원선의 색상에 맞추어 100[mm] 정도 인출하고 피복은 전선 끝에서 약 10[mm] 정도 벗겨둡니다.

⑲ 전자 접촉기, 타이머, 릴레이 등의 소켓(베이스)의 방향은 기구의 내부 결선도 및 구성도를 참고하여 홈이 아래로 향하도록 배치하고, 소켓 번호에 유의하여 작업합니다.

※ 기구의 내부 결선도 및 구성도와 지급된 채점용 기구 및 소켓(베이스)이 상이할 경우 감독위원의 지시에 따라 작업합니다.

⑳ 8P 소켓을 사용하는 기구(타이머, 릴레이, 플리커릴레이, 온도릴레이, 플로트레스 등)는 기구의 구분 없이 지급된 8P 소켓(베이스)을 적용하여 작업합니다.(각 기구에 해당하는 소켓을 고려하지 않고 모두 동일하게 적용합니다.)

㉑ 보호도체(접지)의 결선은 도면에 표시된 부분만 실시하고, 보호도체(접지)는 입력(전원) 단자대에서 제어판 내의 단자대를 거쳐 출력(부하) 단자대까지 결선하며, 도면에 별도로 표시하지 않더라도 모든 보호도체(접지)는 입력 단자대의 보호도체 단자(PE)와 연결되어야 합니다.

※ 기타 외부로의 보호도체(접지)의 결선은 실시하지 않아도 됩니다.

㉒ 기타 공사 방법 등은 감독위원의 지시사항을 준수하여 작업하며, 작업에 대한 문의 사항은 시험 시작 전 질의하도록 하고 시험 진행 중에는 질의를 삼가도록 합니다.

㉓ 특별히 지정한 것 이외에는 전기사업법령에 따른 행정규칙(전기설비기술기준, 한국전기설비규정(KEC))에 의하되 외관이 보기 좋아야 하며 안전성이 있어야 합니다.

㉔ 시험 중 수험자는 반드시 안전 수칙을 준수해야 하며, 작업 복장 상태와 안전 사항 등이 채점대상이 됩니다.

㉕ 다음 사항은 실격에 해당하여 채점 대상에서 제외됩니다.

○ 실격
- 과제 진행 중 수험자 스스로 작업에 대한 포기 의사를 표현한 경우
- 지급재료 이외의 재료를 사용한 작품
- 시험 중 시설·장비의 조작 또는 재료의 취급이 미숙하여 위해를 일으킬 것으로 감독위원 전원이 합의하여 판단한 경우
- 기능이 해당 등급 수준에 전혀 도달하지 못한 것으로 감독위원 전원이 합의하여 판단한 경우
- 시험 관련 부정에 해당하는 장비(기기)·재료 등을 사용하는 것으로 감독위원 전원이 합의하여 판단한 경우 (시험 전 사전 준비작업 및 범용 공구가 아닌 시험에 최적화된 공구는 사용할 수 없음)
- 시험 시간 내에 제출된 작품이라도 다음과 같은 경우

1) 제출된 과제가 도면 및 배치도, 시퀀스 회로도의 동작사항, 부품의 방향, 결선 상태가 상이한 경우(전자 접촉기, 타이머, 릴레이, 푸시버튼 스위치 및 램프 색상 등)
2) 주회로(갈색, 검은색, 회색) 및 보조회로(노란색) 배선의 전선 굵기 및 색상이 도면 및 유의사항과 상이한 경우
3) 제어판 밖으로 인출되는 배선이 제어판 내의 단자대를 거치지 않고 직접 접속된 경우
4) 제어판 내의 배선상태나 전선관 및 케이블 가공 상태가 불량하여 전기 공급이 불가한 경우
5) 제어판 내의 배선상태나 기구의 접속 불가 등으로 동작 상태의 확인이 불가한 경우
6) 보호도체(접지)의 결선을 하지 않은 경우와 보호도체(접지) 회로(녹색-노란색) 배선의 전선 굵기 및 색상이 도면 및 유의사항과 다른 경우(단, 전동기로 출력되는 부분은 생략)
7) 컨트롤박스 커버 등이 조립되지 않아 내부가 보이는 경우
8) 배관 및 기구 배치도에서 허용오차 ±50[mm]를 넘는 곳이 3개소 이상, ±100[mm]를 넘는 곳이 1개소 이상인 경우(단, 박스, 단자대, 전선관 등이 도면 치수를 벗어나는 경우 개별 개소로 판정)
9) 기구(컨트롤 박스, 8각 박스, 제어판)와 전선관 및 케이블이 접속되는 부분에 전선관 및 케이블용 접속기를 정상 접속하지 않은 경우(미접속 및 불필요한 접속 포함)
10) 기구(컨트롤 박스, 8각 박스, 제어판, 단자대)와 전선관 및 케이블이 접속되는 부분에서 가까운 곳 (300[mm] 이하)에 새들의 고정이 누락된 경우(단, 굽은 부분이 없는 배관에서 기구와 기구 끝단 사이의 치수가 400[mm] 미만이면 새들 1개도 가능)
11) 말아서 배관한 경우
12) 전원과 부하(전동기) 측 단자대에서 L1, L2, L3, PE(보호도체)의 배치 순서와 U(X), V(Y), W(Z), PE (보호도체)의 배치 순서가 유의사항과 상이한 경우, 리밋스위치 단자대에서 LS1, LS2의 배치 순서가 유의 사항과 상이한 경우, 플로트레스 스위치 단자대에서 E1, E2, E3의 배치 순서가 유의사항과 상이한 경우
13) 한 단자에 전선 3가닥 이상 접속된 경우
14) 제어판 내의 배선 시 기구와 기구 사이로 수직 배선한 경우
15) 전기설비기술기준, 한국전기설비규정으로 공사를 진행하지 않은 경우

※ 시험 종료 후 완성작품에 한해서만 작동 여부를 감독위원으로부터 확인받을 수 있습니다.
※ 다음 시험의 원활한 진행을 위하여 수험자 본인의 작품 해체에 협조하여 주시기 바랍니다.

국가기술자격 실기시험 채점기준표

		자격종목	전기기능사

주요 항목	세부 항목	항목 번호	항목별 채점 방법	배점
동작	동작사항 및 유의사항	1	– 회로도의 요구대로 작동되면 25점, 한곳이라도 작동이 안 되면 오작동이므로 채점대상에서 제외 – 유의사항의 불합격 조항에 해당되면 채점대상에서 제외	25
배관작업	전선관 굽힘	2	– 전선관 작업(L굽힘, 오프셋 등)이 잘되었으면 10점 – 수평·수직 불량 및 굽은 부분이 적거나(6D 미만) 과도하게 큰 경우(8D 초과) ⇒ 1개소마다 2점씩 감점 ※ [D: 전선관의 안지름]	10
	전선관 고정	3	– 전선관이 작업판에서 뜨지 않았고 견고하게 고정되었으며 새들의 수평과 수직이 모두 바르면 6점 – 불량개소(수평, 수직, 헐거움) ⇒ 1개소마다 2점씩 감점	6
	기구 고정 및 배치	4	– 기구 고정상태(수평, 수직, 헐거움) 및 방법이 잘 되었으면 10점 – 기구 고정 불량(수평, 수직, 헐거움) ⇒ 1개소마다 2점씩 감점 – 컨트롤박스의 나사를 1개만 고정한 경우: 0점 – 조립 불량으로 컨트롤 박스와 커버 사이로 전선이 노출된 경우: 0점	10
배선 및 결선	제어판 배선 상태	5	– 전선배열의 수평수직과 전선의 흐트러짐 없이 양호하면 3점 그렇지 않으면 0점 – 케이블타이로 전선의 묶음 및 균형 배치가 양호하면 3점 그렇지 않으면 0점	6
	전원준비 상태	6	– 퓨즈삽입 및 퓨즈커버 부착 여부, 전원 측 인출선 등이 양호하면 3점 그렇지 않으면 0점	3
	단자 조임 상태	7	– 단자 조임 상태가 잘되었으면 20점 – 불량개소(파손, 피복 제거 및 물림, 사용하지 않는 단자가 열려 있는 경우 등) ⇒ 1개소마다 2점씩 감점	20
경제성 및 안전	기구 파손	8	– 기구 파손이 없으면 2점 그렇지 않으면 0점	2
	안전 복장	9	– 적합한 복장(운동화, 장갑)을 갖추었으면 3점 그렇지 않으면 0점	3
치수	제어판 내부 기구 배치도	10	– 기구배치가 양호(±5[mm] 이내)하면 6점 – 불량개소 ⇒ 1개소마다 2점씩 감점	6
	배관 및 기구 배치도	11	– 도면 치수가 양호(±30[mm] 이내)하면 9점 – 불량개소 ⇒ 1개소마다 3점씩 감점	9
			합계	100

※실제와 차이가 있을 수 있습니다.

TYPE 01 급배수 제어회로

공개문제 ①

1. 동작

① MCCB를 통해 전원을 투입하면 EOCR에 전원이 공급된다.
② 자동 운전 동작 사항(SS가 A 위치에 있는 경우)
  - FLS에 전원이 공급되고 FLS의 수위 감지가 동작되면 X, MC1이 여자되어 M1이 회전하고 RL이 점등된다.
  - 전동기가 운전하는 중 FLS의 수위 감지가 해제되거나 SS를 M(수동) 위치에 놓으면 제어회로 및 전동기의 동작은 모두 정지된다.
③ 수동 운전 동작 사항(SS가 M 위치에 있는 경우)
  - PB1을 누르면 T, MC1이 여자되어 M1이 회전하고 RL이 점등된다.
  - T의 설정시간 t초 후, MC2가 여자되어 M2가 회전하고 GL이 점등된다.
  - 전동기가 운전하는 중 PB0를 누르거나 SS를 A(자동) 위치에 놓으면 제어회로 및 전동기 동작은 모두 정지된다.
④ EOCR 동작 사항
  - 전동기가 운전하는 중 전동기의 과부하로 과전류가 흐르면 EOCR이 동작되어 전동기는 정지하고 FR이 여자되고 BZ가 동작된다.
  - FR의 설정시간 간격으로 BZ와 YL이 교대로 동작된다.
  - EOCR을 리셋(RESET)하면 제어회로는 초기 상태로 복귀된다

실습영상

▶ 왼쪽의 QR코드를 스캔하여 [TYPE 01 급배수 제어회로]의 대표문제(공개문제 ①)의 주회로 설계부터 배선 및 배관까지 모든 작업과정을 담은 실습영상을 볼 수 있습니다. 특히, 공개문제 ①~⑨는 도면과 동작이 유사하여 실습영상과 함께 학습하면 급배수 제어회로 유형을 쉽게 마스터할 수 있습니다.

2. 도면

(1) 동작 회로도

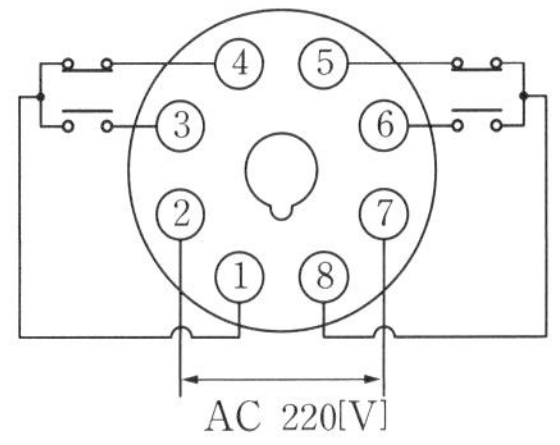

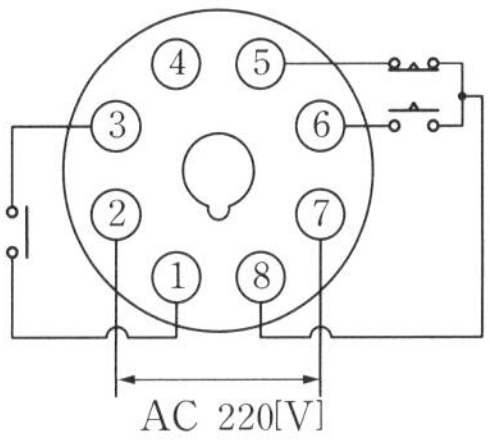

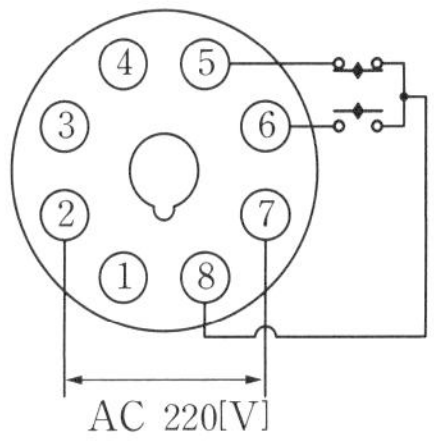

(2) 시험 기구 내부 결선도

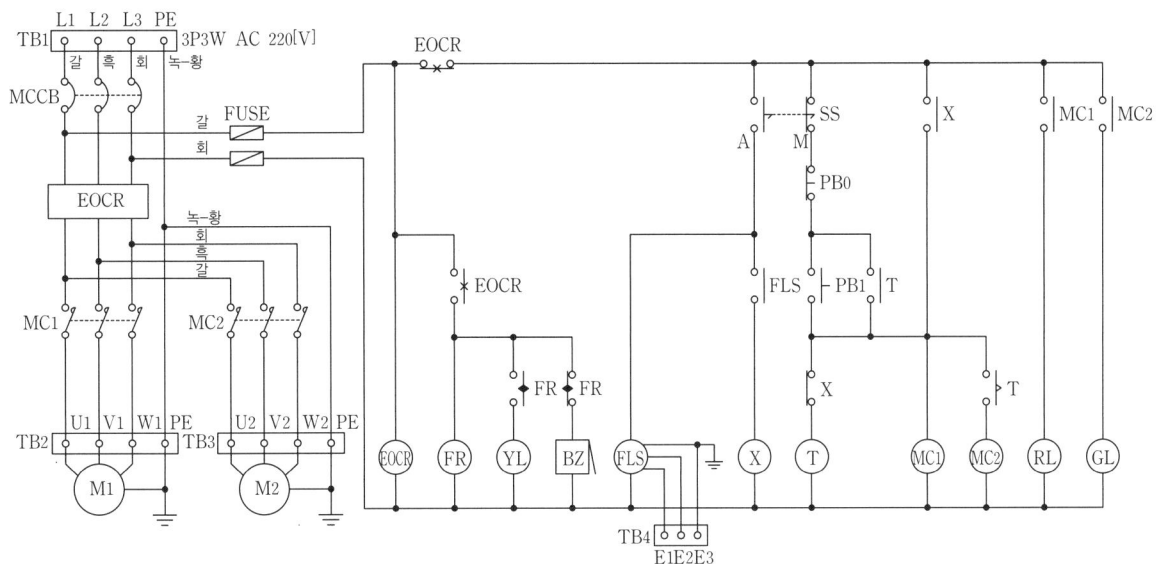

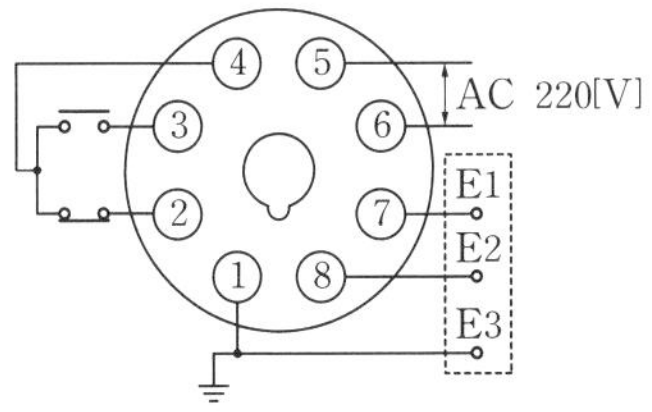

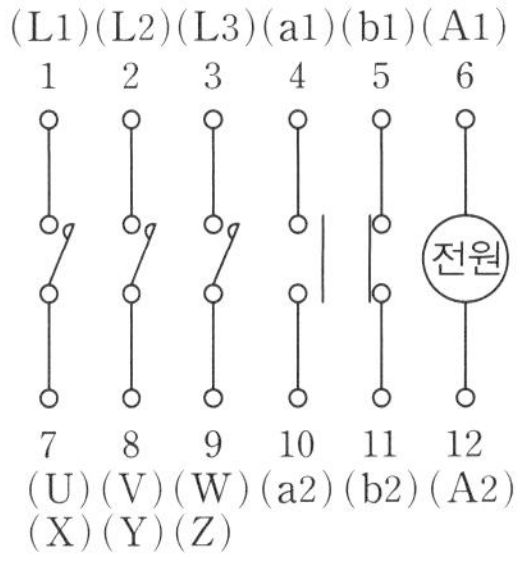

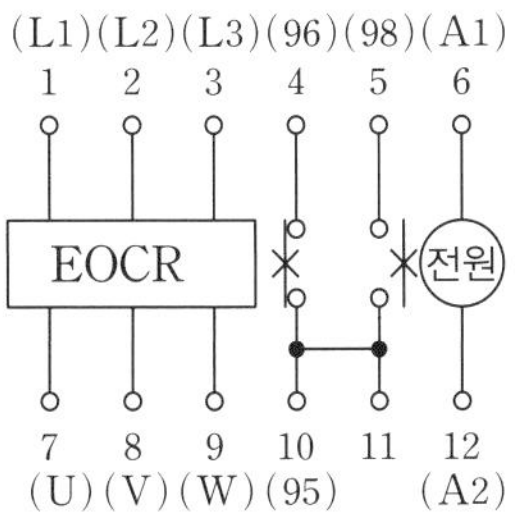

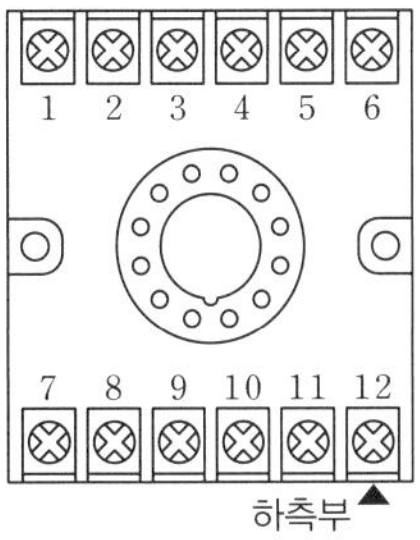

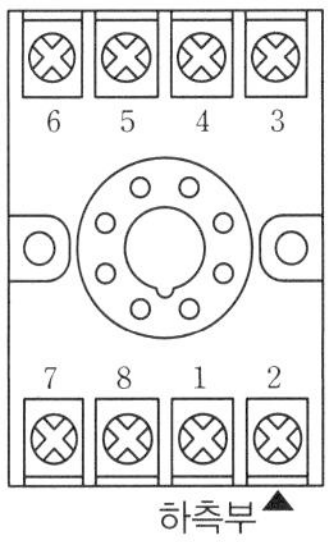

(3) 배관 및 기구 배치도 / 제어판 내부 기구 배치도

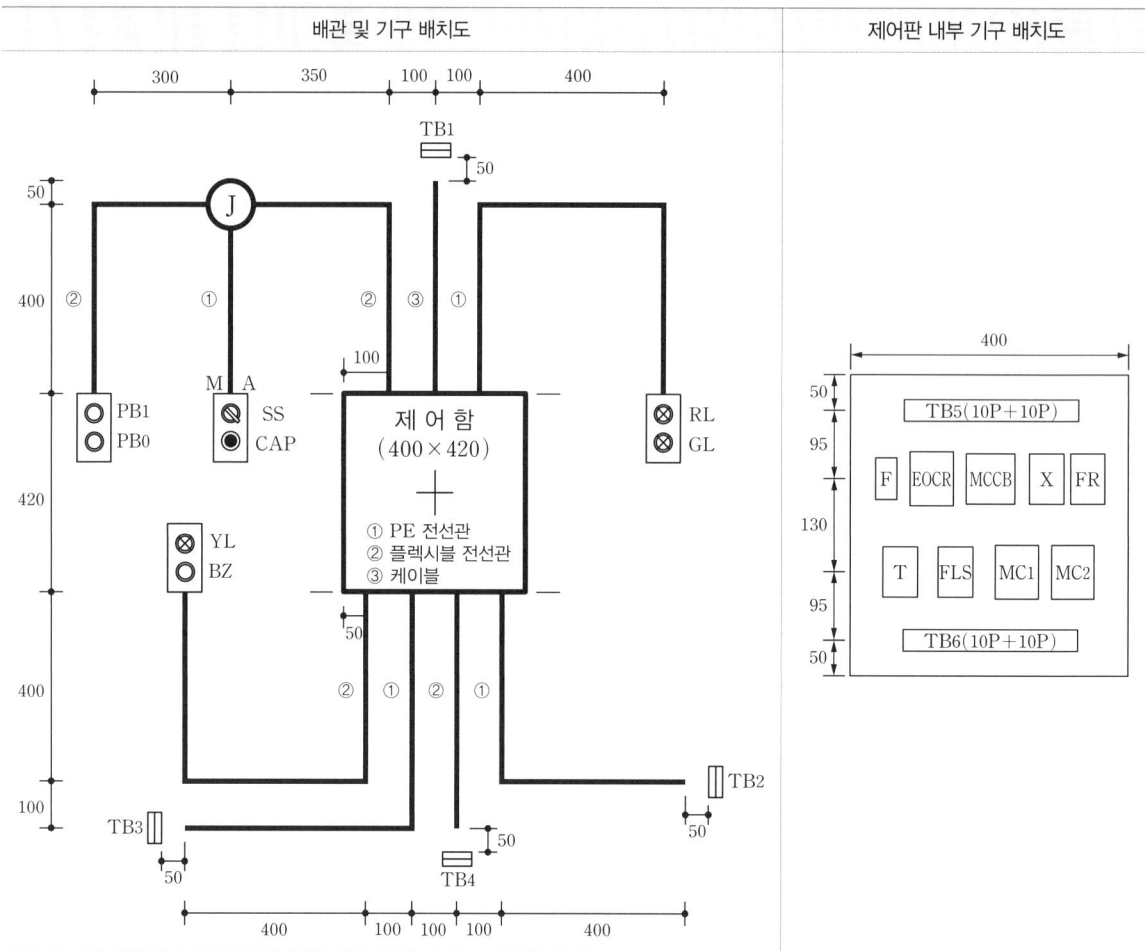

(4) 범례

기호	명칭	기호	명칭	기호	명칭
TB1	전원(단자대 4P)	T	타이머(8P)	YL	램프(황색)
TB2, TB3	전동기(단자대 4P)	FR	플리커릴레이(8P)	GL	램프(녹색)
TB4	플로트레스(단자대 4P)	FLS	플로트레스 스위치(8P)	RL	램프(적색)
TB5, TB6	단자대(10P+10P)	MCCB	배선용 차단기	BZ	부저
MC1, MC2	전자 접촉기(12P)	PB0	푸시버튼 스위치(적색)	CAP	홀마개
EOCR	EOCR(12P)	PB1	푸시버튼 스위치(녹색)	Ⓙ	8각 박스
X	릴레이(8P)	SS	셀렉터 스위치	F	퓨즈 및 퓨즈홀더

공개문제 ②

1. 동작

① MCCB를 통해 전원을 투입하면 EOCR에 전원이 공급된다.

② 자동 운전 동작 사항(SS가 A 위치에 있는 경우)
- FLS에 전원이 공급되고 FLS의 수위 감지가 동작되면 X, T가 여자된다.
- T의 설정시간 t초 후, FR, MC1이 여자되어 M1이 회전하고 RL이 점등된다.
- FR의 설정시간 간격으로 MC1과 MC2가 교대로 여자되어 M1과 M2가 교대로 회전하고 RL과 GL이 교대로 점등된다.
- 전동기가 운전하는 중 FLS의 수위 감지가 해제되거나 SS를 M(수동) 위치에 놓으면 제어회로 및 전동기의 동작은 모두 정지된다.

③ 수동 운전 동작 사항(SS가 M 위치에 있는 경우)
- PB1을 누르면 X, T가 여자된다.
- T의 설정시간 t초 후, FR, MC1이 여자되어 M1이 회전하고 RL이 점등된다.
- FR의 설정시간 간격으로 MC1과 MC2가 교대로 여자되어 M1과 M2가 교대로 회전하고 RL과 GL이 교대로 점등된다.
- 전동기가 운전하는 중 PB0를 누르거나 SS를 A(자동) 위치에 놓으면 제어회로 및 전동기의 동작은 모두 정지된다.

④ EOCR 동작 사항
- 전동기가 운전 중 전동기의 과부하로 과전류가 흐르면 EOCR이 동작되어 전동기는 정지하고 BZ가 동작되고 YL이 점등된다.
- EOCR을 리셋(RESET)하면 제어회로는 초기 상태로 복귀된다.

2. 도면

(1) 동작 회로도

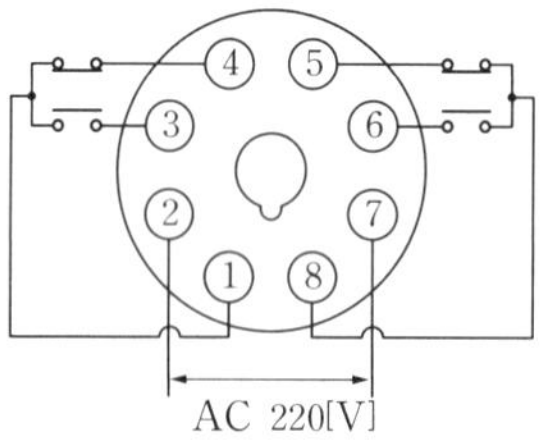

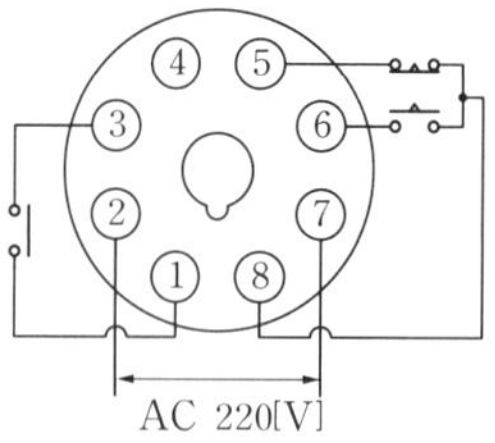

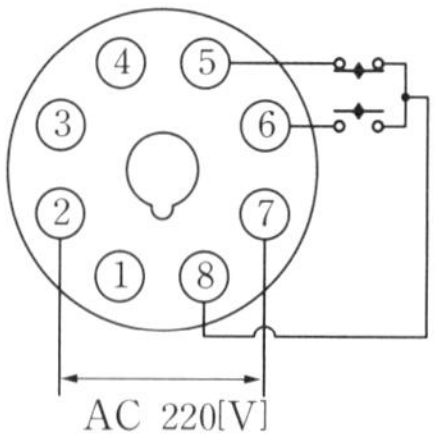

(2) 시험 기구 내부 결선도

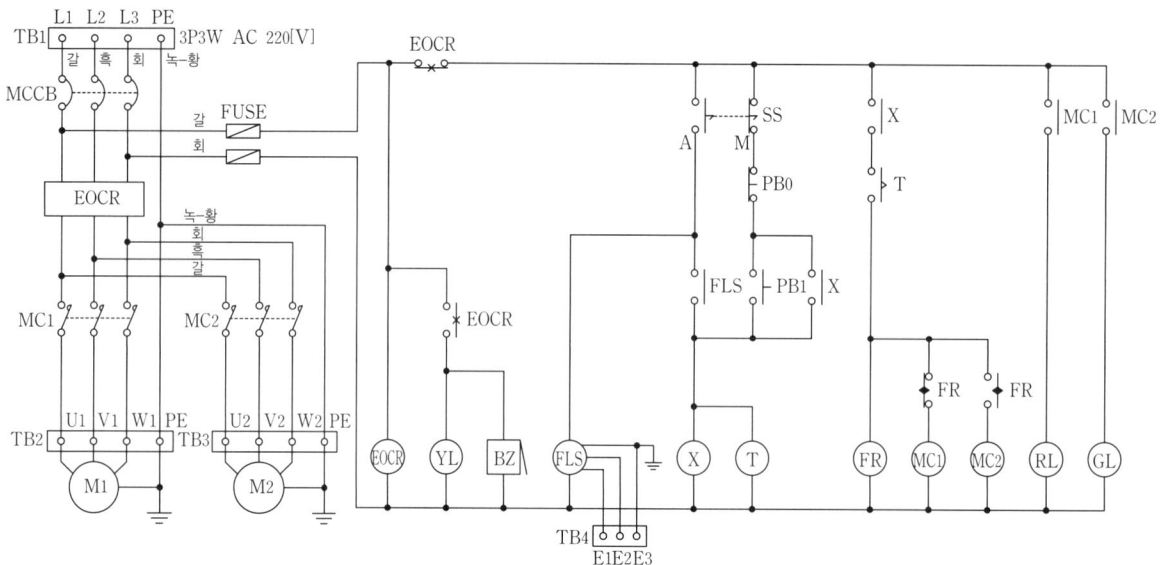

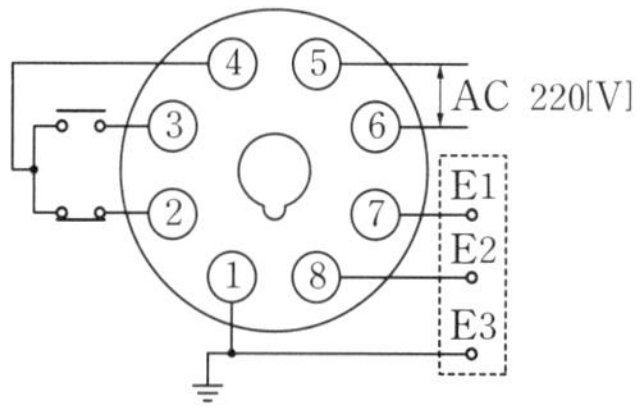

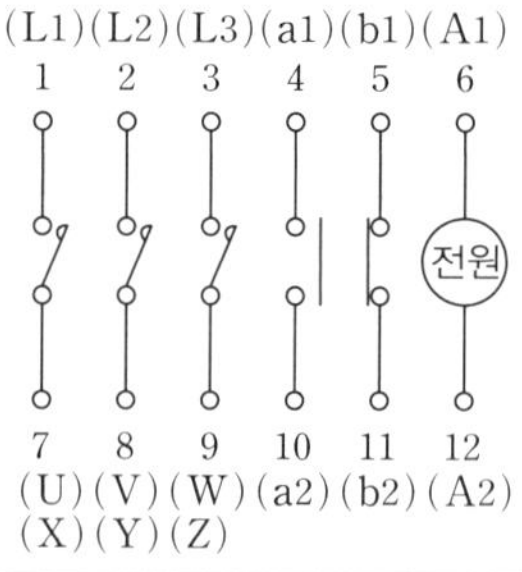

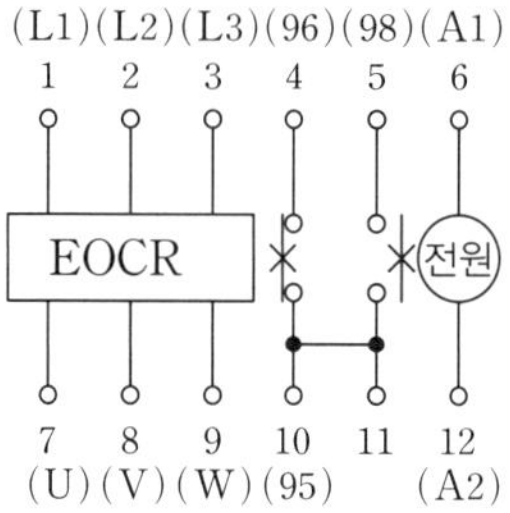

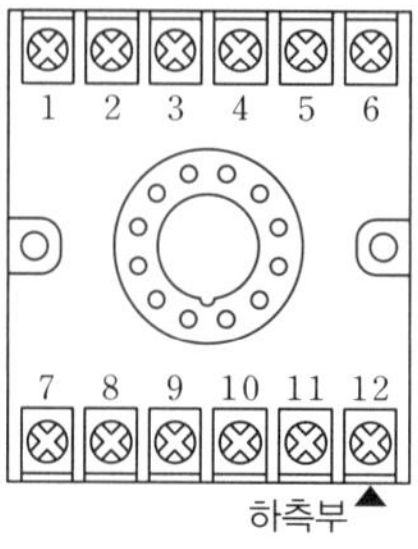

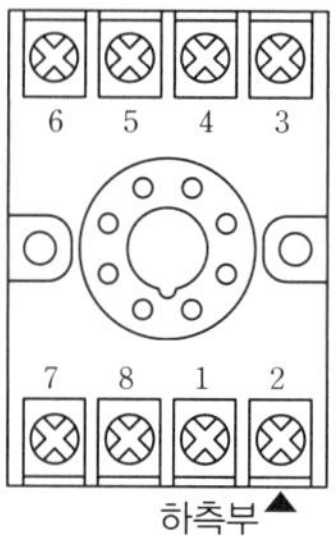

(3) 배관 및 기구 배치도 / 제어판 내부 기구 배치도

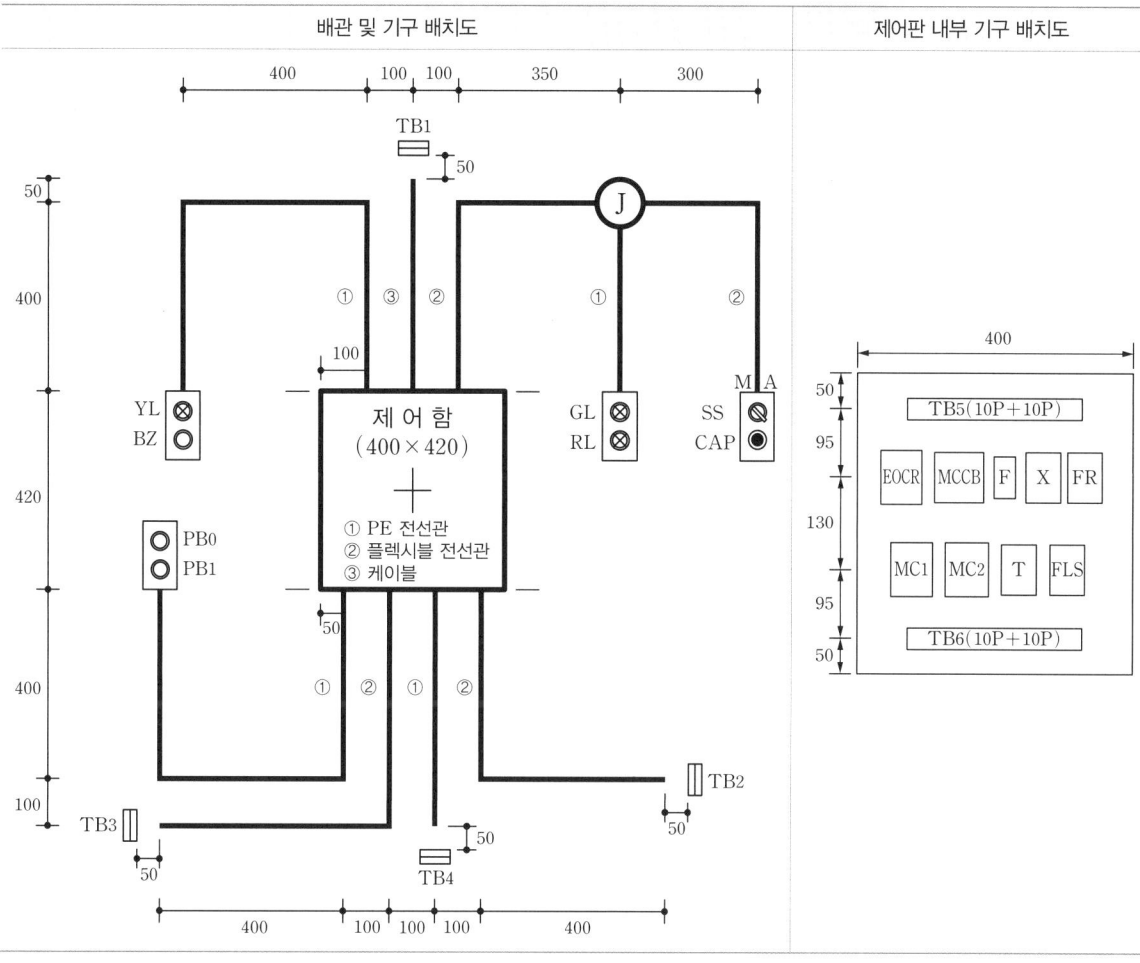

(4) 범례

기호	명칭	기호	명칭	기호	명칭
TB1	전원(단자대 4P)	T	타이머(8P)	YL	램프(황색)
TB2, TB3	전동기(단자대 4P)	FR	플리커릴레이(8P)	GL	램프(녹색)
TB4	플로트레스(단자대 4P)	FLS	플로트레스 스위치(8P)	RL	램프(적색)
TB5, TB6	단자대(10P+10P)	MCCB	배선용 차단기	BZ	부저
MC1, MC2	전자 접촉기(12P)	PB0	푸시버튼 스위치(적색)	CAP	홀마개
EOCR	EOCR(12P)	PB1	푸시버튼 스위치(녹색)	Ⓙ	8각 박스
X	릴레이(8P)	SS	셀렉터 스위치	F	퓨즈 및 퓨즈홀더

공개문제 ③

1. 동작

① MCCB를 통해 전원을 투입하면 EOCR에 전원이 공급된다.

② 자동 운전 동작 사항(SS가 A 위치에 있는 경우)
- FLS에 전원이 공급되고 FLS의 수위 감지가 동작되면 FR, MC1이 여자되어 M1이 회전하고 RL이 점등된다.
- FR의 설정시간 간격으로 MC1과 MC2가 교대로 여자되어 M1과 M2가 교대로 회전하고 RL과 GL이 교대로 점등된다.
- 전동기가 운전하는 중 FLS의 수위 감지가 해제되거나 SS를 M(수동) 위치에 놓으면 제어회로 및 전동기의 동작은 모두 정지된다.

③ 수동 운전 동작 사항(SS가 M 위치에 있는 경우)
- PB1을 누르면 T가 여자된다.
- T의 설정시간 t초 후, X, FR, MC1이 여자되어 M1이 회전하고 RL이 점등된다.
- FR의 설정시간 간격으로 MC1과 MC2가 교대로 여자되어 M1과 M2가 교대로 회전하고 RL과 GL이 교대로 점등된다.
- 전동기가 운전하는 중 PB0를 누르거나 SS를 A(자동) 위치에 놓으면 제어회로 및 전동기의 동작은 모두 정지된다.

④ EOCR 동작 사항
- 전동기가 운전 중 전동기의 과부하로 과전류가 흐르면 EOCR이 동작되어 전동기는 정지하고 BZ가 동작되고 YL이 점등된다.
- EOCR을 리셋(RESET)하면 제어회로는 초기 상태로 복귀된다.

2. 도면

(1) 동작 회로도

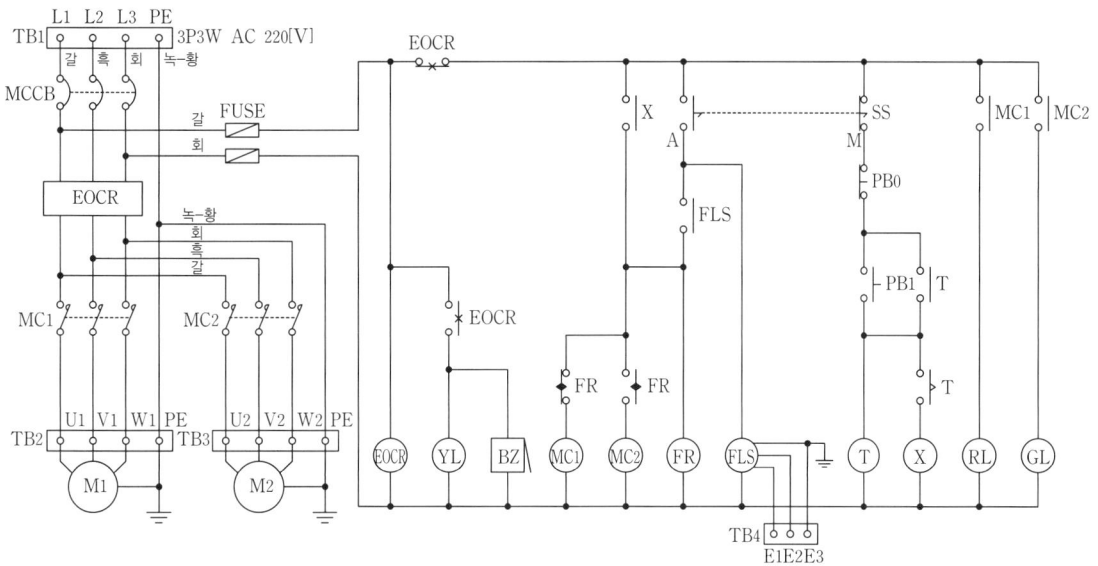

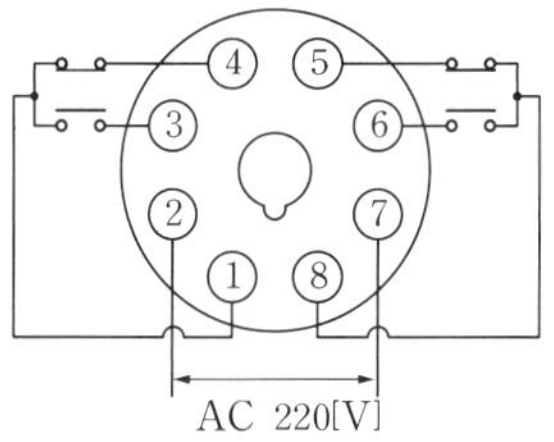

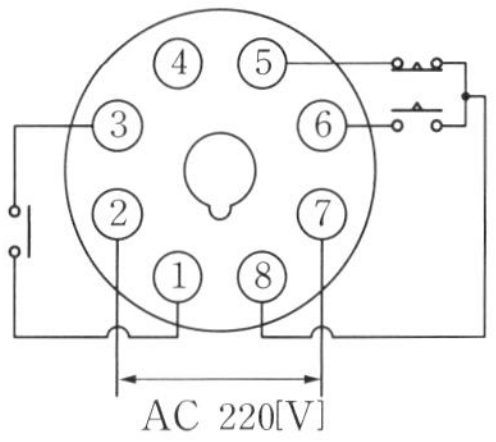

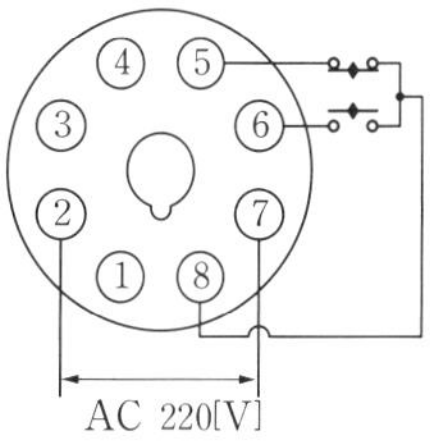

(2) 시험 기구 내부 결선도

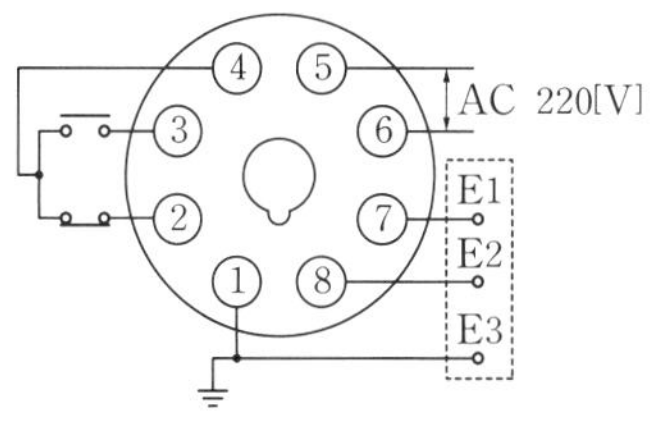

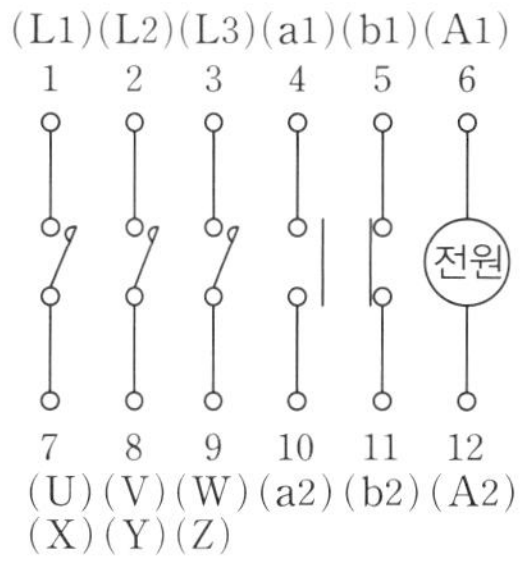

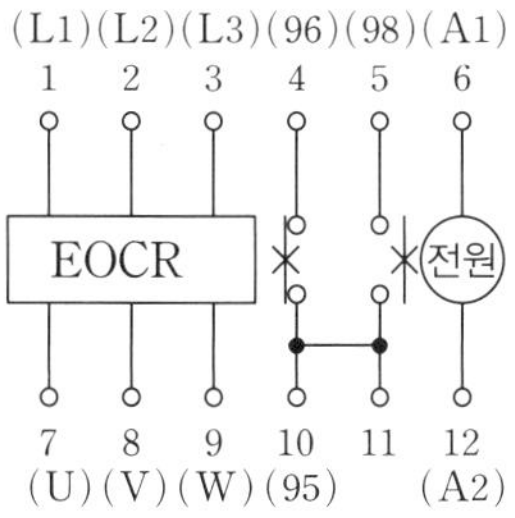

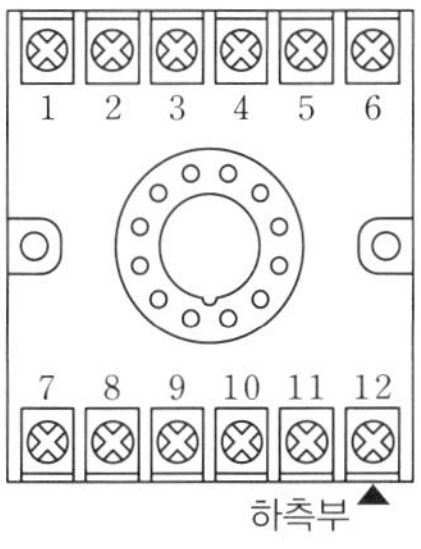

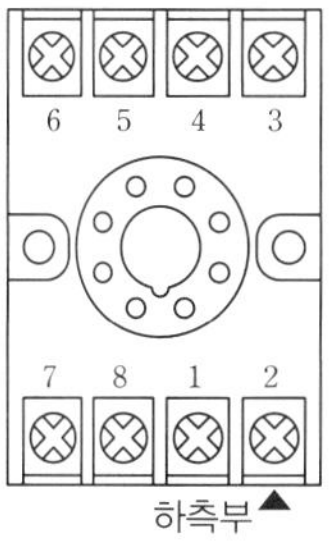

(3) 배관 및 기구 배치도 / 제어판 내부 기구 배치도

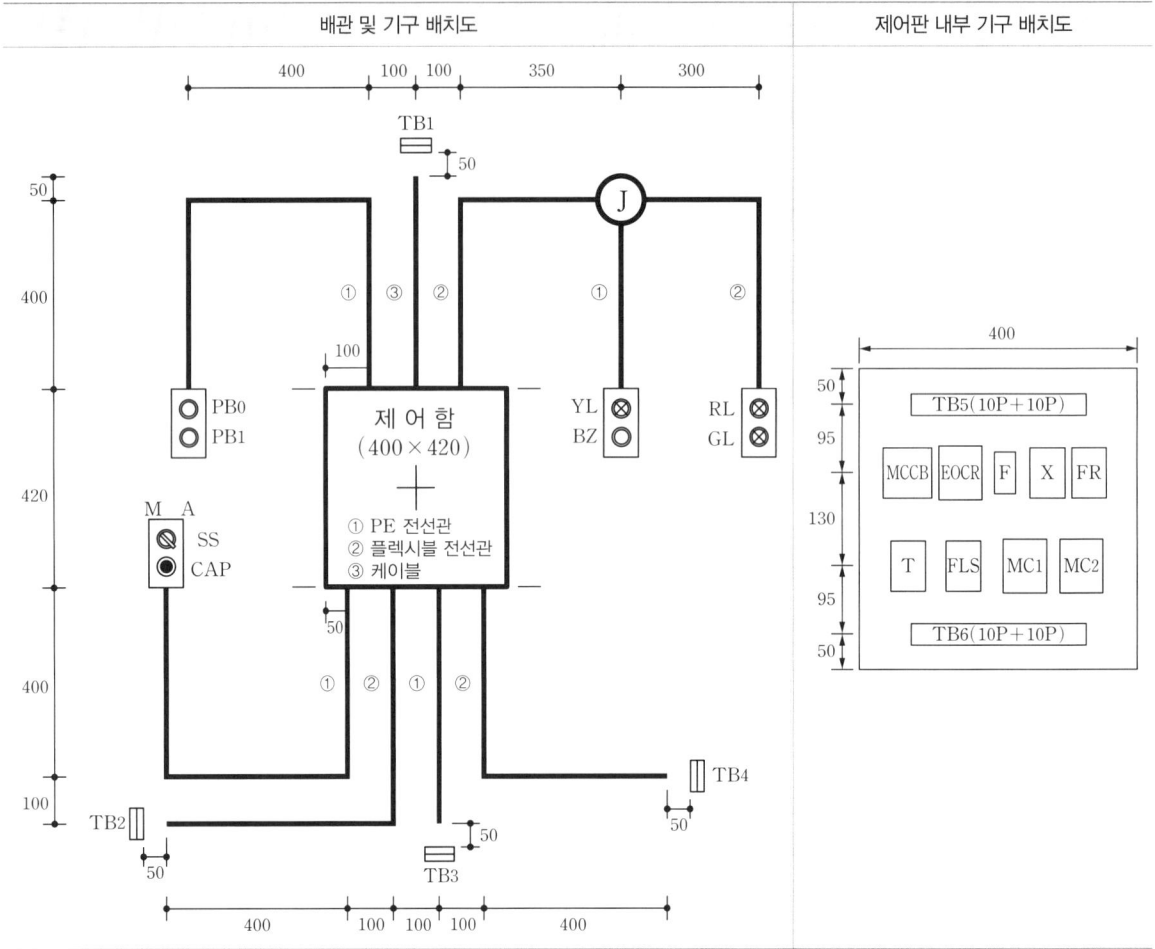

(4) 범례

기호	명칭	기호	명칭	기호	명칭
TB1	전원(단자대 4P)	T	타이머(8P)	YL	램프(황색)
TB2, TB3	전동기(단자대 4P)	FR	플리커릴레이(8P)	GL	램프(녹색)
TB4	플로트레스(단자대 4P)	FLS	플로트레스 스위치(8P)	RL	램프(적색)
TB5, TB6	단자대(10P+10P)	MCCB	배선용 차단기	BZ	부저
MC1, MC2	전자 접촉기(12P)	PB0	푸시버튼 스위치(적색)	CAP	홀마개
EOCR	EOCR(12P)	PB1	푸시버튼 스위치(녹색)	Ⓙ	8각 박스
X	릴레이(8P)	SS	셀렉터 스위치	F	퓨즈 및 퓨즈홀더

공개문제 ④

1. 동작

① MCCB를 통해 전원을 투입하면 EOCR에 전원이 공급된다.

② 초기 운전 조건: T의 설정시간은 FR의 설정시간보다 작아야 한다.(즉, T 설정시간 < FR 설정시간)

③ 자동 운전 동작 사항(SS가 A 위치에 있는 경우)
- FLS에 전원이 공급되고 FLS의 수위 감지가 동작되면 X, FR이 여자된다.
- FR의 설정시간 간격으로 MC1과 MC2, T가 교대로 여자되고 T의 설정시간 t초 후, MC2가 소자된다. 그 후 아래의 순으로 계속 반복 동작한다.
  - M1이 회전, M2가 정지하고 RL이 점등, GL이 소등
  - M1이 정지, M2가 회전하고 RL이 소등, GL이 점등
  - M1과 M2가 정지하고 RL과 GL이 소등
- 전동기가 운전하는 중 FLS의 수위 감지가 해제되거나 SS를 M(수동) 위치에 놓으면 제어회로 및 전동기의 동작은 모두 정지된다.

④ 수동 운전 동작 사항(SS가 M 위치에 있는 경우)
- PB1을 누르면 X, FR이 여자된다.
- FR의 설정시간 간격으로 MC1과 MC2, T가 교대로 여자되고 T의 설정시간 t초 후, MC2가 소자된다. 그 후 아래의 순으로 계속 반복 동작한다.
  - M1이 회전, M2가 정지하고 RL이 점등, GL이 소등
  - M1이 정지, M2가 회전하고 RL이 소등, GL이 점등
  - M1과 M2가 정지하고 RL과 GL이 소등
- 전동기가 운전하는 중 PB0를 누르거나 SS를 A(자동) 위치에 놓으면 제어회로 및 전동기의 동작은 모두 정지된다.

⑤ EOCR 동작 사항
- 전동기가 운전 중 전동기의 과부하로 과전류가 흐르면 EOCR이 동작되어 전동기는 정지하고 BZ가 동작되고 YL이 점등된다.
- EOCR을 리셋(RESET)하면 제어회로는 초기 상태로 복귀된다.

2. 도면

(1) 동작 회로도

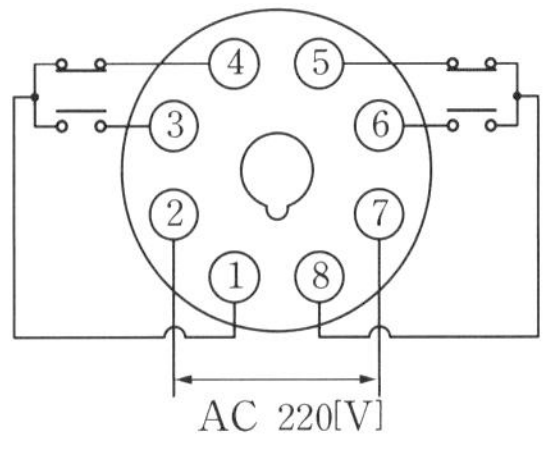

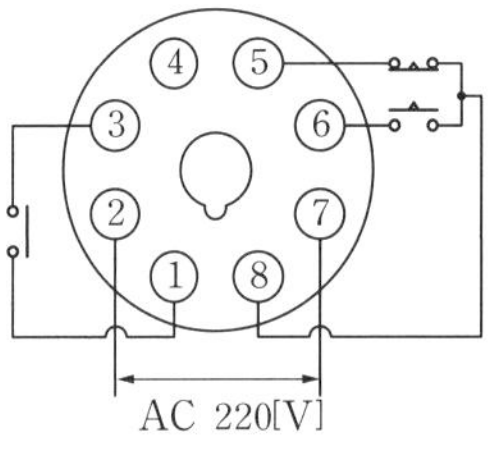

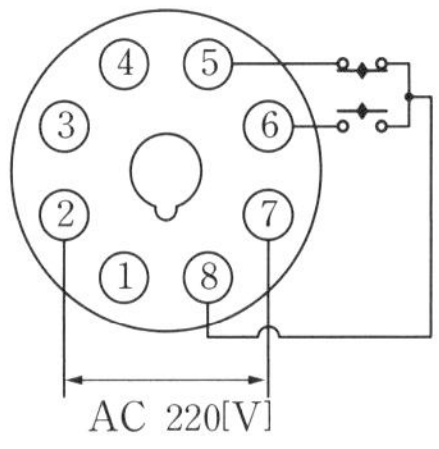

(2) 시험 기구 내부 결선도

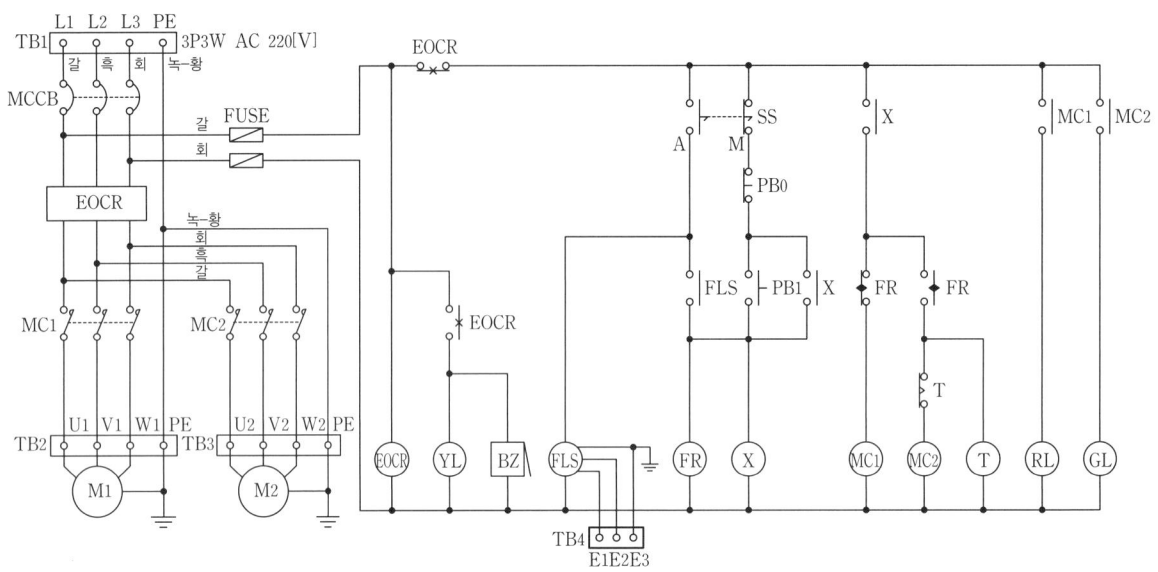

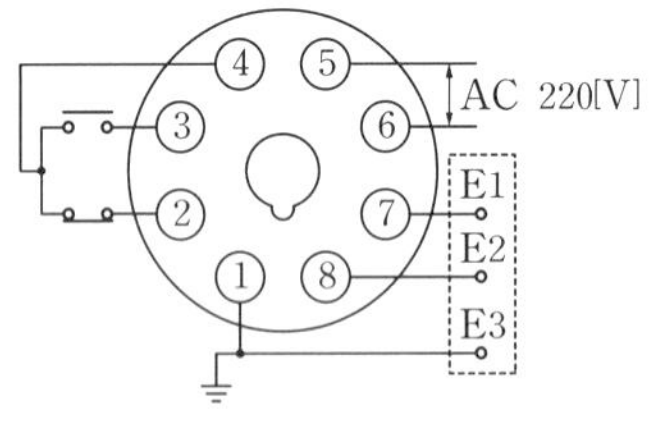

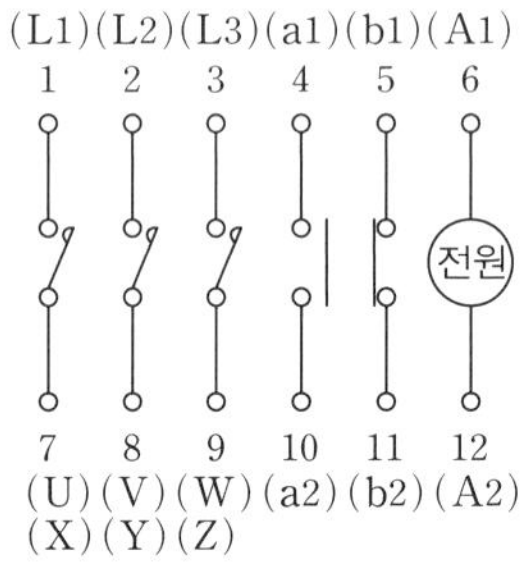

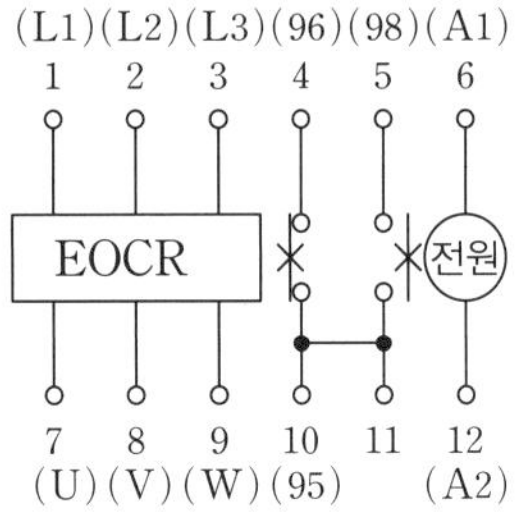

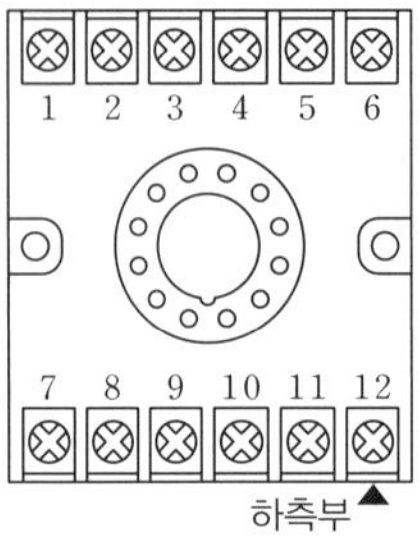

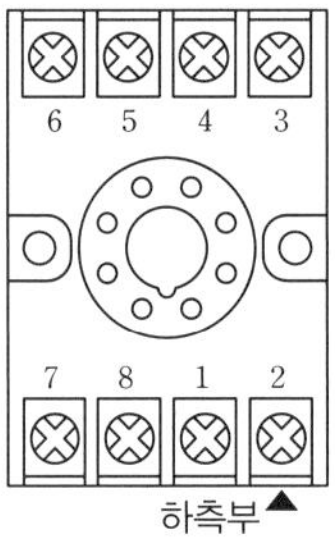

(3) 배관 및 기구 배치도 / 제어판 내부 기구 배치도

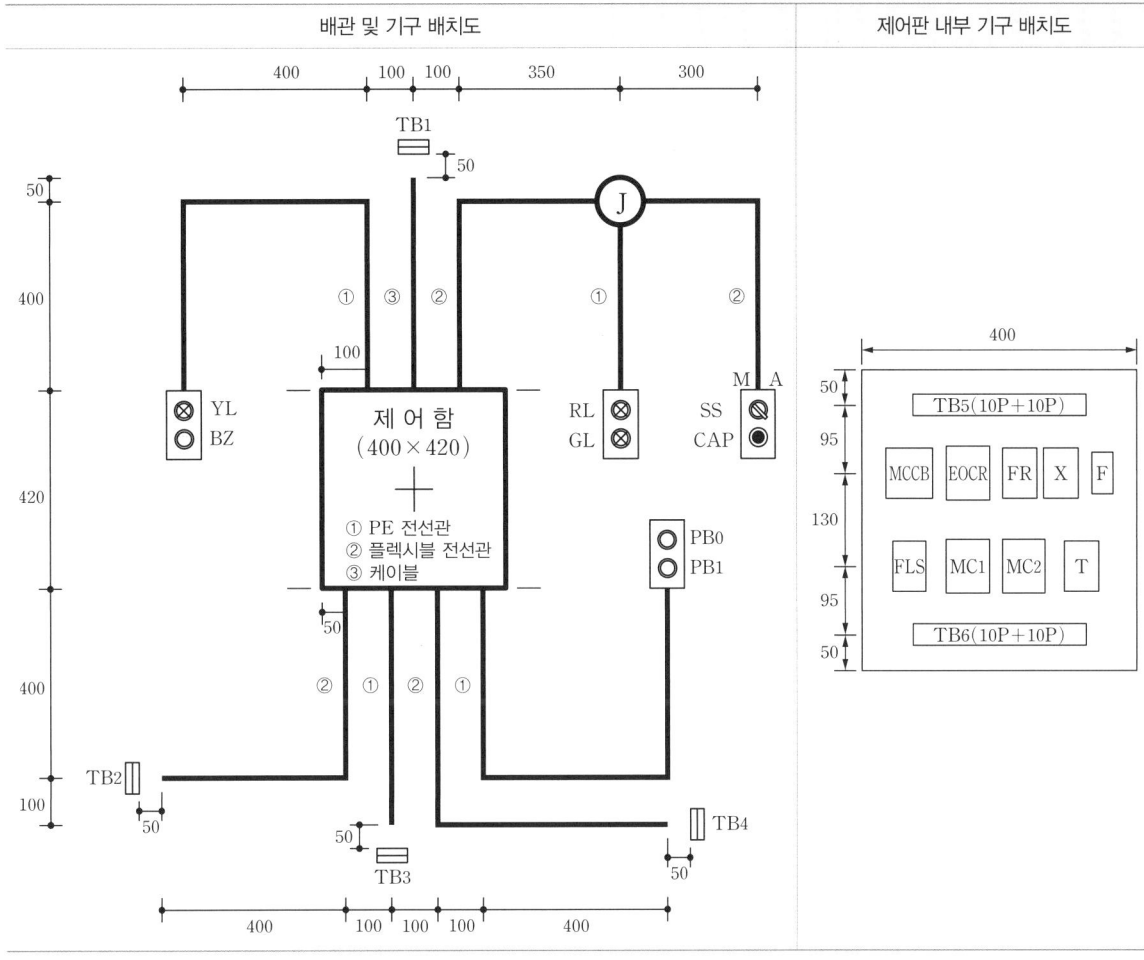

(4) 범례

기호	명칭	기호	명칭	기호	명칭
TB1	전원(단자대 4P)	T	타이머(8P)	YL	램프(황색)
TB2, TB3	전동기(단자대 4P)	FR	플리커릴레이(8P)	GL	램프(녹색)
TB4	플로트레스(단자대 4P)	FLS	플로트레스 스위치(8P)	RL	램프(적색)
TB5, TB6	단자대(10P+10P)	MCCB	배선용 차단기	BZ	부저
MC1, MC2	전자 접촉기(12P)	PB0	푸시버튼 스위치(적색)	CAP	홀마개
EOCR	EOCR(12P)	PB1	푸시버튼 스위치(녹색)	Ⓙ	8각 박스
X	릴레이(8P)	SS	셀렉터 스위치	F	퓨즈 및 퓨즈홀더

공개문제 ⑤

1. 동작

① MCCB를 통해 전원을 투입하면 EOCR에 전원이 공급된다.

② 자동 운전 동작 사항(SS가 A 위치에 있는 경우)
- FLS에 전원이 공급되고 FLS의 수위 감지가 동작되면 T, X, FR이 여자되고 FR의 설정시간 간격으로 MC1과 MC2가 교대로 여자되어 M1, RL과 M2, GL이 교대로 동작한다.
- T의 설정시간 t초 후, FR이 소자되고 MC1, MC2가 여자되어 M1, M2가 회전하고 RL, GL이 점등된다.
- 전동기가 운전하는 중 FLS의 수위 감지가 해제되거나 SS를 M(수동) 위치에 놓으면 제어회로 및 전동기의 동작은 모두 정지된다.

③ 수동 운전 동작 사항(SS가 M 위치에 있는 경우)
- PB1을 누르면 T, X, FR이 여자되고 FR의 설정시간 간격으로 MC1과 MC2가 교대로 여자되어 M1, RL과 M2, GL이 교대로 동작한다.
- T의 설정시간 t초 후, FR이 소자되고 MC1, MC2가 여자되어 M1, M2가 회전하고 RL, GL이 점등된다.
- 전동기가 운전하는 중 PB0를 누르거나 SS를 A(자동) 위치에 놓으면 제어회로 및 전동기의 동작은 모두 정지된다.

④ EOCR 동작 사항
- 전동기가 운전 중 전동기의 과부하로 과전류가 흐르면 EOCR이 동작되어 전동기는 정지하고 BZ가 동작되고 YL이 점등된다.
- EOCR을 리셋(RESET)하면 제어회로는 초기 상태로 복귀된다.

2. 도면

(1) 동작 회로도

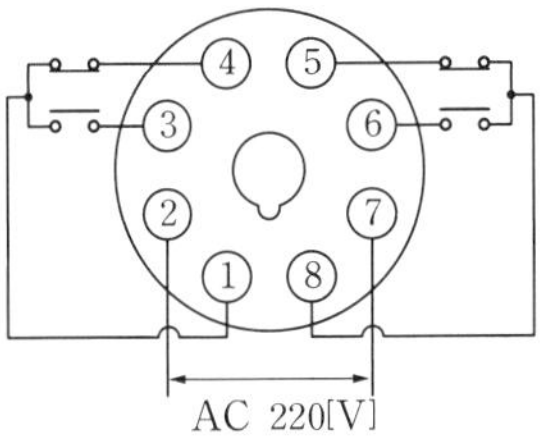

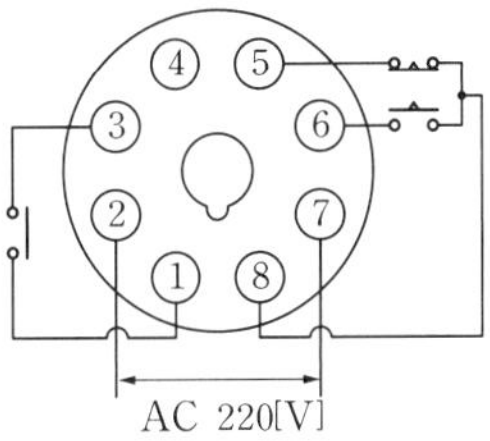

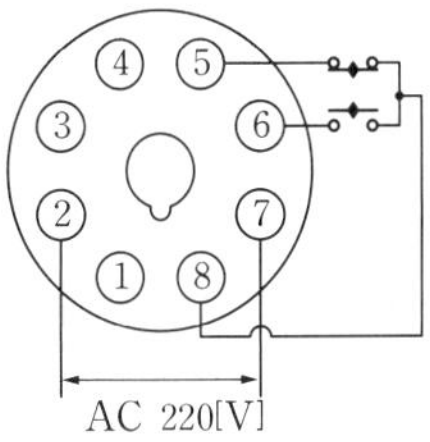

(2) 시험 기구 내부 결선도

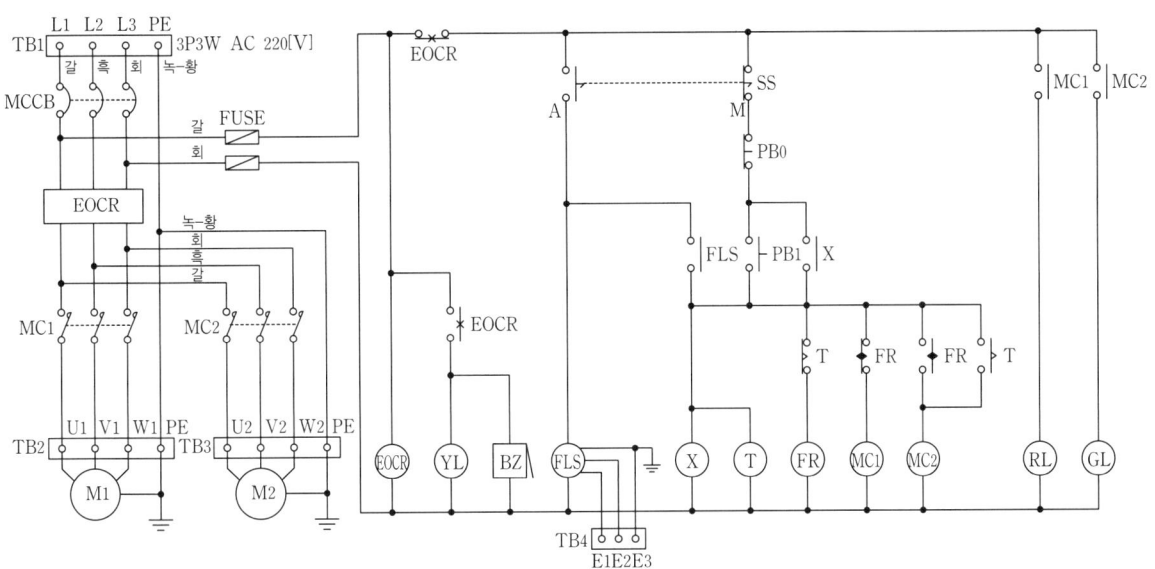

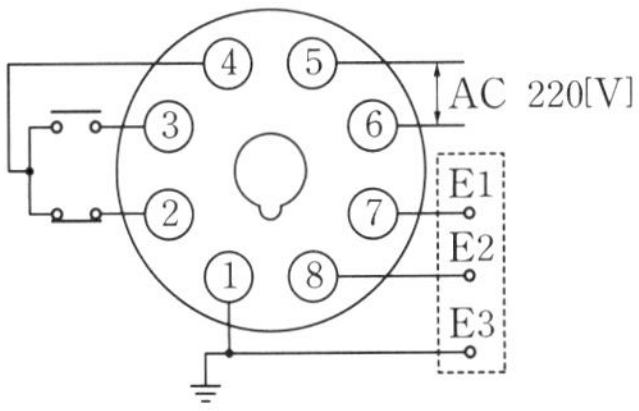

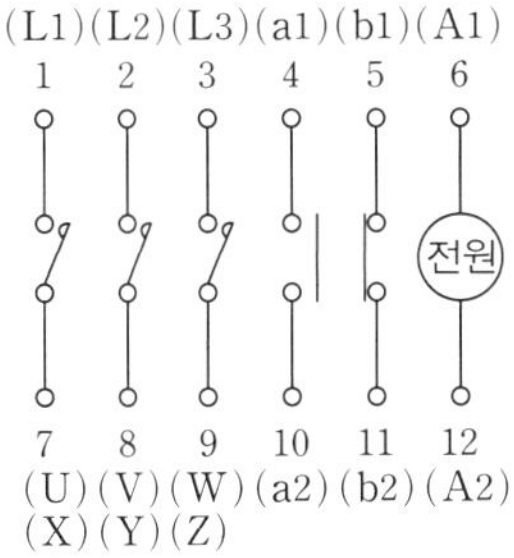

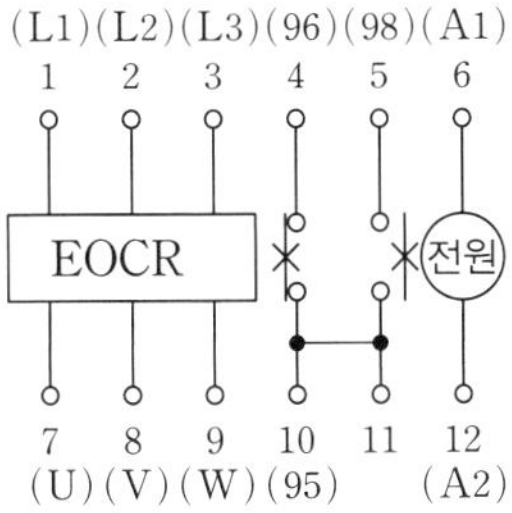

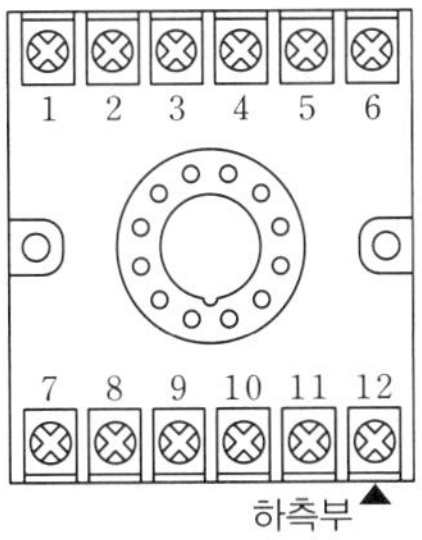

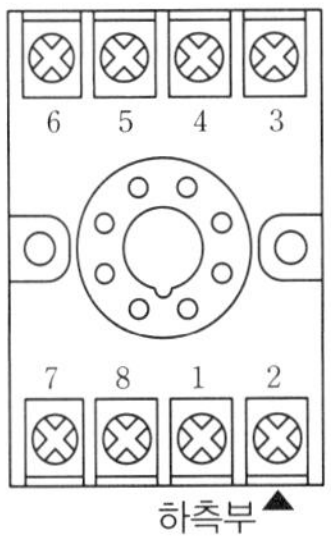

(3) 배관 및 기구 배치도 / 제어판 내부 기구 배치도

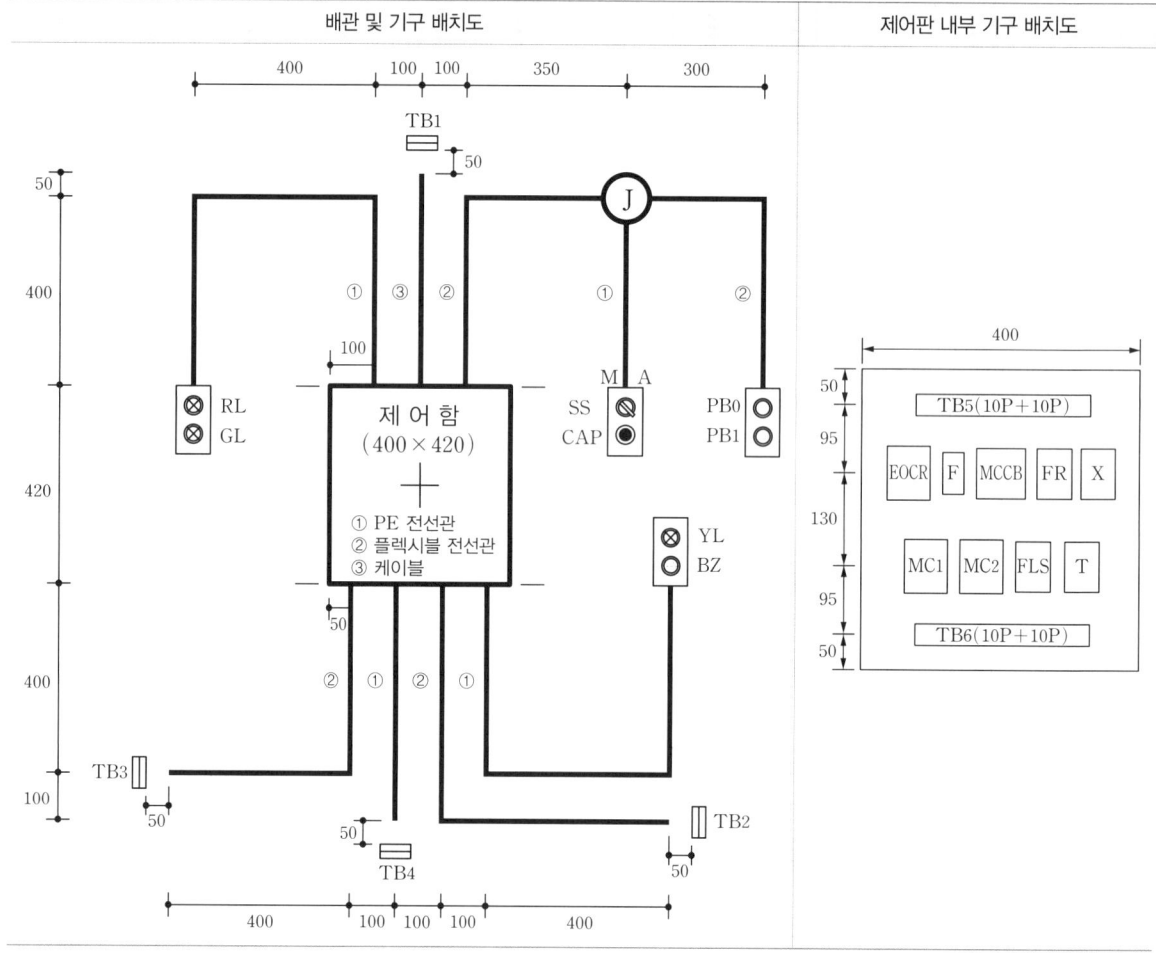

(4) 범례

기호	명칭	기호	명칭	기호	명칭
TB1	전원(단자대 4P)	T	타이머(8P)	YL	램프(황색)
TB2, TB3	전동기(단자대 4P)	FR	플리커릴레이(8P)	GL	램프(녹색)
TB4	플로트레스(단자대 4P)	FLS	플로트레스 스위치(8P)	RL	램프(적색)
TB5, TB6	단자대(10P+10P)	MCCB	배선용 차단기	BZ	부저
MC1, MC2	전자 접촉기(12P)	PB0	푸시버튼 스위치(적색)	CAP	홀마개
EOCR	EOCR(12P)	PB1	푸시버튼 스위치(녹색)	J	8각 박스
X	릴레이(8P)	SS	셀렉터 스위치	F	퓨즈 및 퓨즈홀더

공개문제 ⑥

1. 동작

① MCCB를 통해 전원을 투입하면 EOCR에 전원이 공급된다.

② 자동 운전 동작 사항(SS가 A 위치에 있는 경우)
- FLS에 전원이 공급되고 FLS의 수위 감지가 동작되면 X, MC1, MC2가 여자되어 M1, M2가 회전하고 RL, GL이 점등된다.
- 전동기가 운전하는 중 FLS의 수위 감지가 해제되거나 SS를 M(수동) 위치에 놓으면 제어회로 및 전동기의 동작은 모두 정지된다.

③ 수동 운전 동작 사항(SS가 M 위치에 있는 경우)
- PB1을 누르면 T, MC1, MC2가 여자되어 M1, M2가 회전하고 RL, GL이 점등된다.
- T의 설정시간 t초 후, MC2가 소자되어 M2가 정지하고 GL이 소등되며 FR이 여자되고 FR의 설정시간 간격으로 MC1과 MC2가 교대로 여자되어 M1, RL과 M2, GL이 교대로 동작한다.
- 전동기가 운전하는 중 PB0를 누르거나 SS를 A(자동) 위치에 놓으면 제어회로 및 전동기의 동작은 모두 정지된다.

④ EOCR 동작 사항
- 전동기가 운전 중 전동기의 과부하로 과전류가 흐르면 EOCR이 동작되어 전동기는 정지하고 BZ가 동작되고 YL이 점등된다.
- EOCR을 리셋(RESET)하면 제어회로는 초기 상태로 복귀된다.

2. 도면

(1) 동작 회로도

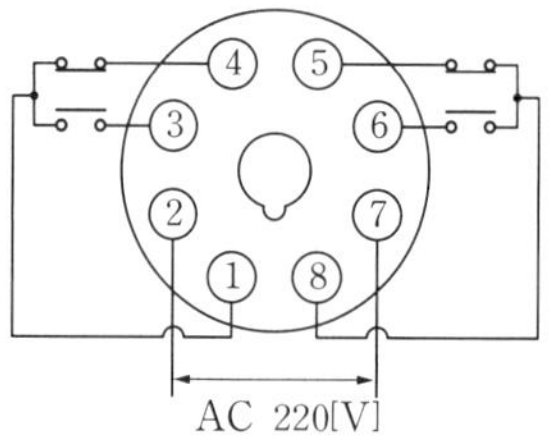

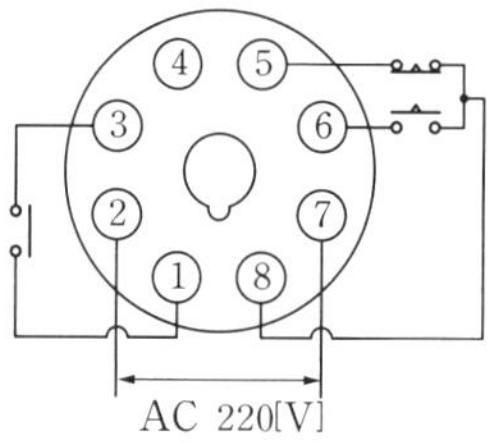

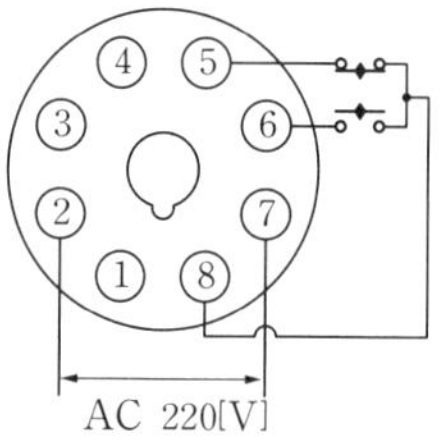

(2) 시험 기구 내부 결선도

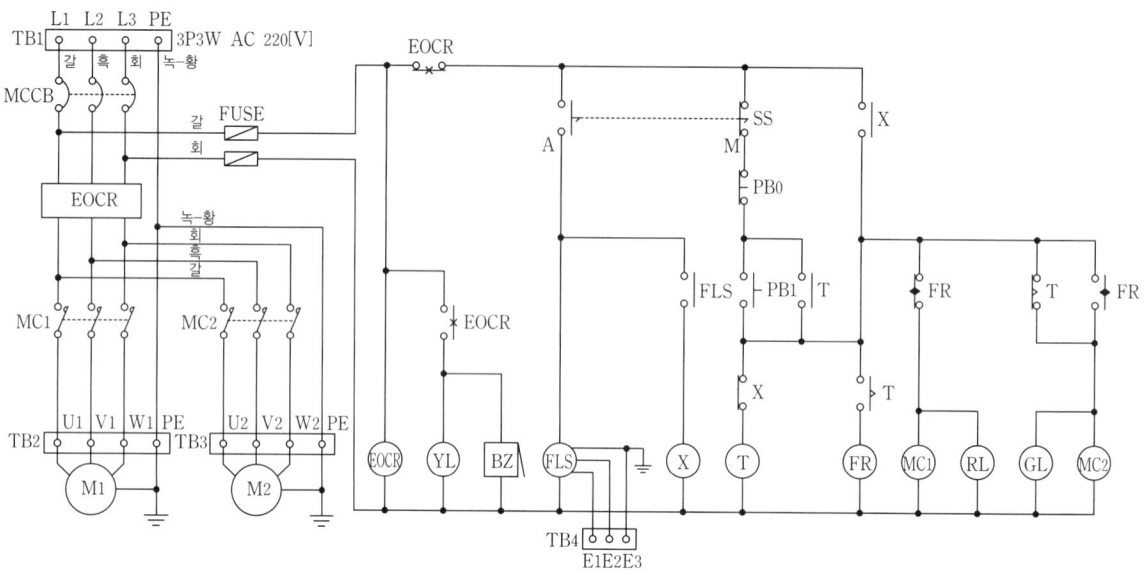

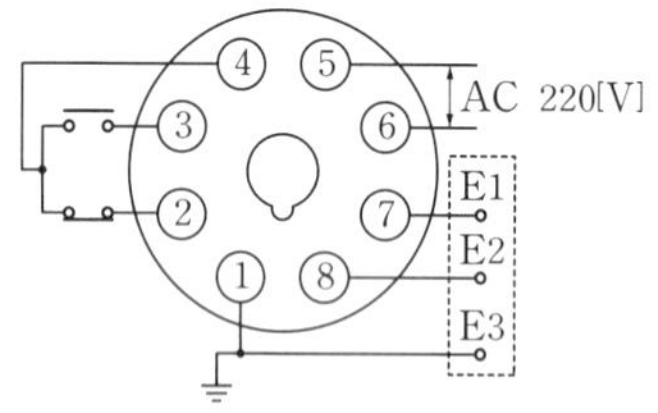

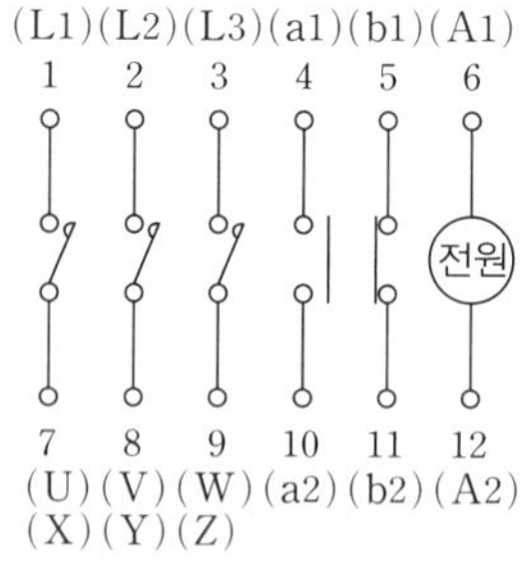

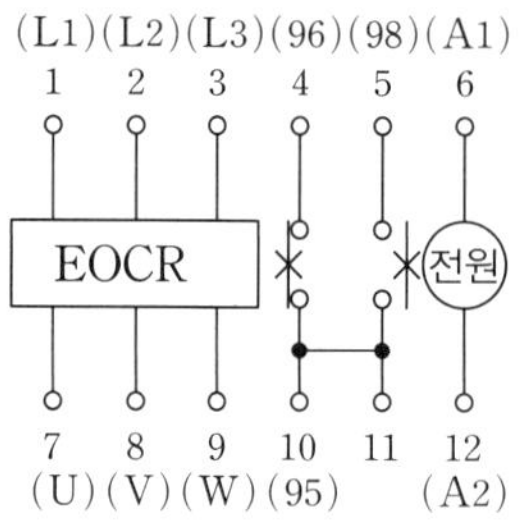

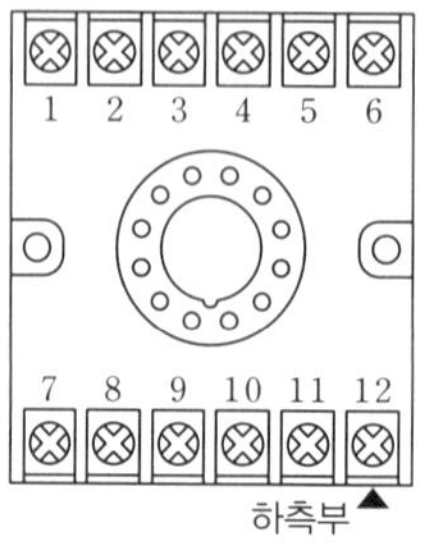

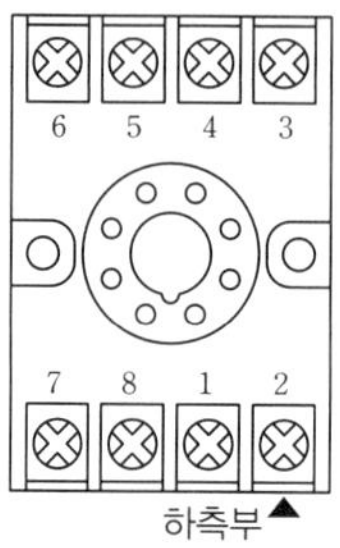

(3) 배관 및 기구 배치도 / 제어판 내부 기구 배치도

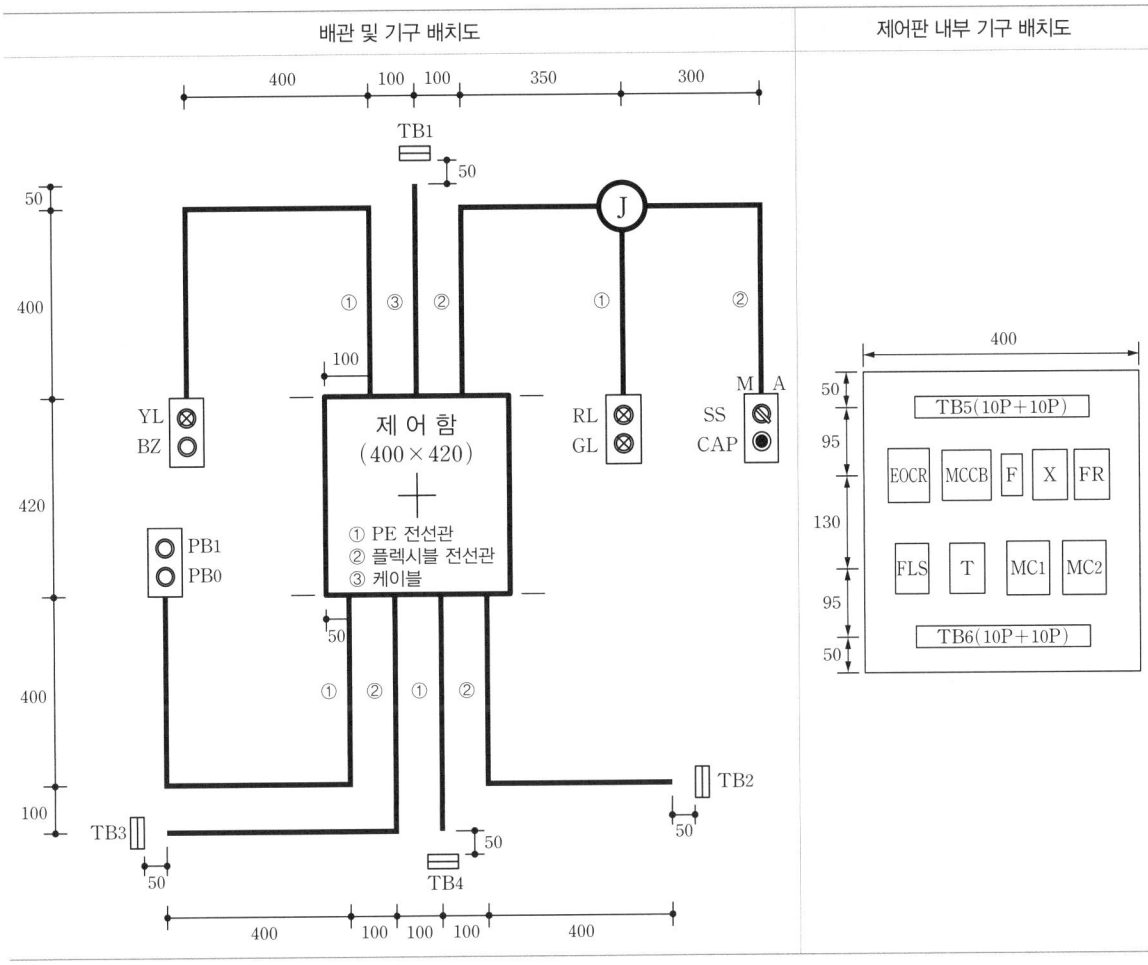

(4) 범례

기호	명칭	기호	명칭	기호	명칭
TB1	전원(단자대 4P)	T	타이머(8P)	YL	램프(황색)
TB2, TB3	전동기(단자대 4P)	FR	플리커릴레이(8P)	GL	램프(녹색)
TB4	플로트레스(단자대 4P)	FLS	플로트레스 스위치(8P)	RL	램프(적색)
TB5, TB6	단자대(10P+10P)	MCCB	배선용 차단기	BZ	부저
MC1, MC2	전자 접촉기(12P)	PB0	푸시버튼 스위치(적색)	CAP	홀마개
EOCR	EOCR(12P)	PB1	푸시버튼 스위치(녹색)	ⓙ	8각 박스
X	릴레이(8P)	SS	셀렉터 스위치	F	퓨즈 및 퓨즈홀더

공개문제 ⑦

1. 동작

① MCCB를 통해 전원을 투입하면 EOCR에 전원이 공급된다.

② 초기 운전 조건: T의 설정시간은 FR의 설정시간보다 작아야 한다. (즉, T 설정시간 < FR 설정시간)

③ 자동 운전 동작 사항(SS가 A 위치에 있는 경우)
- FLS에 전원이 공급되고 FLS의 수위 감지가 동작되면 X, FR, T, MC1이 여자되어 M1이 회전하고 RL이 점등된다.
- FR의 설정시간 동안 T, MC1이 여자되고 T의 설정시간 t초 후, MC1이 소자되고 MC2가 여자된다. 그 후 아래의 순으로 계속 반복 동작한다.
  - M1이 회전하고 RL이 점등
  - M1이 정지, M2가 회전하고 RL이 소등, GL이 점등
  - M1과 M2가 정지하고 RL과 GL이 소등
- 전동기가 운전하는 중 FLS의 수위 감지가 해제되거나 SS를 M(수동) 위치에 놓으면 제어회로 및 전동기의 동작은 모두 정지된다.

④ 수동 운전 동작 사항(SS가 M 위치에 있는 경우)
- PB1을 누르면 X, FR, T, MC1이 여자되어 M1이 회전하고 RL이 점등된다.
- FR의 설정시간 동안 T, MC1이 여자되고 T의 설정시간 t초 후, MC1이 소자되고 MC2가 여자된다. 그 후 아래의 순으로 계속 반복 동작한다.
  - M1이 회전하고 RL이 점등
  - M1이 정지, M2가 회전하고 RL이 소등, GL이 점등
  - M1과 M2가 정지하고 RL과 GL이 소등
- 전동기가 운전하는 중 PB0를 누르거나 SS를 A(자동) 위치에 놓으면 제어회로 및 전동기의 동작은 모두 정지된다.

⑤ EOCR 동작 사항
- 전동기가 운전 중 전동기의 과부하로 과전류가 흐르면 EOCR이 동작되어 전동기는 정지하고 BZ가 동작되고 YL이 점등된다.
- EOCR을 리셋(RESET)하면 제어회로는 초기 상태로 복귀된다.

2. 도면

(1) 동작 회로도

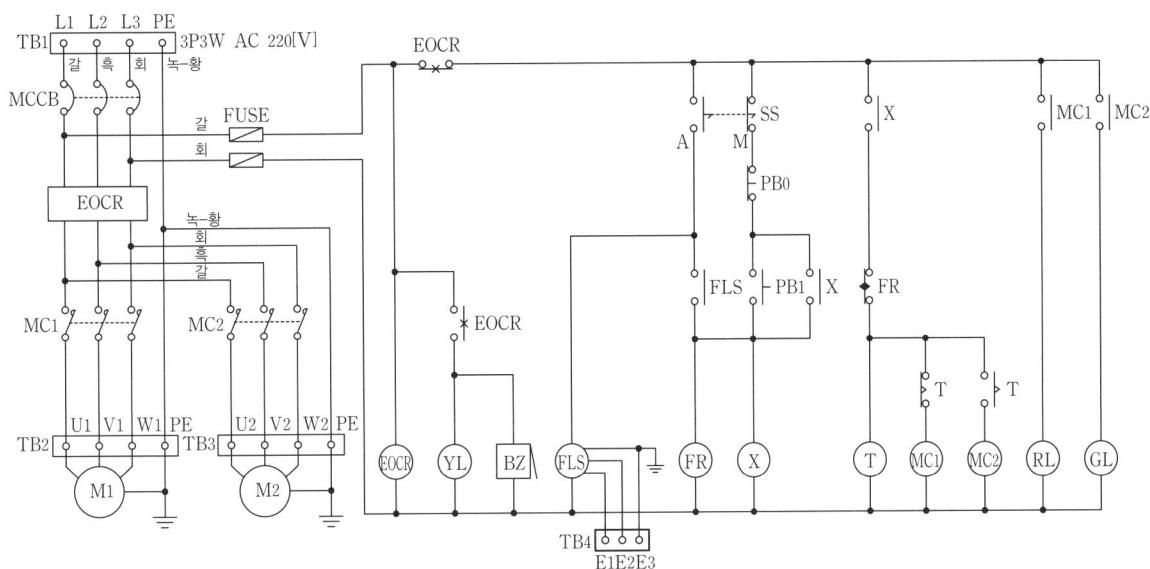

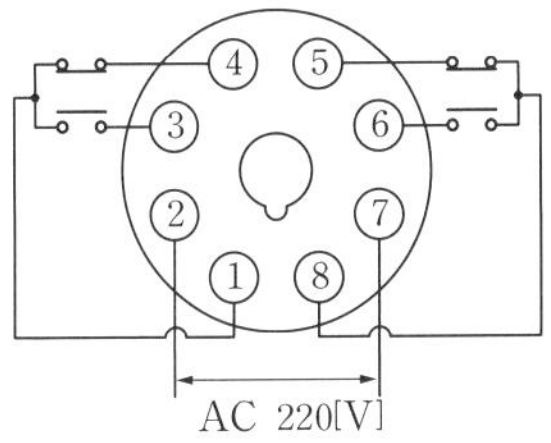

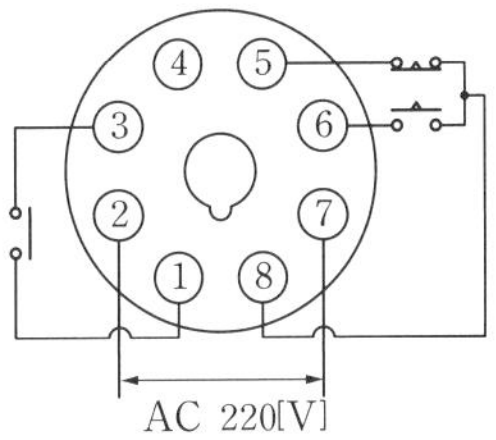

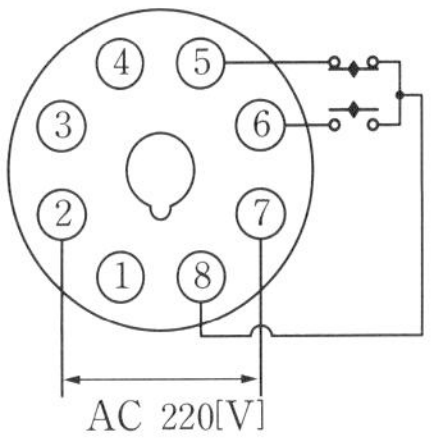

(2) 시험 기구 내부 결선도

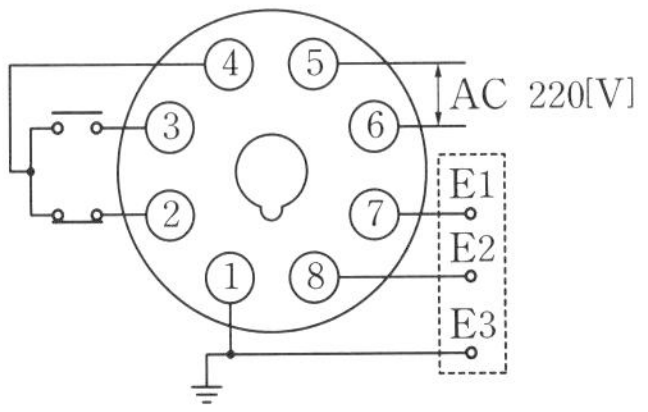

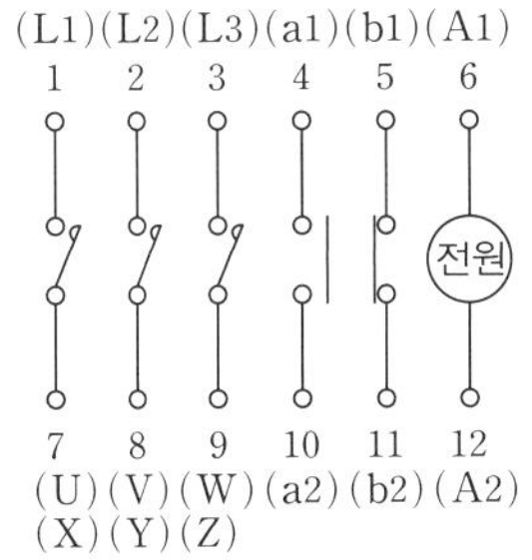

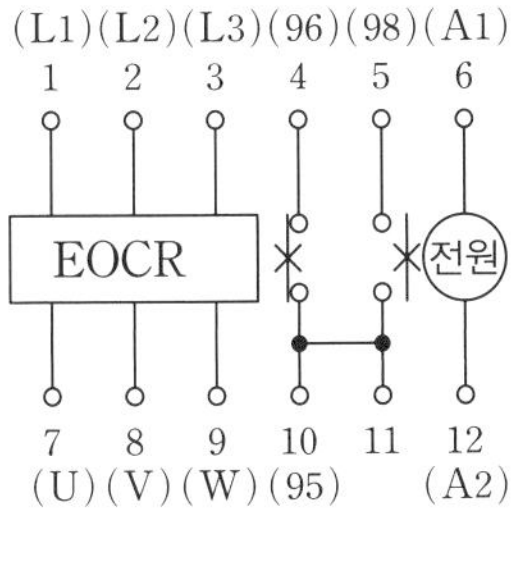

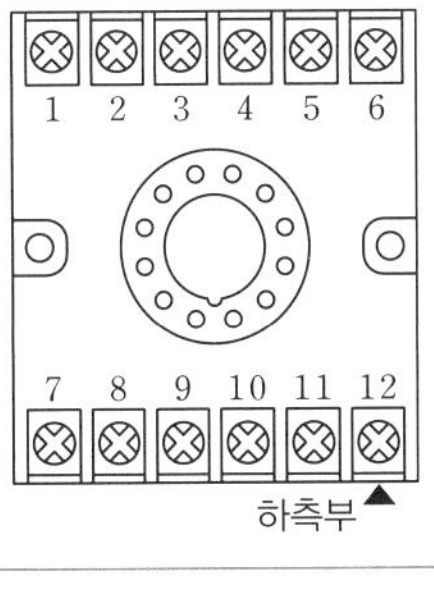

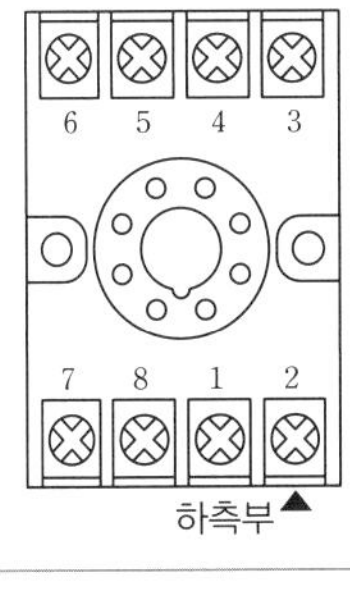

(3) 배관 및 기구 배치도 / 제어판 내부 기구 배치도

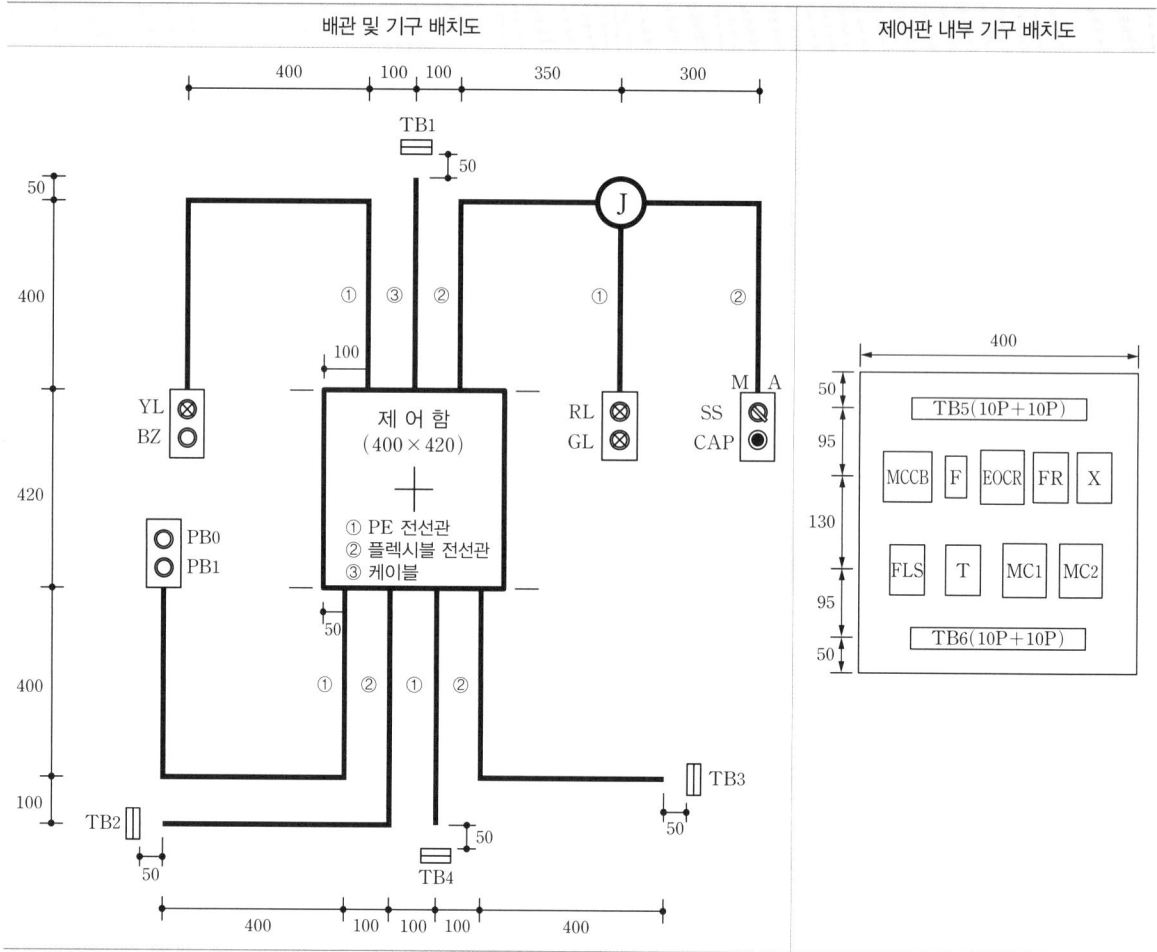

(4) 범례

기호	명칭	기호	명칭	기호	명칭
TB1	전원(단자대 4P)	T	타이머(8P)	YL	램프(황색)
TB2, TB3	전동기(단자대 4P)	FR	플리커릴레이(8P)	GL	램프(녹색)
TB4	플로트레스(단자대 4P)	FLS	플로트레스 스위치(8P)	RL	램프(적색)
TB5, TB6	단자대(10P+10P)	MCCB	배선용 차단기	BZ	부저
MC1, MC2	전자 접촉기(12P)	PB0	푸시버튼 스위치(적색)	CAP	홀마개
EOCR	EOCR(12P)	PB1	푸시버튼 스위치(녹색)	Ⓙ	8각 박스
X	릴레이(8P)	SS	셀렉터 스위치	F	퓨즈 및 퓨즈홀더

공개문제 ⑧

1. 동작

① MCCB를 통해 전원을 투입하면 EOCR에 전원이 공급된다.

② 자동 운전 동작 사항(SS가 A 위치에 있는 경우)
- FLS에 전원이 공급되고 FLS의 수위 감지가 동작되면 FR, X, MC1, MC2가 여자되어 FR의 설정시간 간격으로 YL이 점멸되며 M1, M2가 회전하고 RL, GL, YL이 점등된다.
- FR의 설정시간 간격으로 램프 YL이 점멸된다.
- 전동기가 운전하는 중 FLS의 수위 감지가 해제되거나 SS를 M(수동) 위치에 놓으면 제어회로 및 전동기의 동작은 모두 정지된다.

③ 수동 운전 동작 사항(SS가 M 위치에 있는 경우)
- PB1을 누르면 T, MC1, MC2가 여자되어 M1, M2가 회전하고 RL, GL이 점등된다.
- T의 설정시간 t초 후, MC1, MC2가 소자되어 M1, M2가 정지하고 RL, GL이 소등된다.
- 전동기가 운전하는 중 또는 타이머에 의해 정지된 상태에서 PB0를 누르거나 SS를 A(자동) 위치에 놓으면 제어회로 및 전동기의 동작은 모두 정지된다.

④ EOCR 동작 사항
- 전동기가 운전 중 전동기의 과부하로 과전류가 흐르면 EOCR이 동작되어 전동기는 정지하고 BZ가 동작된다.
- EOCR을 리셋(RESET)하면 제어회로는 초기 상태로 복귀된다.

2. 도면

(1) 동작 회로도

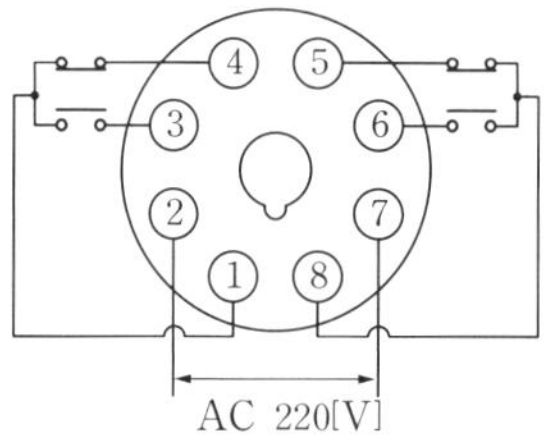

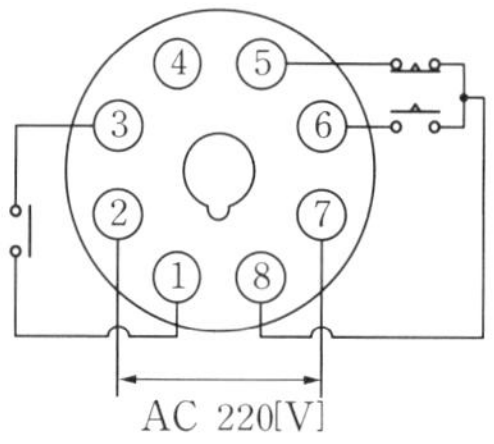

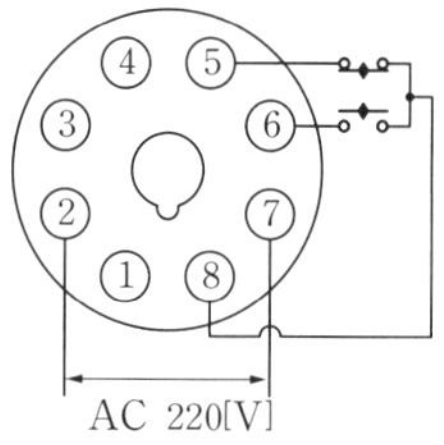

(2) 시험 기구 내부 결선도

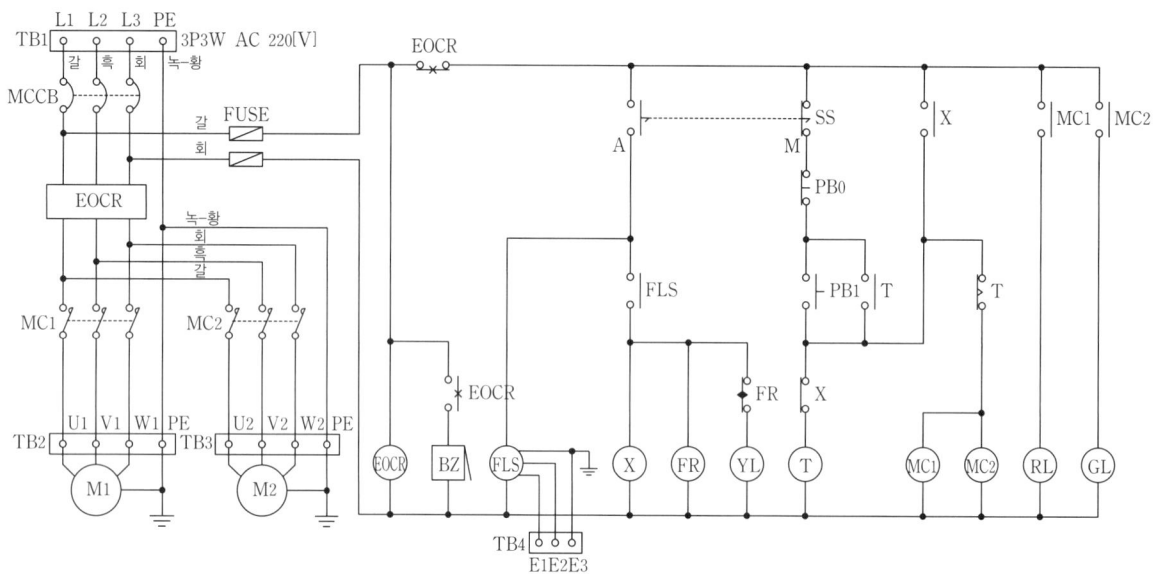

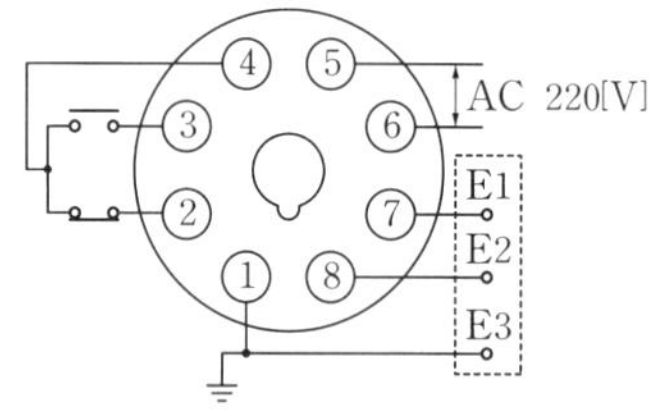

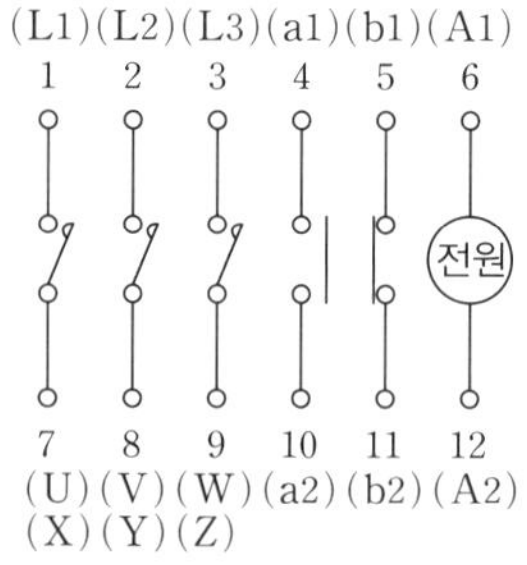

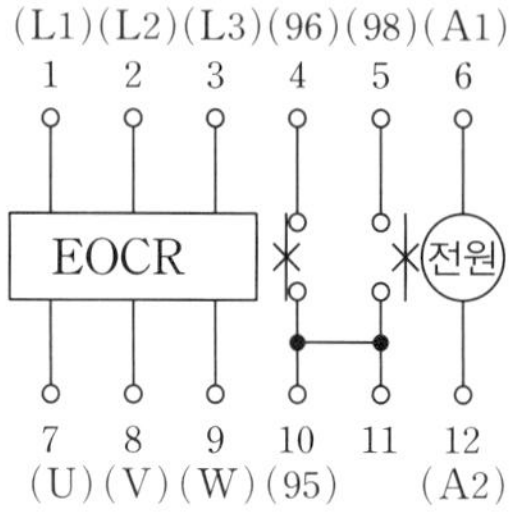

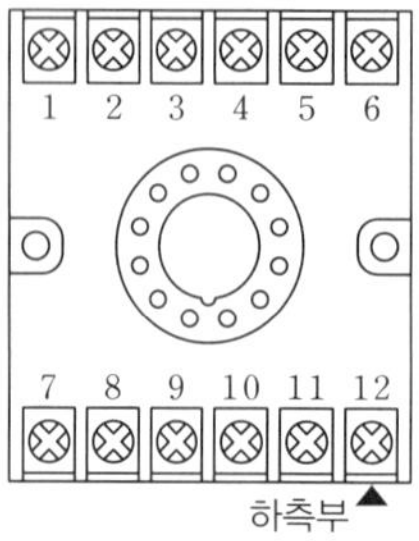

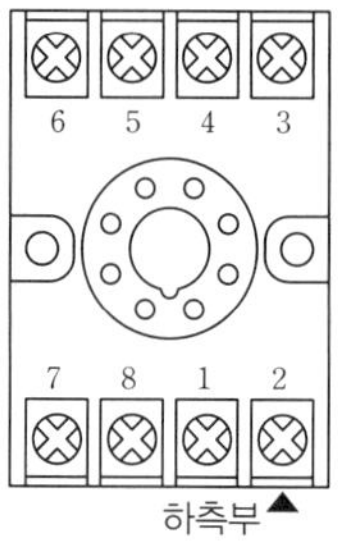

(3) 배관 및 기구 배치도 / 제어판 내부 기구 배치도

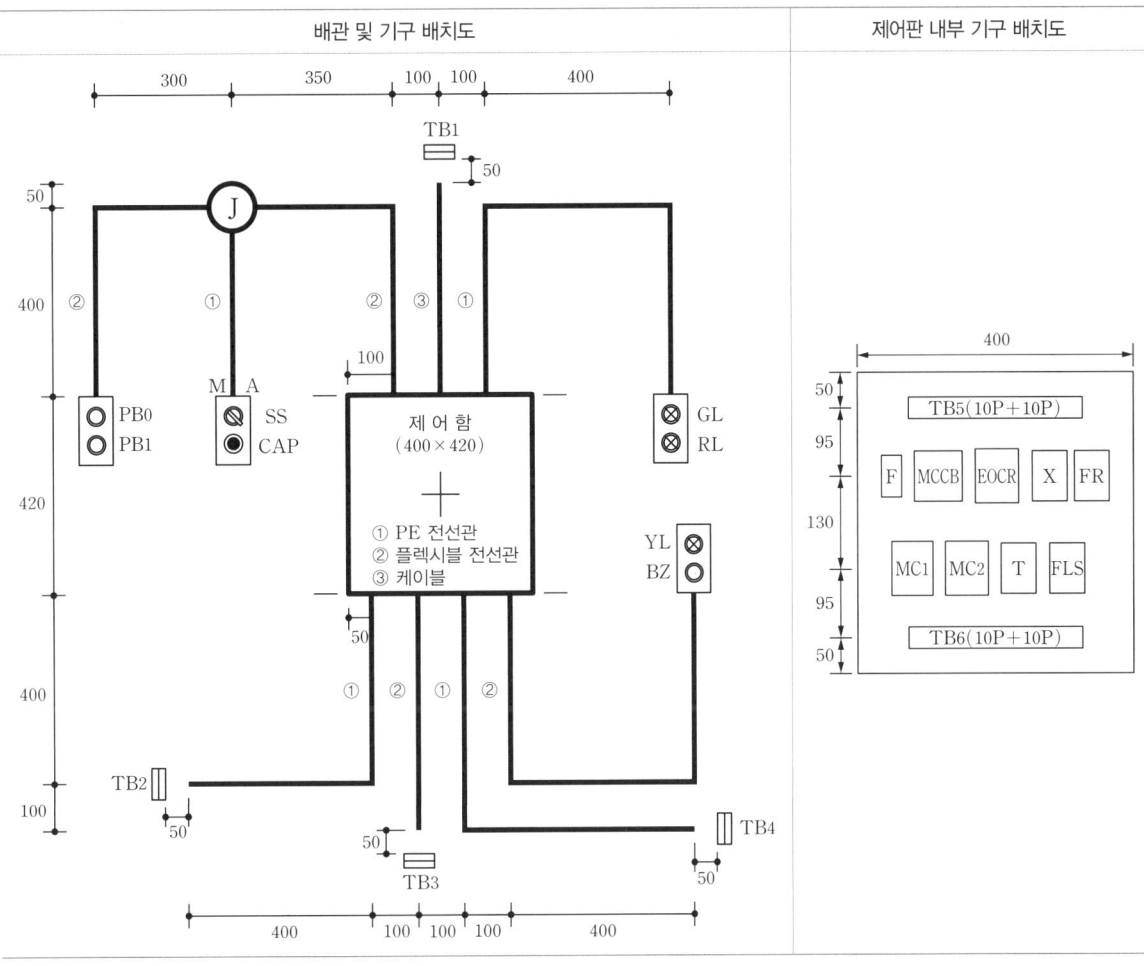

(4) 범례

기호	명칭	기호	명칭	기호	명칭
TB1	전원(단자대 4P)	T	타이머(8P)	YL	램프(황색)
TB2, TB3	전동기(단자대 4P)	FR	플리커릴레이(8P)	GL	램프(녹색)
TB4	플로트레스(단자대 4P)	FLS	플로트레스 스위치(8P)	RL	램프(적색)
TB5, TB6	단자대(10P+10P)	MCCB	배선용 차단기	BZ	부저
MC1, MC2	전자 접촉기(12P)	PB0	푸시버튼 스위치(적색)	CAP	홀마개
EOCR	EOCR(12P)	PB1	푸시버튼 스위치(녹색)	Ⓙ	8각 박스
X	릴레이(8P)	SS	셀렉터 스위치	F	퓨즈 및 퓨즈홀더

공개문제 ⑨

1. 동작

① MCCB를 통해 전원을 투입하면 EOCR에 전원이 공급된다.

② 자동 운전 동작 사항(SS가 A 위치에 있는 경우)
- FLS에 전원이 공급되고 FLS의 수위 감지가 동작되면 MC1이 여자되어 M1이 회전하고 RL이 점등된다.
- 전동기가 운전하는 중 FLS의 수위 감지가 해제되거나 SS를 M(수동) 위치에 놓으면 제어회로 및 M1은 정지된다.

③ 수동 운전 동작 사항(SS가 M 위치에 있는 경우)
- PB1을 누르면 X, T, MC1이 여자되어 M1이 회전하고 RL이 점등된다.
- T의 설정시간 t초 후, MC2가 여자되어 M2가 회전하고 GL이 점등된다.
- 전동기가 운전하는 중 PB0를 누르거나 SS를 A(자동) 위치에 놓으면 제어회로 및 전동기의 동작은 모두 정지된다.

④ EOCR 동작 사항
- 전동기가 운전하는 중 전동기의 과부하로 과전류가 흐르면 EOCR이 동작되어 전동기는 정지하고 FR이 여자되고 BZ가 동작된다.
- FR의 설정시간 간격으로 BZ와 YL이 교대로 동작된다.
- EOCR을 리셋(RESET)하면 제어회로는 초기 상태로 복귀된다.

2. 도면

(1) 동작 회로도

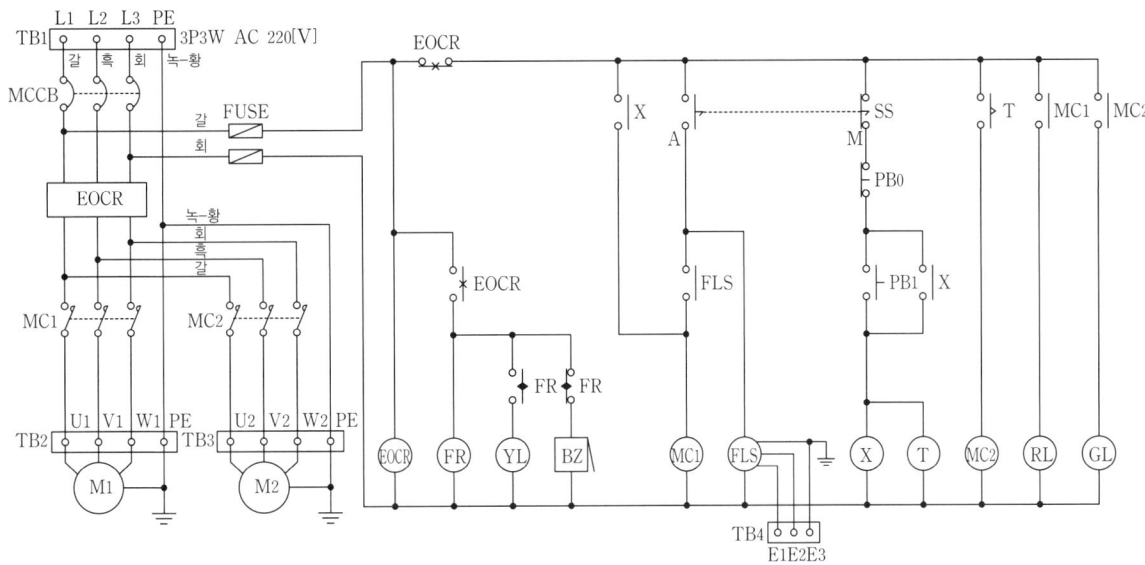

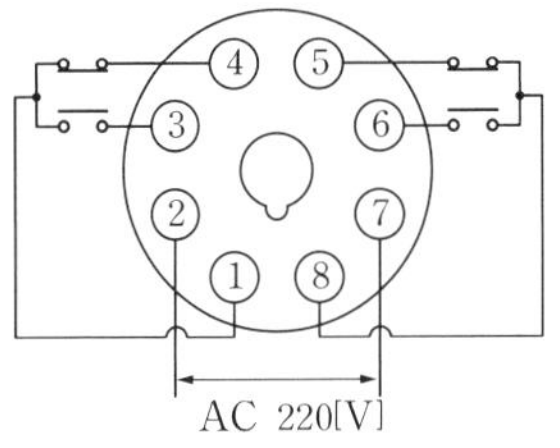

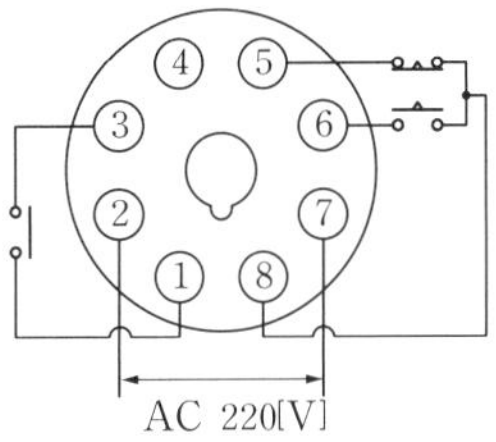

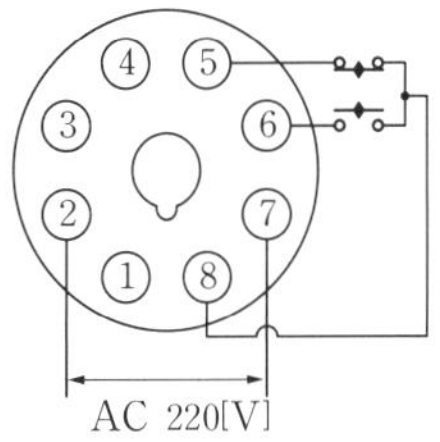

(2) 시험 기구 내부 결선도

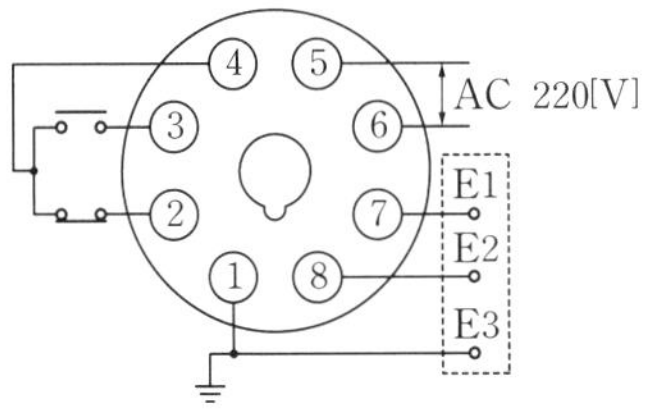

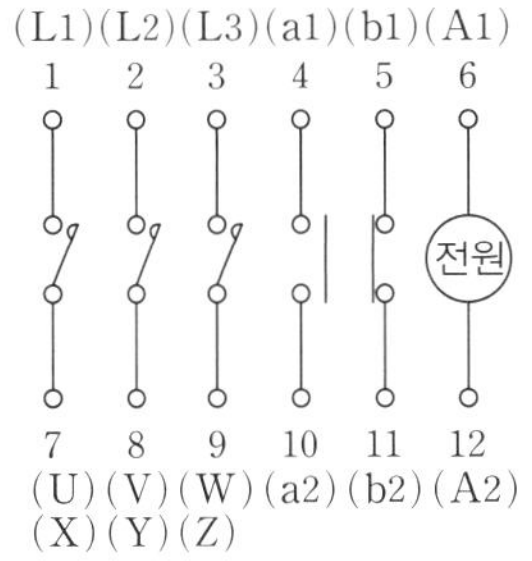

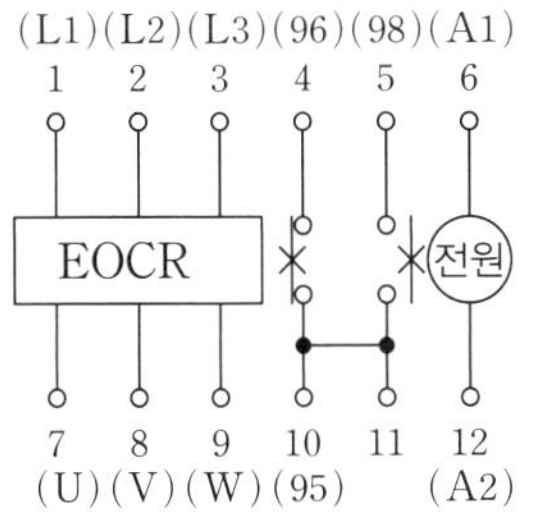

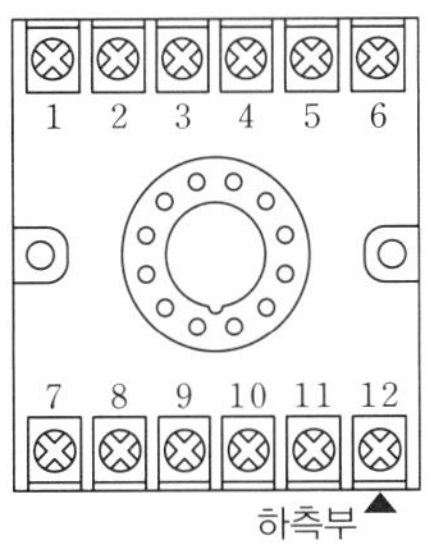

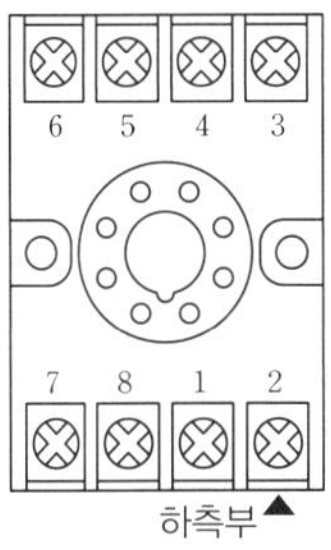

(3) 배관 및 기구 배치도 / 제어판 내부 기구 배치도

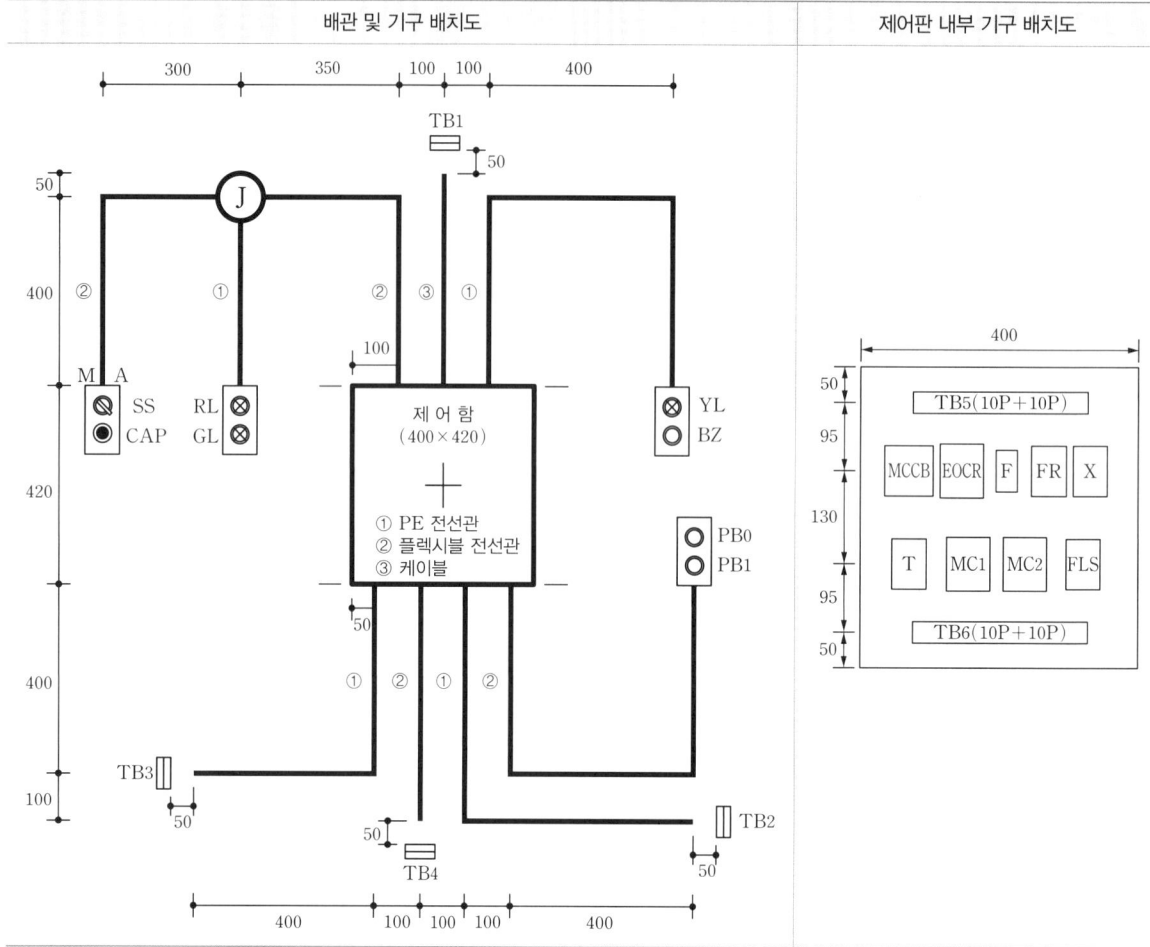

(4) 범례

기호	명칭	기호	명칭	기호	명칭
TB1	전원(단자대 4P)	T	타이머(8P)	YL	램프(황색)
TB2, TB3	전동기(단자대 4P)	FR	플리커릴레이(8P)	GL	램프(녹색)
TB4	플로트레스(단자대 4P)	FLS	플로트레스 스위치(8P)	RL	램프(적색)
TB5, TB6	단자대(10P+10P)	MCCB	배선용 차단기	BZ	부저
MC1, MC2	전자 접촉기(12P)	PB0	푸시버튼 스위치(적색)	CAP	홀마개
EOCR	EOCR(12P)	PB1	푸시버튼 스위치(녹색)	Ⓙ	8각 박스
X	릴레이(8P)	SS	셀렉터 스위치	F	퓨즈 및 퓨즈홀더

TYPE 02 전동기 제어회로

공개문제 ⑩

1. 동작

① MCCB를 통해 전원을 투입하면 EOCR에 전원이 공급된다.
② PB1 동작 사항
- PB1을 누르면 X1이 여자되어 WL이 점등된다.
- X1이 여자된 상태에서 LS1이 감지되면 T1이 여자된다.
- T1의 설정시간 t1초 후, MC1이 여자되어 M1이 회전하고 RL이 점등, WL이 소등된다.
- M1이 회전하는 중 LS1의 감지가 해제되면 T1, MC1이 소자되어 M1은 정지하고 RL은 소등, WL은 점등된다.

③ PB2 동작 사항
- PB2를 누르면 X2가 여자되어 WL이 점등된다.
- X2가 여자된 상태에서 LS2가 감지되면 T2가 여자된다.
- T2의 설정시간 t2초 후, MC2가 여자되어 M2가 회전하고 GL이 점등, WL이 소등된다.
- M2가 회전하는 중 LS2의 감지가 해제되면 T2, MC2가 소자되어 M2는 정지하고 GL은 소등, WL은 점등된다.

④ 제어회로가 동작하는 중 PB0를 누르면 제어회로 및 전동기 동작은 모두 정지된다.
⑤ EOCR 동작 사항
- 전동기가 운전하는 중 전동기의 과부하로 과전류가 흐르면 EOCR이 동작되어 전동기는 정지하고 YL이 점등된다.
- EOCR을 리셋(RESET)하면 제어회로는 초기 상태로 복귀된다.

실습영상

▶ 왼쪽의 QR코드를 스캔하여 [TYPE 02 전동기 제어회로]의 대표문제(공개문제 ⑩)의 주회로 설계부터 배선 및 배관까지 모든 작업 과정을 담은 실습영상을 볼 수 있습니다. 특히, 공개문제 ⑩~⑱은 도면과 동작이 유사하여 실습영상과 함께 학습하면 전동기 제어회로 유형을 쉽게 마스터할 수 있습니다.

2. 도면

(1) 동작 회로도

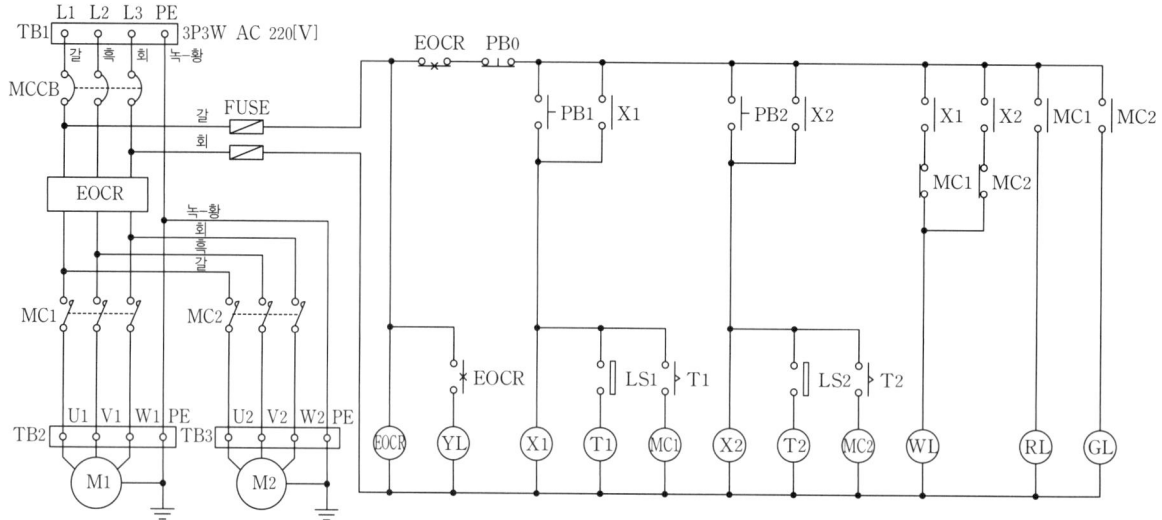

(2) 시험 기구 내부 결선도

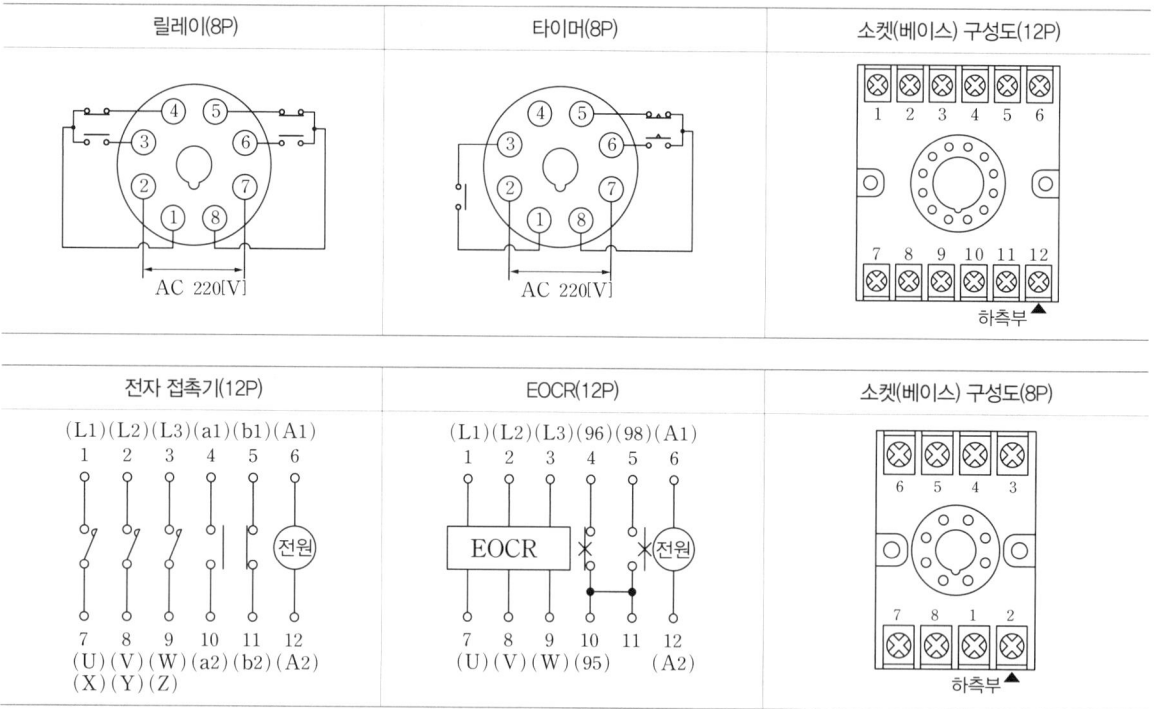

(3) 배관 및 기구 배치도 / 제어판 내부 기구 배치도

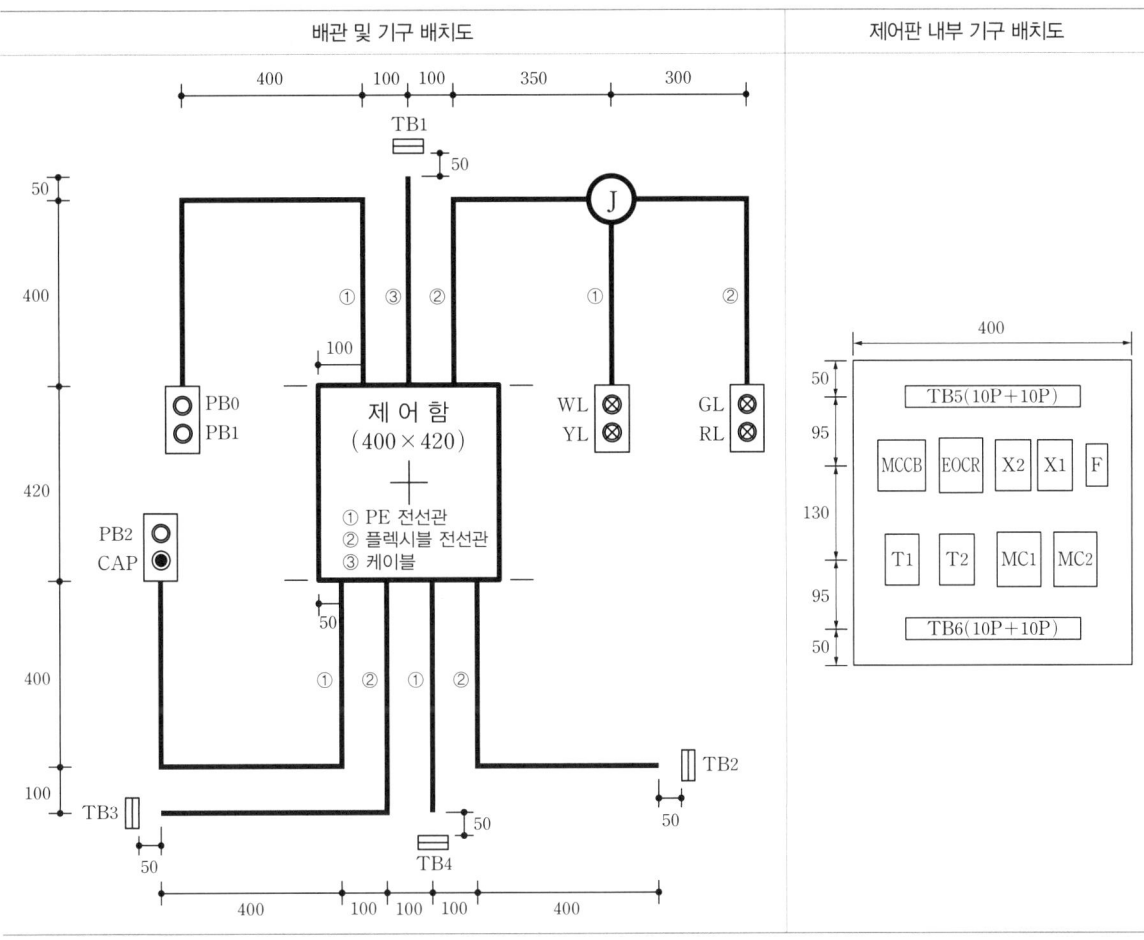

(4) 범례

기호	명칭	기호	명칭	기호	명칭
TB1	전원(단자대 4P)	T1, T2	타이머(8P)	YL	램프(황색)
TB2, TB3	전동기(단자대 4P)	MCCB	배선용 차단기	GL	램프(녹색)
TB4	LS1, LS2(단자대 4P)	PB0	푸시버튼 스위치(적색)	RL	램프(적색)
TB5, TB6	단자대(10P+10P)	PB1	푸시버튼 스위치(녹색)	WL	램프(백색)
MC1, MC2	전자 접촉기(12P)	PB2	푸시버튼 스위치(녹색)	CAP	홀마개
EOCR	EOCR(12P)	F	퓨즈 및 퓨즈홀더	Ⓙ	8각 박스
X1, X2	릴레이(8P)				

공개문제 ⑪

1. 동작

① MCCB를 통해 전원을 투입하면 EOCR에 전원이 공급된다.

② PB1 동작 사항
- PB1을 누르면 X1, T1이 여자되며 WL이 점등되고 T1의 설정시간 t1초 이상 PB1을 누르고 있어야 T1에 의해 회로가 자기유지된다. (이때 T2, X2가 소자된다.)
- X1이 여자된 상태에서 LS1이 감지되면 MC1이 여자되어 M1이 회전하고 RL이 점등, WL이 소등된다.
- M1이 회전하는 중 LS1의 감지가 해제되면 MC1이 소자되어 M1은 정지하고 RL은 소등, WL은 점등된다.

③ PB2 동작 사항
- PB2를 누르면 X2, T2가 여자되며 WL이 점등되고 T2의 설정시간 t2초 이상 PB2를 누르고 있어야 T2에 의해 회로가 자기유지된다. (이때 T1, X1이 소자된다.)
- X2가 여자된 상태에서 LS2가 감지되면 MC2가 여자되어 M2가 회전하고 GL이 점등, WL이 소등된다.
- M2가 회전하는 중 LS2의 감지가 해제되면 MC2가 소자되어 M2는 정지하고 GL은 소등, WL은 점등된다.

④ 제어회로가 동작하는 중 PB0를 누르면 제어회로 및 전동기 동작은 모두 정지된다.

⑤ EOCR 동작 사항
- 전동기가 운전하는 중 전동기의 과부하로 과전류가 흐르면 EOCR이 동작되어 전동기는 정지하고 YL이 점등된다.
- EOCR을 리셋(RESET)하면 제어회로는 초기 상태로 복귀된다.

2. 도면

(1) 동작 회로도

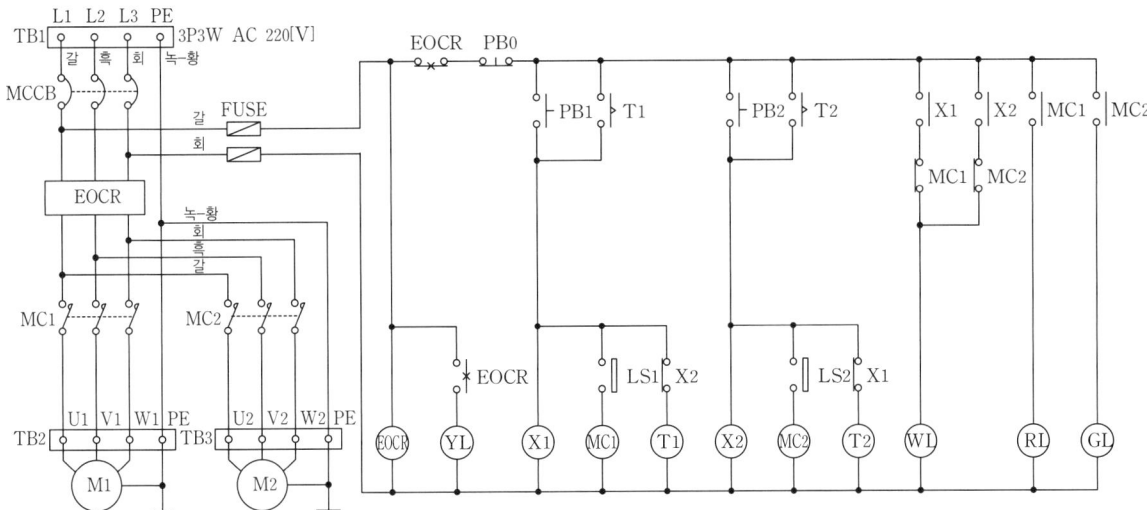

(2) 시험 기구 내부 결선도

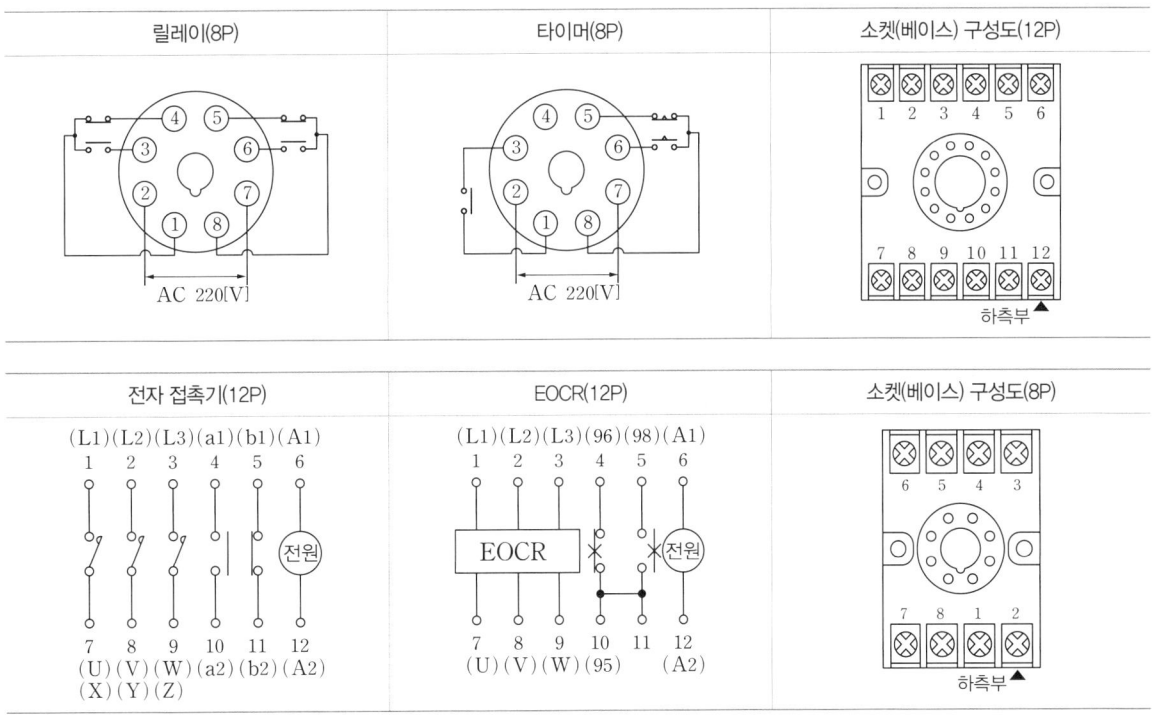

(3) 배관 및 기구 배치도 / 제어판 내부 기구 배치도

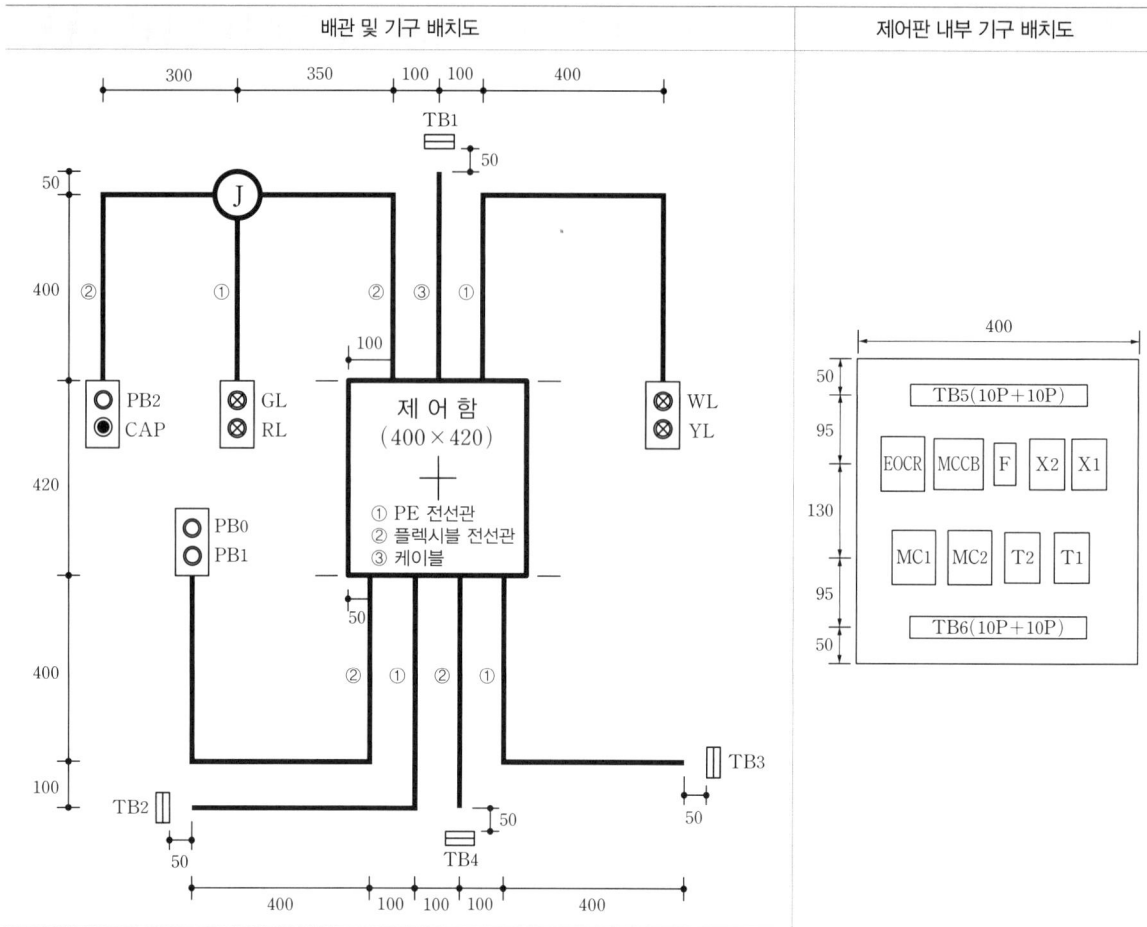

(4) 범례

기호	명칭	기호	명칭	기호	명칭
TB1	전원(단자대 4P)	T1, T2	타이머(8P)	YL	램프(황색)
TB2, TB3	전동기(단자대 4P)	MCCB	배선용 차단기	GL	램프(녹색)
TB4	LS1, LS2(단자대 4P)	PB0	푸시버튼 스위치(적색)	RL	램프(적색)
TB5, TB6	단자대(10P+10P)	PB1	푸시버튼 스위치(녹색)	WL	램프(백색)
MC1, MC2	전자 접촉기(12P)	PB2	푸시버튼 스위치(녹색)	CAP	홀마개
EOCR	EOCR(12P)	F	퓨즈 및 퓨즈홀더	Ⓙ	8각 박스
X1, X2	릴레이(8P)				

공개문제 ⑫

1. 동작

① MCCB를 통해 전원을 투입하면 EOCR에 전원이 공급된다.

② PB1 동작 사항
- PB1을 누르면 X1, T1이 여자되어 WL이 점등된다.
- X1이 여자된 상태에서 LS1이 감지되면
  - MC1이 여자되어 T1이 소자되며 M1이 회전하고 RL이 점등, WL이 소등된다.
  - M1이 회전하는 중 LS1의 감지가 해제되면 T1이 여자, MC1이 소자되어 M1은 정지하고 RL은 소등, WL은 점등된다.
- X1이 여자된 상태에서 LS1이 감지되지 않으면
  - T1의 설정시간 t1초 후 X2, MC2가 여자되어 M2가 회전하고 GL이 점등된다.

③ PB2 동작 사항
- PB2를 누르면 X2, MC2가 여자되어 M2가 회전하고 GL이 점등된다.
- X2가 여자된 상태에서 LS2가 감지되면 T2가 여자되어 WL이 점등된다.
- T2의 설정시간 t2초 후, X1, T1이 여자된다.
- X1이 여자된 상태에서 LS1이 감지되면 MC1이 여자되어 T1이 소자되며 M1이 회전하고 RL이 점등된다.

④ 제어회로가 동작하는 중 PB0를 누르면 제어회로 및 전동기 동작은 모두 정지된다.

⑤ EOCR 동작 사항
- 전동기가 운전하는 중 전동기의 과부하로 과전류가 흐르면 EOCR이 동작되어 전동기는 정지하고 YL이 점등된다.
- EOCR을 리셋(RESET)하면 제어회로는 초기 상태로 복귀된다.

2. 도면

(1) 동작 회로도

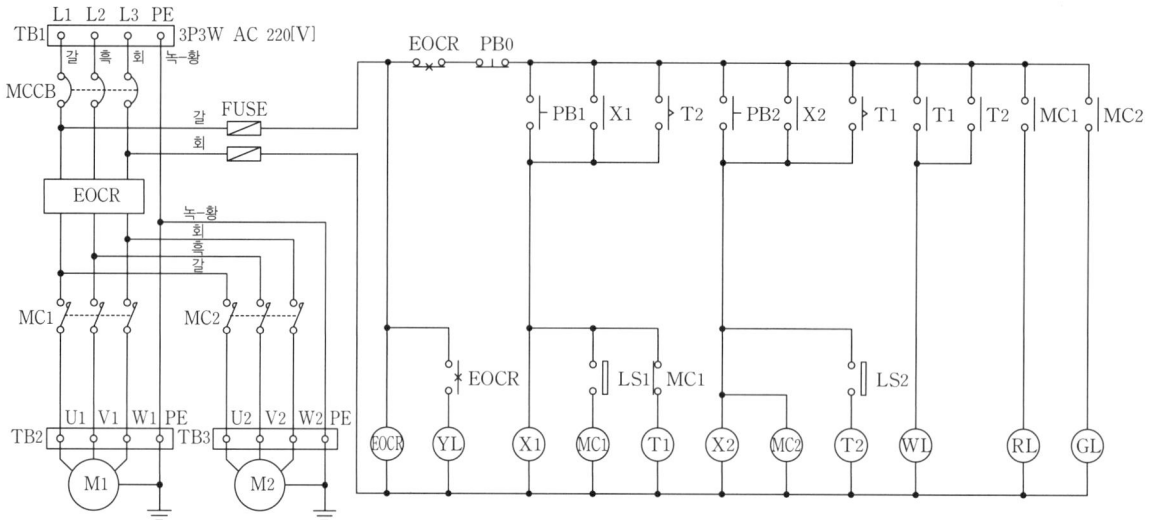

(2) 시험 기구 내부 결선도

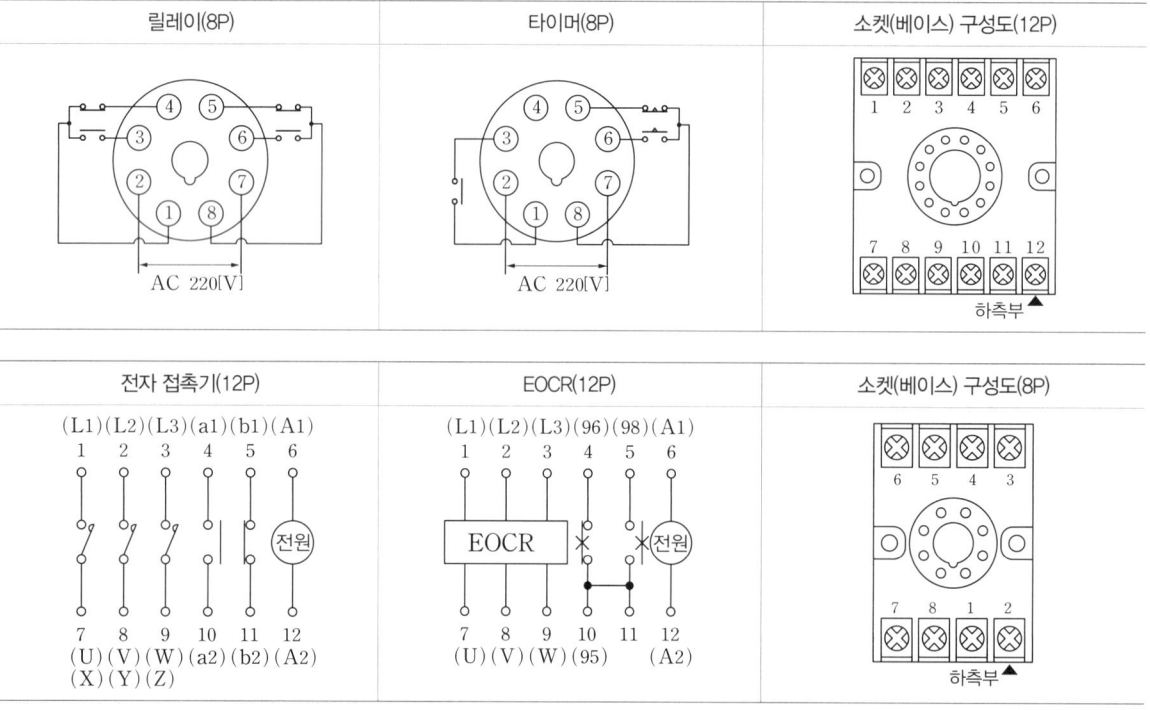

(3) 배관 및 기구 배치도 / 제어판 내부 기구 배치도

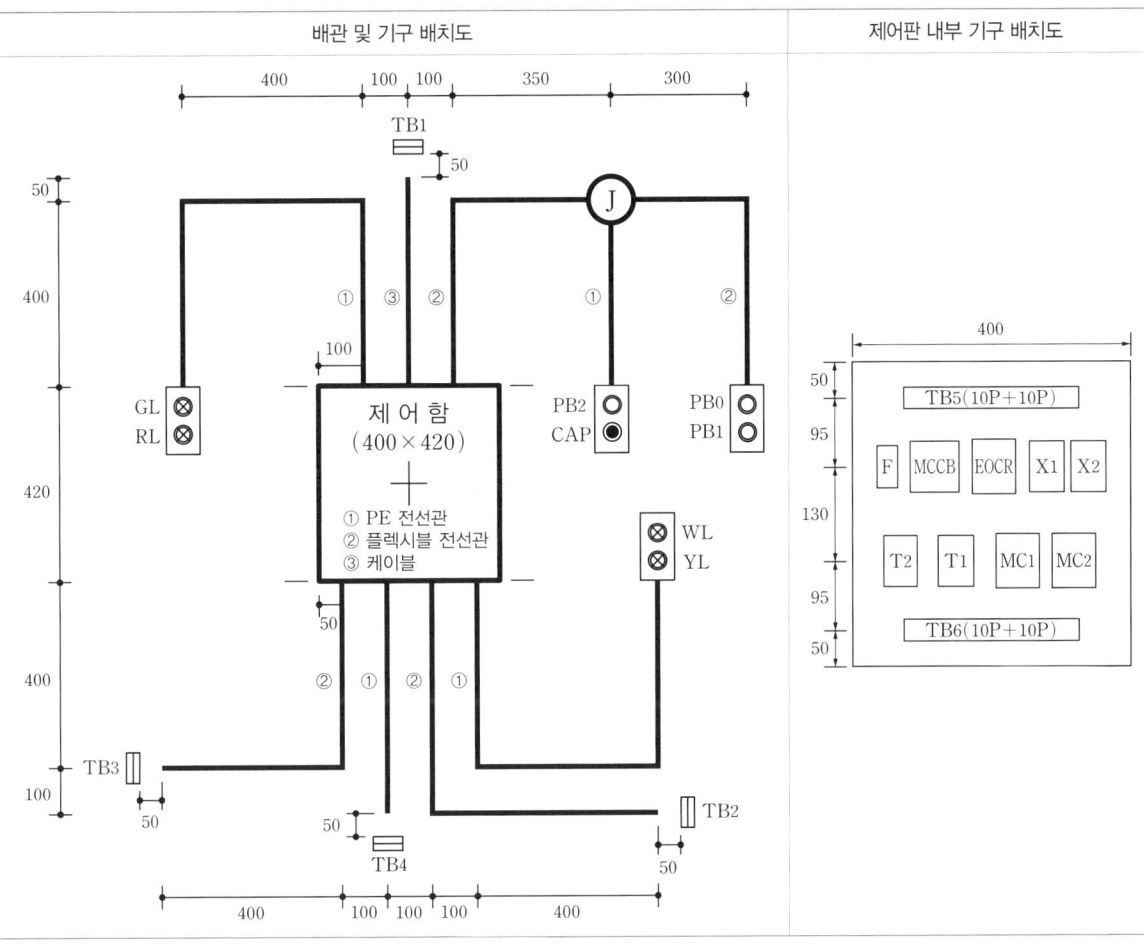

(4) 범례

기호	명칭	기호	명칭	기호	명칭
TB1	전원(단자대 4P)	T1, T2	타이머(8P)	YL	램프(황색)
TB2, TB3	전동기(단자대 4P)	MCCB	배선용 차단기	GL	램프(녹색)
TB4	LS1, LS2(단자대 4P)	PB0	푸시버튼 스위치(적색)	RL	램프(적색)
TB5, TB6	단자대(10P+10P)	PB1	푸시버튼 스위치(녹색)	WL	램프(백색)
MC1, MC2	전자 접촉기(12P)	PB2	푸시버튼 스위치(녹색)	CAP	홀마개
EOCR	EOCR(12P)	F	퓨즈 및 퓨즈홀더	Ⓙ	8각 박스
X1, X2	릴레이(8P)				

공개문제 ⑬

1. 동작

① MCCB를 통해 전원을 투입하면 EOCR에 전원이 공급된다.

② PB1 동작 사항
- 푸시버튼 스위치 PB1을 누르거나 리밋스위치 LS1이 순간 감지된 후 해제(OFF → ON → OFF)되면, 릴레이 X1, 타이머 T1이 여자되어, 램프 WL이 점등된다.
- X1이 여자된 상태에서 LS2가 감지되면
  - MC1이 여자되어 T1이 소자되며 M1이 회전하고 RL이 점등, WL이 소등된다.
  - M1이 회전하는 중 LS2의 감지가 해제되면 T1이 여자, MC1이 소자되어 M1은 정지하고 RL은 소등, WL은 점등된다.
- X1이 여자된 상태에서 LS2가 감지되지 않으면
  - T1의 설정시간 t1초 후, X2, T2, MC2가 여자되어 M2가 회전하고 GL이 점등된다.
  - T2의 설정시간 t2초 후, X1, T1, T2가 소자되고 WL이 소등된다.
- 제어회로가 동작하는 중 푸시버튼 스위치 PB0를 누르면, 제어회로 및 전동기 동작은 모두 정지된다.

③ PB2 동작 사항
- PB2를 누르면 X2, MC2가 여자되어 M2가 회전하고 GL이 점등된다. (이때 M1이 운전 중이면 WL이 점등된다.)
- 제어회로가 동작하는 중 PB0를 누르면 제어회로 및 전동기 동작은 모두 정지된다.

④ EOCR 동작 사항
- 전동기가 운전하는 중 전동기의 과부하로 과전류가 흐르면 EOCR이 동작되어 전동기는 정지하고 YL이 점등된다.
- EOCR을 리셋(RESET)하면 제어회로는 초기 상태로 복귀된다.

2. 도면

(1) 동작 회로도

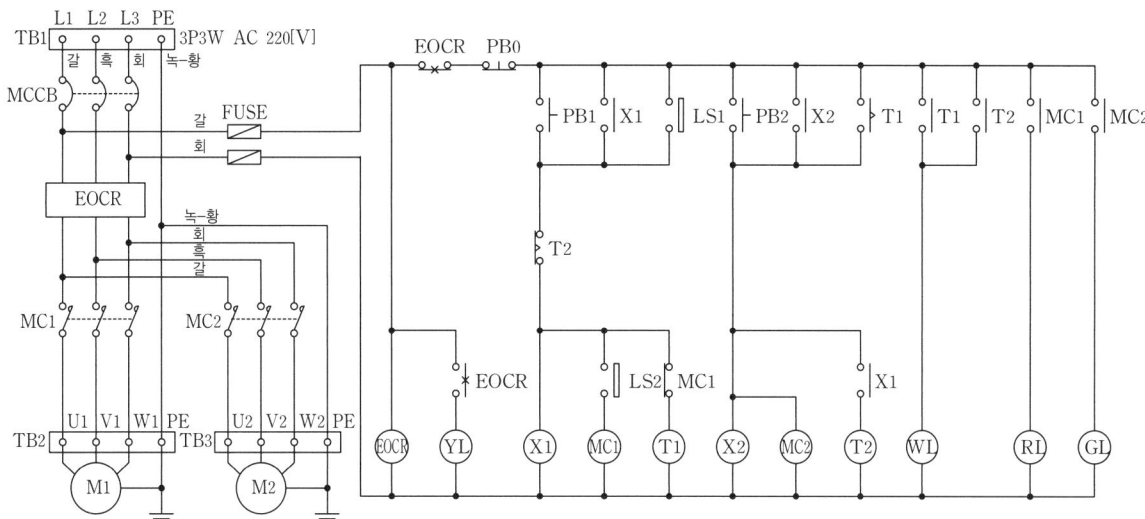

(2) 시험 기구 내부 결선도

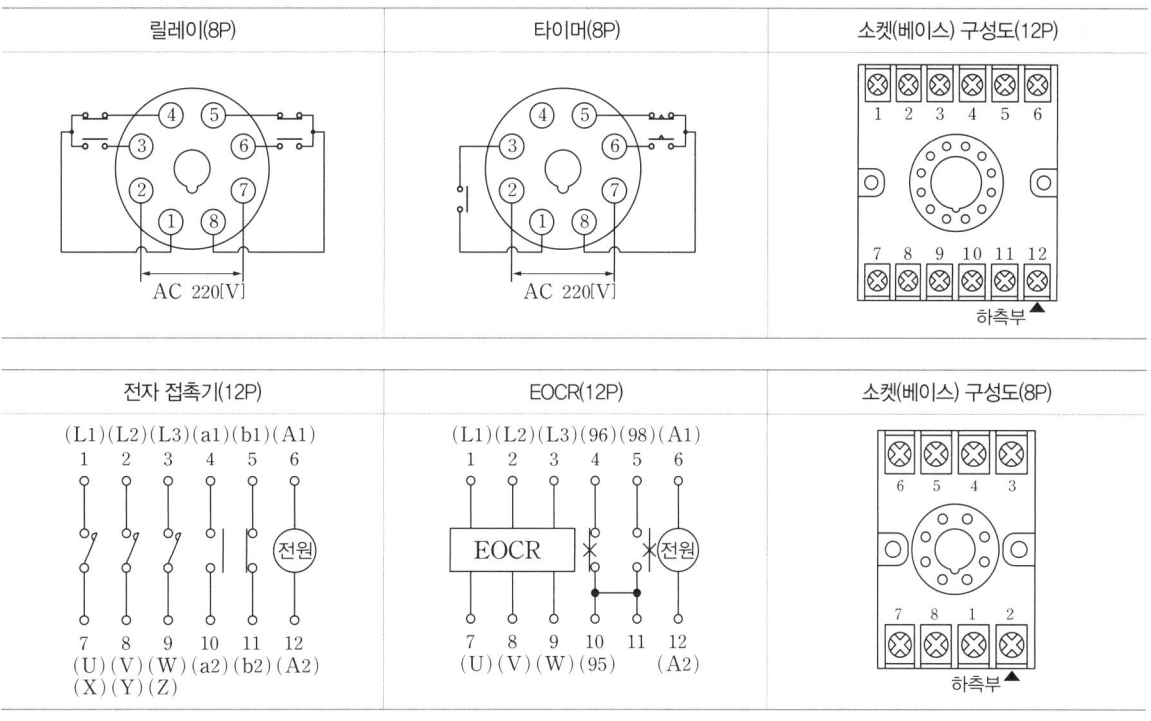

(3) 배관 및 기구 배치도 / 제어판 내부 기구 배치도

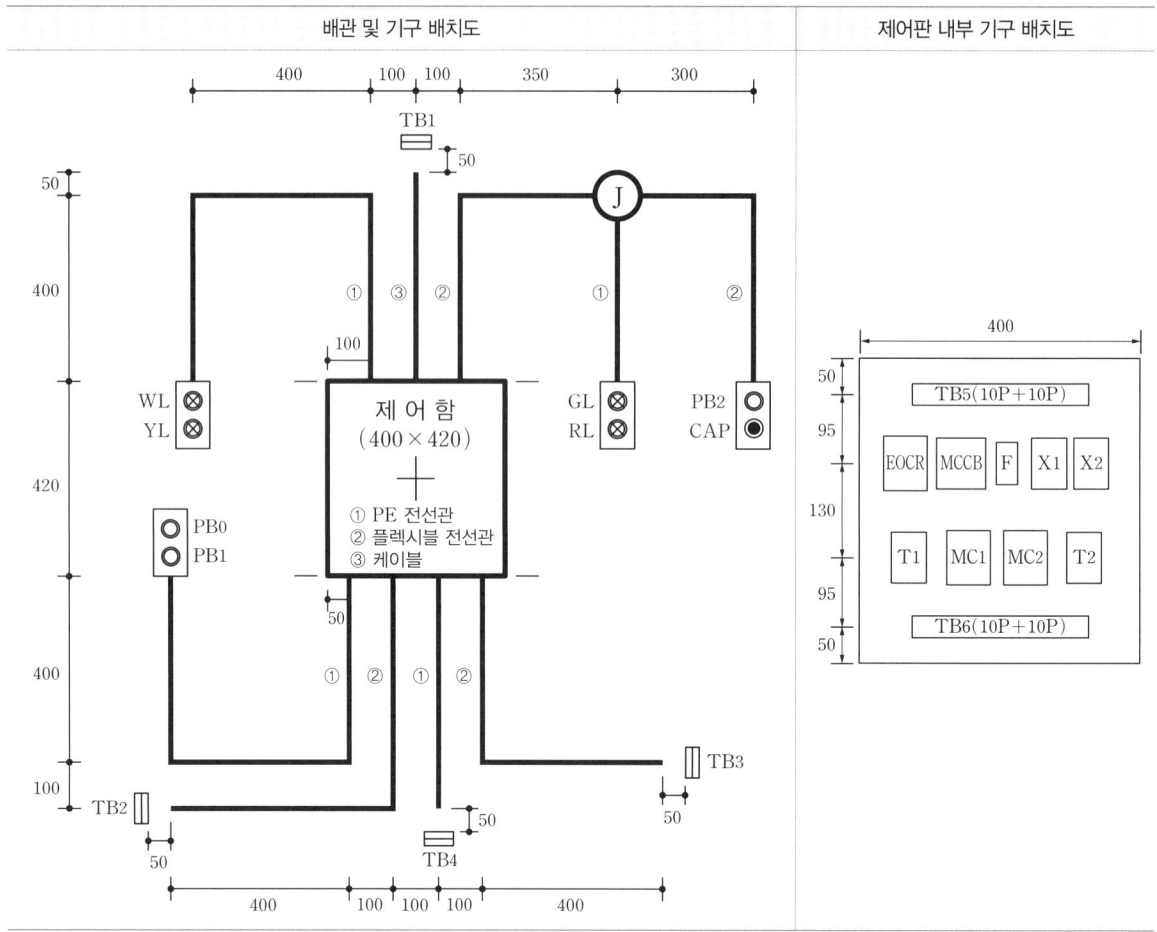

(4) 범례

기호	명칭	기호	명칭	기호	명칭
TB1	전원(단자대 4P)	T1, T2	타이머(8P)	YL	램프(황색)
TB2, TB3	전동기(단자대 4P)	MCCB	배선용 차단기	GL	램프(녹색)
TB4	LS1, LS2(단자대 4P)	PB0	푸시버튼 스위치(적색)	RL	램프(적색)
TB5, TB6	단자대(10P+10P)	PB1	푸시버튼 스위치(녹색)	WL	램프(백색)
MC1, MC2	전자 접촉기(12P)	PB2	푸시버튼 스위치(녹색)	CAP	홀마개
EOCR	EOCR(12P)	F	퓨즈 및 퓨즈홀더	Ⓙ	8각 박스
X1, X2	릴레이(8P)				

공개문제 ⑭

1. 동작

① MCCB를 통해 전원을 투입하면 EOCR에 전원이 공급되고 WL이 점등된다.

② PB1 동작 사항
- LS1과 LS2가 모두 감지된 상태에서 PB1을 누르면 T1, MC1이 여자되어 M1이 회전하고 RL이 점등, WL이 소등된다.
- M1이 회전 상태
  - T1의 설정시간 t1초 후, T1, MC1이 소자되어 M1이 정지하고 RL이 소등, WL이 점등된다.
  - LS1과 LS2 중 어떤 하나라도 감지가 해제되면 T1, MC1이 소자되어 M1이 정지하고 RL이 소등, WL이 점등된다.

③ PB2 동작 사항
- LS1 또는 LS2 중 어떤 하나 이상이 감지된 상태에서 PB2를 누르면 T2, MC2가 여자되어 M2가 회전하고 GL이 점등, WL이 소등된다.
- M2가 회전 상태
  - T2의 설정시간 t2초 후, T2, MC2가 소자되어 M2가 정지하고 GL이 소등, WL이 점등된다.
  - LS1과 LS2의 감지가 모두 해제되면 T2, MC2가 소자되어 M2가 정지하고 GL이 소등, WL이 점등된다.

④ 제어회로가 동작하는 중 PB0를 누르면 제어회로 및 전동기 동작은 모두 정지된다.

⑤ EOCR 동작 사항
- 전동기가 운전하는 중 전동기의 과부하로 과전류가 흐르면 EOCR이 동작되어 전동기는 정지하고 YL이 점등된다.
- EOCR을 리셋(RESET)하면 제어회로는 초기 상태로 복귀된다.

2. 도면

(1) 동작 회로도

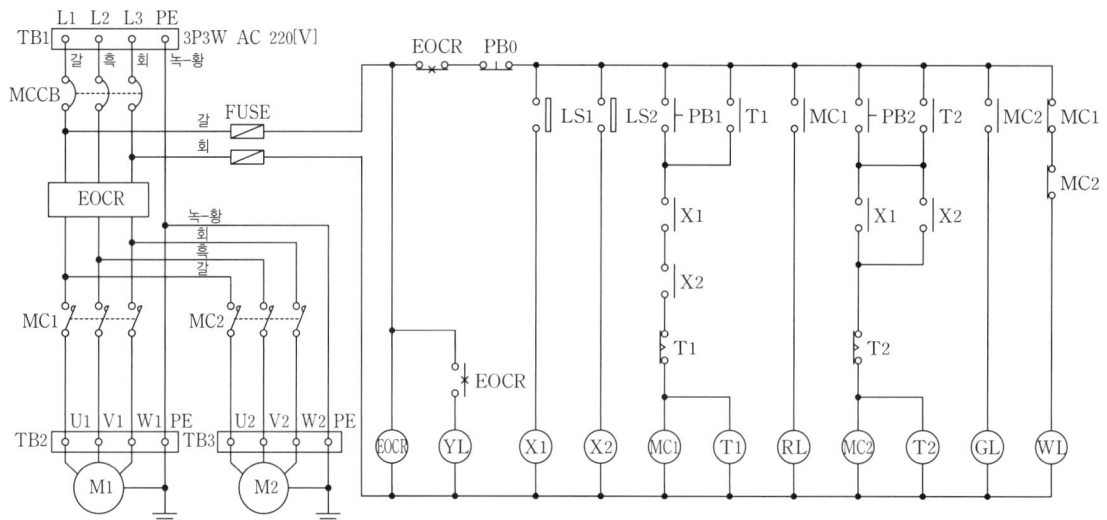

(2) 시험 기구 내부 결선도

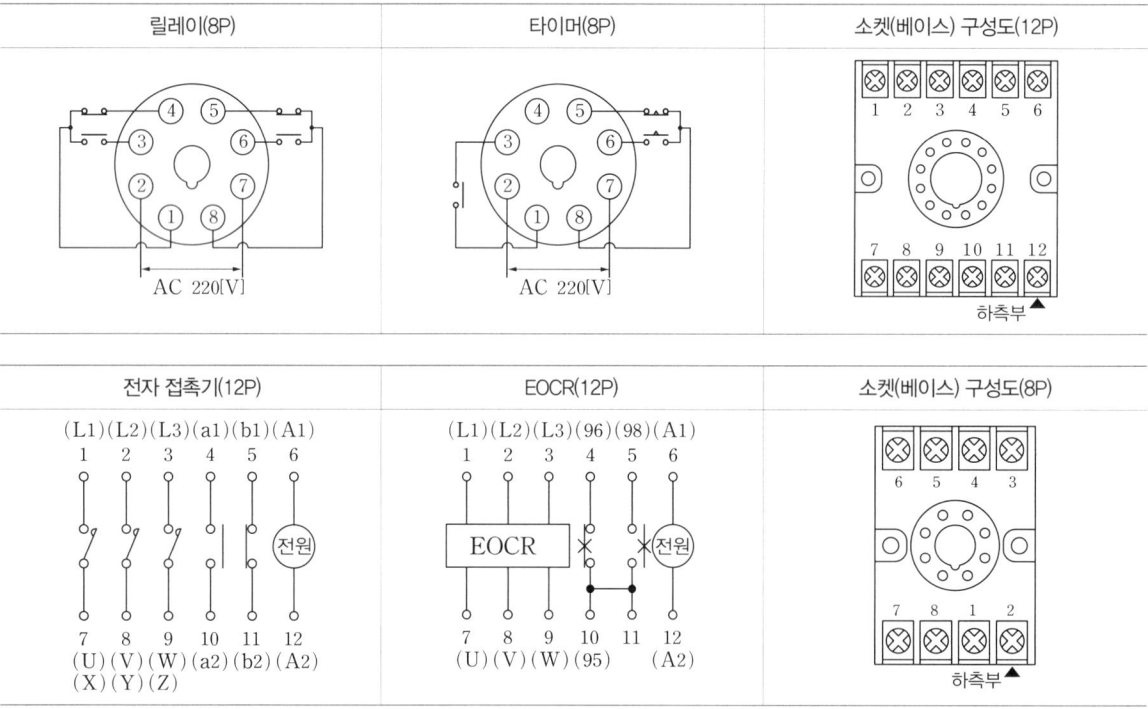

(3) 배관 및 기구 배치도 / 제어판 내부 기구 배치도

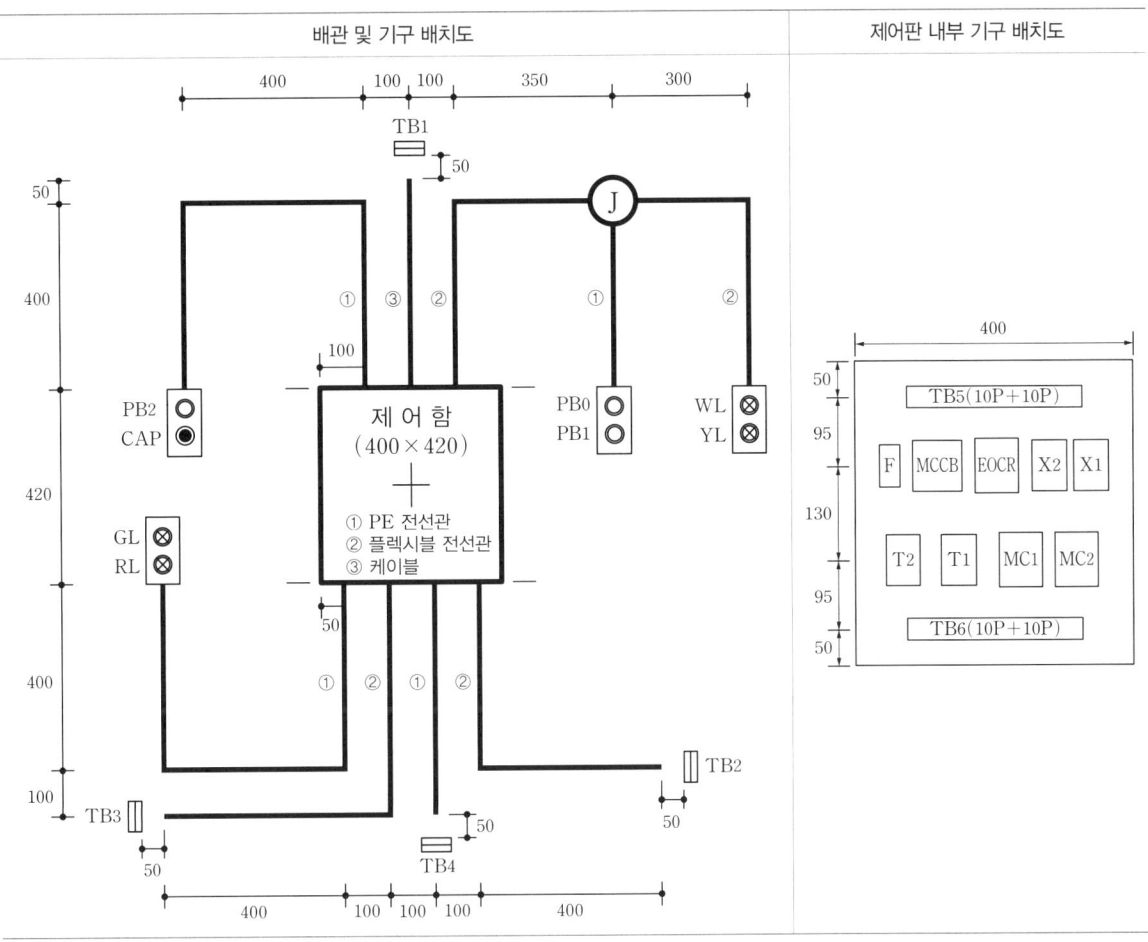

(4) 범례

기호	명칭	기호	명칭	기호	명칭
TB1	전원(단자대 4P)	T1, T2	타이머(8P)	YL	램프(황색)
TB2, TB3	전동기(단자대 4P)	MCCB	배선용 차단기	GL	램프(녹색)
TB4	LS1, LS2(단자대 4P)	PB0	푸시버튼 스위치(적색)	RL	램프(적색)
TB5, TB6	단자대(10P+10P)	PB1	푸시버튼 스위치(녹색)	WL	램프(백색)
MC1, MC2	전자 접촉기(12P)	PB2	푸시버튼 스위치(녹색)	CAP	홀마개
EOCR	EOCR(12P)	F	퓨즈 및 퓨즈홀더	Ⓙ	8각 박스
X1, X2	릴레이(8P)				

공개문제 ⑮

1. 동작

① MCCB를 통해 전원을 투입하면 EOCR에 전원이 공급되고 WL이 점등된다.

② PB1 동작 사항
- LS1 또는 LS2 중 어떤 하나 이상이 감지된 상태에서 PB1을 누르면 T1, MC1이 여자되어 M1이 회전하고 RL이 점등, WL이 소등된다.
- M1이 회전 상태
  - T1의 설정시간 t_1초 후, T1, MC1이 소자되어 M1이 정지하고 RL이 소등, WL이 점등된다.
  - LS1과 LS2의 감지가 모두 해제되어도 동작의 변화는 없다.

③ PB2 동작 사항
- LS1과 LS2가 모두 감지된 상태에서 PB2를 누르면 T2, MC2가 여자되어 M2가 회전하고 GL이 점등, WL이 소등된다.
- M2가 회전 상태
  - T2의 설정시간 t_2초 후, T2, MC2가 소자되어 M2가 정지하고 GL이 소등, WL이 점등된다.
  - LS1과 LS2의 감지가 모두 해제되어도 동작의 변화는 없다.

④ 제어회로가 동작하는 중 PB0를 누르면 제어회로 및 전동기 동작은 모두 정지된다.

⑤ EOCR 동작 사항
- 전동기가 운전하는 중 전동기의 과부하로 과전류가 흐르면 EOCR이 동작되어 전동기는 정지하고 YL이 점등된다.
- EOCR을 리셋(RESET)하면 제어회로는 초기 상태로 복귀된다.

2. 도면

(1) 동작 회로도

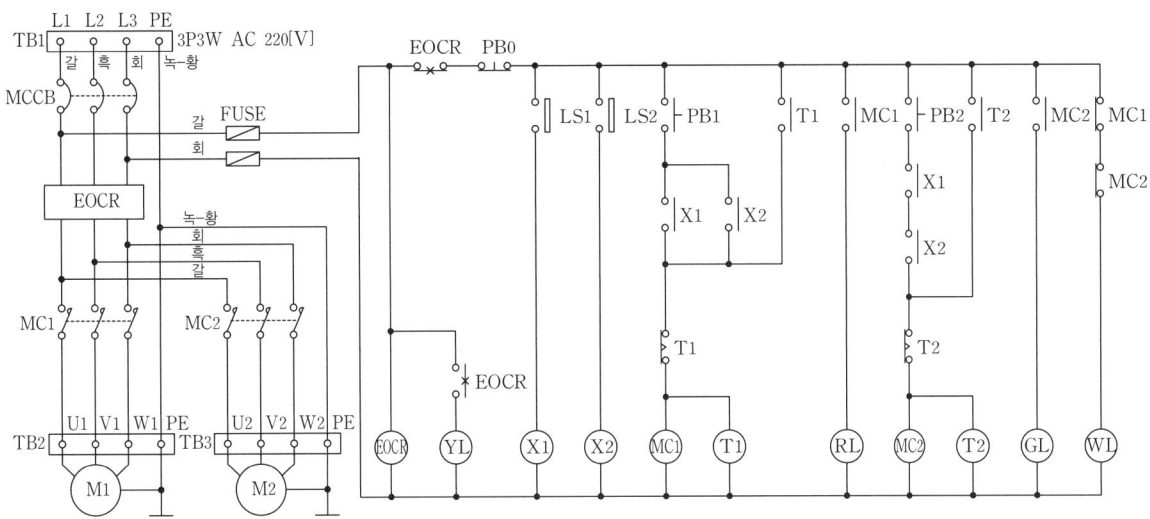

(2) 시험 기구 내부 결선도

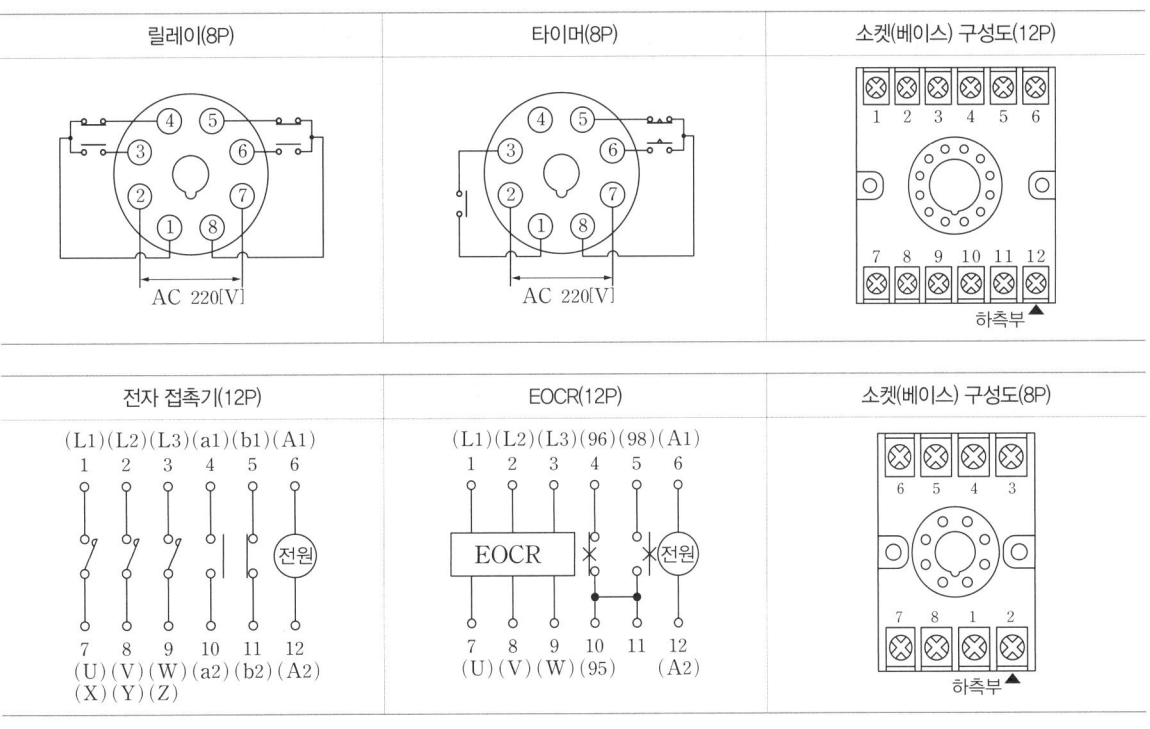

(3) 배관 및 기구 배치도 / 제어판 내부 기구 배치도

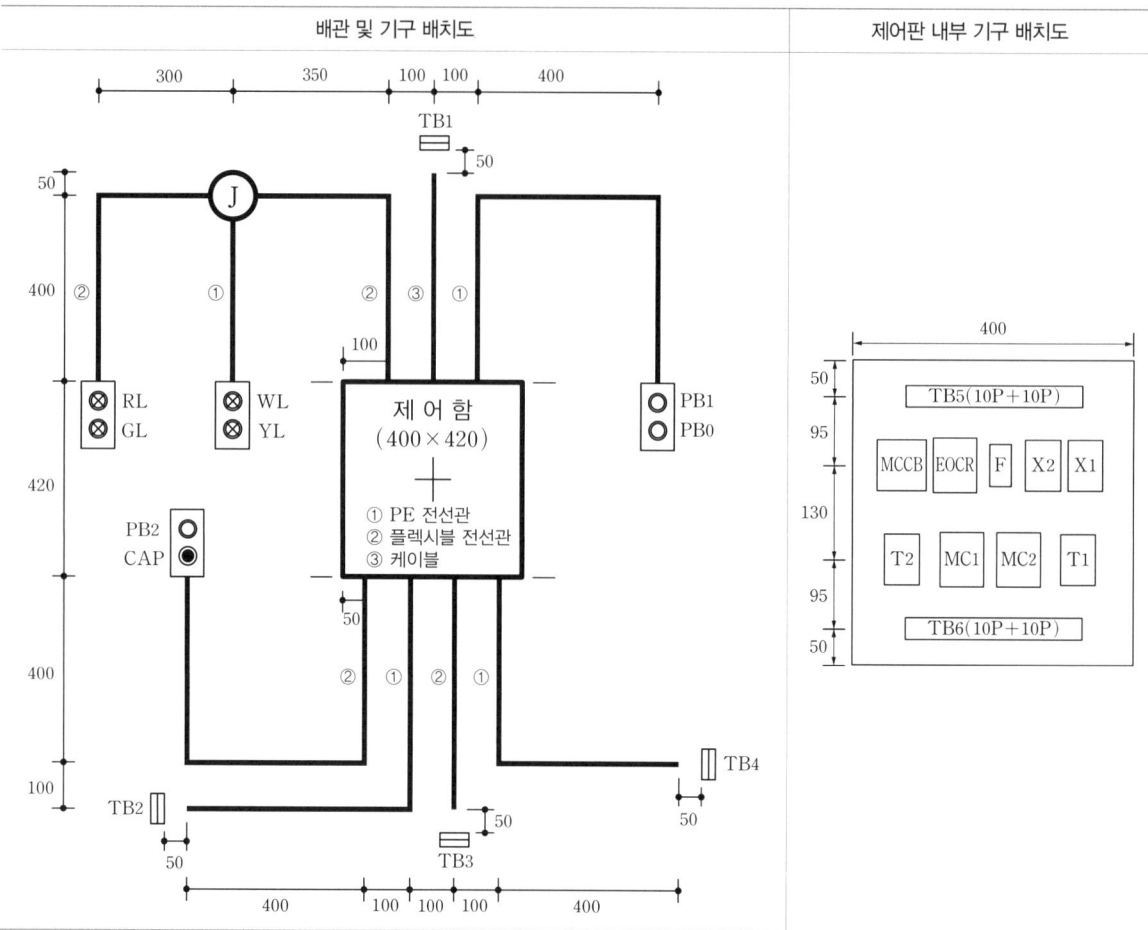

(4) 범례

기호	명칭	기호	명칭	기호	명칭
TB1	전원(단자대 4P)	T1, T2	타이머(8P)	YL	램프(황색)
TB2, TB3	전동기(단자대 4P)	MCCB	배선용 차단기	GL	램프(녹색)
TB4	LS1, LS2(단자대 4P)	PB0	푸시버튼 스위치(적색)	RL	램프(적색)
TB5, TB6	단자대(10P+10P)	PB1	푸시버튼 스위치(녹색)	WL	램프(백색)
MC1, MC2	전자 접촉기(12P)	PB2	푸시버튼 스위치(녹색)	CAP	홀마개
EOCR	EOCR(12P)	F	퓨즈 및 퓨즈홀더	Ⓙ	8각 박스
X1, X2	릴레이(8P)				

공개문제 ⑯

1. 동작

① MCCB를 통해 전원을 투입하면 EOCR에 전원이 공급된다.

② PB1 동작 사항
- LS1이 감지되면 T1이 여자되고 PB2 또는 T2에 의한 M2의 동작이 가능한 상태로 된다.
- PB1을 누르거나 T1의 설정시간 t1초 후, X1, MC1이 여자되어 M1이 회전하고 RL이 점등된다.
- LS1의 감지가 해제되어도 M1에 대한 동작의 변화는 없다.

③ PB2 동작 사항
- LS1이 감지된 상태
  - PB2를 누르면 X2, MC2가 여자되어 M2가 회전하고 GL이 점등된다.
  - LS2가 감지되면,
    (1) T2, X2, MC2가 여자되어 M2가 회전하며 GL이 점등된다.
    (2) T2의 설정시간 t2초 후, MC2가 소자되어 M2가 정지하고 GL이 소등, WL이 점등된다.
    (3) LS2의 감지가 해제되면 MC2가 여자되어 M2가 회전하며 GL이 점등, WL이 소등된다.

④ 제어회로가 동작하는 중 PB0를 누르면 제어회로 및 전동기 동작은 모두 정지된다.

⑤ EOCR 동작 사항
- 전동기가 운전하는 중 전동기의 과부하로 과전류가 흐르면 EOCR이 동작되어 전동기는 정지하고 YL이 점등된다.
- EOCR을 리셋(RESET)하면 제어회로는 초기 상태로 복귀된다.

2. 도면

(1) 동작 회로도

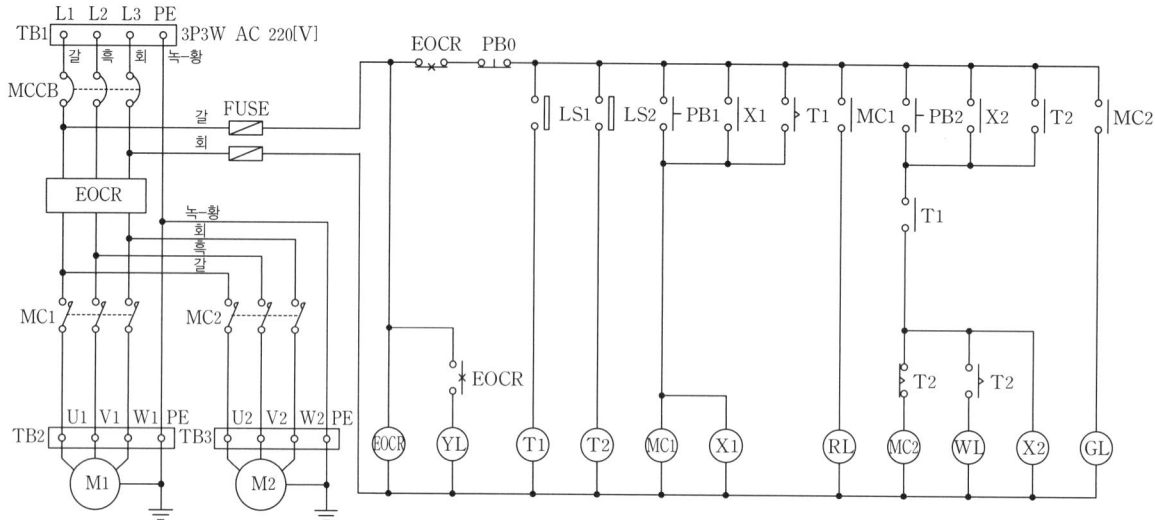

(2) 시험 기구 내부 결선도

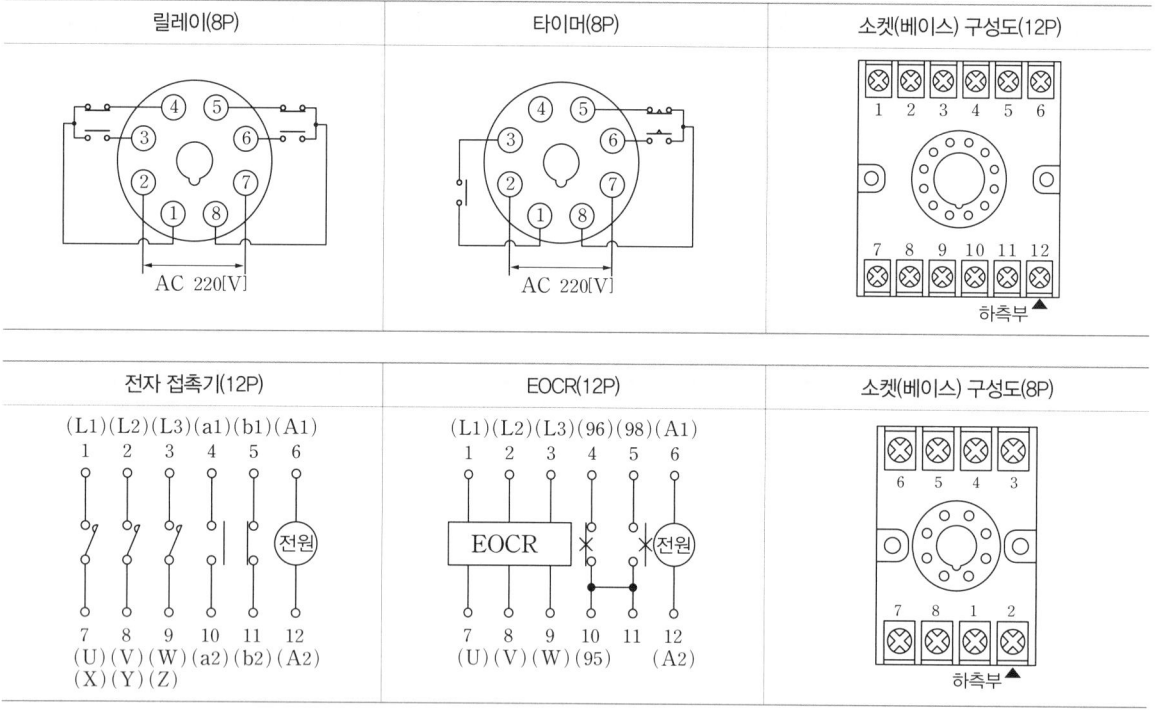

(3) 배관 및 기구 배치도 / 제어판 내부 기구 배치도

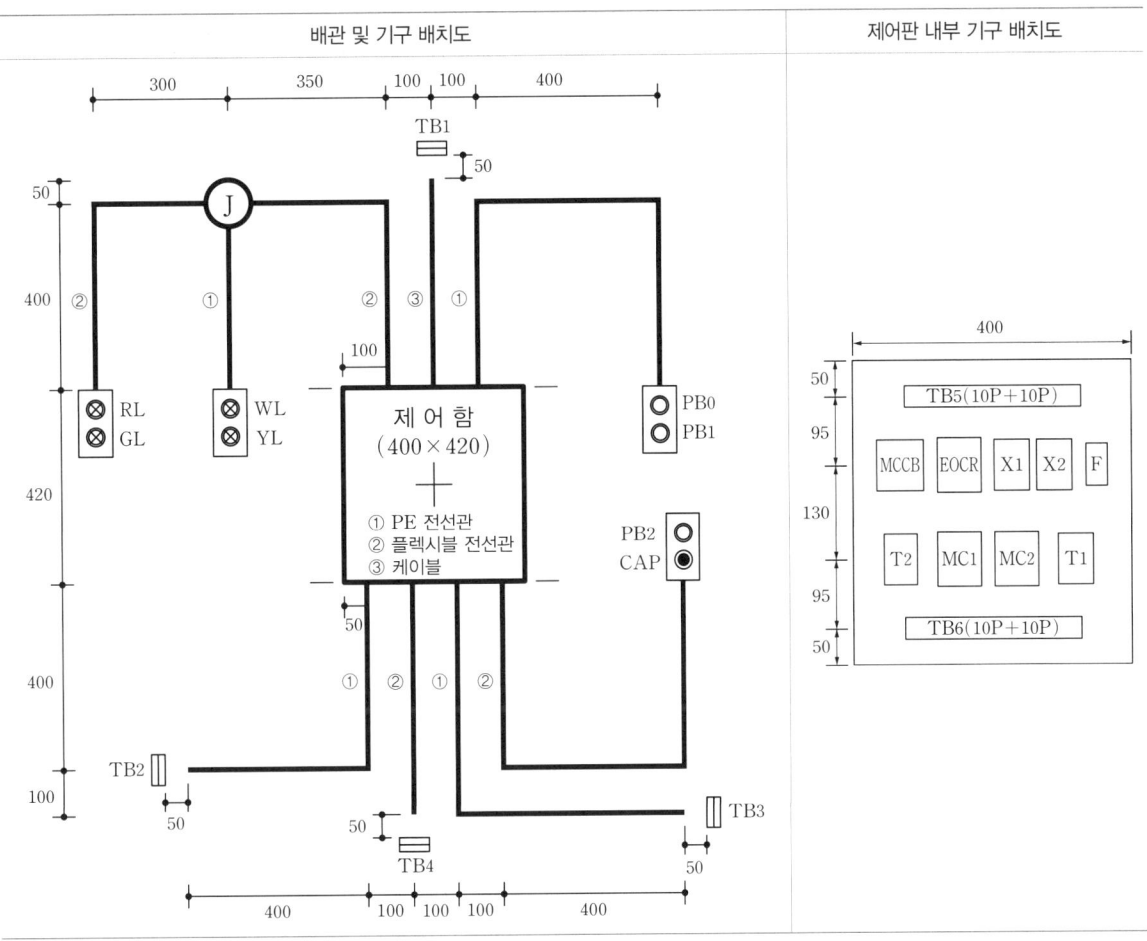

(4) 범례

기호	명칭	기호	명칭	기호	명칭
TB1	전원(단자대 4P)	T1, T2	타이머(8P)	YL	램프(황색)
TB2, TB3	전동기(단자대 4P)	MCCB	배선용 차단기	GL	램프(녹색)
TB4	LS1, LS2(단자대 4P)	PB0	푸시버튼 스위치(적색)	RL	램프(적색)
TB5, TB6	단자대(10P+10P)	PB1	푸시버튼 스위치(녹색)	WL	램프(백색)
MC1, MC2	전자 접촉기(12P)	PB2	푸시버튼 스위치(녹색)	CAP	홀마개
EOCR	EOCR(12P)	F	퓨즈 및 퓨즈홀더	Ⓙ	8각 박스
X1, X2	릴레이(8P)				

공개문제 ⑰

1. 동작

① MCCB를 통해 전원을 투입하면 EOCR에 전원이 공급된다.

② PB1 동작 사항
- LS1과 LS2 중 어떤 하나만 감지된 상태에서 PB1을 누르면 T1, MC1이 여자되어 M1이 회전하고 RL이 점등된다.
- M1이 회전 상태
  - T1의 설정시간 t1초 후, PB2에 의한 동작이 허가된다.
  - LS1과 LS2가 모두 감지되거나 감지가 모두 해제되면 T1, MC1이 소자되어 M1이 정지하고 RL이 소등된다.
  - PB0를 누르면 제어회로 및 전동기 동작은 모두 정지된다.

③ PB2 동작 사항
- T1이 여자되고 T1의 설정시간 t1초 후, PB2를 누르면 T2, MC2가 여자되어 M2가 회전하고 GL이 점등된다.
- T2의 설정시간 t2초 후, MC2가 소자되어 M2가 정지하고 GL이 소등, WL이 점등된다.
- 제어회로가 동작하는 중 PB0를 누르면 제어회로 및 전동기 동작은 모두 정지된다.

④ EOCR 동작 사항
- 전동기가 운전하는 중 전동기의 과부하로 과전류가 흐르면 EOCR이 동작되어 전동기는 정지하고 YL이 점등된다.
- EOCR을 리셋(RESET)하면 제어회로는 초기 상태로 복귀된다.

2. 도면

(1) 동작 회로도

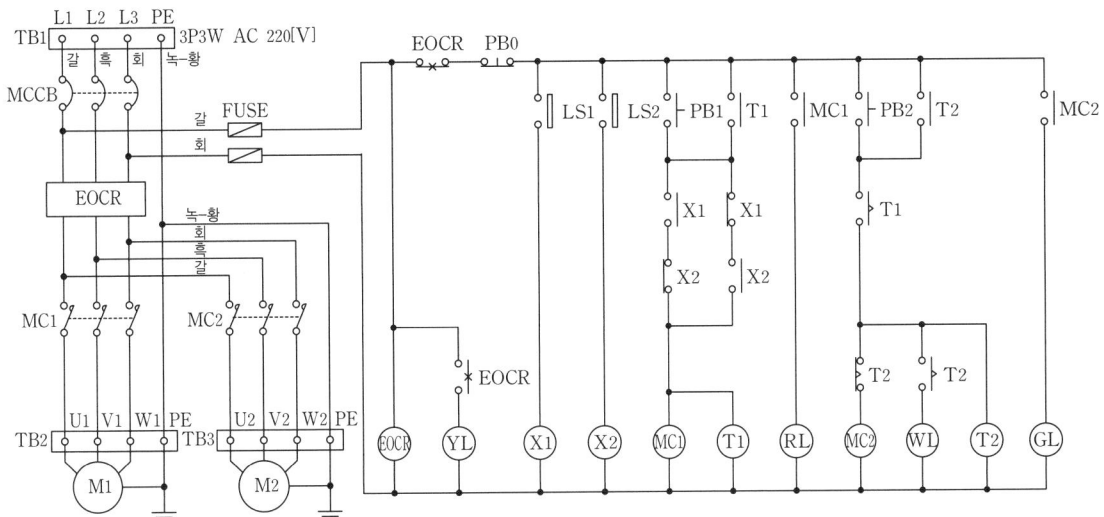

(2) 시험 기구 내부 결선도

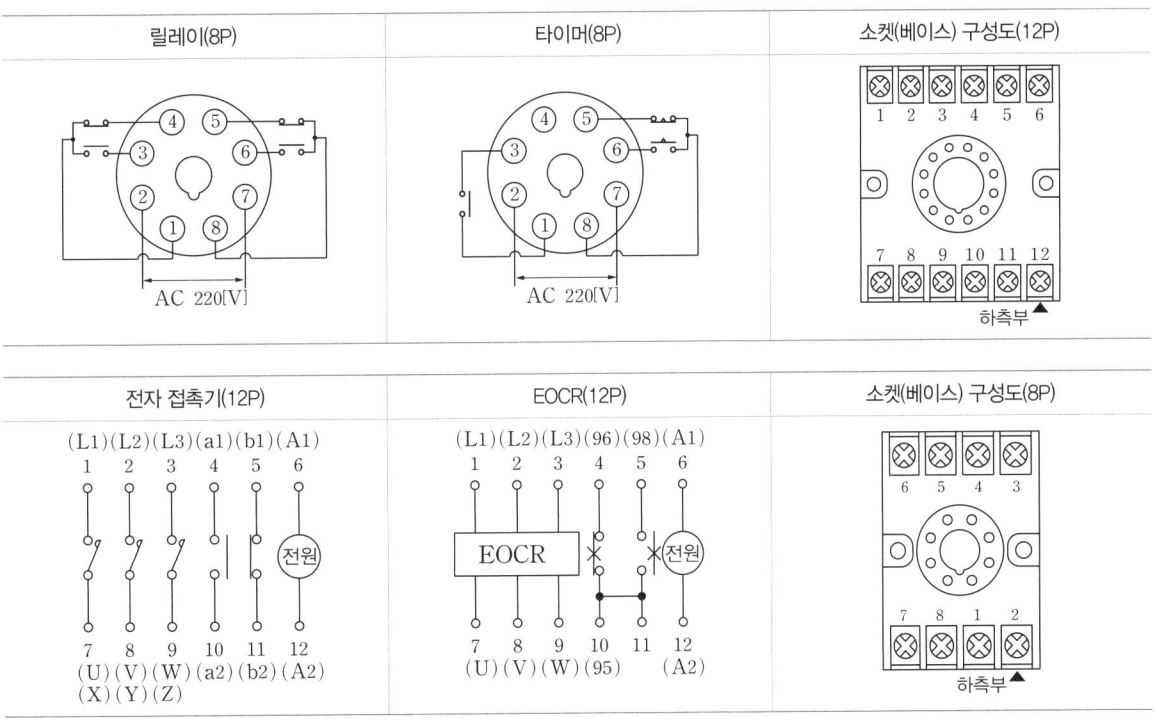

(3) 배관 및 기구 배치도 / 제어판 내부 기구 배치도

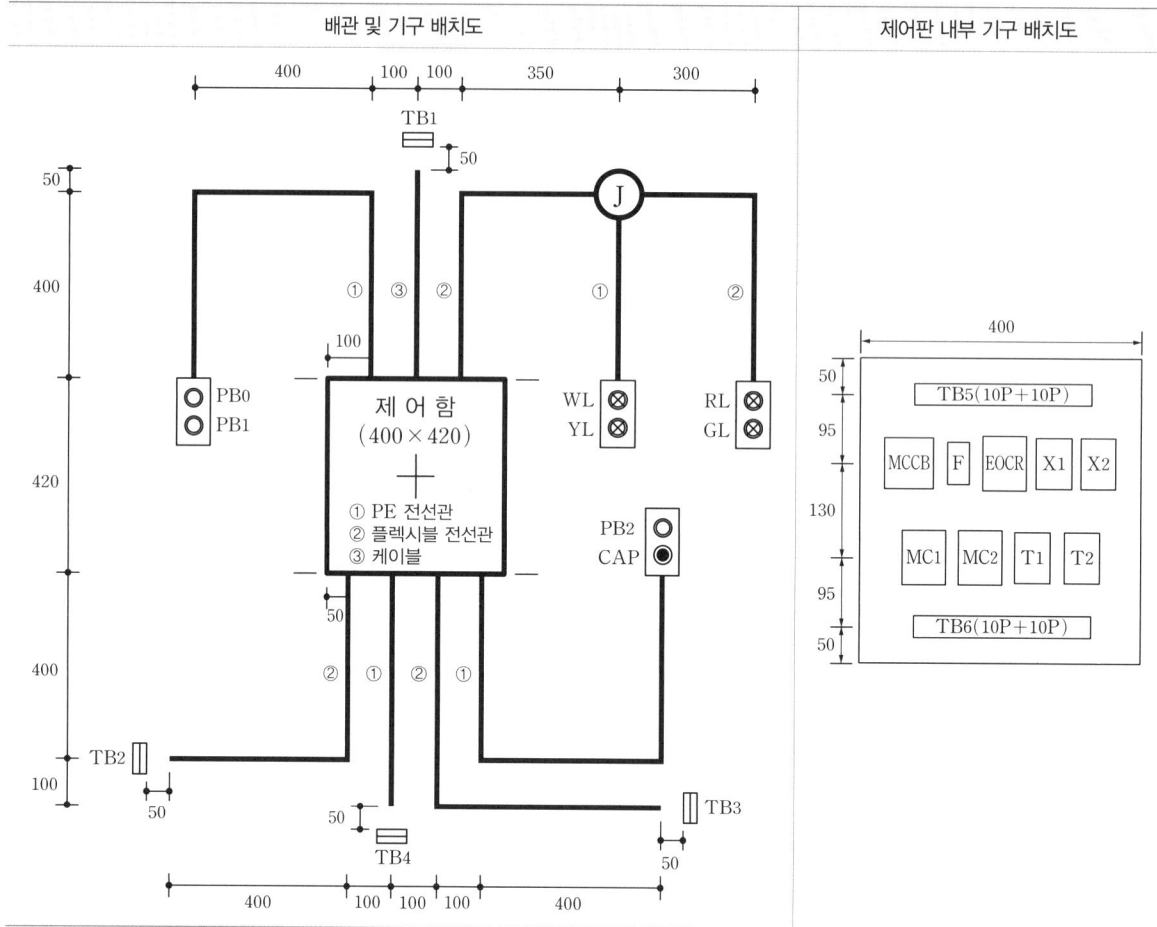

(4) 범례

기호	명칭	기호	명칭	기호	명칭
TB1	전원(단자대 4P)	T1, T2	타이머(8P)	YL	램프(황색)
TB2, TB3	전동기(단자대 4P)	MCCB	배선용 차단기	GL	램프(녹색)
TB4	LS1, LS2(단자대 4P)	PB0	푸시버튼 스위치(적색)	RL	램프(적색)
TB5, TB6	단자대(10P+10P)	PB1	푸시버튼 스위치(녹색)	WL	램프(백색)
MC1, MC2	전자 접촉기(12P)	PB2	푸시버튼 스위치(녹색)	CAP	홀마개
EOCR	EOCR(12P)	F	퓨즈 및 퓨즈홀더	Ⓙ	8각 박스
X1, X2	릴레이(8P)				

공개문제 ⑱

1. 동작

① MCCB를 통해 전원을 투입하면 EOCR에 전원이 공급된다.

② PB1 동작 사항
- LS1은 감지된 상태, LS2는 감지가 해제된 상태에서 PB1을 누르면 T1, MC1이 여자되어 M1이 회전하고 RL이 점등된다.
- T1의 설정시간 t1초 후, WL이 점등된다.
- LS1과 LS2의 감지가 변해도 동작의 변화는 없다.

③ PB2 동작 사항
- LS1은 감지가 해제된 상태, LS2는 감지된 상태에서 PB2를 누르면 T2, MC2가 여자되어 M2가 회전하고 GL이 점등된다.
- T2의 설정시간 t2초 후, WL이 점등된다.
- LS1과 LS2의 감지가 변해도 동작의 변화는 없다.

④ 제어회로가 동작하는 중 PB0를 누르면 제어회로 및 전동기 동작은 모두 정지된다.

⑤ EOCR 동작 사항
- 전동기가 운전하는 중 전동기의 과부하로 과전류가 흐르면 EOCR이 동작되어 전동기는 정지하고 YL이 점등된다.
- EOCR을 리셋(RESET)하면 제어회로는 초기 상태로 복귀된다.

2. 도면

(1) 동작 회로도

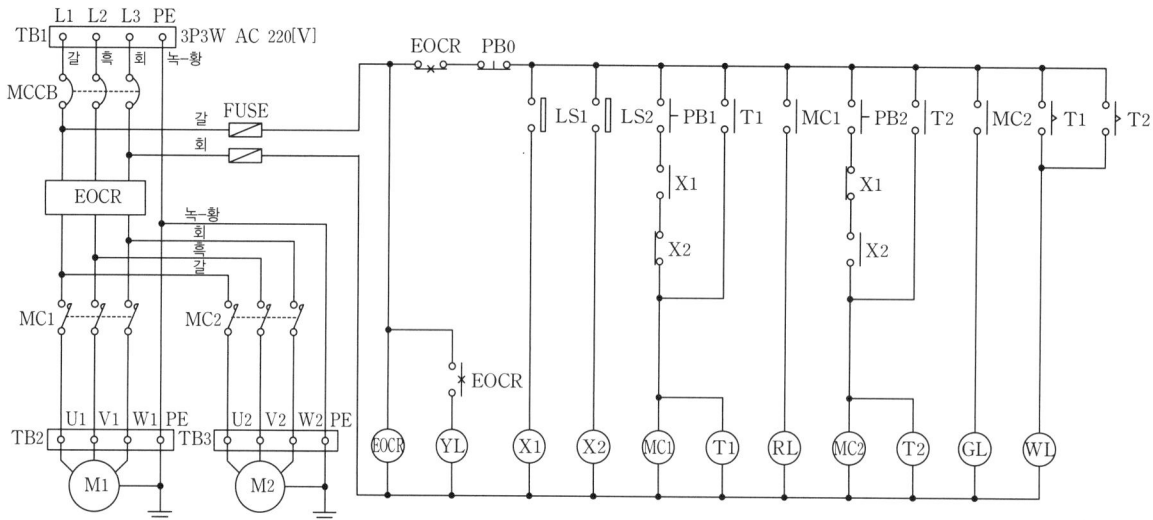

(2) 시험 기구 내부 결선도

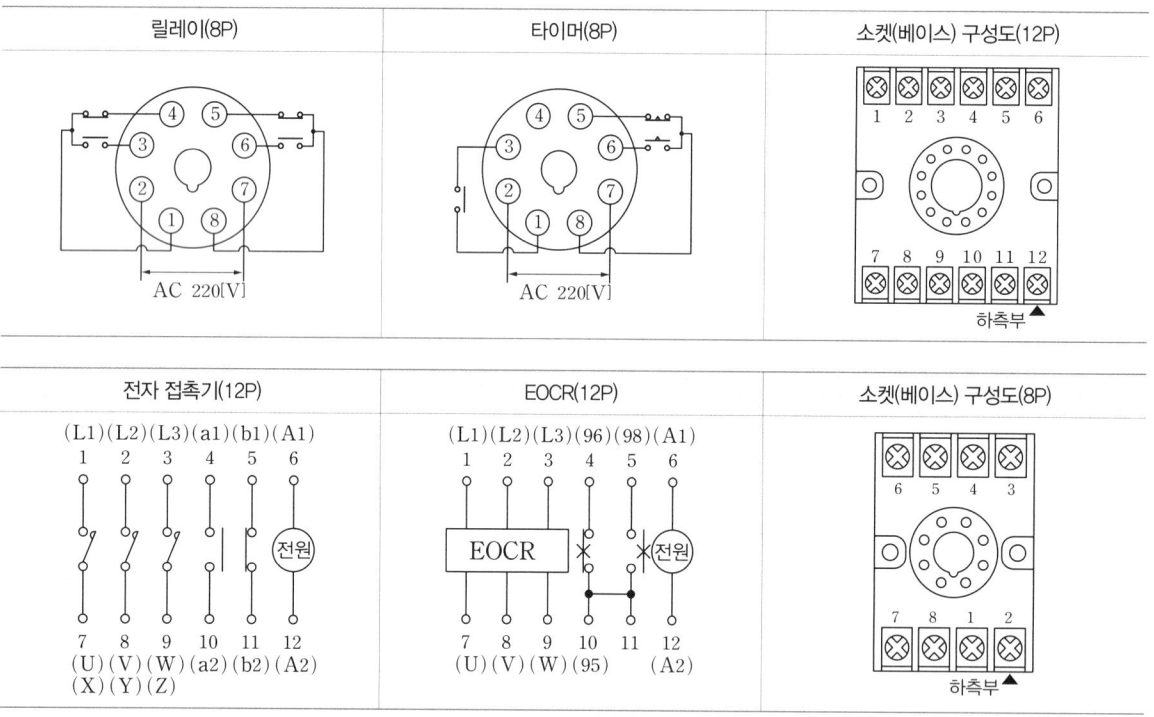

(3) 배관 및 기구 배치도 / 제어판 내부 기구 배치도

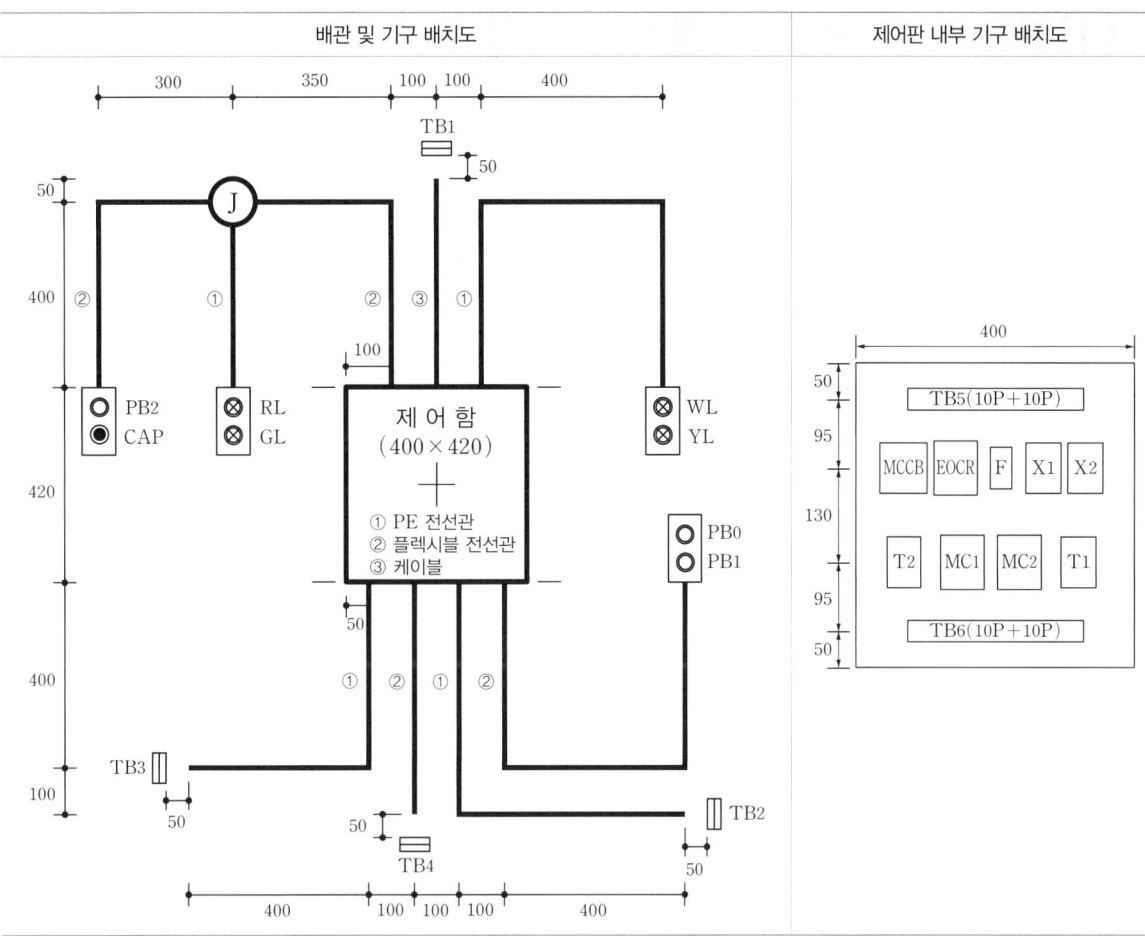

(4) 범례

기호	명칭	기호	명칭	기호	명칭
TB1	전원(단자대 4P)	T1, T2	타이머(8P)	YL	램프(황색)
TB2, TB3	전동기(단자대 4P)	MCCB	배선용 차단기	GL	램프(녹색)
TB4	LS1, LS2(단자대 4P)	PB0	푸시버튼 스위치(적색)	RL	램프(적색)
TB5, TB6	단자대(10P+10P)	PB1	푸시버튼 스위치(녹색)	WL	램프(백색)
MC1, MC2	전자 접촉기(12P)	PB2	푸시버튼 스위치(녹색)	CAP	홀마개
EOCR	EOCR(12P)	F	퓨즈 및 퓨즈홀더	Ⓙ	8각 박스
X1, X2	릴레이(8P)				

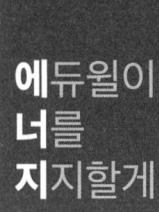

괴로움과 즐거움을
함께 맛보면서 연마하여,
연마 끝에 복을 이룬 사람은
그 복이 비로소 오래 가게 된다.

– 채근담

PART
4

기출유형 17

과년도 문제를 분석하여 체계화한
대표 기출유형 17

한눈에 보는 기출유형 17

기출유형 01   전동기 제어 1개소 기동 정지(세부유형 ①~⑤)

기출유형 02   전동기 제어 리밋(세부유형 ①~⑤)

기출유형 03   전동기 제어 리밋 – 타이머(세부유형 ①~⑤)

기출유형 04   전동기 제어 수동 – 센서(세부유형 ①~⑤)

기출유형 05   전동기 제어 정역1(세부유형 ①~⑤)

기출유형 06   전동기 제어 정역2(세부유형 ①~⑤)

기출유형 07   전동기 제어 정역 순차(세부유형 ①~⑤)

기출유형 08   공장 동력 배선(1)(세부유형 ①~⑤)

기출유형 09   공장 동력 배선(2)(세부유형 ①~⑤)

기출유형 10   컨베이어 제어 정역(세부유형 ①~⑤)

기출유형 11   컨베이어 제어 순차(세부유형 ①~⑤)

기출유형 12   승강기 제어(세부유형 ①~⑤)

기출유형 13   리프트 자동 제어(세부유형 ①~⑤)

기출유형 14   급배수 처리장치(세부유형 ①~⑤)

기출유형 15   자동 온도 조절 제어(세부유형 ①~⑤)

기출유형 16   온실 하우스 간이난방 운전(세부유형 ①~⑤)

기출유형 17   전기 설비의 배선 및 배관 공사(세부유형 ①~⑤)

기출유형 01 전동기 제어 1개소 기동 정지

세부유형 ①

1. 동작

① 배선용 차단기 MCCB에 전원을 투입하면 GL이 점등된다.
② PB2를 누르면 MC가 여자되어 전동기(M)가 동작하며 RL은 점등, GL은 소등된다.
③ PB1을 누르면 MC가 소자되어 전동기(M)가 정지하며 RL은 소등, GL은 점등된다.
④ EOCR이 동작하면 FR이 여자되고 설정시간 간격으로 BZ와 YL이 교대로 점멸한다.
⑤ PB3를 누르면 BZ는 정지하고 설정시간 간격으로 YL만 점멸한다.

2. 도면

(1) 동작 회로도

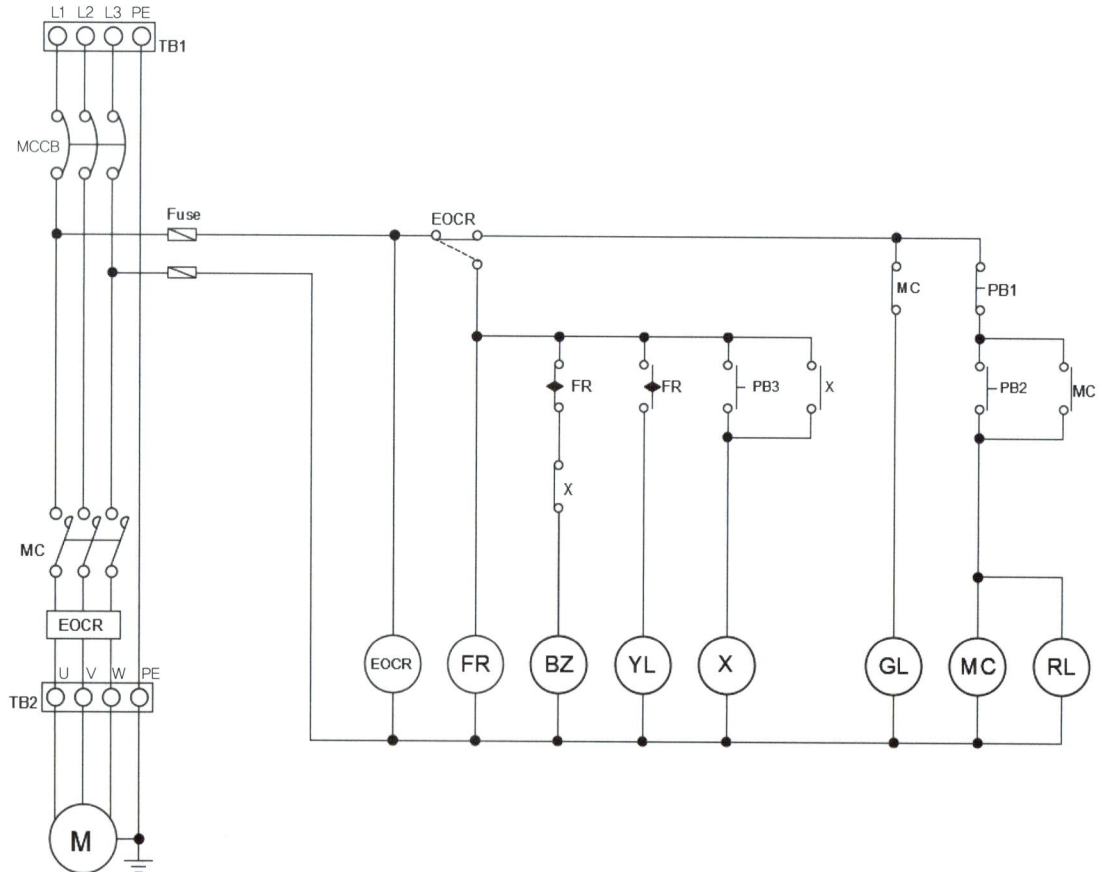

(2) 시험 기구 내부 결선도

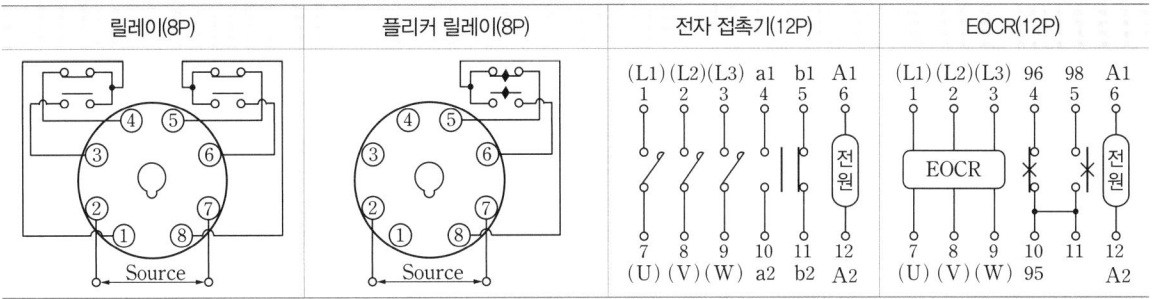

(3) 배관 및 기구 배치도 / 제어판 내부 기구 배치도

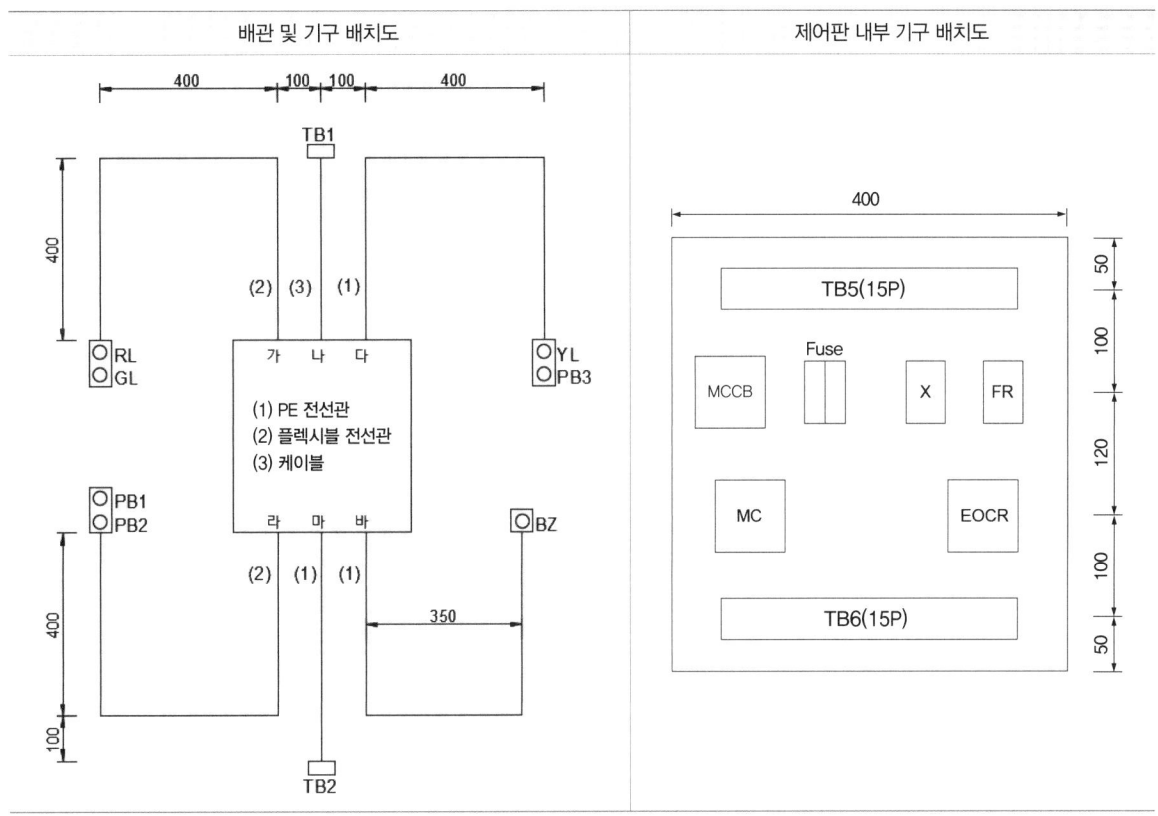

(4) 범례

기호	명칭	기호	명칭	기호	명칭
TB1	전원(단자대 4P)	MC	전자 접촉기(12P)	PB3	푸시버튼 스위치(녹)
TB2	전동기(단자대 4P)	X	릴레이(8P)	RL	파일럿 램프(적)
MCCB	배선용 차단기(3P)	FR	플리커 릴레이(8P)	GL	파일럿 램프(녹)
F	퓨즈 및 퓨즈홀더	PB1	푸시버튼 스위치(적)	YL	파일럿 램프(황)
EOCR	과전류 차단기(12P)	PB2	푸시버튼 스위치(녹)	BZ	부저
TB5	단자대 15P	TB6	단자대 15P		

세부유형 ②

1. 동작

① 배선용 차단기 MCCB에 전원을 투입하면 GL이 점등된다.
② PB2를 누르면 MC가 여자되어 전동기(M)가 동작하며 RL은 점등, GL은 소등된다.
③ PB1을 누르면 MC가 소자되어 전동기(M)가 정지하며 RL은 소등, GL은 점등된다.
④ EOCR이 동작 시 FR이 여자되고 설정시간 간격으로 BZ와 YL이 교대로 점멸한다.
⑤ PB3를 누르면 BZ는 정지하고 설정시간 간격으로 YL만 점멸한다.

2. 도면

(1) 동작 회로도

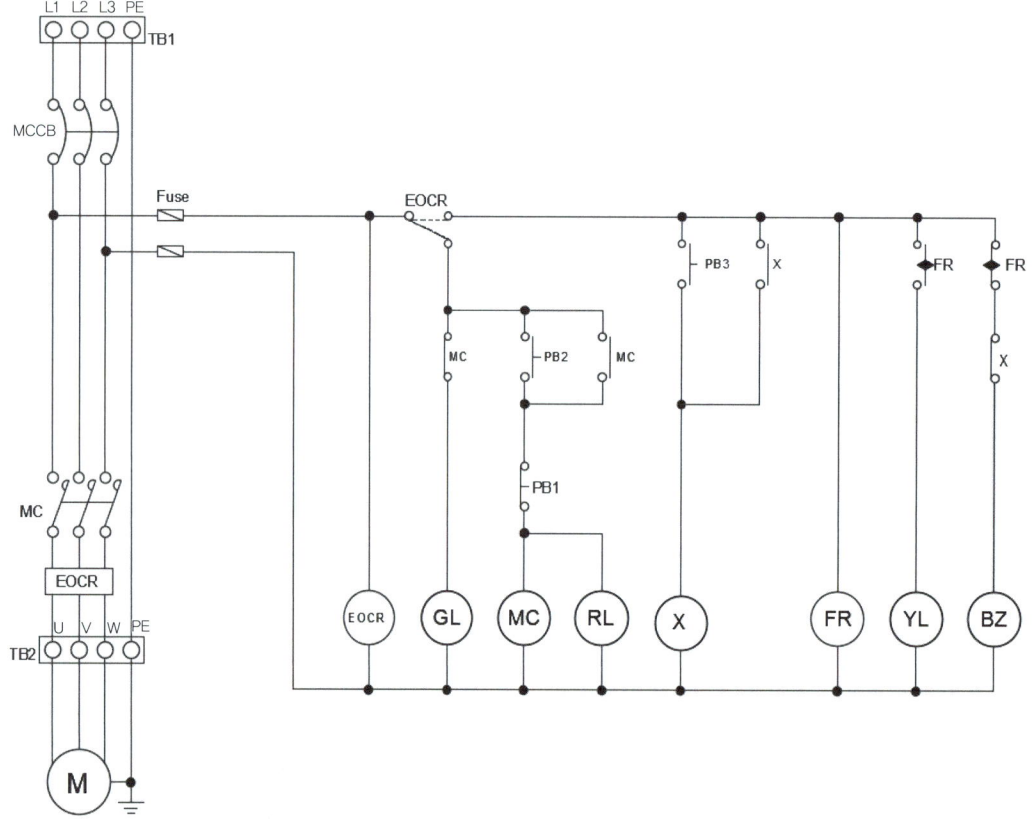

(2) 시험 기구 내부 결선도

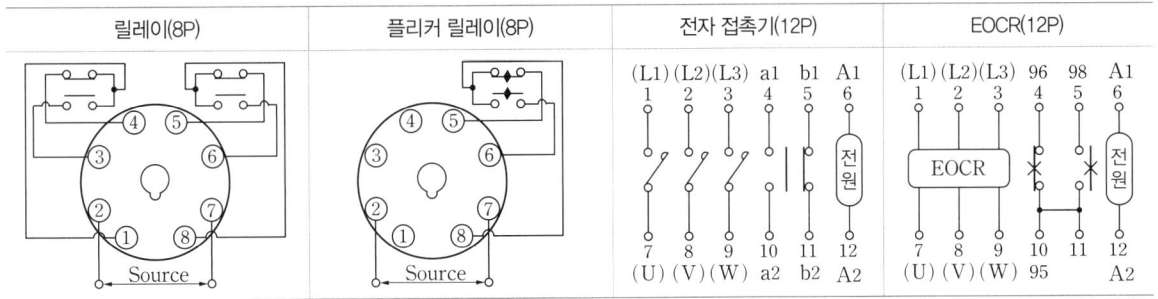

(3) 배관 및 기구 배치도 / 제어판 내부 기구 배치도

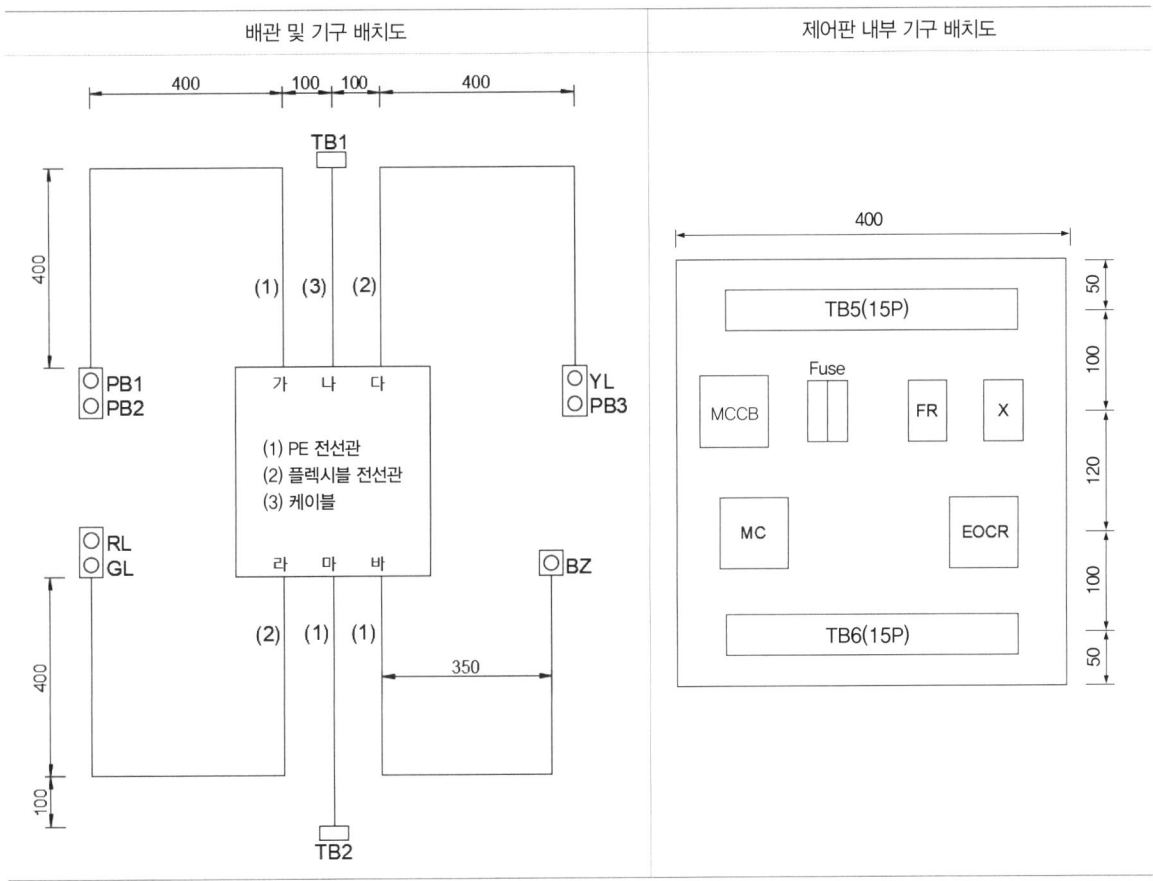

(4) 범례

기호	명칭	기호	명칭	기호	명칭
TB1	전원(단자대 4P)	MC	전자 접촉기(12P)	PB3	푸시버튼 스위치(녹)
TB2	전동기(단자대 4P)	X	릴레이(8P)	RL	파일럿 램프(적)
MCCB	배선용 차단기(3P)	FR	플리커 릴레이(8P)	GL	파일럿 램프(녹)
F	퓨즈 및 퓨즈홀더	PB1	푸시버튼 스위치(적)	YL	파일럿 램프(황)
EOCR	과전류 차단기(12P)	PB2	푸시버튼 스위치(녹)	BZ	부저
TB5	단자대 15P	TB6	단자대 15P		

세부유형 ③

1. 동작

① 배선용 차단기 MCCB에 전원을 투입하면 GL이 점등된다.
② PB2를 누르면 MC가 여자되어 전동기(M)가 동작하며 RL은 점등, GL은 소등된다.
③ PB1을 누르면 MC가 소자되어 전동기(M)가 정지하며 RL은 소등, GL은 점등된다.
④ EOCR이 동작 시 FR이 여자되고 설정시간 간격으로 BZ와 YL이 교대로 점멸한다.
⑤ PB3를 누르면 BZ는 정지하고 설정시간 간격으로 YL만 점멸한다.

2. 도면

(1) 동작 회로도

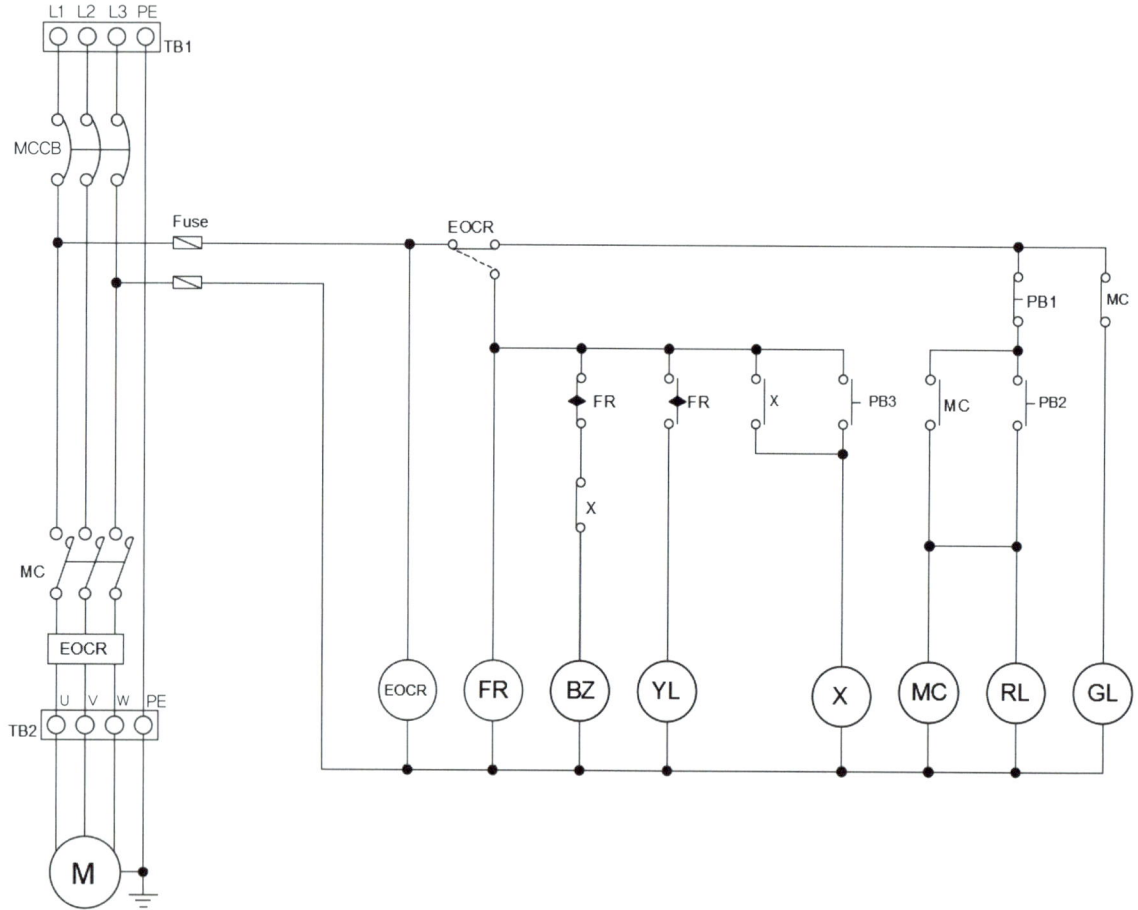

(2) 시험 기구 내부 결선도

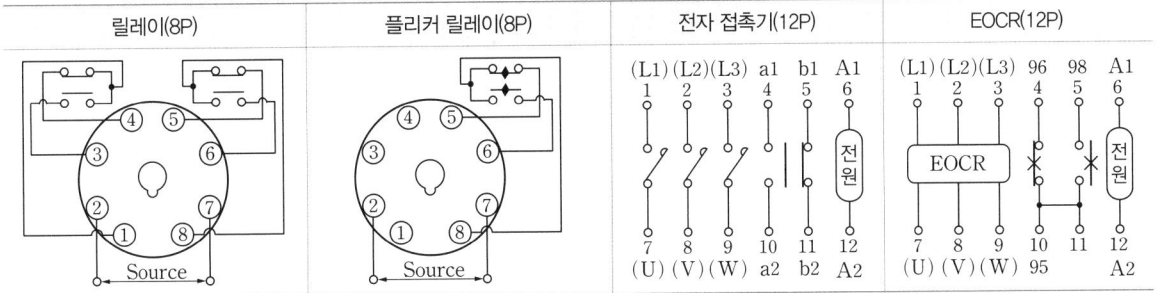

(3) 배관 및 기구 배치도 / 제어판 내부 기구 배치도

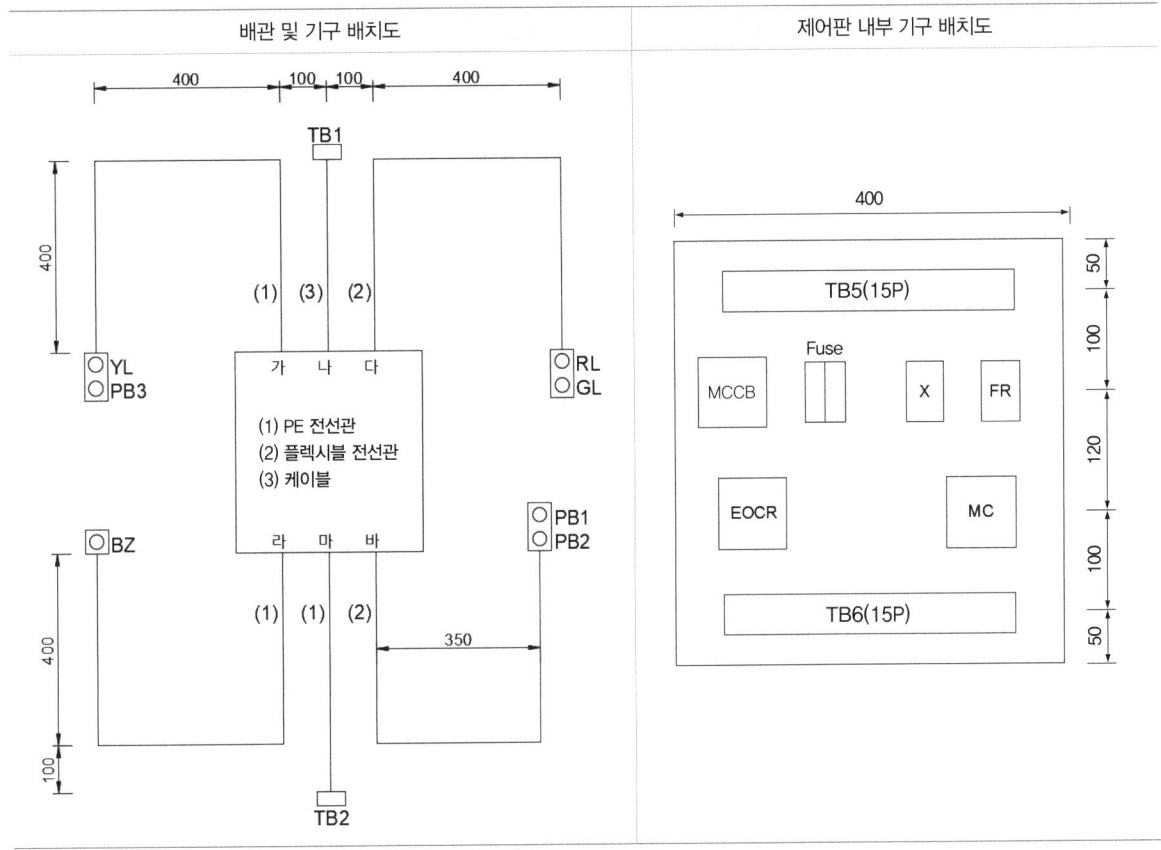

(1) PE 전선관
(2) 플렉시블 전선관
(3) 케이블

(4) 범례

기호	명칭	기호	명칭	기호	명칭
TB1	전원(단자대 4P)	MC	전자 접촉기(12P)	PB3	푸시버튼 스위치(녹)
TB2	전동기(단자대 4P)	X	릴레이(8P)	RL	파일럿 램프(적)
MCCB	배선용 차단기(3P)	FR	플리커 릴레이(8P)	GL	파일럿 램프(녹)
F	퓨즈 및 퓨즈홀더	PB1	푸시버튼 스위치(적)	YL	파일럿 램프(황)
EOCR	과전류 차단기(12P)	PB2	푸시버튼 스위치(녹)	BZ	부저
TB5	단자대 15P	TB6	단자대 15P		

세부유형 ④

1. 동작

① 배선용 차단기 MCCB에 전원을 투입하면 GL이 점등된다.
② PB2를 누르면 MC가 여자되어 전동기(M)가 동작하며 RL은 점등, GL은 소등된다.
③ PB1을 누르면 MC가 소자되어 전동기(M)가 정지하며 RL은 소등, GL은 점등된다.
④ EOCR이 동작 시 FR이 여자되고 설정시간 간격으로 BZ와 YL이 교대로 점멸한다.
⑤ PB3를 누르면 BZ는 정지하고 설정시간 간격으로 YL만 점멸한다.

2. 도면

(1) 동작 회로도

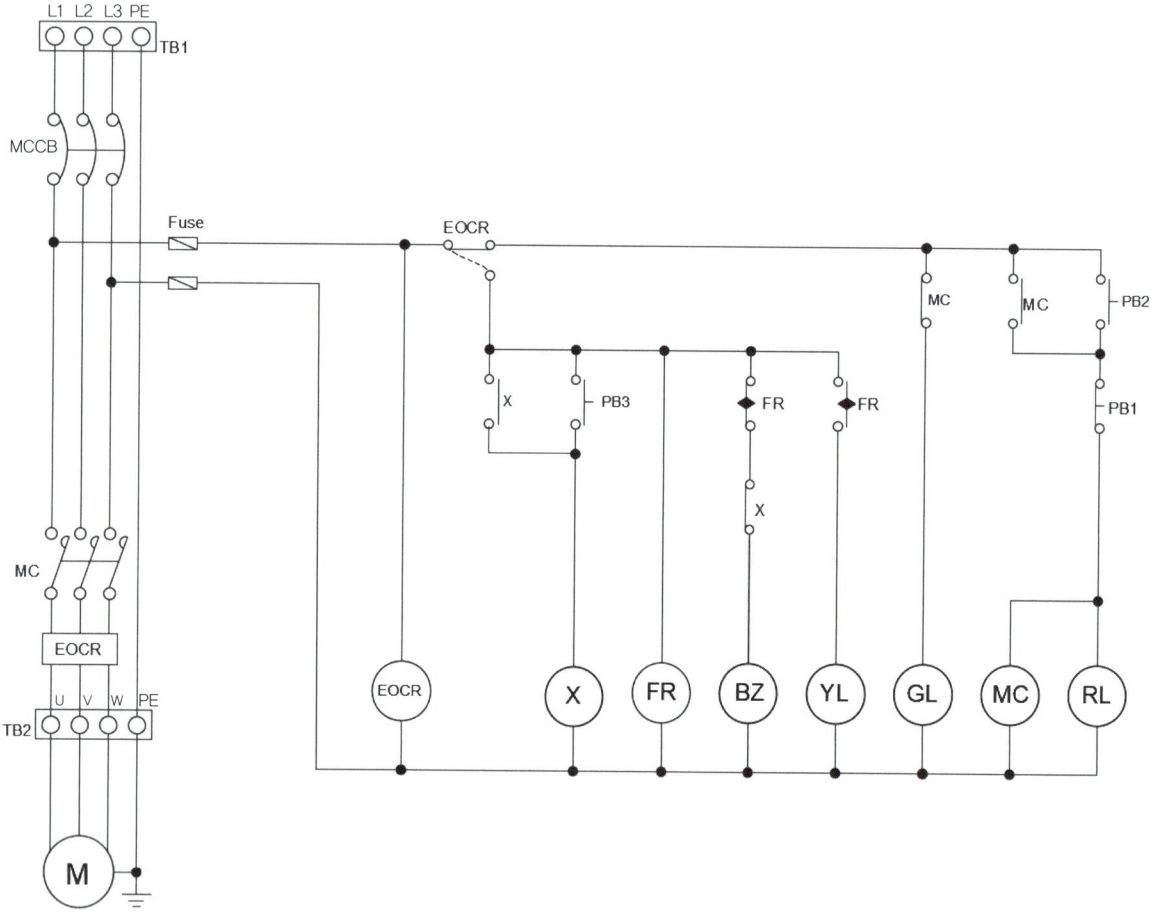

(2) 시험 기구 내부 결선도

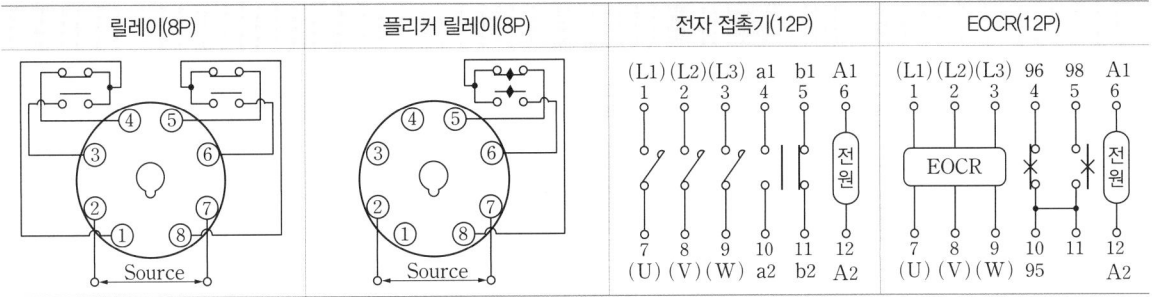

(3) 배관 및 기구 배치도 / 제어판 내부 기구 배치도

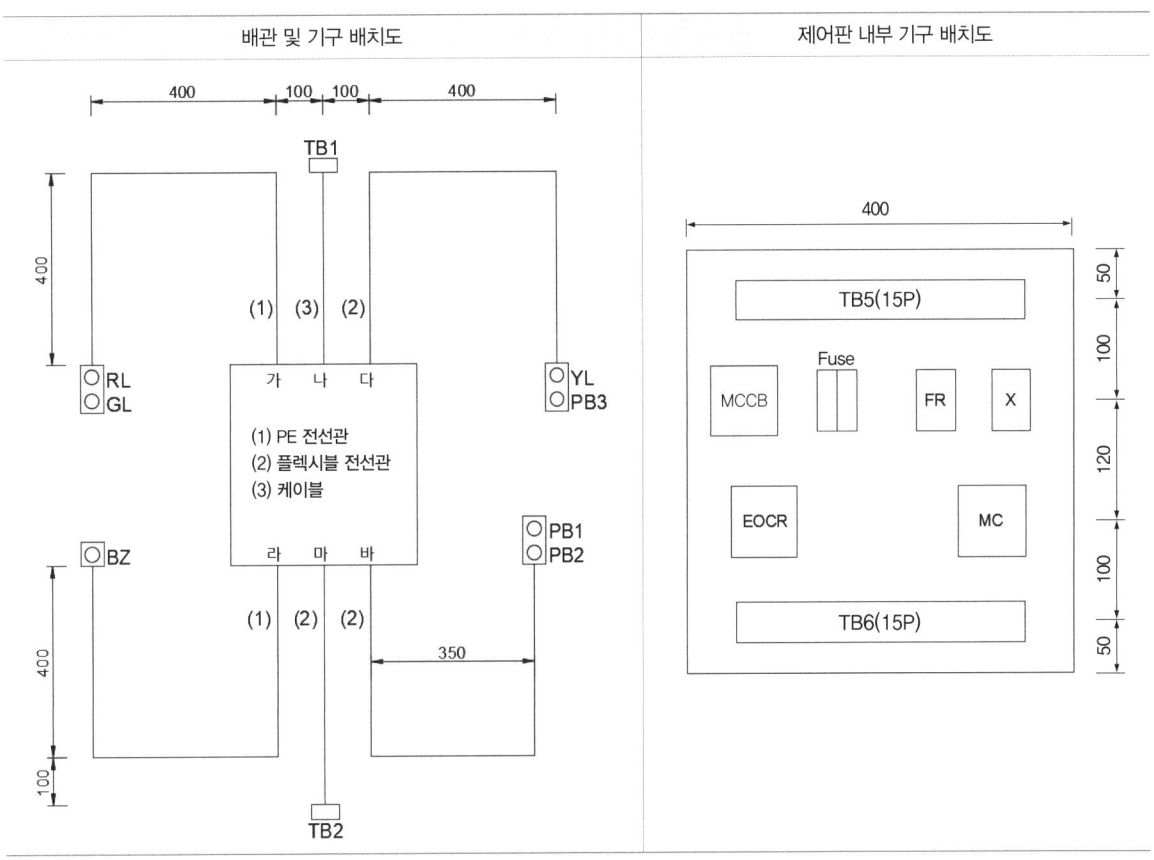

(4) 범례

기호	명칭	기호	명칭	기호	명칭
TB1	전원(단자대 4P)	MC	전자 접촉기(12P)	PB3	푸시버튼 스위치(녹)
TB2	전동기(단자대 4P)	X	릴레이(8P)	RL	파일럿 램프(적)
MCCB	배선용 차단기(3P)	FR	플리커 릴레이(8P)	GL	파일럿 램프(녹)
F	퓨즈 및 퓨즈홀더	PB1	푸시버튼 스위치(적)	YL	파일럿 램프(황)
EOCR	과전류 차단기(12P)	PB2	푸시버튼 스위치(녹)	BZ	부저
TB5	단자대 15P	TB6	단자대 15P		

세부유형 ⑤

1. 동작

① 배선용 차단기 MCCB에 전원을 투입하면 GL이 점등된다.
② PB2를 누르면 MC가 여자되어 전동기(M)가 동작하며 RL은 점등, GL은 소등된다.
③ PB1을 누르면 MC가 소자되어 전동기(M)가 정지하며 RL은 소등, GL은 점등된다.
④ EOCR이 동작 시 FR이 여자되고 설정시간 간격으로 BZ와 YL이 교대로 점멸한다.
⑤ PB3를 누르면 BZ는 정지하고 설정시간 간격으로 YL만 점멸한다.

2. 도면

(1) 동작 회로도

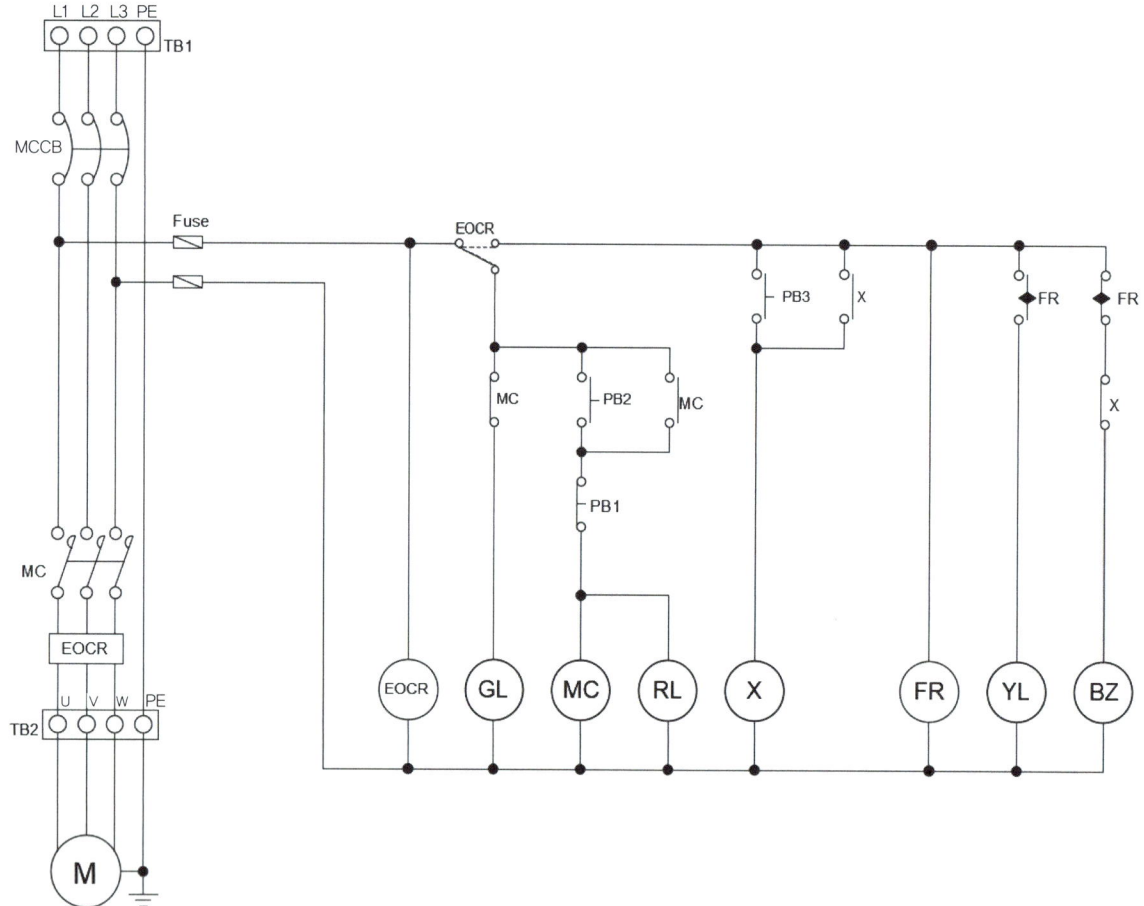

(2) 시험 기구 내부 결선도

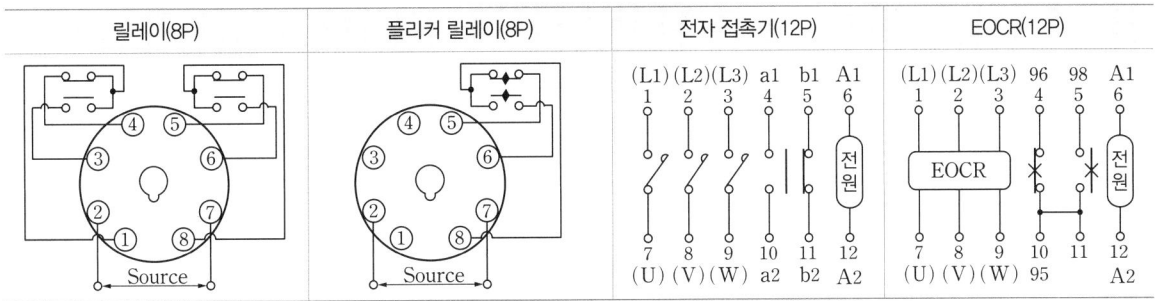

(3) 배관 및 기구 배치도 / 제어판 내부 기구 배치도

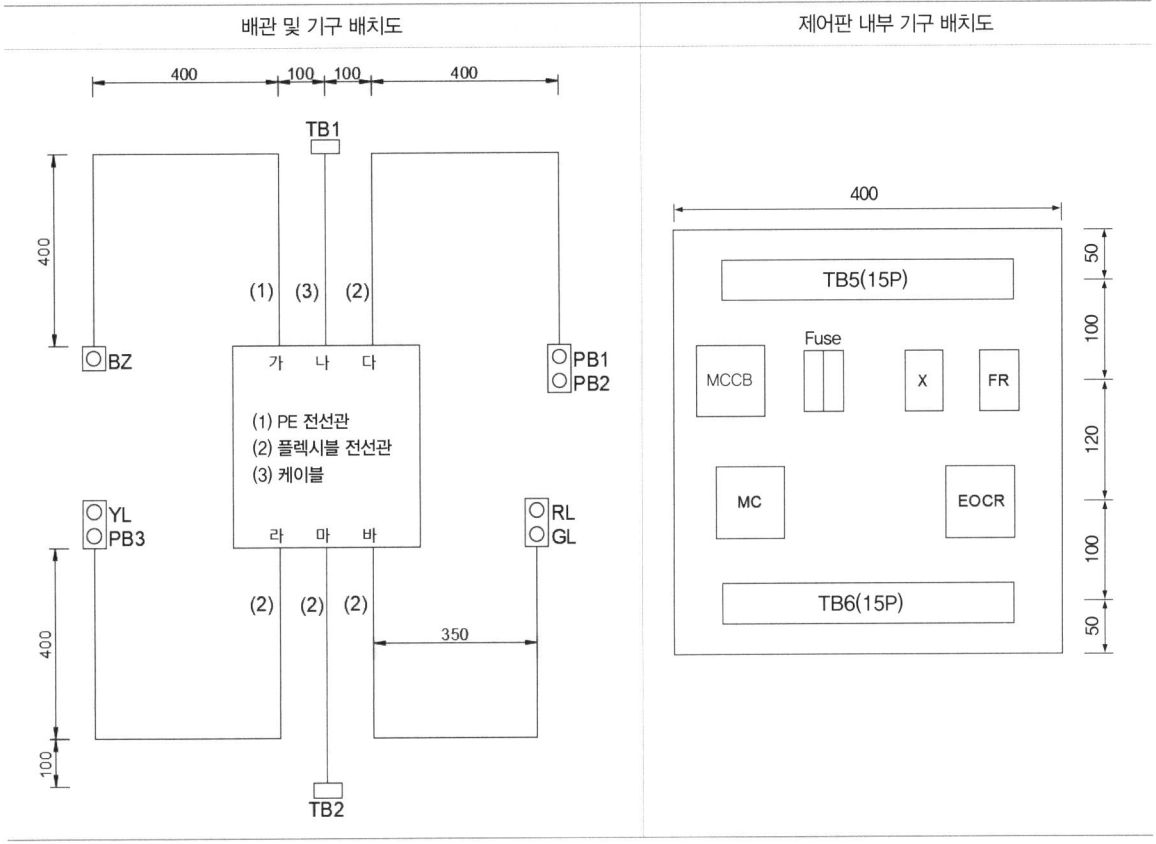

(4) 범례

기호	명칭	기호	명칭	기호	명칭
TB1	전원(단자대 4P)	MC	전자 접촉기(12P)	PB3	푸시버튼 스위치(녹)
TB2	전동기(단자대 4P)	X	릴레이(8P)	RL	파일럿 램프(적)
MCCB	배선용 차단기(3P)	FR	플리커 릴레이(8P)	GL	파일럿 램프(녹)
F	퓨즈 및 퓨즈홀더	PB1	푸시버튼 스위치(적)	YL	파일럿 램프(황)
EOCR	과전류 차단기(12P)	PB2	푸시버튼 스위치(녹)	BZ	부저
TB5	단자대 15P	TB6	단자대 15P		

기출유형 02 전동기 제어 리밋

세부유형 ①

1. 동작

① 전원을 투입하면 GL1과 GL2, WL이 점등된다.
② PB1을 누르면 R1과 MC1이 여자되어 전동기 M1이 동작되고 RL1이 점등, GL1이 소등된다. LS1이나 PB2가 눌러지면 초기화된다.
③ PB3를 누르면 R2와 MC2가 여자되어 전동기 M2가 동작되고 RL2가 점등, GL2가 소등된다. LS2나 PB4가 눌러지면 초기화된다.
④ 동작 중 PB0를 누르면 초기화된다.
⑤ EOCR1 또는 EOCR2가 동작하면 초기화되고 BZ가 동작한다.

2. 도면

(1) 동작 회로도

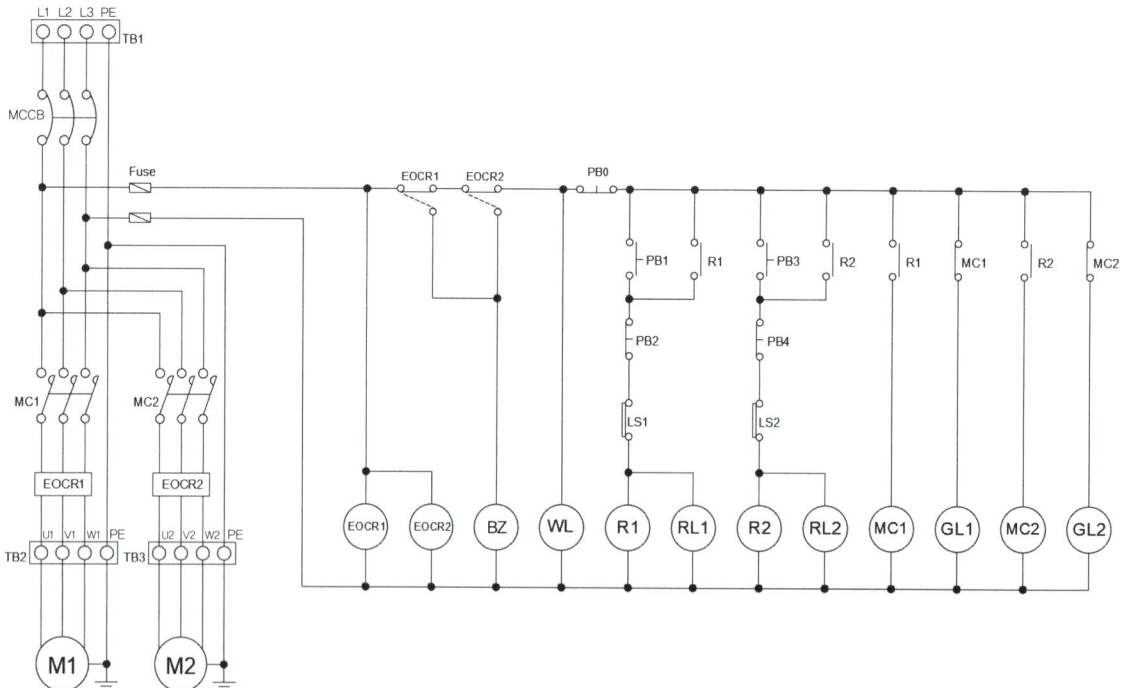

(2) 시험 기구 내부 결선도

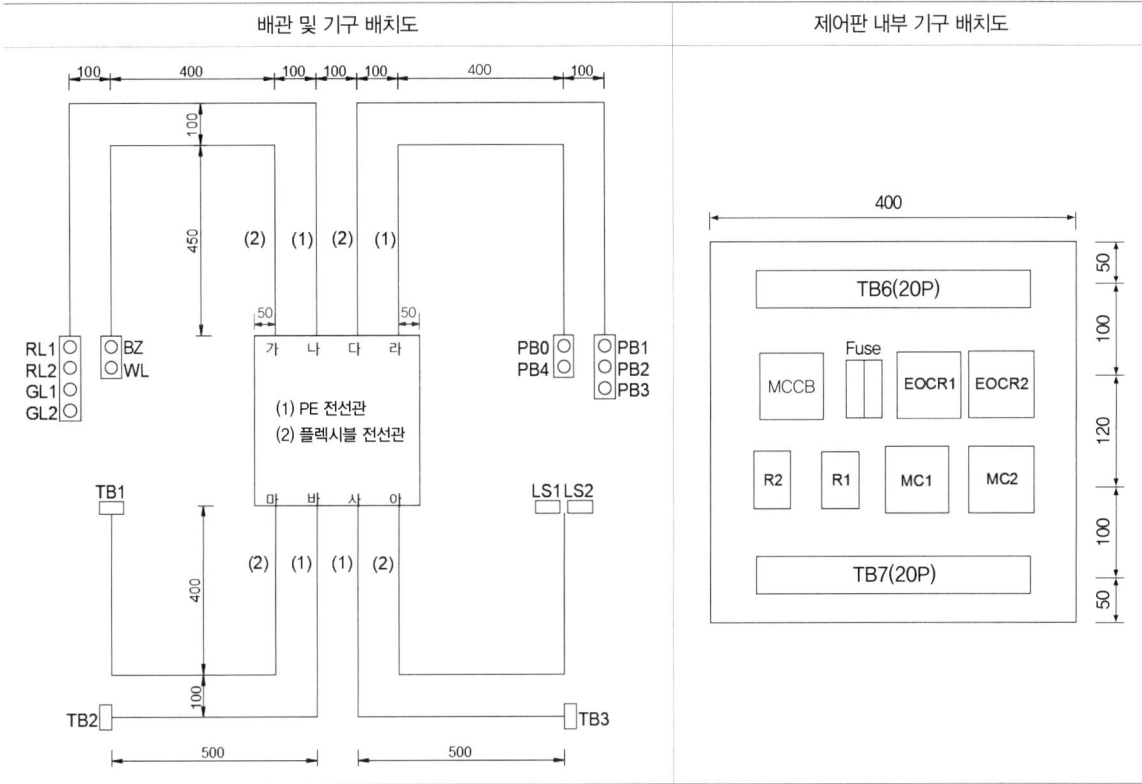

(3) 배관 및 기구 배치도 / 제어판 내부 기구 배치도

(4) 범례

기호	명칭	기호	명칭	기호	명칭
TB1	전원(단자대 4P)	EOCR1, 2	과전류 차단기(12P)	GL1, 2	파일럿 램프(녹)
TB2	전동기(단자대 4P)	PB1, 3	푸시버튼 스위치(녹)	WL	파일럿 램프(백)
TB3	전동기(단자대 4P)	PB2, 4	푸시버튼 스위치(적)	BZ	부저
R1, 2	릴레이(8P)	PB0	푸시버튼 스위치(적)	LS1, 2 (TB4, 5)	리밋 스위치 단자대 대체(4P)
MC1, 2	전자 접촉기(12P)	RL1, 2	파일럿 램프(적)		
MCCB	배선용 차단기(3P)	TB6	단자대 20P	TB7	단자대 20P
F	퓨즈 및 퓨즈홀더				

세부유형 ②

1. 동작

① 전원을 투입하면 GL1과 GL2, WL이 점등된다.
② PB1을 누르면 R1과 MC1이 여자되어 전동기 M1이 동작되고 RL1이 점등, GL1이 소등된다. LS1이나 PB2가 눌러지면 초기화된다.
③ PB3를 누르면 R2와 MC2가 여자되어 전동기 M2가 동작되고 RL2가 점등, GL2가 소등된다. LS2나 PB4가 눌러지면 초기화된다.
④ 동작 중 PB0를 누르면 초기화된다.
⑤ EOCR1 또는 EOCR2가 동작하면 초기화되고 BZ가 동작한다.

2. 도면

(1) 동작 회로도

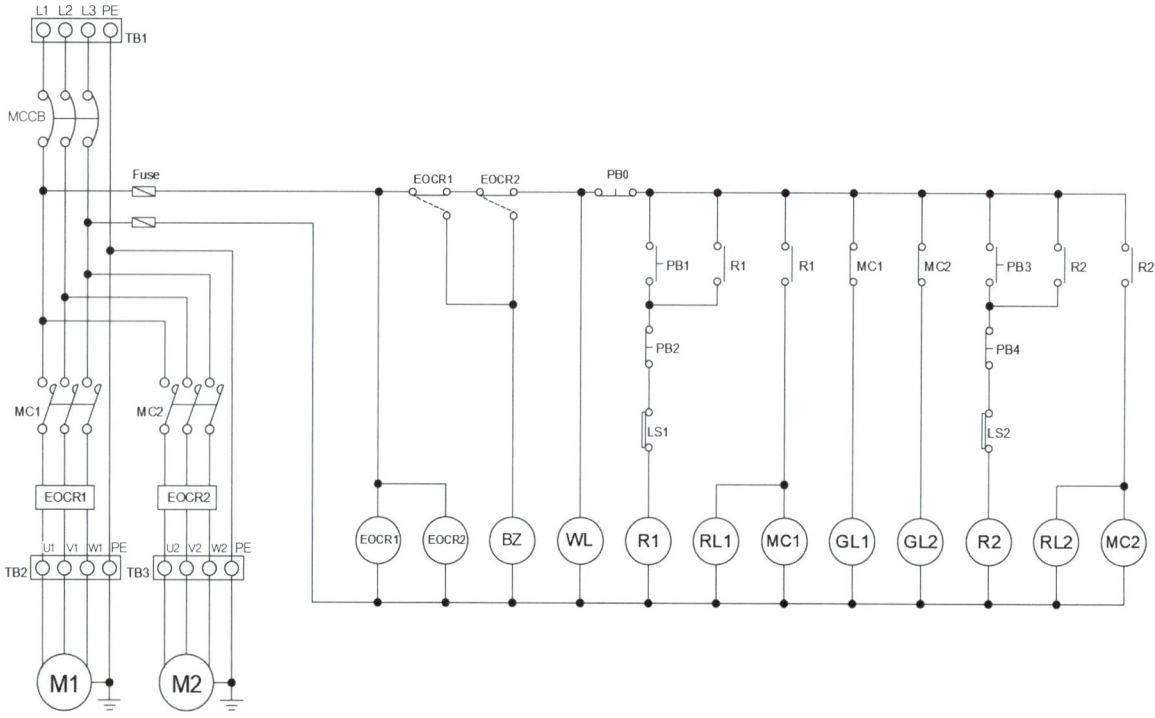

(2) 시험 기구 내부 결선도

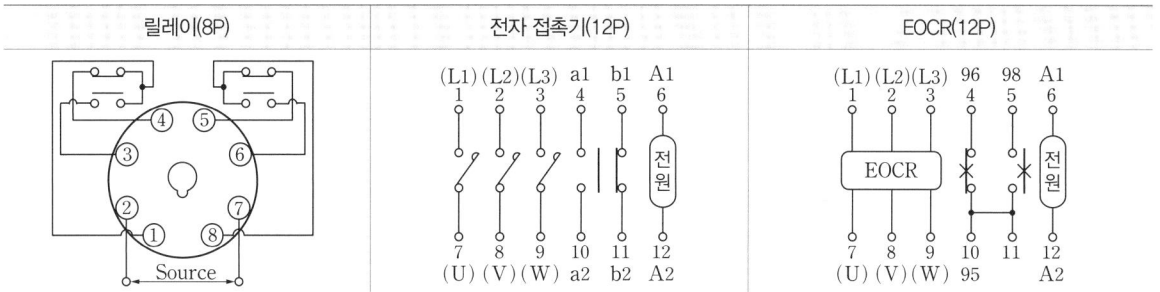

(3) 배관 및 기구 배치도 / 제어판 내부 기구 배치도

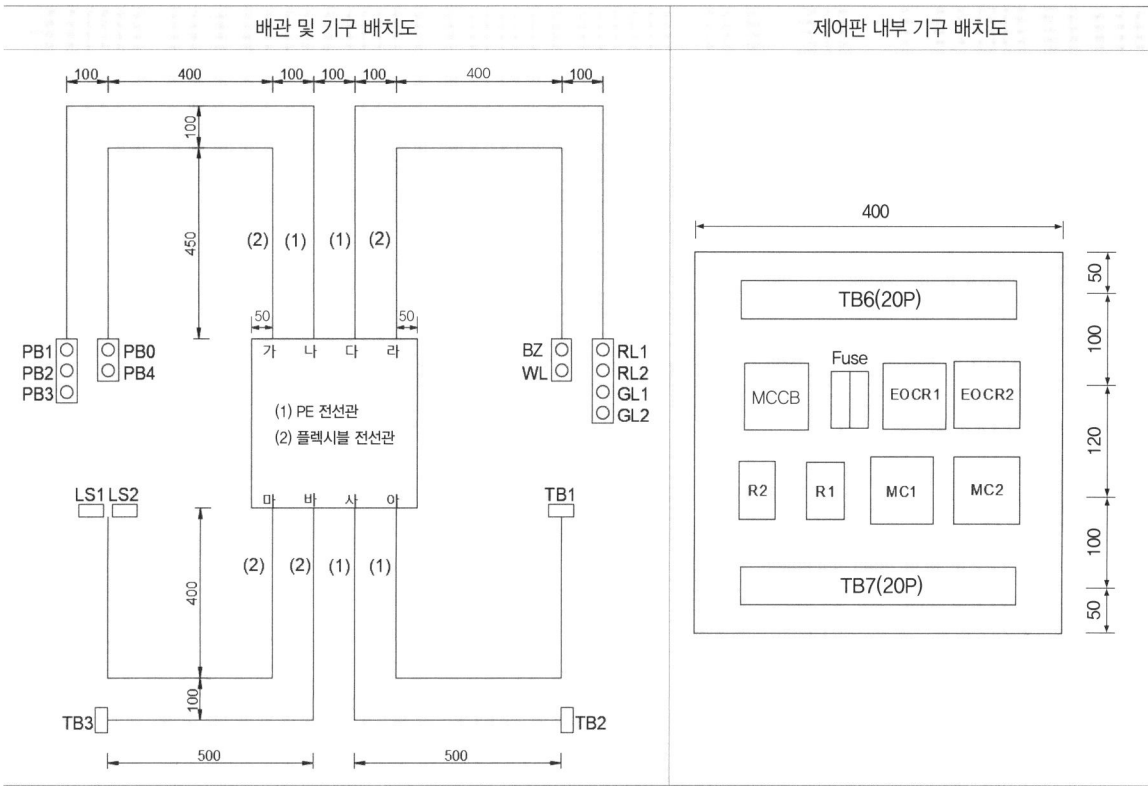

(4) 범례

기호	명칭	기호	명칭	기호	명칭
TB1	전원(단자대 4P)	EOCR1, 2	과전류 차단기(12P)	GL1, 2	파일럿 램프(녹)
TB2	전동기(단자대 4P)	PB1, 3	푸시버튼 스위치(녹)	WL	파일럿 램프(백)
TB3	전동기(단자대 4P)	PB2, 4	푸시버튼 스위치(적)	BZ	부저
R1, 2	릴레이(8P)	PB0	푸시버튼 스위치(적)	LS1, 2 (TB4, 5)	리밋 스위치 단자대 대체(4P)
MC1, 2	전자 접촉기(12P)	RL1, 2	파일럿 램프(적)		
MCCB	배선용 차단기(3P)	TB6	단자대 20P	TB7	단자대 20P
F	퓨즈 및 퓨즈홀더				

세부유형 ③

1. 동작

① 전원을 투입하면 GL1과 GL2, WL이 점등된다.
② PB1을 누르면 R1과 MC1이 여자되어 전동기 M1이 동작되고 RL1이 점등, GL1이 소등된다. LS1이나 PB2가 눌러지면 초기화된다.
③ PB3를 누르면 R2와 MC2가 여자되어 전동기 M2가 동작되고 RL2가 점등, GL2가 소등된다. LS2나 PB4가 눌러지면 초기화된다.
④ 동작 중 PB0를 누르면 초기화된다.
⑤ EOCR1 또는 EOCR2가 동작하면 초기화되고 BZ가 동작한다.

2. 도면

(1) 동작 회로도

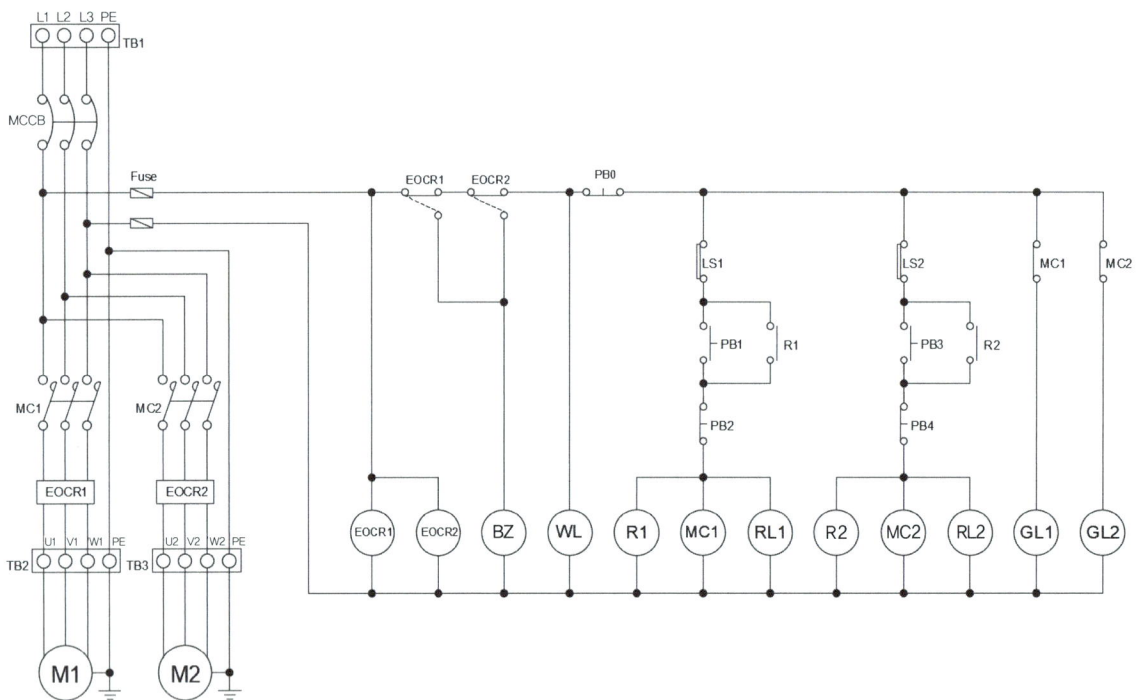

(2) 시험 기구 내부 결선도

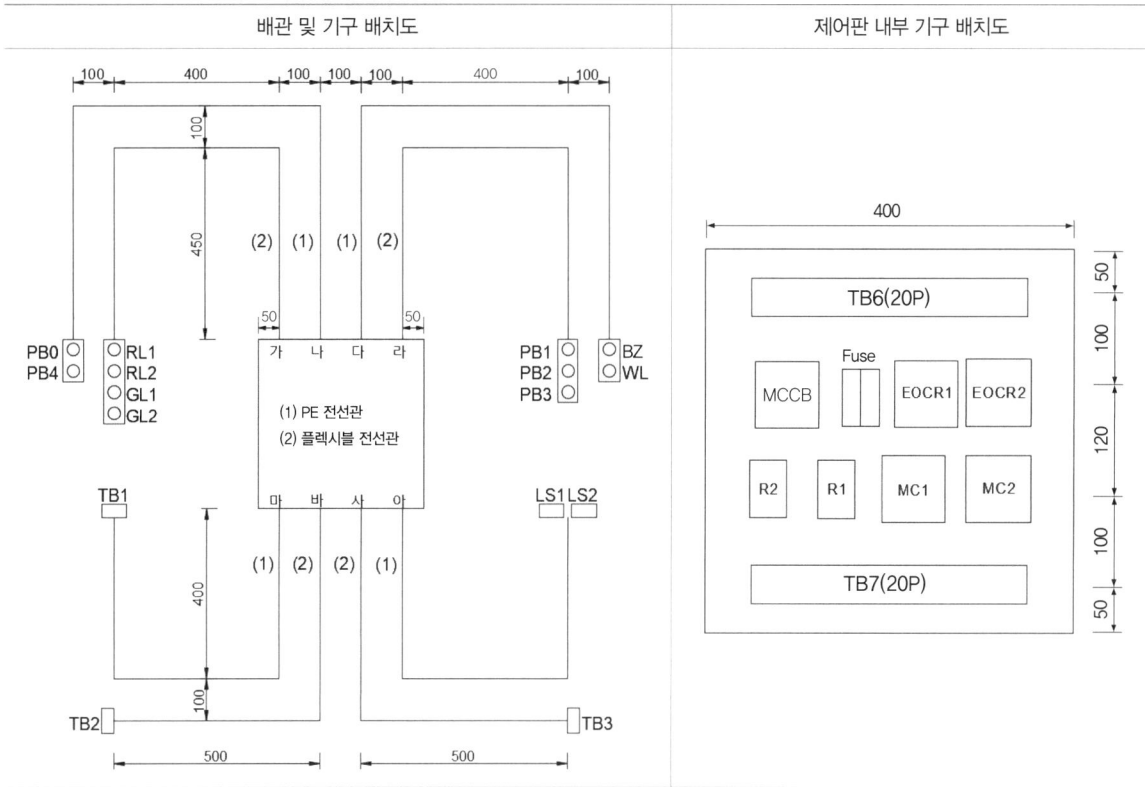

(3) 배관 및 기구 배치도 / 제어판 내부 기구 배치도

(4) 범례

기호	명칭	기호	명칭	기호	명칭
TB1	전원(단자대 4P)	EOCR1, 2	과전류 차단기(12P)	GL1, 2	파일럿 램프(녹)
TB2	전동기(단자대 4P)	PB1, 3	푸시버튼 스위치(녹)	WL	파일럿 램프(백)
TB3	전동기(단자대 4P)	PB2, 4	푸시버튼 스위치(적)	BZ	부저
R1, 2	릴레이(8P)	PB0	푸시버튼 스위치(적)	LS1, 2 (TB4, 5)	리밋 스위치 단자대 대체(4P)
MC1, 2	전자 접촉기(12P)	RL1, 2	파일럿 램프(적)		
MCCB	배선용 차단기(3P)	TB6	단자대 20P	TB7	단자대 20P
F	퓨즈 및 퓨즈홀더				

세부유형 ④

1. 동작

① 전원을 투입하면 GL1과 GL2, WL이 점등된다.
② PB1을 누르면 R1과 MC1이 여자되어 전동기 M1이 동작되고 RL1이 점등 GL1이 소등된다. LS1이나 PB2가 눌러지면 초기화된다.
③ PB3를 누르면 R2와 MC2가 여자되어 전동기 M2가 동작되고 RL2가 점등 GL2가 소등된다. LS2나 PB4가 눌러지면 초기화된다.
④ 동작 중 PB0를 누르면 초기화된다.
⑤ EOCR1 또는 EOCR2가 동작하면 초기화되고 BZ가 동작한다.

2. 도면

(1) 동작 회로도

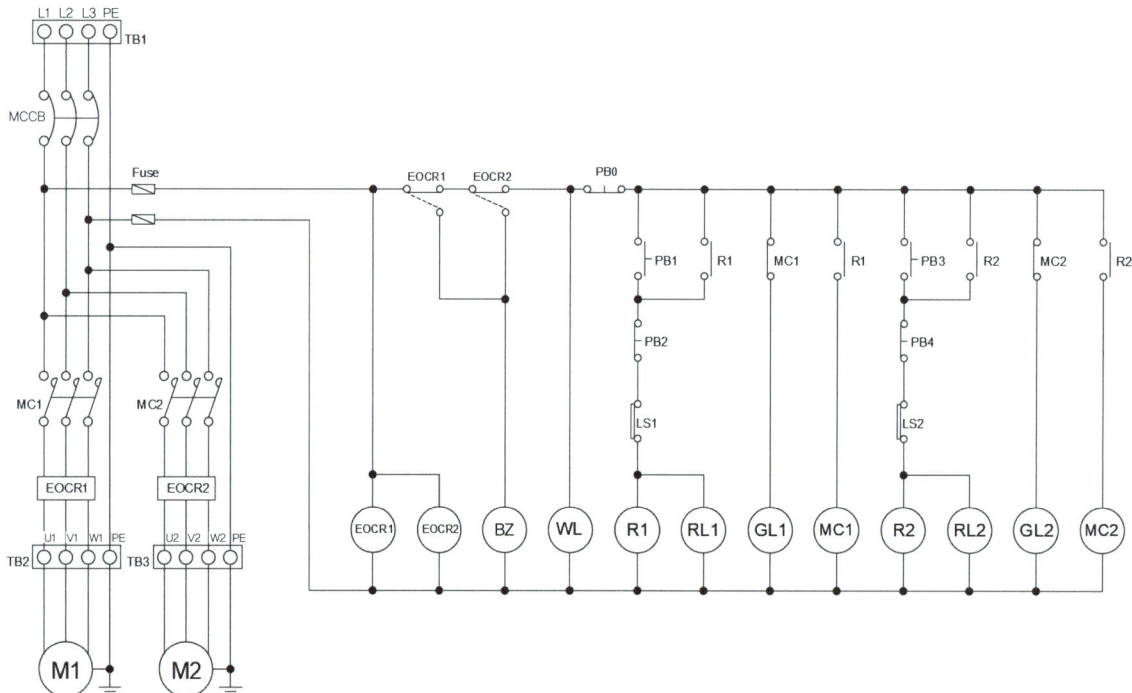

(2) 시험 기구 내부 결선도

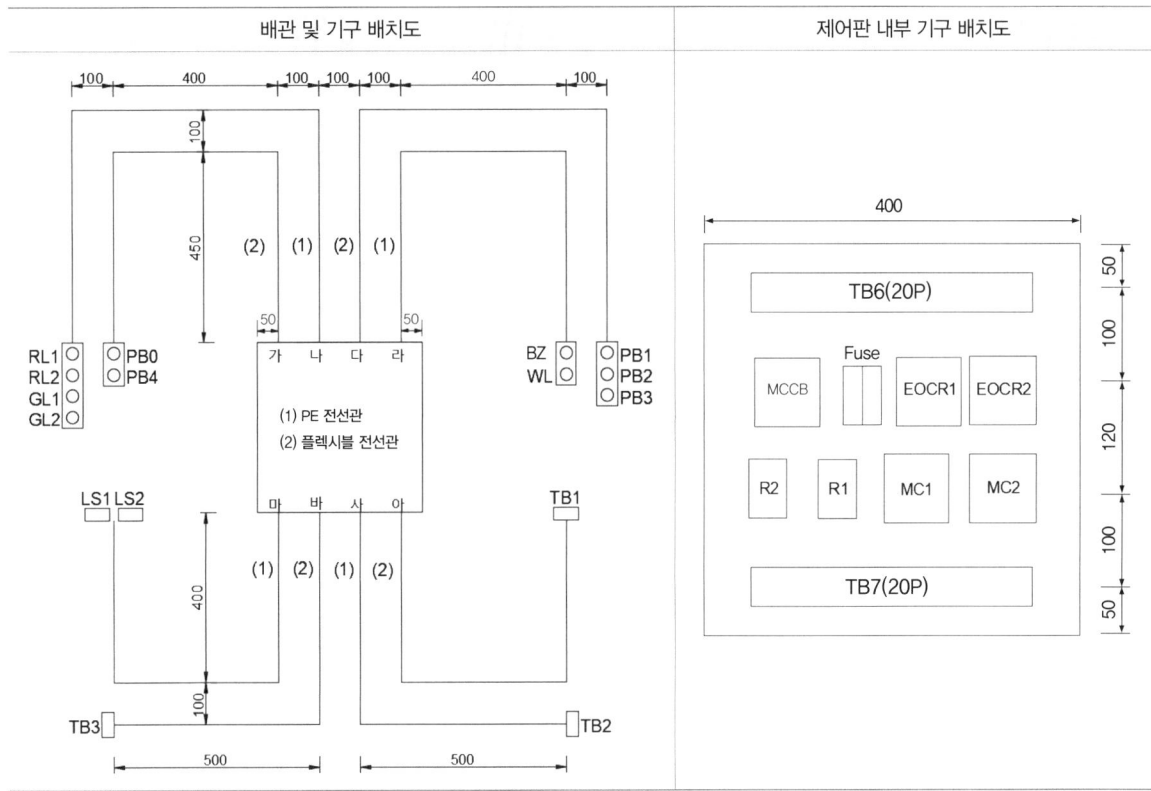

(3) 배관 및 기구 배치도 / 제어판 내부 기구 배치도

(4) 범례

기호	명칭	기호	명칭	기호	명칭
TB1	전원(단자대 4P)	EOCR1, 2	과전류 차단기(12P)	GL1, 2	파일럿 램프(녹)
TB2	전동기(단자대 4P)	PB1, 3	푸시버튼 스위치(녹)	WL	파일럿 램프(백)
TB3	전동기(단자대 4P)	PB2, 4	푸시버튼 스위치(적)	BZ	부저
R1, 2	릴레이(8P)	PB0	푸시버튼 스위치(적)	LS1, 2 (TB4, 5)	리밋 스위치 단자대 대체(4P)
MC1, 2	전자 접촉기(12P)	RL1, 2	파일럿 램프(적)	TB7	단자대 20P
MCCB	배선용 차단기(3P)	TB6	단자대 20P		
F	퓨즈 및 퓨즈홀더				

세부유형 ⑤

1. 동작

① 전원을 투입하면 GL1과 GL2, WL이 점등된다.
② PB1을 누르면 R1과 MC1이 여자되어 전동기 M1이 동작되고 RL1이 점등, GL1이 소등된다. LS1이나 PB2가 눌러지면 초기화된다.
③ PB3를 누르면 R2와 MC2가 여자되어 전동기 M2가 동작되고 RL2가 점등, GL2가 소등된다. LS2나 PB4가 눌러지면 초기화된다.
④ 동작 중 PB0를 누르면 초기화된다.
⑤ EOCR1 또는 EOCR2가 동작하면 초기화되고 BZ가 동작한다.

2. 도면

(1) 동작 회로도

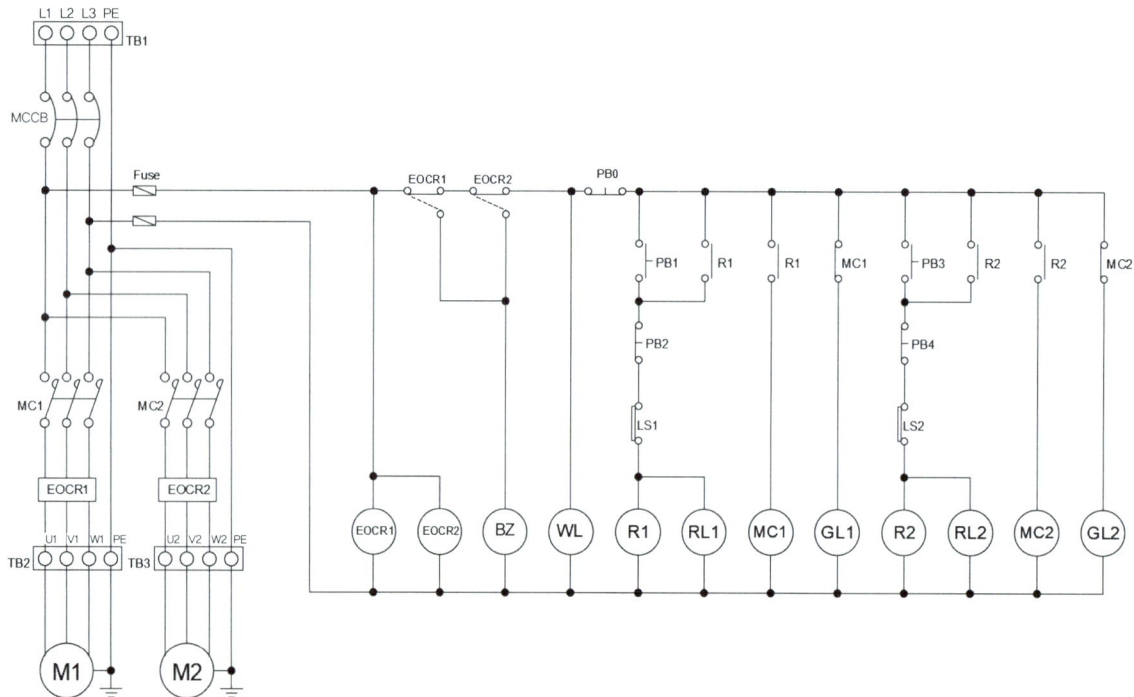

(2) 시험 기구 내부 결선도

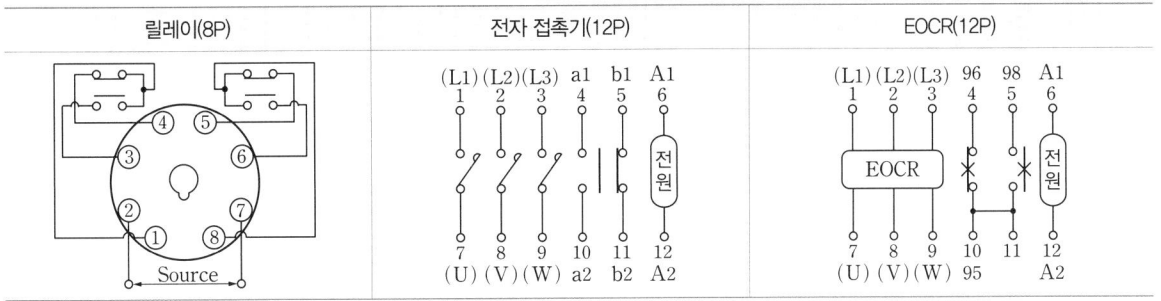

(3) 배관 및 기구 배치도 / 제어판 내부 기구 배치도

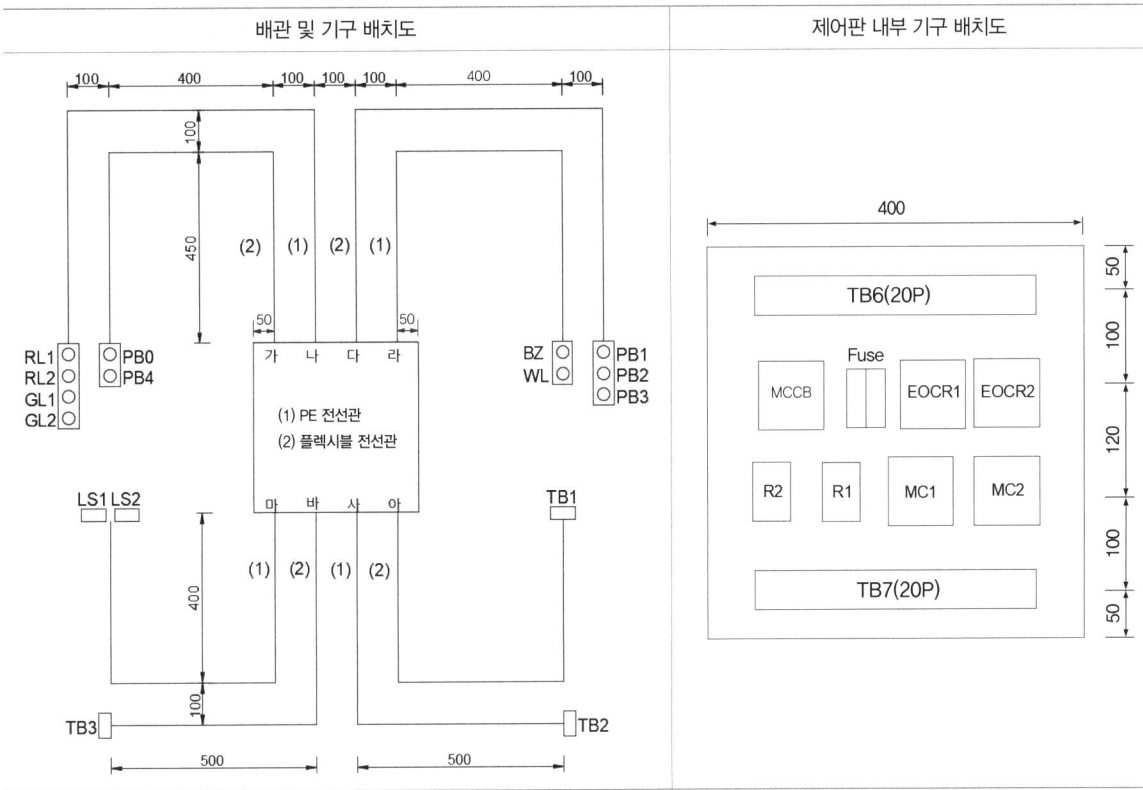

(4) 범례

기호	명칭	기호	명칭	기호	명칭
TB1	전원(단자대 4P)	EOCR1, 2	과전류 차단기(12P)	GL1, 2	파일럿 램프(녹)
TB2	전동기(단자대 4P)	PB1, 3	푸시버튼 스위치(녹)	WL	파일럿 램프(백)
TB3	전동기(단자대 4P)	PB2, 4	푸시버튼 스위치(적)	BZ	부저
R1, 2	릴레이(8P)	PB0	푸시버튼 스위치(적)	LS1, 2 (TB4, 5)	리밋 스위치 단자대 대체(4P)
MC1, 2	전자 접촉기(12P)	RL1, 2	파일럿 램프(적)		
MCCB	배선용 차단기(3P)	TB6	단자대 20P	TB7	단자대 20P
F	퓨즈 및 퓨즈홀더				

03 전동기 제어 리밋-타이머

세부유형 ①

1. 동작

① SS(왼쪽: M(수동)): PB2를 누르면 MC1이 여자되고 GL이 점등, M1이 동작된다.
  - PB3를 누르면 MC2가 여자되고 RL이 점등, M2가 동작된다.
  - PB1을 누르면 전동기가 모두 초기화된다.

② SS(오른쪽: A(자동)): Ry3가 여자되고 LS1을 누르면 Ry1이 여자되어 MC1이 여자, GL이 점등되고 M1이 동작된다. LS2를 누르면 Ry2가 여자되어 MC2가 여자, RL이 점등되고 M2가 동작된다.
  - LS1과 LS2가 동작할 때 T가 여자되어 T의 설정시간 후 WL이 점등되고 전동기가 모두 초기화된다.

③ EOCR1이나 EOCR2가 동작 시 YL이 점등된다.

2. 도면

(1) 동작 회로도

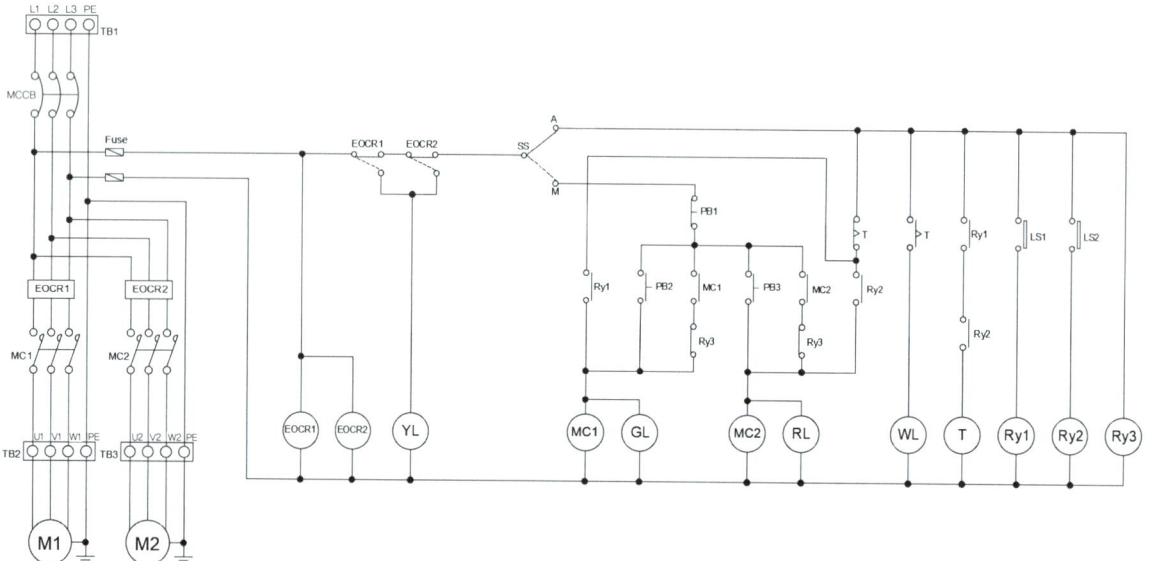

(2) 시험 기구 내부 결선도

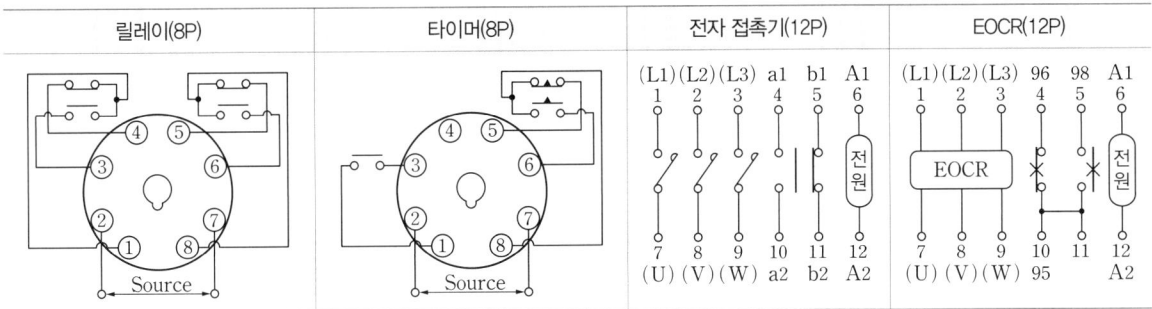

(3) 배관 및 기구 배치도 / 제어판 내부 기구 배치도

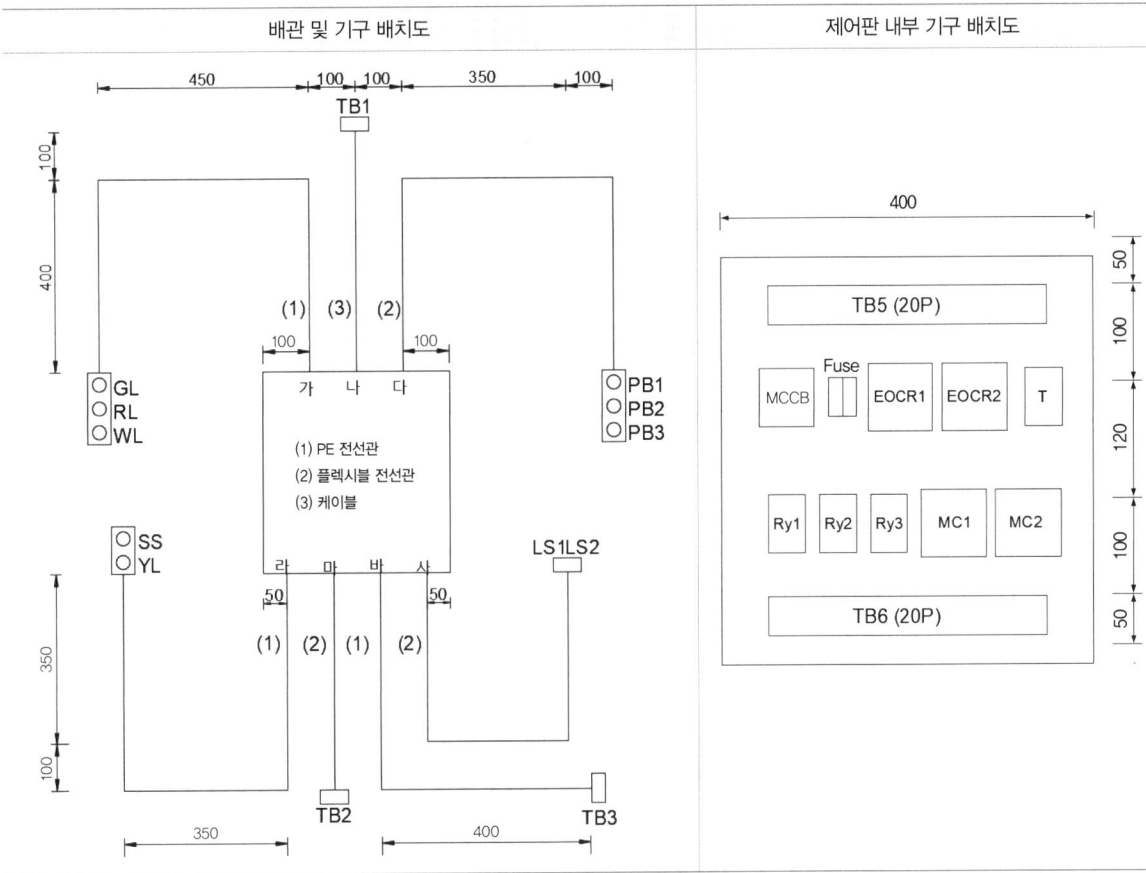

(4) 범례

기호	명칭	기호	명칭	기호	명칭
TB1	전원(단자대 4P)	EOCR1, 2	과전류 차단기(12P)	PB2, 3	푸시버튼 스위치(녹)
TB2	전동기(단자대 4P)	MC1, 2	전자 접촉기(12P)	SS	셀렉터 스위치(2단)
TB3	전동기(단자대 4P)	Ry1, 2, 3	릴레이(8P)	RL, GL	파일럿 램프(적, 녹)
MCCB	배선용 차단기(3P)	T	타이머(8P)	YL	파일럿 램프(황)
F	퓨즈 및 퓨즈홀더	PB1	푸시버튼 스위치(적)	WL	파일럿 램프(백)
LS1, 2(TB4)	리밋 스위치(단자대 대체)	TB5	단자대 20P	TB6	단자대 20P

세부유형 ②

1. 동작

① SS(왼쪽: M(수동)): PB2를 누르면 MC1이 여자되고 GL이 점등, M1이 동작된다.
  - PB3를 누르면 MC2가 여자되고 RL이 점등, M2가 동작된다.
  - PB1을 누르면 전동기가 모두 초기화된다.

② SS(오른쪽: A(자동)): Ry3가 여자되고 LS1을 누르면 Ry1이 여자되어 MC1이 여자, GL이 점등되고 M1이 동작된다. LS2를 누르면 Ry2가 여자되어 MC2가 여자, RL이 점등되고 M2가 동작된다.
  - LS1과 LS2가 동작할 때 T가 여자되어 T의 설정시간 후 WL이 점등되고 전동기가 모두 초기화된다.

③ EOCR1이나 EOCR2가 동작 시 YL이 점등된다.

2. 도면

(1) 동작 회로도

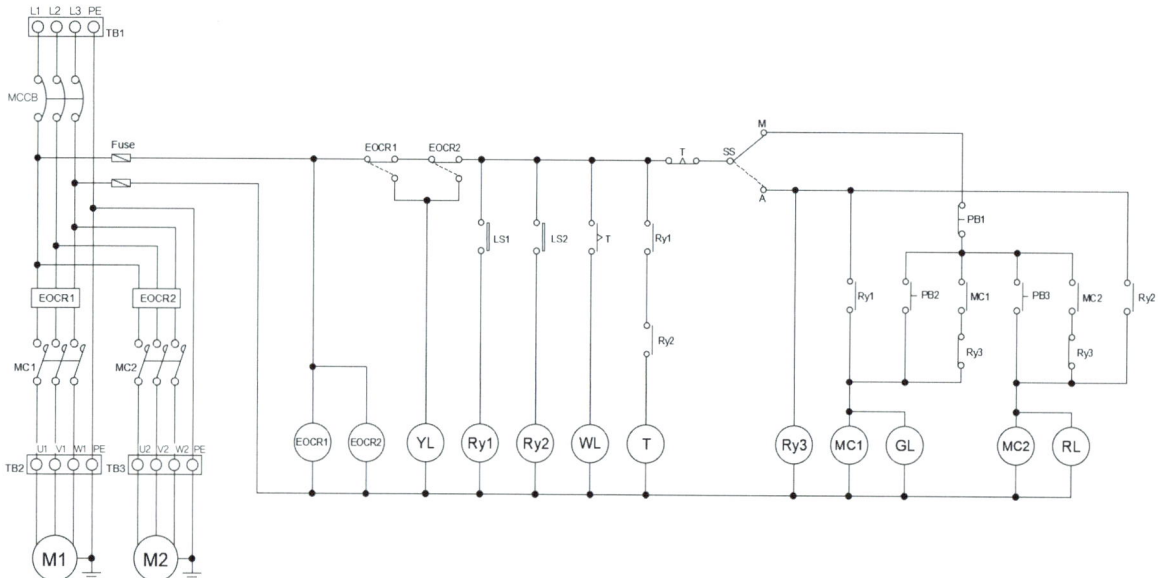

(2) 시험 기구 내부 결선도

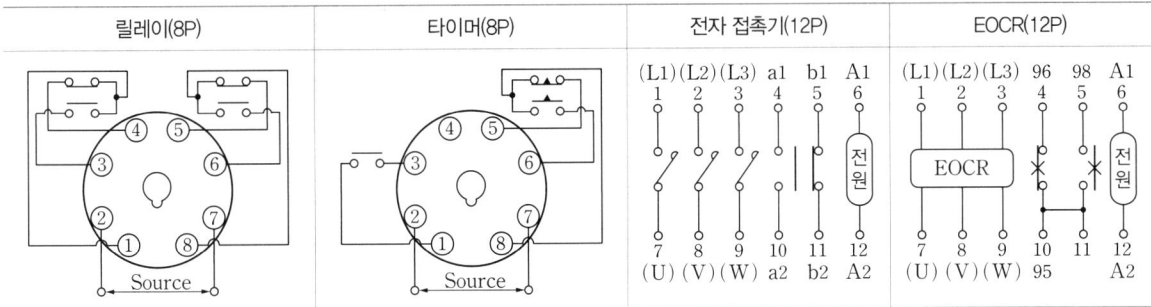

(3) 배관 및 기구 배치도 / 제어판 내부 기구 배치도

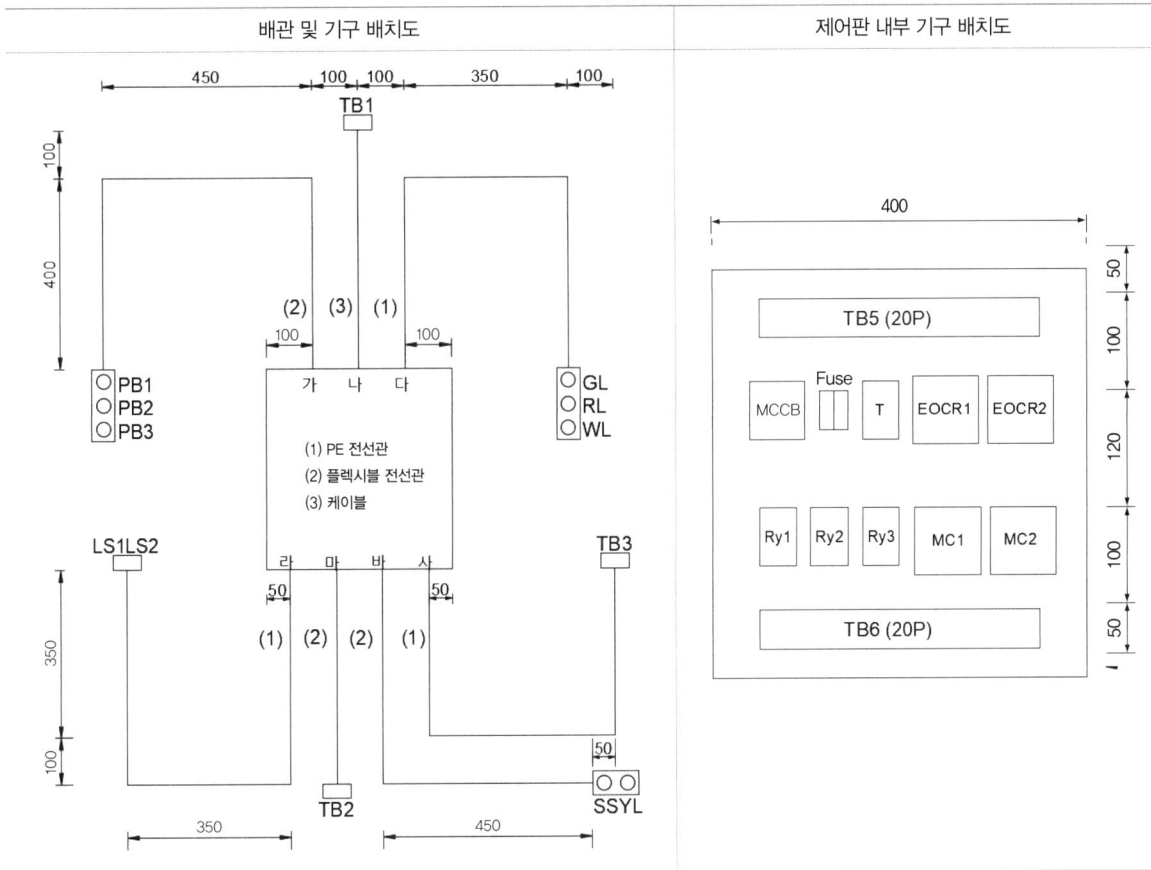

(4) 범례

기호	명칭	기호	명칭	기호	명칭
TB1	전원(단자대 4P)	EOCR1, 2	과전류 차단기(12P)	PB2, 3	푸시버튼 스위치(녹)
TB2	전동기(단자대 4P)	MC1, 2	전자 접촉기(12P)	SS	셀렉터 스위치(2단)
TB3	전동기(단자대 4P)	Ry1, 2, 3	릴레이(8P)	RL, GL	파일럿 램프(적, 녹)
MCCB	배선용 차단기(3P)	T	타이머(8P)	YL	파일럿 램프(황)
F	퓨즈 및 퓨즈홀더	PB1	푸시버튼 스위치(적)	WL	파일럿 램프(백)
LS1, 2(TB4)	리밋 스위치(단자대 대체)	TB5	단자대 20P	TB6	단자대 20P

세부유형 ③

1. 동작

① SS(왼쪽: M(수동)): PB2를 누르면 MC1이 여자되고 GL이 점등, M1이 동작된다.
  - PB3를 누르면 MC2가 여자되고 RL이 점등, M2가 동작된다.
  - PB1을 누르면 전동기가 모두 초기화된다.

② SS(오른쪽: A(자동)): Ry3가 여자되고 LS1을 누르면 Ry1이 여자되어 MC1이 여자, GL이 점등되고 M1이 동작된다. LS2를 누르면 Ry2가 여자되어 MC2가 여자, RL이 점등되고 M2가 동작된다.
  - LS1과 LS2가 동작할 때 T가 여자되어 T의 설정시간 후 WL이 점등되고 전동기가 모두 초기화된다.

③ EOCR1이나 EOCR2가 동작 시 YL이 점등된다.

2. 도면

(1) 동작 회로도

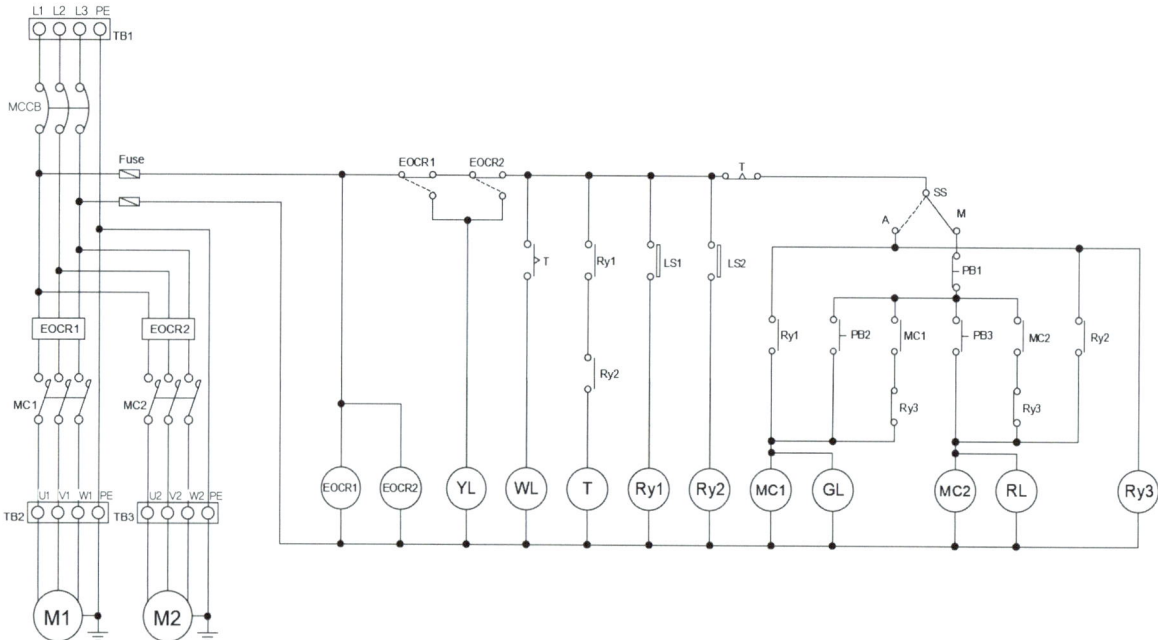

(2) 시험 기구 내부 결선도

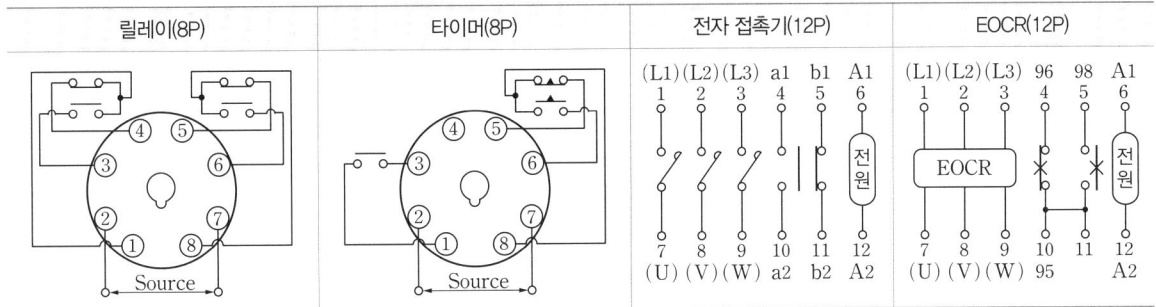

(3) 배관 및 기구 배치도 / 제어판 내부 기구 배치도

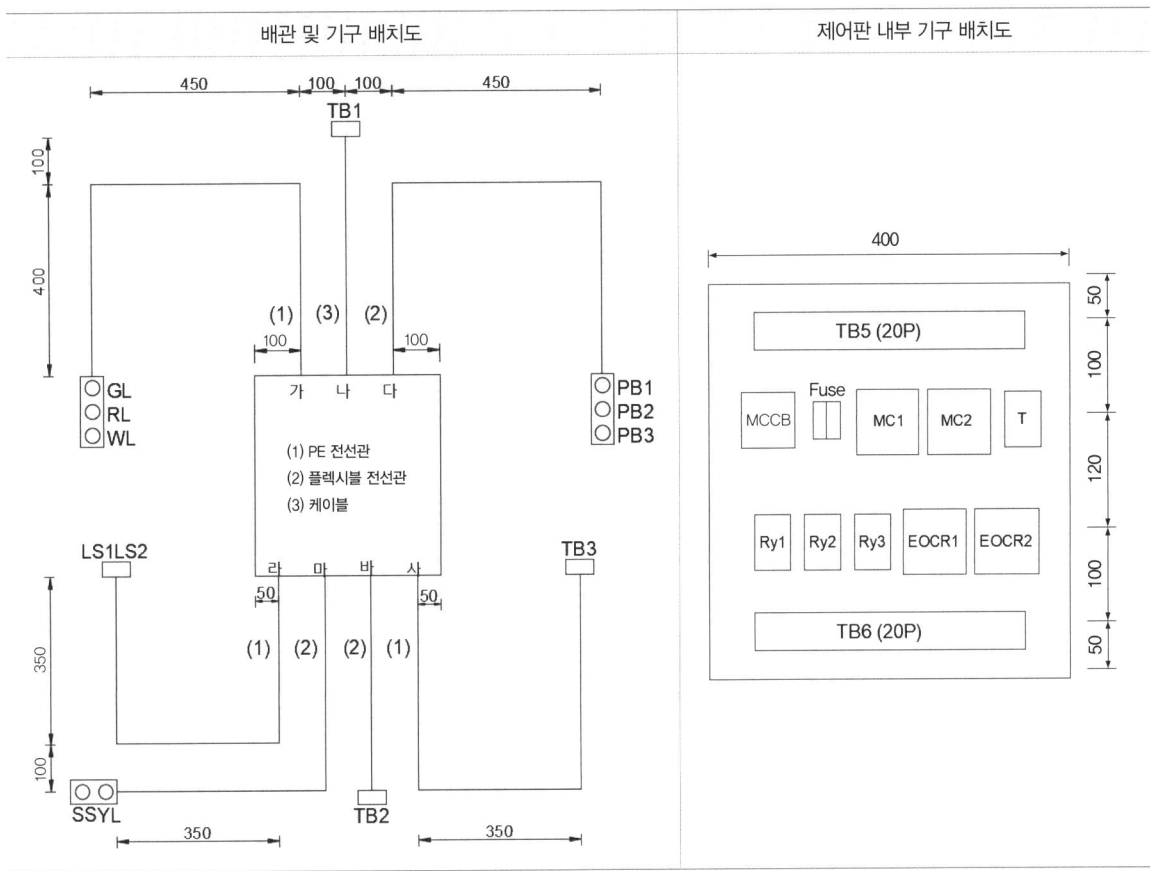

(4) 범례

기호	명칭	기호	명칭	기호	명칭
TB1	전원(단자대 4P)	EOCR1, 2	과전류 차단기(12P)	PB2, 3	푸시버튼 스위치(녹)
TB2	전동기(단자대 4P)	MC1, 2	전자 접촉기(12P)	SS	셀렉터 스위치(2단)
TB3	전동기(단자대 4P)	Ry1, 2, 3	릴레이(8P)	RL, GL	파일럿 램프(적, 녹)
MCCB	배선용 차단기(3P)	T	타이머(8P)	YL	파일럿 램프(황)
F	퓨즈 및 퓨즈홀더	PB1	푸시버튼 스위치(적)	WL	파일럿 램프(백)
LS1, 2(TB4)	리밋 스위치(단자대 대체)	TB5	단자대 20P	TB6	단자대 20P

세부유형 ④

1. 동작

① SS(왼쪽: M(수동)): PB2를 누르면 MC1이 여자되고 GL이 점등, M1이 동작된다.
- PB3를 누르면 MC2가 여자되고 RL이 점등, M2가 동작된다.
- PB1을 누르면 전동기가 모두 초기화된다.

② SS(오른쪽: A(자동)): Ry3가 여자되고 LS1을 누르면 Ry1이 여자되어 MC1이 여자, GL이 점등되고 M1이 동작된다. LS2를 누르면 Ry2가 여자되어 MC2가 여자, RL이 점등되고 M2가 동작된다.
- LS1과 LS2가 동작할 때 T가 여자되어 T의 설정시간 후 WL이 점등되고 전동기가 모두 초기화된다.

③ EOCR1이나 EOCR2가 동작 시 YL이 점등된다.

2. 도면

(1) 동작 회로도

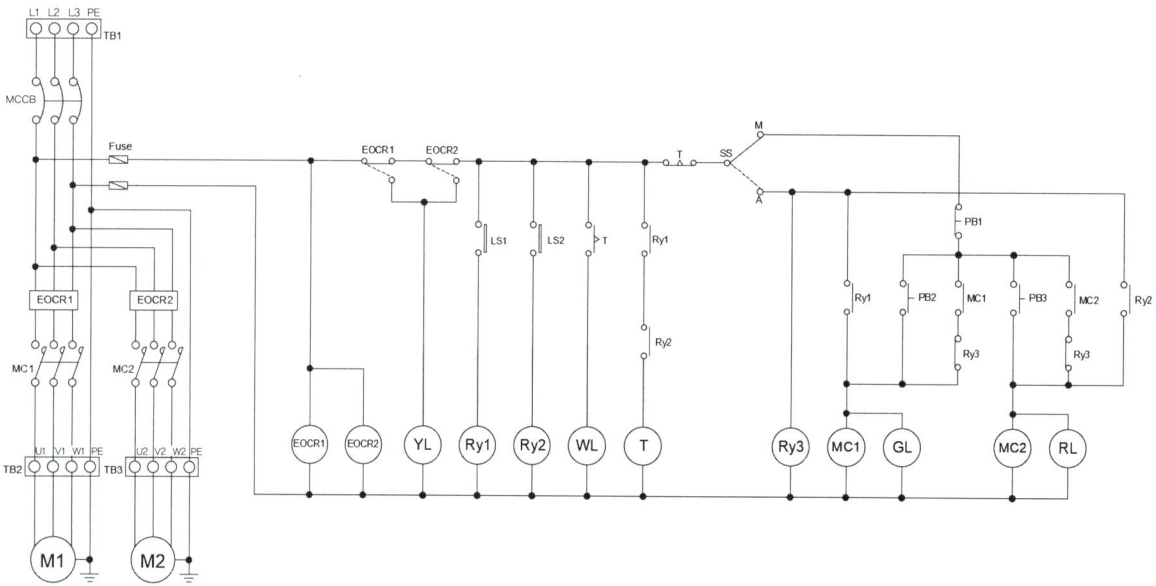

(2) 시험 기구 내부 결선도

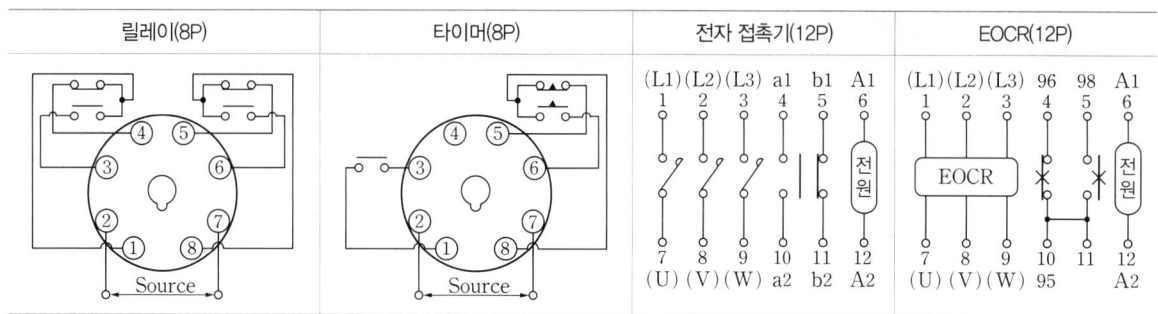

(3) 배관 및 기구 배치도 / 제어판 내부 기구 배치도

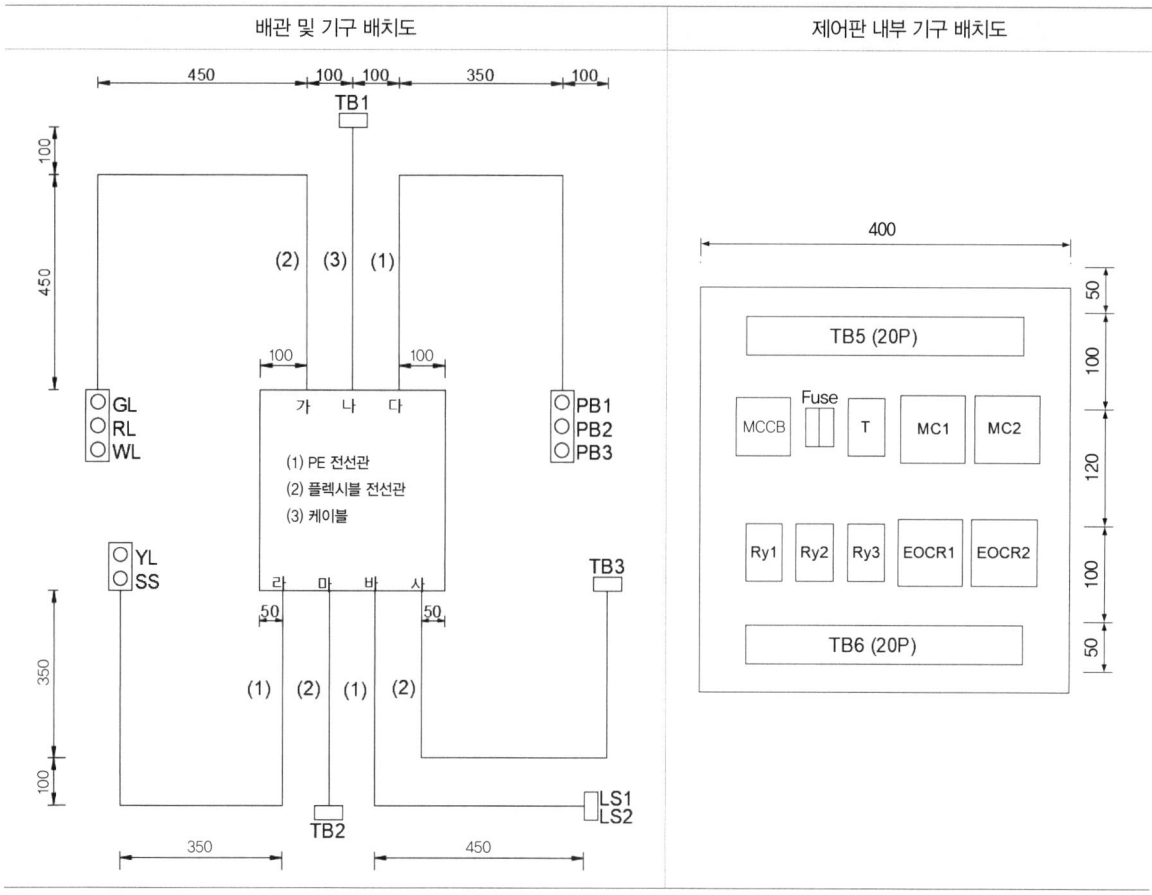

(4) 범례

기호	명칭	기호	명칭	기호	명칭
TB1	전원(단자대 4P)	EOCR1, 2	과전류 차단기(12P)	PB2, 3	푸시버튼 스위치(녹)
TB2	전동기(단자대 4P)	MC1, 2	전자 접촉기(12P)	SS	셀렉터 스위치(2단)
TB3	전동기(단자대 4P)	Ry1, 2, 3	릴레이(8P)	RL, GL	파일럿 램프(적, 녹)
MCCB	배선용 차단기(3P)	T	타이머(8P)	YL	파일럿 램프(황)
F	퓨즈 및 퓨즈홀더	PB1	푸시버튼 스위치(적)	WL	파일럿 램프(백)
LS1, 2(TB4)	리밋 스위치(단자대 대체)	TB5	단자대 20P	TB6	단자대 20P

세부유형 ⑤

1. 동작

① SS(왼쪽: M(수동)): PB2를 누르면 MC1이 여자되고 GL이 점등, M1이 동작된다.
  - PB3를 누르면 MC2가 여자되고 RL이 점등, M2가 동작된다.
  - PB1을 누르면 전동기가 모두 초기화된다.

② SS(오른쪽: A(자동)): Ry3가 여자되고 LS1을 누르면 Ry1이 여자되어 MC1이 여자, GL이 점등되고 M1이 동작된다. LS2를 누르면 Ry2가 여자되어 MC2가 여자, RL이 점등되고 M2가 동작된다.
  - LS1과 LS2가 동작할 때 T가 여자되어 T의 설정시간 후 WL이 점등되고 전동기가 모두 초기화된다.

③ EOCR1이나 EOCR2가 동작 시 YL이 점등된다.

2. 도면

(1) 동작 회로도

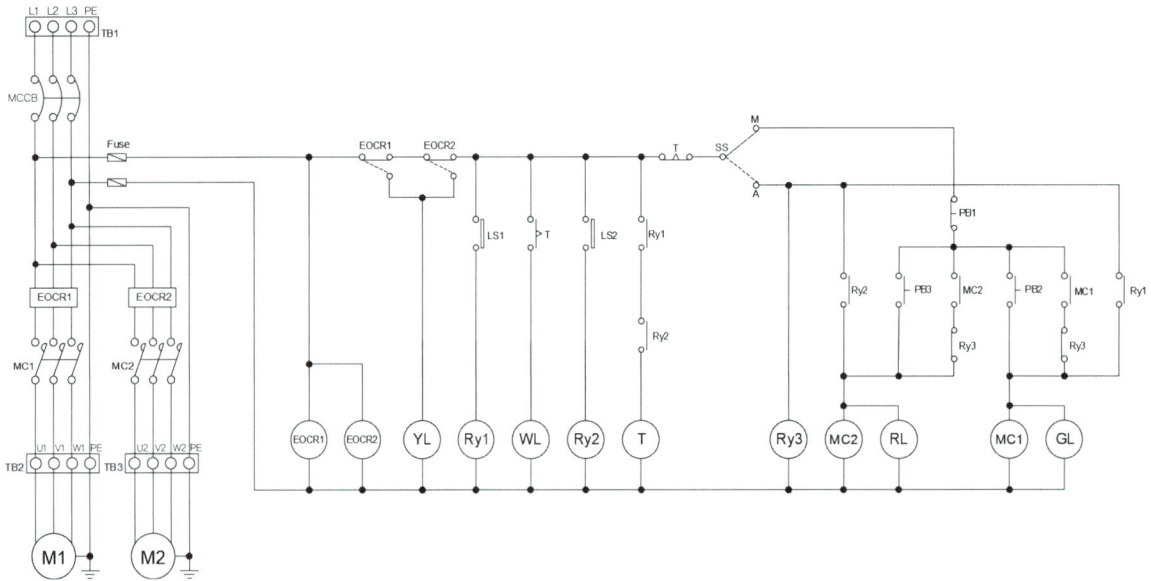

(2) 시험 기구 내부 결선도

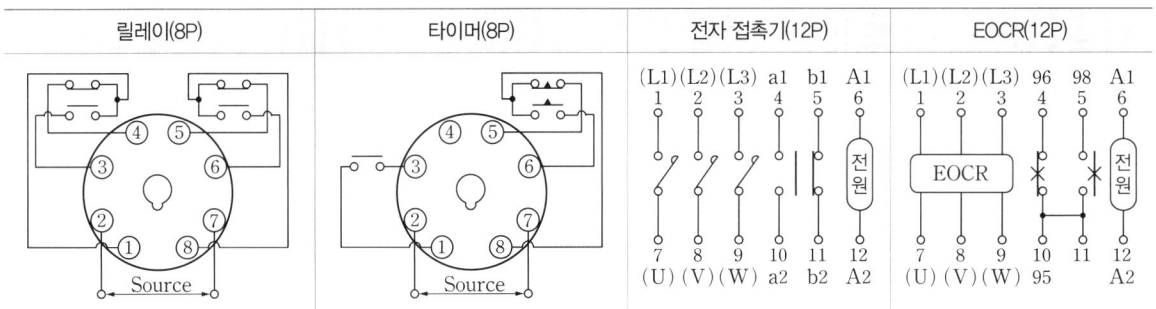

(3) 배관 및 기구 배치도 / 제어판 내부 기구 배치도

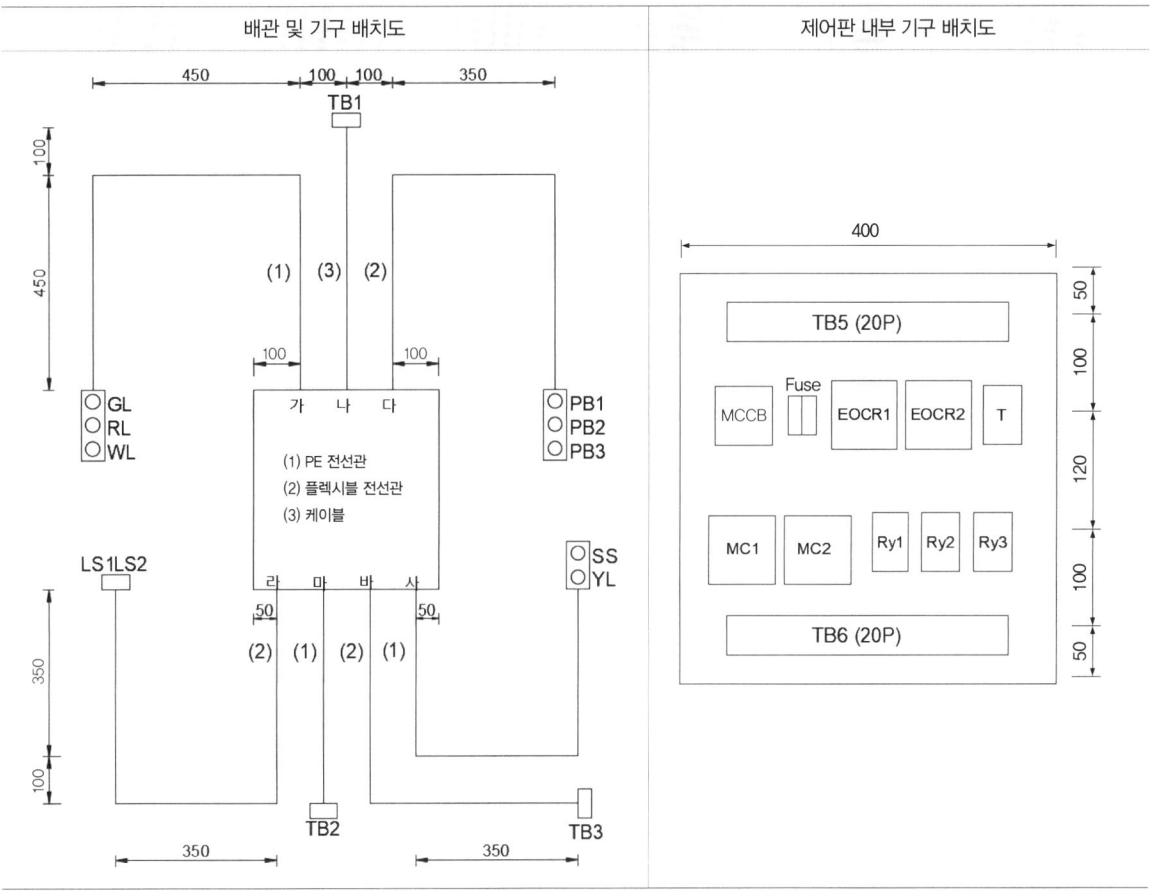

(4) 범례

기호	명칭	기호	명칭	기호	명칭
TB1	전원(단자대 4P)	EOCR1, 2	과전류 차단기(12P)	PB2, 3	푸시버튼 스위치(녹)
TB2	전동기(단자대 4P)	MC1, 2	전자 접촉기(12P)	SS	셀렉터 스위치(2단)
TB3	전동기(단자대 4P)	Ry1, 2, 3	릴레이(8P)	RL, GL	파일럿 램프(적, 녹)
MCCB	배선용 차단기(3P)	T	타이머(8P)	YL	파일럿 램프(황)
F	퓨즈 및 퓨즈홀더	PB1	푸시버튼 스위치(적)	WL	파일럿 램프(백)
LS1, 2(TB4)	리밋 스위치(단자대 대체)	TB5	단자대 20P	TB6	단자대 20P

04 전동기 제어 수동-센서

세부유형 ①

1. 동작

① MCCB를 ON하면 GL이 점등된다.
② SS를 A 방향(자동): 센서(Sen)가 감지되면 MC가 여자, RL이 점등되고 전동기 M이 동작되며 GL이 소등된다. 센서(Sen)가 해지되면 초기화되어 전동기 M이 정지, RL이 소등, GL이 점등된다.
③ SS를 M 방향(수동): PB2를 누르면 T와 X가 여자되어 MC가 여자, RL이 점등되고 전동기 M이 동작되며 GL이 소등된다.
   • T의 설정시간 후 T와 X, MC가 소자되어 RL이 소등, GL이 점등되고 전동기 M이 정지된다.
   • 운전 중 PB1을 누르면 T와 X, MC가 소자되어 RL이 소등, GL이 점등되고 전동기 M이 정지된다.
④ 운전 중 EOCR이 동작하면 초기화되고 FR이 여자되어 YL과 BZ가 교대 점멸한다.

2. 도면

(1) 동작 회로도

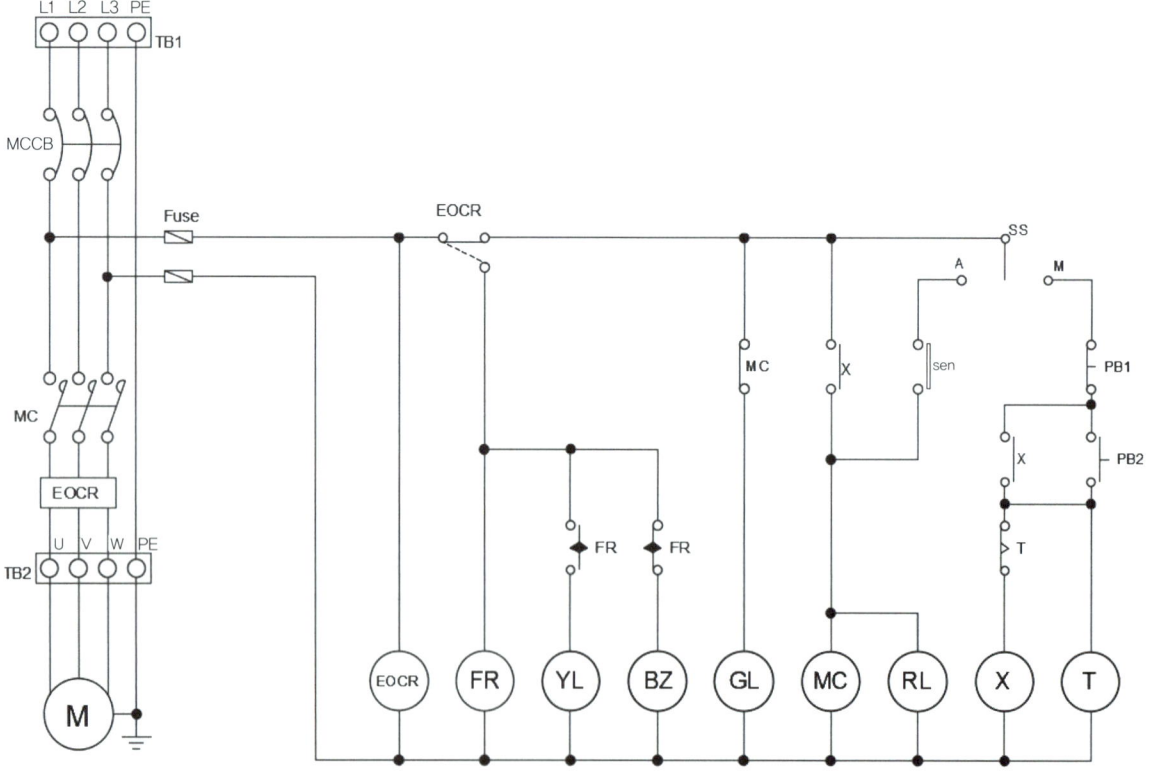

(2) 시험 기구 내부 결선도

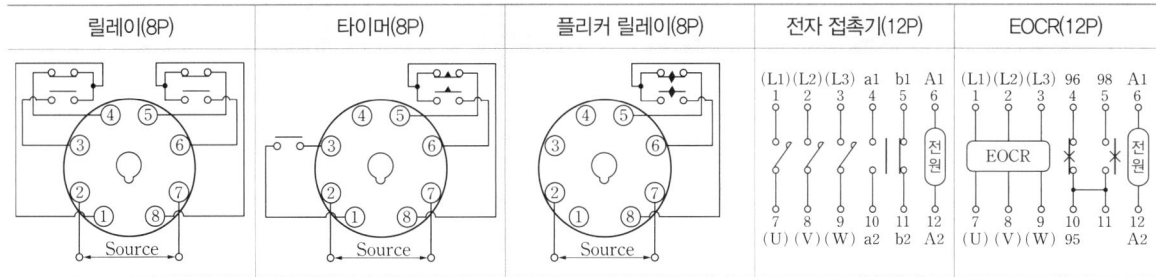

(3) 배관 및 기구 배치도 / 제어판 내부 기구 배치도

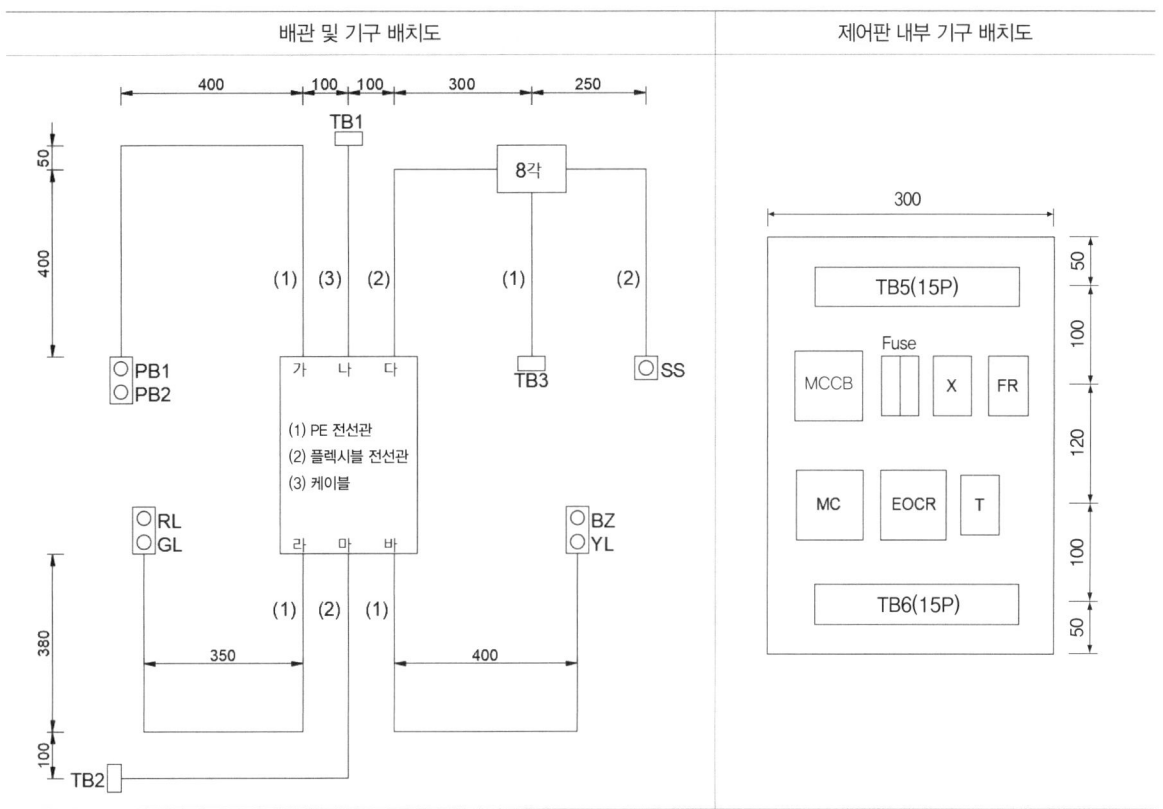

(4) 범례

기호	명칭	기호	명칭	기호	명칭
TB1	전원(단자대 4P)	EOCR	과전류 차단기(12P)	PB1, 2	푸시버튼 스위치(적, 녹)
TB2	전동기(단자대 4P)	MC	전자 접촉기(12P)	SS	셀렉터 스위치(3단)
TB3	센서(단자대 3P)	X	릴레이(8P)	RL, GL	파일럿 램프(적, 녹)
MCCB	배선용 차단기(3P)	T	타이머(8P)	YL	파일럿 램프(황)
F	퓨즈 및 퓨즈홀더	FR	플리커 릴레이(8P)	BZ	부저
TB5	단자대 15P	TB6	단자대 15P		

세부유형 ②

1. 동작

① MCCB를 ON하면 GL이 점등된다.
② SS를 A 방향(자동): 센서(Sen)가 감지되면 MC가 여자, RL이 점등되고 전동기 M이 동작되며 GL이 소등된다. 센서(Sen)가 해지되면 초기화되어 전동기 M이 정지, RL이 소등, GL이 점등된다.
③ SS를 M 방향(수동): PB2를 누르면 T와 X가 여자되어 MC가 여자, RL이 점등되고 전동기 M이 동작되며 GL이 소등된다.
   • T의 설정시간 후 T와 X, MC가 소자되어 RL이 소등, GL이 점등되고 전동기 M이 정지된다.
   • 운전 중 PB1을 누르면 T와 X, MC가 소자되어 RL이 소등, GL이 점등되고 전동기 M이 정지된다.
④ 운전 중 EOCR이 동작하면 초기화되고 FR이 여자되어 YL과 BZ가 교대 점멸한다.

2. 도면

(1) 동작 회로도

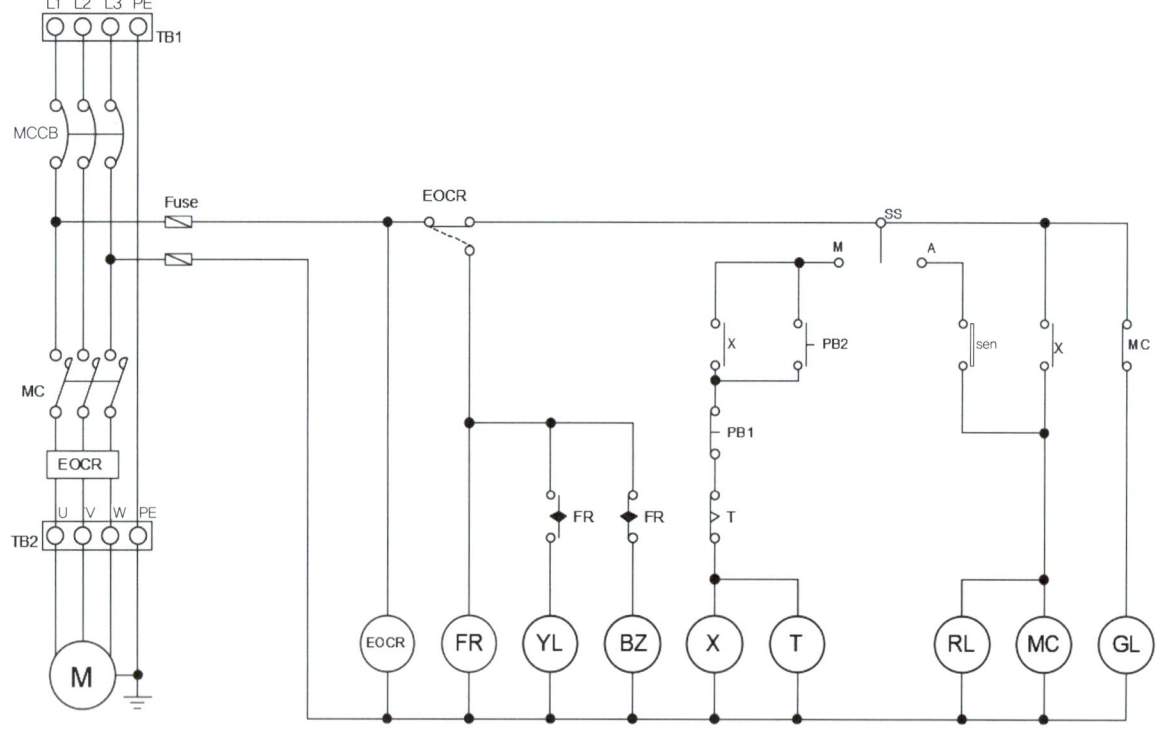

(2) 시험 기구 내부 결선도

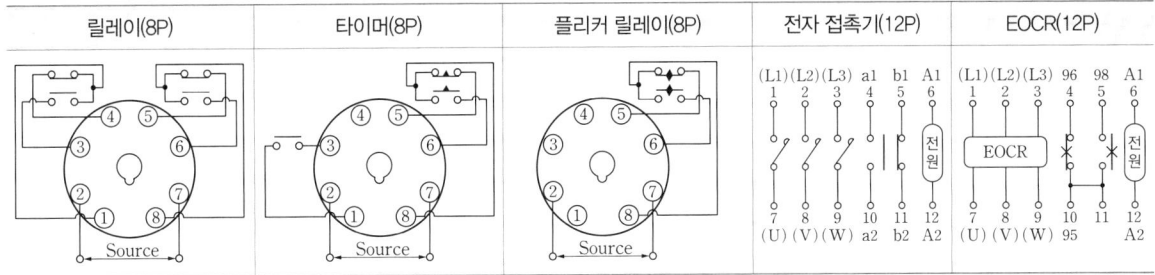

(3) 배관 및 기구 배치도 / 제어판 내부 기구 배치도

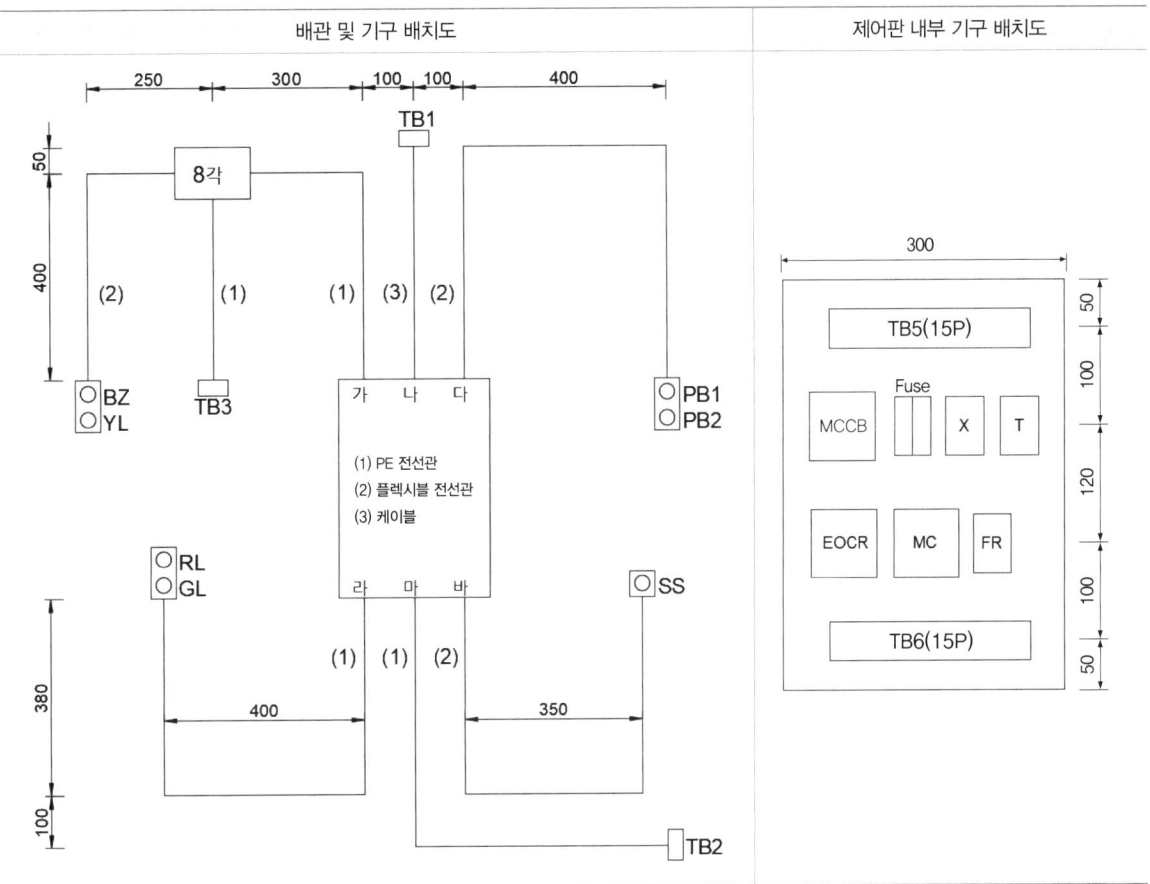

(4) 범례

기호	명칭	기호	명칭	기호	명칭
TB1	전원(단자대 4P)	EOCR	과전류 차단기(12P)	PB1, 2	푸시버튼 스위치(적, 녹)
TB2	전동기(단자대 4P)	MC	전자 접촉기(12P)	SS	셀렉터 스위치(3단)
TB3	센서(단자대 3P)	X	릴레이(8P)	RL, GL	파일럿 램프(적, 녹)
MCCB	배선용 차단기(3P)	T	타이머(8P)	YL	파일럿 램프(황)
F	퓨즈 및 퓨즈홀더	FR	플리커 릴레이(8P)	BZ	부저
TB5	단자대 15P	TB6	단자대 15P		

세부유형 ③

1. 동작

① MCCB를 ON하면 GL이 점등된다.
② SS를 A 방향(자동): 센서(Sen)가 감지되면 MC가 여자, RL이 점등되고 전동기 M이 동작되며 GL이 소등된다. 센서(Sen)가 해지되면 초기화되어 전동기 M이 정지, RL이 소등, GL이 점등된다.
③ SS를 M 방향(수동): PB2를 누르면 T와 X가 여자되어 MC가 여자, RL이 점등되고 전동기 M이 동작되며 GL이 소등된다.
  • T의 설정시간 후 T와 X, MC가 소자되어 RL이 소등, GL이 점등되고 전동기 M이 정지된다.
  • 운전 중 PB1을 누르면 T와 X, MC가 소자되어 RL이 소등, GL이 점등되고 전동기 M이 정지된다.
④ 운전 중 EOCR이 동작하면 초기화되고 FR이 여자되어 YL과 BZ가 교대 점멸한다.

2. 도면

(1) 동작 회로도

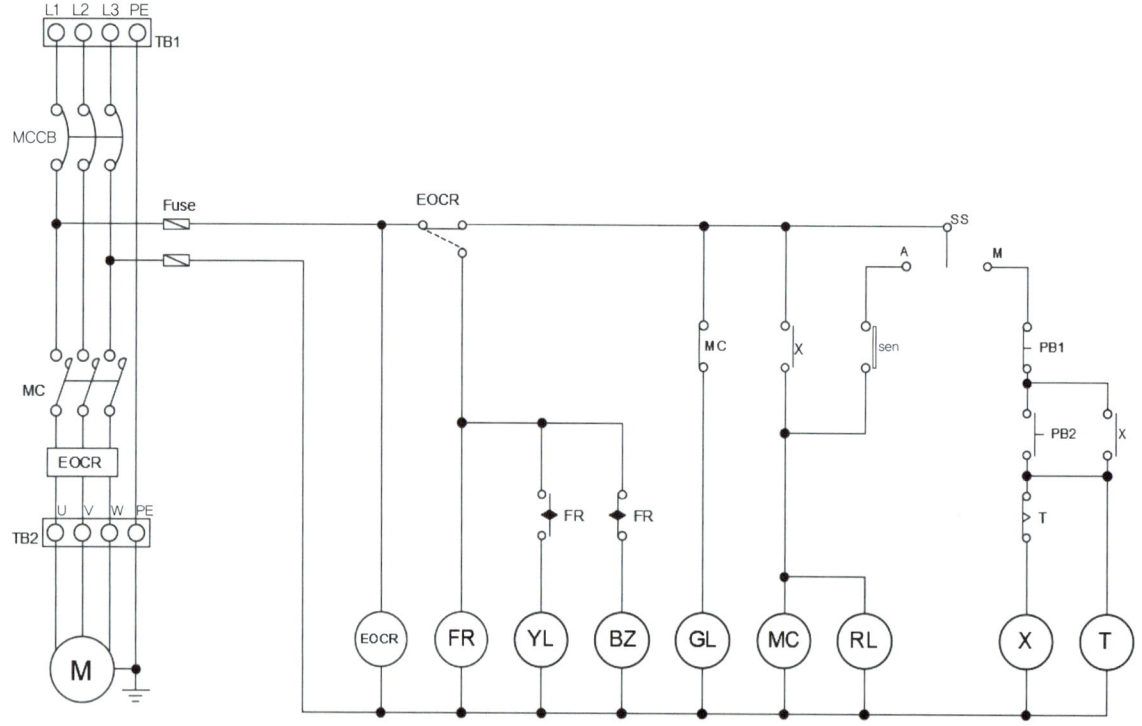

(2) 시험 기구 내부 결선도

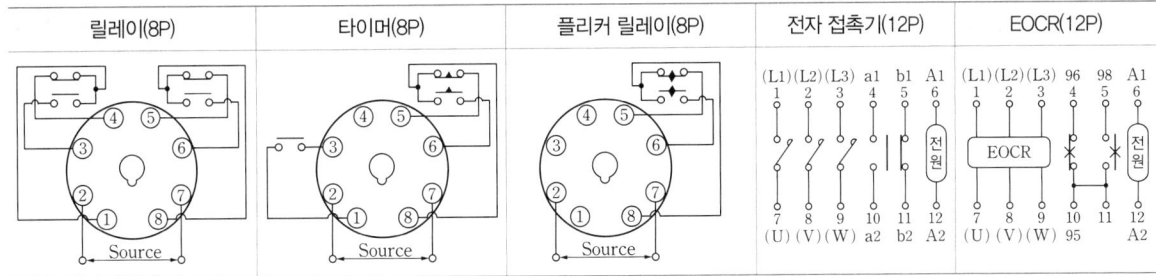

(3) 배관 및 기구 배치도 / 제어판 내부 기구 배치도

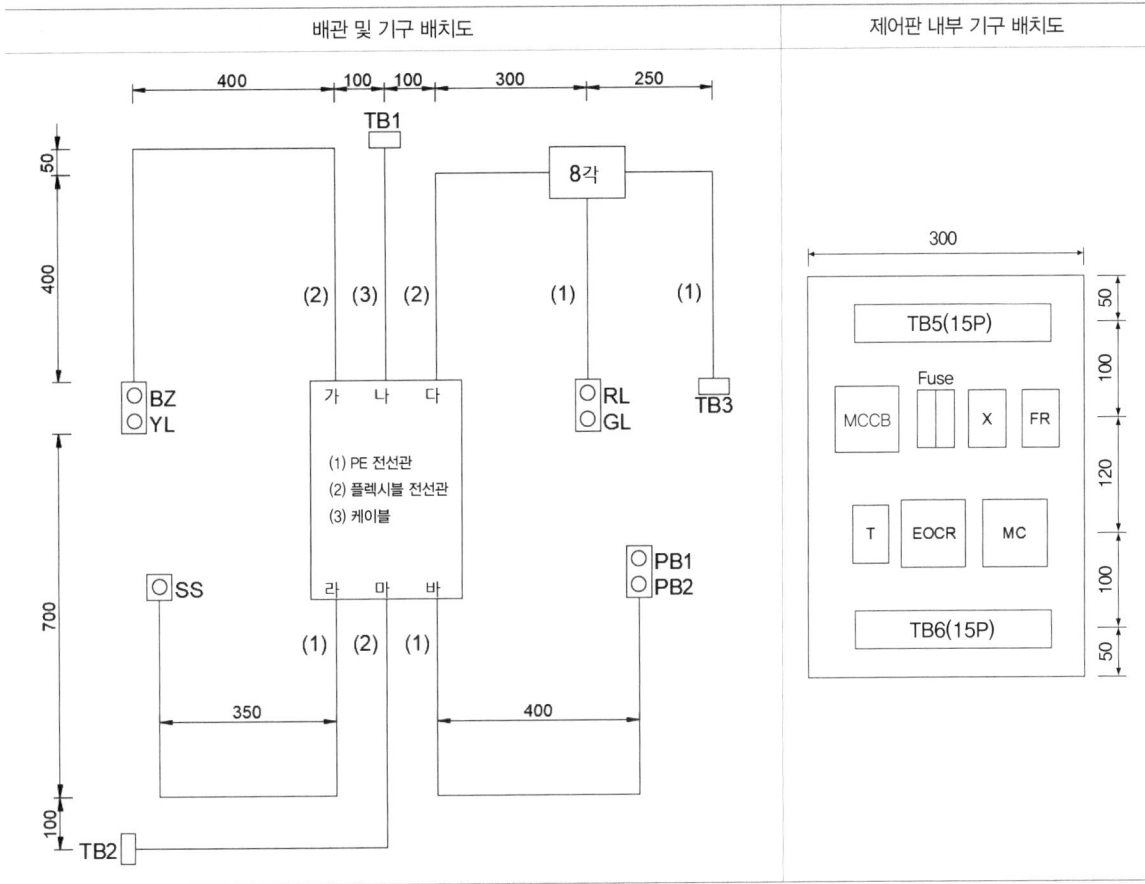

(4) 범례

기호	명칭	기호	명칭	기호	명칭
TB1	전원(단자대 4P)	EOCR	과전류 차단기(12P)	PB1, 2	푸시버튼 스위치(적, 녹)
TB2	전동기(단자대 4P)	MC	전자 접촉기(12P)	SS	셀렉터 스위치(3단)
TB3	센서(단자대 3P)	X	릴레이(8P)	RL, GL	파일럿 램프(적, 녹)
MCCB	배선용 차단기(3P)	T	타이머(8P)	YL	파일럿 램프(황)
F	퓨즈 및 퓨즈홀더	FR	플리커 릴레이(8P)	BZ	부저
TB5	단자대 15P	TB6	단자대 15P		

세부유형 ④

1. 동작

① MCCB를 ON하면 GL이 점등된다.

② SS를 A 방향(자동): 센서(Sen)가 감지되면 MC가 여자, RL이 점등되고 전동기 M이 동작되며 GL이 소등된다. 센서(Sen)가 해지되면 초기화되어 전동기 M이 정지, RL이 소등, GL이 점등된다.

③ SS를 M 방향(수동): PB2를 누르면 T와 X가 여자되어 MC가 여자, RL이 점등되고 전동기 M이 동작되며 GL이 소등된다.
  • T의 설정시간 후 T와 X, MC가 소자되어 RL이 소등, GL이 점등되고 전동기 M이 정지된다.
  • 운전 중 PB1을 누르면 T와 X, MC가 소자되어 RL이 소등, GL이 점등되고 전동기 M이 정지된다.

④ 운전 중 EOCR이 동작하면 초기화되고 FR이 여자되어 YL과 BZ가 교대 점멸한다.

2. 도면

(1) 동작 회로도

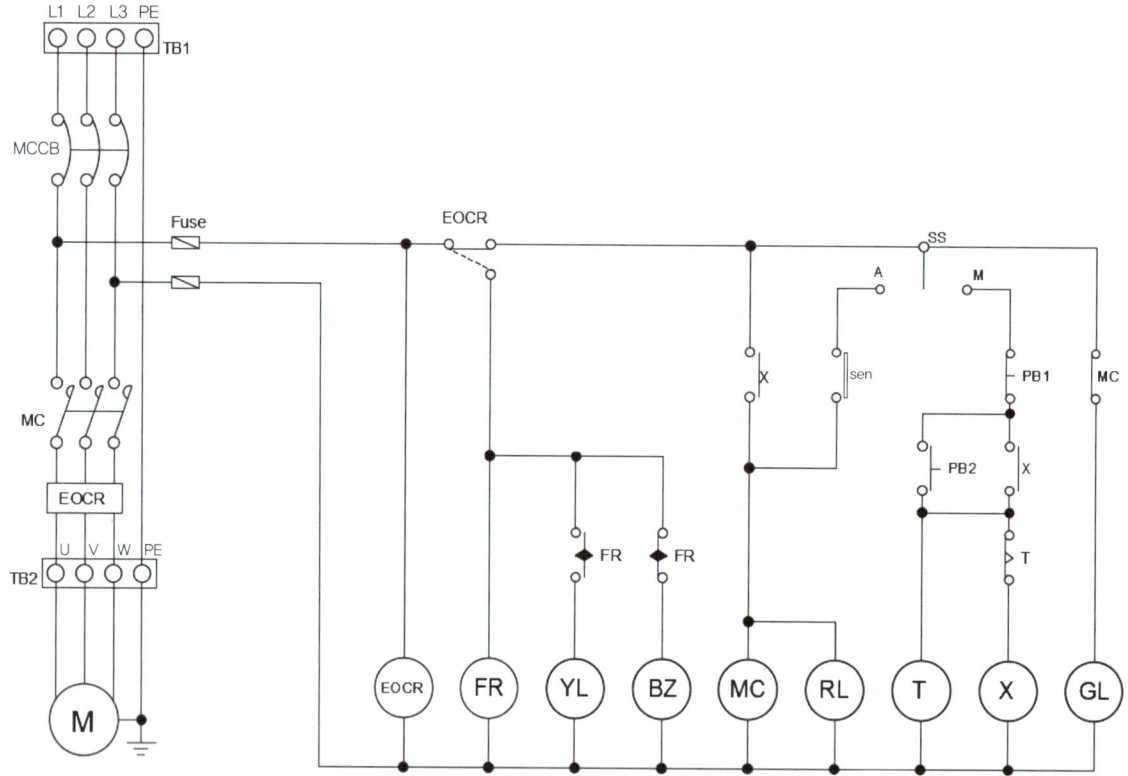

(2) 시험 기구 내부 결선도

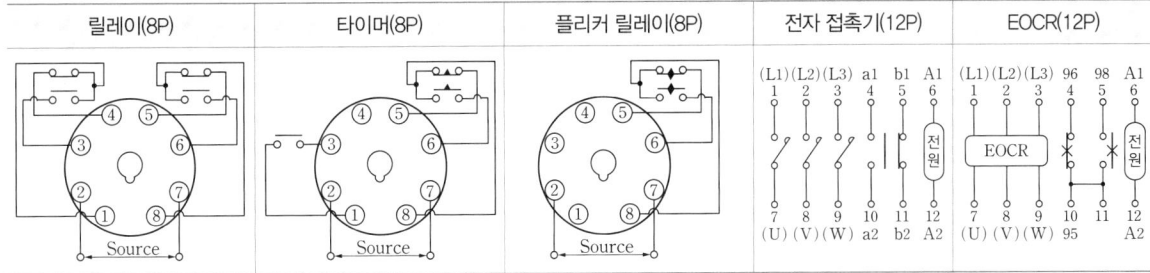

(3) 배관 및 기구 배치도 / 제어판 내부 기구 배치도

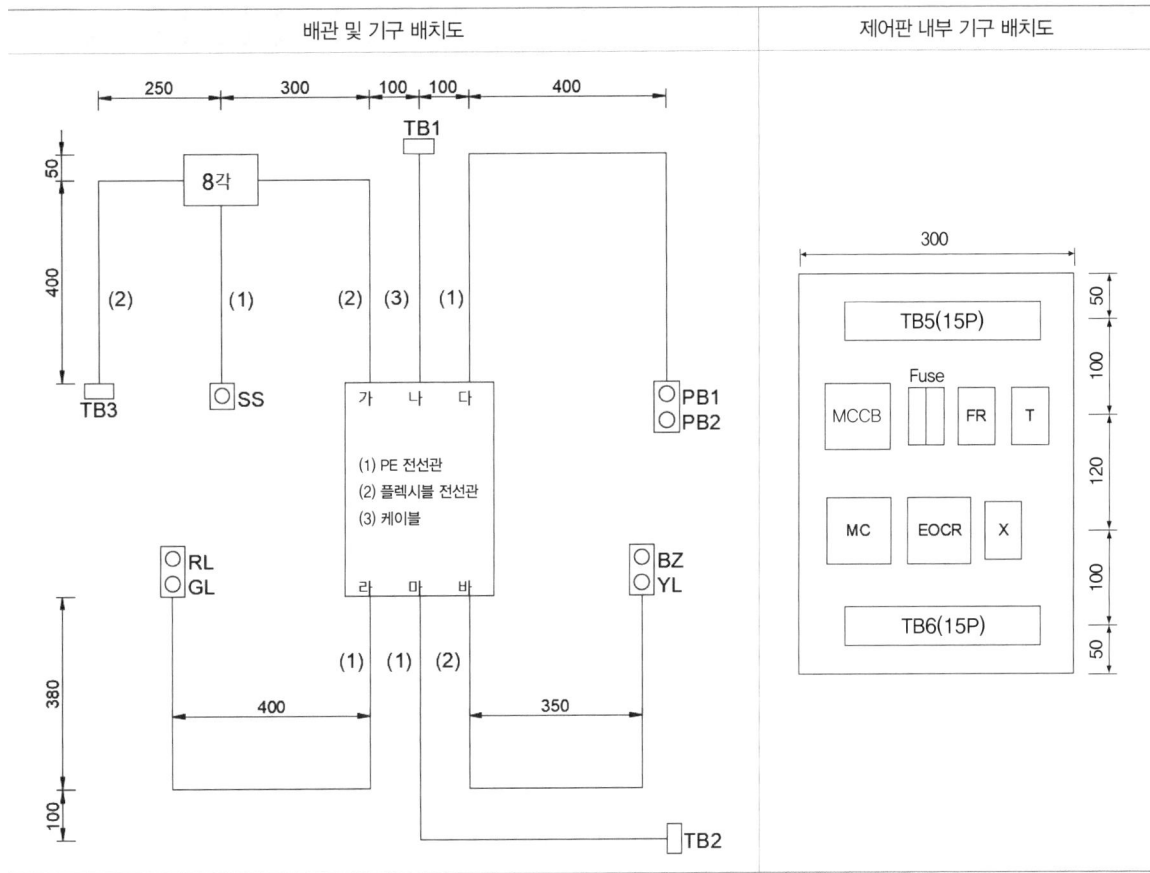

(4) 범례

기호	명칭	기호	명칭	기호	명칭
TB1	전원(단자대 4P)	EOCR	과전류 차단기(12P)	PB1, 2	푸시버튼 스위치(적, 녹)
TB2	전동기(단자대 4P)	MC	전자 접촉기(12P)	SS	셀렉터 스위치(3단)
TB3	센서(단자대 3P)	X	릴레이(8P)	RL, GL	파일럿 램프(적, 녹)
MCCB	배선용 차단기(3P)	T	타이머(8P)	YL	파일럿 램프(황)
F	퓨즈 및 퓨즈홀더	FR	플리커 릴레이(8P)	BZ	부저
TB5	단자대 15P	TB6	단자대 15P		

세부유형 ⑤

1. 동작

① MCCB를 ON하면 GL이 점등된다.
② SS를 A 방향(자동): 센서(Sen)가 감지되면 MC가 여자, RL이 점등되고 전동기 M이 동작되며 GL이 소등된다. 센서(Sen)가 해지되면 초기화되어 전동기 M이 정지, RL이 소등, GL이 점등된다.
③ SS를 M 방향(수동): PB2를 누르면 T와 X가 여자되어 MC가 여자, RL이 점등되고 전동기 M이 동작되며 GL이 소등된다.
  • T의 설정시간 후 T와 X, MC가 소자되어 RL이 소등, GL이 점등되고 전동기 M이 정지된다.
  • 운전 중 PB1을 누르면 T와 X, MC가 소자되어 RL이 소등, GL이 점등되고 전동기 M이 정지된다.
④ 운전 중 EOCR이 동작하면 초기화되고 FR이 여자되어 YL과 BZ가 교대 점멸한다.

2. 도면

(1) 동작 회로도

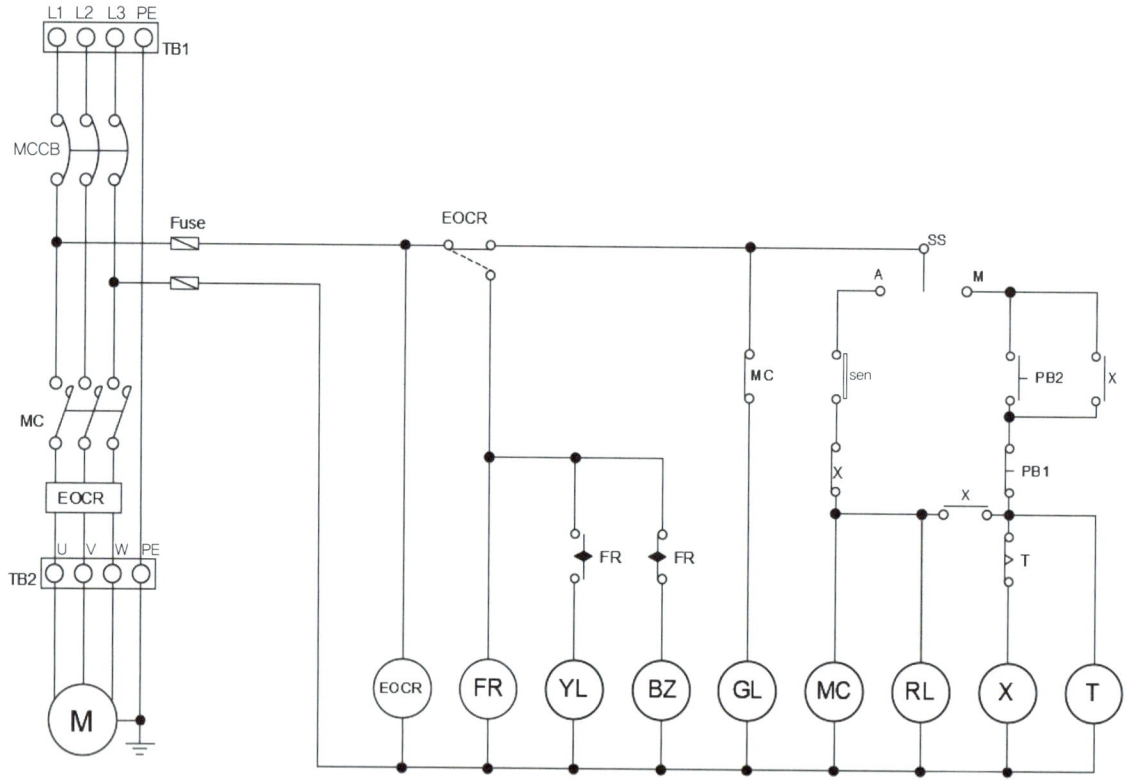

(2) 시험 기구 내부 결선도

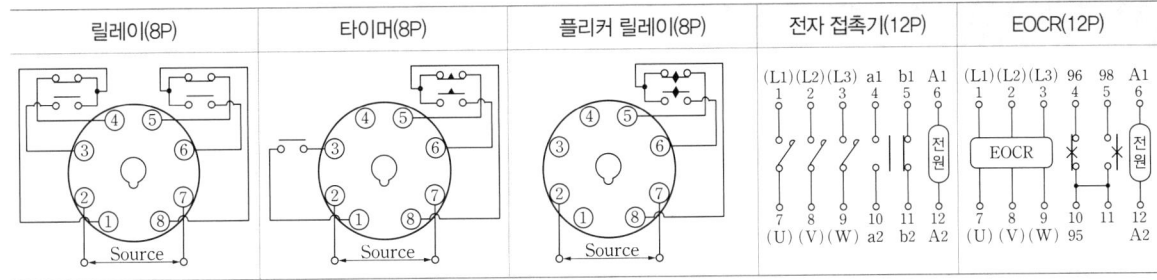

(3) 배관 및 기구 배치도 / 제어판 내부 기구 배치도

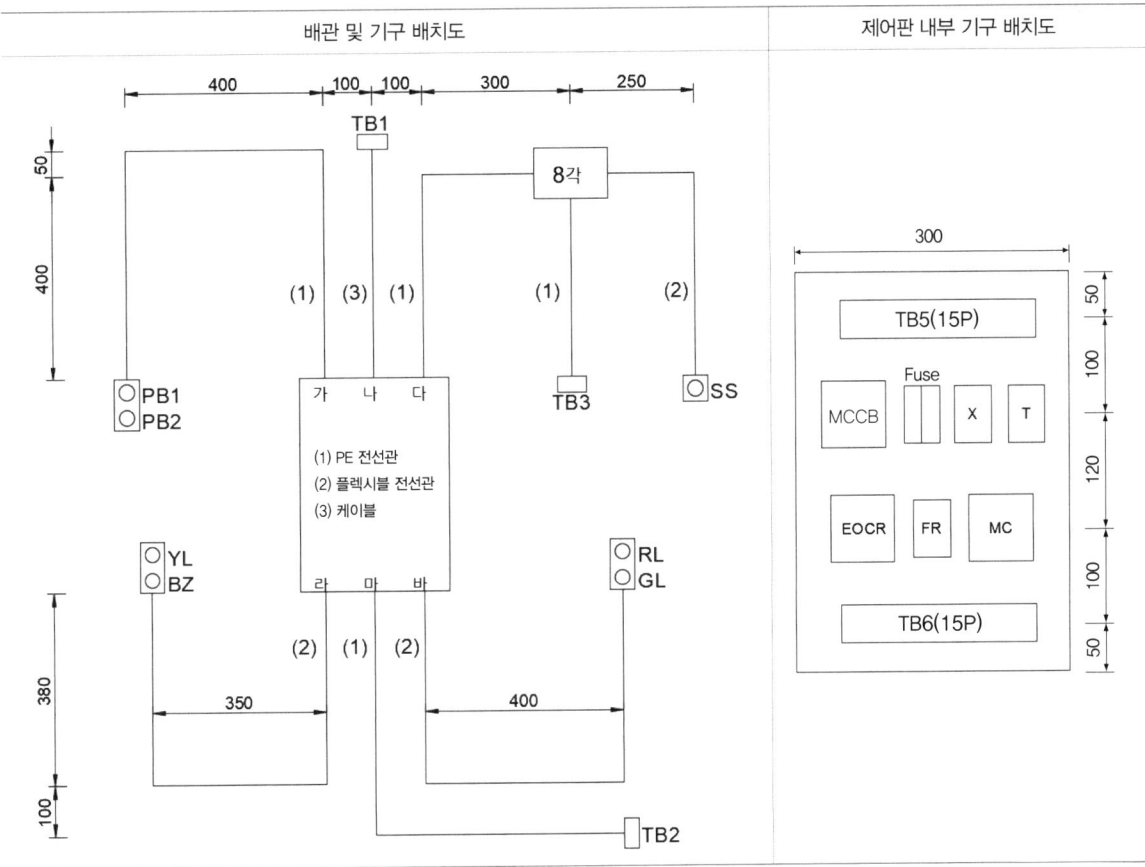

(4) 범례

기호	명칭	기호	명칭	기호	명칭
TB1	전원(단자대 4P)	EOCR	과전류 차단기(12P)	PB1, 2	푸시버튼 스위치(적, 녹)
TB2	전동기(단자대 4P)	MC	전자 접촉기(12P)	SS	셀렉터 스위치(3단)
TB3	센서(단자대 3P)	X	릴레이(8P)	RL, GL	파일럿 램프(적, 녹)
MCCB	배선용 차단기(3P)	T	타이머(8P)	YL	파일럿 램프(황)
F	퓨즈 및 퓨즈홀더	FR	플리커 릴레이(8P)	BZ	부저
TB5	단자대 15P	TB6	단자대 15P		

05 전동기 제어 정역1

세부유형 ①

1. 동작

① 배선용 차단기 MCCB에 전원을 투입하면 L3가 점등된다.
② PB1을 누르면 MC1과 Ry1이 여자되어 전동기가 정회전하고 L1이 점등되며 L3가 소등된다.
③ PB2를 누르면 MC2와 Ry2가 여자되어 전동기가 역회전하고 L2가 점등되며 L1이 소등된다.
④ PB1과 PB2를 누를 때마다 전동기 정역 운전이 반복된다.
⑤ 동작 중 PB0를 누르면 모든 동작을 정지한다.
⑥ EOCR이 동작하면 모든 동작이 정지되고 T가 여자되고 BZ가 동작한다. T의 설정시간 후 BZ가 정지한다.

2. 도면

(1) 동작 회로도

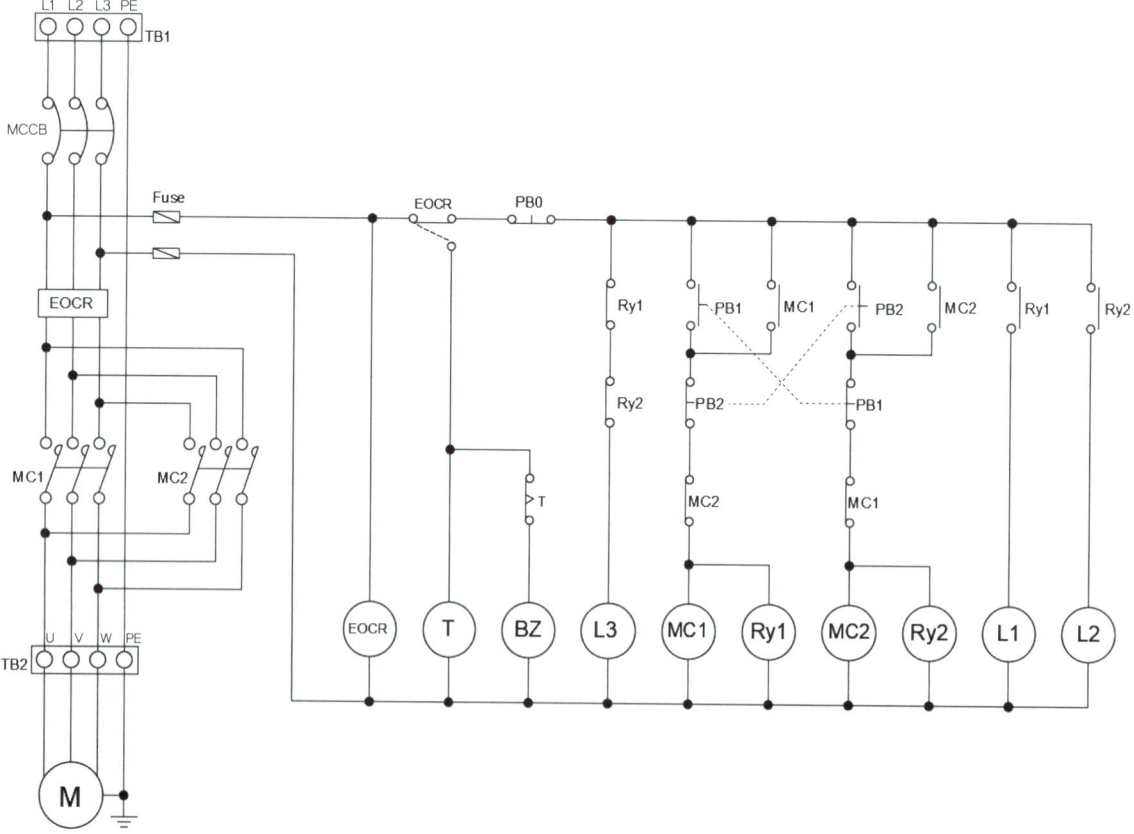

(2) 시험 기구 내부 결선도

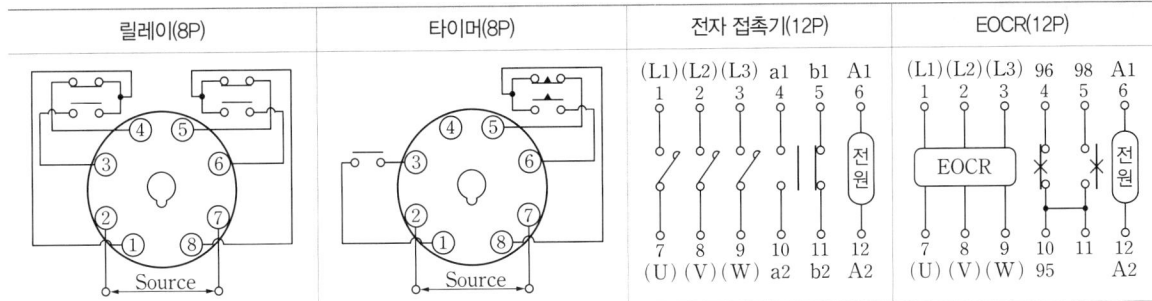

(3) 배관 및 기구 배치도 / 제어판 내부 기구 배치도

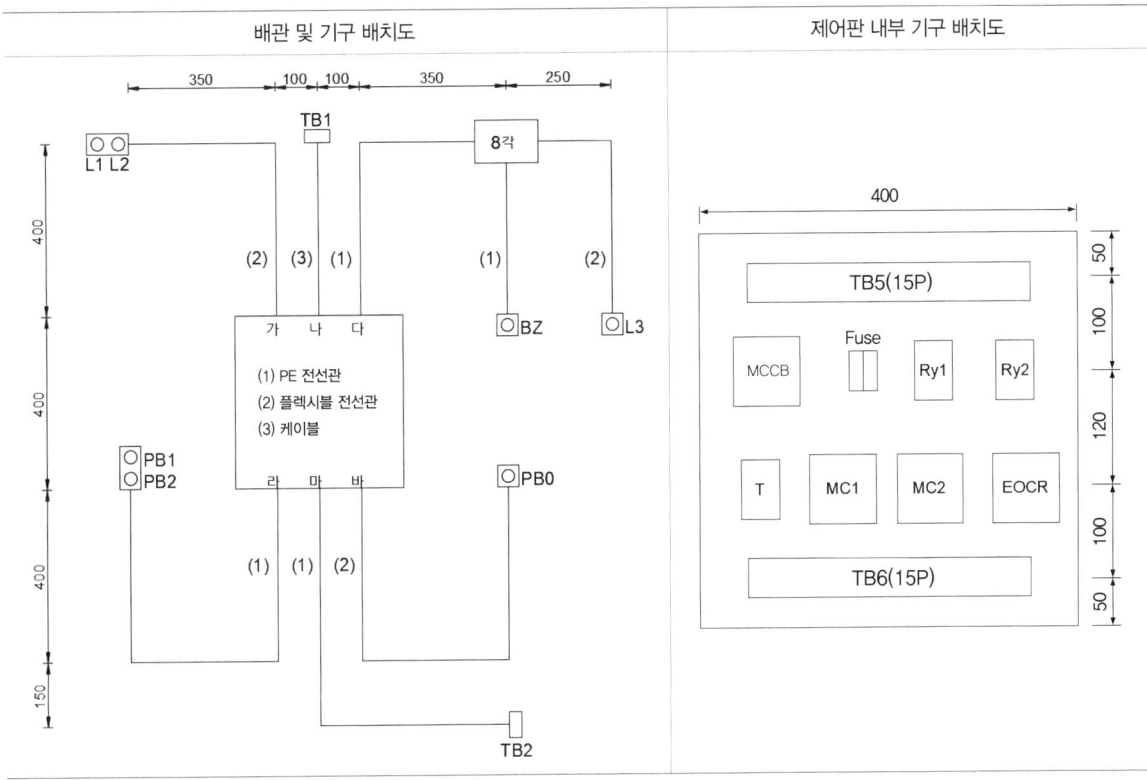

(4) 범례

기호	명칭	기호	명칭	기호	명칭
TB1	전원(단자대 4P)	MC1, 2	전자 접촉기(12P)	L1	파일럿 램프(적)
TB2	전동기(단자대 4P)	Ry1, 2	릴레이(8P)	L2	파일럿 램프(적)
MCCB	배선용 차단기(3P)	T	타이머(8P)	L3	파일럿 램프(녹)
F	퓨즈 및 퓨즈홀더	PB0	푸시버튼 스위치(적)	BZ	부저
EOCR	과전류 차단기(12P)	PB1, 2	푸시버튼 스위치(녹)	TB5	단자대 15P
TB6	단자대 15P				

세부유형 ②

1. 동작

① 배선용 차단기 MCCB에 전원을 투입하면 L3가 점등된다.
② PB1을 누르면 MC1과 Ry1이 여자되어 전동기가 정회전하고 L1이 점등되며 L3가 소등된다.
③ PB2를 누르면 MC2와 Ry2가 여자되어 전동기가 역회전하고 L2가 점등되며 L1이 소등된다.
④ PB1과 PB2를 누를 때마다 전동기 정역 운전이 반복된다.
⑤ 동작 중 PB0를 누르면 모든 동작을 정지한다.
⑥ EOCR이 동작하면 모든 동작이 정지되고 T가 여자되고 BZ가 동작한다. T의 설정시간 후 BZ가 정지한다.

2. 도면

(1) 동작 회로도

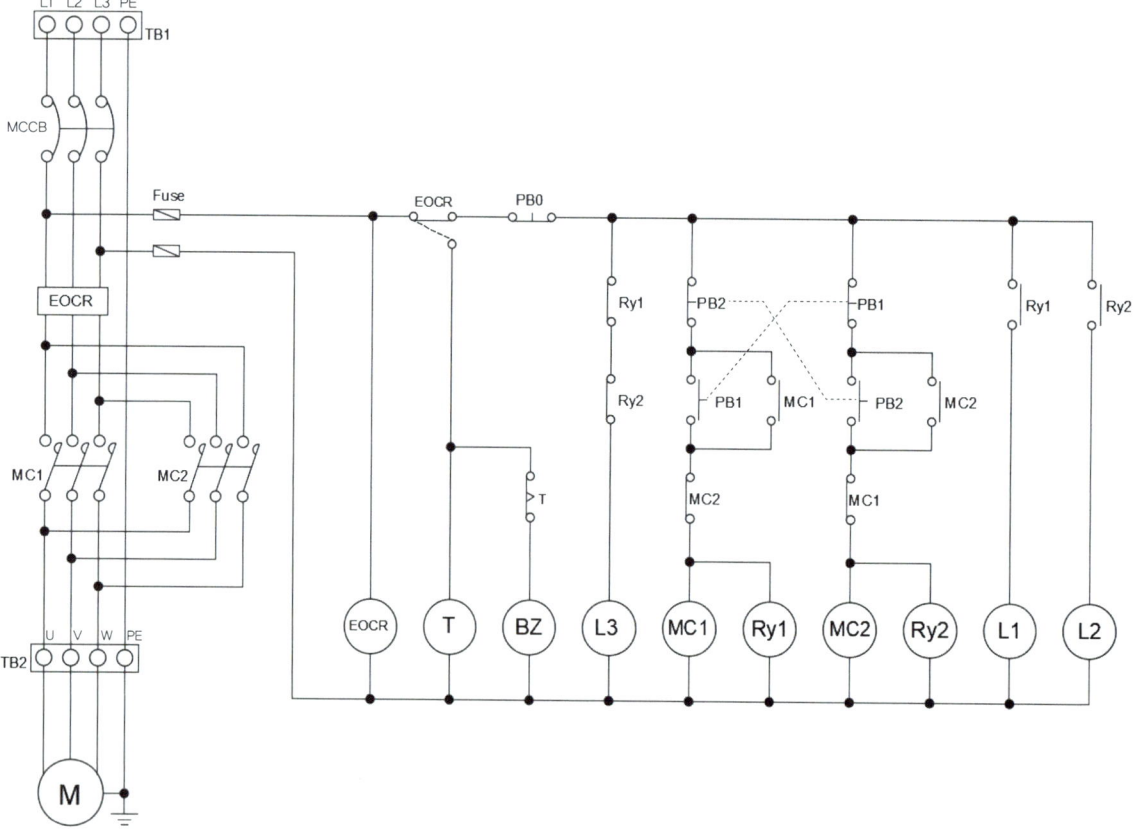

(2) 시험 기구 내부 결선도

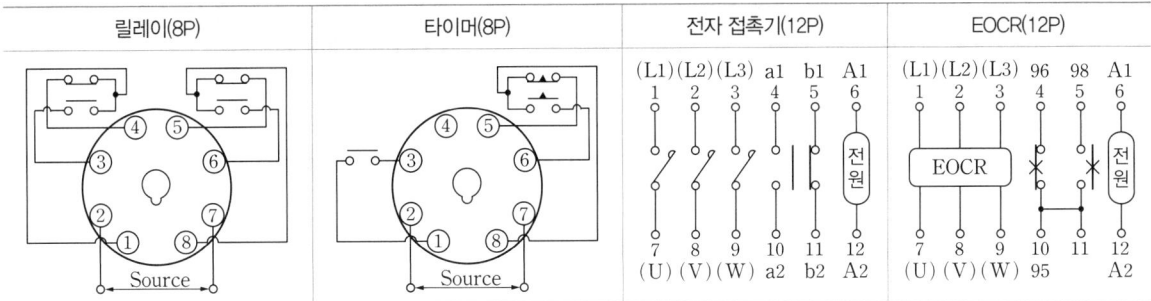

(3) 배관 및 기구 배치도 / 제어판 내부 기구 배치도

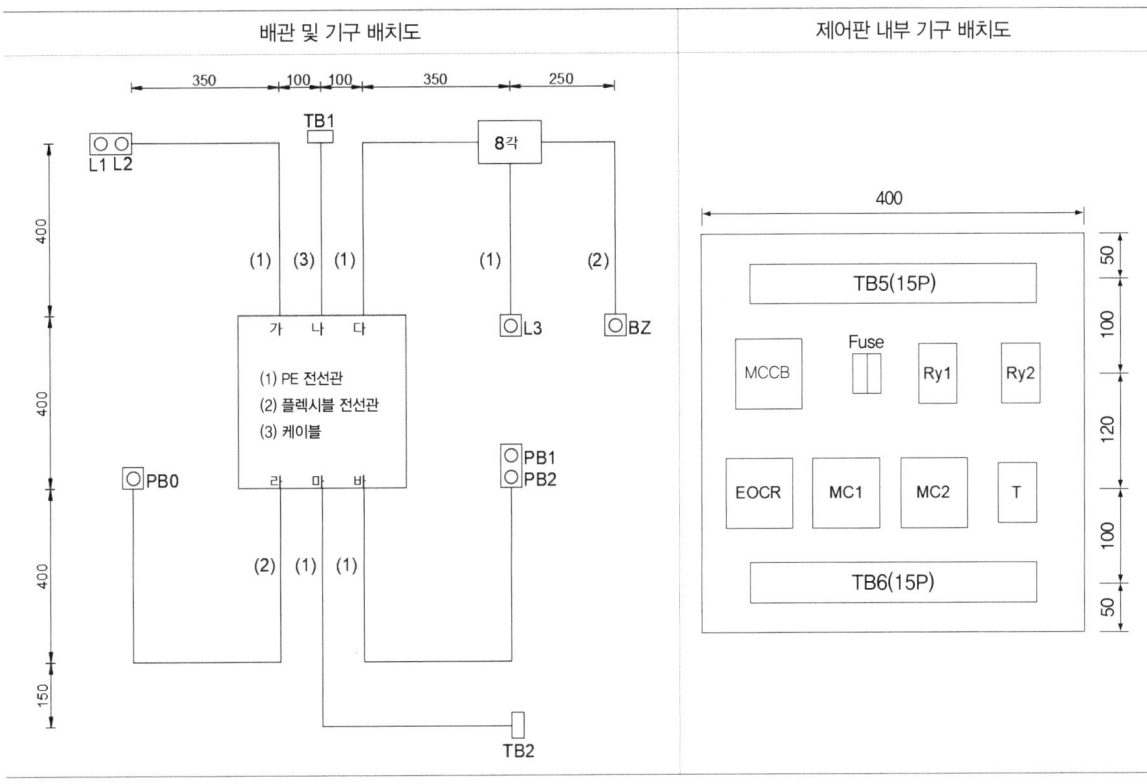

(4) 범례

기호	명칭	기호	명칭	기호	명칭
TB1	전원(단자대 4P)	MC1, 2	전자 접촉기(12P)	L1	파일럿 램프(적)
TB2	전동기(단자대 4P)	Ry1, 2	릴레이(8P)	L2	파일럿 램프(적)
MCCB	배선용 차단기(3P)	T	타이머(8P)	L3	파일럿 램프(녹)
F	퓨즈 및 퓨즈홀더	PB0	푸시버튼 스위치(적)	BZ	부저
EOCR	과전류 차단기(12P)	PB1, 2	푸시버튼 스위치(녹)	TB5	단자대 15P
TB6	단자대 15P				

세부유형 ③

1. 동작

① 배선용 차단기 MCCB에 전원을 투입하면 L3가 점등된다.
② PB1을 누르면 MC1과 Ry1이 여자되어 전동기가 정회전하고 L1이 점등되며 L3가 소등된다.
③ PB2를 누르면 MC2와 Ry2가 여자되어 전동기가 역회전하고 L2가 점등되며 L1이 소등된다.
④ PB1과 PB2를 누를 때마다 전동기 정역 운전이 반복된다.
⑤ 동작 중 PB0를 누르면 모든 동작을 정지한다.
⑥ EOCR이 동작하면 모든 동작이 정지되고 T가 여자되고 BZ가 동작한다. T의 설정시간 후 BZ가 정지한다.

2. 도면

(1) 동작 회로도

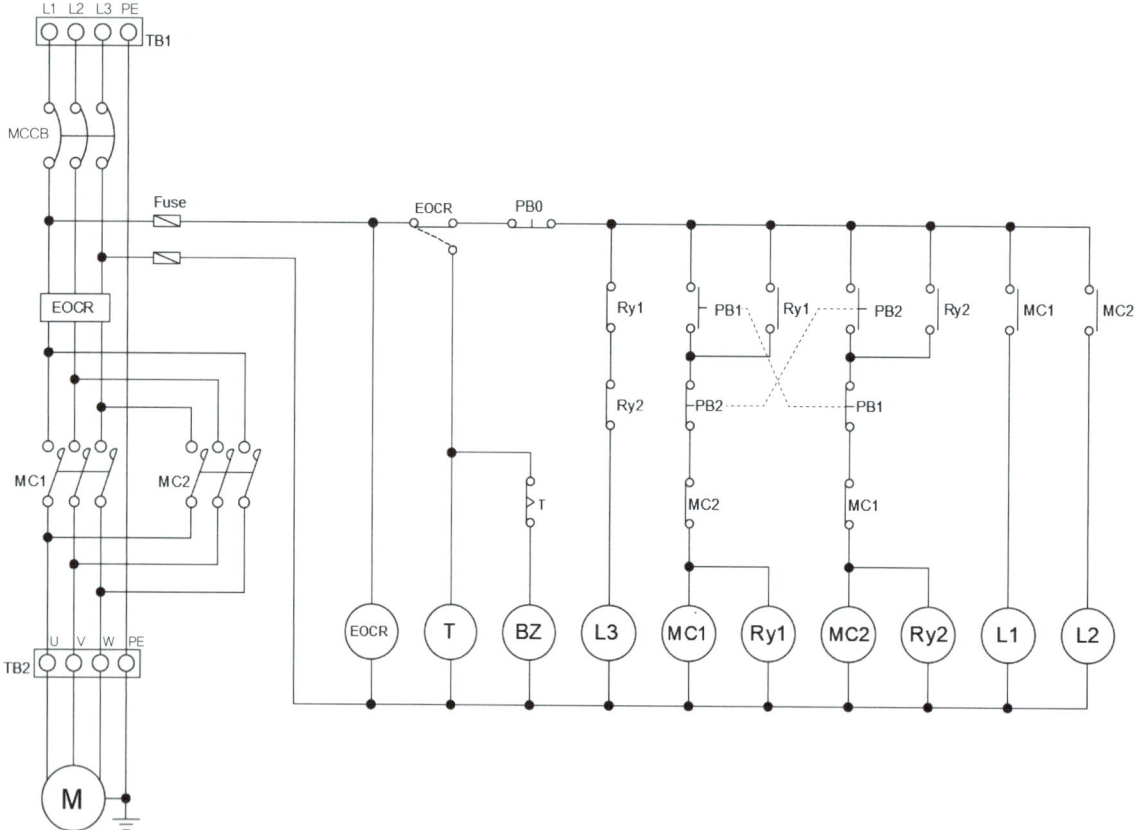

(2) 시험 기구 내부 결선도

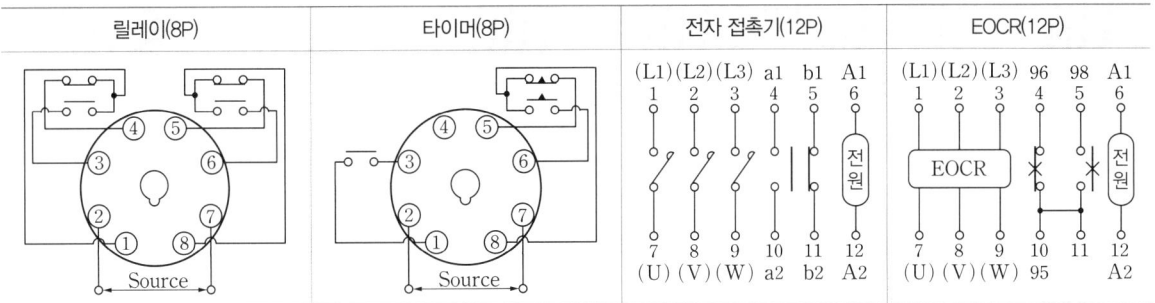

(3) 배관 및 기구 배치도 / 제어판 내부 기구 배치도

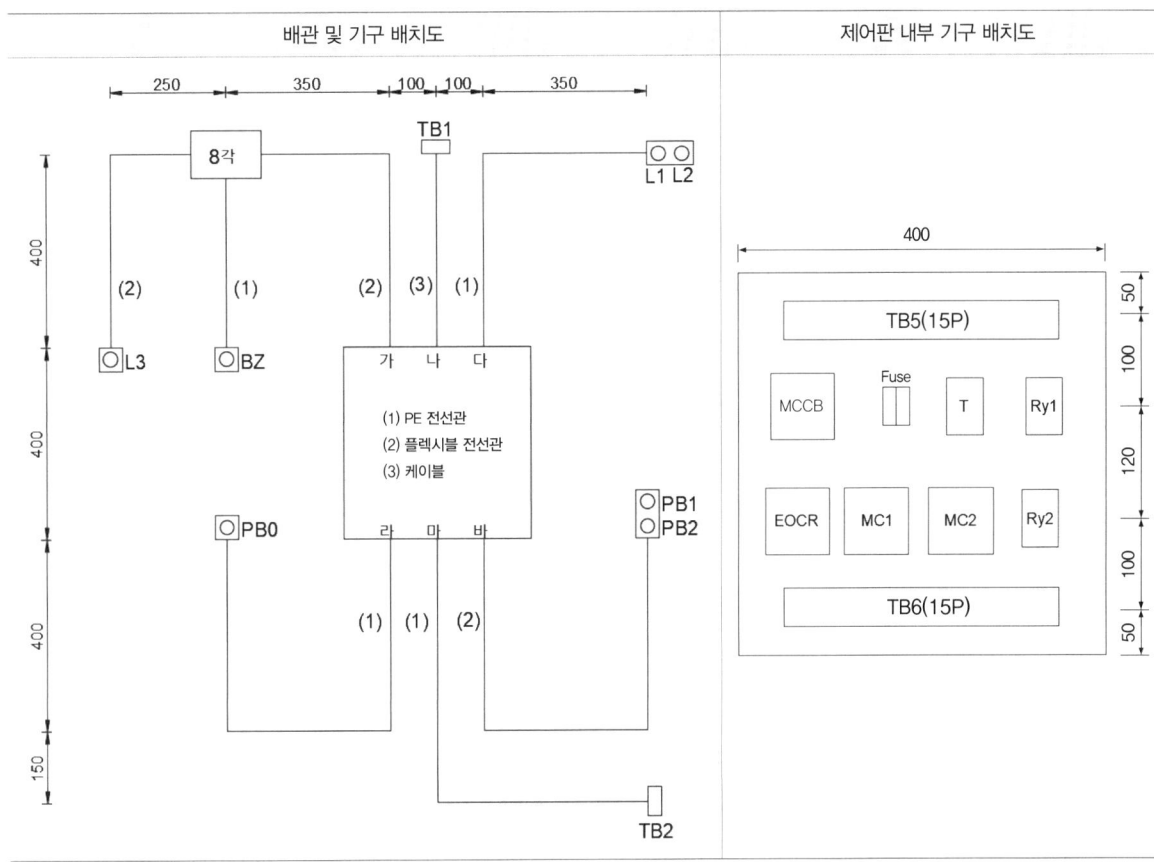

(4) 범례

기호	명칭	기호	명칭	기호	명칭
TB1	전원(단자대 4P)	MC1, 2	전자 접촉기(12P)	L1	파일럿 램프(적)
TB2	전동기(단자대 4P)	Ry1, 2	릴레이(8P)	L2	파일럿 램프(적)
MCCB	배선용 차단기(3P)	T	타이머(8P)	L3	파일럿 램프(녹)
F	퓨즈 및 퓨즈홀더	PB0	푸시버튼 스위치(적)	BZ	부저
EOCR	과전류 차단기(12P)	PB1, 2	푸시버튼 스위치(녹)	TB5	단자대 15P
TB6	단자대 15P				

세부유형 ④

1. 동작

① 배선용 차단기 MCCB에 전원을 투입하면 L3가 점등된다.
② PB1을 누르면 MC1과 Ry1이 여자되어 전동기가 정회전하고 L1이 점등되며 L3가 소등된다.
③ PB2를 누르면 MC2와 Ry2가 여자되어 전동기가 역회전하고 L2가 점등되며 L1이 소등된다.
④ PB1과 PB2를 누를 때마다 전동기 정역 운전이 반복된다.
⑤ 동작 중 PB0를 누르면 모든 동작을 정지한다.
⑥ EOCR이 동작하면 모든 동작이 정지되고 T가 여자되고 BZ가 동작한다. T의 설정시간 후 BZ가 정지한다.

2. 도면

(1) 동작 회로도

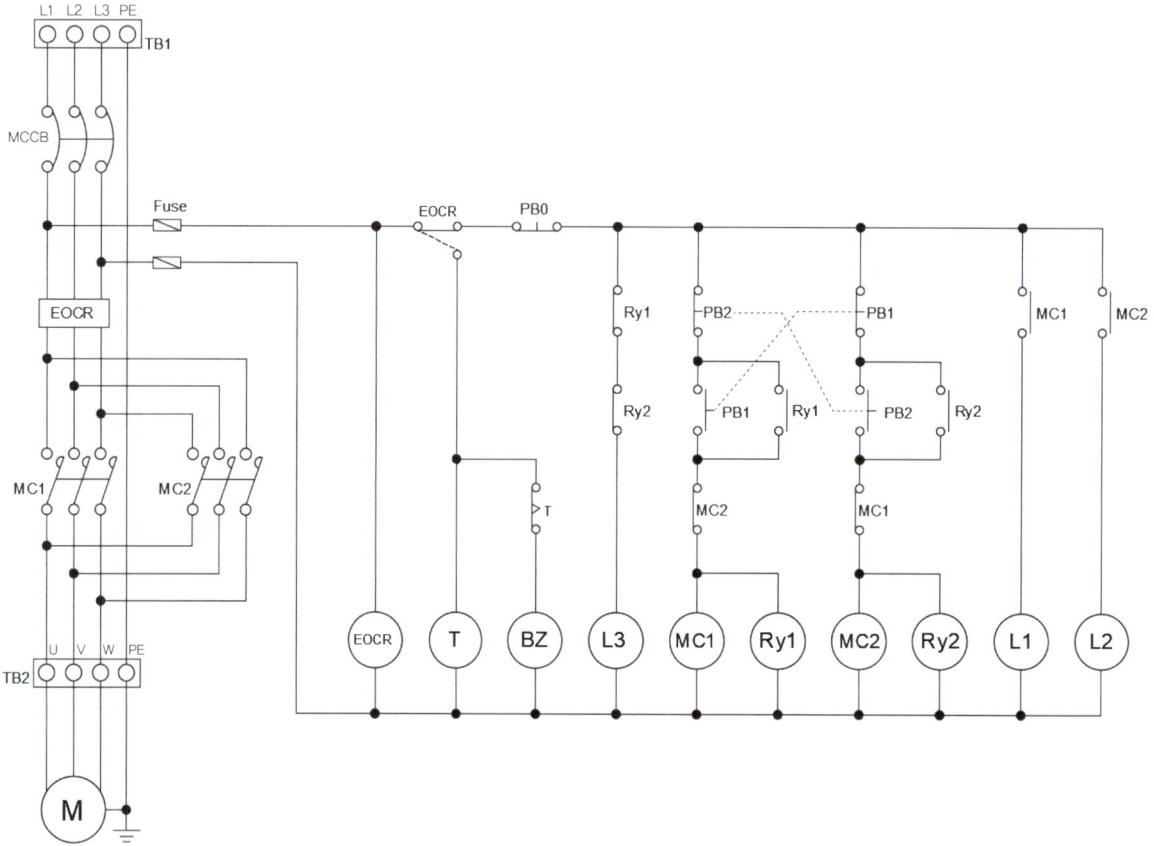

(2) 시험 기구 내부 결선도

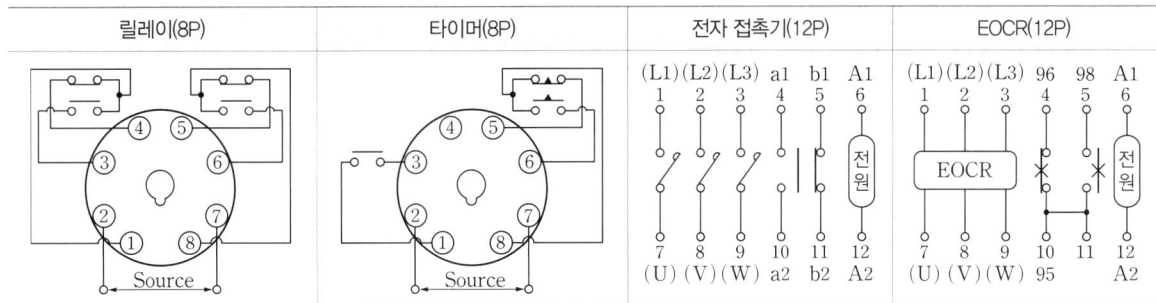

(3) 배관 및 기구 배치도 / 제어판 내부 기구 배치도

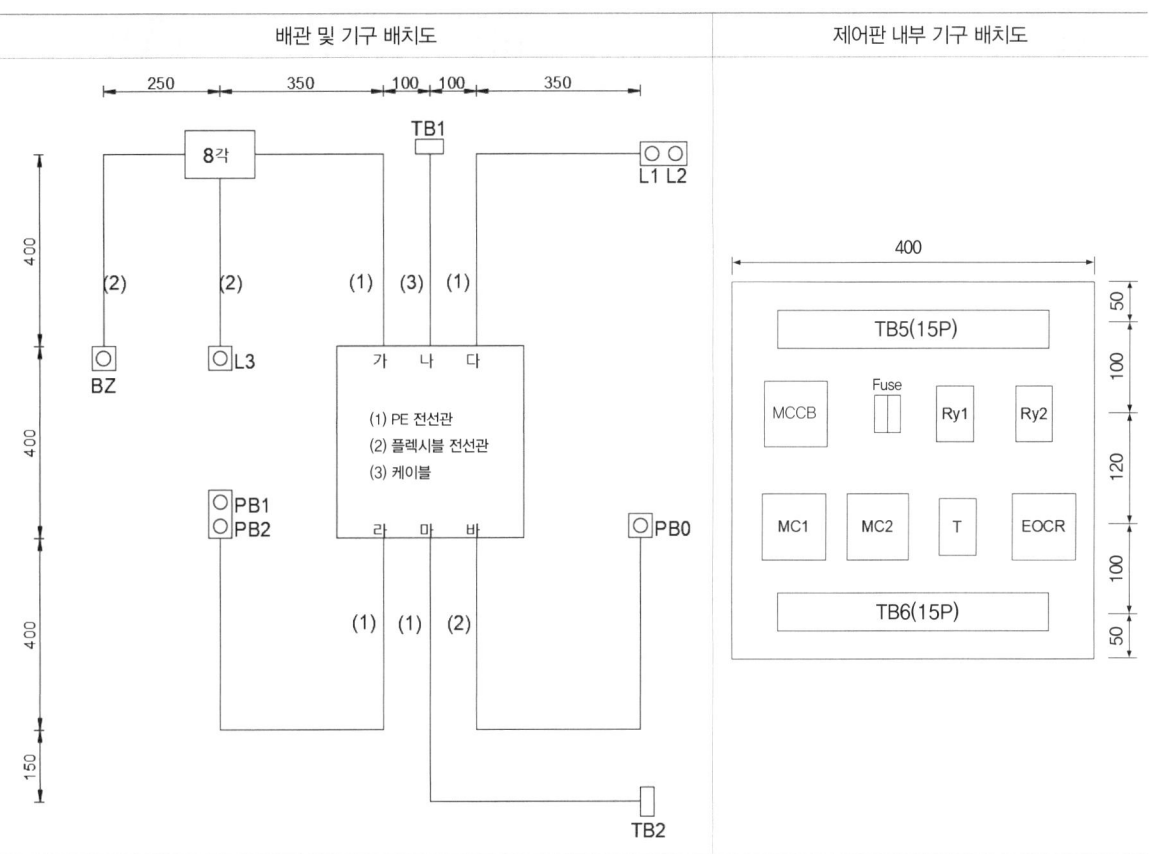

(4) 범례

기호	명칭	기호	명칭	기호	명칭
TB1	전원(단자대 4P)	MC1, 2	전자 접촉기(12P)	L1	파일럿 램프(적)
TB2	전동기(단자대 4P)	Ry1, 2	릴레이(8P)	L2	파일럿 램프(적)
MCCB	배선용 차단기(3P)	T	타이머(8P)	L3	파일럿 램프(녹)
F	퓨즈 및 퓨즈홀더	PB0	푸시버튼 스위치(적)	BZ	부저
EOCR	과전류 차단기(12P)	PB1, 2	푸시버튼 스위치(녹)	TB5	단자대 15P
TB6	단자대 15P				

세부유형 ⑤

1. 동작

① 배선용 차단기 MCCB에 전원을 투입하면 L3가 점등된다.
② PB1을 누르면 MC1과 Ry1이 여자되어 전동기가 정회전하고 L1이 점등되며 L3가 소등된다.
③ PB2를 누르면 MC2와 Ry2가 여자되어 전동기가 역회전하고 L2가 점등되며 L1이 소등된다.
④ PB1과 PB2를 누를 때마다 전동기 정역 운전이 반복된다.
⑤ 동작 중 PB0를 누르면 모든 동작을 정지한다.
⑥ EOCR이 동작하면 모든 동작이 정지되고 T가 여자되고 BZ가 동작한다. T의 설정시간 후 BZ가 정지한다.

2. 도면

(1) 동작 회로도

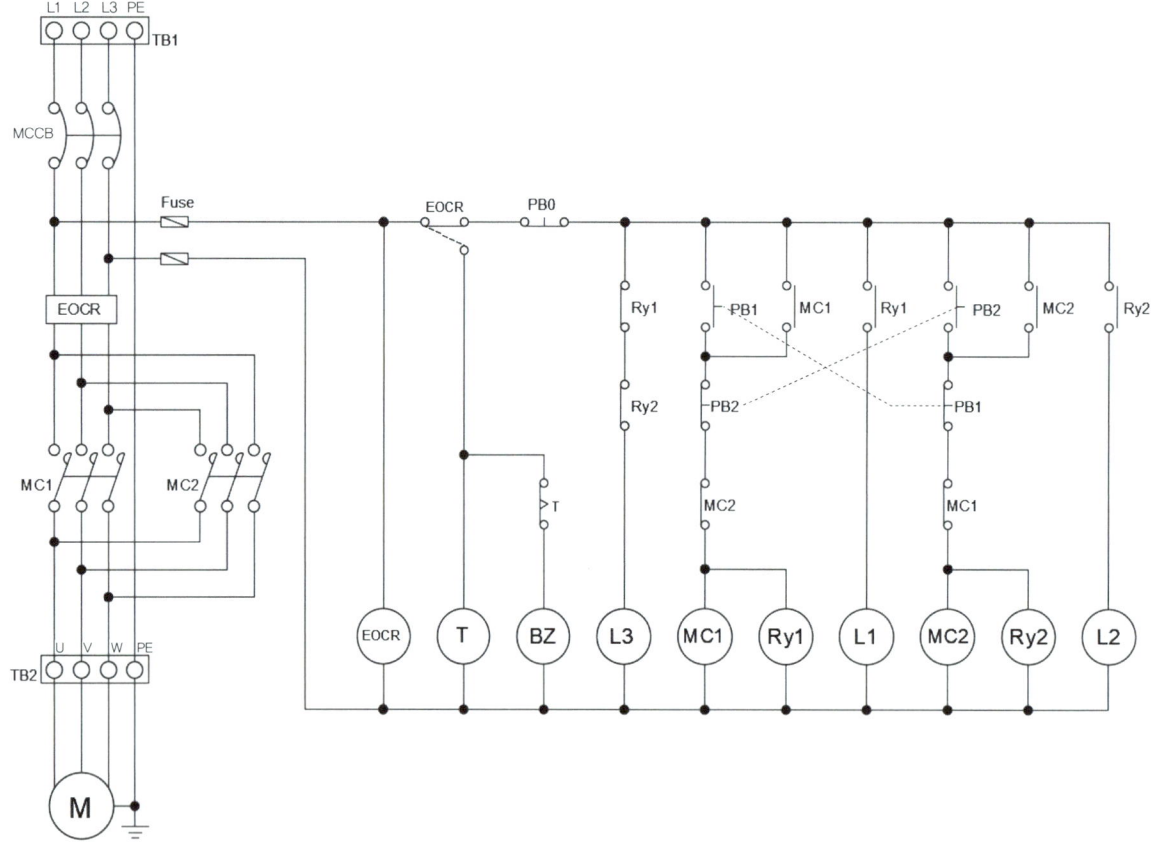

(2) 시험 기구 내부 결선도

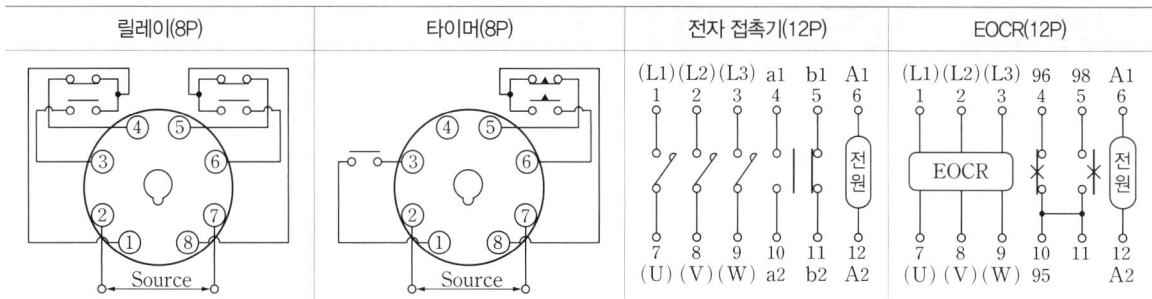

(3) 배관 및 기구 배치도 / 제어판 내부 기구 배치도

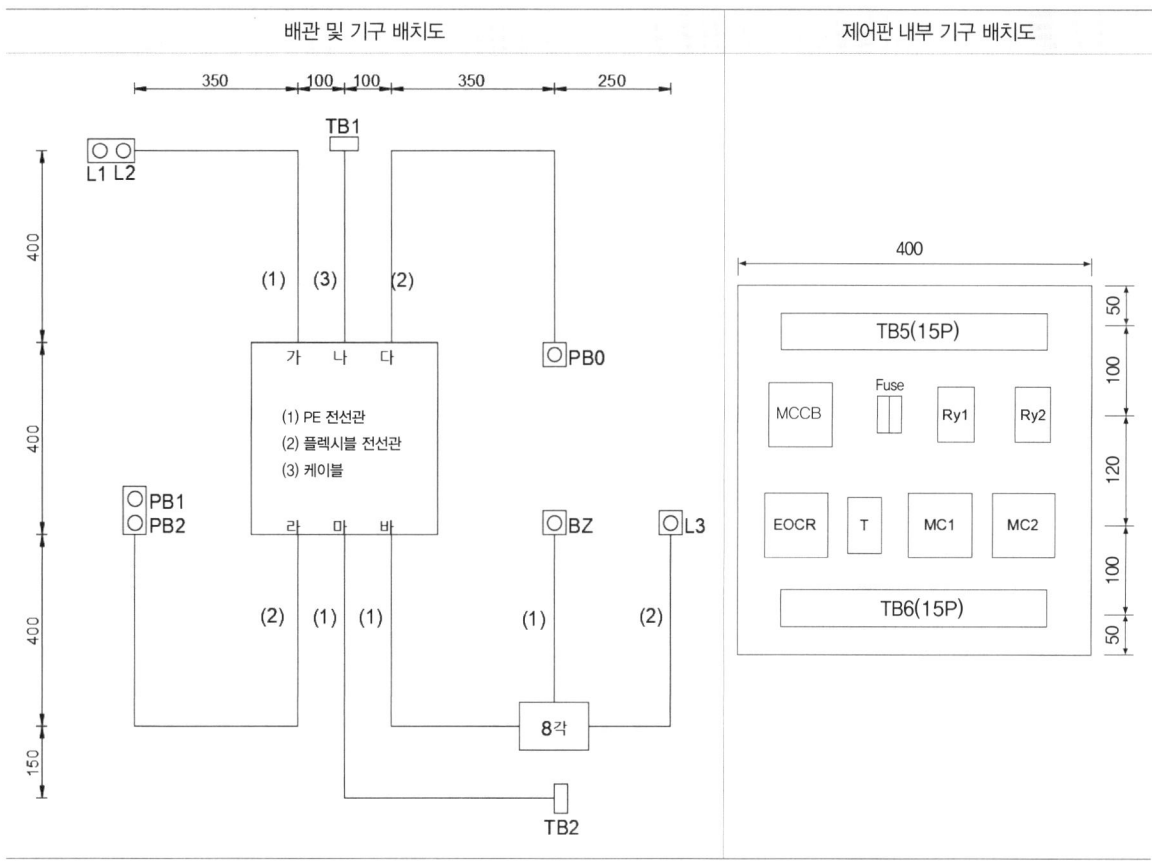

(4) 범례

기호	명칭	기호	명칭	기호	명칭
TB1	전원(단자대 4P)	MC1, 2	전자 접촉기(12P)	L1	파일럿 램프(적)
TB2	전동기(단자대 4P)	Ry1, 2	릴레이(8P)	L2	파일럿 램프(적)
MCCB	배선용 차단기(3P)	T	타이머(8P)	L3	파일럿 램프(녹)
F	퓨즈 및 퓨즈홀더	PB0	푸시버튼 스위치(적)	BZ	부저
EOCR	과전류 차단기(12P)	PB1, 2	푸시버튼 스위치(녹)	TB5	단자대 15P
TB6	단자대 15P				

06 전동기 제어 정역2

세부유형 ①

1. 동작

[정회전]
① PB1을 누르면 X1과 MC1이 여자되어 전동기가 정회전하고 WL과 RL이 점등된다.
② PB0를 누르면 X1과 MC1이 소자되어 전동기가 정지하고 WL과 RL이 소등된다.
③ EOCR이 동작되면 모든 동작을 정지하고 YL램프만 점등된다.

[역회전]
① PB2를 누르면 X2와 T, MC1이 여자되어 전동기가 정회전하고 RL이 점등된다.
② 설정시간 t초 후 MC1이 소자되고 RL이 소등, MC2가 여자되어 전동기가 역회전하며 GL이 점등된다.
③ PB0를 누르면 X2와 MC2가 소자되어 전동기가 정지되며 GL이 소등된다.
④ EOCR이 동작되면 모든 동작을 정지하고 YL램프만 점등된다.

2. 도면

(1) 동작 회로도

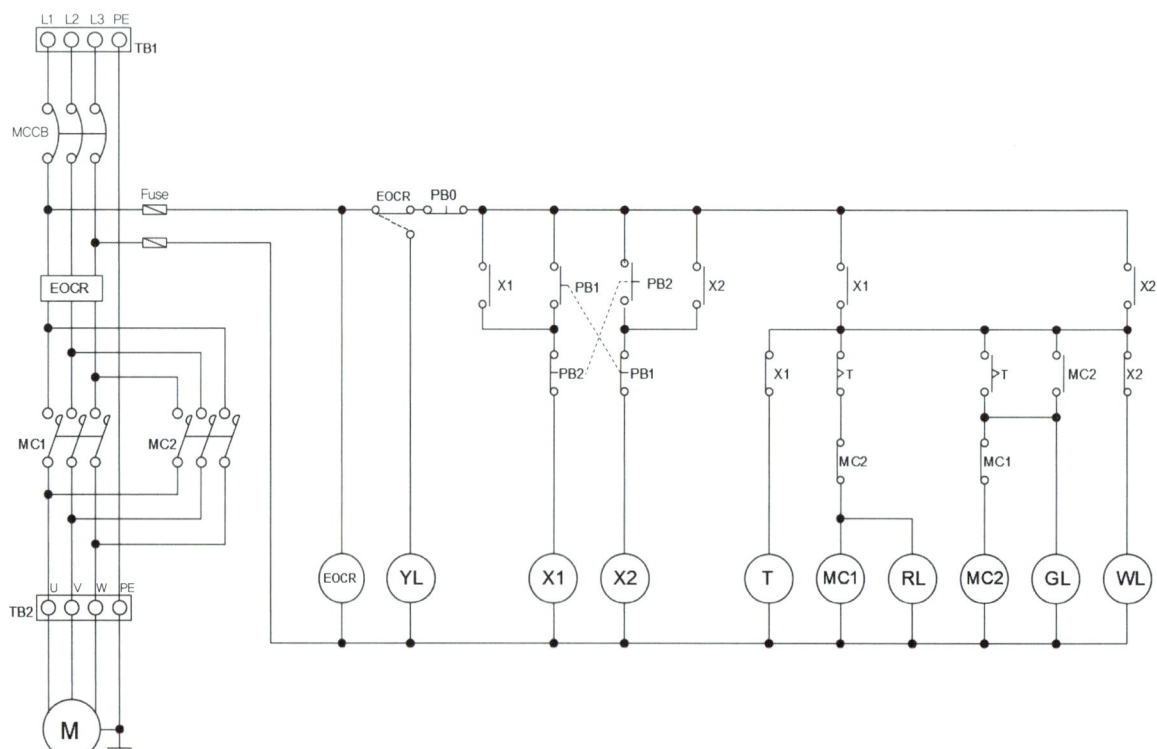

(2) 시험 기구 내부 결선도

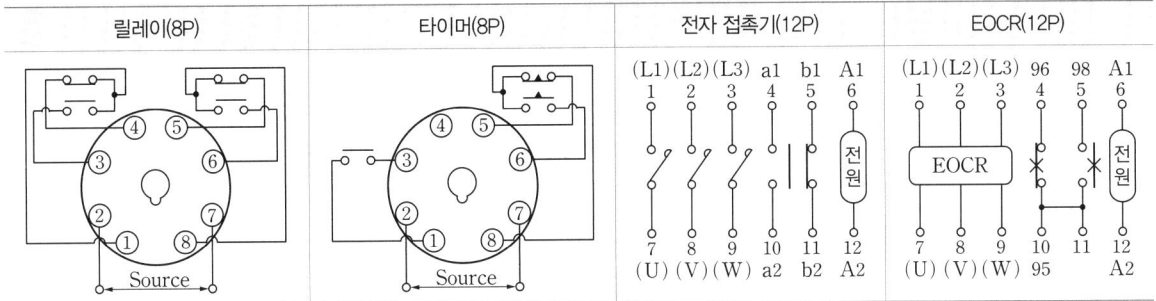

(3) 배관 및 기구 배치도 / 제어판 내부 기구 배치도

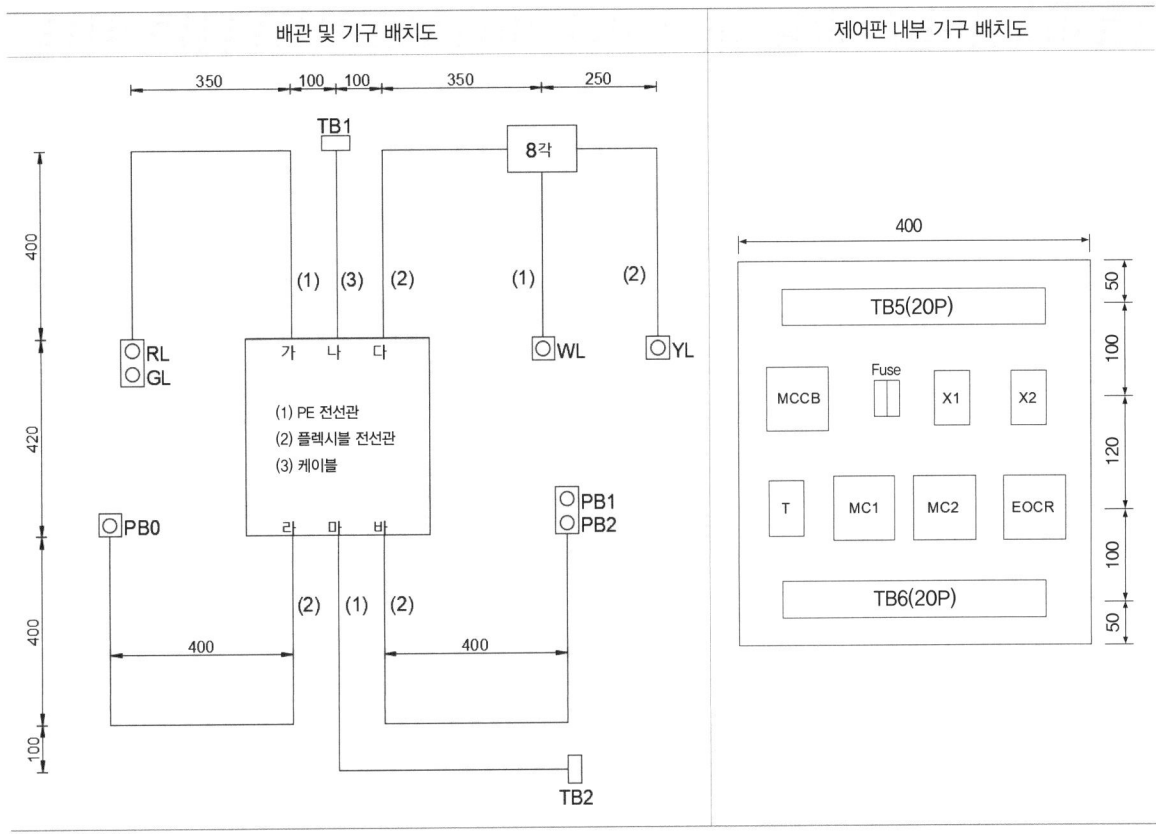

(4) 범례

기호	명칭	기호	명칭	기호	명칭
TB1	전원(단자대 4P)	MC1, 2	전자 접촉기(12P)	RL	파일럿 램프(적)
TB2	전동기(단자대 4P)	X1, 2	릴레이(8P)	GL	파일럿 램프(녹)
MCCB	배선용 차단기(3P)	T	타이머(8P)	WL	파일럿 램프(백)
F	퓨즈 및 퓨즈홀더	PB0	푸시버튼 스위치(적)	YL	파일럿 램프(황)
EOCR	과전류 차단기(12P)	PB1, 2	푸시버튼 스위치(녹)	TB5	단자대 20P
TB6	단자대 20P				

세부유형 ②

1. 동작

[정회전]
① PB1을 누르면 X1과 MC1이 여자되어 전동기가 정회전하고 WL과 RL이 점등된다.
② PB0를 누르면 X1과 MC1이 소자되어 전동기가 정지하고 WL과 RL이 소등된다.
③ EOCR이 동작되면 모든 동작을 정지하고 YL램프만 점등된다.

[역회전]
① PB2를 누르면 X2와 T, MC1이 여자되어 전동기가 정회전하고 RL이 점등된다.
② 설정시간 t초 후 MC1이 소자되고 RL이 소등, MC2가 여자되어 전동기가 역회전하며 GL이 점등된다.
③ PB0를 누르면 X2와 MC2가 소자되어 전동기가 정지되며 GL이 소등된다.
④ EOCR이 동작되면 모든 동작을 정지하고 YL램프만 점등된다.

2. 도면

(1) 동작 회로도

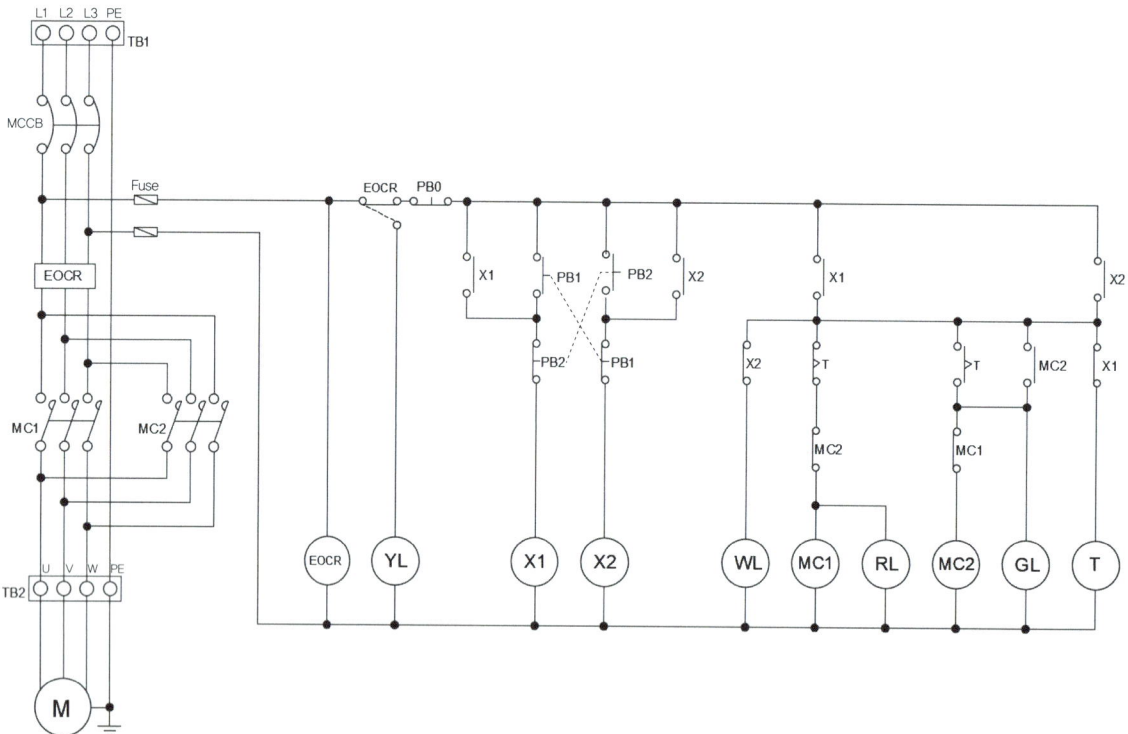

(2) 시험 기구 내부 결선도

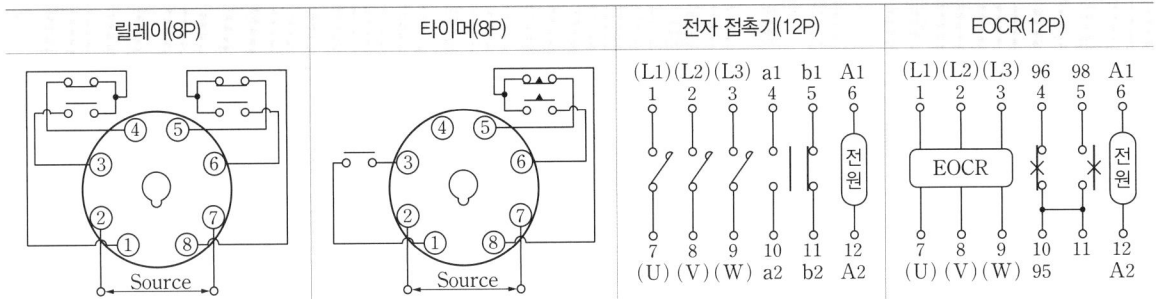

(3) 배관 및 기구 배치도 / 제어판 내부 기구 배치도

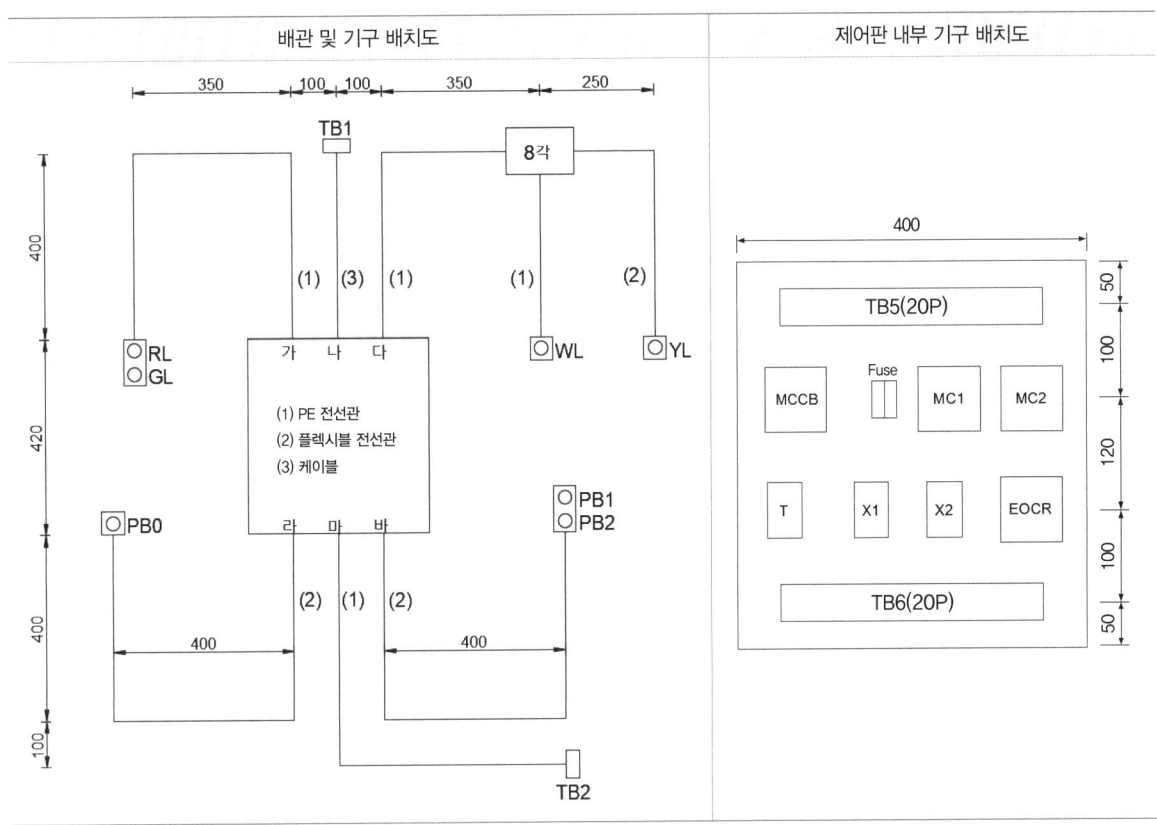

(4) 범례

기호	명칭	기호	명칭	기호	명칭
TB1	전원(단자대 4P)	MC1, 2	전자 접촉기(12P)	RL	파일럿 램프(적)
TB2	전동기(단자대 4P)	X1, 2	릴레이(8P)	GL	파일럿 램프(녹)
MCCB	배선용 차단기(3P)	T	타이머(8P)	WL	파일럿 램프(백)
F	퓨즈 및 퓨즈홀더	PB0	푸시버튼 스위치(적)	YL	파일럿 램프(황)
EOCR	과전류 차단기(12P)	PB1, 2	푸시버튼 스위치(녹)	TB5	단자대 20P
TB6	단자대 20P				

세부유형 ③

1. 동작

[정회전]
① PB1을 누르면 X1과 MC1이 여자되어 전동기가 정회전하고 WL과 RL이 점등된다.
② PB0를 누르면 X1과 MC1이 소자되어 전동기가 정지하고 WL과 RL이 소등된다.
③ EOCR이 동작되면 모든 동작을 정지하고 YL램프만 점등된다.

[역회전]
① PB2를 누르면 X2와 T, MC1이 여자되어 전동기가 정회전하고 RL이 점등된다.
② 설정시간 t초 후 MC1이 소자되고 RL이 소등, MC2가 여자되어 전동기가 역회전하며 GL이 점등된다.
③ PB0를 누르면 X2와 MC2가 소자되어 전동기가 정지되며 GL이 소등된다.
④ EOCR이 동작되면 모든 동작을 정지하고 YL램프만 점등된다.

2. 도면

(1) 동작 회로도

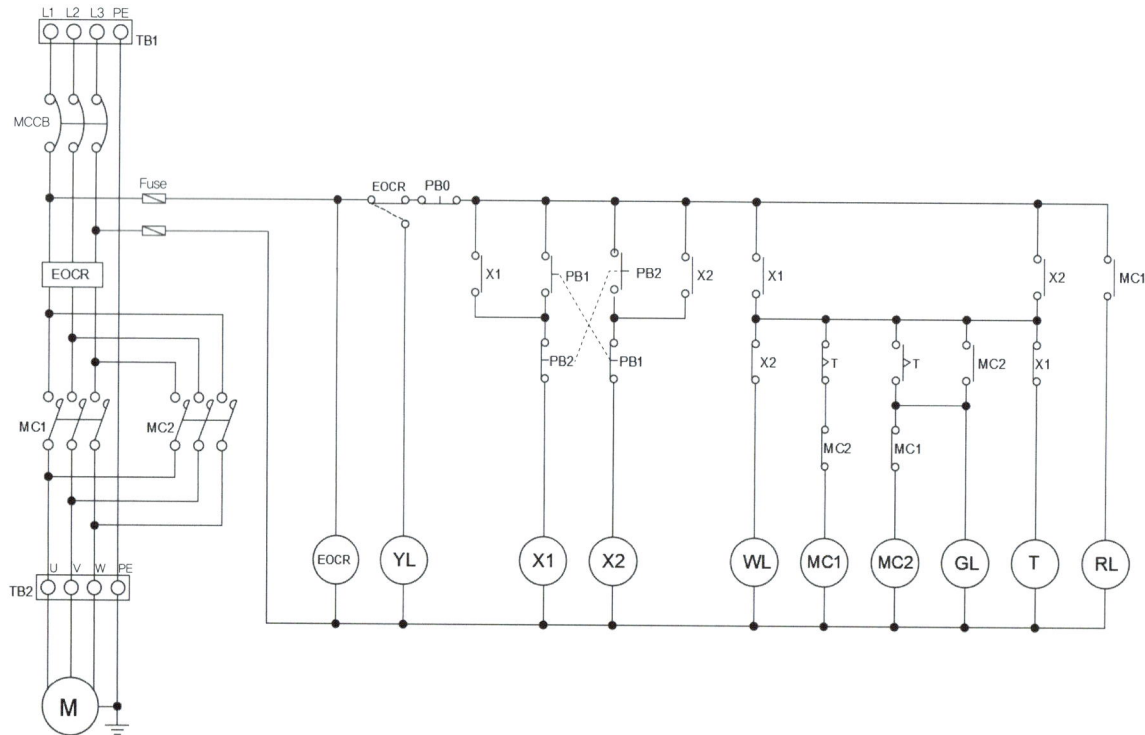

(2) 시험 기구 내부 결선도

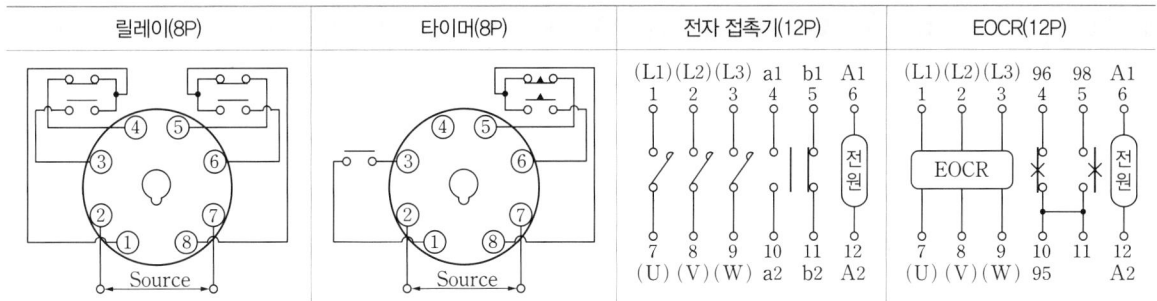

(3) 배관 및 기구 배치도 / 제어판 내부 기구 배치도

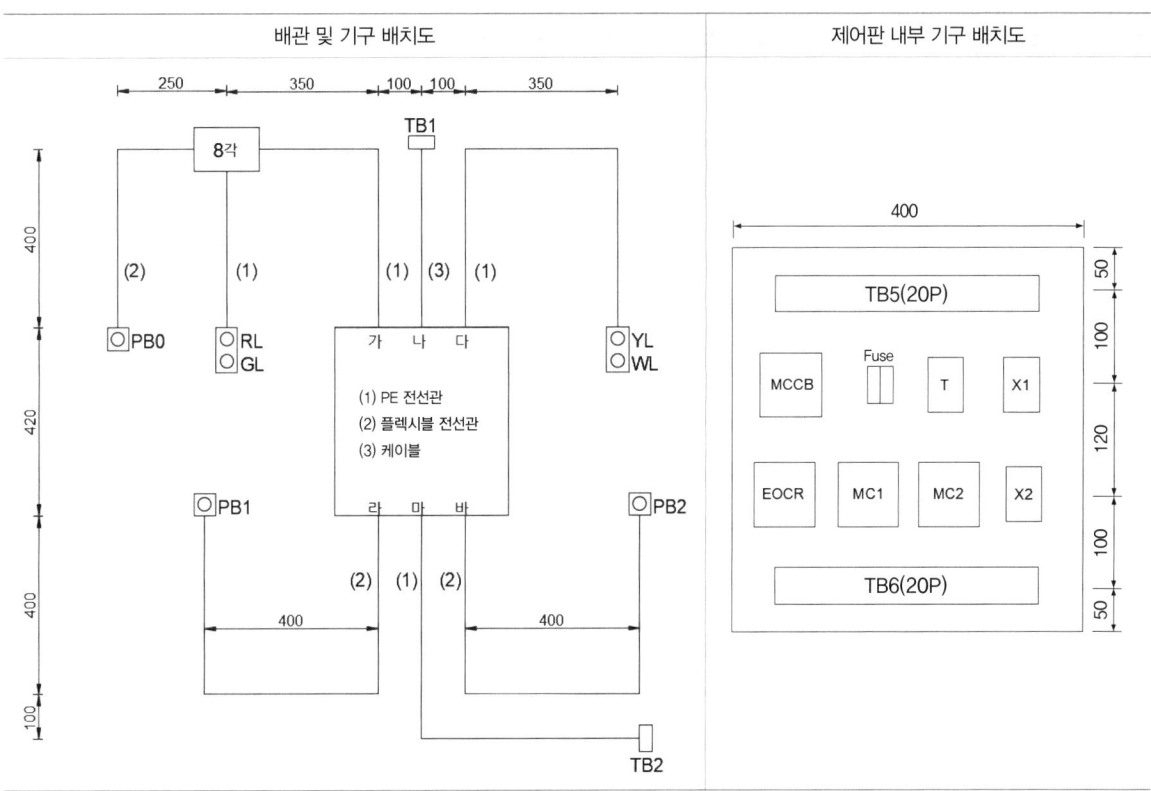

(4) 범례

기호	명칭	기호	명칭	기호	명칭
TB1	전원(단자대 4P)	MC1, 2	전자 접촉기(12P)	RL	파일럿 램프(적)
TB2	전동기(단자대 4P)	X1, 2	릴레이(8P)	GL	파일럿 램프(녹)
MCCB	배선용 차단기(3P)	T	타이머(8P)	WL	파일럿 램프(백)
F	퓨즈 및 퓨즈홀더	PB0	푸시버튼 스위치(적)	YL	파일럿 램프(황)
EOCR	과전류 차단기(12P)	PB1, 2	푸시버튼 스위치(녹)	TB5	단자대 20P
TB6	단자대 20P				

세부유형 ④

1. 동작

[정회전]
① PB1을 누르면 X1과 MC1이 여자되어 전동기가 정회전하고 WL과 RL이 점등된다.
② PB0를 누르면 X1과 MC1이 소자되어 전동기가 정지하고 WL과 RL이 소등된다.
③ EOCR이 동작되면 모든 동작을 정지하고 YL램프만 점등된다.

[역회전]
① PB2를 누르면 X2와 T, MC1이 여자되어 전동기가 정회전하고 RL이 점등된다.
② 설정시간 t초 후 MC1이 소자되고 RL이 소등, MC2가 여자되어 전동기가 역회전하며 GL이 점등된다.
③ PB0를 누르면 X2와 MC2가 소자되어 전동기가 정지되며 GL이 소등된다.
④ EOCR이 동작되면 모든 동작을 정지하고 YL램프만 점등된다.

2. 도면

(1) 동작 회로도

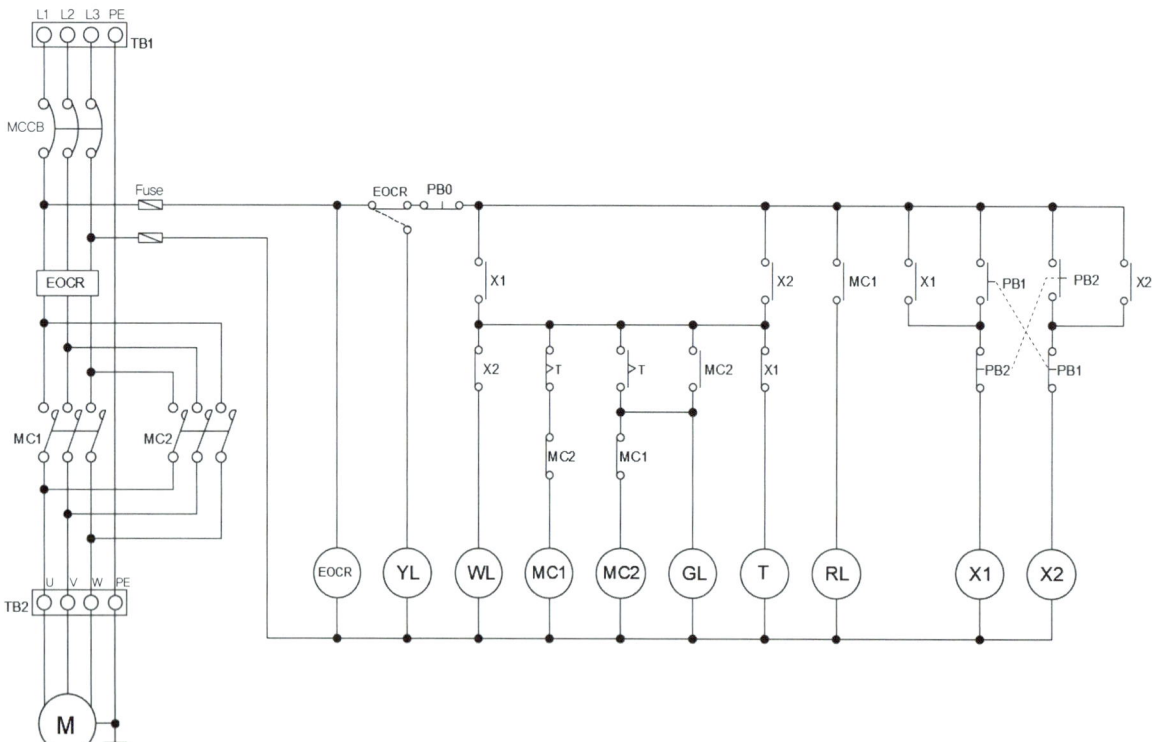

(2) 시험 기구 내부 결선도

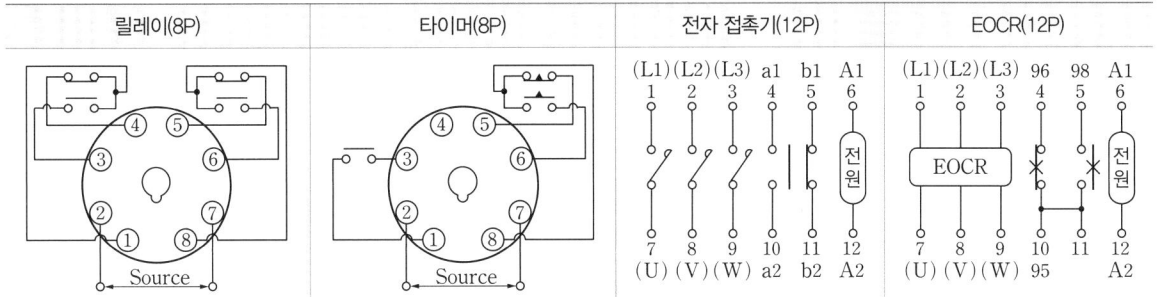

(3) 배관 및 기구 배치도 / 제어판 내부 기구 배치도

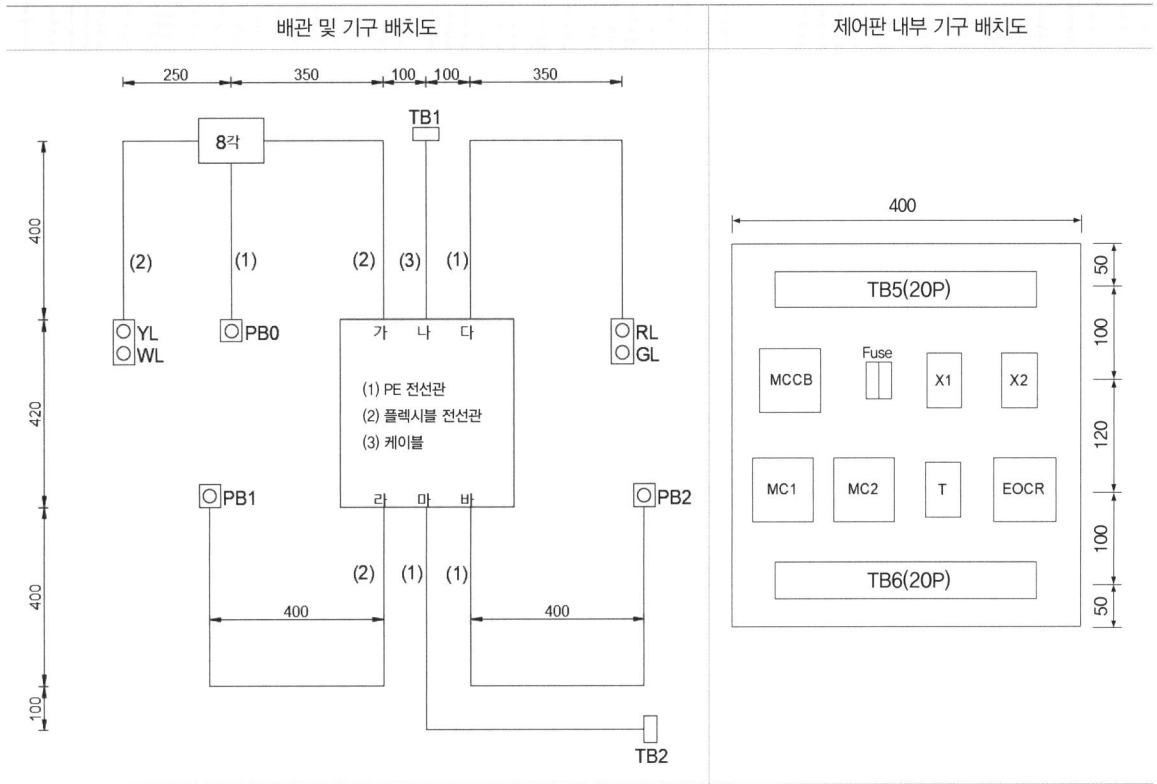

(4) 범례

기호	명칭	기호	명칭	기호	명칭
TB1	전원(단자대 4P)	MC1, 2	전자 접촉기(12P)	RL	파일럿 램프(적)
TB2	전동기(단자대 4P)	X1, 2	릴레이(8P)	GL	파일럿 램프(녹)
MCCB	배선용 차단기(3P)	T	타이머(8P)	WL	파일럿 램프(백)
F	퓨즈 및 퓨즈홀더	PB0	푸시버튼 스위치(적)	YL	파일럿 램프(황)
EOCR	과전류 차단기(12P)	PB1, 2	푸시버튼 스위치(녹)	TB5	단자대 20P
TB6	단자대 20P				

세부유형 ⑤

1. 동작

[정회전]

① PB1을 누르면 X1과 MC1이 여자되어 전동기가 정회전하고 WL과 RL이 점등된다.
② PB0를 누르면 X1과 MC1이 소자되어 전동기가 정지하고 WL과 RL이 소등된다.
③ EOCR이 동작되면 모든 동작을 정지하고 YL램프만 점등된다.

[역회전]

① PB2를 누르면 X2와 T, MC1이 여자되어 전동기가 정회전하고 RL이 점등된다.
② 설정시간 t초 후 MC1이 소자되고 RL이 소등, MC2가 여자되어 전동기가 역회전하며 GL이 점등된다.
③ PB0를 누르면 X2와 MC2가 소자되어 전동기가 정지되며 GL이 소등된다.
④ EOCR이 동작되면 모든 동작을 정지하고 YL램프만 점등된다.

2. 도면

(1) 동작 회로도

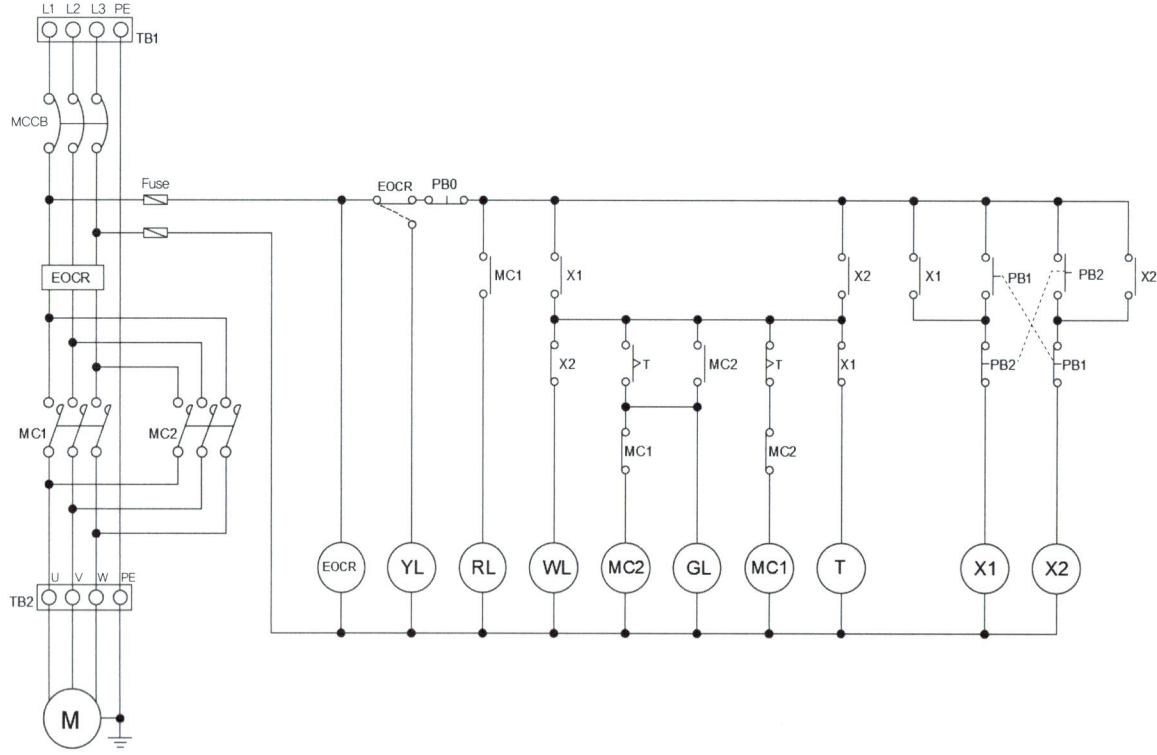

(2) 시험 기구 내부 결선도

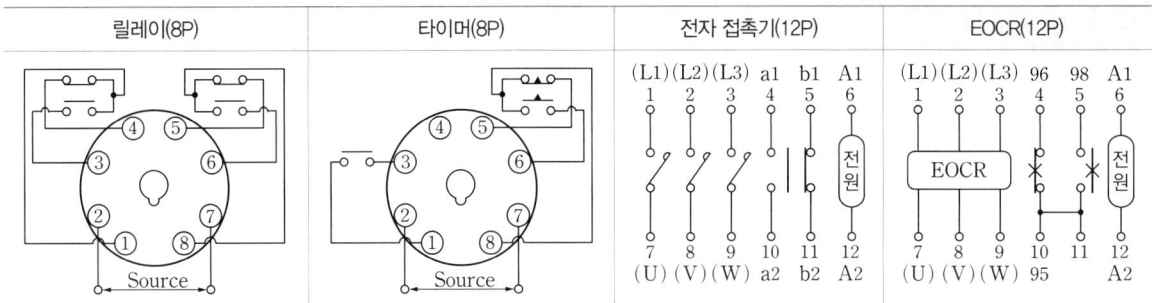

(3) 배관 및 기구 배치도 / 제어판 내부 기구 배치도

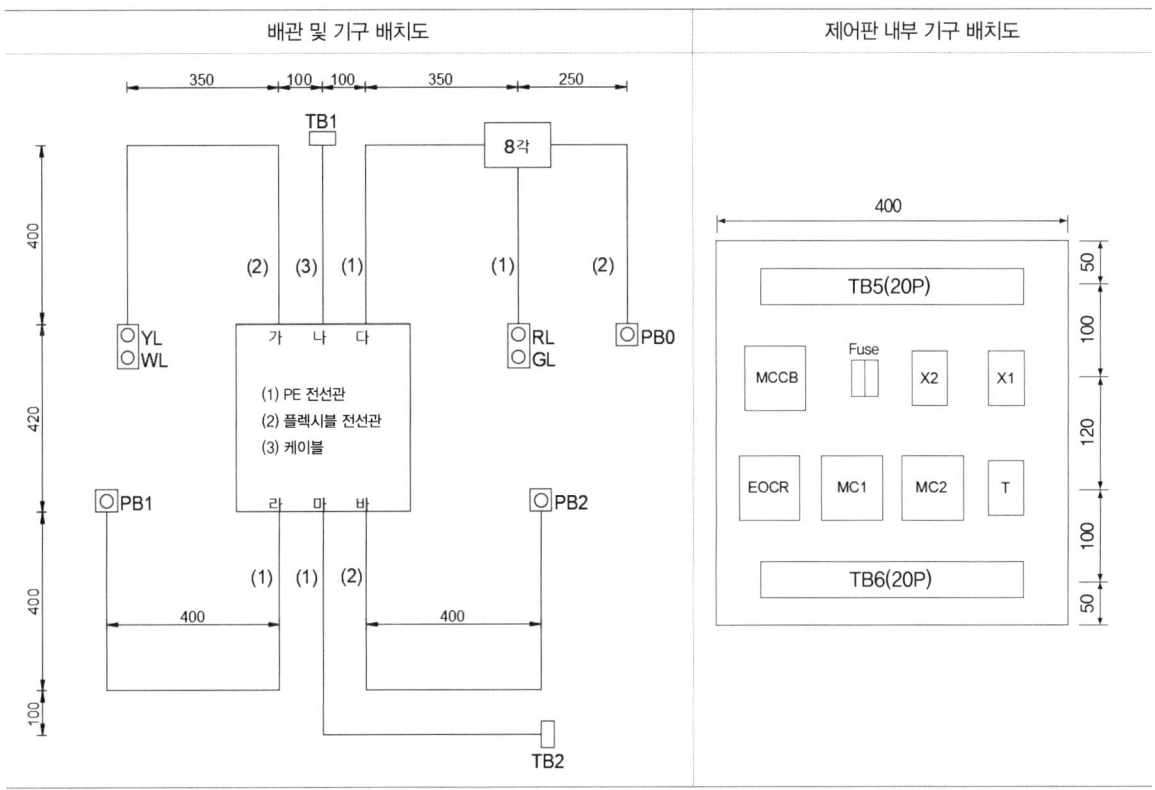

(4) 범례

기호	명칭	기호	명칭	기호	명칭
TB1	전원(단자대 4P)	MC1, 2	전자 접촉기(12P)	RL	파일럿 램프(적)
TB2	전동기(단자대 4P)	X1, 2	릴레이(8P)	GL	파일럿 램프(녹)
MCCB	배선용 차단기(3P)	T	타이머(8P)	WL	파일럿 램프(백)
F	퓨즈 및 퓨즈홀더	PB0	푸시버튼 스위치(적)	YL	파일럿 램프(황)
EOCR	과전류 차단기(12P)	PB1, 2	푸시버튼 스위치(녹)	TB5	단자대 20P
TB6	단자대 20P				

기출유형 07 전동기 제어 정역 순차

세부유형 ①

1. 동작

① 배선용 차단기 MCCB에 전원을 투입하면 WL이 점등된다.
② SS가 M(수동)일 때 PB1을 누르면
  • X1과 T1이 여자되어 T1의 설정시간 후 MC1, T2가 여자, RL이 점등되고 전동기가 정회전한다.
  • T2의 설정시간 후 X2가 여자되어 MC1이 소자되고 MC2가 여자, GL이 점등되고 전동기가 역회전한다.
③ SS가 A(자동)일 때 SEN이 감지되면
  • T1이 여자되어 T1의 설정시간 후 MC1, T2가 여자, RL이 점등되고 전동기가 정회전한다.
  • T2의 설정시간 후 X2가 여자되어 MC1이 소자되고 MC2가 여자, GL이 점등되고 전동기가 역회전한다.
④ PB2를 누를 때 모든 동작이 정지된다.
⑤ EOCR 동작 시 FR이 여자되어 설정시간 간격으로 YL과 BZ가 교대 점멸된다.

2. 도면

(1) 동작 회로도

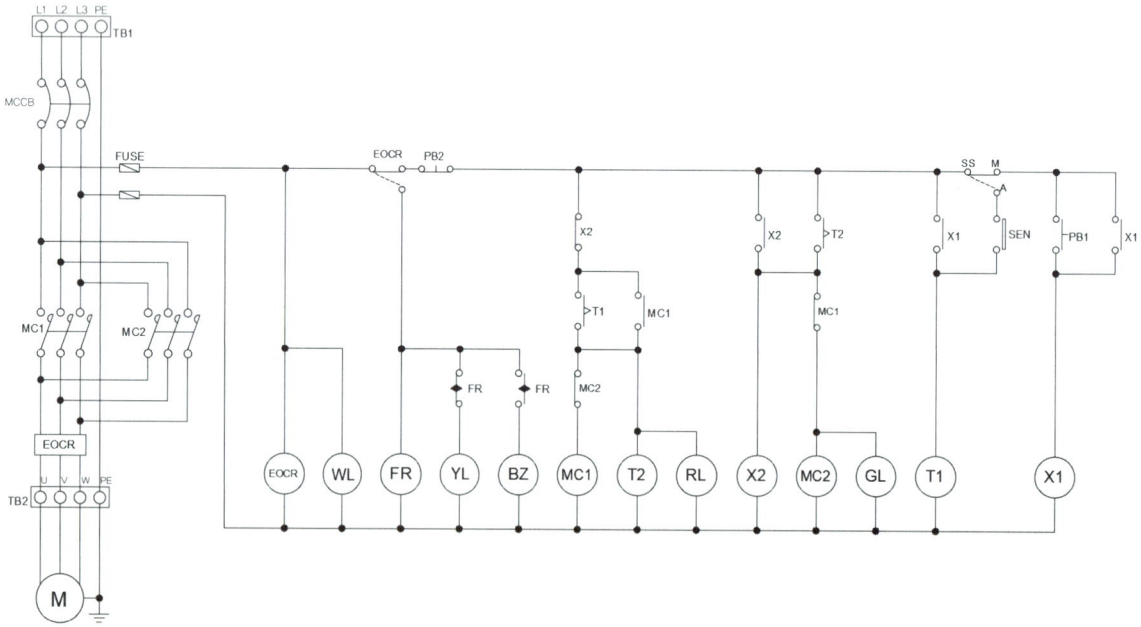

(2) 시험 기구 내부 결선도

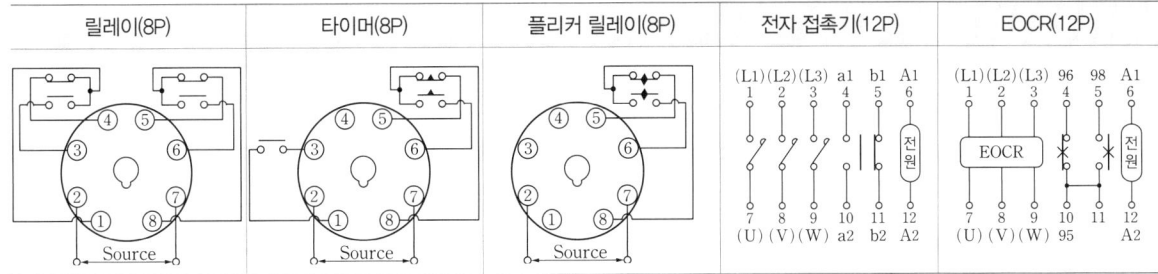

(3) 배관 및 기구 배치도 / 제어판 내부 기구 배치도

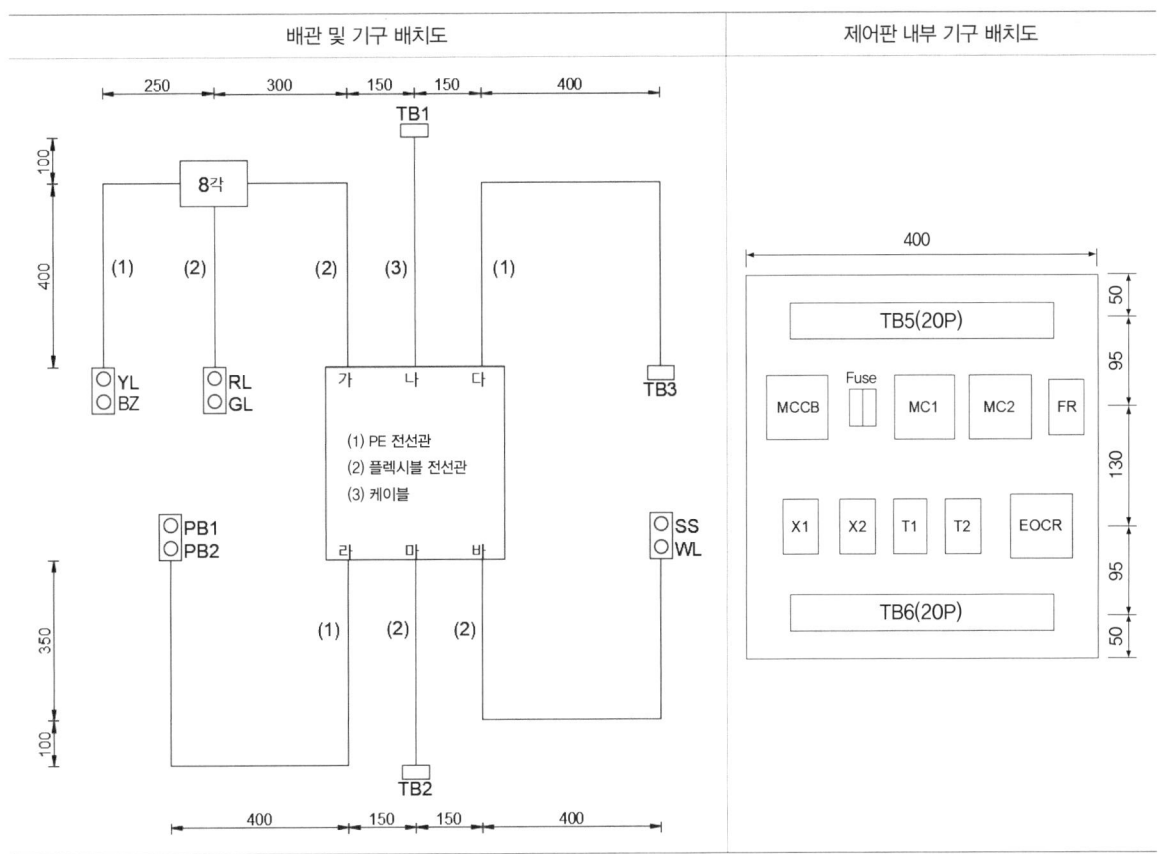

(4) 범례

기호	명칭	기호	명칭	기호	명칭
TB1	전원(단자대 4P)	EOCR	과전류 차단기(12P)	PB1, 2	푸시버튼 스위치(녹, 적)
TB2	전동기(단자대 4P)	MC1, 2	전자 접촉기(12P)	RL, GL	파일럿 램프(적, 녹)
TB3	센서(단자대 4P)	X1, 2	릴레이(8P)	YL, WL	파일럿 램프(황, 백)
MCCB	배선용 차단기(3P)	T1, 2	타이머(8P)	BZ	부저
F	퓨즈 및 퓨즈홀더	FR	플리커 릴레이(8P)	SS	셀렉터 스위치
TB5	단자대 20P	TB6	단자대 20P		

세부유형 ②

1. 동작

① 배선용 차단기 MCCB에 전원을 투입하면 WL이 점등된다.
② SS가 M(수동)일 때 PB1을 누르면
- X1과 T1이 여자되어 T1의 설정시간 후 MC1, T2가 여자, RL이 점등되고 전동기가 정회전한다.
- T2의 설정시간 후 X2가 여자되어 MC1이 소자되고 MC2가 여자, GL이 점등되고 전동기가 역회전한다.

③ SS가 A(자동)일 때 SEN이 감지되면
- T1이 여자되어 T1의 설정시간 후 MC1, T2가 여자, RL이 점등되고 전동기가 정회전한다.
- T2의 설정시간 후 X2가 여자되어 MC1이 소자되고 MC2가 여자, GL이 점등되고 전동기가 역회전한다.

④ PB2를 누를 때 모든 동작이 정지된다.
⑤ EOCR 동작 시 FR이 여자되어 설정시간 간격으로 YL과 BZ가 교대 점멸된다.

2. 도면

(1) 동작 회로도

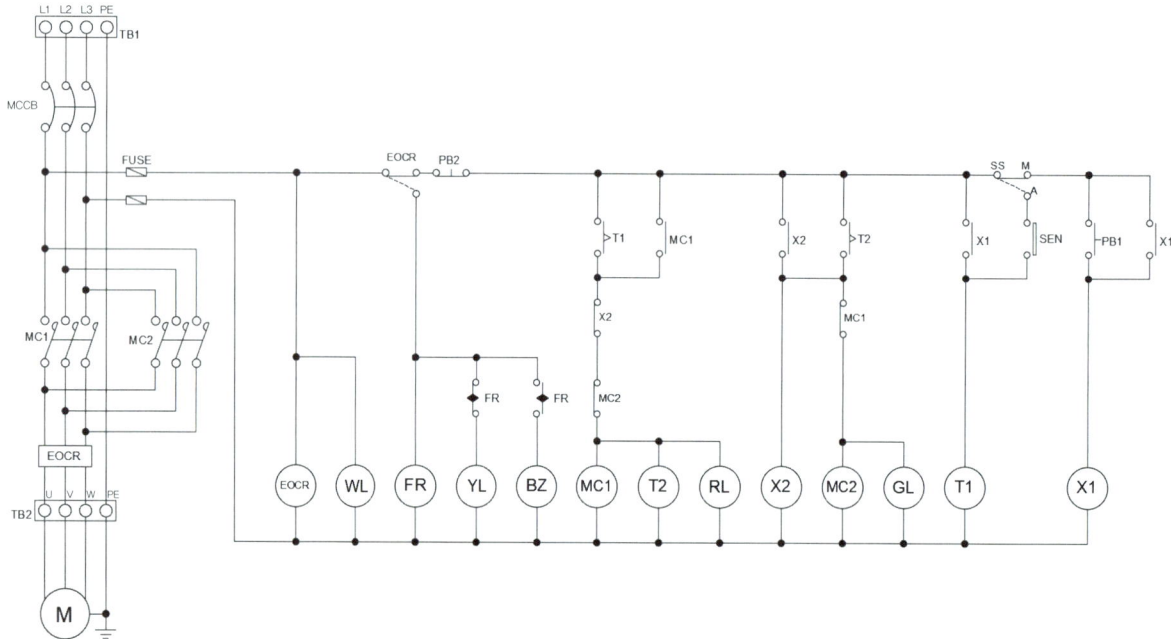

(2) 시험 기구 내부 결선도

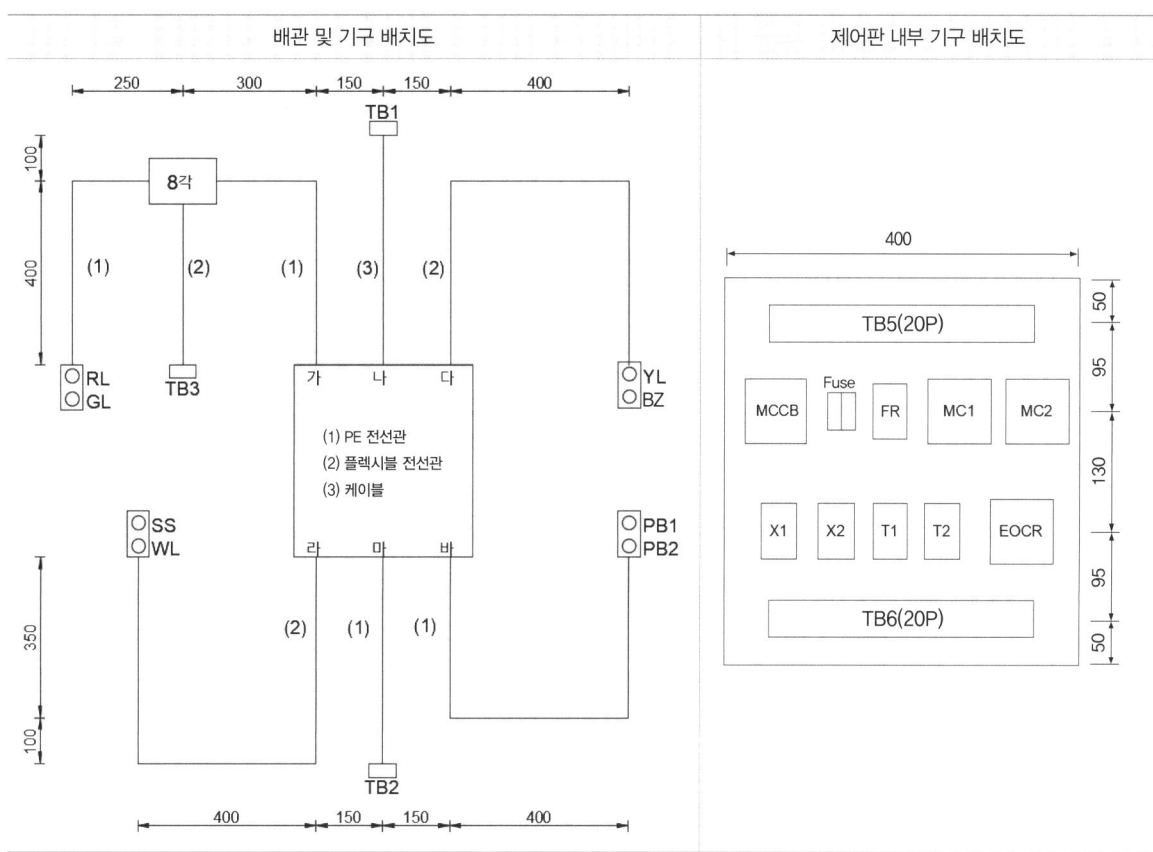

(3) 배관 및 기구 배치도 / 제어판 내부 기구 배치도

(4) 범례

기호	명칭	기호	명칭	기호	명칭
TB1	전원(단자대 4P)	EOCR	과전류 차단기(12P)	PB1, 2	푸시버튼 스위치(녹, 적)
TB2	전동기(단자대 4P)	MC1, 2	전자 접촉기(12P)	RL, GL	파일럿 램프(적, 녹)
TB3	센서(단자대 4P)	X1, 2	릴레이(8P)	YL, WL	파일럿 램프(황, 백)
MCCB	배선용 차단기(3P)	T1, 2	타이머(8P)	BZ	부저
F	퓨즈 및 퓨즈홀더	FR	플리커 릴레이(8P)	SS	셀렉터 스위치
TB5	단자대 20P	TB6	단자대 20P		

세부유형 ③

1. 동작

① 배선용 차단기 MCCB에 전원을 투입하면 WL이 점등된다.
② SS가 M(수동)일 때 PB1을 누르면
  • X1과 T1이 여자되어 T1의 설정시간 후 MC1, T2가 여자, RL이 점등되고 전동기가 정회전한다.
  • T2의 설정시간 후 X2가 여자되어 MC1이 소자되고 MC2가 여자, GL이 점등되고 전동기가 역회전한다.
③ SS가 A(자동)일 때 SEN이 감지되면
  • T1이 여자되어 T1의 설정시간 후 MC1, T2가 여자, RL이 점등되고 전동기가 정회전한다.
  • T2의 설정시간 후 X2가 여자되어 MC1이 소자되고 MC2가 여자, GL이 점등되고 전동기가 역회전한다.
④ PB2를 누를 때 모든 동작이 정지된다.
⑤ EOCR 동작 시 FR이 여자되어 설정시간 간격으로 YL과 BZ가 교대 점멸된다.

2. 도면

(1) 동작 회로도

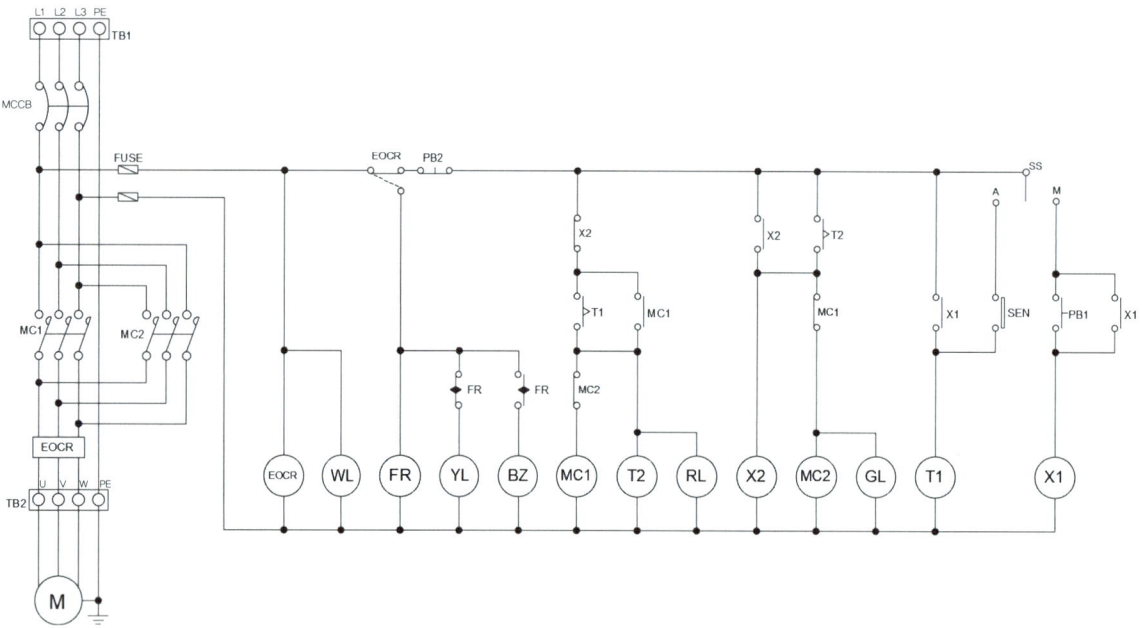

(2) 시험 기구 내부 결선도

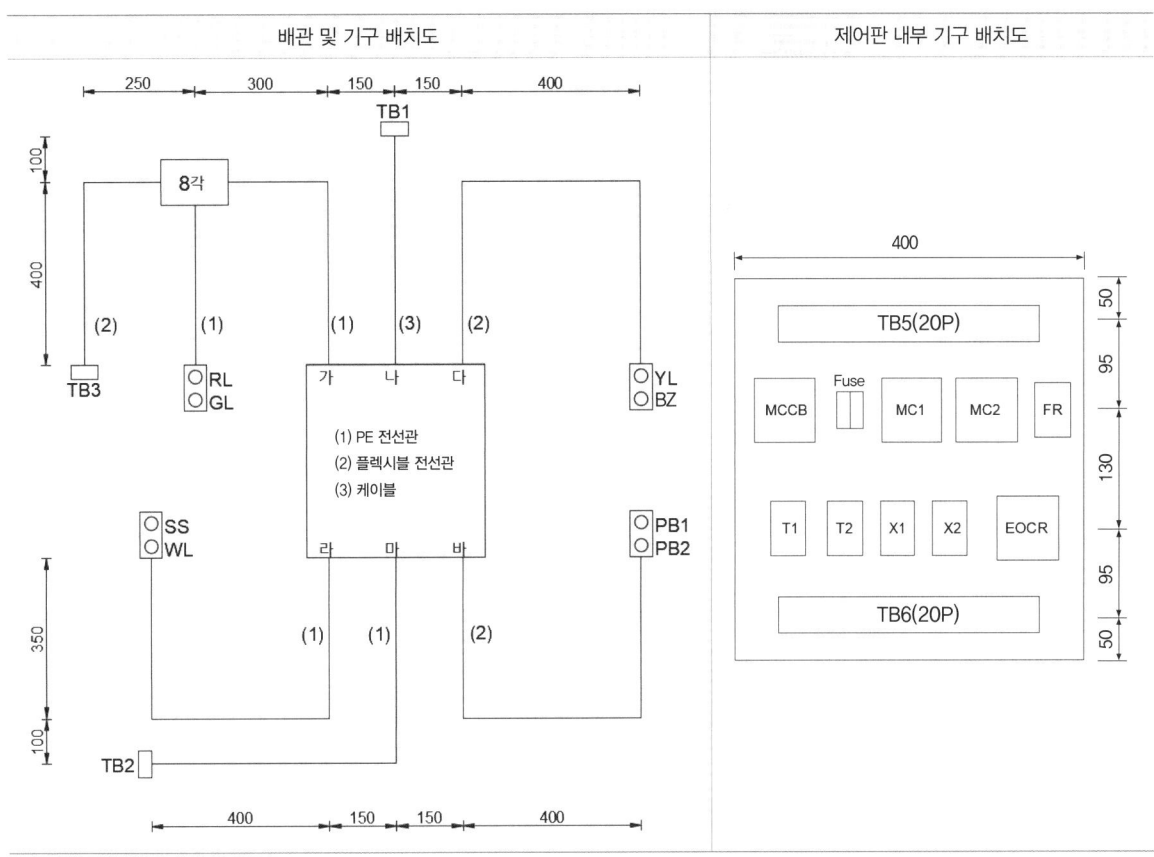

(3) 배관 및 기구 배치도 / 제어판 내부 기구 배치도

(4) 범례

기호	명칭	기호	명칭	기호	명칭
TB1	전원(단자대 4P)	EOCR	과전류 차단기(12P)	PB1, 2	푸시버튼 스위치(녹, 적)
TB2	전동기(단자대 4P)	MC1, 2	전자 접촉기(12P)	RL, GL	파일럿 램프(적, 녹)
TB3	센서(단자대 4P)	X1, 2	릴레이(8P)	YL, WL	파일럿 램프(황, 백)
MCCB	배선용 차단기(3P)	T1, 2	타이머(8P)	BZ	부저
F	퓨즈 및 퓨즈홀더	FR	플리커 릴레이(8P)	SS	셀렉터 스위치
TB5	단자대 20P	TB6	단자대 20P		

세부유형 ④

1. 동작

① 배선용 차단기 MCCB에 전원을 투입하면 WL이 점등된다.
② SS가 M(수동)일 때 PB1을 누르면
- X1과 T1이 여자되어 T1의 설정시간 후 MC1, T2가 여자, RL이 점등되고 전동기가 정회전한다.
- T2의 설정시간 후 X2가 여자되어 MC1이 소자되고 MC2가 여자, GL이 점등되고 전동기가 역회전한다.

③ SS가 A(자동)일 때 SEN이 감지되면
- T1이 여자되어 T1의 설정시간 후 MC1, T2가 여자, RL이 점등되고 전동기가 정회전한다.
- T2의 설정시간 후 X2가 여자되어 MC1이 소자되고 MC2가 여자, GL이 점등되고 전동기가 역회전한다.

④ PB2를 누를 때 모든 동작이 정지된다.
⑤ EOCR 동작 시 FR이 여자되어 설정시간 간격으로 YL과 BZ가 교대 점멸된다.

2. 도면

(1) 동작 회로도

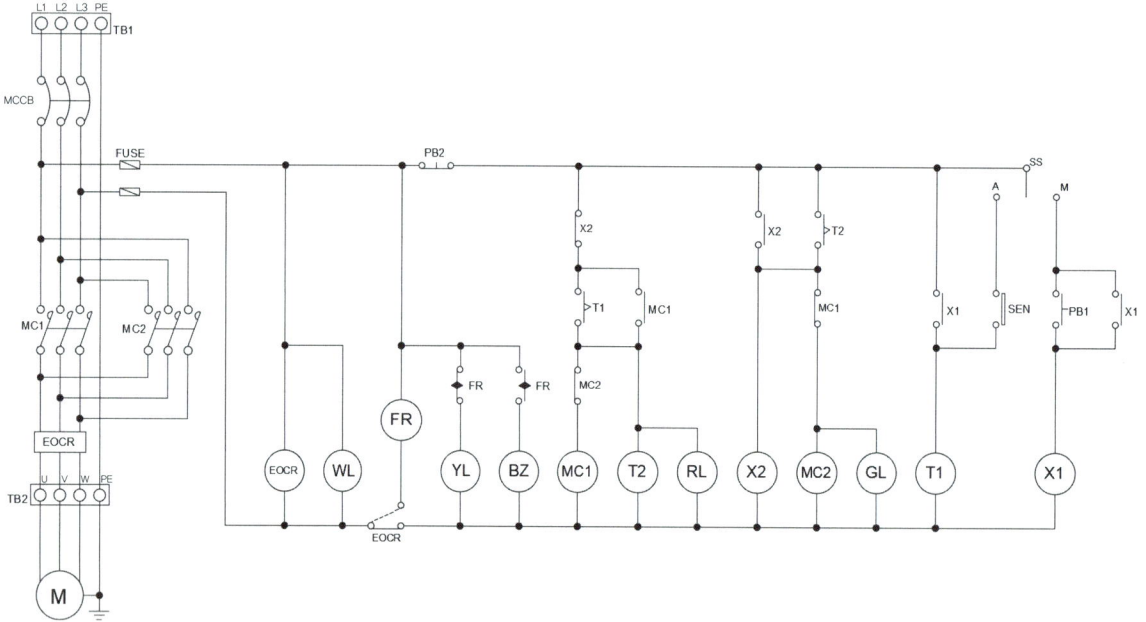

(2) 시험 기구 내부 결선도

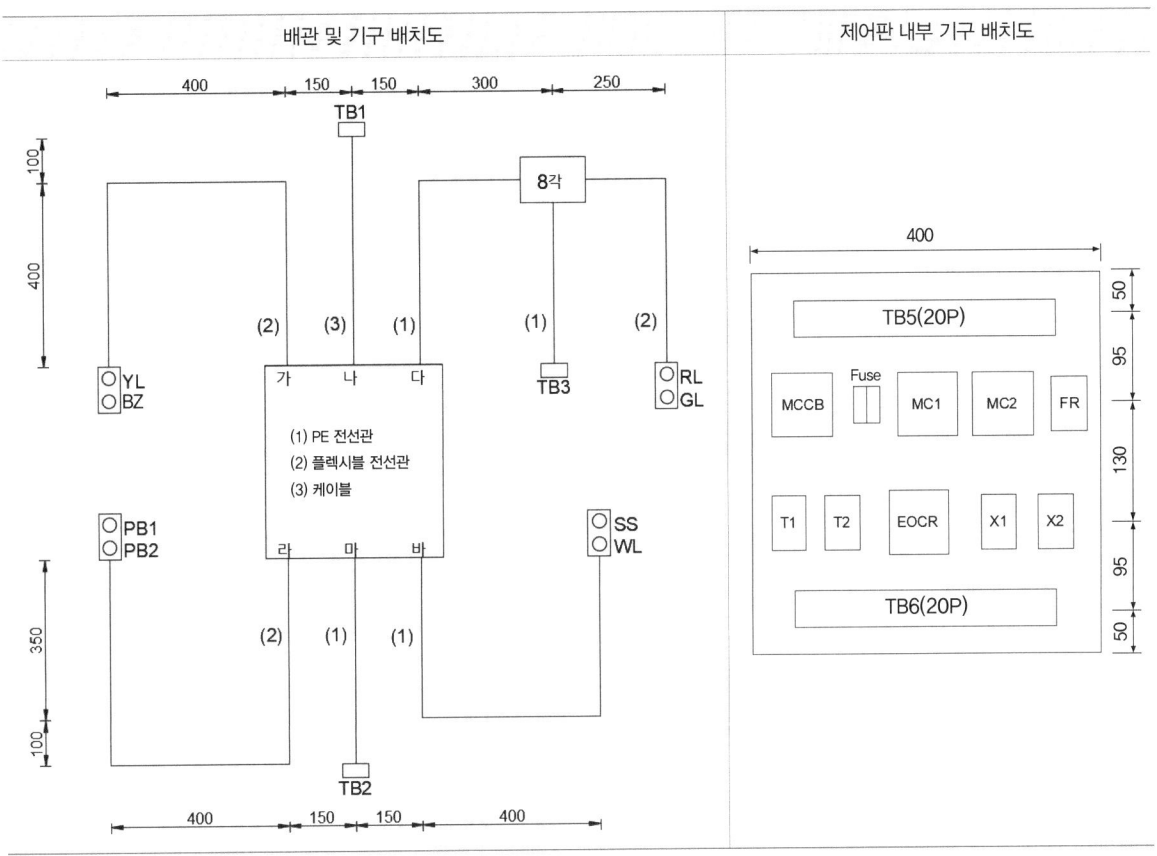

(3) 배관 및 기구 배치도 / 제어판 내부 기구 배치도

(4) 범례

기호	명칭	기호	명칭	기호	명칭
TB1	전원(단자대 4P)	EOCR	과전류 차단기(12P)	PB1, 2	푸시버튼 스위치(녹, 적)
TB2	전동기(단자대 4P)	MC1, 2	전자 접촉기(12P)	RL, GL	파일럿 램프(적, 녹)
TB3	센서(단자대 4P)	X1, 2	릴레이(8P)	YL, WL	파일럿 램프(황, 백)
MCCB	배선용 차단기(3P)	T1, 2	타이머(8P)	BZ	부저
F	퓨즈 및 퓨즈홀더	FR	플리커 릴레이(8P)	SS	셀렉터 스위치
TB5	단자대 20P	TB6	단자대 20P		

세부유형 ⑤

1. 동작

① 배선용 차단기 MCCB에 전원을 투입하면 WL이 점등된다.
② SS가 M(수동)일 때 PB1을 누르면
  • X1과 T1이 여자되어 T1의 설정시간 후 MC1, T2가 여자, RL이 점등되고 전동기가 정회전한다.
  • T2의 설정시간 후 X2가 여자되어 MC1이 소자되고 MC2가 여자, GL이 점등되고 전동기가 역회전한다.
③ SS가 A(자동)일 때 SEN이 감지되면
  • T1이 여자되어 T1의 설정시간 후 MC1, T2가 여자, RL이 점등되고 전동기가 정회전한다.
  • T2의 설정시간 후 X2가 여자되어 MC1이 소자되고 MC2가 여자, GL이 점등되고 전동기가 역회전한다.
④ PB2를 누를 때 모든 동작이 정지된다.
⑤ EOCR 동작 시 FR이 여자되어 설정시간 간격으로 YL과 BZ가 교대 점멸된다.

2. 도면

(1) 동작 회로도

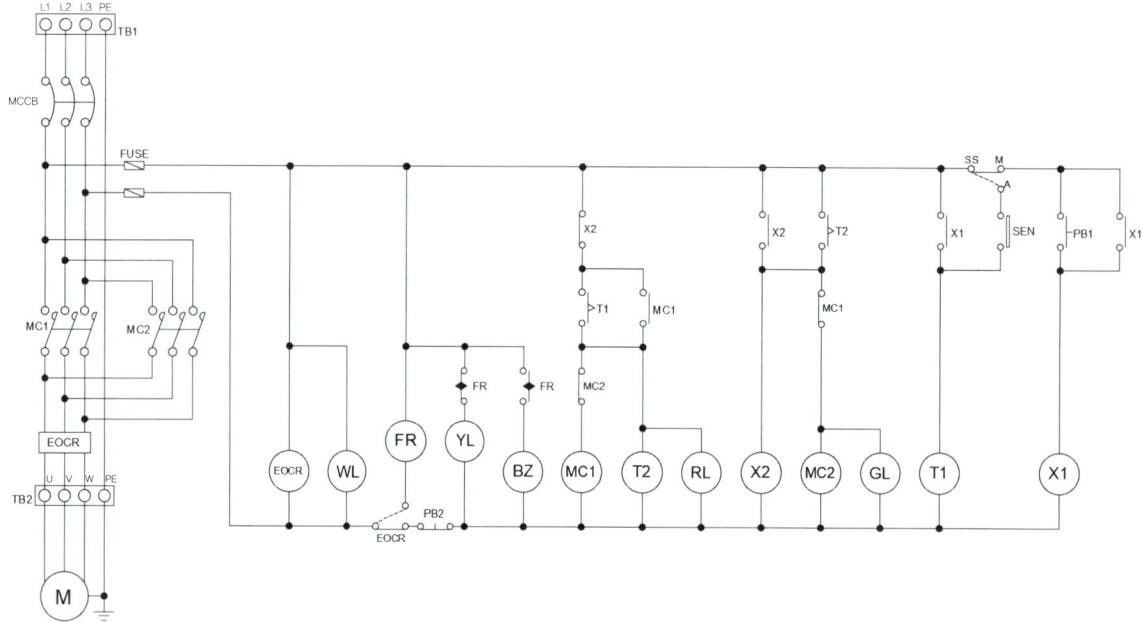

(2) 시험 기구 내부 결선도

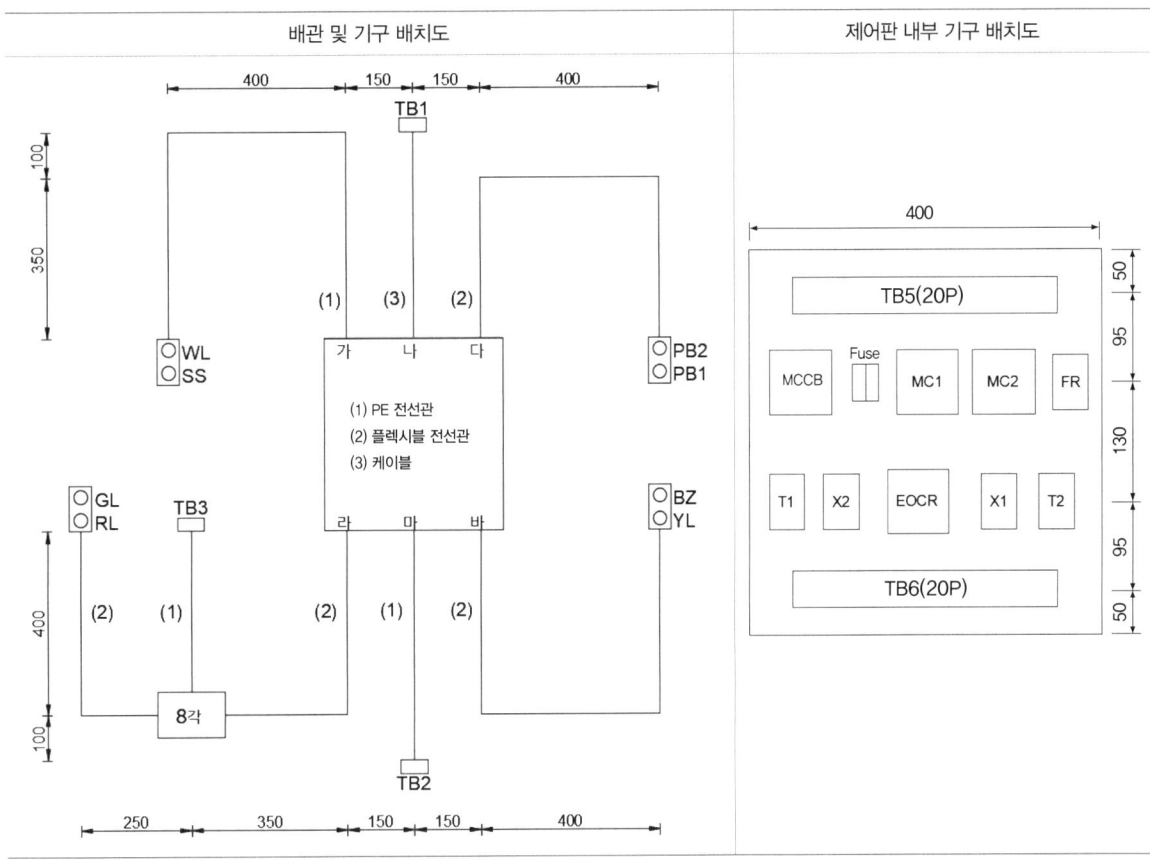

(3) 배관 및 기구 배치도 / 제어판 내부 기구 배치도

(4) 범례

기호	명칭	기호	명칭	기호	명칭
TB1	전원(단자대 4P)	EOCR	과전류 차단기(12P)	PB1, 2	푸시버튼 스위치(녹, 적)
TB2	전동기(단자대 4P)	MC1, 2	전자 접촉기(12P)	RL, GL	파일럿 램프(적, 녹)
TB3	센서(단자대 4P)	X1, 2	릴레이(8P)	YL, WL	파일럿 램프(황, 백)
MCCB	배선용 차단기(3P)	T1, 2	타이머(8P)	BZ	부저
F	퓨즈 및 퓨즈홀더	FR	플리커 릴레이(8P)	SS	셀렉터 스위치
TB5	단자대 20P	TB6	단자대 20P		

08 공장 동력 배선(1)

세부유형 ①

1. 동작

① MCCB를 ON하여 전원을 투입하면 GL1과 GL2가 점등된다.
② PB1을 누르면 T1과 T2, MC1이 여자되어 전동기 M1이 동작되고 RL1이 점등, GL1이 소등된다.
③ T1의 설정시간 후 X와 MC2가 여자되어 전동기 M2가 동작되고 RL2가 점등, GL2가 소등된다.
④ PB2를 누르면 전동기 M1이 정지, RL1이 소등, GL1이 점등된다. T2의 설정시간 후 전동기 M2가 정지되고 RL2가 소등, GL2가 점등된다.

2. 도면

(1) 동작 회로도

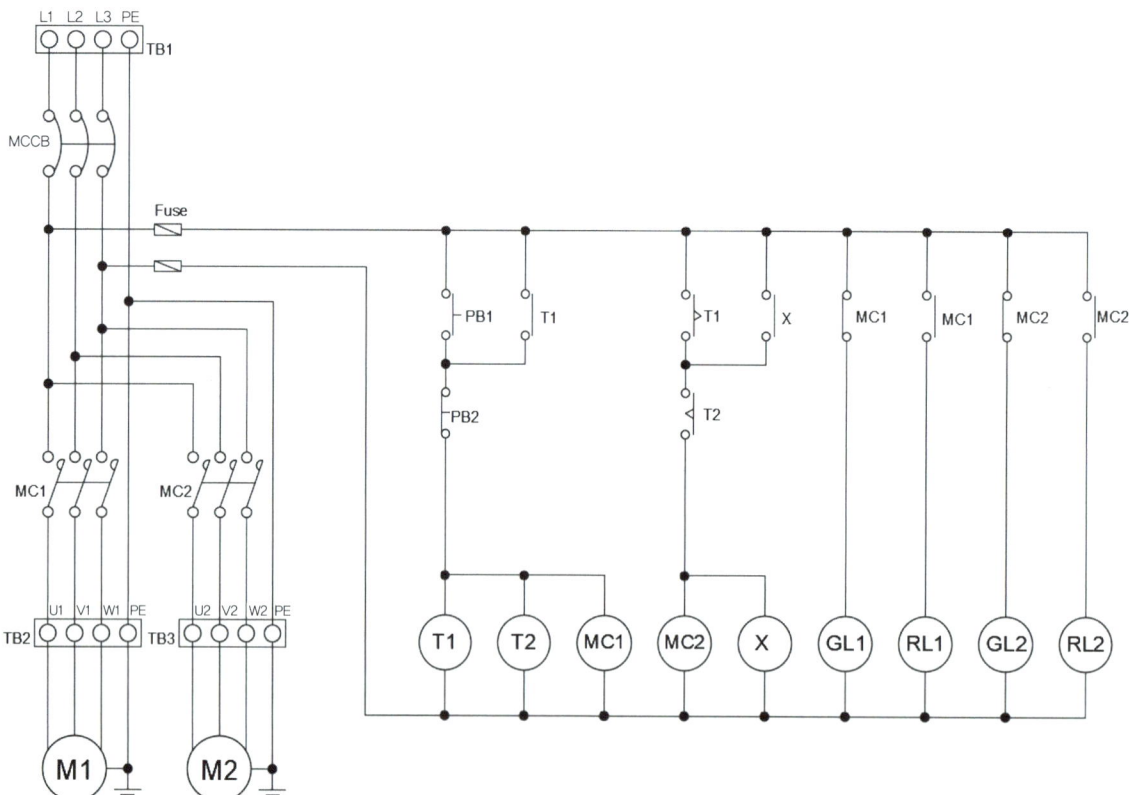

(2) 시험 기구 내부 결선도

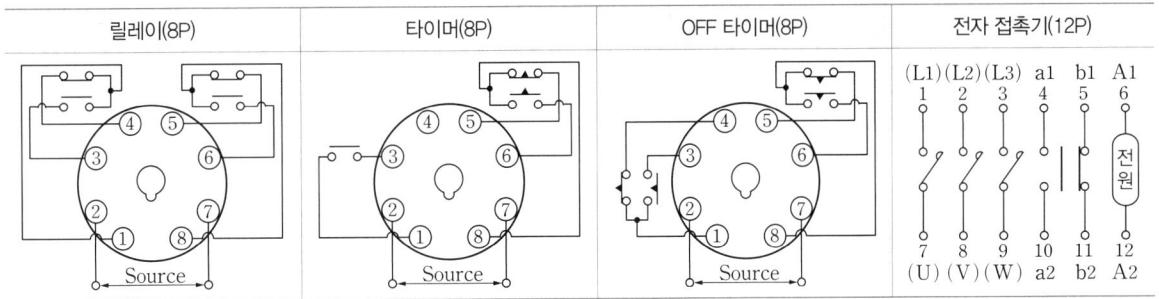

(3) 배관 및 기구 배치도 / 제어판 내부 기구 배치도

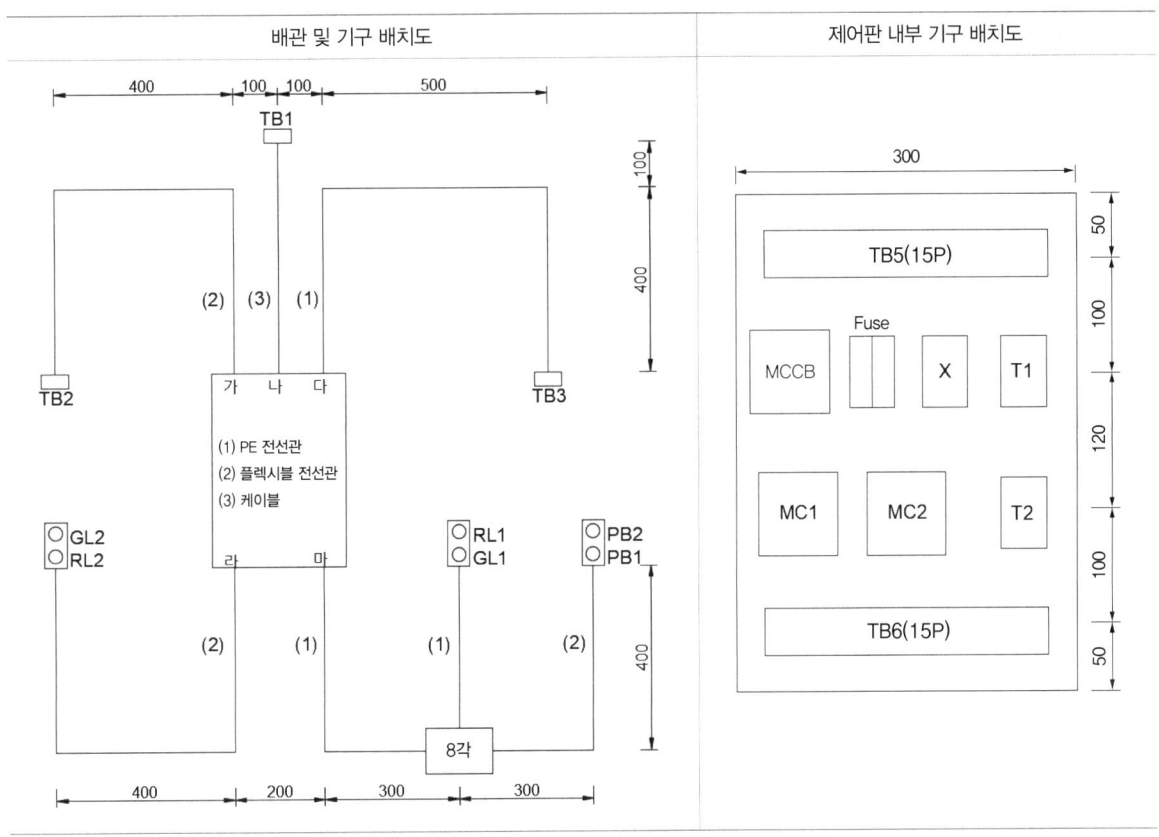

(4) 범례

기호	명칭	기호	명칭	기호	명칭
TB1	전원(단자대 4P)	MC1, 2	전자 접촉기(12P)	PB2	푸시버튼 스위치(적)
TB2	전동기(단자대 4P)	X	릴레이(8P)	RL1	파일럿 램프(적)
TB3	전동기(단자대 4P)	T1	ON 딜레이 타이머(8P)	RL2	파일럿 램프(적)
MCCB	배선용 차단기(3P)	T2	OFF 딜레이 타이머(8P)	GL1	파일럿 램프(녹)
F	퓨즈 및 퓨즈홀더	PB1	푸시버튼 스위치(녹)	GL2	파일럿 램프(녹)
TB5	단자대 15P	TB6	단자대 15P		

세부유형 ②

1. 동작

① MCCB를 ON하여 전원을 투입하면 GL1과 GL2가 점등된다.
② PB1을 누르면 X, T1, MC1이 여자되어 전동기 M1이 동작되고 RL1이 점등, GL1이 소등된다.
③ T1의 설정시간 후 T2와 MC2가 여자되어 전동기 M2가 동작되고 RL2가 점등, GL2가 소등된다.
④ PB2를 누르면 전동기 M1이 정지, RL1이 소등, GL1이 점등된다. T2의 설정시간 후 전동기 M2가 정지, RL2 소등, GL2 점등된다.

2. 도면

(1) 동작 회로도

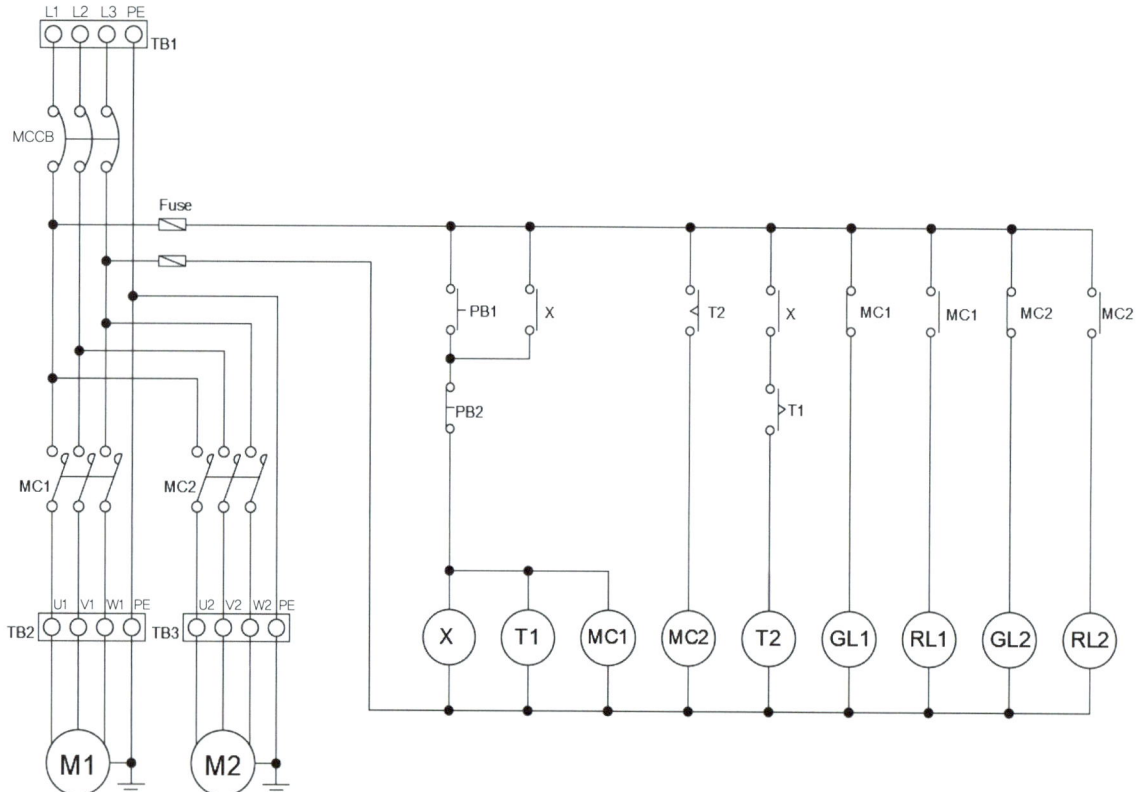

(2) 시험 기구 내부 결선도

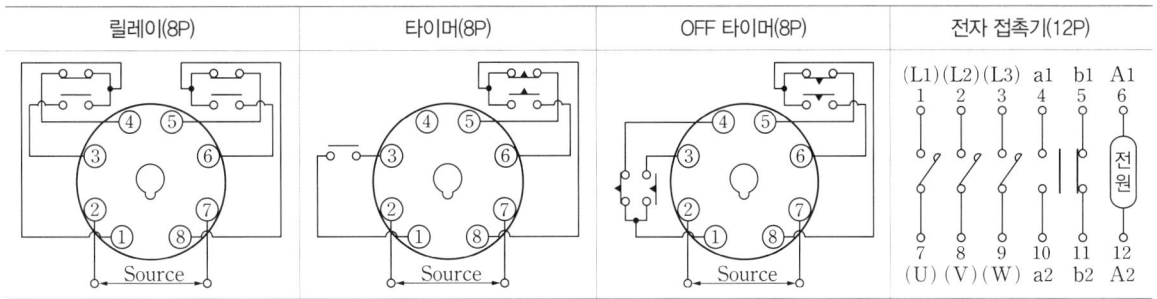

(3) 배관 및 기구 배치도 / 제어판 내부 기구 배치도

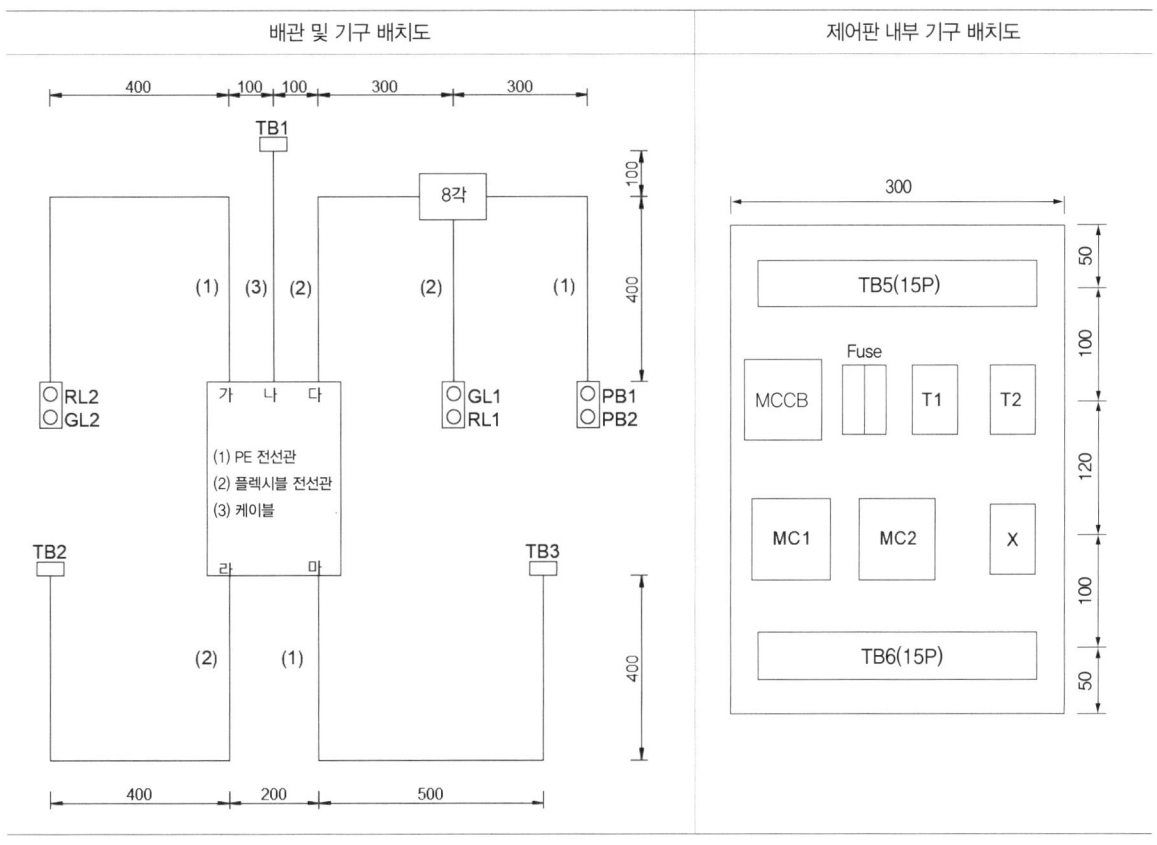

(4) 범례

기호	명칭	기호	명칭	기호	명칭
TB1	전원(단자대 4P)	MC1, 2	전자 접촉기(12P)	PB2	푸시버튼 스위치(적)
TB2	전동기(단자대 4P)	X	릴레이(8P)	RL1	파일럿 램프(적)
TB3	전동기(단자대 4P)	T1	ON 딜레이 타이머(8P)	RL2	파일럿 램프(적)
MCCB	배선용 차단기(3P)	T2	OFF 딜레이 타이머(8P)	GL1	파일럿 램프(녹)
F	퓨즈 및 퓨즈홀더	PB1	푸시버튼 스위치(녹)	GL2	파일럿 램프(녹)
TB5	단자대 15P	TB6	단자대 15P		

세부유형 ③

1. 동작

① MCCB를 ON하여 전원을 투입하면 GL1과 GL2가 점등된다.
② PB1을 누르면 X, T1, MC1이 여자되어 전동기 M1이 동작되고 RL1이 점등, GL1이 소등된다.
③ T1의 설정시간 후 T2와 MC2가 여자되어 전동기 M2가 동작되고 RL2가 점등, GL2가 소등된다.
④ PB2를 누르면 전동기 M1이 정지, RL1이 소등, GL1이 점등된다. T2의 설정시간 후 전동기 M2가 정지, RL2 소등, GL2 점등된다.

2. 도면

(1) 동작 회로도

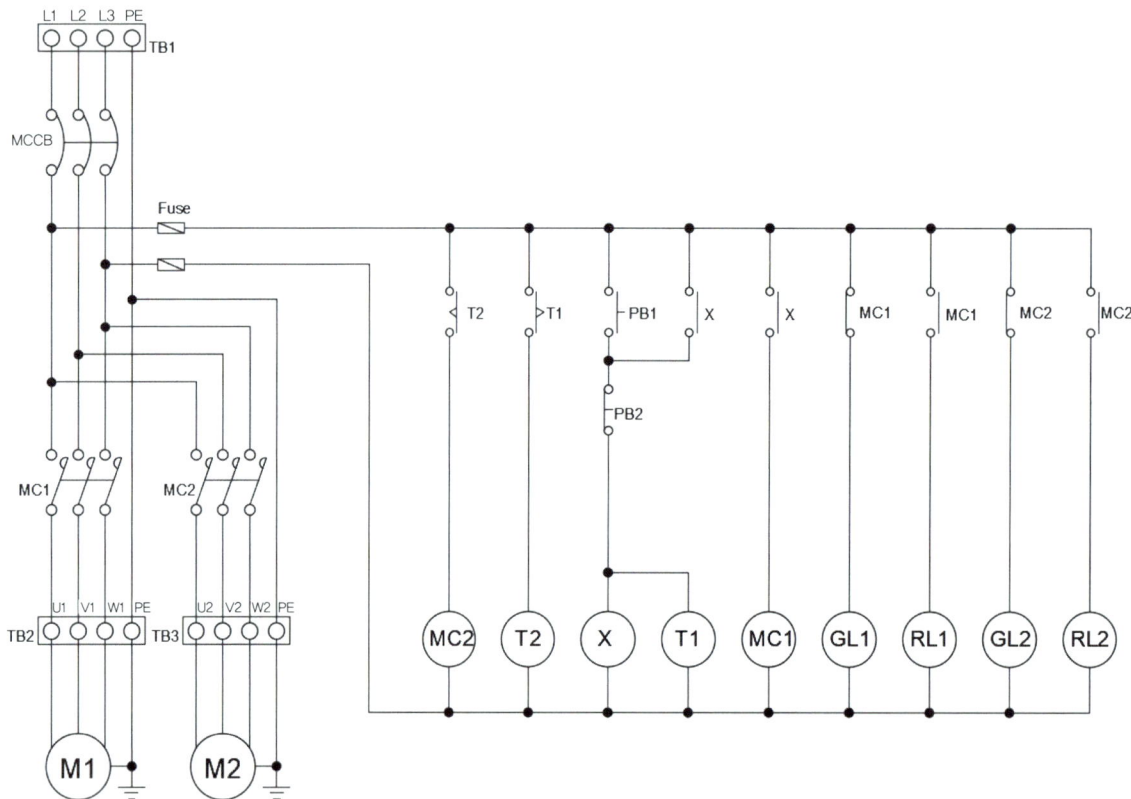

(2) 시험 기구 내부 결선도

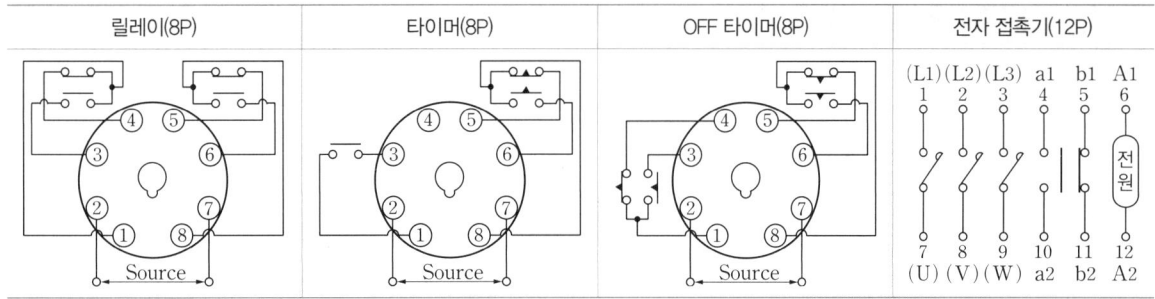

(3) 배관 및 기구 배치도 / 제어판 내부 기구 배치도

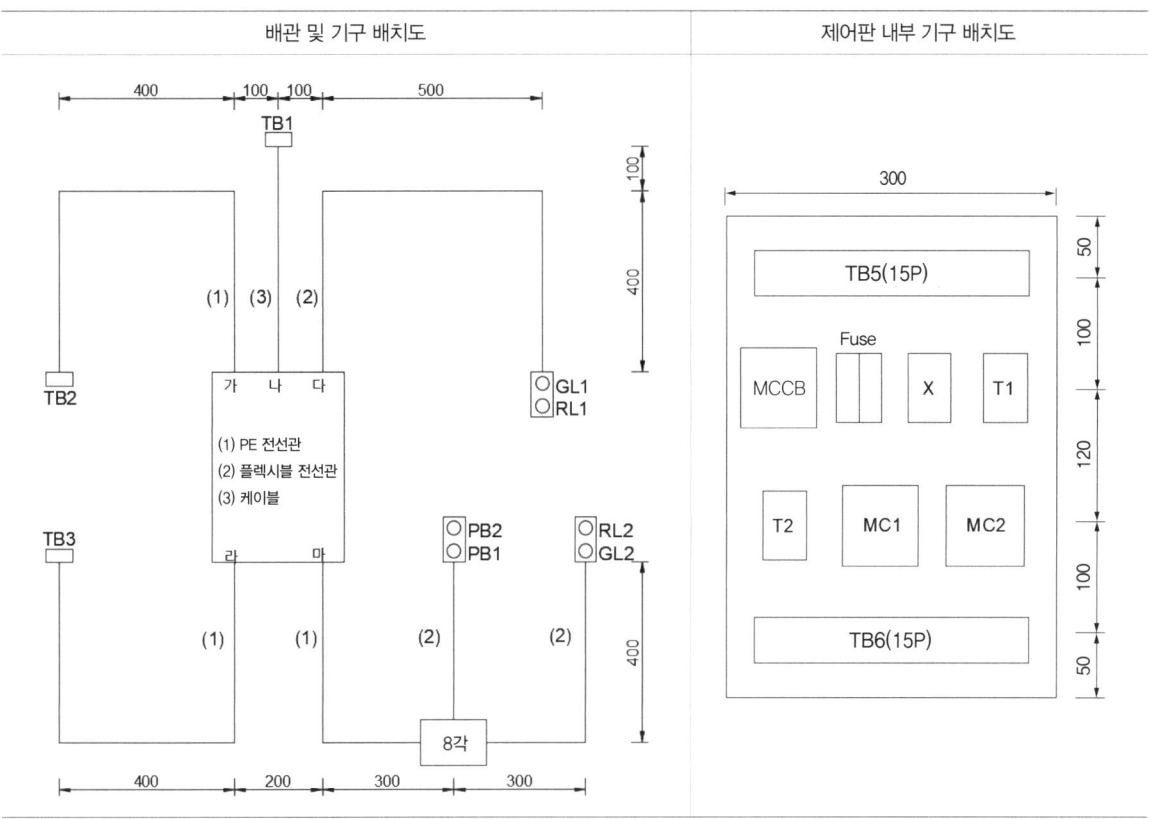

(4) 범례

기호	명칭	기호	명칭	기호	명칭
TB1	전원(단자대 4P)	MC1, 2	전자 접촉기(12P)	PB2	푸시버튼 스위치(적)
TB2	전동기(단자대 4P)	X	릴레이(8P)	RL1	파일럿 램프(적)
TB3	전동기(단자대 4P)	T1	ON 딜레이 타이머(8P)	RL2	파일럿 램프(적)
MCCB	배선용 차단기(3P)	T2	OFF 딜레이 타이머(8P)	GL1	파일럿 램프(녹)
F	퓨즈 및 퓨즈홀더	PB1	푸시버튼 스위치(녹)	GL2	파일럿 램프(녹)
TB5	단자대 15P	TB6	단자대 15P		

세부유형 ④

1. 동작

① MCCB를 ON하여 전원을 투입하면 GL1과 GL2가 점등된다.
② PB1을 누르면 T1과 T2, MC1이 여자되어 전동기 M1이 동작되고 RL1이 점등, GL1이 소등된다.
③ T1의 설정시간 후 X와 MC2가 여자되어 전동기 M2가 동작되고 RL2가 점등, GL2가 소등된다.
④ PB2를 누르면 전동기 M1이 정지, RL1이 소등, GL1이 점등된다. T2의 설정시간 후 전동기 M2가 정지되고 RL2가 소등, GL2가 점등된다.

2. 도면

(1) 동작 회로도

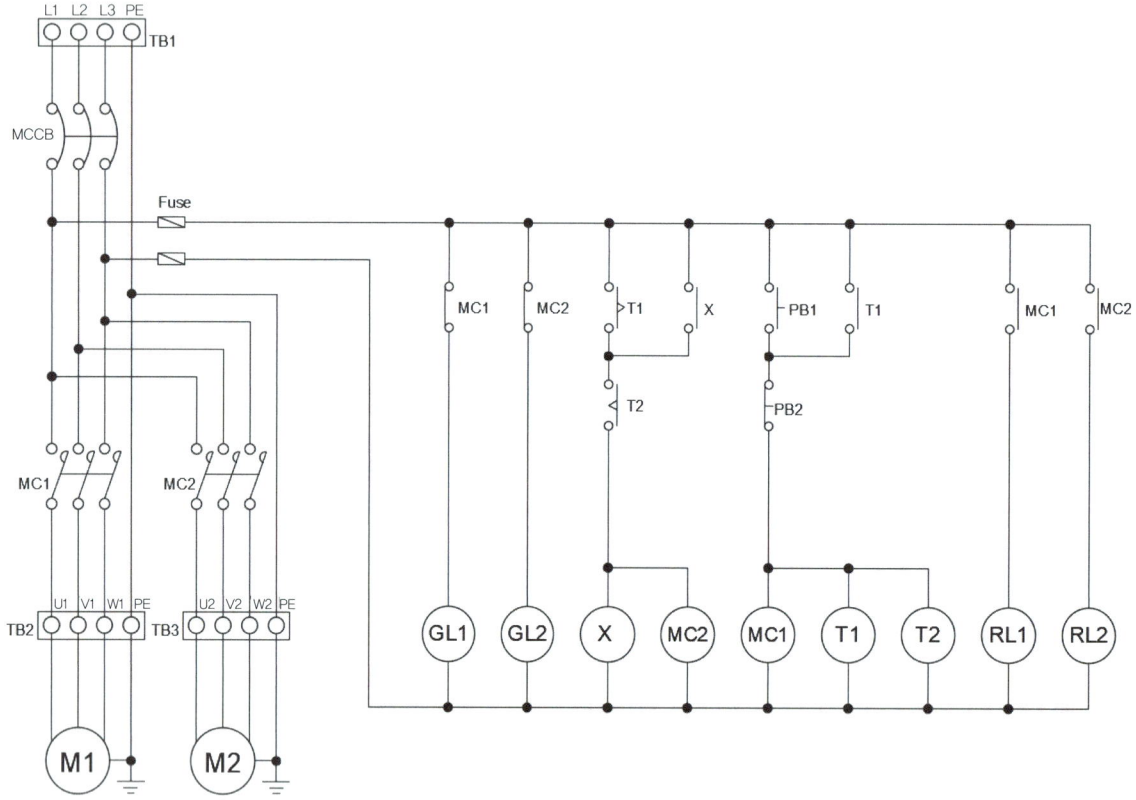

(2) 시험 기구 내부 결선도

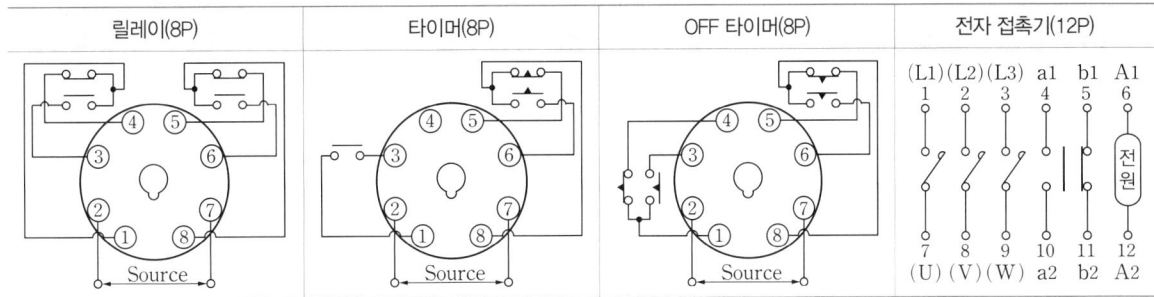

(3) 배관 및 기구 배치도 / 제어판 내부 기구 배치도

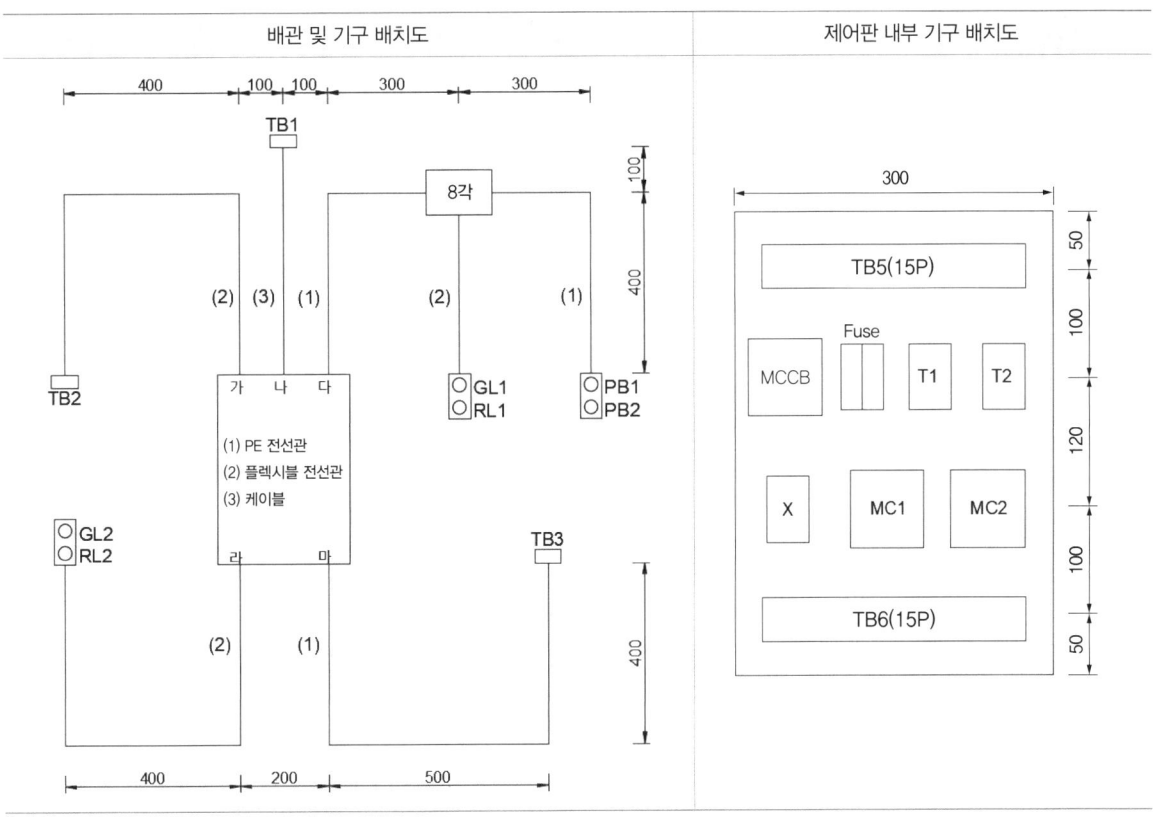

(4) 범례

기호	명칭	기호	명칭	기호	명칭
TB1	전원(단자대 4P)	MC1, 2	전자 접촉기(12P)	PB2	푸시버튼 스위치(적)
TB2	전동기(단자대 4P)	X	릴레이(8P)	RL1	파일럿 램프(적)
TB3	전동기(단자대 4P)	T1	ON 딜레이 타이머(8P)	RL2	파일럿 램프(적)
MCCB	배선용 차단기(3P)	T2	OFF 딜레이 타이머(8P)	GL1	파일럿 램프(녹)
F	퓨즈 및 퓨즈홀더	PB1	푸시버튼 스위치(녹)	GL2	파일럿 램프(녹)
TB5	단자대 15P	TB6	단자대 15P		

세부유형 ⑤

1. 동작

① MCCB를 ON하여 전원을 투입하면 GL1과 GL2가 점등된다.
② PB1을 누르면 X가 여자되어 MC1, T1, T2가 여자되며 전동기 M1이 동작하고 RL1이 점등, GL1이 소등된다.
③ T2의 설정시간 후 MC2가 여자되어 전동기 M2가 동작되고 RL2가 점등, GL2가 소등된다.
④ PB2를 누르면 전동기 M1이 정지, RL1이 소등, GL1이 점등된다. T1의 설정시간 후 전동기 M2가 정지, RL2가 소등, GL2가 점등된다.

2. 도면

(1) 동작 회로도

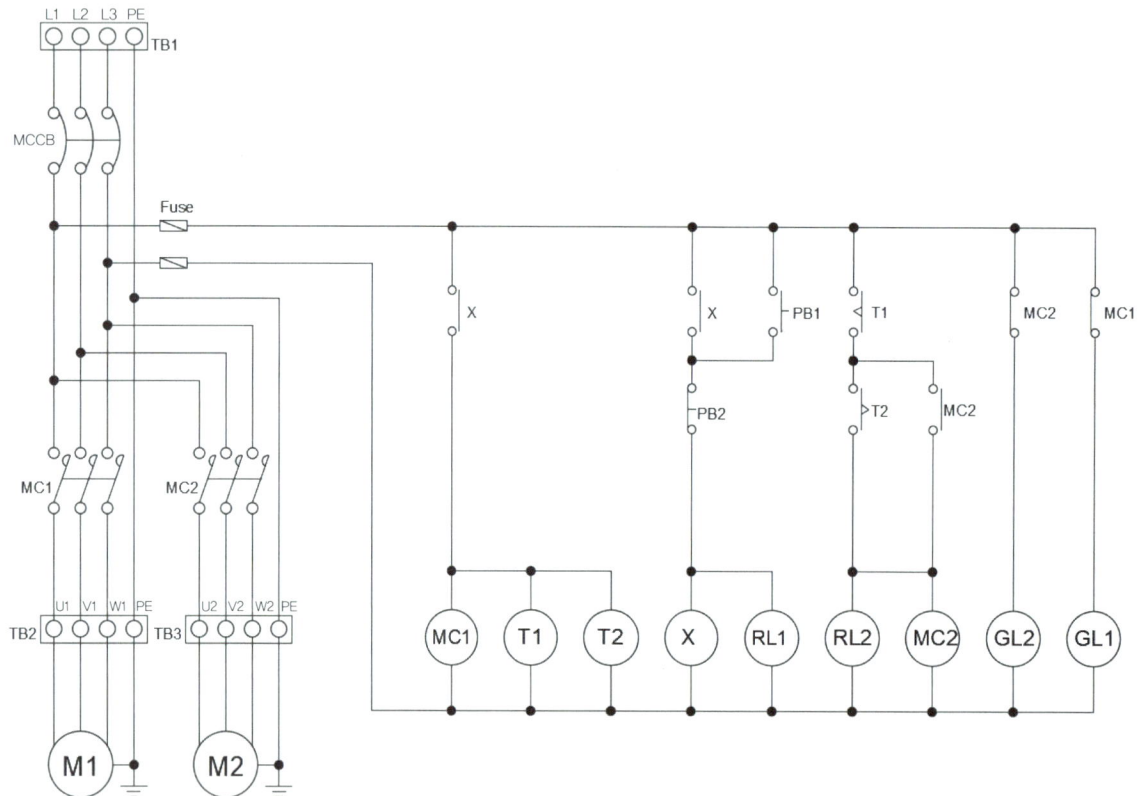

(2) 시험 기구 내부 결선도

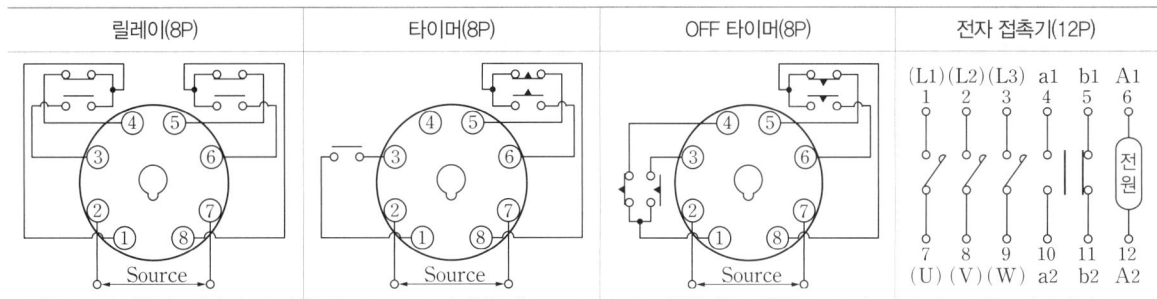

(3) 배관 및 기구 배치도 / 제어판 내부 기구 배치도

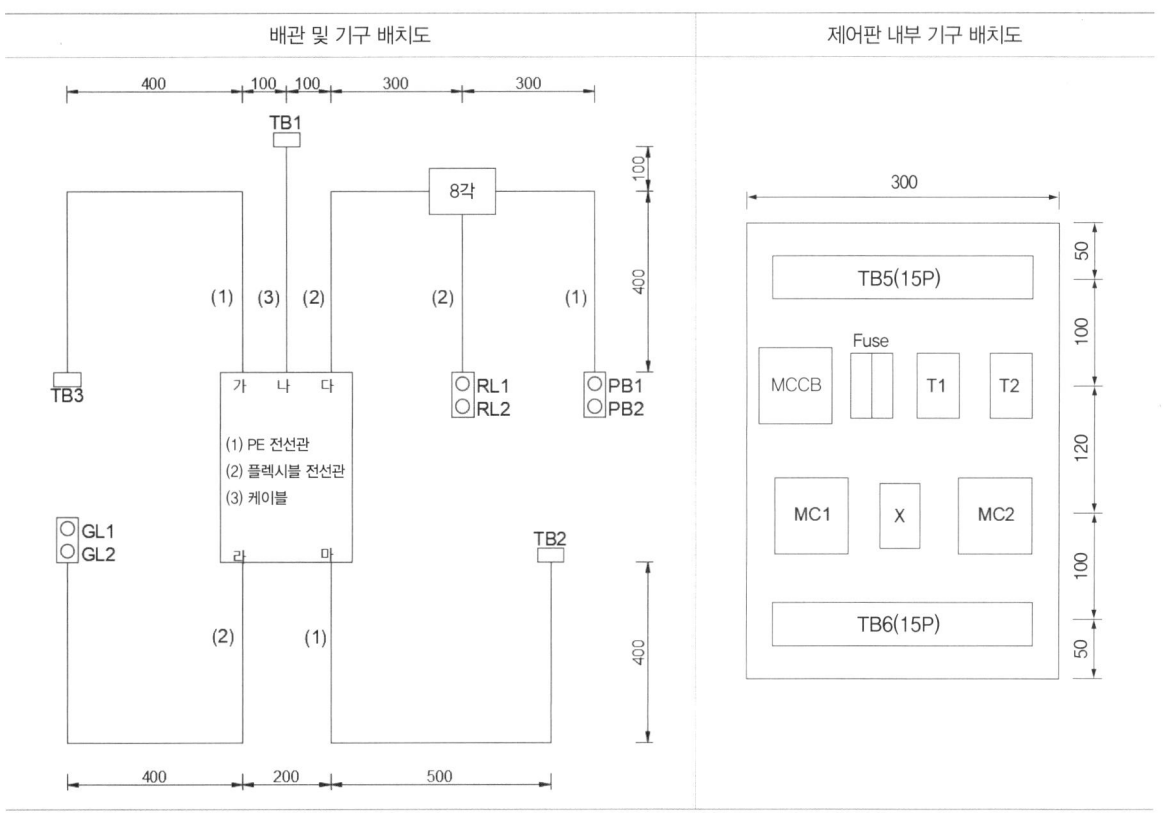

(4) 범례

기호	명칭	기호	명칭	기호	명칭
TB1	전원(단자대 4P)	MC1, 2	전자 접촉기(12P)	PB2	푸시버튼 스위치(적)
TB2	전동기(단자대 4P)	X	릴레이(8P)	RL1	파일럿 램프(적)
TB3	전동기(단자대 4P)	T1	ON 딜레이 타이머(8P)	RL2	파일럿 램프(적)
MCCB	배선용 차단기(3P)	T2	OFF 딜레이 타이머(8P)	GL1	파일럿 램프(녹)
F	퓨즈 및 퓨즈홀더	PB1	푸시버튼 스위치(녹)	GL2	파일럿 램프(녹)
TB5	단자대 15P	TB6	단자대 15P		

09 공장 동력 배선(2)

세부유형 ①

1. 동작

① MCCB에 전원을 투입하면 WL이 점등된다.
② PB1을 누르면 X1, MC1이 여자, RL1이 점등되고 전동기 M1이 동작된다.
③ PB2를 누르면 X2와 MC2가 여자, RL2는 점등되고 전동기 M2가 동작된다.
④ X1과 X2가 동시에 여자될 때 T가 여자되어 GL이 점등되고 T의 설정시간 후 모든 동작이 초기화된다.
⑤ 운전 중에 EOCR이 동작하면 모든 동작이 초기화되고 FR이 여자되어 FR의 설정시간에 따라 YL과 BZ가 교대 동작된다.
⑥ PB0를 누르거나 SENSOR가 감지될 때 모든 동작이 초기화된다.

2. 도면

(1) 동작 회로도

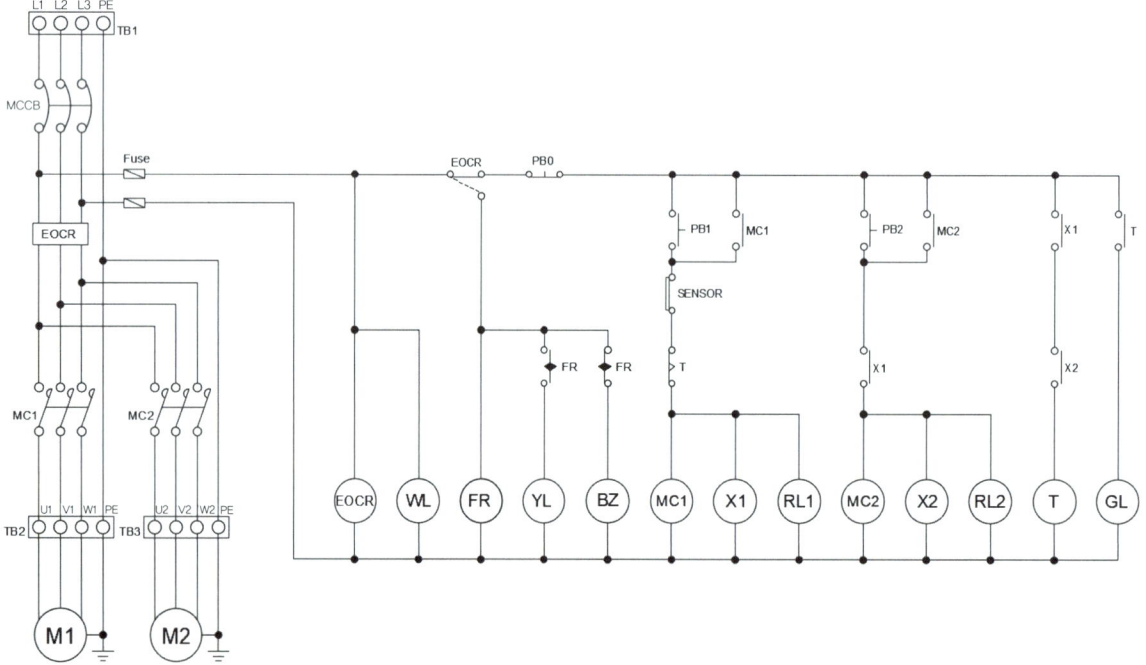

(2) 시험 기구 내부 결선도

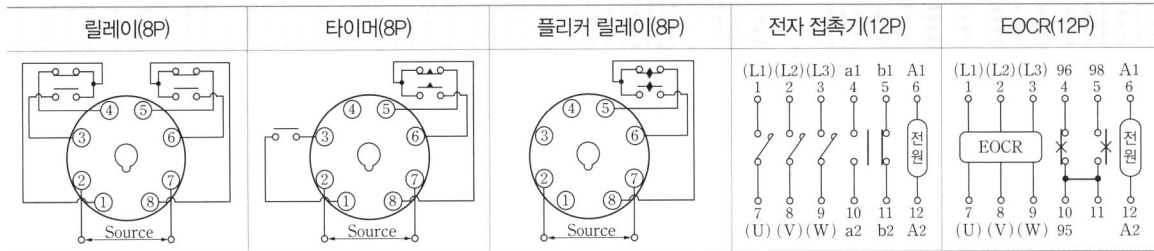

(3) 배관 및 기구 배치도 / 제어판 내부 기구 배치도

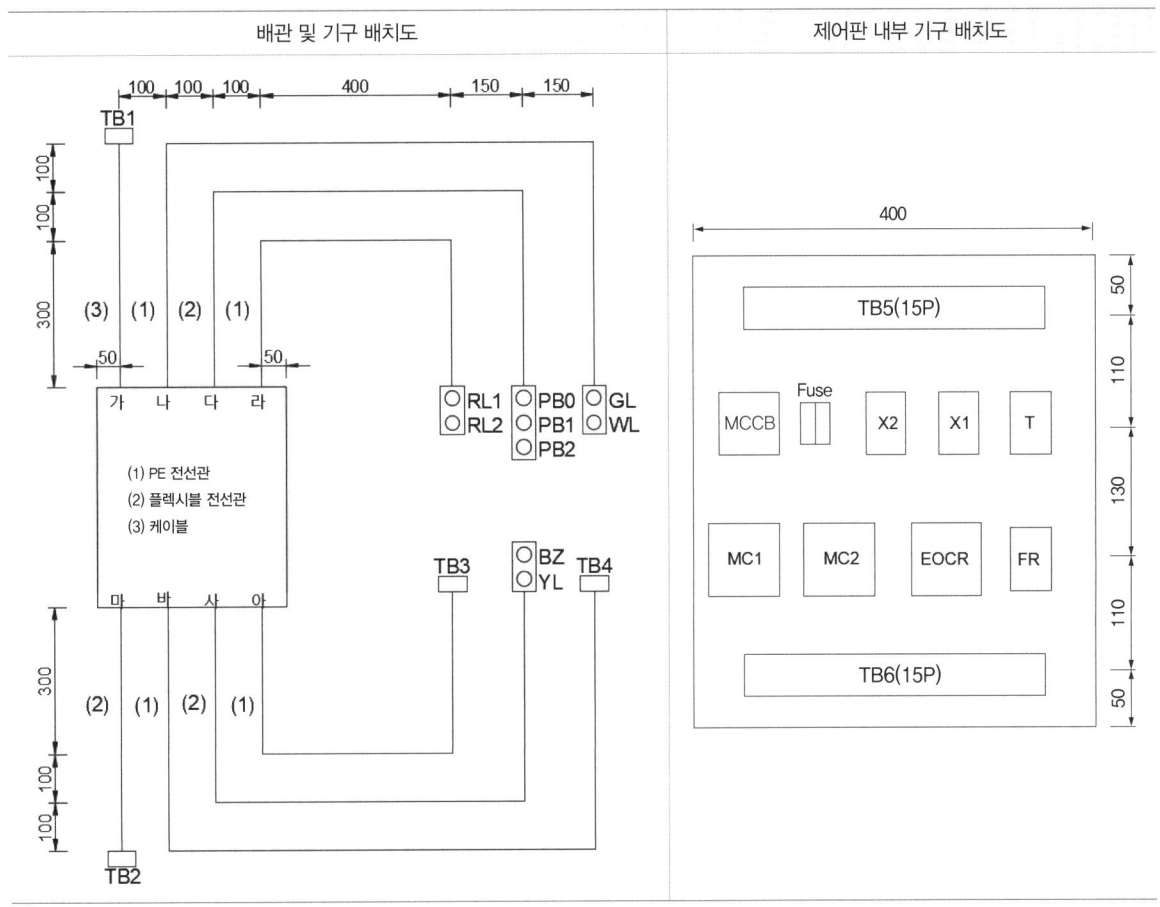

(4) 범례

기호	명칭	기호	명칭	기호	명칭
TB1	전원(단자대 4P)	MC1, 2	전자 접촉기(12P)	PB0	푸시버튼 스위치(적)
TB2, 3	전동기(단자대 4P)	X1, 2	릴레이(8P)	RL1, 2	파일럿 램프(적)
MCCB	배선용 차단기(3P)	T	타이머(8P)	GL	파일럿 램프(녹)
F	퓨즈 및 퓨즈홀더	FR	플리커 릴레이(8P)	YL, WL	파일럿 램프(황, 백)
EOCR	과전류 차단기(12P)	PB1, 2	푸시버튼 스위치(녹)	BZ	부저
SENSOR (TB4)	센서(단자대 대체 4P)	TB5	단자대 15P	TB6	단자대 15P

세부유형 ②

1. 동작

① MCCB에 전원을 투입하면 WL이 점등된다.
② PB1을 누르면 X1, MC1이 여자, RL1이 점등되고 전동기 M1이 동작된다.
③ PB2를 누르면 X2와 MC2가 여자, RL2는 점등되고 전동기 M2가 동작된다.
④ X1과 X2가 동시에 여자될 때 T가 여자되어 GL이 점등되고 T의 설정시간 후 모든 동작이 초기화된다.
⑤ 운전 중에 EOCR이 동작하면 모든 동작이 초기화되고 FR이 여자되어 FR의 설정시간에 따라 YL과 BZ가 교대 동작된다.
⑥ PB0를 누르거나 SENSOR가 감지될 때 모든 동작이 초기화된다.

2. 도면

(1) 동작 회로도

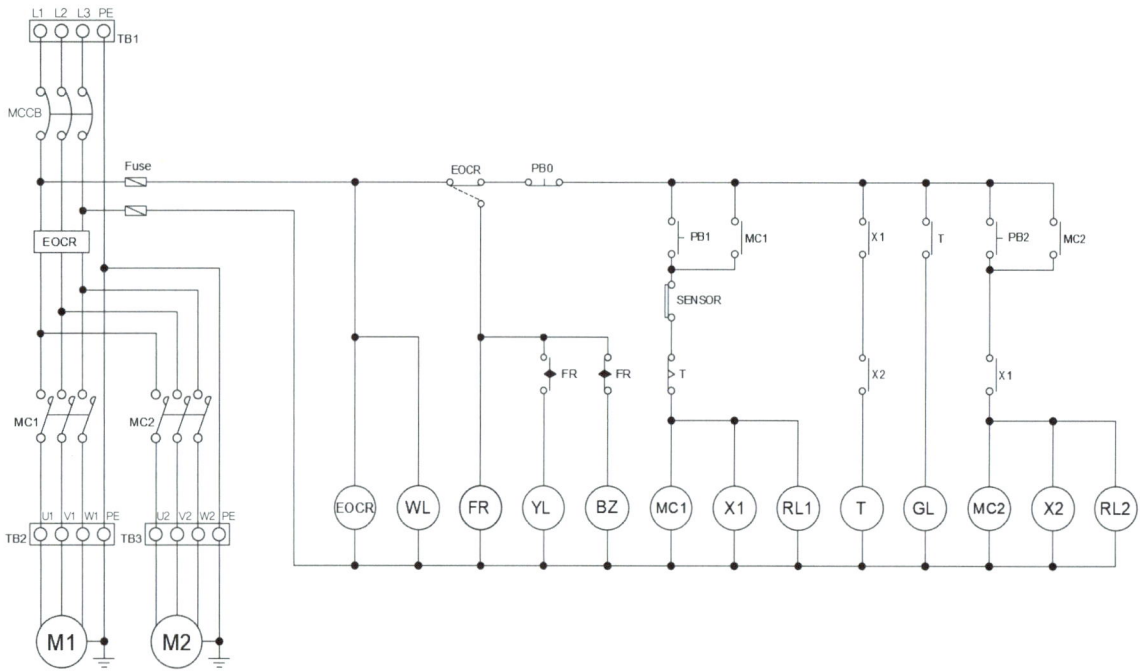

(2) 시험 기구 내부 결선도

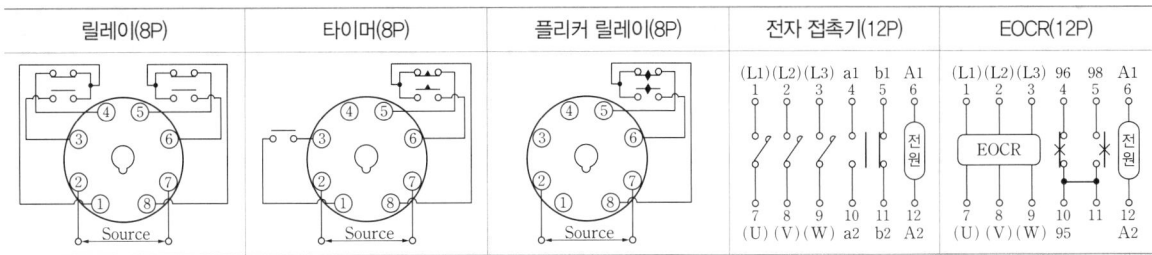

(3) 배관 및 기구 배치도 / 제어판 내부 기구 배치도

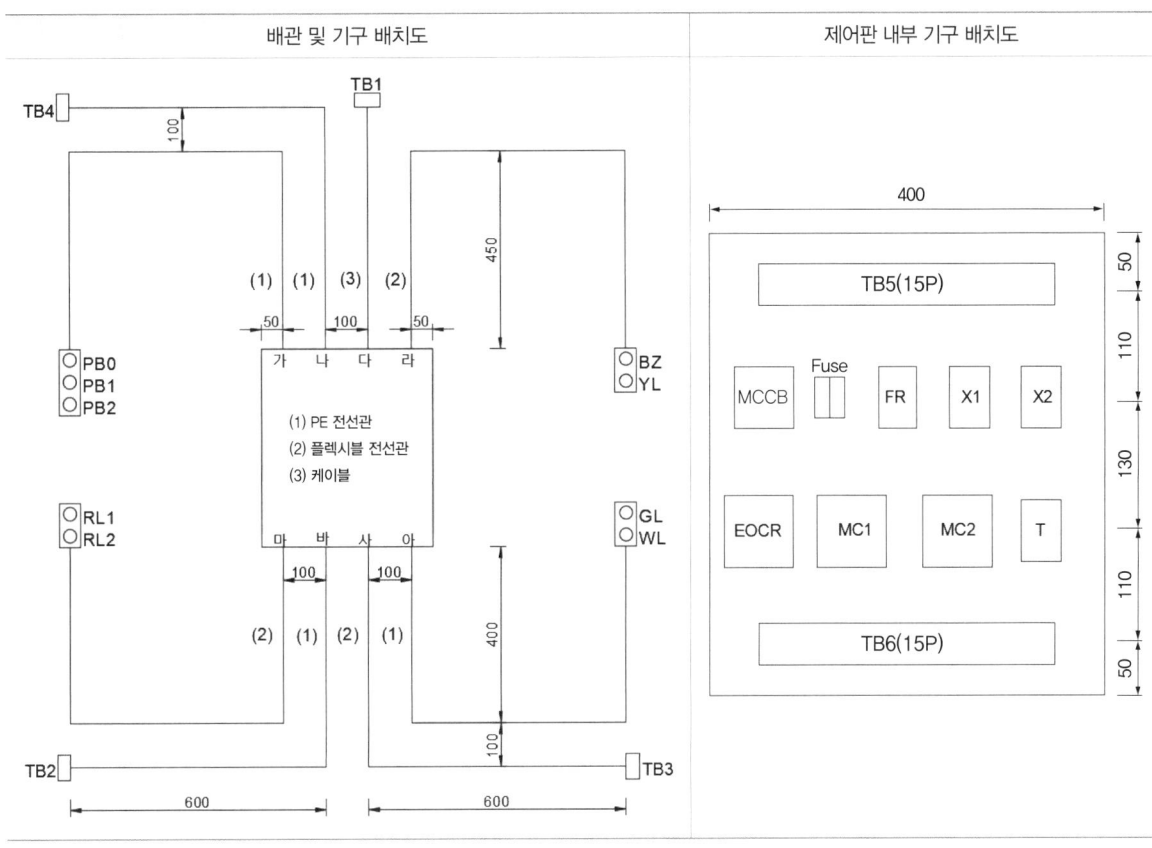

(4) 범례

기호	명칭	기호	명칭	기호	명칭
TB1	전원(단자대 4P)	MC1, 2	전자 접촉기(12P)	PB0	푸시버튼 스위치(적)
TB2, 3	전동기(단자대 4P)	X1, 2	릴레이(8P)	RL1, 2	파일럿 램프(적)
MCCB	배선용 차단기(3P)	T	타이머(8P)	GL	파일럿 램프(녹)
F	퓨즈 및 퓨즈홀더	FR	플리커 릴레이(8P)	YL, WL	파일럿 램프(황, 백)
EOCR	과전류 차단기(12P)	PB1, 2	푸시버튼 스위치(녹)	BZ	부저
SENSOR (TB4)	센서(단자대 대체 4P)	TB5	단자대 15P	TB6	단자대 15P

세부유형 ③

1. 동작

① MCCB에 전원을 투입하면 WL이 점등된다.
② PB1을 누르면 X1, MC1이 여자, RL1이 점등되고 전동기 M1이 동작된다.
③ PB2를 누르면 X2와 MC2가 여자, RL2는 점등되고 전동기 M2가 동작된다.
④ X1과 X2가 동시에 여자될 때 T가 여자되어 GL이 점등되고 T의 설정시간 후 모든 동작이 초기화된다.
⑤ 운전 중에 EOCR이 동작하면 모든 동작이 초기화되고 FR이 여자되어 FR의 설정시간에 따라 YL과 BZ가 교대 동작된다.
⑥ PB0를 누르거나 SENSOR가 감지될 때 모든 동작이 초기화된다.

2. 도면

(1) 동작 회로도

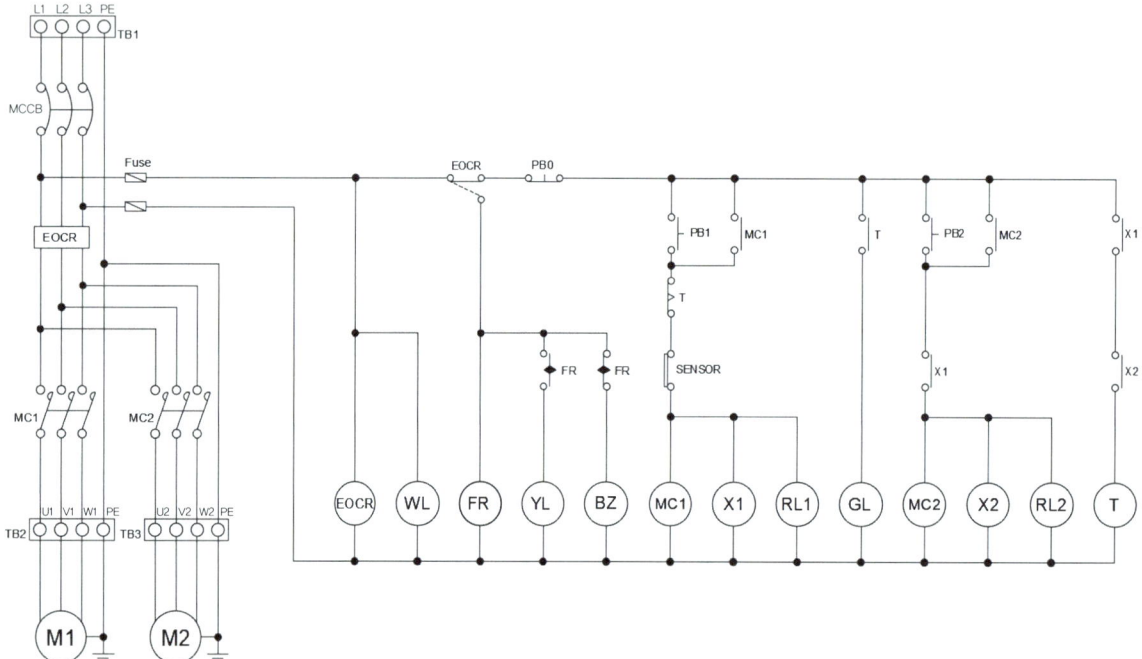

(2) 시험 기구 내부 결선도

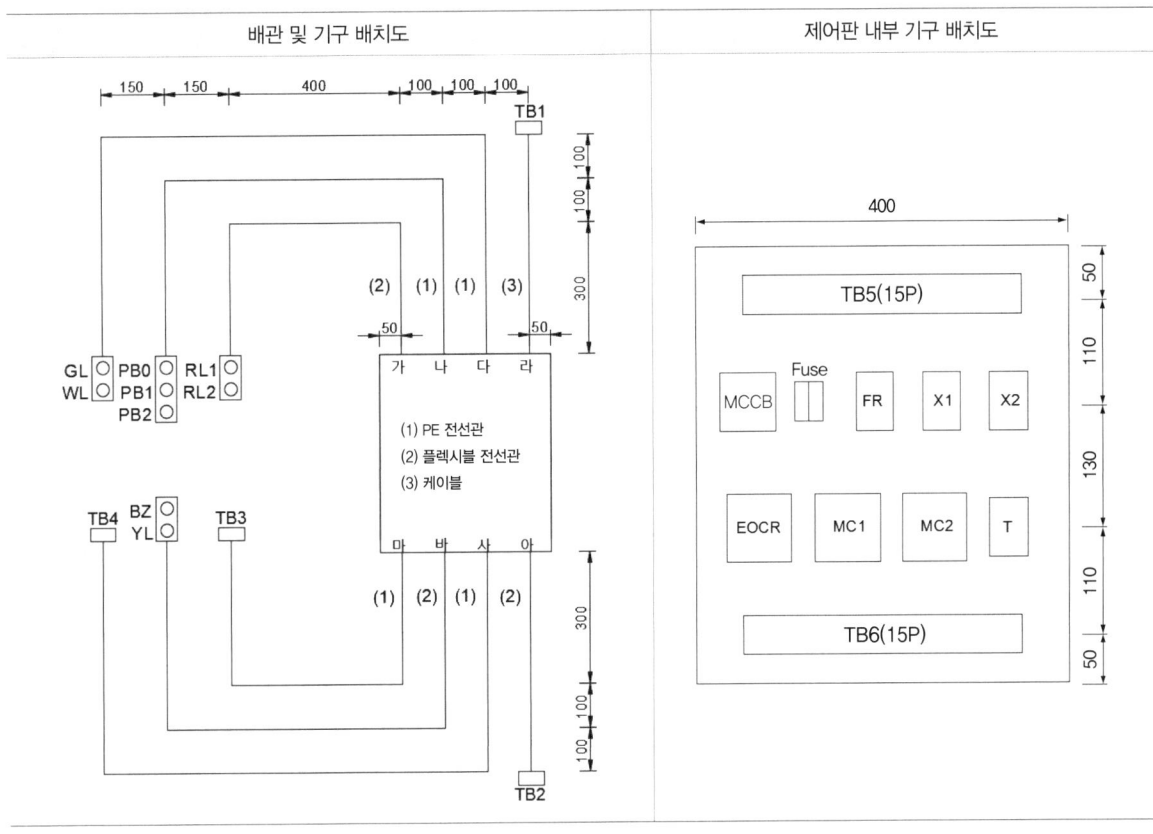

(3) 배관 및 기구 배치도 / 제어판 내부 기구 배치도

(4) 범례

기호	명칭	기호	명칭	기호	명칭
TB1	전원(단자대 4P)	MC1, 2	전자 접촉기(12P)	PB0	푸시버튼 스위치(적)
TB2, 3	전동기(단자대 4P)	X1, 2	릴레이(8P)	RL1, 2	파일럿 램프(적)
MCCB	배선용 차단기(3P)	T	타이머(8P)	GL	파일럿 램프(녹)
F	퓨즈 및 퓨즈홀더	FR	플리커 릴레이(8P)	YL, WL	파일럿 램프(황, 백)
EOCR	과전류 차단기(12P)	PB1, 2	푸시버튼 스위치(녹)	BZ	부저
SENSOR (TB4)	센서(단자대 대체 4P)	TB5	단자대 15P	TB6	단자대 15P

세부유형 ④

1. 동작

① MCCB에 전원을 투입하면 WL이 점등된다.
② PB1을 누르면 X1, MC1이 여자, RL1이 점등되고 전동기 M1이 동작된다.
③ PB2를 누르면 X2와 MC2가 여자, RL2는 점등되고 전동기 M2가 동작된다.
④ X1과 X2가 동시에 여자될 때 T가 여자되어 GL이 점등되고 T의 설정시간 후 모든 동작이 초기화된다.
⑤ 운전 중에 EOCR이 동작하면 모든 동작이 초기화되고 FR이 여자되어 FR의 설정시간에 따라 YL과 BZ가 교대 동작된다.
⑥ PB0를 누르거나 SENSOR가 감지될 때 모든 동작이 초기화된다.

2. 도면

(1) 동작 회로도

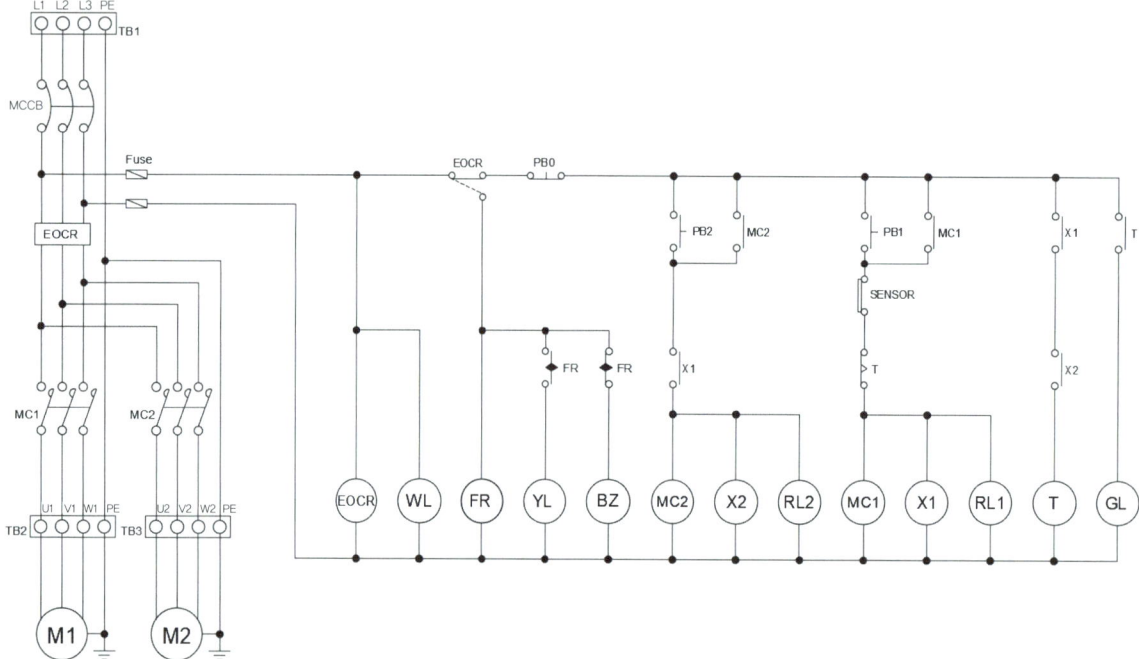

(2) 시험 기구 내부 결선도

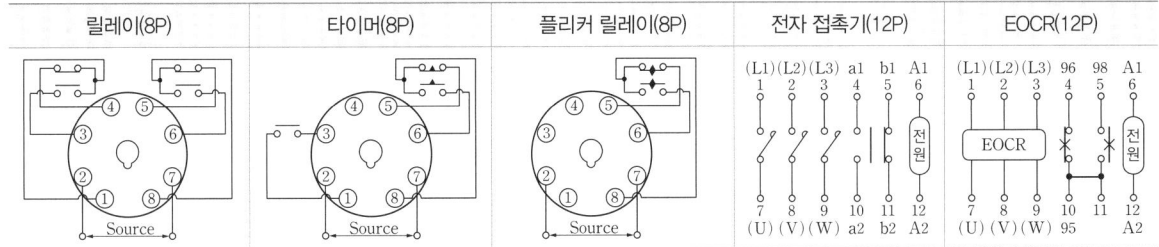

(3) 배관 및 기구 배치도 / 제어판 내부 기구 배치도

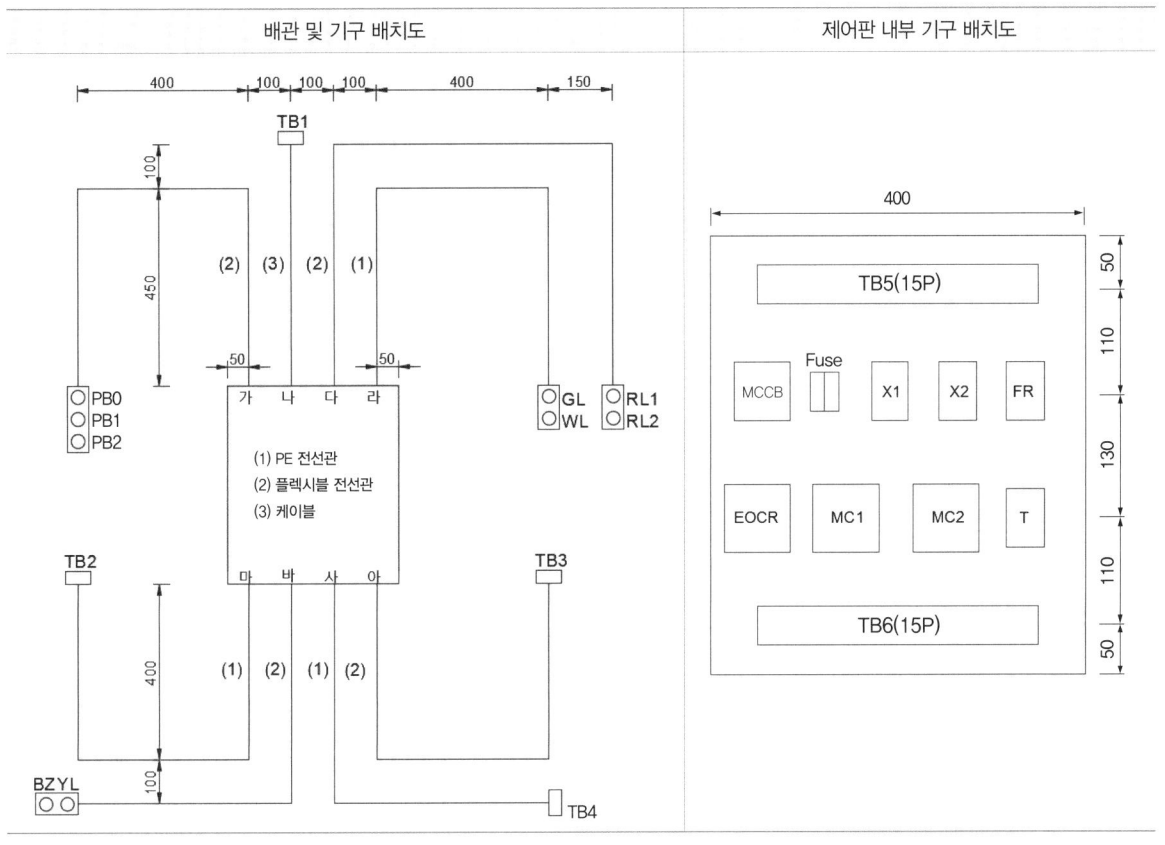

(4) 범례

기호	명칭	기호	명칭	기호	명칭
TB1	전원(단자대 4P)	MC1, 2	전자 접촉기(12P)	PB0	푸시버튼 스위치(적)
TB2, 3	전동기(단자대 4P)	X1, 2	릴레이(8P)	RL1, 2	파일럿 램프(적)
MCCB	배선용 차단기(3P)	T	타이머(8P)	GL	파일럿 램프(녹)
F	퓨즈 및 퓨즈홀더	FR	플리커 릴레이(8P)	YL, WL	파일럿 램프(황, 백)
EOCR	과전류 차단기(12P)	PB1, 2	푸시버튼 스위치(녹)	BZ	부저
SENSOR (TB4)	센서(단자대 대체 4P)	TB5	단자대 15P	TB6	단자대 15P

세부유형 ⑤

1. 동작

① MCCB에 전원을 투입하면 WL이 점등된다.
② PB1을 누르면 X1, MC1이 여자, RL1이 점등되고 전동기 M1이 동작된다.
③ PB2를 누르면 X2와 MC2가 여자, RL2는 점등되고 전동기 M2가 동작된다.
④ X1과 X2가 동시에 여자될 때 T가 여자되어 GL이 점등되고 T의 설정시간 후 모든 동작이 초기화된다.
⑤ 운전 중에 EOCR이 동작하면 모든 동작이 초기화되고 FR이 여자되어 FR의 설정시간에 따라 YL과 BZ가 교대 동작된다.
⑥ PB0를 누르거나 SENSOR가 감지될 때 모든 동작이 초기화된다.

2. 도면

(1) 동작 회로도

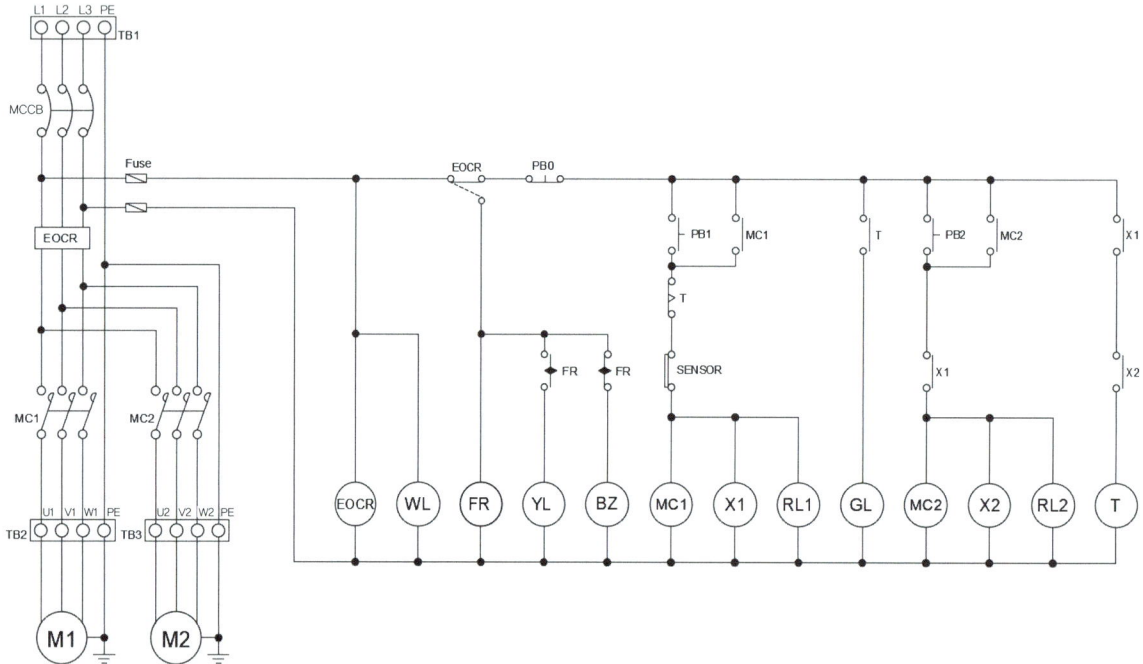

(2) 시험 기구 내부 결선도

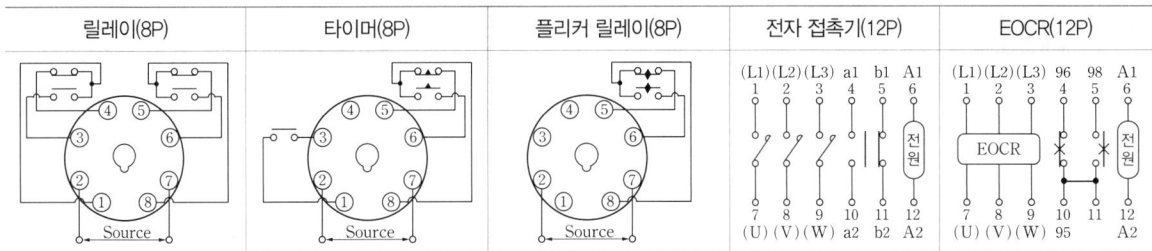

(3) 배관 및 기구 배치도 / 제어판 내부 기구 배치도

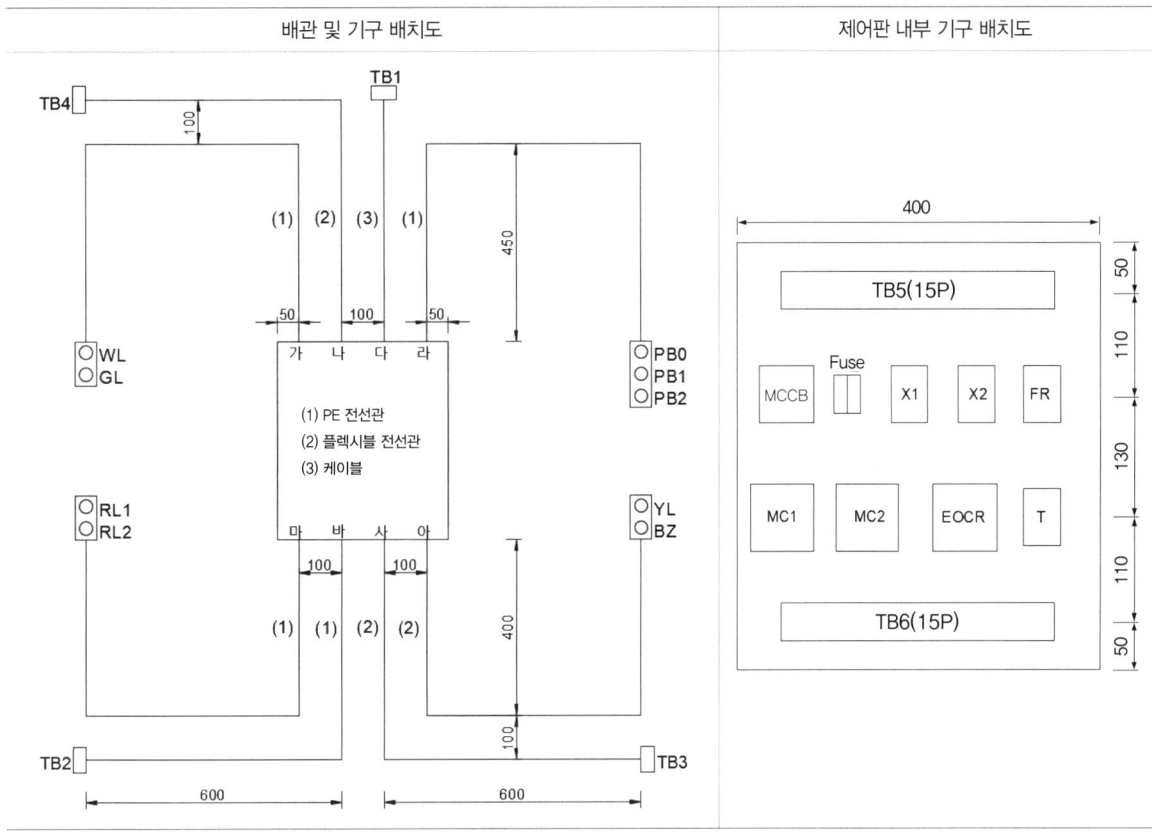

(4) 범례

기호	명칭	기호	명칭	기호	명칭
TB1	전원(단자대 4P)	MC1, 2	전자 접촉기(12P)	PB0	푸시버튼 스위치(적)
TB2, 3	전동기(단자대 4P)	X1, 2	릴레이(8P)	RL1, 2	파일럿 램프(적)
MCCB	배선용 차단기(3P)	T	타이머(8P)	GL	파일럿 램프(녹)
F	퓨즈 및 퓨즈홀더	FR	플리커 릴레이(8P)	YL, WL	파일럿 램프(황, 백)
EOCR	과전류 차단기(12P)	PB1, 2	푸시버튼 스위치(녹)	BZ	부저
SENSOR (TB4)	센서(단자대 대체 4P)	TB5	단자대 15P	TB6	단자대 15P

기출유형 10 컨베이어 제어 정역

세부유형 ①

1. 동작

① 배선용 차단기 MCCB에 전원을 투입하고 PB1을 누르면 MC1과 X1이 여자, GL이 점등되고 전동기 M이 정회전한다.
② LS1을 누르면 MC1, X1이 소자되고 GL 램프가 소등, T1이 여자된다. T1의 설정시간 후 MC2와 X2가 여자되어 RL이 점등되고 전동기 M이 역회전한다. LS2를 누르면 MC2, X2가 소자되고 RL이 소등, T2가 여자되어 T2의 설정시간 후 동작을 반복한다.
③ PB2를 누르면 MC2와 X2가 여자되어 RL이 점등되고 전동기 M이 역회전한다.
④ PB0를 누르면 초기화된다. EOCR이 작동하면 초기화되고 YL이 점등된다.

2. 도면

(1) 동작 회로도

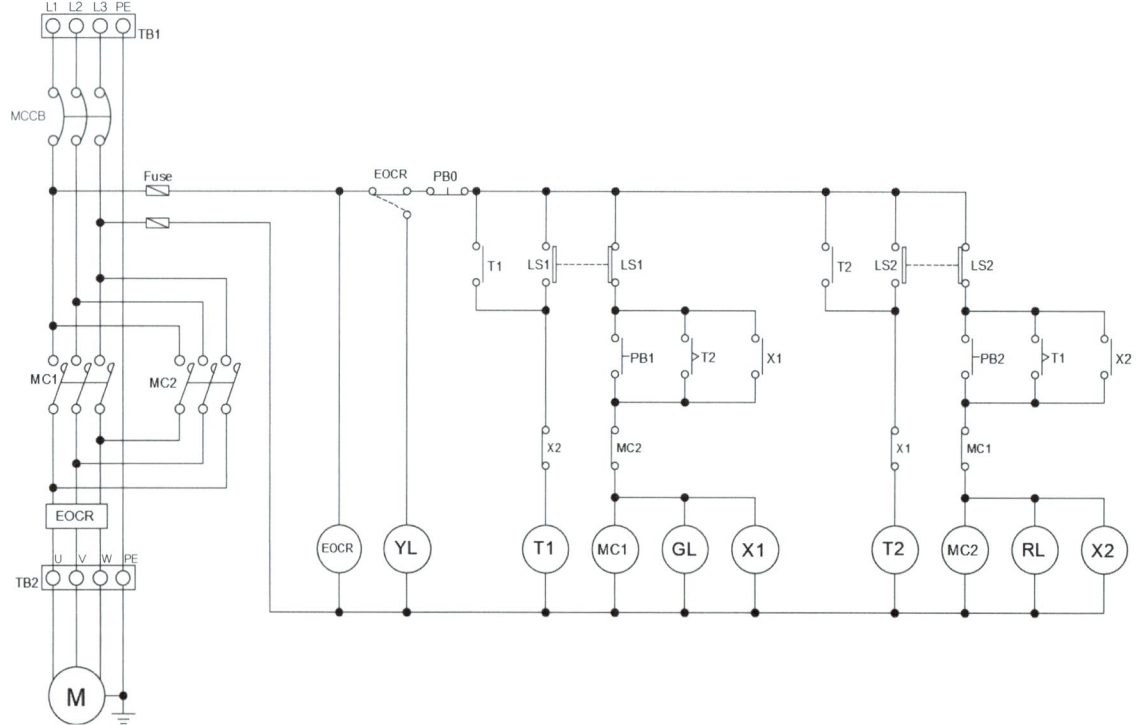

(2) 시험 기구 내부 결선도

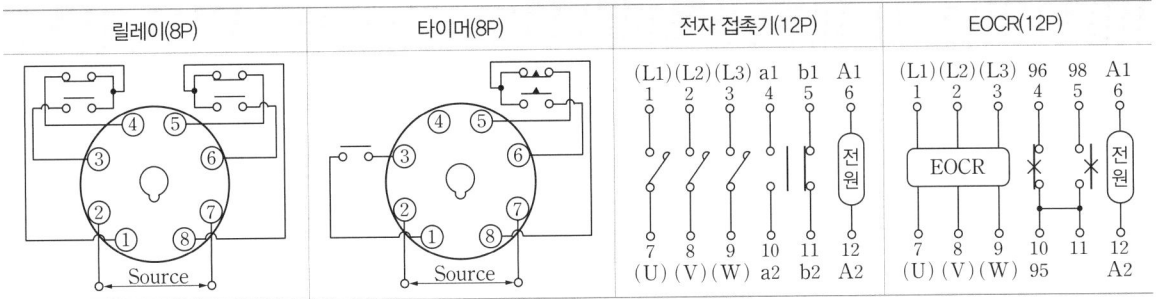

(3) 배관 및 기구 배치도 / 제어판 내부 기구 배치도

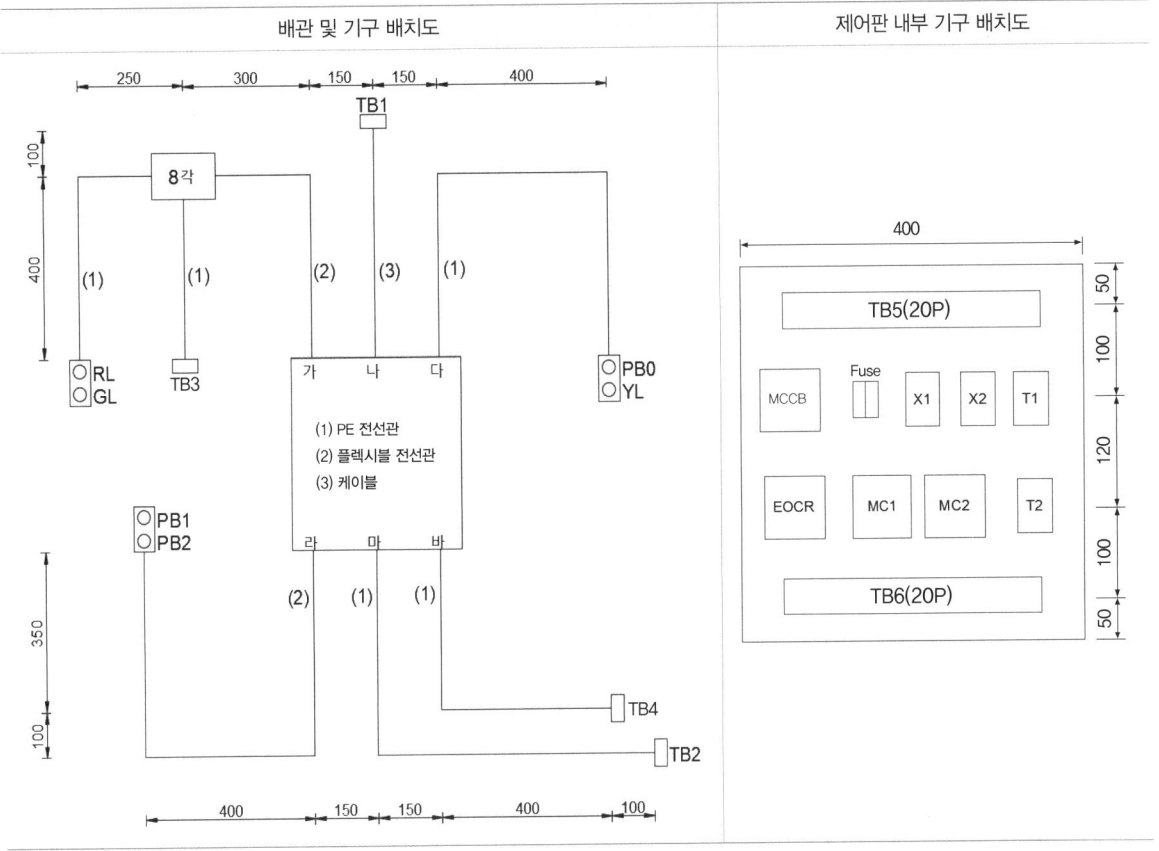

(4) 범례

기호	명칭	기호	명칭	기호	명칭
TB1	전원(단자대 4P)	MC1, 2	전자 접촉기(12P)	RL	파일럿 램프(적)
TB2	전동기(단자대 4P)	X1, 2	릴레이(8P)	GL	파일럿 램프(녹)
MCCB	배선용 차단기(3P)	T1, 2	타이머(8P)	YL	파일럿 램프(황)
F	퓨즈 및 퓨즈홀더	PB0	푸시버튼 스위치(적)	TB3	LS1 리밋 스위치
EOCR	과전류 차단기(12P)	PB1, 2	푸시버튼 스위치(녹)	TB4	LS2 리밋 스위치
TB5	단자대 20P	TB6	단자대 20P		

세부유형 ②

1. 동작

① 배선용 차단기 MCCB에 전원을 투입하고 PB1을 누르면 MC1과 X1이 여자, GL이 점등되고 전동기 M이 정회전한다.
② LS1을 누르면 MC1, X1이 소자되고 GL 램프가 소등, T1이 여자된다. T1의 설정시간 후 MC2와 X2가 여자되어 RL이 점등되고 전동기 M이 역회전한다. LS2를 누르면 MC2, X2가 소자되고 RL이 소등, T2가 여자되어 T2의 설정시간 후 동작을 반복한다.
③ PB2를 누르면 MC2와 X2가 여자되어 RL이 점등되고 전동기 M이 역회전한다.
④ PB0를 누르면 초기화된다. EOCR이 작동하면 초기화되고 YL이 점등된다.

2. 도면

(1) 동작 회로도

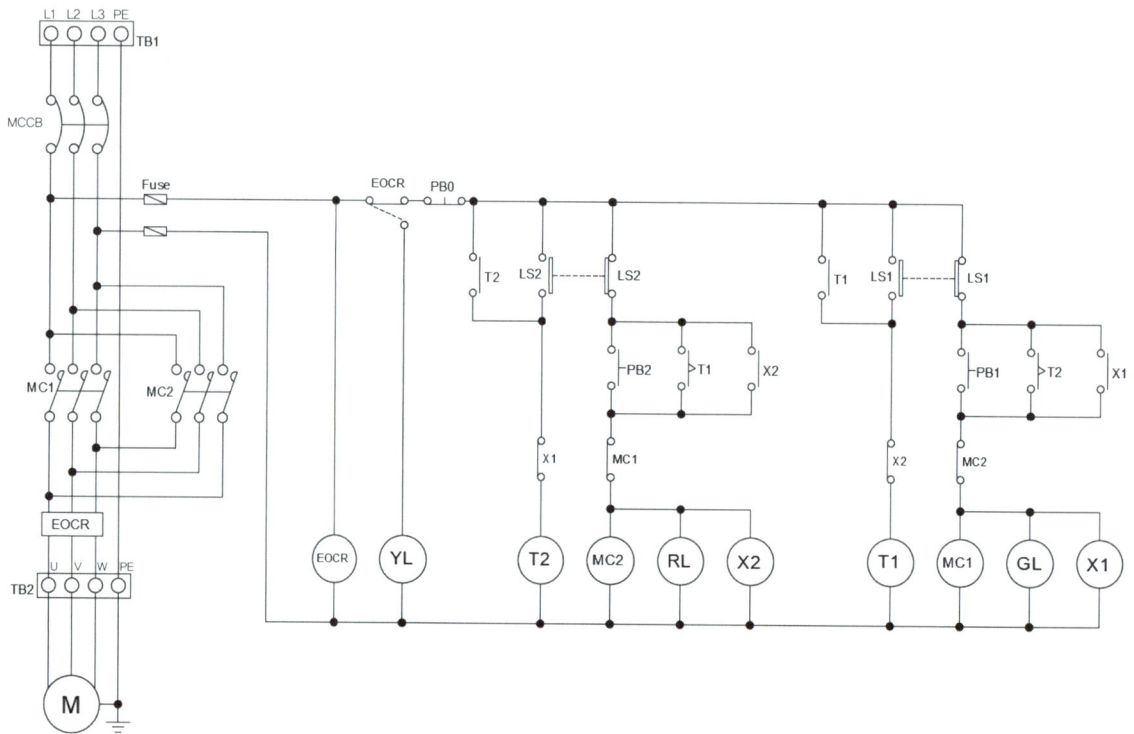

(2) 시험 기구 내부 결선도

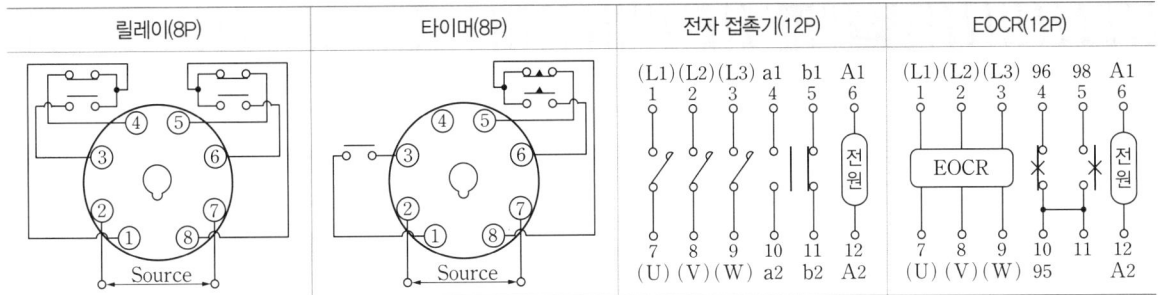

(3) 배관 및 기구 배치도 / 제어판 내부 기구 배치도

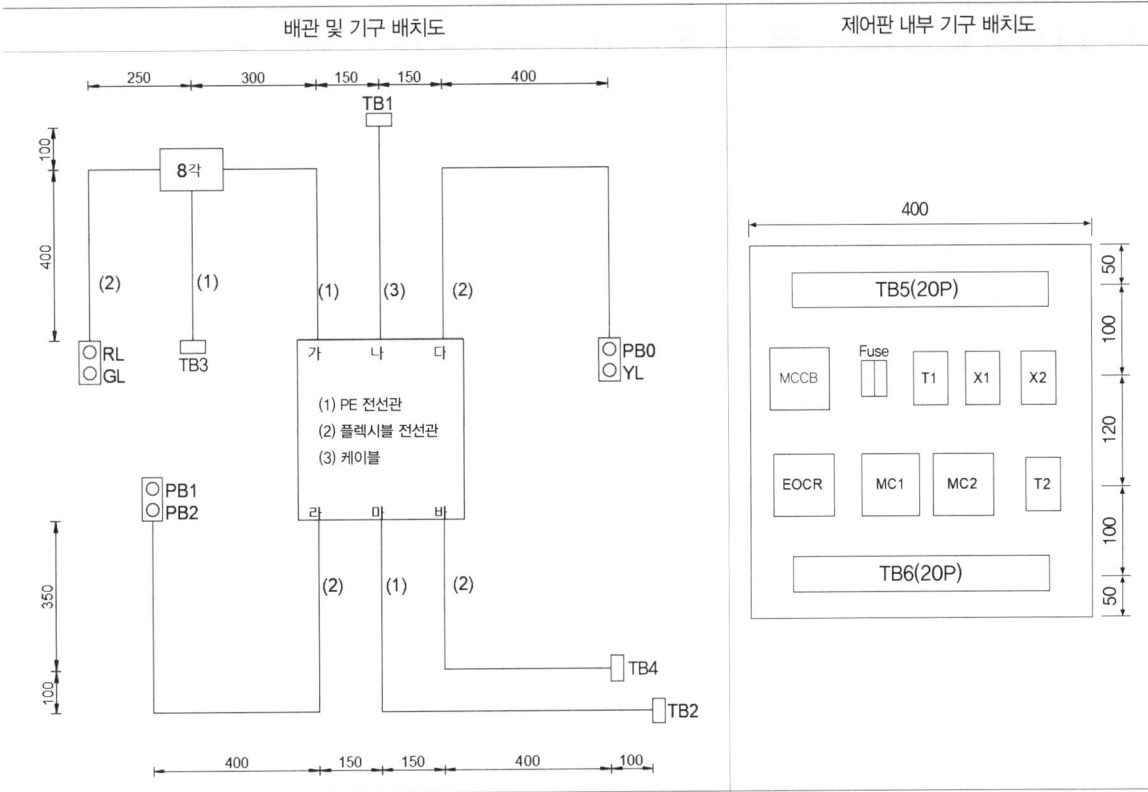

(4) 범례

기호	명칭	기호	명칭	기호	명칭
TB1	전원(단자대 4P)	MC1, 2	전자 접촉기(12P)	RL	파일럿 램프(적)
TB2	전동기(단자대 4P)	X1, 2	릴레이(8P)	GL	파일럿 램프(녹)
MCCB	배선용 차단기(3P)	T1, 2	타이머(8P)	YL	파일럿 램프(황)
F	퓨즈 및 퓨즈홀더	PB0	푸시버튼 스위치(적)	TB3	LS1 리밋 스위치
EOCR	과전류 차단기(12P)	PB1, 2	푸시버튼 스위치(녹)	TB4	LS2 리밋 스위치
TB5	단자대 20P	TB6	단자대 20P		

세부유형 ③

1. 동작

① 배선용 차단기 MCCB에 전원을 투입하고 PB1을 누르면 MC1과 X1이 여자, GL이 점등되고 전동기 M이 정회전한다.
② LS1을 누르면 MC1, X1이 소자되고 GL 램프가 소등, T1이 여자된다. T1의 설정시간 후 MC2와 X2가 여자되어 RL이 점등되고 전동기 M이 역회전한다. LS2를 누르면 MC2, X2가 소자되고 RL이 소등, T2가 여자되어 T2의 설정시간 후 동작을 반복한다.
③ PB2를 누르면 MC2와 X2가 여자되어 RL이 점등되고 전동기 M이 역회전한다.
④ PB0를 누르면 초기화된다. EOCR이 작동하면 초기화되고 YL이 점등된다.

2. 도면

(1) 동작 회로도

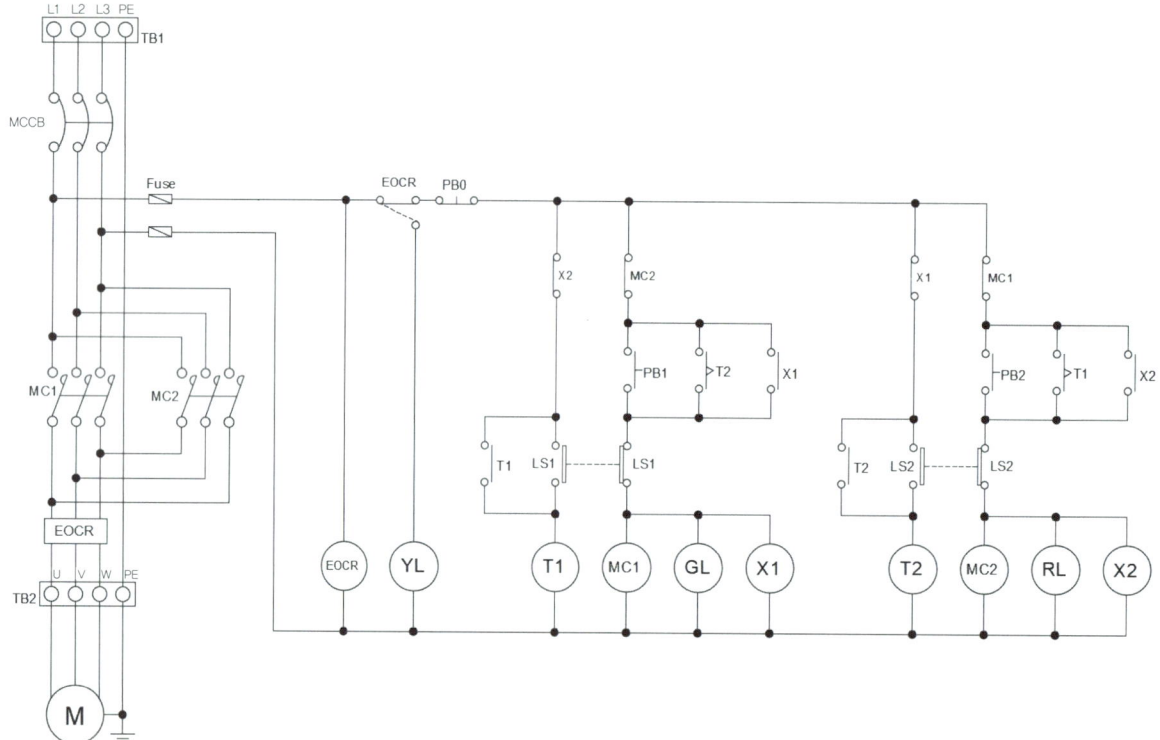

(2) 시험 기구 내부 결선도

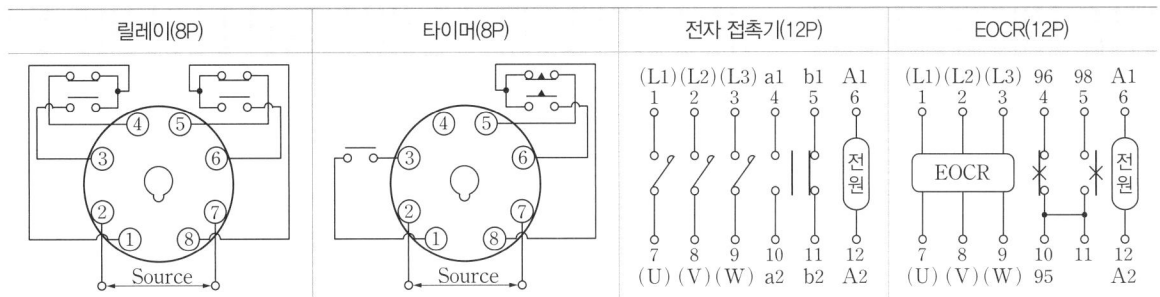

(3) 배관 및 기구 배치도 / 제어판 내부 기구 배치도

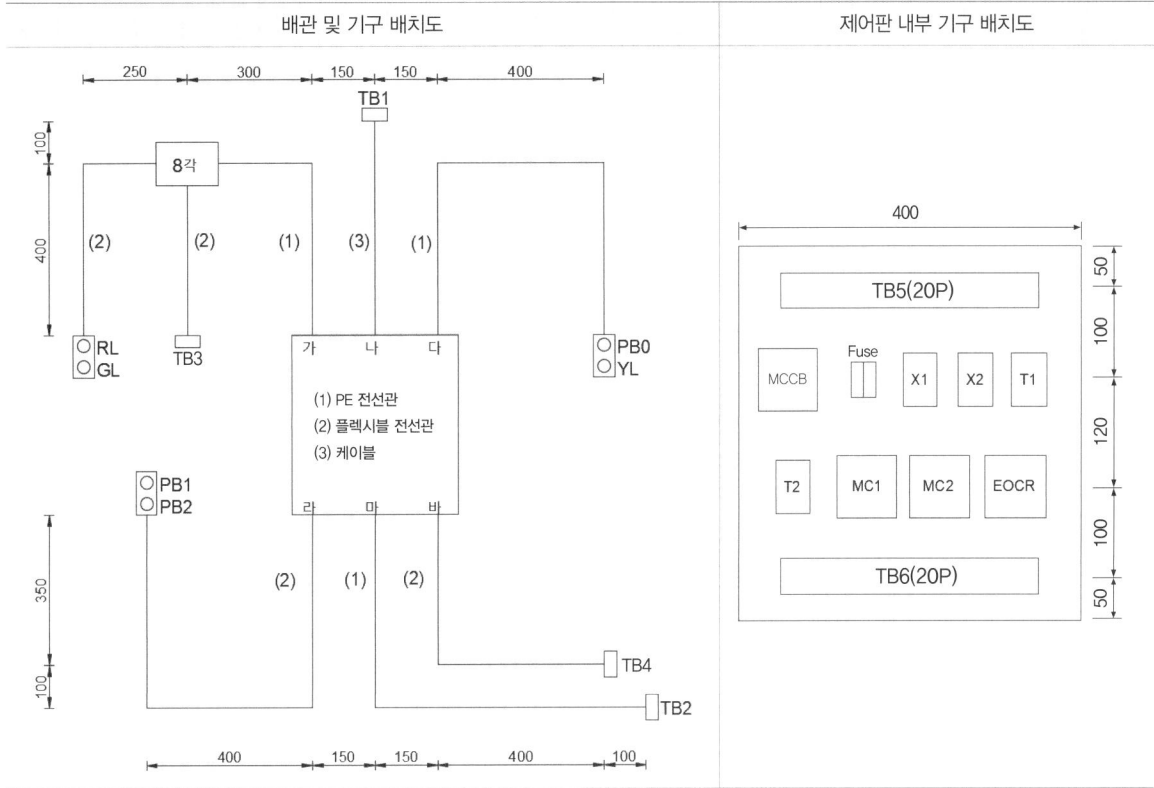

(4) 범례

기호	명칭	기호	명칭	기호	명칭
TB1	전원(단자대 4P)	MC1, 2	전자 접촉기(12P)	RL	파일럿 램프(적)
TB2	전동기(단자대 4P)	X1, 2	릴레이(8P)	GL	파일럿 램프(녹)
MCCB	배선용 차단기(3P)	T1, 2	타이머(8P)	YL	파일럿 램프(황)
F	퓨즈 및 퓨즈홀더	PB0	푸시버튼 스위치(적)	TB3	LS1 리밋 스위치
EOCR	과전류 차단기(12P)	PB1, 2	푸시버튼 스위치(녹)	TB4	LS2 리밋 스위치
TB5	단자대 20P	TB6	단자대 20P		

세부유형 ④

1. 동작

① 배선용 차단기 MCCB에 전원을 투입하고 PB1을 누르면 MC1과 X1이 여자, GL이 점등되고 전동기 M이 정회전한다.
② LS1을 누르면 MC1, X1이 소자되고 GL 램프가 소등, T1이 여자된다. T1의 설정시간 후 MC2와 X2가 여자되어 RL이 점등되고 전동기 M이 역회전한다. LS2를 누르면 MC2, X2가 소자되고 RL이 소등, T2가 여자되어 T2의 설정시간 후 동작을 반복한다.
③ PB2를 누르면 MC2와 X2가 여자되어 RL이 점등되고 전동기 M이 역회전한다.
④ PB0를 누르면 초기화된다. EOCR이 작동하면 초기화되고 YL이 점등된다.

2. 도면

(1) 동작 회로도

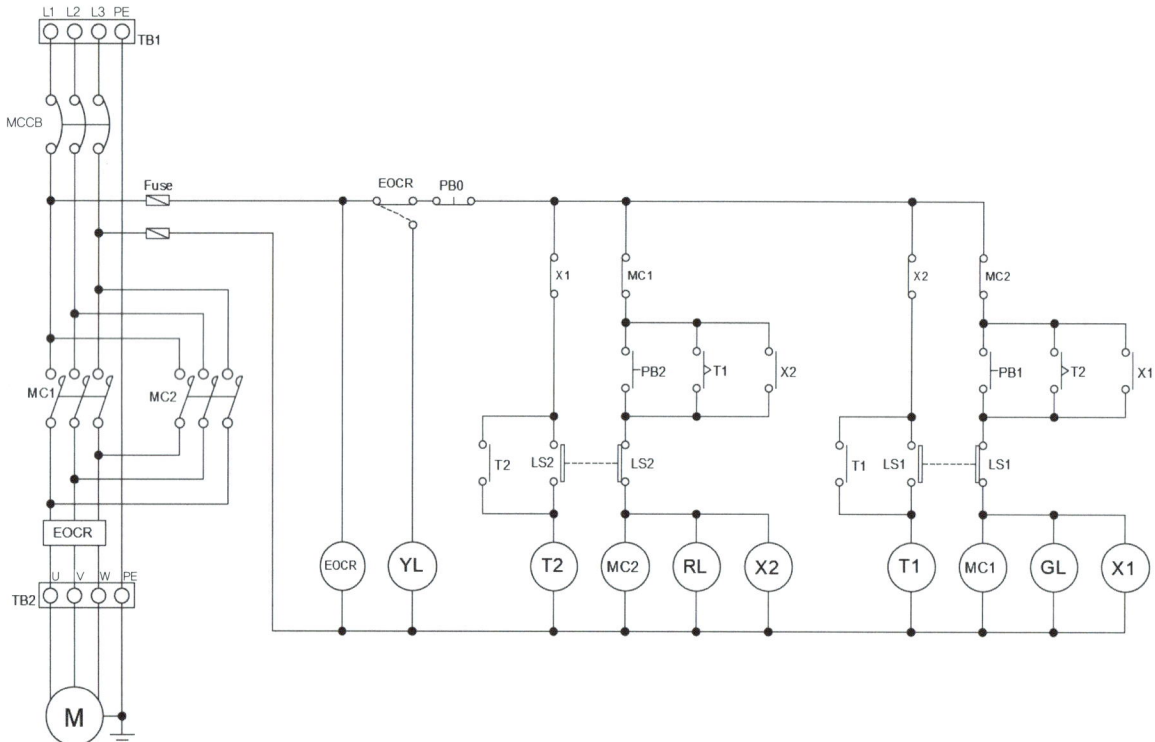

(2) 시험 기구 내부 결선도

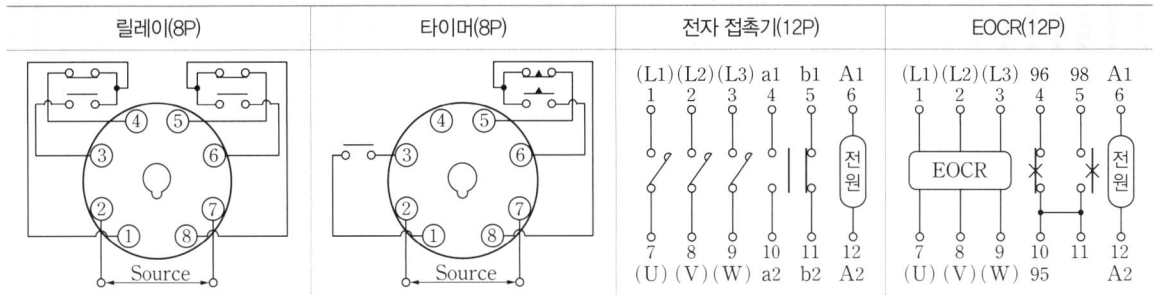

(3) 배관 및 기구 배치도 / 제어판 내부 기구 배치도

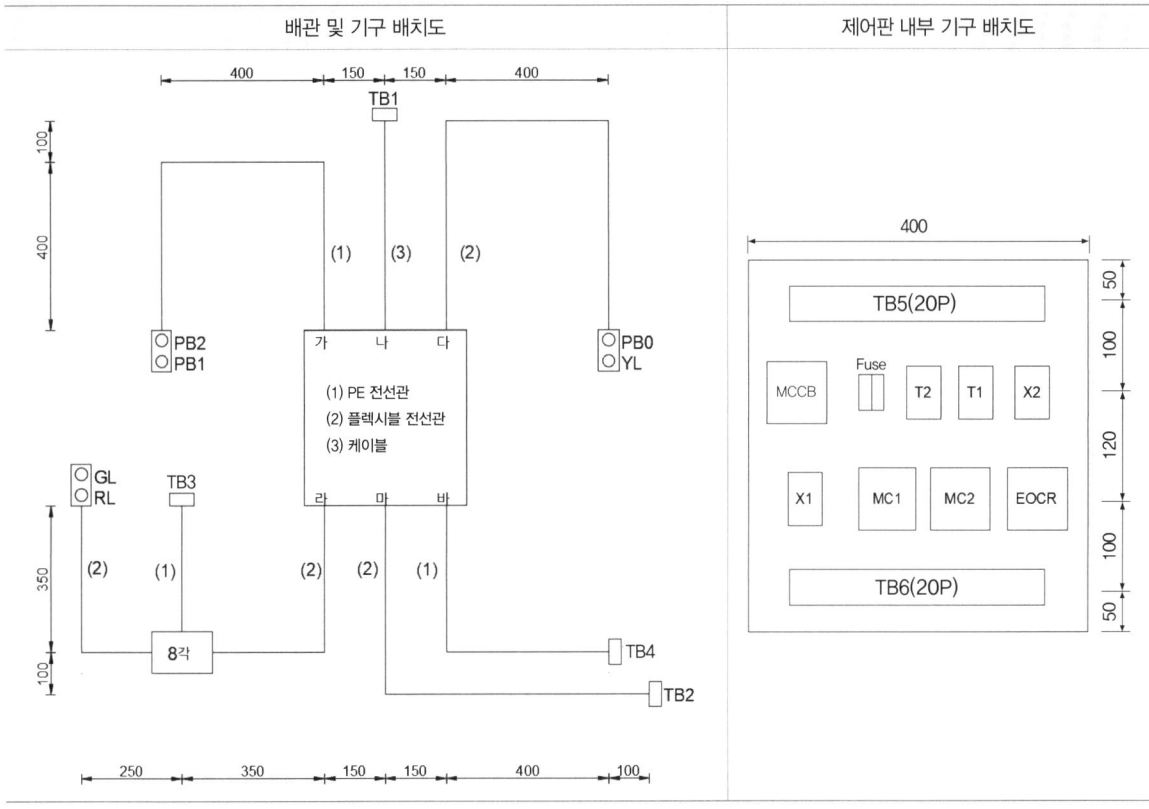

(4) 범례

기호	명칭	기호	명칭	기호	명칭
TB1	전원(단자대 4P)	MC1, 2	전자 접촉기(12P)	RL	파일럿 램프(적)
TB2	전동기(단자대 4P)	X1, 2	릴레이(8P)	GL	파일럿 램프(녹)
MCCB	배선용 차단기(3P)	T1, 2	타이머(8P)	YL	파일럿 램프(황)
F	퓨즈 및 퓨즈홀더	PB0	푸시버튼 스위치(적)	TB3	LS1 리밋 스위치
EOCR	과전류 차단기(12P)	PB1, 2	푸시버튼 스위치(녹)	TB4	LS2 리밋 스위치
TB5	단자대 20P	TB6	단자대 20P		

세부유형 ⑤

1. 동작

① 배선용 차단기 MCCB에 전원을 투입하고 PB1을 누르면 MC1과 X1이 여자, GL이 점등되고 전동기 M이 정회전한다.
② LS1을 누르면 MC1, X1이 소자되고 GL 램프가 소등, T1이 여자된다. T1의 설정시간 후 MC2와 X2가 여자되어 RL이 점등되고 전동기 M이 역회전한다. LS2를 누르면 MC2, X2가 소자되고 RL이 소등, T2가 여자되어 T2의 설정시간 후 동작을 반복한다.
③ PB2를 누르면 MC2와 X2가 여자되어 RL이 점등되고 전동기 M이 역회전한다.
④ PB0를 누르면 초기화된다. EOCR이 작동하면 초기화되고 YL이 점등된다.

2. 도면

(1) 동작 회로도

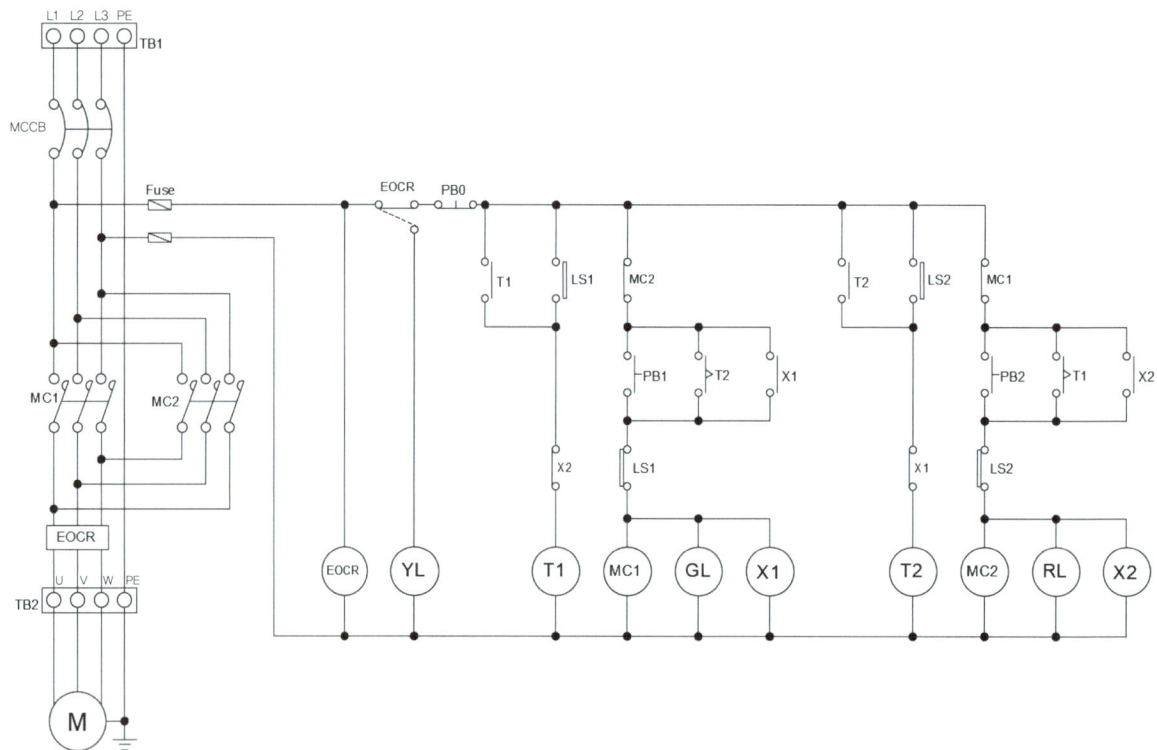

(2) 시험 기구 내부 결선도

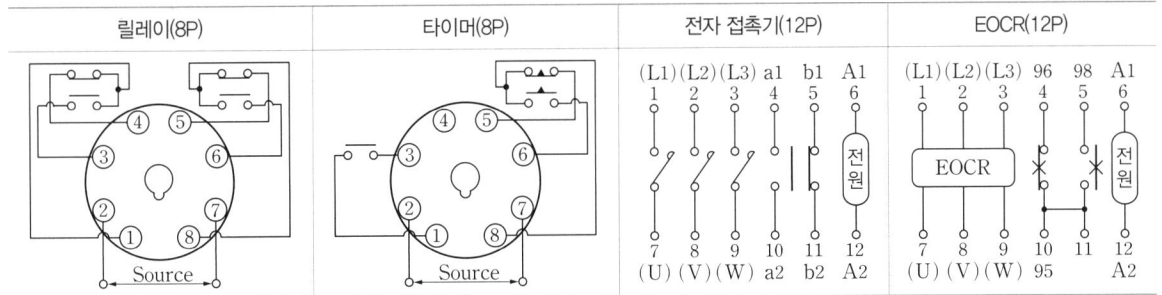

(3) 배관 및 기구 배치도 / 제어판 내부 기구 배치도

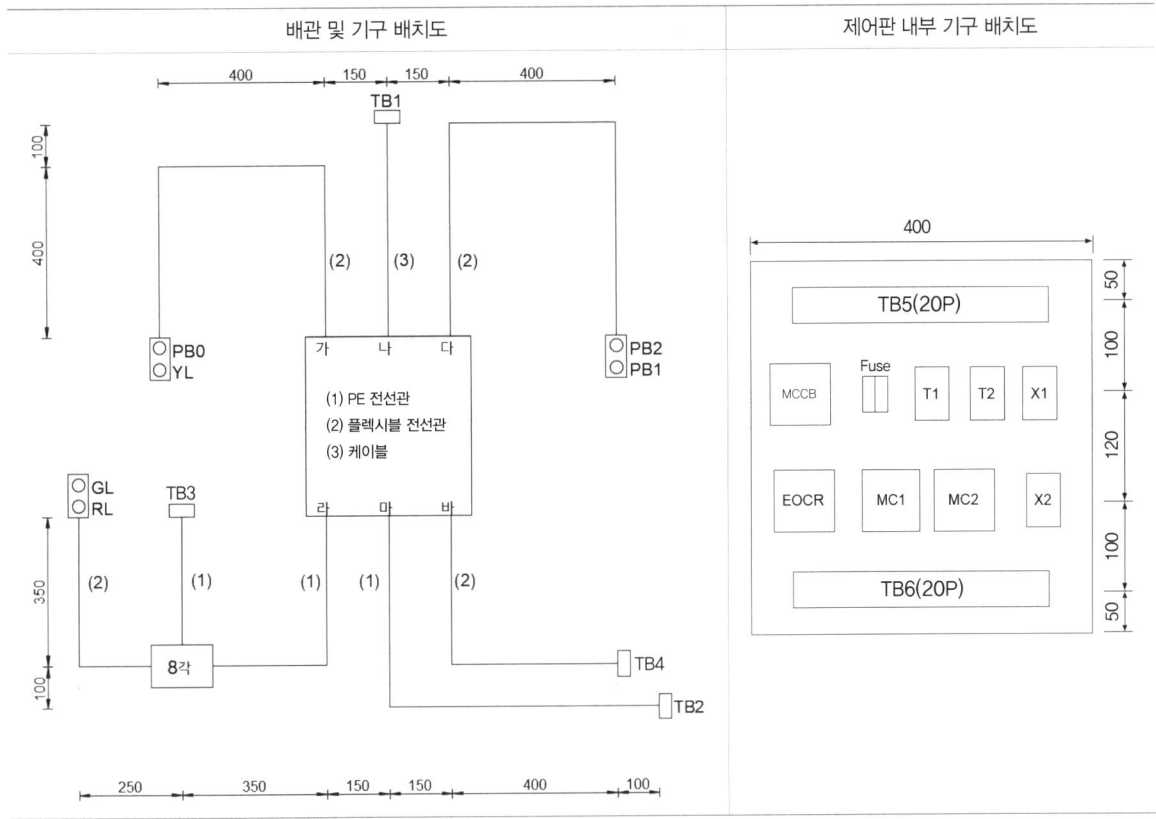

(4) 범례

기호	명칭	기호	명칭	기호	명칭
TB1	전원(단자대 4P)	MC1, 2	전자 접촉기(12P)	RL	파일럿 램프(적)
TB2	전동기(단자대 4P)	X1, 2	릴레이(8P)	GL	파일럿 램프(녹)
MCCB	배선용 차단기(3P)	T1, 2	타이머(8P)	YL	파일럿 램프(황)
F	퓨즈 및 퓨즈홀더	PB0	푸시버튼 스위치(적)	TB3	LS1 리밋 스위치
EOCR	과전류 차단기(12P)	PB1, 2	푸시버튼 스위치(녹)	TB4	LS2 리밋 스위치
TB5	단자대 20P	TB6	단자대 20P		

기출유형 11 컨베이어 제어 순차

세부유형 ①

1. 동작

① PB1을 누르면 MC1과 T1이 여자되어 전동기 M1이 동작되고 GL1이 점등된다.
  - T1의 설정시간 후 MC2와 T2가 여자되고 전동기 M2가 동작되고 GL2가 점등된다.
  - T2의 설정시간 후 MC3가 여자되고 전동기 M3가 동작되고 GL3가 점등된다.

② PB2를 누르면 X, T3, T4가 여자되어 전동기 M3가 바로 정지하고 T3의 설정시간 후 전동기 M2가 정지되며 T4의 설정시간 후 전동기 M1이 정지된다.(단, T3 설정시간<T4 설정시간)

③ PB3를 누르면 모든 전동기가 동시 정지된다.

④ EOCR 동작 시 모든 동작이 멈추고 RL 램프가 점등된다.

2. 도면

(1) 동작 회로도

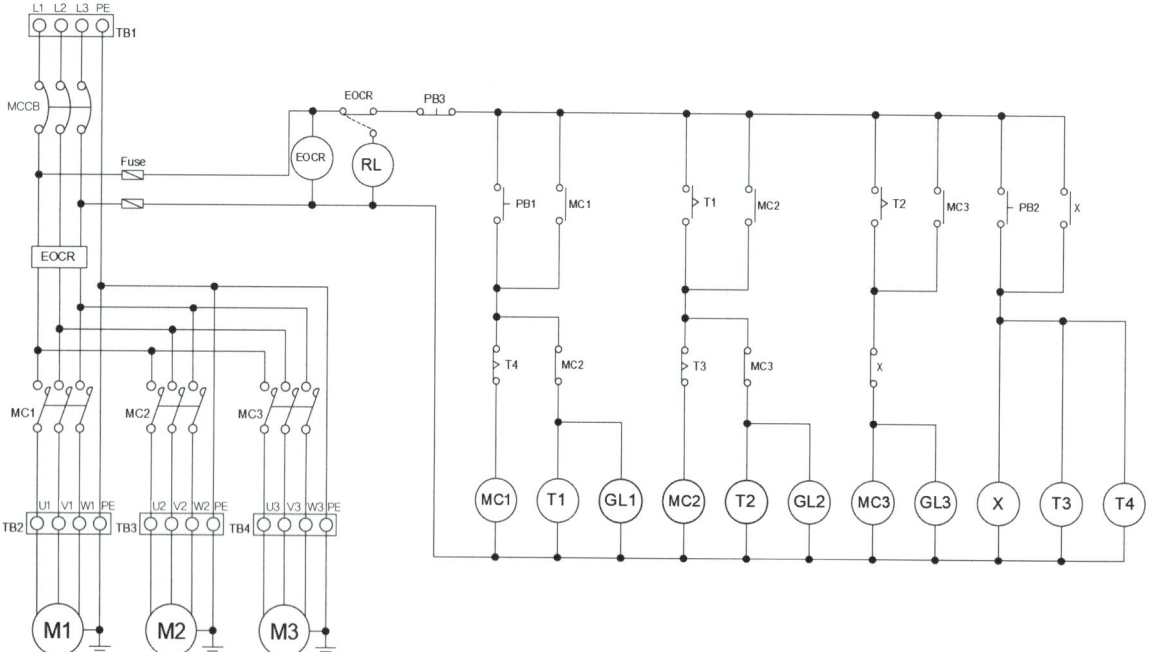

(2) 시험 기구 내부 결선도

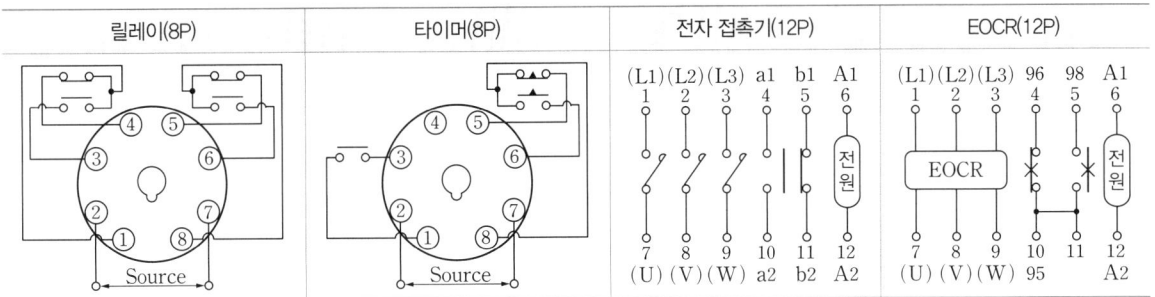

(3) 배관 및 기구 배치도 / 제어판 내부 기구 배치도

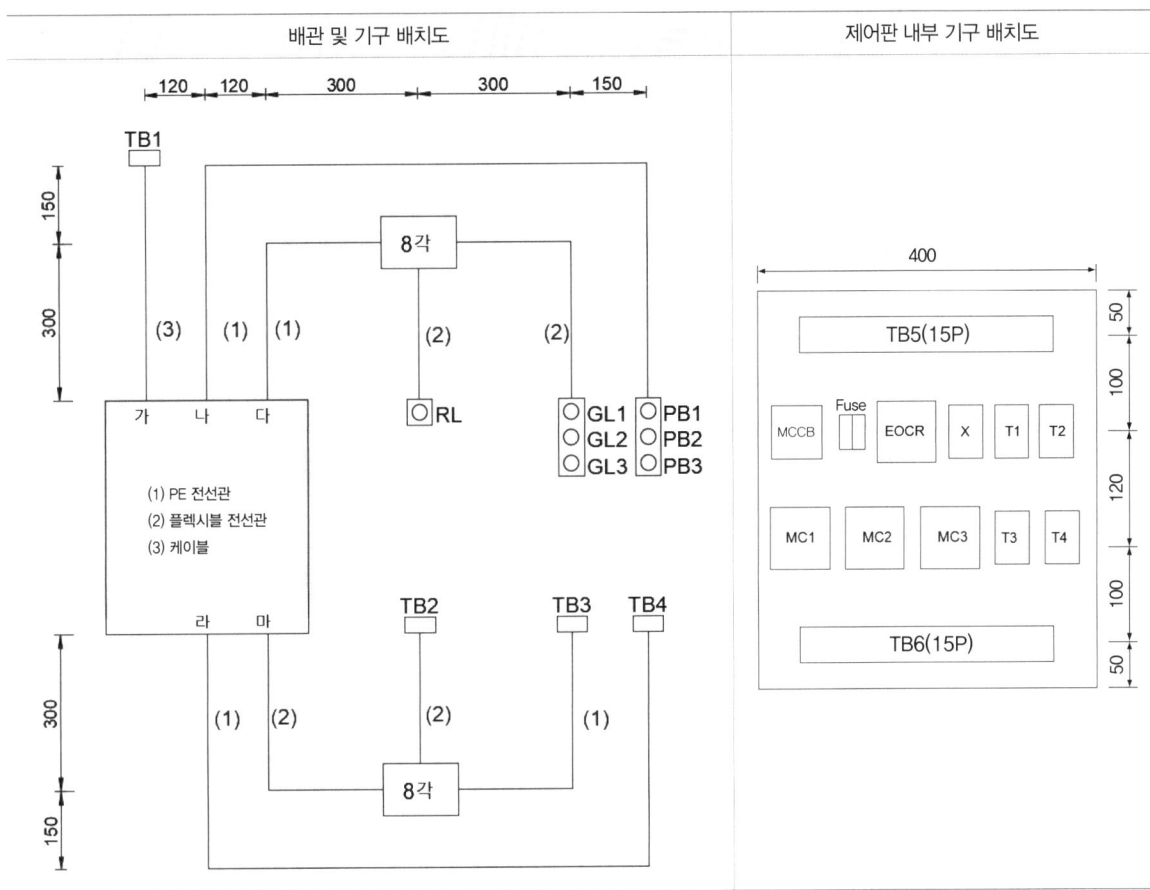

(4) 범례

기호	명칭	기호	명칭	기호	명칭
TB1	전원(단자대 4P)	MC1, 2, 3	전자 접촉기(12P)	PB3	푸시버튼 스위치(적)
TB2, 3, 4	전동기(단자대 4P)	X	릴레이(8P)	RL	파일럿 램프(적)
MCCB	배선용 차단기(3P)	T1, 2	타이머(8P)	GL1	파일럿 램프(녹)
F	퓨즈 및 퓨즈홀더	T3, 4	타이머(8P)	GL2	파일럿 램프(녹)
EOCR	과전류 차단기(12P)	PB1, 2	푸시버튼 스위치(녹)	GL3	파일럿 램프(녹)
TB5	단자대 15P	TB6	단자대 15P		

세부유형 ②

1. 동작

① PB1을 누르면 MC1과 T1이 여자되어 전동기 M1이 동작되고 GL1이 점등된다.
  - T1의 설정시간 후 MC2와 T2가 여자되고 전동기 M2가 동작되고 GL2가 점등된다.
  - T2의 설정시간 후 MC3가 여자되고 전동기 M3가 동작되고 GL3가 점등된다.

② PB2를 누르면 X, T3, T4가 여자되어 전동기 M3가 바로 정지하고 T3의 설정시간 후 전동기 M2가 정지되며 T4의 설정시간 후 전동기 M1이 정지된다.(단, T3 설정시간<T4 설정시간)

③ PB3를 누르면 모든 전동기가 동시 정지된다.

④ EOCR 동작 시 모든 동작이 멈추고 RL 램프가 점등된다.

2. 도면

(1) 동작 회로도

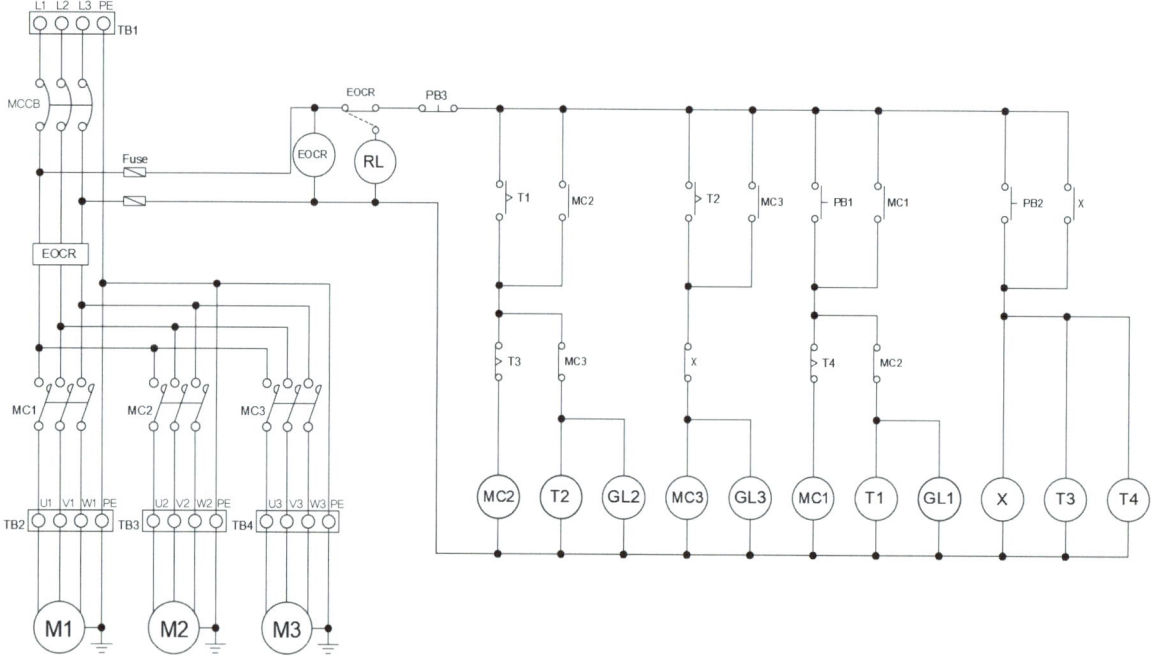

(2) 시험 기구 내부 결선도

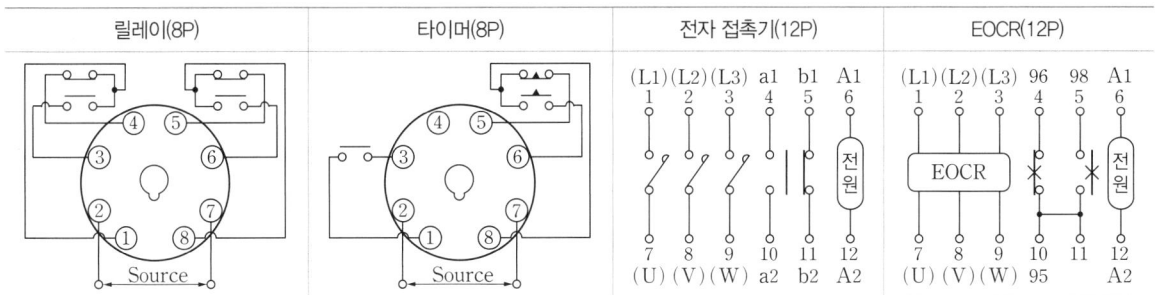

(3) 배관 및 기구 배치도 / 제어판 내부 기구 배치도

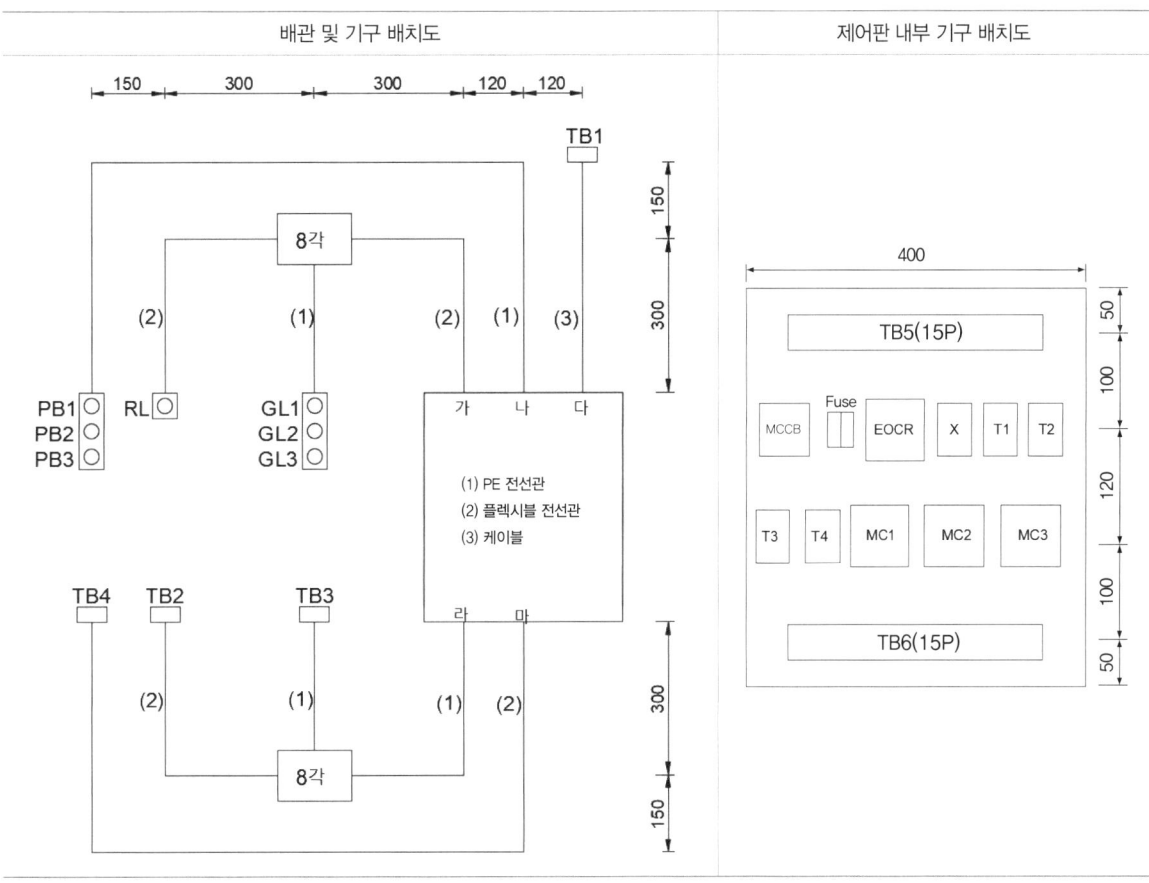

(4) 범례

기호	명칭	기호	명칭	기호	명칭
TB1	전원(단자대 4P)	MC1, 2, 3	전자 접촉기(12P)	PB3	푸시버튼 스위치(적)
TB2, 3, 4	전동기(단자대 4P)	X	릴레이(8P)	RL	파일럿 램프(적)
MCCB	배선용 차단기(3P)	T1, 2	타이머(8P)	GL1	파일럿 램프(녹)
F	퓨즈 및 퓨즈홀더	T3, 4	타이머(8P)	GL2	파일럿 램프(녹)
EOCR	과전류 차단기(12P)	PB1, 2	푸시버튼 스위치(녹)	GL3	파일럿 램프(녹)
TB5	단자대 15P	TB6	단자대 15P		

세부유형 ③

1. 동작

① PB1을 누르면 MC1과 T1이 여자되어 전동기 M1이 동작되고 GL1이 점등된다.
  - T1의 설정시간 후 MC2와 T2가 여자되고 전동기 M2가 동작되고 GL2가 점등된다.
  - T2의 설정시간 후 MC3가 여자되고 전동기 M3가 동작되고 GL3가 점등된다.

② PB2를 누르면 X, T3, T4가 여자되어 전동기 M3가 바로 정지하고 T3의 설정시간 후 전동기 M2가 정지되며 T4의 설정시간 후 전동기 M1이 정지된다.(단, T3 설정시간<T4 설정시간)

③ PB3를 누르면 모든 전동기가 동시 정지된다.

④ EOCR 동작 시 모든 동작이 멈추고 RL 램프가 점등된다.

2. 도면

(1) 동작 회로도

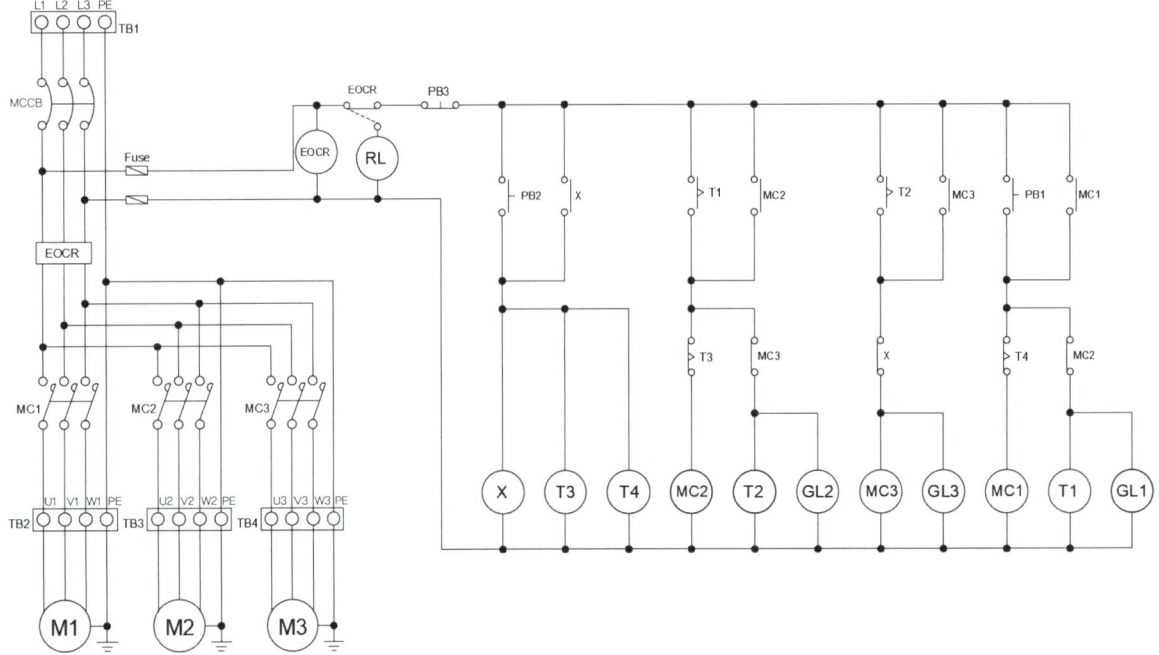

(2) 시험 기구 내부 결선도

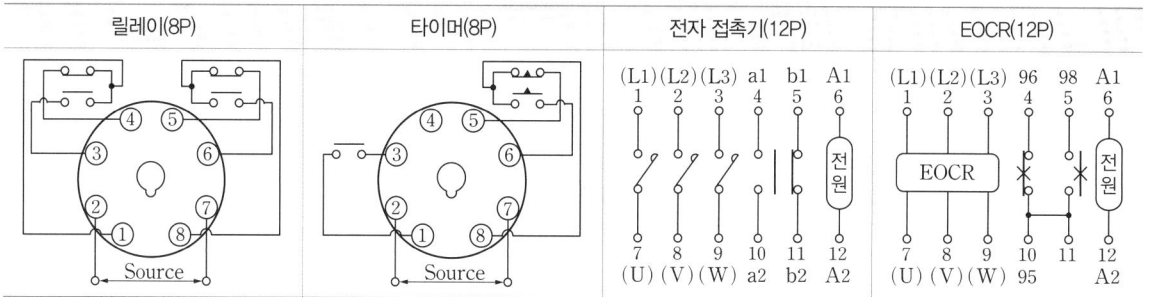

(3) 배관 및 기구 배치도 / 제어판 내부 기구 배치도

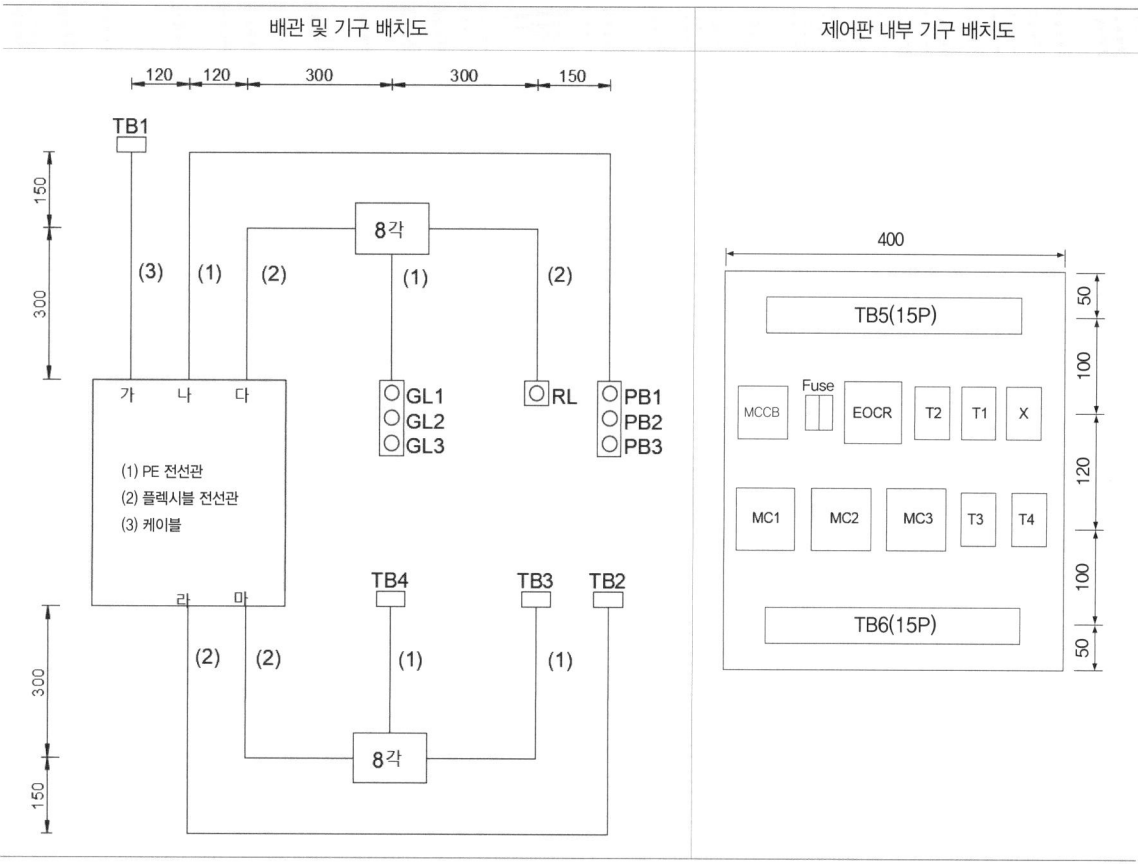

(4) 범례

기호	명칭	기호	명칭	기호	명칭
TB1	전원(단자대 4P)	MC1, 2, 3	전자 접촉기(12P)	PB3	푸시버튼 스위치(적)
TB2, 3, 4	전동기(단자대 4P)	X	릴레이(8P)	RL	파일럿 램프(적)
MCCB	배선용 차단기(3P)	T1, 2	타이머(8P)	GL1	파일럿 램프(녹)
F	퓨즈 및 퓨즈홀더	T3, 4	타이머(8P)	GL2	파일럿 램프(녹)
EOCR	과전류 차단기(12P)	PB1, 2	푸시버튼 스위치(녹)	GL3	파일럿 램프(녹)
TB5	단자대 15P	TB6	단자대 15P		

세부유형 ④

1. 동작

① PB1을 누르면 MC1과 T1이 여자되어 전동기 M1이 동작되고 GL1이 점등된다.
  • T1의 설정시간 후 MC2와 T2가 여자되고 전동기 M2가 동작되고 GL2가 점등된다.
  • T2의 설정시간 후 MC3가 여자되고 전동기 M3가 동작되고 GL3가 점등된다.
② PB2를 누르면 X, T3, T4가 여자되어 전동기 M3가 바로 정지하고 T3의 설정시간 후 전동기 M2가 정지되며 T4의 설정시간 후 전동기 M1이 정지된다.(단, T3 설정시간<T4 설정시간)
③ PB3를 누르면 모든 전동기가 동시 정지된다.
④ EOCR 동작 시 모든 동작이 멈추고 RL 램프가 점등된다.

2. 도면

(1) 동작 회로도

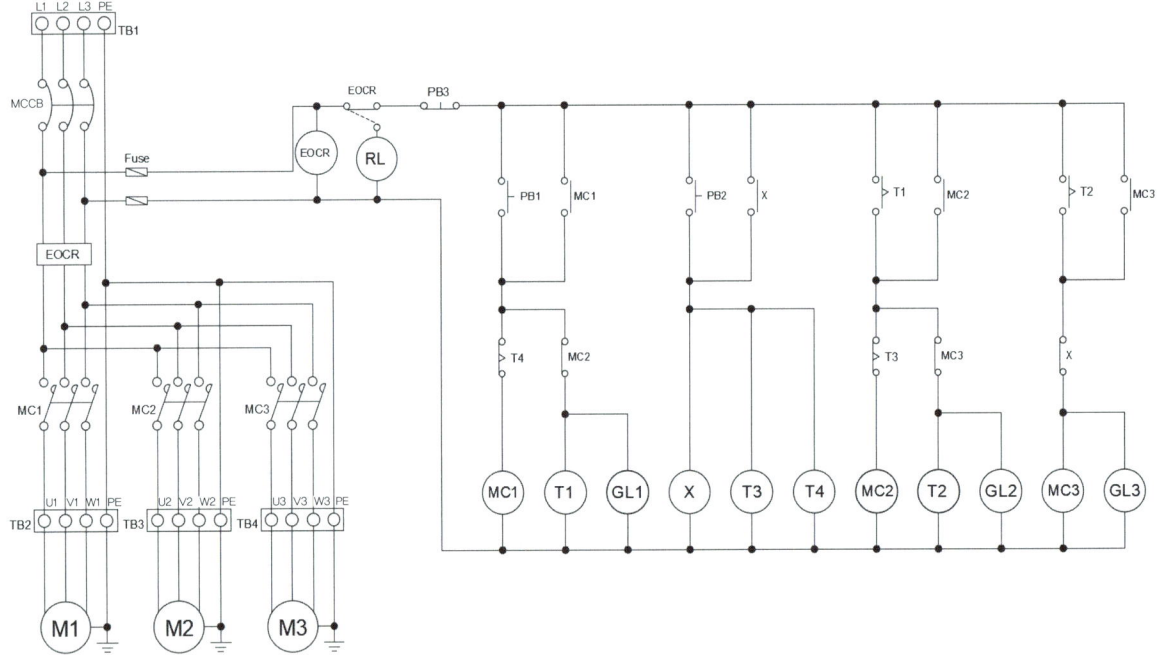

(2) 시험 기구 내부 결선도

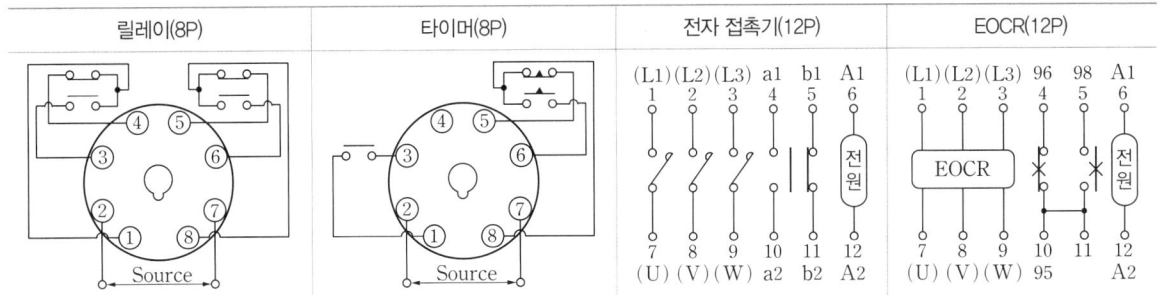

(3) 배관 및 기구 배치도 / 제어판 내부 기구 배치도

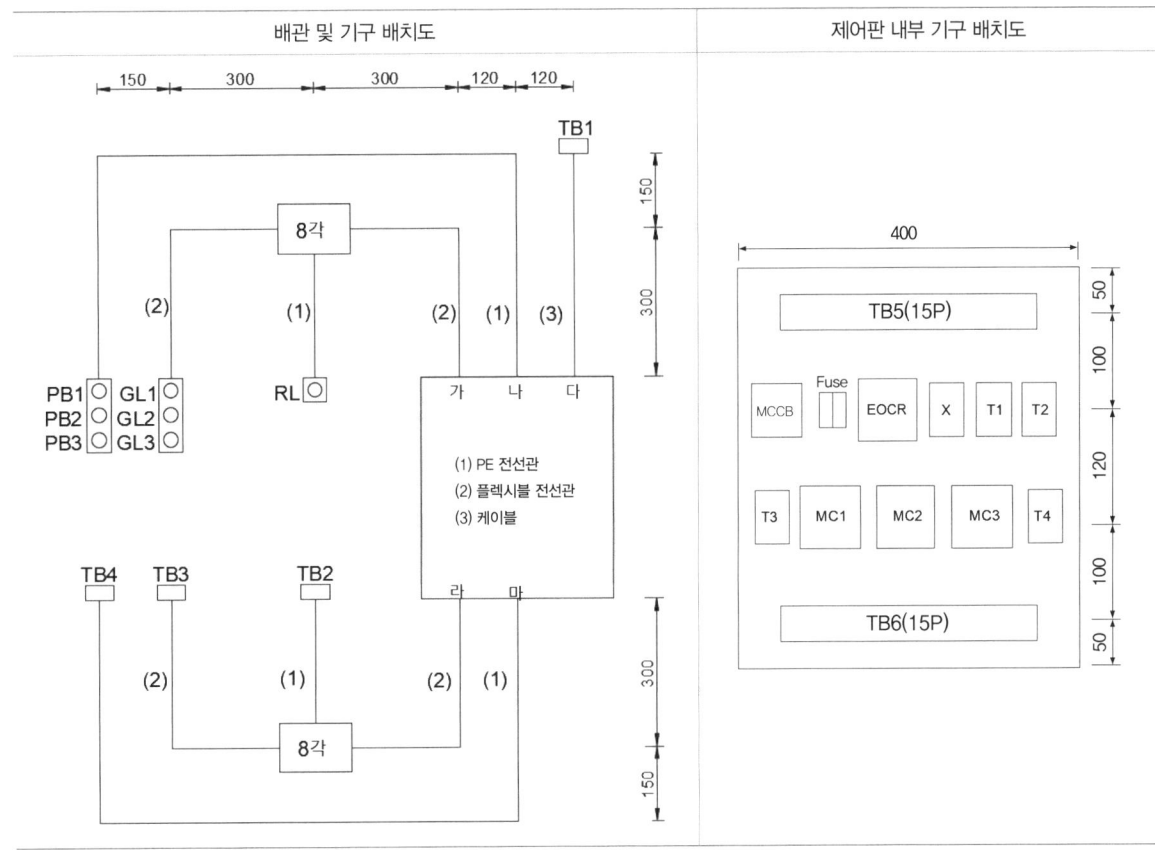

(4) 범례

기호	명칭	기호	명칭	기호	명칭
TB1	전원(단자대 4P)	MC1, 2, 3	전자 접촉기(12P)	PB3	푸시버튼 스위치(적)
TB2, 3, 4	전동기(단자대 4P)	X	릴레이(8P)	RL	파일럿 램프(적)
MCCB	배선용 차단기(3P)	T1, 2	타이머(8P)	GL1	파일럿 램프(녹)
F	퓨즈 및 퓨즈홀더	T3, 4	타이머(8P)	GL2	파일럿 램프(녹)
EOCR	과전류 차단기(12P)	PB1, 2	푸시버튼 스위치(녹)	GL3	파일럿 램프(녹)
TB5	단자대 15P	TB6	단자대 15P		

세부유형 ⑤

1. 동작

① PB1을 누르면 MC1과 T1이 여자되어 전동기 M1이 동작되고 GL1이 점등된다.
  • T1의 설정시간 후 MC2와 T2가 여자되고 전동기 M2가 동작되고 GL2가 점등된다.
  • T2의 설정시간 후 MC3가 여자되고 전동기 M3가 동작되고 GL3가 점등된다.
② PB2를 누르면 X, T3가 여자되어 전동기 M3가 바로 정지하고 T3의 설정시간 후 전동기 M2가 정지되며 T4가 여자된다. T4의 설정시간 후 전동기 M1이 정지된다.
③ PB3를 누르면 모든 전동기가 동시 정지된다.
④ EOCR 동작 시 모든 동작이 멈추고 RL 램프가 점등된다.

2. 도면

(1) 동작 회로도

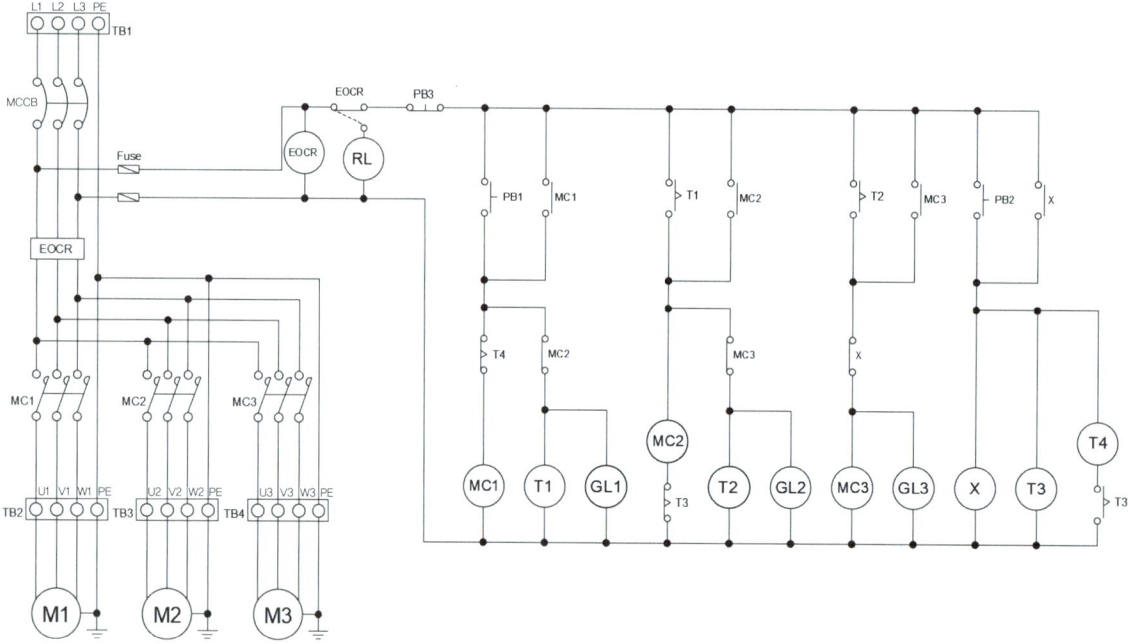

(2) 시험 기구 내부 결선도

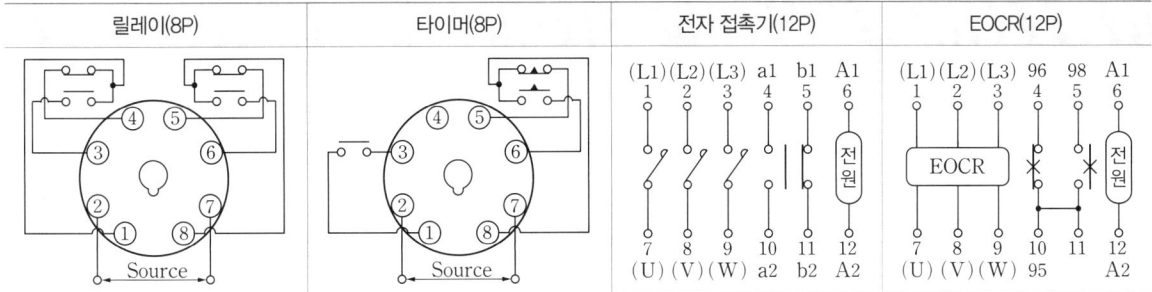

(3) 배관 및 기구 배치도 / 제어판 내부 기구 배치도

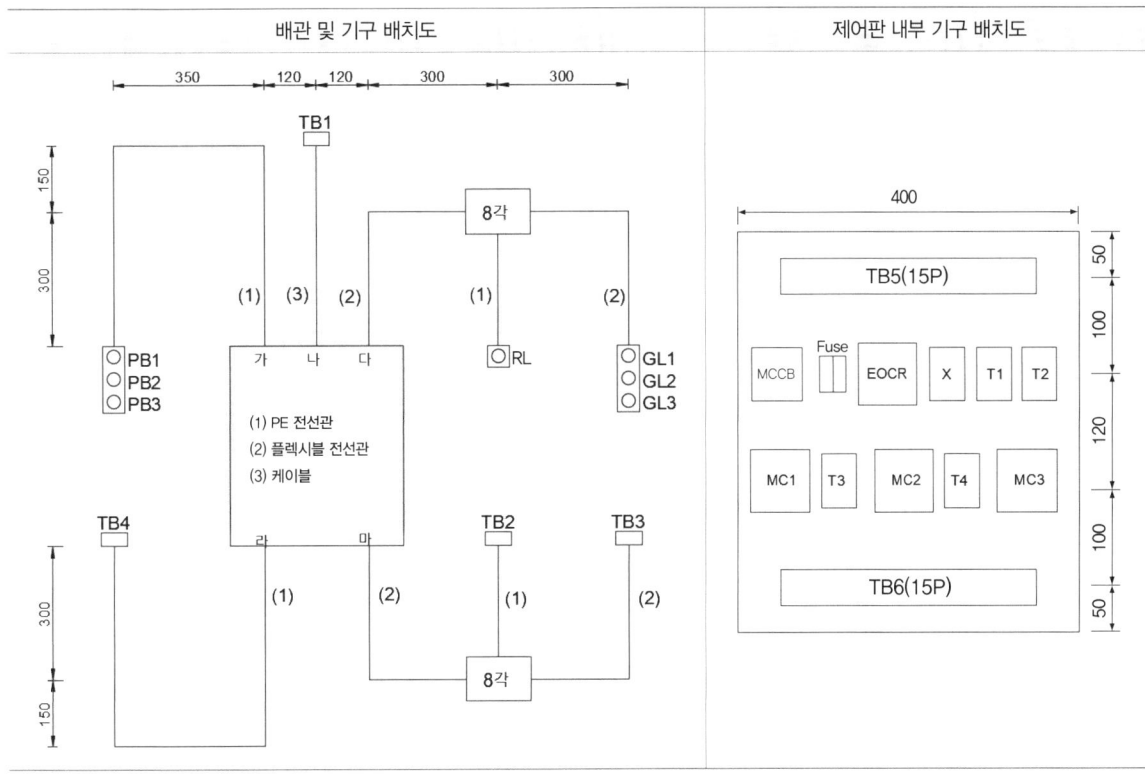

(4) 범례

기호	명칭	기호	명칭	기호	명칭
TB1	전원(단자대 4P)	MC1, 2, 3	전자 접촉기(12P)	PB3	푸시버튼 스위치(적)
TB2, 3, 4	전동기(단자대 4P)	X	릴레이(8P)	RL	파일럿 램프(적)
MCCB	배선용 차단기(3P)	T1, 2	타이머(8P)	GL1	파일럿 램프(녹)
F	퓨즈 및 퓨즈홀더	T3, 4	타이머(8P)	GL2	파일럿 램프(녹)
EOCR	과전류 차단기(12P)	PB1, 2	푸시버튼 스위치(녹)	GL3	파일럿 램프(녹)
TB5	단자대 15P	TB6	단자대 15P		

12 승강기 제어

세부유형 ①

1. 동작

① 배선용 차단기 MCCB에 전원을 투입하면 WL이 점등된다.
② PB1을 누르면 R1과 T1이 여자된다.
③ LS1을 누르면 MC1이 여자되어 RL1이 점등되고 전동기 M1이 동작된다.
④ T1의 설정시간 후 R2와 T2가 여자되어 GL이 점등되고 MC1이 소자되어 M1이 정지되고 RL1은 소등된다. LS2를 누르면 MC2가 여자되어 RL2가 점등되고 전동기 M2가 동작된다.
⑤ T2의 설정시간 후 ③의 동작과 ④의 동작이 반복되고 PB2를 누르면 초기화된다.
⑥ EOCR1이나 EOCR2가 동작하면 모든 동작이 초기화되고 YL이 점등된다.

2. 도면

(1) 동작 회로도

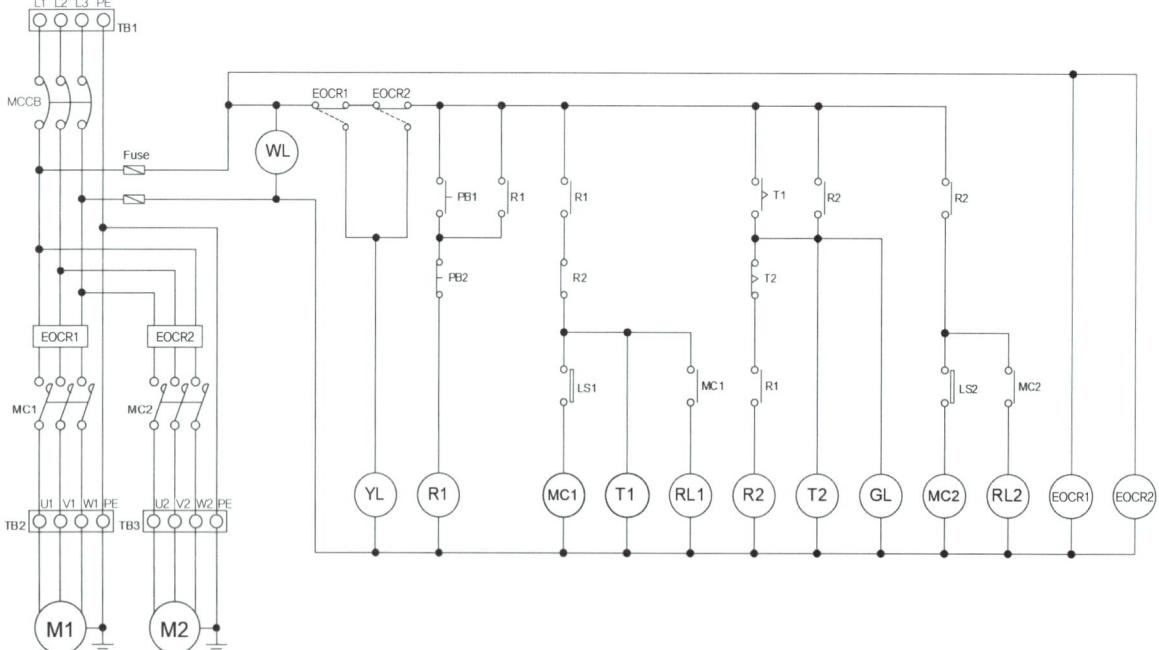

(2) 시험 기구 내부 결선도

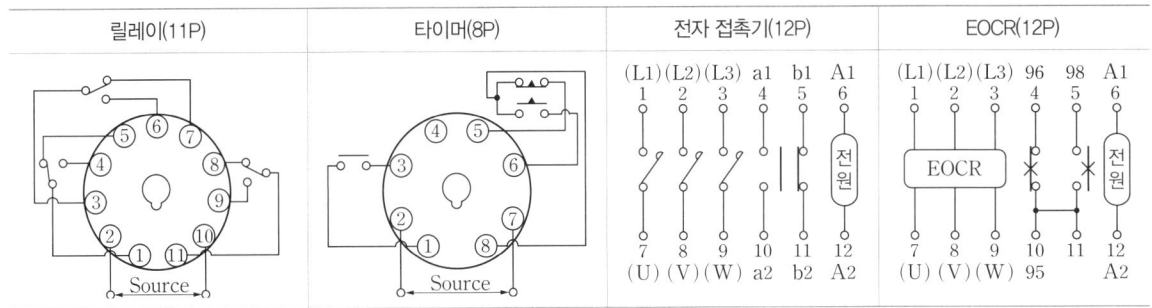

(3) 배관 및 기구 배치도 / 제어판 내부 기구 배치도

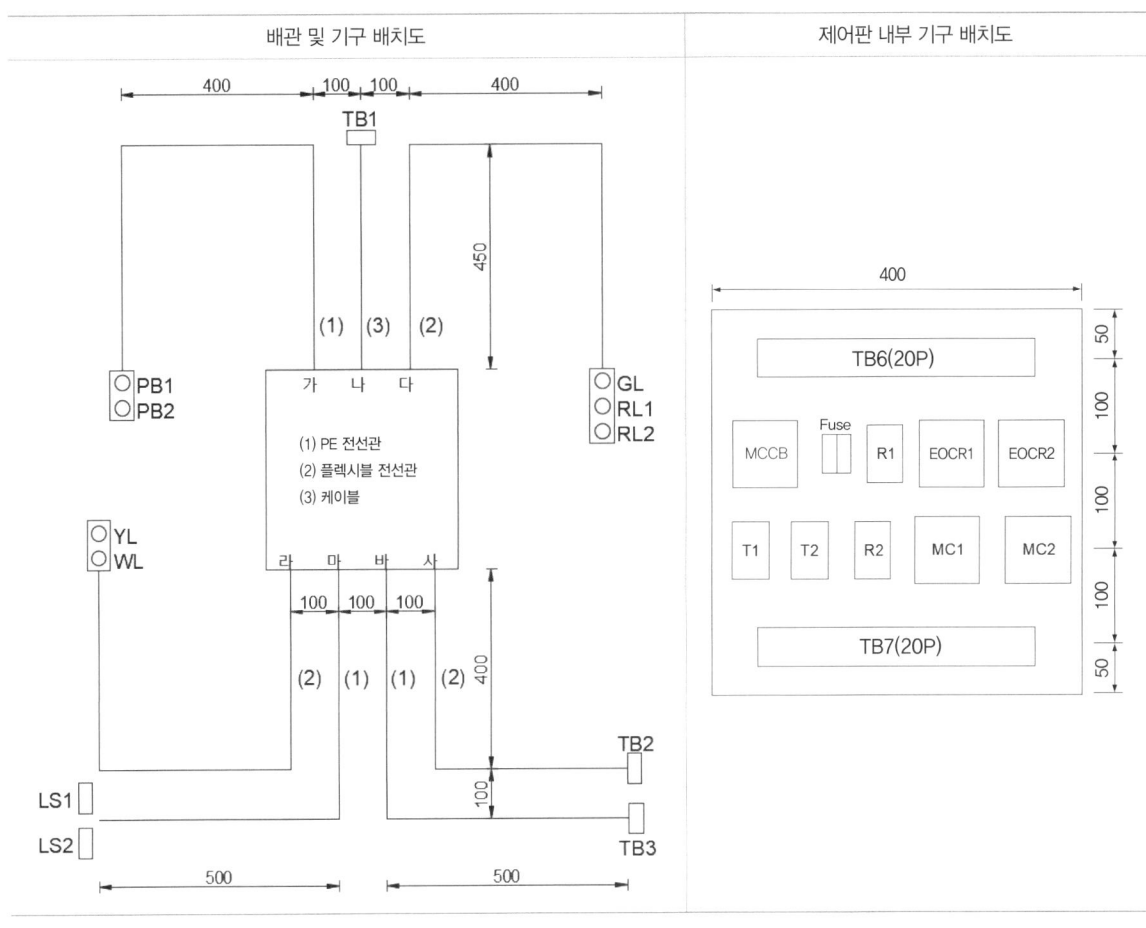

(4) 범례

기호	명칭	기호	명칭	기호	명칭
TB1	전원(단자대 4P)	MC1, 2	전자 접촉기(12P)	RL1, 2	파일럿 램프(적)
TB2, 3	전동기(단자대4P)	R1, 2	릴레이(11P)	GL	파일럿 램프(녹)
MCCB	배선용 차단기(3P)	T1, 2	타이머(8P)	YL, WL	파일럿 램프(황, 백)
F	퓨즈 및 퓨즈홀더	PB1	푸시버튼 스위치(녹)	LS1, 2 (TB4, 5)	리밋 스위치 (단자대로 대체 4P)
EOCR1, 2	과전류 차단기(12P)	PB2	푸시버튼 스위치(적)		
TB6	단자대 20P	TB7	단자대 20P		

세부유형 ②

1. 동작

① 배선용 차단기 MCCB에 전원을 투입하면 WL이 점등된다.
② PB1을 누르면 R1과 T1이 여자된다.
③ LS1을 누르면 MC1이 여자되어 RL1이 점등되고 전동기 M1이 동작된다.
④ T1의 설정시간 후 R2와 T2가 여자되어 GL이 점등되고 MC1이 소자되어 M1이 정지되고 RL1은 소등된다. LS2를 누르면 MC2가 여자되어 RL2가 점등되고 전동기 M2가 동작된다.
⑤ T2의 설정시간 후 ③의 동작과 ④의 동작이 반복되고 PB2를 누르면 초기화된다.
⑥ EOCR1이나 EOCR2가 동작하면 모든 동작이 초기화되고 YL이 점등된다.

2. 도면

(1) 동작 회로도

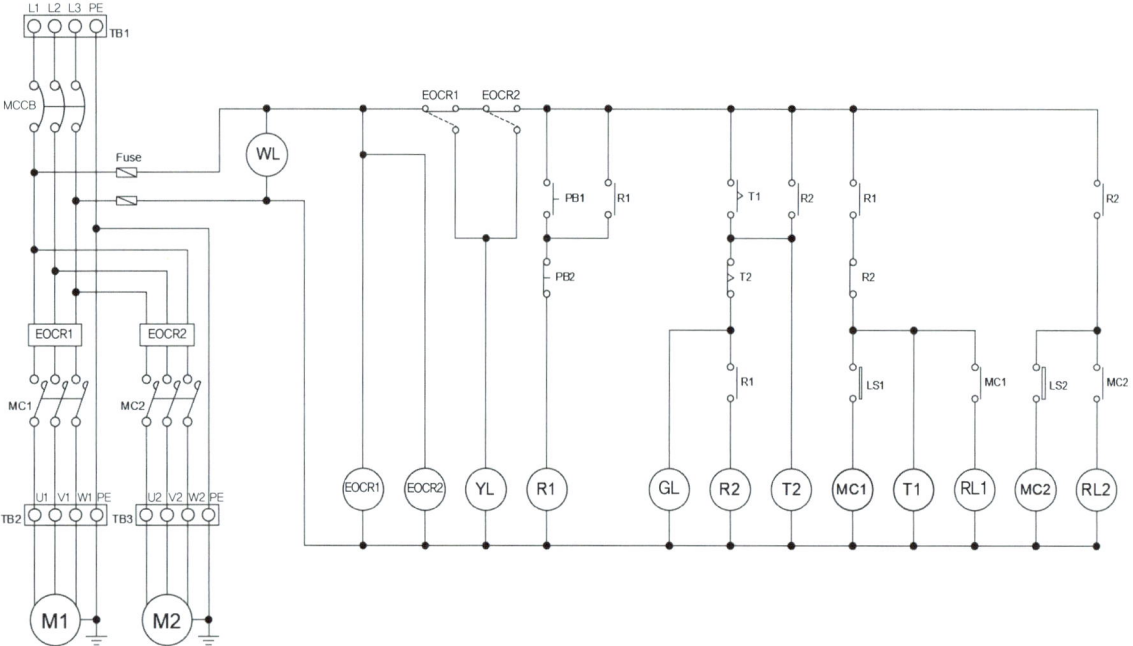

(2) 시험 기구 내부 결선도

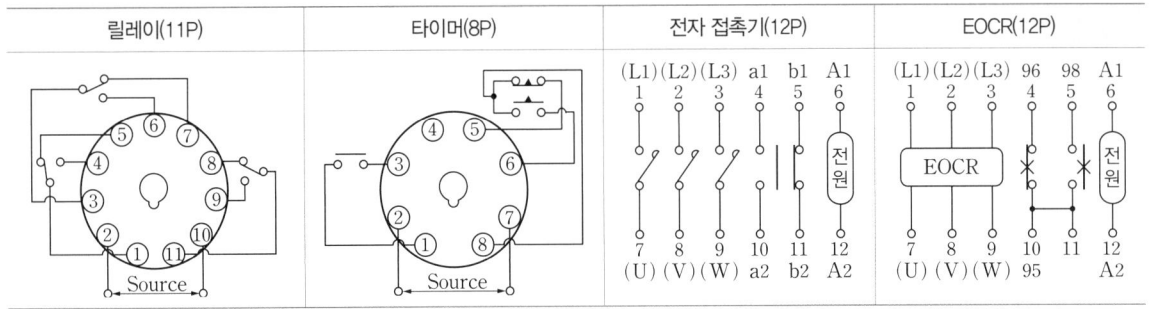

(3) 배관 및 기구 배치도 / 제어판 내부 기구 배치도

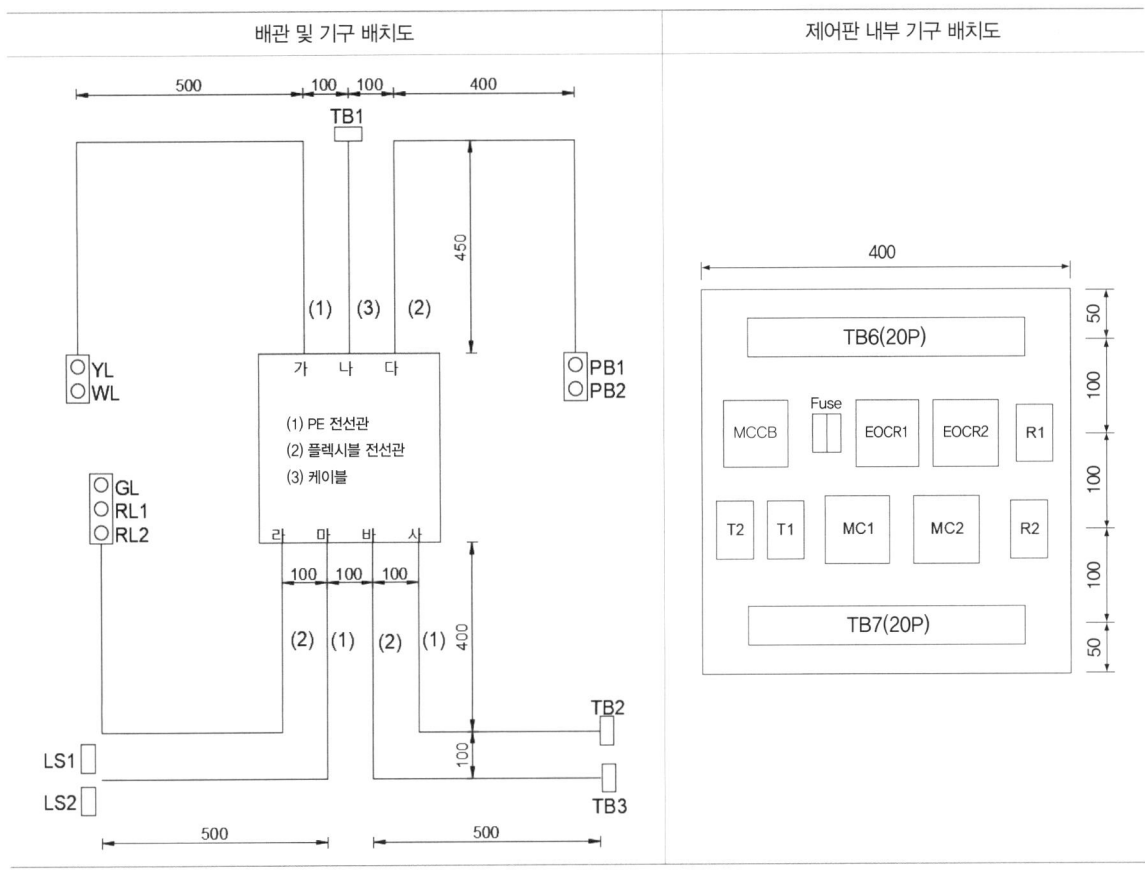

(4) 범례

기호	명칭	기호	명칭	기호	명칭
TB1	전원(단자대 4P)	MC1, 2	전자 접촉기(12P)	RL1, 2	파일럿 램프(적)
TB2, 3	전동기(단자대4P)	R1, 2	릴레이(11P)	GL	파일럿 램프(녹)
MCCB	배선용 차단기(3P)	T1, 2	타이머(8P)	YL, WL	파일럿 램프(황, 백)
F	퓨즈 및 퓨즈홀더	PB1	푸시버튼 스위치(녹)	LS1, 2 (TB4, 5)	리밋 스위치 (단자대로 대체 4P)
EOCR1, 2	과전류 차단기(12P)	PB2	푸시버튼 스위치(적)		
TB6	단자대 20P	TB7	단자대 20P		

세부유형 ③

1. 동작

① 배선용 차단기 MCCB에 전원을 투입하면 WL이 점등된다.
② PB1을 누르면 R1과 T1이 여자된다.
③ LS1을 누르면 MC1이 여자되어 RL1이 점등되고 전동기 M1이 동작된다.
④ T1의 설정시간 후 R2와 T2가 여자되어 GL이 점등되고 MC1이 소자되어 M1이 정지되고 RL1은 소등된다. LS2를 누르면 MC2가 여자되어 RL2가 점등되고 전동기 M2가 동작된다.
⑤ T2의 설정시간 후 ③의 동작과 ④의 동작이 반복되고 PB2를 누르면 초기화된다.
⑥ EOCR1이나 EOCR2가 동작하면 모든 동작이 초기화되고 YL이 점등된다.

2. 도면

(1) 동작 회로도

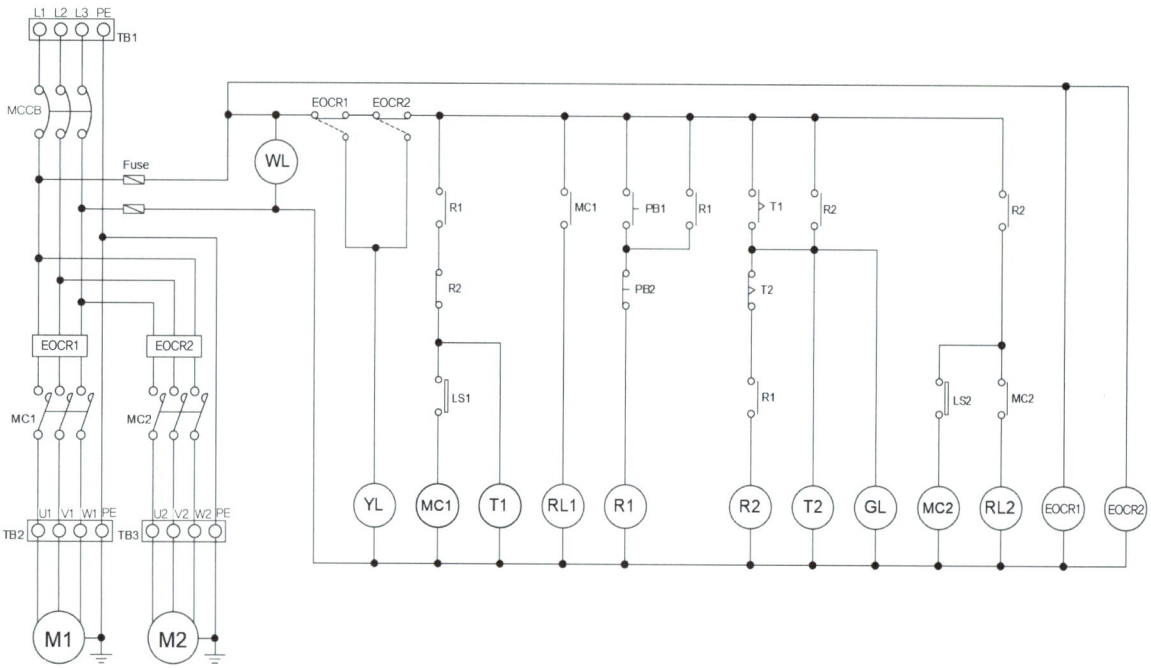

(2) 시험 기구 내부 결선도

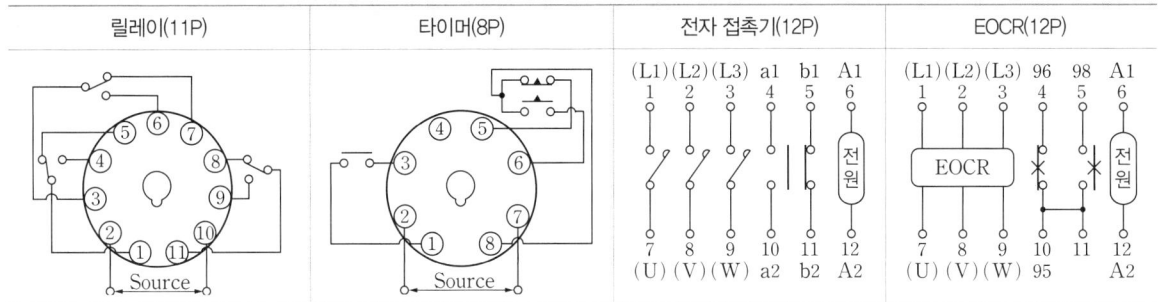

(3) 배관 및 기구 배치도 / 제어판 내부 기구 배치도

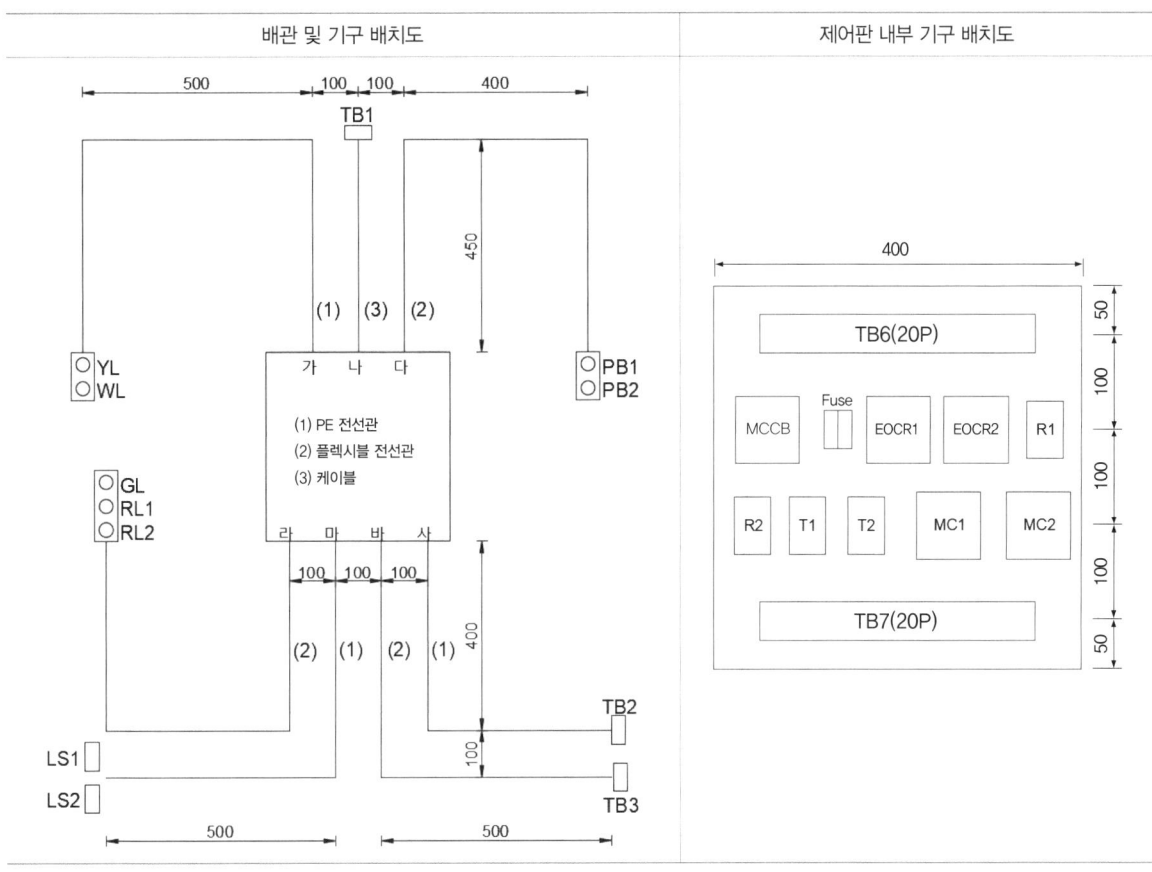

(4) 범례

기호	명칭	기호	명칭	기호	명칭
TB1	전원(단자대 4P)	MC1, 2	전자 접촉기(12P)	RL1, 2	파일럿 램프(적)
TB2, 3	전동기(단자대4P)	R1, 2	릴레이(11P)	GL	파일럿 램프(녹)
MCCB	배선용 차단기(3P)	T1, 2	타이머(8P)	YL, WL	파일럿 램프(황, 백)
F	퓨즈 및 퓨즈홀더	PB1	푸시버튼 스위치(녹)	LS1, 2 (TB4, 5)	리밋 스위치 (단자대로 대체 4P)
EOCR1, 2	과전류 차단기(12P)	PB2	푸시버튼 스위치(적)		
TB6	단자대 20P	TB7	단자대 20P		

세부유형 ④

1. 동작

① 배선용 차단기 MCCB에 전원을 투입하면 WL이 점등된다.
② PB1을 누르면 R1과 T1이 여자된다.
③ LS1을 누르면 MC1이 여자되어 RL1이 점등되고 전동기 M1이 동작된다.
④ T1의 설정시간 후 R2와 T2가 여자되어 GL이 점등되고 MC1이 소자되어 M1이 정지되고 RL1은 소등된다. LS2를 누르면 MC2가 여자되어 RL2가 점등되고 전동기 M2가 동작된다.
⑤ T2의 설정시간 후 ③의 동작과 ④의 동작이 반복되고 PB2를 누르면 초기화된다.
⑥ EOCR1이나 EOCR2가 동작하면 모든 동작이 초기화되고 YL이 점등된다.

2. 도면

(1) 동작 회로도

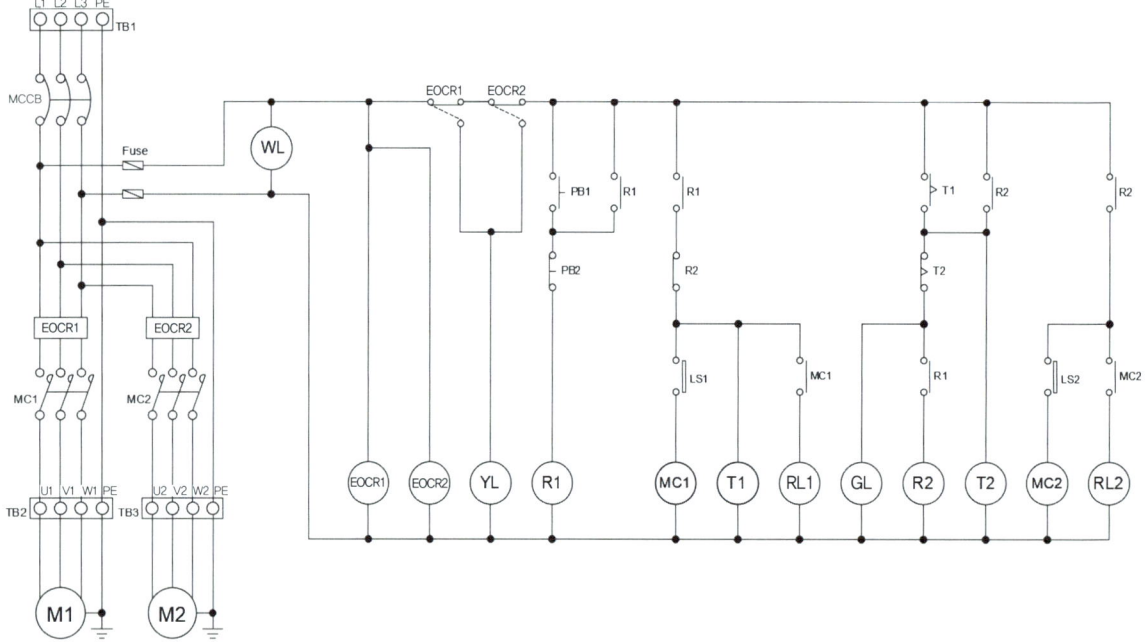

(2) 시험 기구 내부 결선도

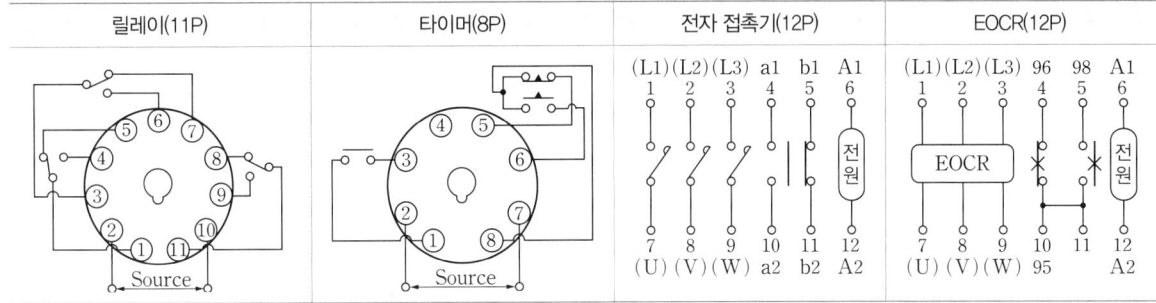

(3) 배관 및 기구 배치도 / 제어판 내부 기구 배치도

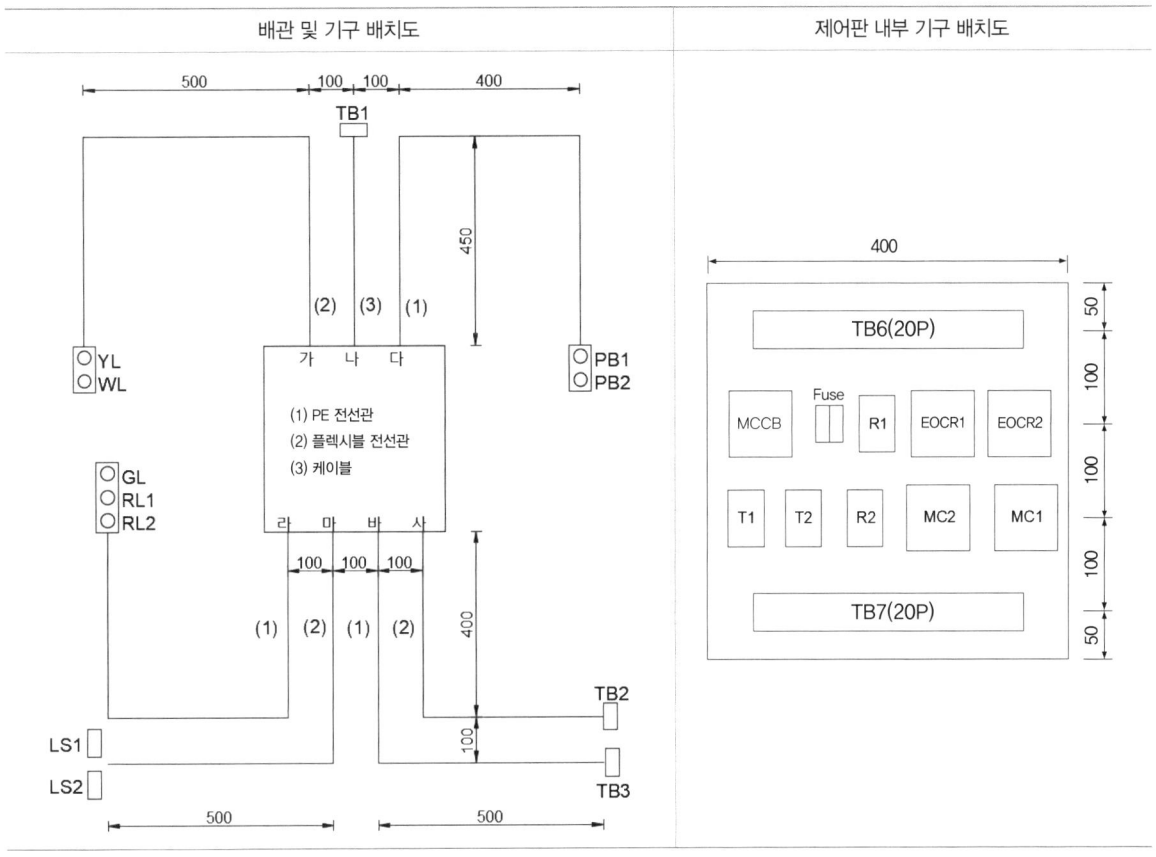

(4) 범례

기호	명칭	기호	명칭	기호	명칭
TB1	전원(단자대 4P)	MC1, 2	전자 접촉기(12P)	RL1, 2	파일럿 램프(적)
TB2, 3	전동기(단자대4P)	R1, 2	릴레이(11P)	GL	파일럿 램프(녹)
MCCB	배선용 차단기(3P)	T1, 2	타이머(8P)	YL, WL	파일럿 램프(황, 백)
F	퓨즈 및 퓨즈홀더	PB1	푸시버튼 스위치(녹)	LS1, 2 (TB4, 5)	리밋 스위치 (단자대로 대체 4P)
EOCR1, 2	과전류 차단기(12P)	PB2	푸시버튼 스위치(적)		
TB6	단자대 20P	TB7	단자대 20P		

세부유형 ⑤

1. 동작

① 배선용 차단기 MCCB에 전원을 투입하면 WL이 점등된다.
② PB1을 누르면 R1과 T1이 여자된다.
③ LS1을 누르면 MC1이 여자되어 RL1이 점등되고 전동기 M1이 동작된다.
④ T1의 설정시간 후 R2와 T2가 여자되어 GL이 점등되고 MC1이 소자되어 M1이 정지되고 RL1은 소등된다. LS2를 누르면 MC2가 여자되어 RL2가 점등되고 전동기 M2가 동작된다.
⑤ T2의 설정시간 후 ③의 동작과 ④의 동작이 반복되고 PB2를 누르면 초기화된다.
⑥ EOCR1이나 EOCR2가 동작하면 모든 동작이 초기화되고 YL이 점등된다.

2. 도면

(1) 동작 회로도

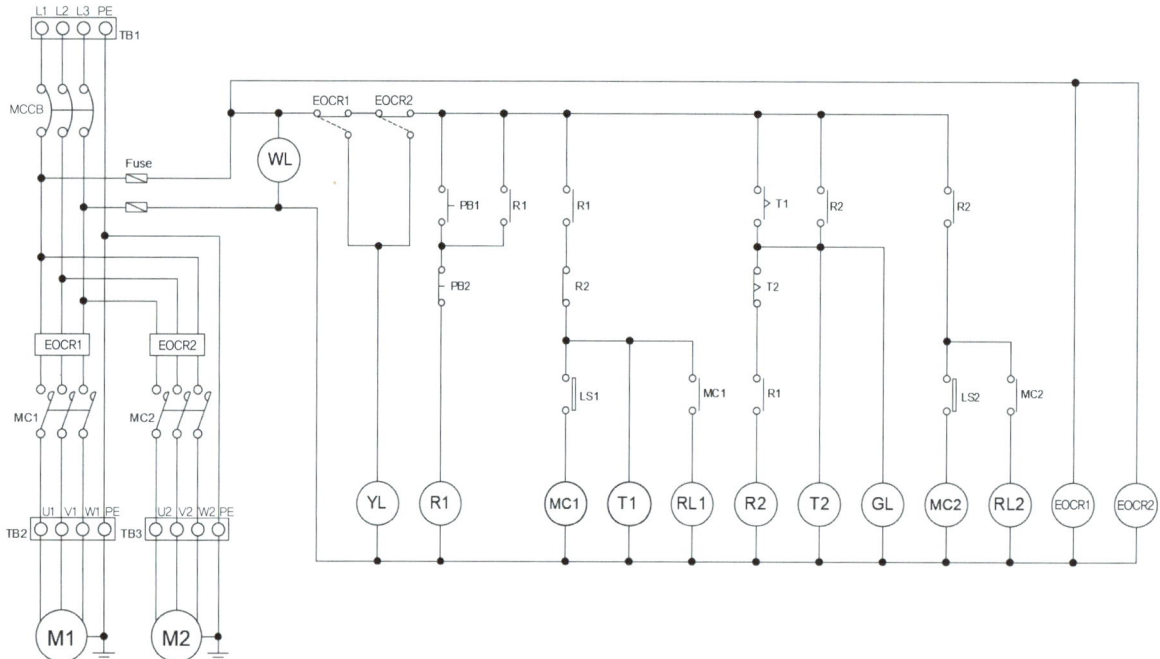

(2) 시험 기구 내부 결선도

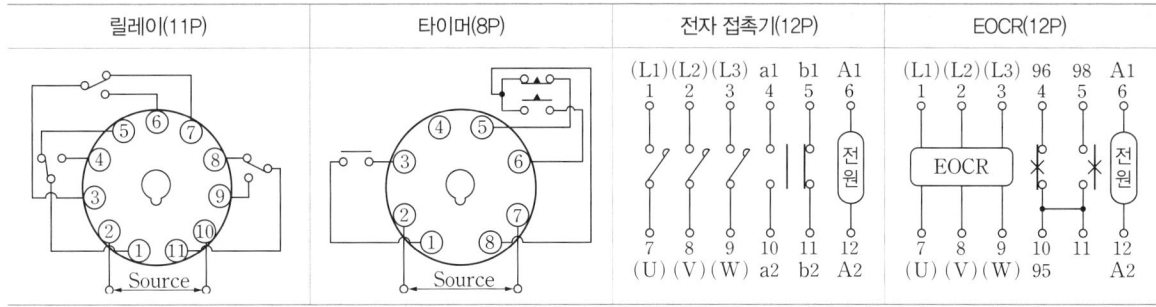

(3) 배관 및 기구 배치도 / 제어판 내부 기구 배치도

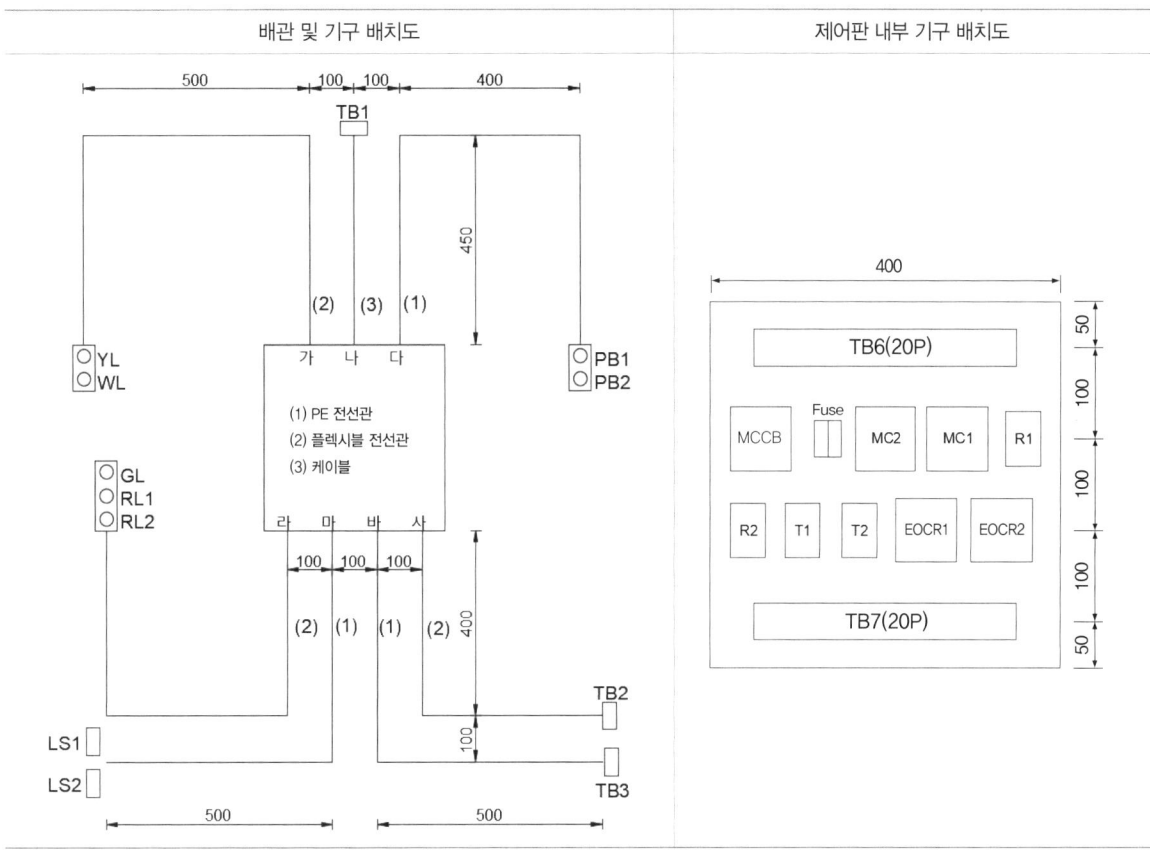

(4) 범례

기호	명칭	기호	명칭	기호	명칭
TB1	전원(단자대 4P)	MC1, 2	전자 접촉기(12P)	RL1, 2	파일럿 램프(적)
TB2, 3	전동기(단자대4P)	R1, 2	릴레이(11P)	GL	파일럿 램프(녹)
MCCB	배선용 차단기(3P)	T1, 2	타이머(8P)	YL, WL	파일럿 램프(황, 백)
F	퓨즈 및 퓨즈홀더	PB1	푸시버튼 스위치(녹)	LS1, 2 (TB4, 5)	리밋 스위치 (단자대로 대체 4P)
EOCR1, 2	과전류 차단기(12P)	PB2	푸시버튼 스위치(적)		
TB6	단자대 20P	TB7	단자대 20P		

13 리프트 자동 제어

세부유형 ①

1. 동작

① MCCB에 전원을 투입하면 WL이 점등된다. PB1을 누르면 MCF가 여자되어 전동기 M이 정회전하고 RL이 점등된다.
② LS1이 동작하면 MCF가 소자, RL이 소등되며 T가 여자되어 T의 설정시간 후 MCR이 여자된다. 그리고 전동기 M이 역회전하고 GL이 점등된다.
③ LS2가 동작하면 MCR이 소자, GL이 소등되며 전동기 M이 정지되고 초기화한다.
④ 전동기 M이 운전 중 PB2를 누르면 전동기 M이 정지된다.
⑤ 전동기 운전 중 EOCR이 동작되면 전동기가 정지되고 YL과 BZ가 교대로 점멸된다.

2. 도면

(1) 동작 회로도

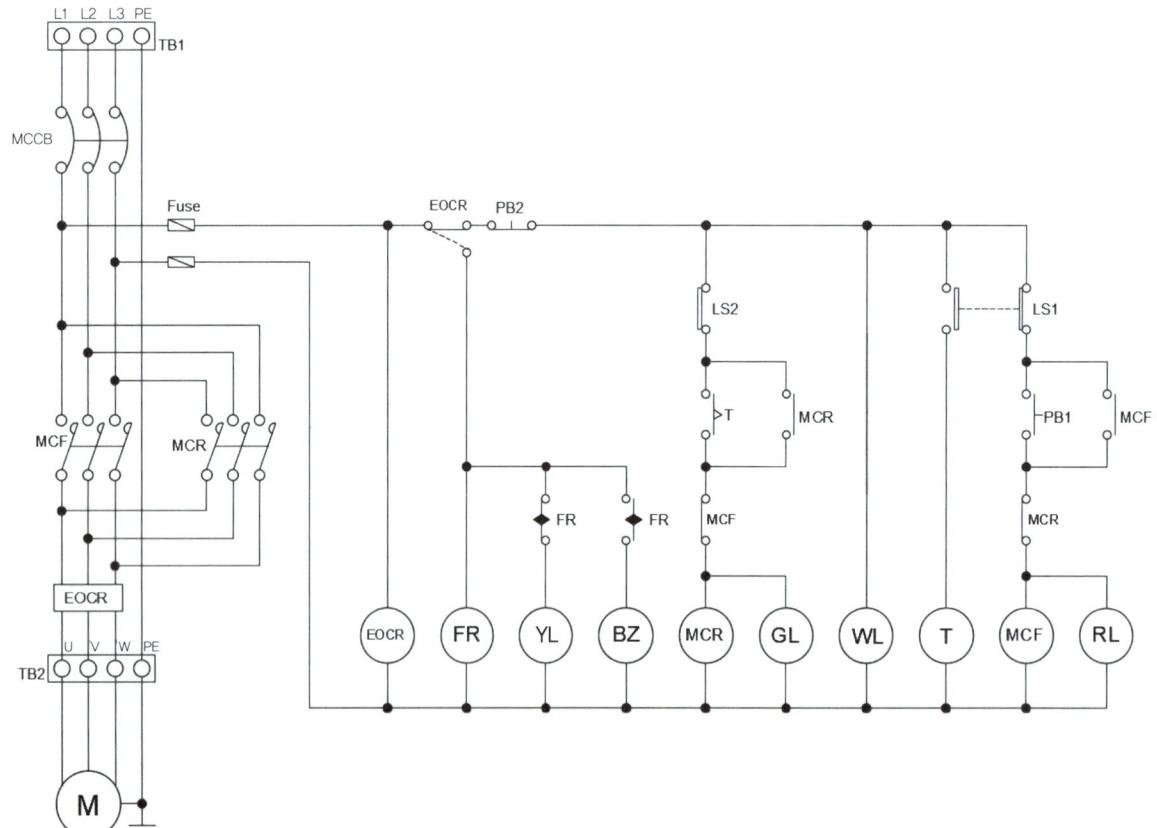

(2) 시험 기구 내부 결선도

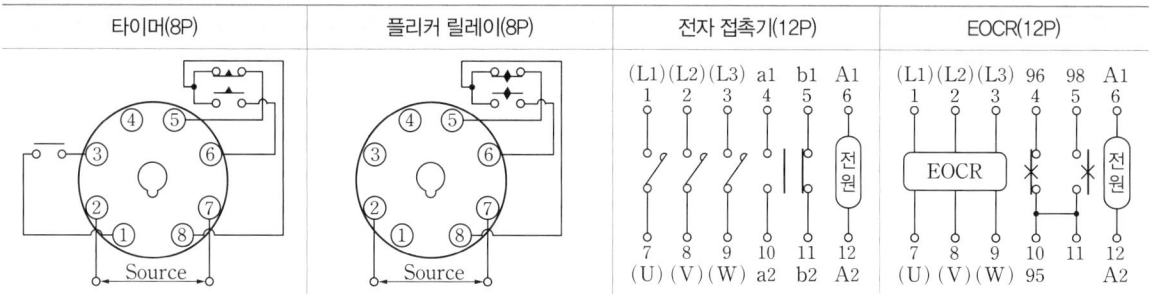

(3) 배관 및 기구 배치도 / 제어판 내부 기구 배치도

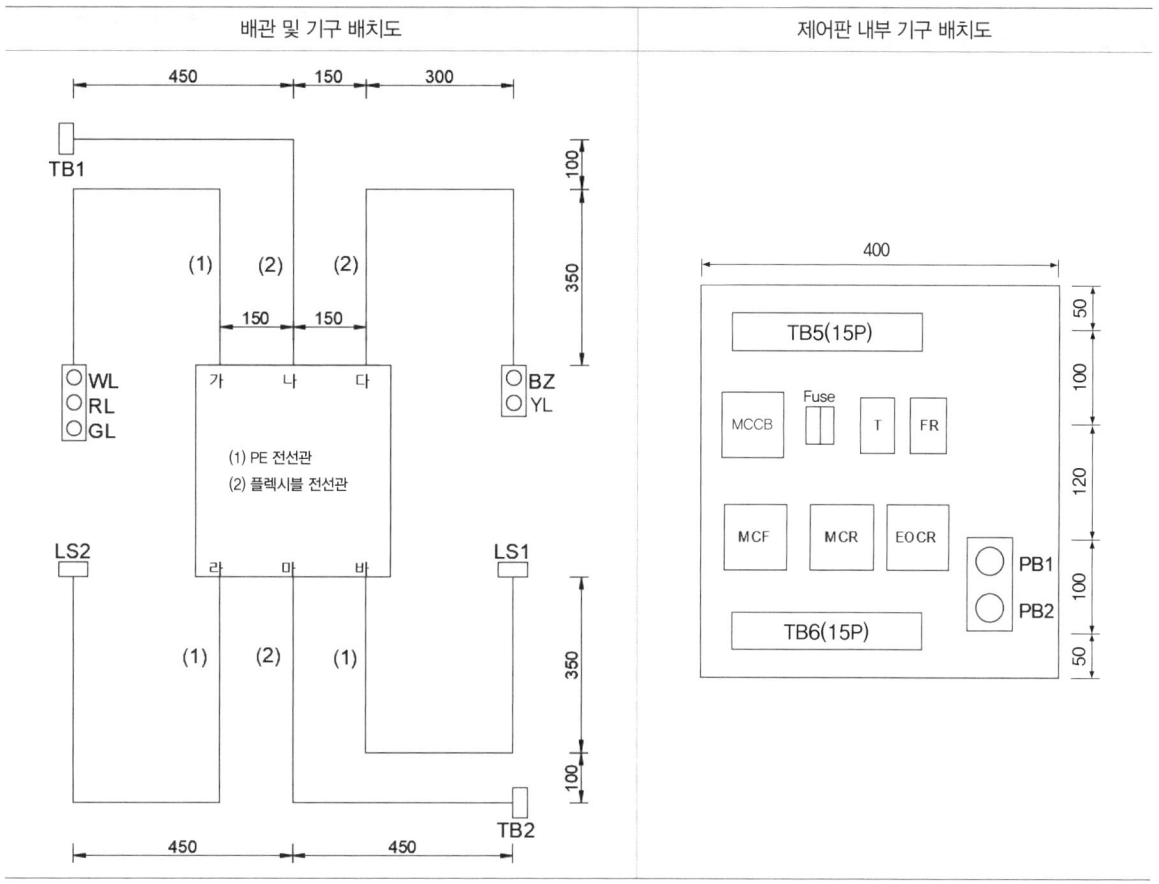

(4) 범례

기호	명칭	기호	명칭	기호	명칭
TB1	전원(단자대 4P)	MCF, R	전자 접촉기(12P)	YL	파일럿 램프(황)
TB2	전동기(단자대 4P)	T	타이머(8P)	WL	파일럿 램프(백)
MCCB	배선용 차단기(3P)	FR	플리커 릴레이(8P)	BZ	부저
F	퓨즈 및 퓨즈홀더	PB1, 2	푸시버튼 스위치(녹, 적)	LS1, 2 (TB3, 4)	리밋 스위치 (단자대로 대체 4P)
EOCR	과전류 차단기(12P)	RL, GL	파일럿 램프(적, 녹)		
TB5	단자대 15P	TB6	단자대 15P		

세부유형 ②

1. 동작

① MCCB에 전원을 투입하면 WL이 점등된다. PB1을 누르면 MCF가 여자되어 전동기 M이 정회전하고 RL이 점등된다.
② LS1이 동작하면 MCF가 소자, RL이 소등되며 T가 여자되어 T의 설정시간 후 MCR이 여자된다. 그리고 전동기 M이 역회전하고 GL이 점등된다.
③ LS2가 동작하면 MCR이 소자, GL이 소등되며 전동기 M이 정지되고 초기화한다.
④ 전동기 M이 운전 중 PB2를 누르면 전동기 M이 정지된다.
⑤ 전동기 운전 중 EOCR이 동작되면 전동기가 정지되고 YL과 BZ가 교대로 점멸된다.

2. 도면

(1) 동작 회로도

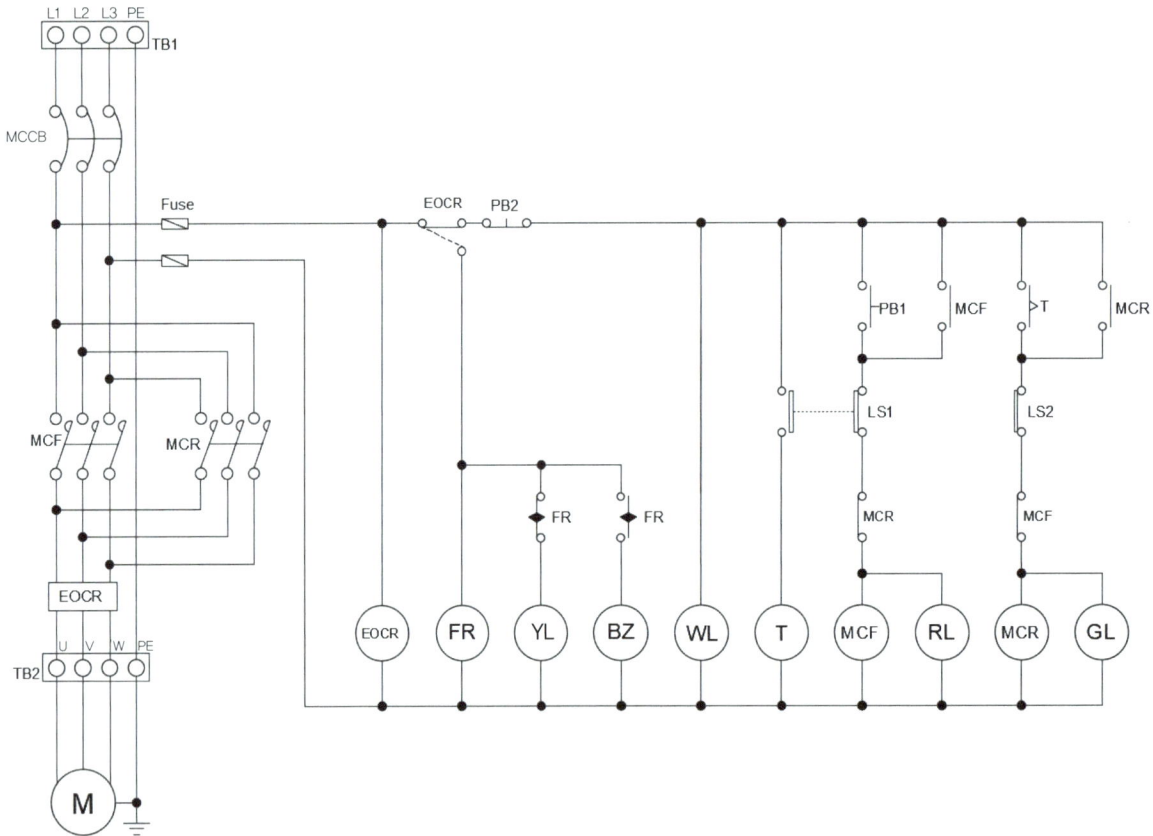

(2) 시험 기구 내부 결선도

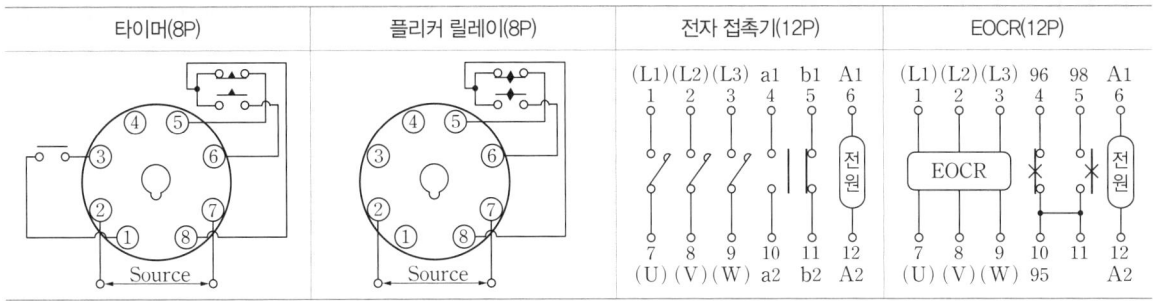

(3) 배관 및 기구 배치도 / 제어판 내부 기구 배치도

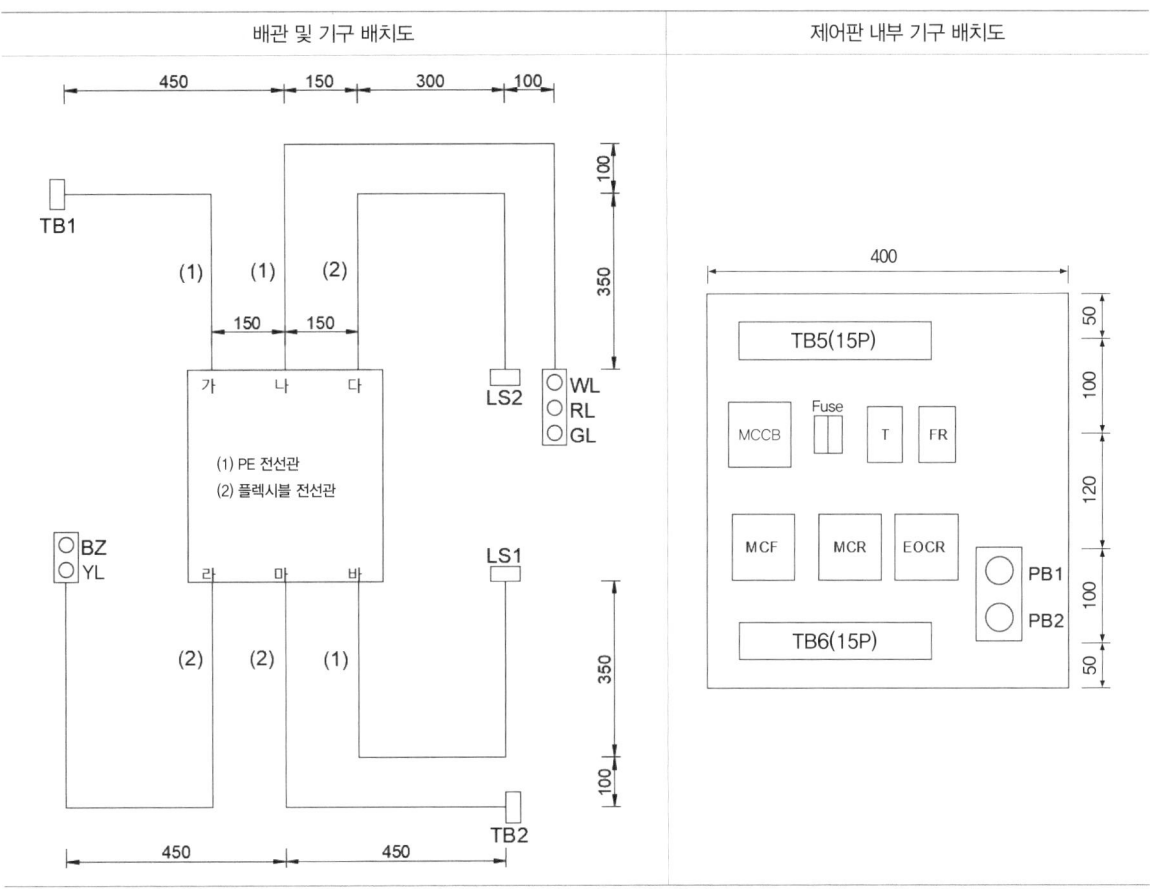

(4) 범례

기호	명칭	기호	명칭	기호	명칭
TB1	전원(단자대 4P)	MCF, R	전자 접촉기(12P)	YL	파일럿 램프(황)
TB2	전동기(단자대 4P)	T	타이머(8P)	WL	파일럿 램프(백)
MCCB	배선용 차단기(3P)	FR	플리커 릴레이(8P)	BZ	부저
F	퓨즈 및 퓨즈홀더	PB1, 2	푸시버튼 스위치(녹, 적)	LS1, 2 (TB3, 4)	리밋 스위치 (단자대로 대체 4P)
EOCR	과전류 차단기(12P)	RL, GL	파일럿 램프(적, 녹)		
TB5	단자대 15P	TB6	단자대 15P		

세부유형 ③

1. 동작

① MCCB에 전원을 투입하면 WL이 점등된다. PB1을 누르면 MCF가 여자되어 전동기 M이 정회전하고 RL이 점등된다.
② LS1이 동작하면 MCF가 소자, RL이 소등되며 T가 여자되어 T의 설정시간 후 MCR이 여자된다. 그리고 전동기 M이 역회전하고 GL이 점등된다.
③ LS2가 동작하면 MCR이 소자, GL이 소등되며 전동기 M이 정지되고 초기화한다.
④ 전동기 M이 운전 중 PB2를 누르면 전동기 M이 정지된다.
⑤ 전동기 운전 중 EOCR이 동작되면 전동기가 정지되고 YL과 BZ가 교대로 점멸된다.

2. 도면

(1) 동작 회로도

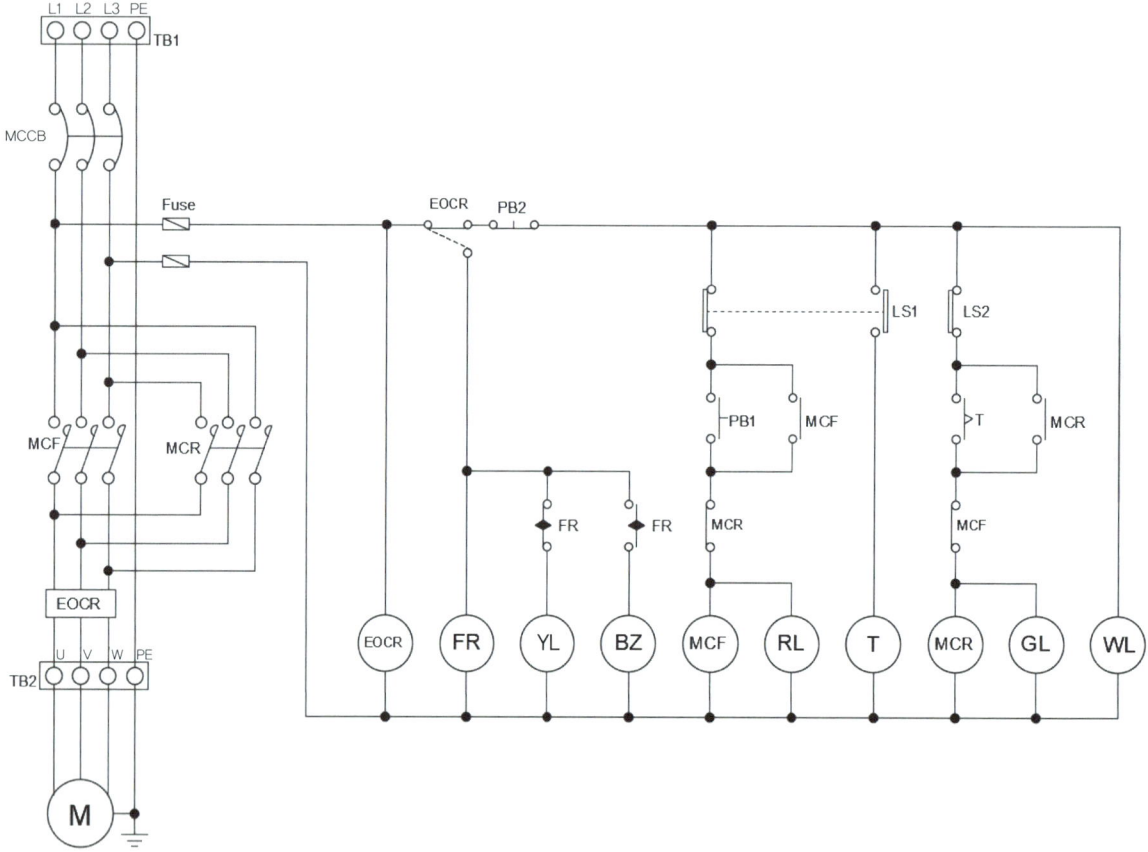

(2) 시험 기구 내부 결선도

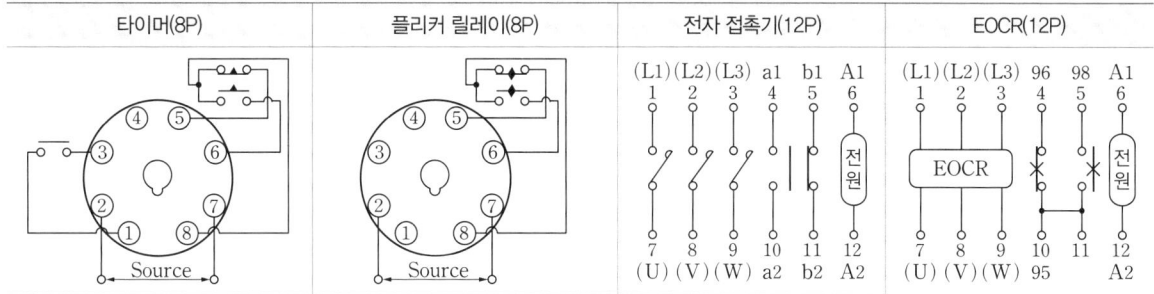

(3) 배관 및 기구 배치도 / 제어판 내부 기구 배치도

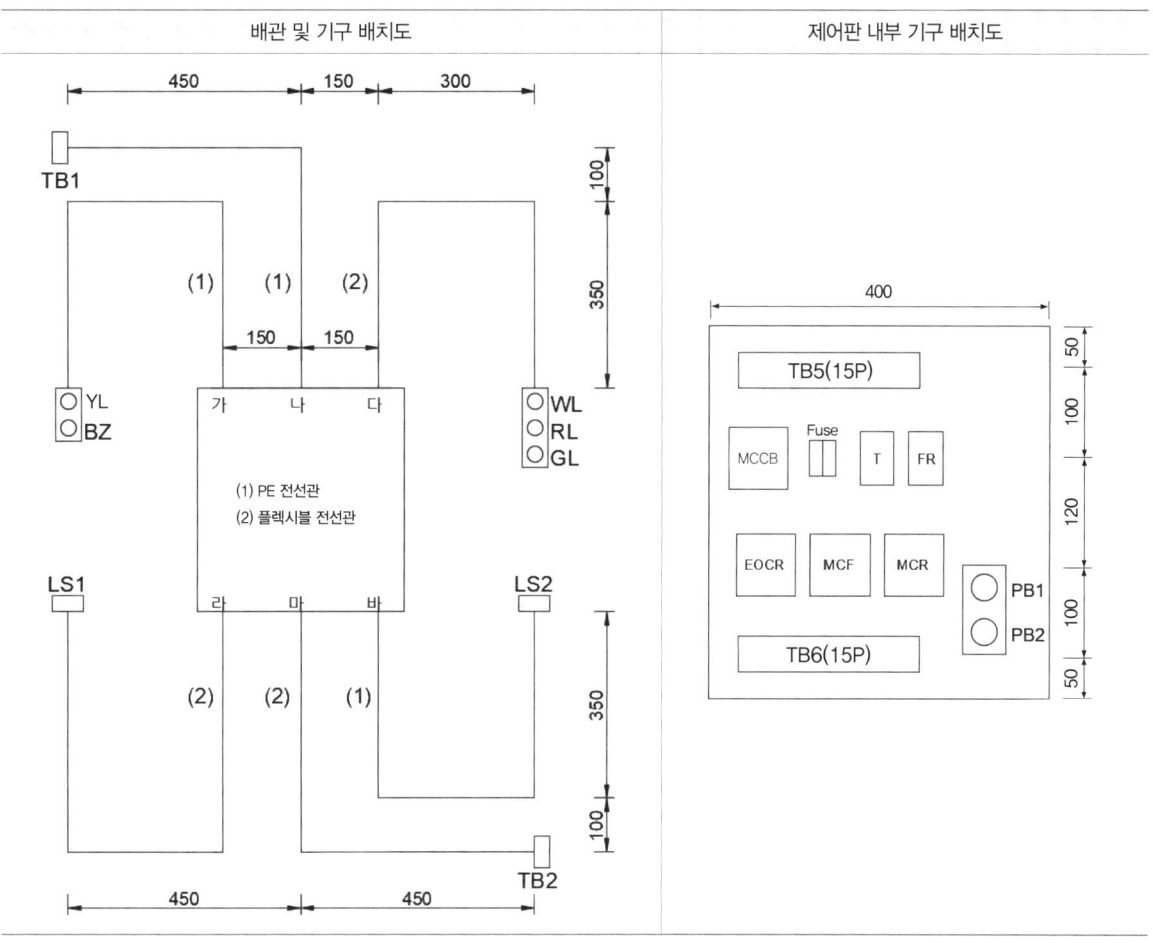

(4) 범례

기호	명칭	기호	명칭	기호	명칭
TB1	전원(단자대 4P)	MCF, R	전자 접촉기(12P)	YL	파일럿 램프(황)
TB2	전동기(단자대 4P)	T	타이머(8P)	WL	파일럿 램프(백)
MCCB	배선용 차단기(3P)	FR	플리커 릴레이(8P)	BZ	부저
F	퓨즈 및 퓨즈홀더	PB1, 2	푸시버튼 스위치(녹, 적)	LS1, 2 (TB3, 4)	리밋 스위치 (단자대로 대체 4P)
EOCR	과전류 차단기(12P)	RL, GL	파일럿 램프(적, 녹)		
TB5	단자대 15P	TB6	단자대 15P		

세부유형 ④

1. 동작

① MCCB에 전원을 투입하면 WL이 점등된다. PB1을 누르면 MCF가 여자되어 전동기 M이 정회전하고 RL이 점등된다.
② LS1이 동작하면 MCF가 소자, RL이 소등되며 T가 여자되어 T의 설정시간 후 MCR이 여자된다. 그리고 전동기 M이 역회전하고 GL이 점등된다.
③ LS2가 동작하면 MCR이 소자, GL이 소등되며 전동기 M이 정지되고 초기화한다.
④ 전동기 M이 운전 중 PB2를 누르면 전동기 M이 정지된다.
⑤ 전동기 운전 중 EOCR이 동작되면 전동기가 정지되고 YL과 BZ가 교대로 점멸된다.

2. 도면

(1) 동작 회로도

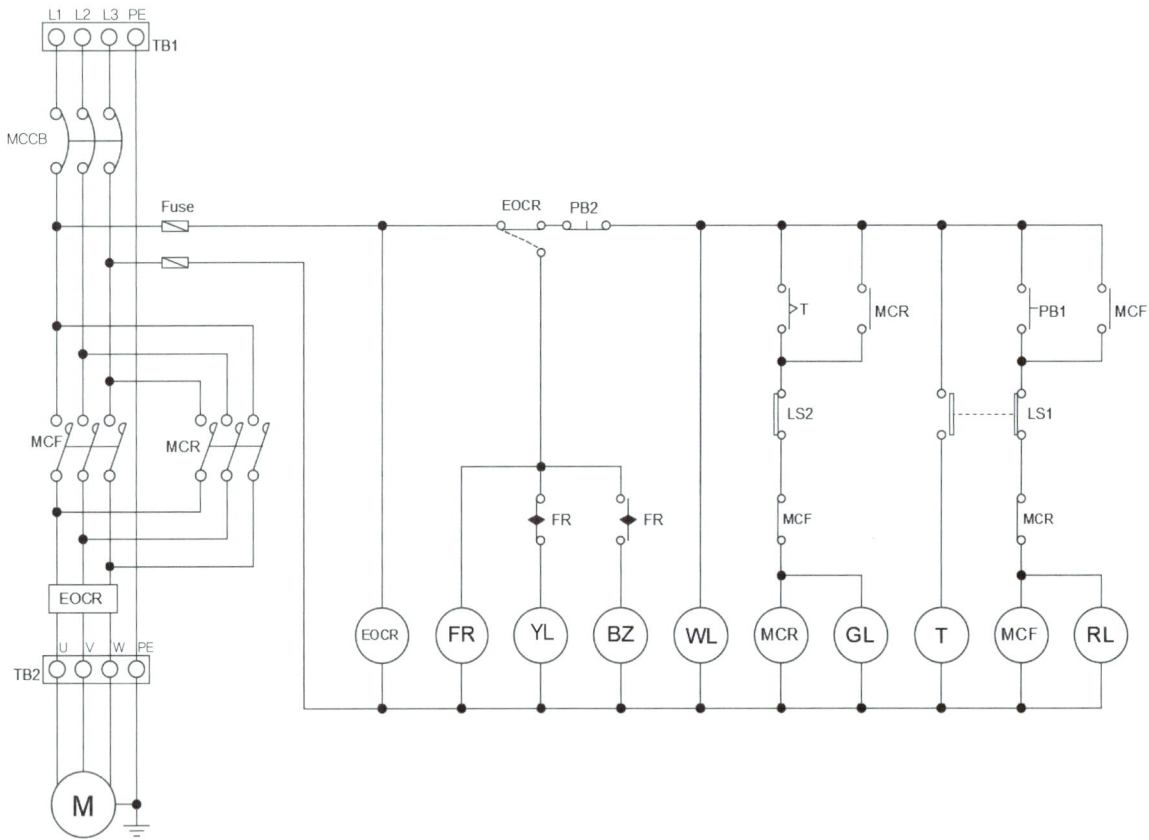

(2) 시험 기구 내부 결선도

타이머(8P)	플리커 릴레이(8P)	전자 접촉기(12P)	EOCR(12P)

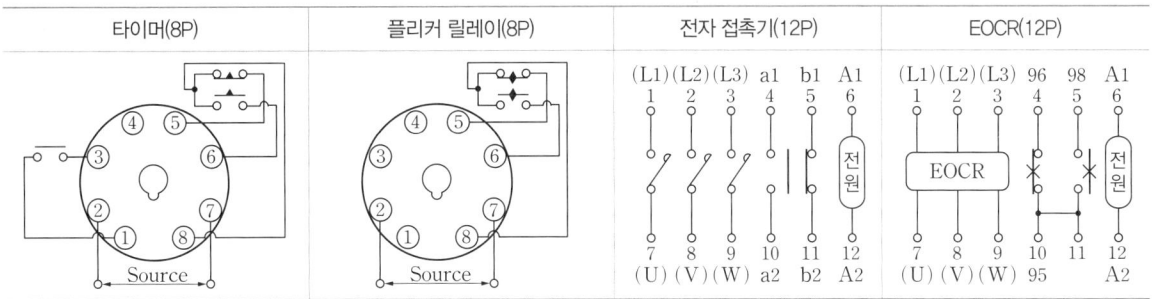

(3) 배관 및 기구 배치도 / 제어판 내부 기구 배치도

배관 및 기구 배치도	제어판 내부 기구 배치도
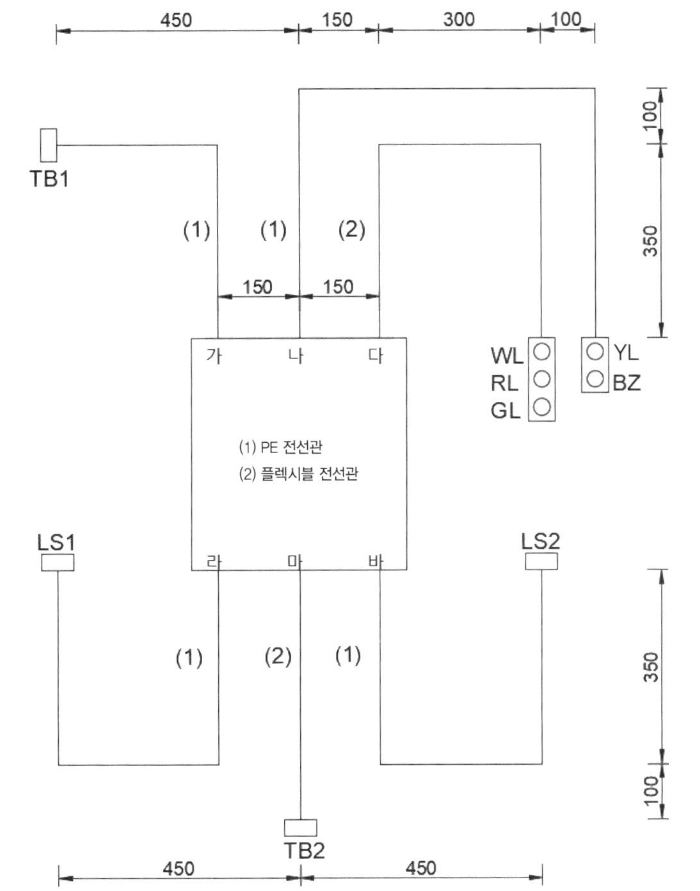	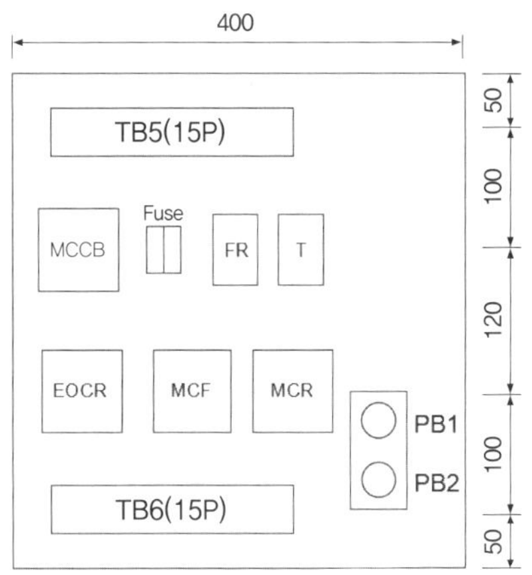

(4) 범례

기호	명칭	기호	명칭	기호	명칭
TB1	전원(단자대 4P)	MCF, R	전자 접촉기(12P)	YL	파일럿 램프(황)
TB2	전동기(단자대 4P)	T	타이머(8P)	WL	파일럿 램프(백)
MCCB	배선용 차단기(3P)	FR	플리커 릴레이(8P)	BZ	부저
F	퓨즈 및 퓨즈홀더	PB1, 2	푸시버튼 스위치(녹, 적)	LS1, 2 (TB3, 4)	리밋 스위치 (단자대로 대체 4P)
EOCR	과전류 차단기(12P)	RL, GL	파일럿 램프(적, 녹)		
TB5	단자대 15P	TB6	단자대 15P		

세부유형 ⑤

1. 동작

① MCCB에 전원을 투입하면 WL이 점등된다. PB1을 누르면 MCF가 여자되어 전동기 M이 정회전하고 RL이 점등된다.

② LS1이 동작하면 MCF가 소자, RL이 소등되며 T가 여자되어 T의 설정시간 후 MCR이 여자된다. 그리고 전동기 M이 역회전하고 GL이 점등된다.

③ LS2가 동작하면 MCR이 소자, GL이 소등되며 전동기 M이 정지되고 초기화한다.

④ 전동기 M이 운전 중 PB2를 누르면 전동기 M이 정지된다.

⑤ 전동기 운전 중 EOCR이 동작되면 전동기가 정지되고 YL과 BZ가 교대로 점멸된다.

2. 도면

(1) 동작 회로도

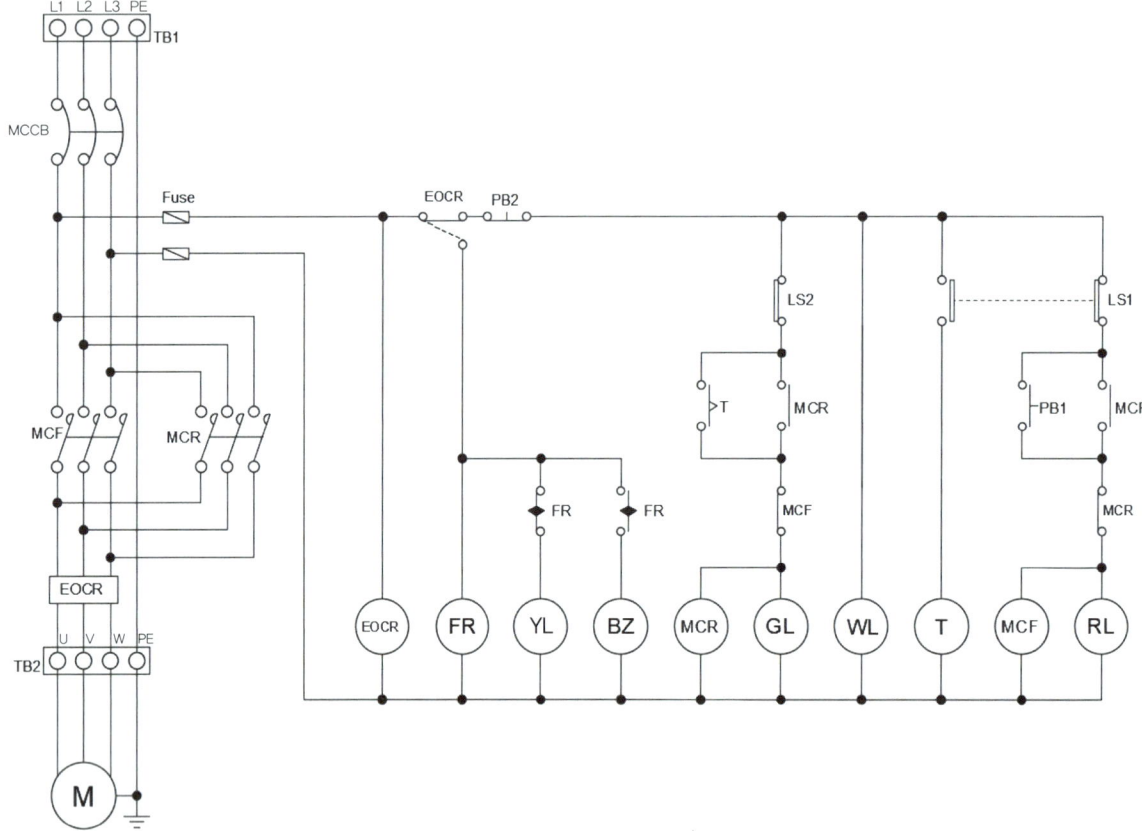

(2) 시험 기구 내부 결선도

타이머(8P)	플리커 릴레이(8P)	전자 접촉기(12P)	EOCR(12P)

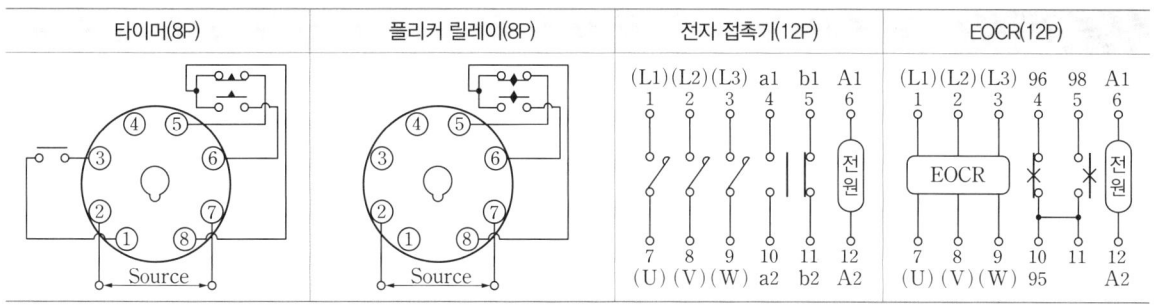

(3) 배관 및 기구 배치도 / 제어판 내부 기구 배치도

배관 및 기구 배치도	제어판 내부 기구 배치도
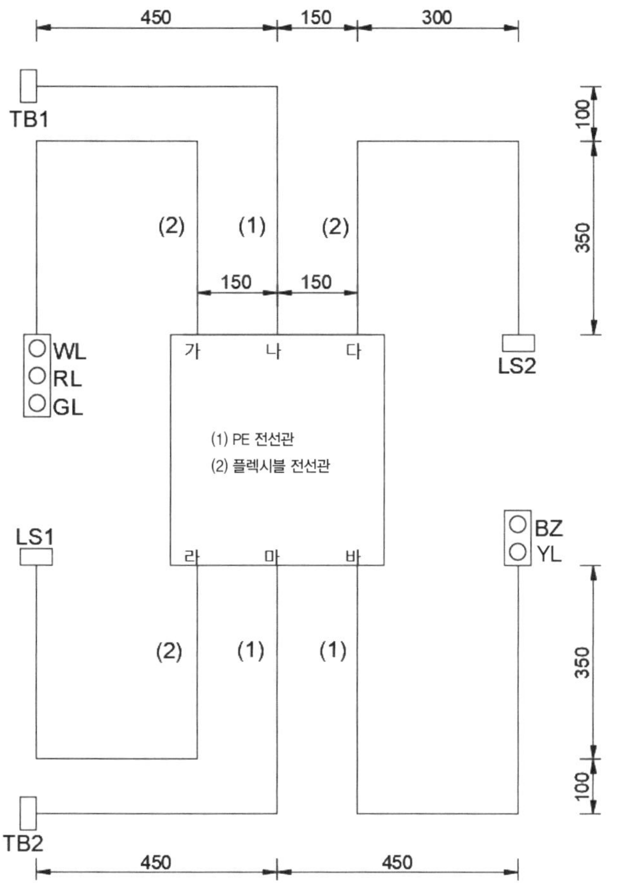	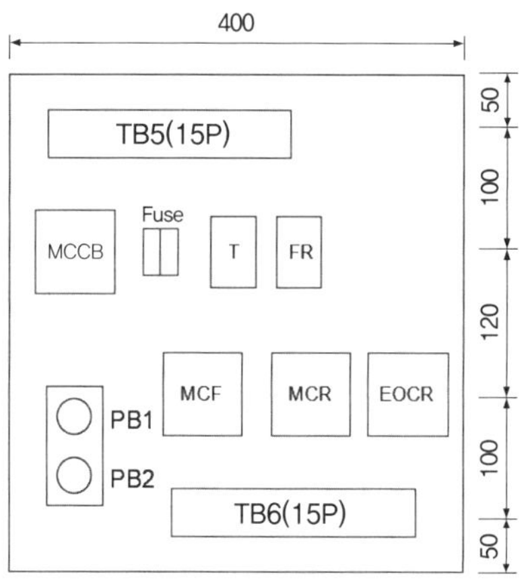

(4) 범례

기호	명칭	기호	명칭	기호	명칭
TB1	전원(단자대 4P)	MCF, R	전자 접촉기(12P)	YL	파일럿 램프(황)
TB2	전동기(단자대 4P)	T	타이머(8P)	WL	파일럿 램프(백)
MCCB	배선용 차단기(3P)	FR	플리커 릴레이(8P)	BZ	부저
F	퓨즈 및 퓨즈홀더	PB1, 2	푸시버튼 스위치(녹, 적)	LS1, 2 (TB3, 4)	리밋 스위치 (단자대로 대체 4P)
EOCR	과전류 차단기(12P)	RL, GL	파일럿 램프(적, 녹)		
TB5	단자대 15P	TB6	단자대 15P		

14 급배수 처리장치

세부유형 ①

1. 동작

① SS(왼쪽: M(수동))일 때
- PB2를 누르면 MC1이 여자, GL이 점등되고 M1(급수)이 동작되고 PB1을 누르면 초기화된다.
- PB4를 누르면 MC2가 여자, RL이 점등되고 M2(배수)가 동작되고 PB3를 누르면 초기화된다.

② SS(오른쪽: A(자동))일 때
- 급수일 때 저수 시 X가 여자, FLS1이 소자, MC1이 여자, GL이 점등되고 M1이 동작된다.
- 배수일 때 만수 시 X가 여자, FLS2가 여자, MC2가 여자, RL이 점등되고 M2가 동작된다.(전동기 정지: 급수 FLS1 여자, 배수 FLS2 소자)

③ EOCR이 동작할 때 YL이 점등된다.

2. 도면

(1) 동작 회로도

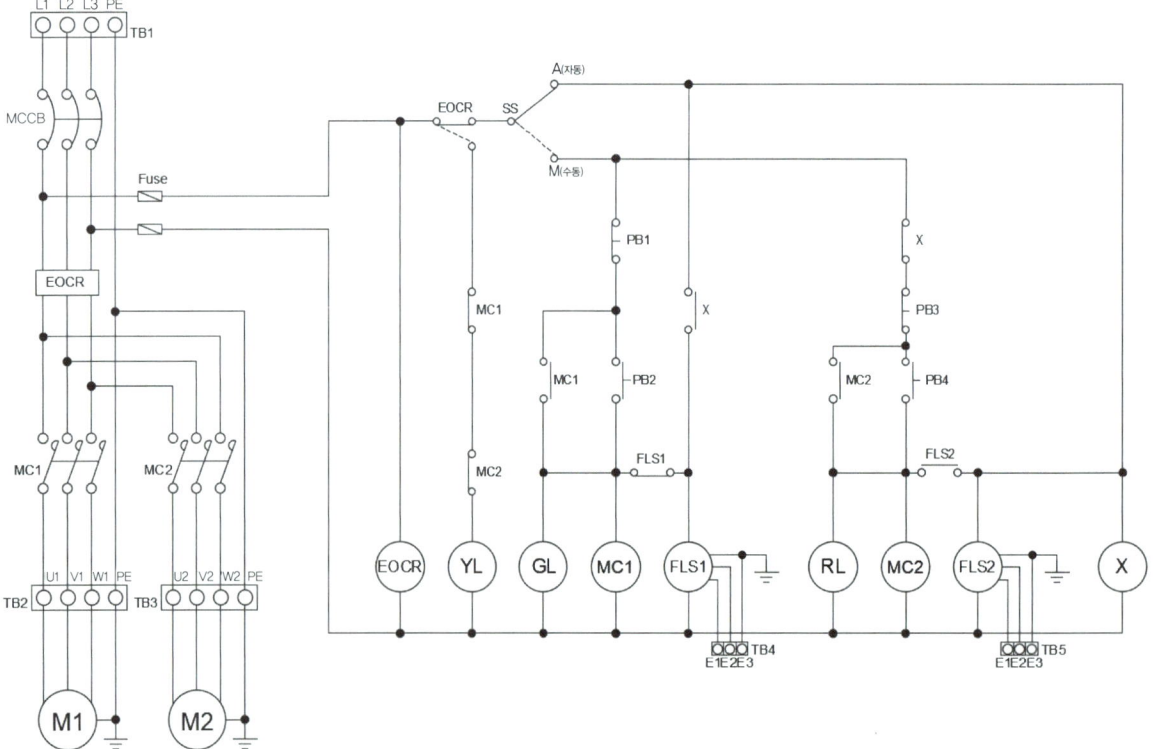

(2) 시험 기구 내부 결선도

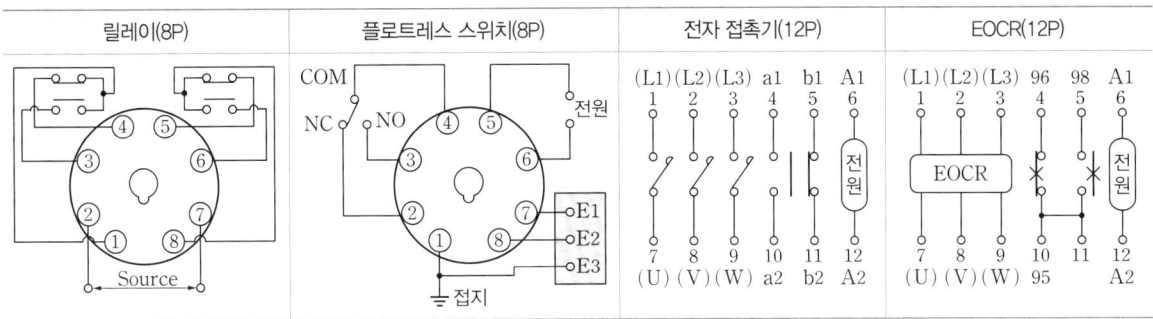

(3) 배관 및 기구 배치도 / 제어판 내부 기구 배치도

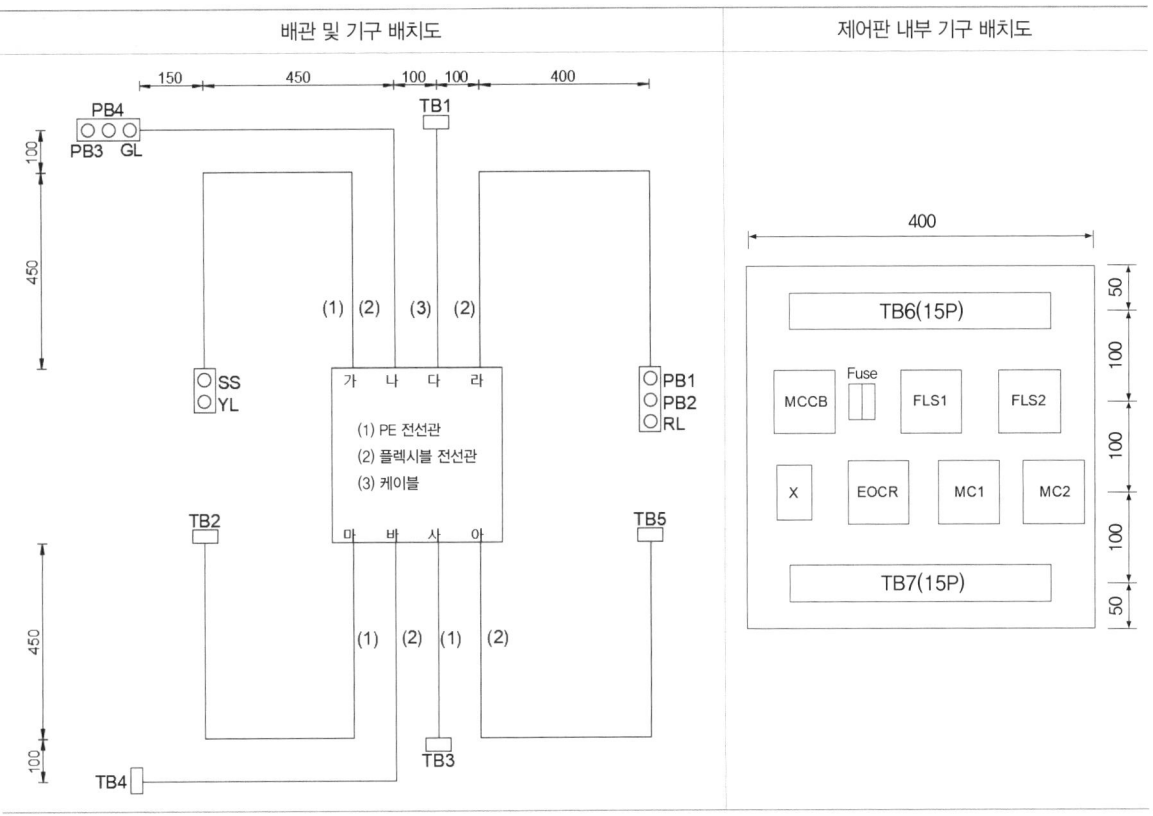

(4) 범례

기호	명칭	기호	명칭	기호	명칭
TB1	전원(단자대 4P)	F	퓨즈 및 퓨즈홀더	PB1, 3	푸시버튼 스위치(적)
TB2	급수 전동기(4P)	EOCR	과전류 차단기(12P)	PB2, 4	푸시버튼 스위치(녹)
TB3	배수 전동기(4P)	MC1, 2	전자 접촉기(12P)	SS	셀렉터 스위치(2단)
TB4, 5	플로트레스(단자대 대체)	X	릴레이(8P)	RL, GL	파일럿 램프(적, 녹)
MCCB	배선용 차단기(3P)	FLS1, 2	플로트레스 스위치(8P)	YL	파일럿 램프(황)
TB6	단자대 15P	TB7	단자대 15P		

세부유형 ②

1. 동작

① SS(왼쪽: M(수동))일 때
- PB2를 누르면 MC1이 여자, GL이 점등되고 M1(급수)이 동작되고 PB1을 누르면 초기화된다.
- PB4를 누르면 MC2가 여자, RL이 점등되고 M2(배수)가 동작되고 PB3를 누르면 초기화된다.

② SS(오른쪽: A(자동))일 때
- 급수일 때 저수 시 X가 여자, FLS1이 소자, MC1이 여자, GL이 점등되고 M1이 동작된다.
- 배수일 때 만수 시 X가 여자, FLS2가 여자, MC2가 여자, RL이 점등되고 M2가 동작된다.(전동기 정지: 급수 FLS1 여자, 배수 FLS2 소자)

③ EOCR이 동작할 때 YL이 점등된다.

2. 도면

(1) 동작 회로도

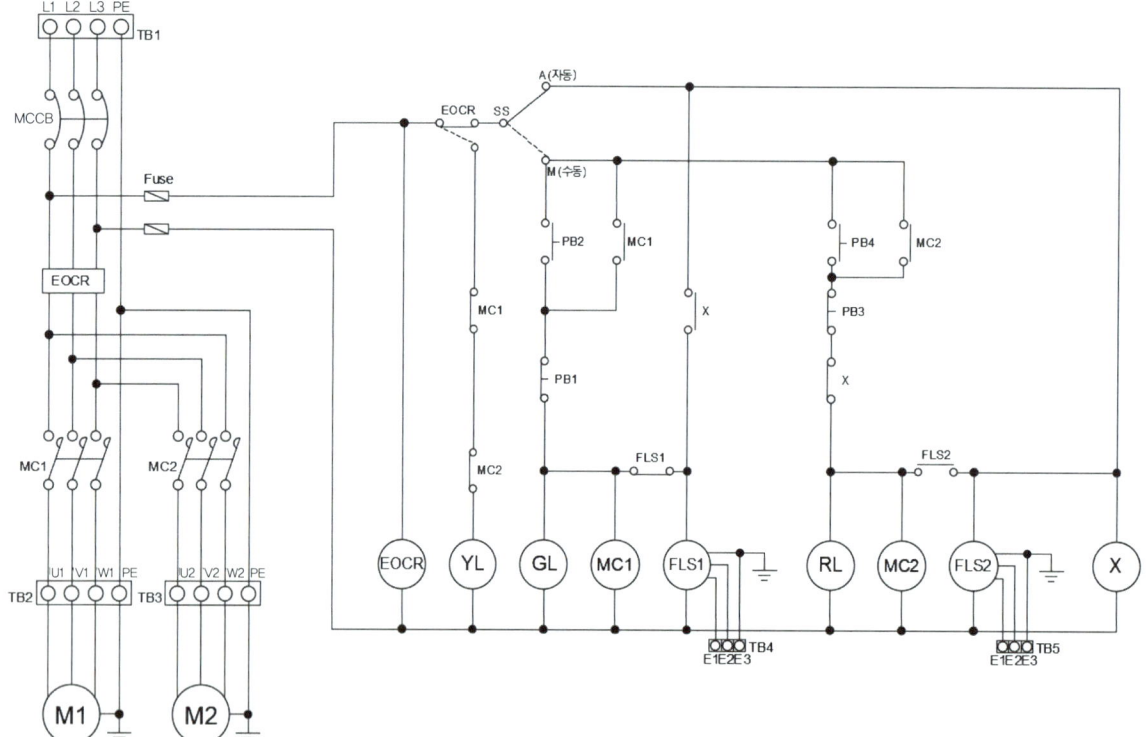

(2) 시험 기구 내부 결선도

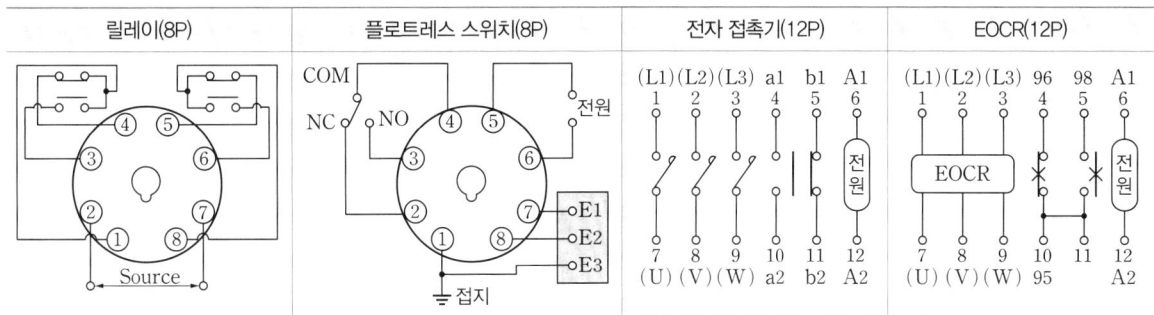

(3) 배관 및 기구 배치도 / 제어판 내부 기구 배치도

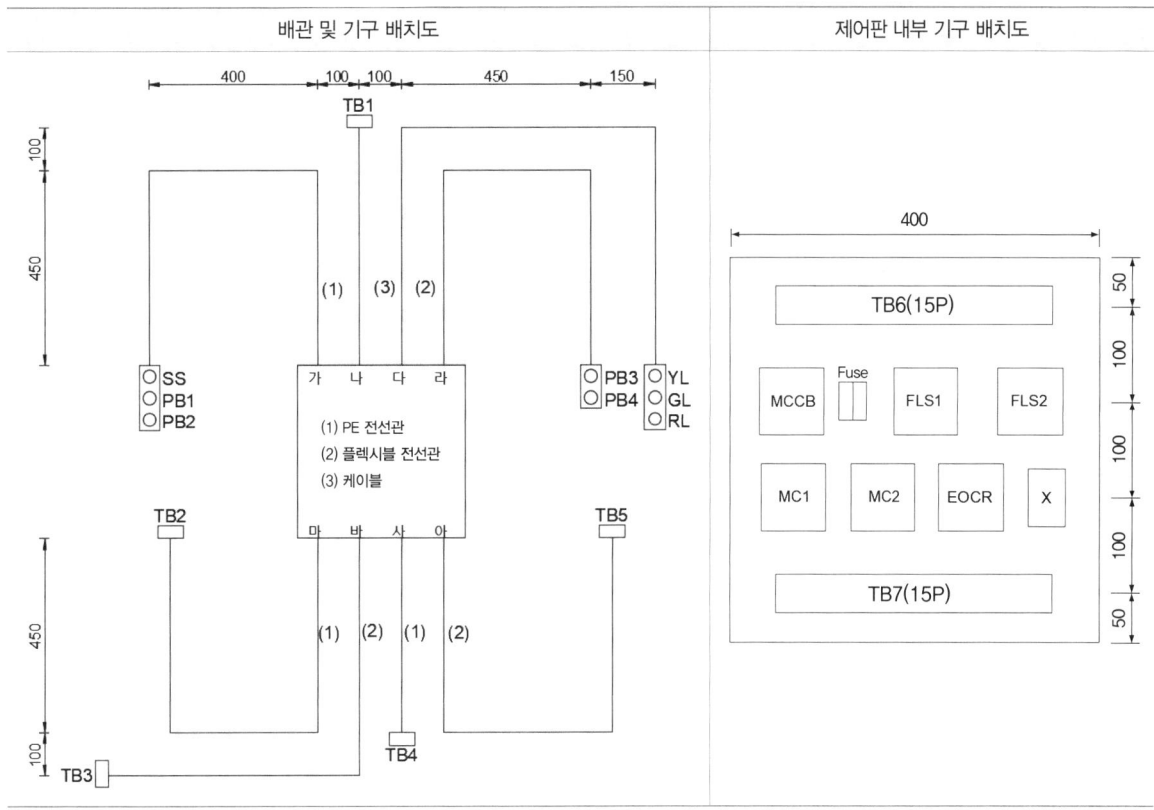

(4) 범례

기호	명칭	기호	명칭	기호	명칭
TB1	전원(단자대 4P)	F	퓨즈 및 퓨즈홀더	PB1, 3	푸시버튼 스위치(적)
TB2	급수 전동기(4P)	EOCR	과전류 차단기(12P)	PB2, 4	푸시버튼 스위치(녹)
TB3	배수 전동기(4P)	MC1, 2	전자 접촉기(12P)	SS	셀렉터 스위치(2단)
TB4, 5	플로트레스(단자대 대체)	X	릴레이(8P)	RL, GL	파일럿 램프(적, 녹)
MCCB	배선용 차단기(3P)	FLS1, 2	플로트레스 스위치(8P)	YL	파일럿 램프(황)
TB6	단자대 15P	TB7	단자대 15P		

세부유형 ③

1. 동작

① SS(왼쪽: M(수동))일 때
- PB2를 누르면 MC1이 여자, GL이 점등되고 M1(급수)이 동작되고 PB1을 누르면 초기화된다.
- PB4를 누르면 MC2가 여자, RL이 점등되고 M2(배수)가 동작되고 PB3를 누르면 초기화된다.

② SS(오른쪽: A(자동))일 때
- 급수일 때 저수 시 X가 여자, FLS1이 소자, MC1이 여자, GL이 점등되고 M1이 동작된다.
- 배수일 때 만수 시 X가 여자, FLS2가 여자, MC2가 여자, RL이 점등되고 M2가 동작된다.(전동기 정지: 급수 FLS1 여자, 배수 FLS2 소자)

③ EOCR이 동작할 때 YL이 점등된다.

2. 도면

(1) 동작 회로도

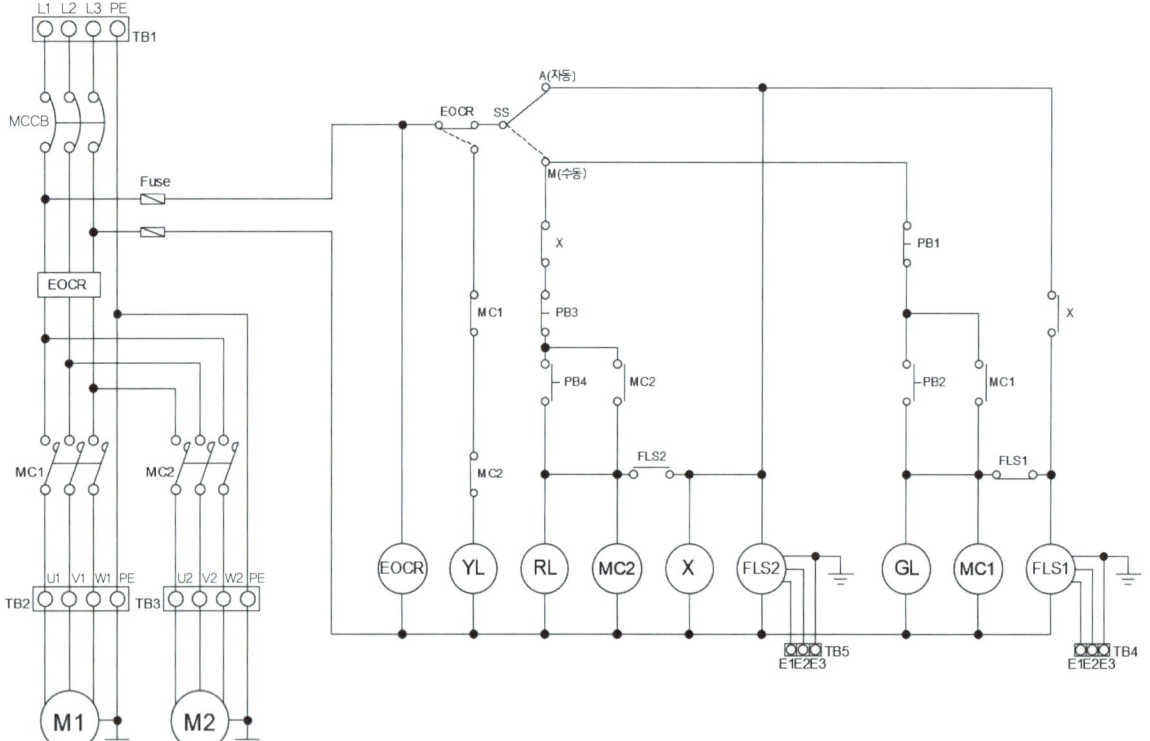

(2) 시험 기구 내부 결선도

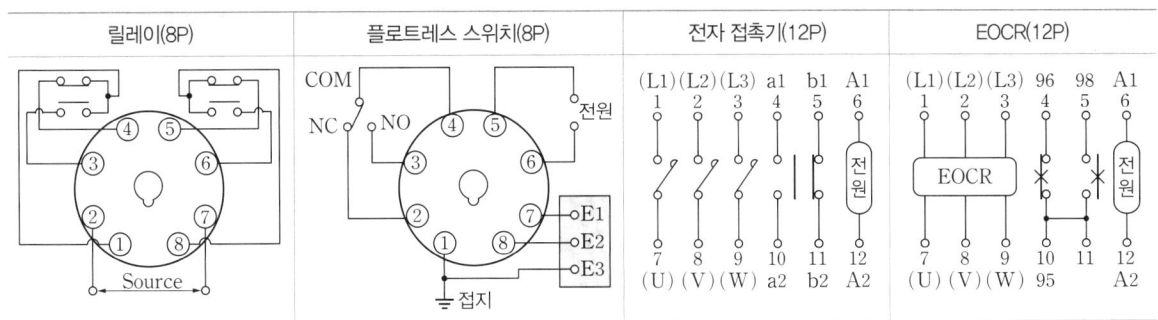

(3) 배관 및 기구 배치도 / 제어판 내부 기구 배치도

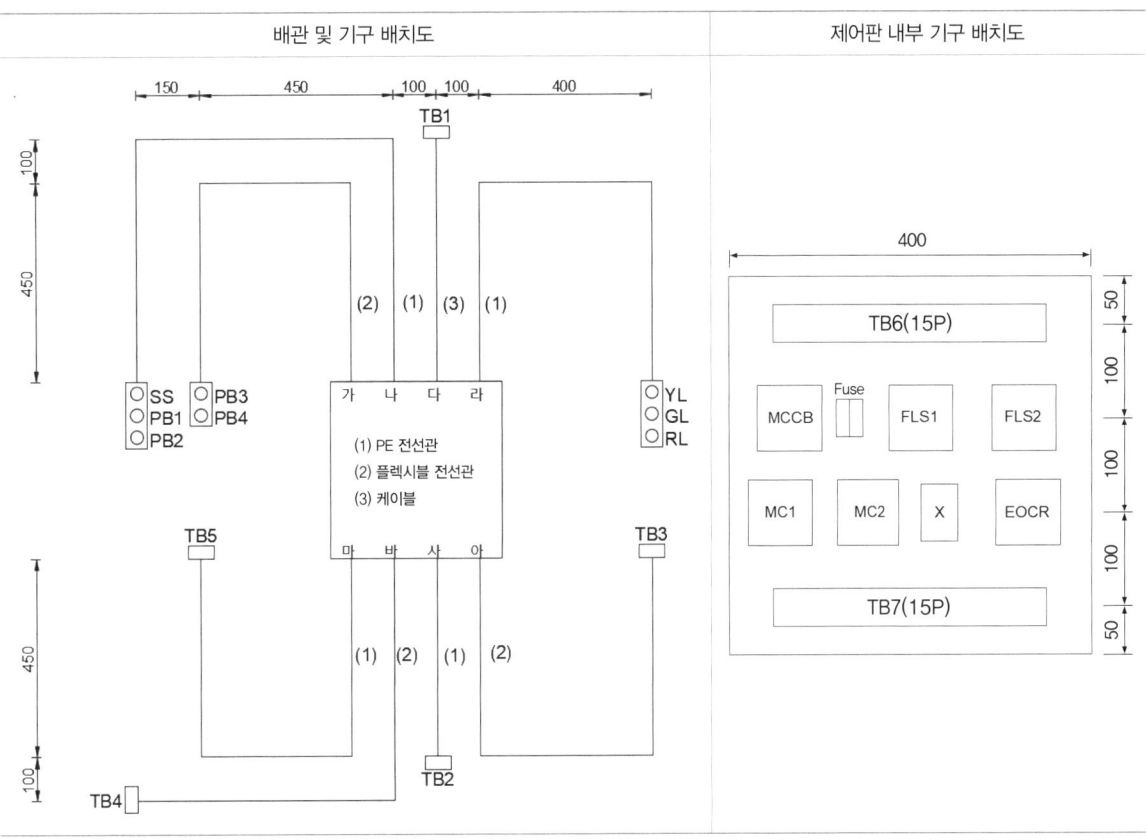

(4) 범례

기호	명칭	기호	명칭	기호	명칭
TB1	전원(단자대 4P)	F	퓨즈 및 퓨즈홀더	PB1, 3	푸시버튼 스위치(적)
TB2	급수 전동기(4P)	EOCR	과전류 차단기(12P)	PB2, 4	푸시버튼 스위치(녹)
TB3	배수 전동기(4P)	MC1, 2	전자 접촉기(12P)	SS	셀렉터 스위치(2단)
TB4, 5	플로트레스(단자대 대체)	X	릴레이(8P)	RL, GL	파일럿 램프(적, 녹)
MCCB	배선용 차단기(3P)	FLS1, 2	플로트레스 스위치(8P)	YL	파일럿 램프(황)
TB6	단자대 15P	TB7	단자대 15P		

세부유형 ④

1. 동작

① SS(왼쪽: M(수동))일 때
- PB2를 누르면 MC1이 여자, GL이 점등되고 M1(급수)이 동작되고 PB1을 누르면 초기화된다.
- PB4를 누르면 MC2가 여자, RL이 점등되고 M2(배수)가 동작되고 PB3를 누르면 초기화된다.

② SS(오른쪽: A(자동))일 때
- 급수일 때 저수 시 X가 여자, FLS1이 소자, MC1이 여자, GL이 점등되고 M1이 동작된다.
- 배수일 때 만수 시 X가 여자, FLS2가 여자, MC2가 여자, RL이 점등되고 M2가 동작된다.(전동기 정지: 급수 FLS1 여자, 배수 FLS2 소자)

③ EOCR이 동작할 때 YL이 점등된다.

2. 도면

(1) 동작 회로도

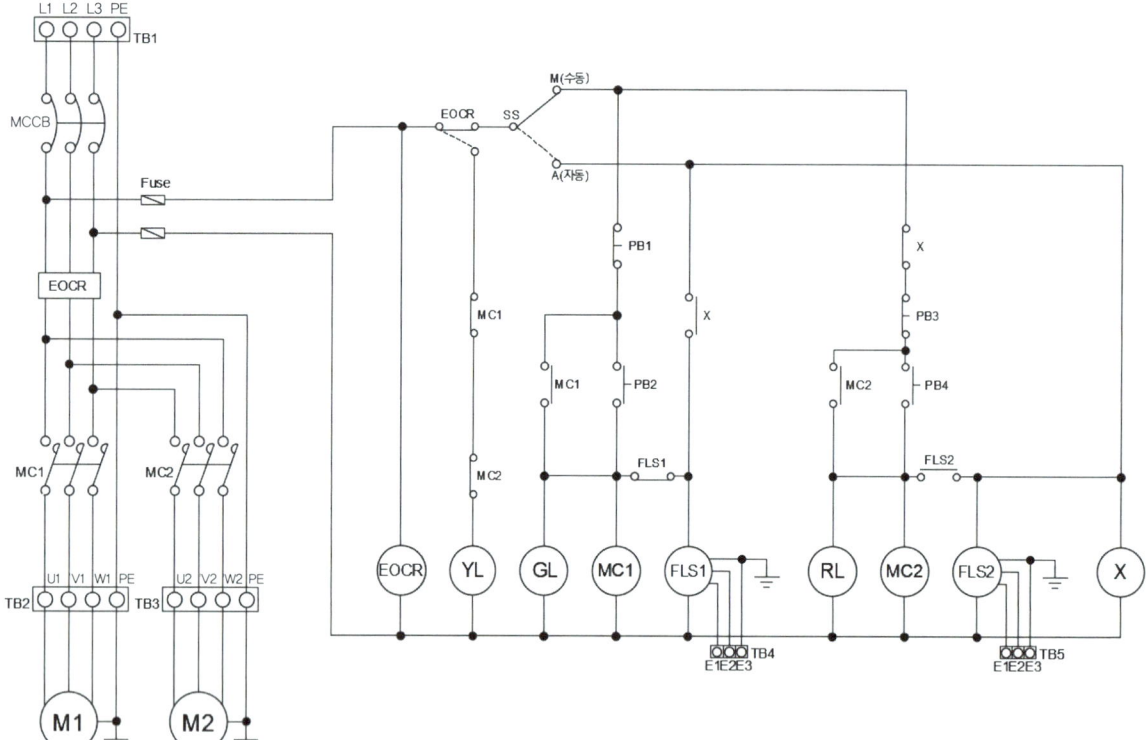

(2) 시험 기구 내부 결선도

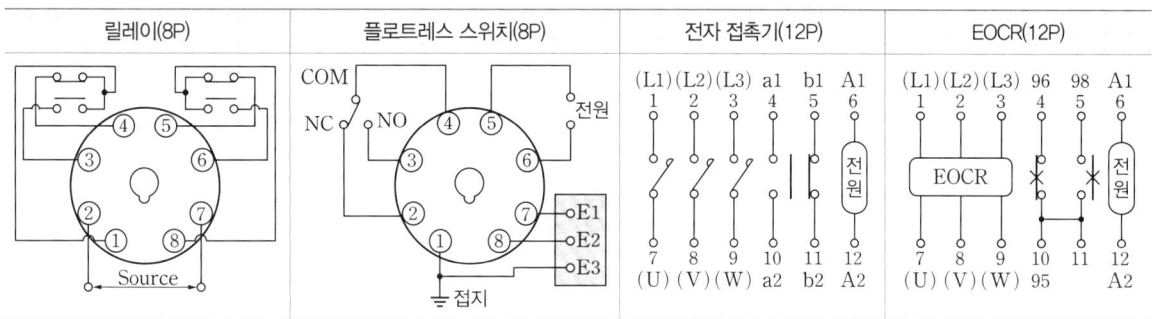

(3) 배관 및 기구 배치도 / 제어판 내부 기구 배치도

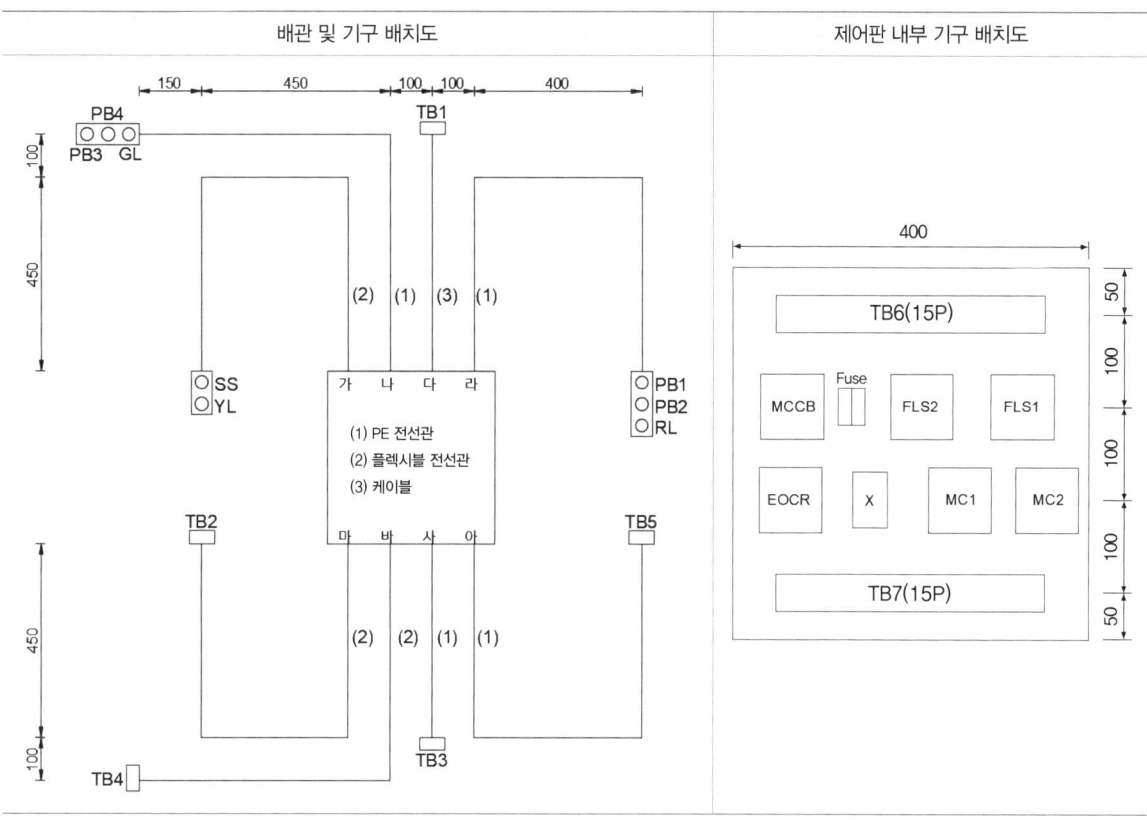

(4) 범례

기호	명칭	기호	명칭	기호	명칭
TB1	전원(단자대 4P)	F	퓨즈 및 퓨즈홀더	PB1, 3	푸시버튼 스위치(적)
TB2	급수 전동기(4P)	EOCR	과전류 차단기(12P)	PB2, 4	푸시버튼 스위치(녹)
TB3	배수 전동기(4P)	MC1, 2	전자 접촉기(12P)	SS	셀렉터 스위치(2단)
TB4, 5	플로트레스(단자대 대체)	X	릴레이(8P)	RL, GL	파일럿 램프(적, 녹)
MCCB	배선용 차단기(3P)	FLS1, 2	플로트레스 스위치(8P)	YL	파일럿 램프(황)
TB6	단자대 15P	TB7	단자대 15P		

세부유형 ⑤

1. 동작

① SS(왼쪽: M(수동))일 때
- PB2를 누르면 MC1이 여자, GL이 점등되고 M1(급수)이 동작되고 PB1을 누르면 초기화된다.
- PB4를 누르면 MC2가 여자, RL이 점등되고 M2(배수)가 동작되고 PB3를 누르면 초기화된다.

② SS(오른쪽: A(자동))일 때
- 급수일 때 저수 시 X가 여자, FLS1이 소자, MC1이 여자, GL이 점등되고 M1이 동작된다.
- 배수일 때 만수 시 X가 여자, FLS2가 여자, MC2가 여자, RL이 점등되고 M2가 동작된다.(전동기 정지: 급수 FLS1 여자, 배수 FLS2 소자)

③ EOCR이 동작할 때 YL이 점등된다.

2. 도면

(1) 동작 회로도

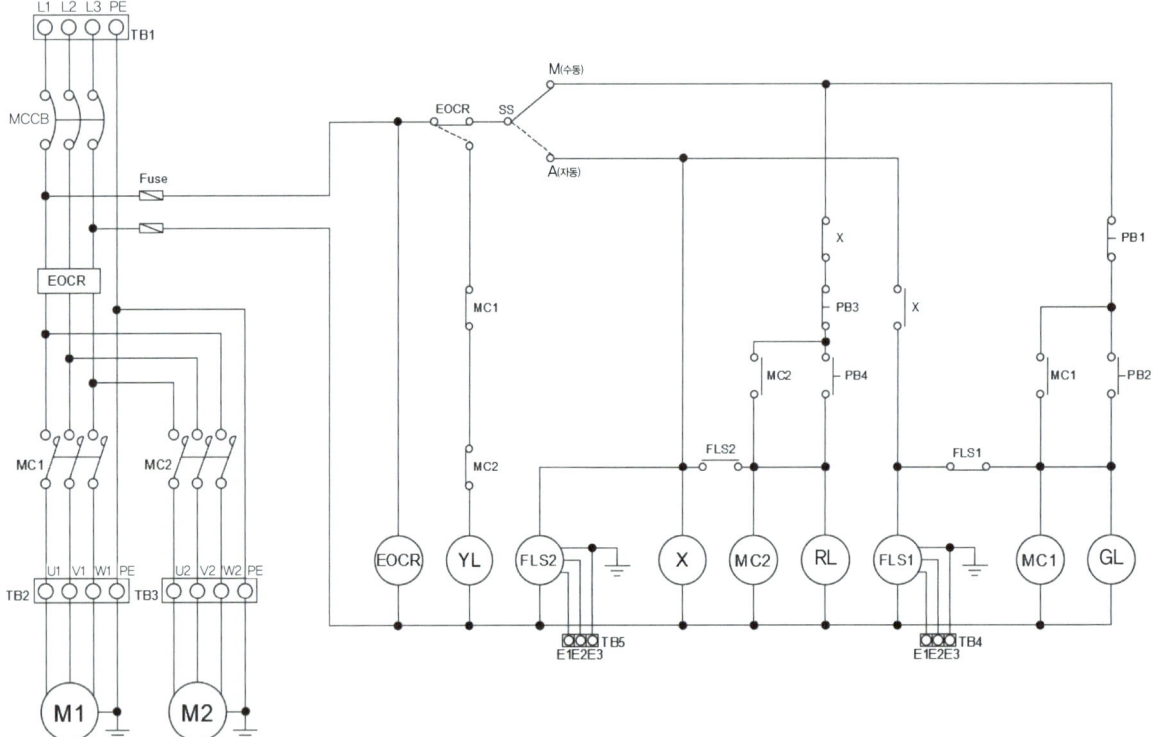

(2) 시험 기구 내부 결선도

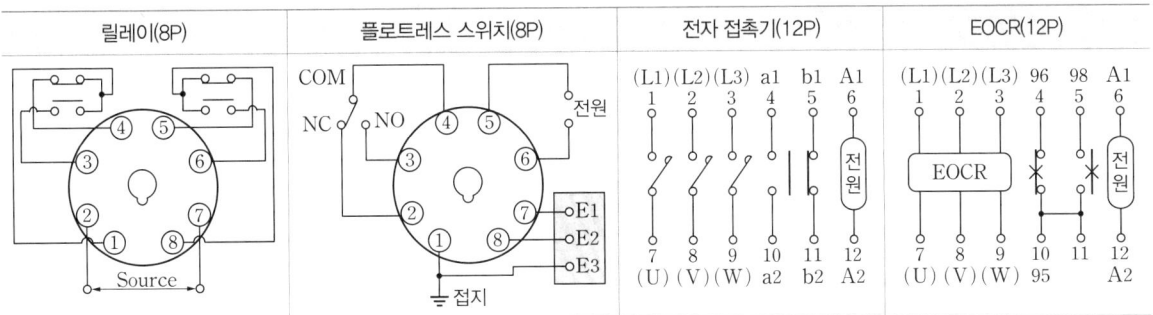

(3) 배관 및 기구 배치도 / 제어판 내부 기구 배치도

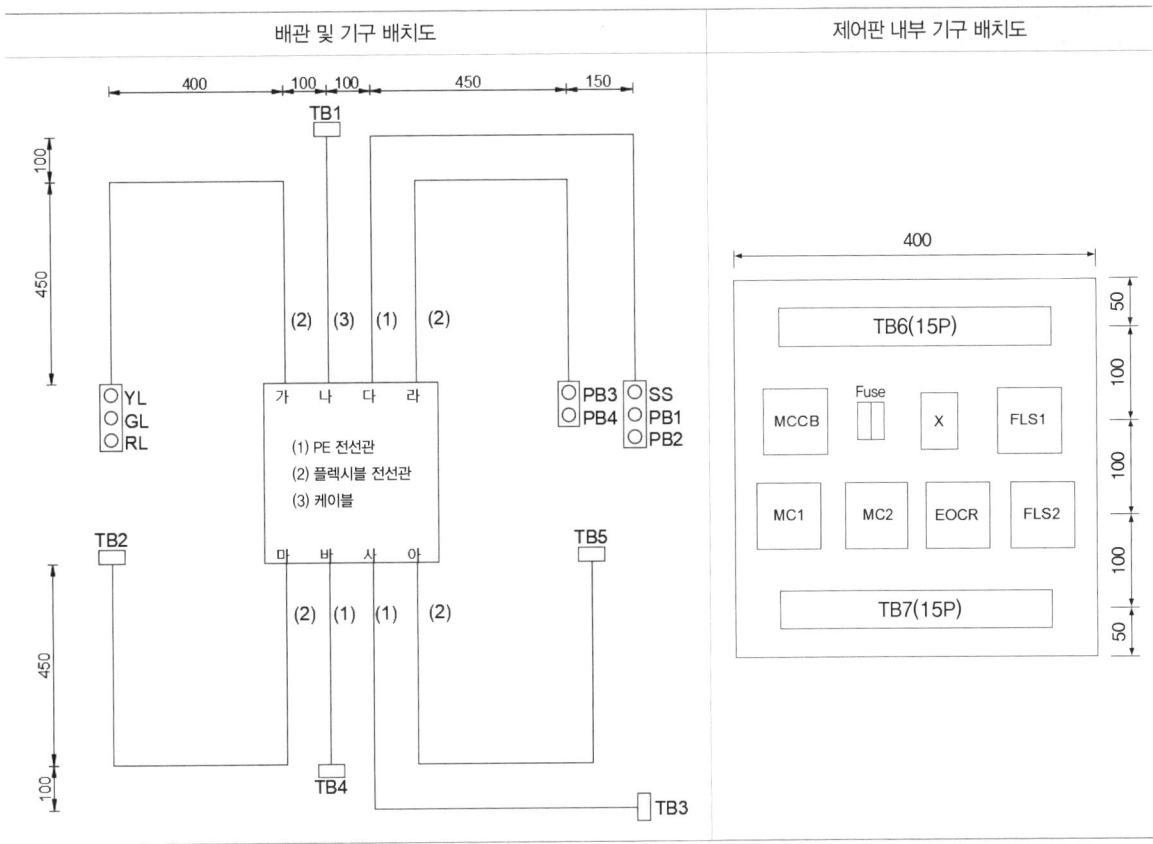

(4) 범례

기호	명칭	기호	명칭	기호	명칭
TB1	전원(단자대 4P)	F	퓨즈 및 퓨즈홀더	PB1, 3	푸시버튼 스위치(적)
TB2	급수 전동기(4P)	EOCR	과전류 차단기(12P)	PB2, 4	푸시버튼 스위치(녹)
TB3	배수 전동기(4P)	MC1, 2	전자 접촉기(12P)	SS	셀렉터 스위치(2단)
TB4, 5	플로트레스(단자대 대체)	X	릴레이(8P)	RL, GL	파일럿 램프(적, 녹)
MCCB	배선용 차단기(3P)	FLS1, 2	플로트레스 스위치(8P)	YL	파일럿 램프(황)
TB6	단자대 15P	TB7	단자대 15P		

기출유형 15 자동 온도 조절 제어

세부유형 ①

1. 동작

① 배선용 차단기 MCCB에 전원을 투입하면 WL이 점등된다.
② PB1을 누를 때 X와 MC1이 여자되어 RL이 점등되고 순환모터(M1)가 동작된다.
③ TC의 설정 온도에서 MC1이 소자, T가 여자, RL이 소등되고 순환모터(M1)가 정지된다.
④ T의 설정시간 후 MC2가 여자, GL이 점등되고 배기모터(M2)가 동작된다.
⑤ EOCR이 동작할 때(과부하 시) FR이 여자되어 FR의 설정간격에 따라 YL이 점멸된다.
⑥ PB2를 누를 때 모든 동작이 정지하며 초기화된다.(단, 과부하 시에는 자동 초기화된다.)

2. 도면

(1) 동작 회로도

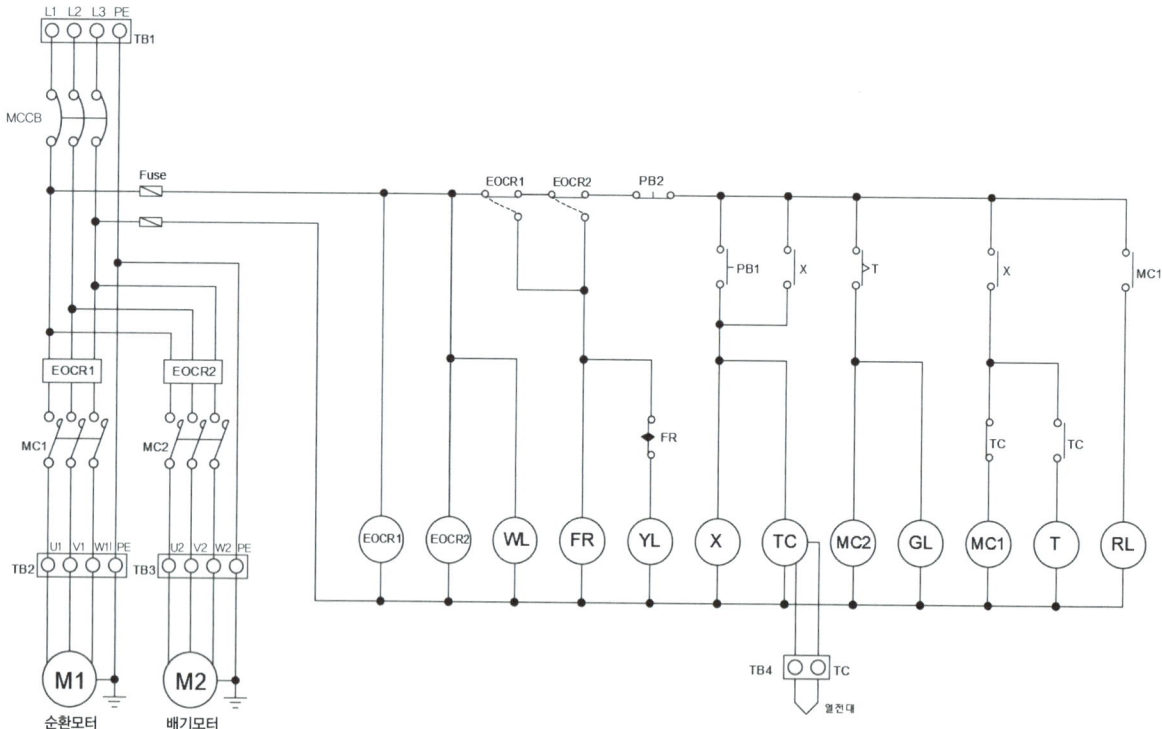

(2) 시험 기구 내부 결선도

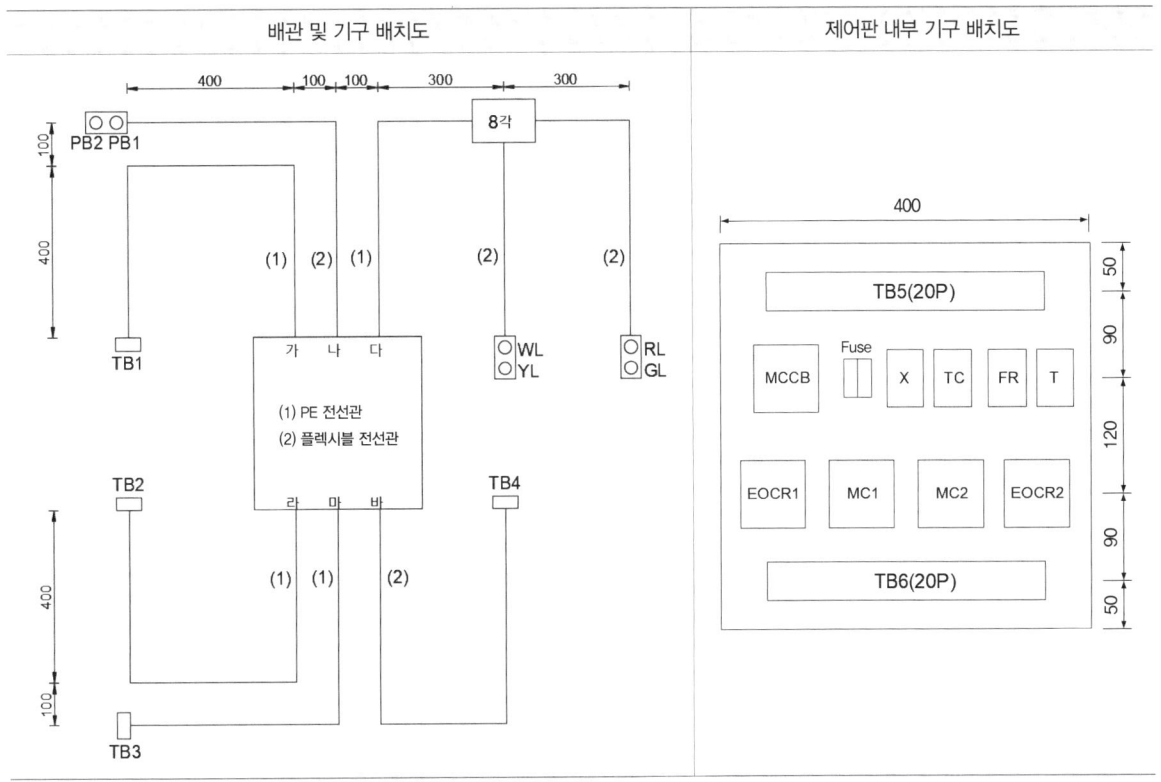

(3) 배관 및 기구 배치도 / 제어판 내부 기구 배치도

(4) 범례

기호	명칭	기호	명칭	기호	명칭
TB1	전원(단자대 4P)	F	퓨즈 및 퓨즈홀더	T	타이머(8P)
TB2	순환모터(단자대4P)	EOCR1, 2	과전류 차단기(12P)	TC	온도 계전기(8P)
TB3	배기모터(단자대4P)	MC1, 2	전자 접촉기(12P)	PB1, 2	푸시버튼 스위치(녹, 적)
TB4	열전대(단자대 4P)	X	릴레이(8P)	RL, GL	파일럿 램프(적, 녹)
MCCB	배선용 차단기(3P)	FR	플리커 릴레이(8P)	YL, WL	파일럿 램프(황, 백)
TB5	단자대 20P	TB6	단자대 20P		

세부유형 ②

1. 동작

① 배선용 차단기 MCCB에 전원을 투입하면 WL이 점등된다.
② PB1을 누를 때 X와 MC1이 여자되어 RL이 점등되고 순환모터(M1)가 동작된다.
③ TC의 설정 온도에서 MC1이 소자, T가 여자, RL이 소등되고 순환모터(M1)가 정지된다.
④ T의 설정시간 후 MC2가 여자, GL이 점등되고 배기모터(M2)가 동작된다.
⑤ EOCR이 동작할 때(과부화 시) FR이 여자되어 FR의 설정간격에 따라 YL이 점멸된다.
⑥ PB2를 누를 때 모든 동작이 정지하며 초기화된다.(단, 과부하 시에는 자동 초기화된다.)

2. 도면

(1) 동작 회로도

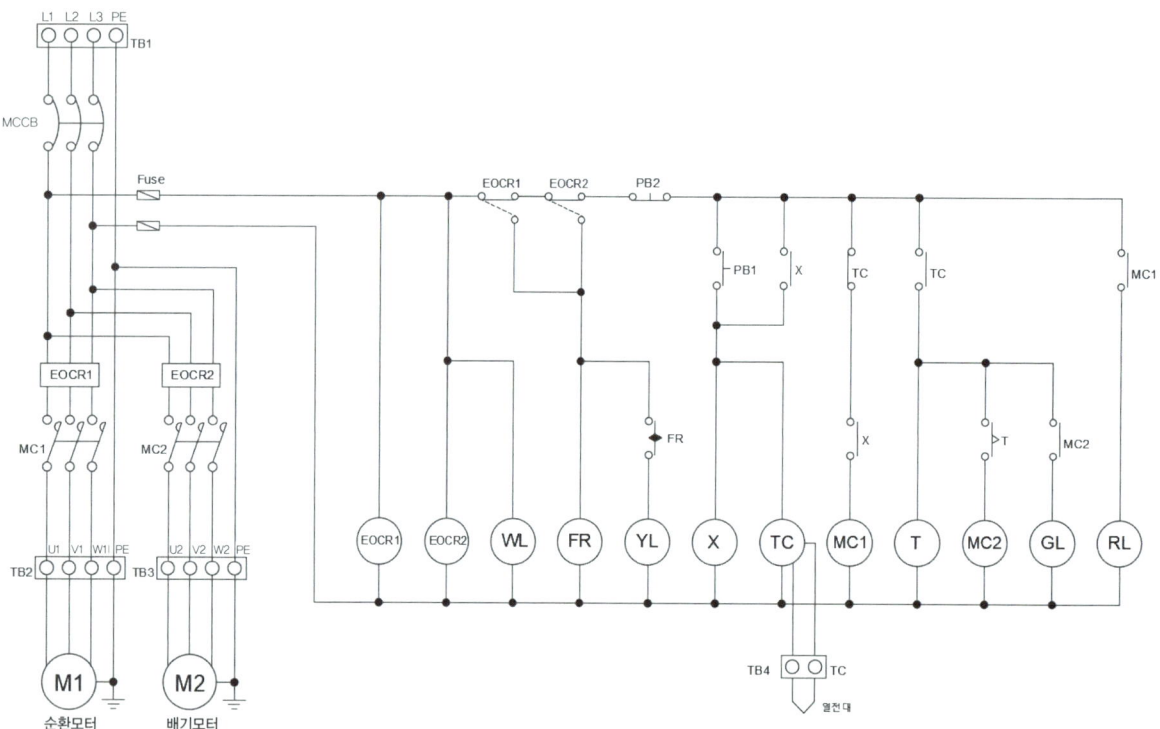

(2) 시험 기구 내부 결선도

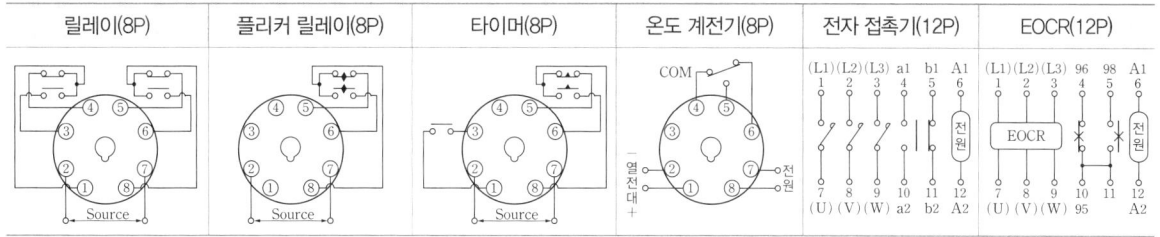

(3) 배관 및 기구 배치도 / 제어판 내부 기구 배치도

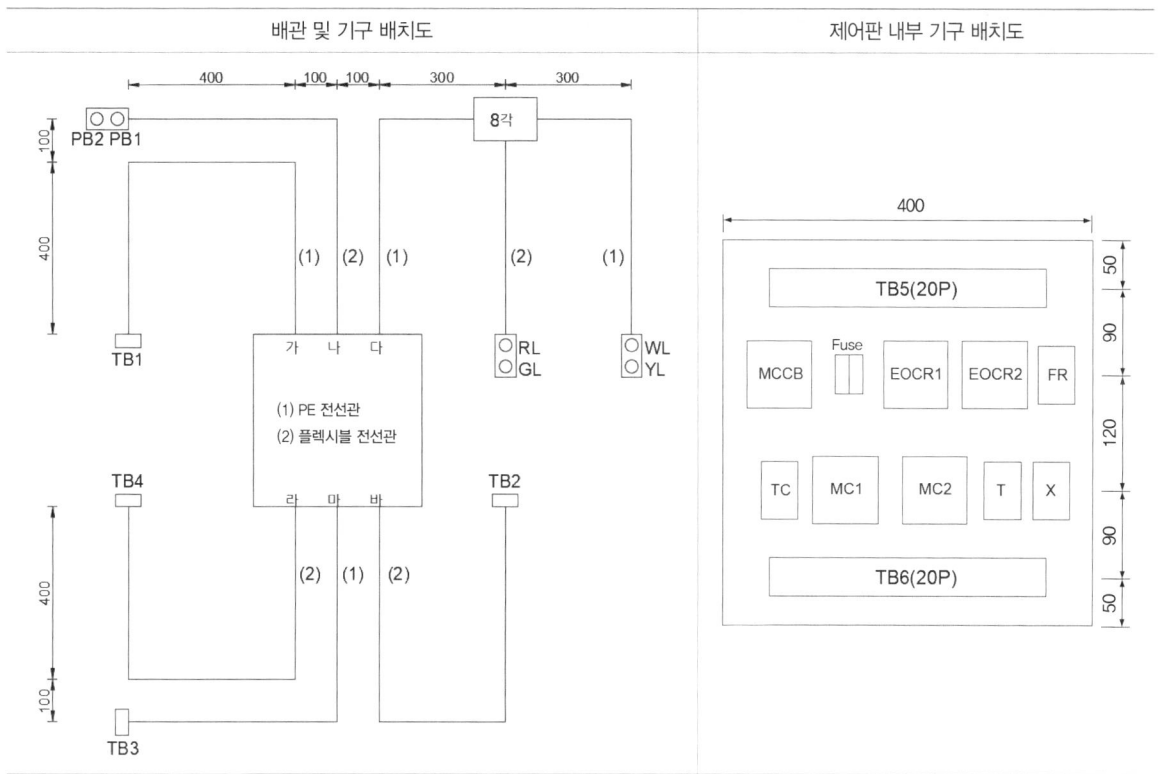

(4) 범례

기호	명칭	기호	명칭	기호	명칭
TB1	전원(단자대 4P)	F	퓨즈 및 퓨즈홀더	T	타이머(8P)
TB2	순환모터(단자대4P)	EOCR1, 2	과전류 차단기(12P)	TC	온도 계전기(8P)
TB3	배기모터(단자대4P)	MC1, 2	전자 접촉기(12P)	PB1, 2	푸시버튼 스위치(녹, 적)
TB4	열전대(단자대 4P)	X	릴레이(8P)	RL, GL	파일럿 램프(적, 녹)
MCCB	배선용 차단기(3P)	FR	플리커 릴레이(8P)	YL, WL	파일럿 램프(황, 백)
TB5	단자대 20P	TB6	단자대 20P		

세부유형 ③

1. 동작

① 배선용 차단기 MCCB에 전원을 투입하면 WL이 점등된다.
② PB1을 누를 때 X와 MC1이 여자되어 RL이 점등되고 순환모터(M1)가 동작된다.
③ TC의 설정 온도에서 MC1이 소자, T가 여자, RL이 소등되고 순환모터(M1)가 정지된다.
④ T의 설정시간 후 MC2가 여자, GL이 점등되고 배기모터(M2)가 동작된다.
⑤ EOCR이 동작할 때(과부하 시) FR이 여자되어 FR의 설정간격에 따라 YL이 점멸된다.
⑥ PB2를 누를 때 모든 동작이 정지하며 초기화된다.(단, 과부하 시에는 자동 초기화된다.)

2. 도면

(1) 동작 회로도

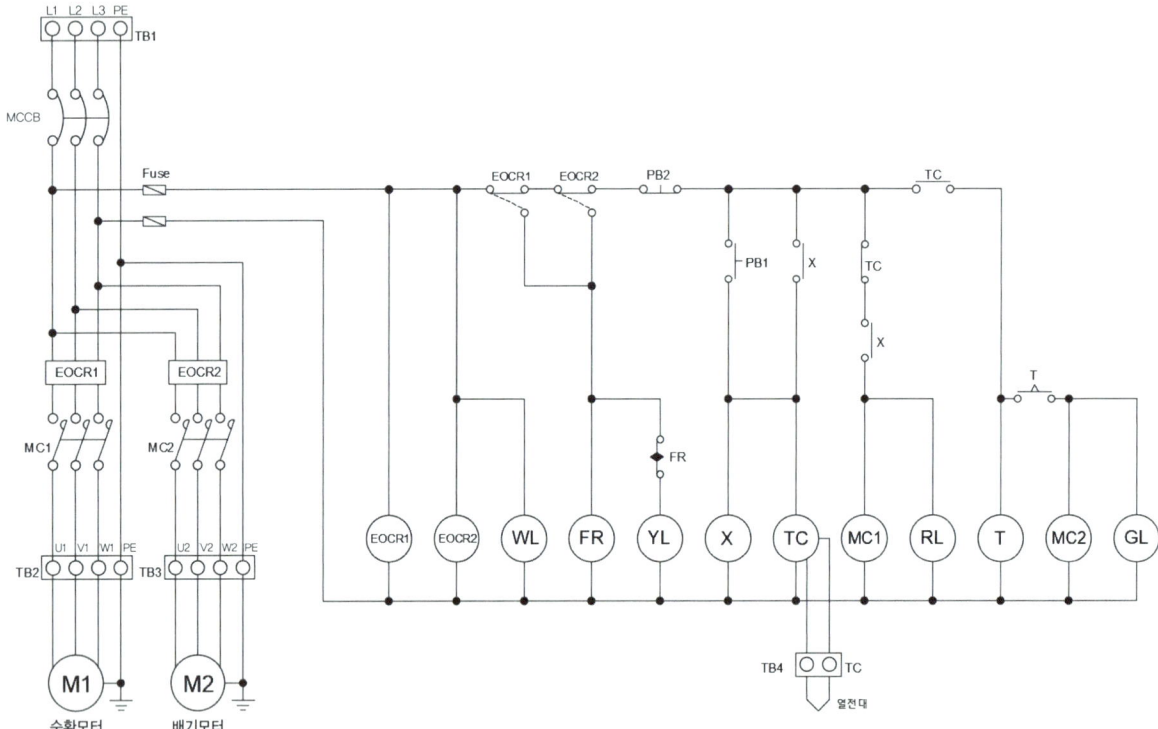

(2) 시험 기구 내부 결선도

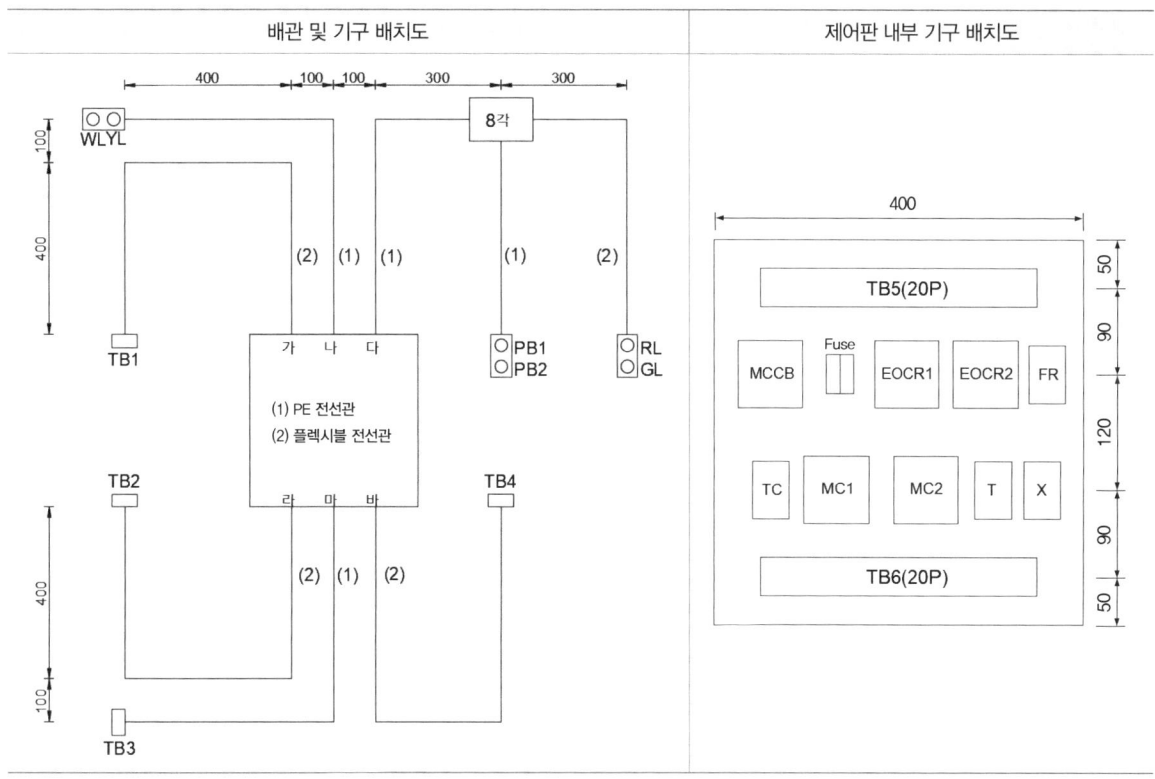

(3) 배관 및 기구 배치도 / 제어판 내부 기구 배치도

(4) 범례

기호	명칭	기호	명칭	기호	명칭
TB1	전원(단자대 4P)	F	퓨즈 및 퓨즈홀더	T	타이머(8P)
TB2	순환모터(단자대4P)	EOCR1, 2	과전류 차단기(12P)	TC	온도 계전기(8P)
TB3	배기모터(단자대4P)	MC1, 2	전자 접촉기(12P)	PB1, 2	푸시버튼 스위치(녹, 적)
TB4	열전대(단자대 4P)	X	릴레이(8P)	RL, GL	파일럿 램프(적, 녹)
MCCB	배선용 차단기(3P)	FR	플리커 릴레이(8P)	YL, WL	파일럿 램프(황, 백)
TB5	단자대 20P	TB6	단자대 20P		

세부유형 ④

1. 동작

① 배선용 차단기 MCCB에 전원을 투입하면 WL이 점등된다.
② PB1을 누를 때 X와 MC1이 여자되어 RL이 점등되고 순환모터(M1)가 동작된다.
③ TC의 설정 온도에서 MC1이 소자, T가 여자, RL이 소등되고 순환모터(M1)가 정지된다.
④ T의 설정시간 후 MC2가 여자, GL이 점등되고 배기모터(M2)가 동작된다.
⑤ EOCR이 동작할 때(과부하 시) FR이 여자되어 FR의 설정간격에 따라 YL이 점멸된다.
⑥ PB2를 누를 때 모든 동작이 정지하며 초기화된다.(단, 과부하 시에는 자동 초기화된다.)

2. 도면

(1) 동작 회로도

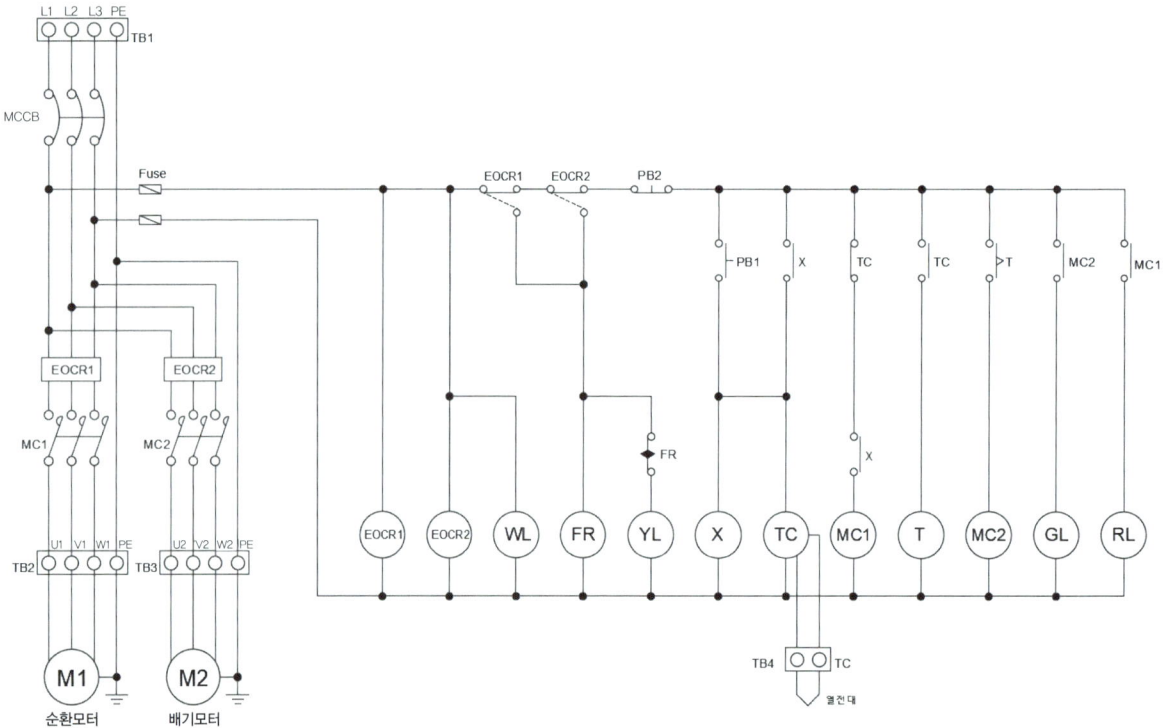

(2) 시험 기구 내부 결선도

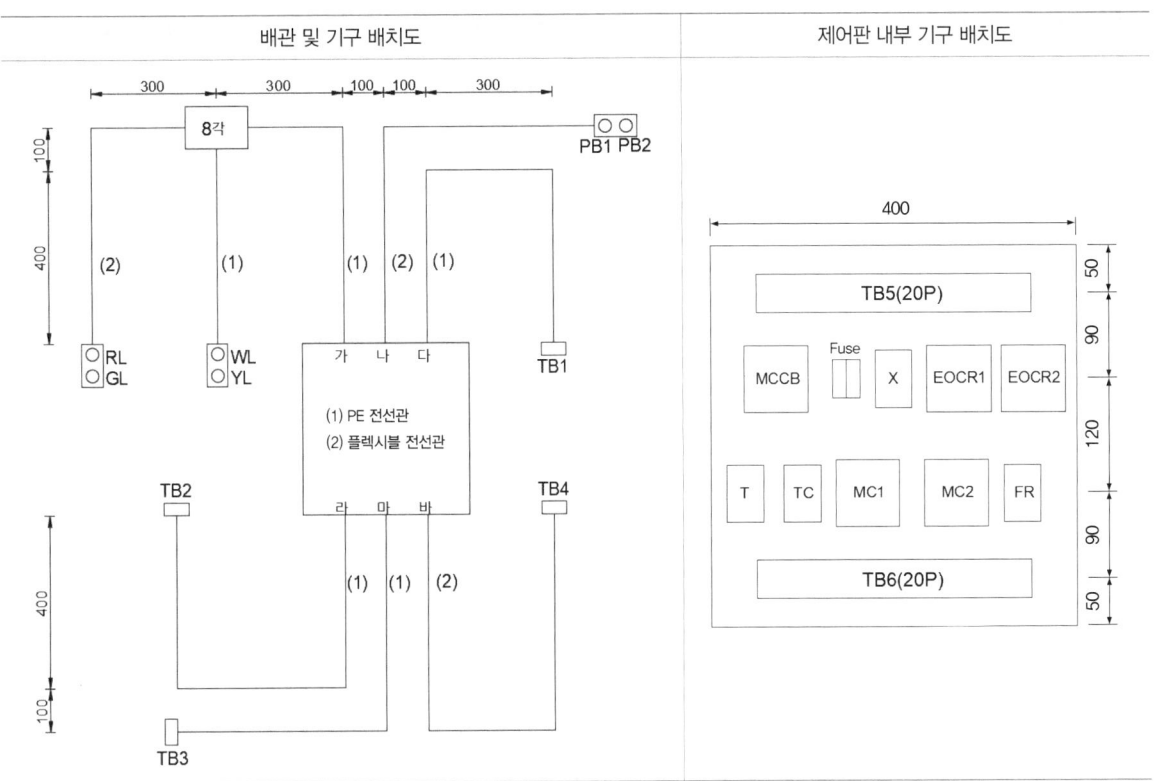

(3) 배관 및 기구 배치도 / 제어판 내부 기구 배치도

(4) 범례

기호	명칭	기호	명칭	기호	명칭
TB1	전원(단자대 4P)	F	퓨즈 및 퓨즈홀더	T	타이머(8P)
TB2	순환모터(단자대4P)	EOCR1, 2	과전류 차단기(12P)	TC	온도 계전기(8P)
TB3	배기모터(단자대4P)	MC1, 2	전자 접촉기(12P)	PB1, 2	푸시버튼 스위치(녹, 적)
TB4	열전대(단자대 4P)	X	릴레이(8P)	RL, GL	파일럿 램프(적, 녹)
MCCB	배선용 차단기(3P)	FR	플리커 릴레이(8P)	YL, WL	파일럿 램프(황, 백)
TB5	단자대 20P	TB6	단자대 20P		

세부유형 ⑤

1. 동작

① 배선용 차단기 MCCB에 전원을 투입하면 WL이 점등된다.
② PB1을 누를 때 X와 MC1이 여자되어 RL이 점등되고 순환모터(M1)가 동작된다.
③ TC의 설정 온도에서 MC1이 소자, T가 여자, RL이 소등되고 순환모터(M1)가 정지된다.
④ T의 설정시간 후 MC2가 여자, GL이 점등되고 배기모터(M2)가 동작된다.
⑤ EOCR이 동작할 때(과부화 시) FR이 여자되어 FR의 설정간격에 따라 YL이 점멸된다.
⑥ PB2를 누를 때 모든 동작이 정지하며 초기화된다.(단, 과부하 시에는 자동 초기화된다.)

2. 도면

(1) 동작 회로도

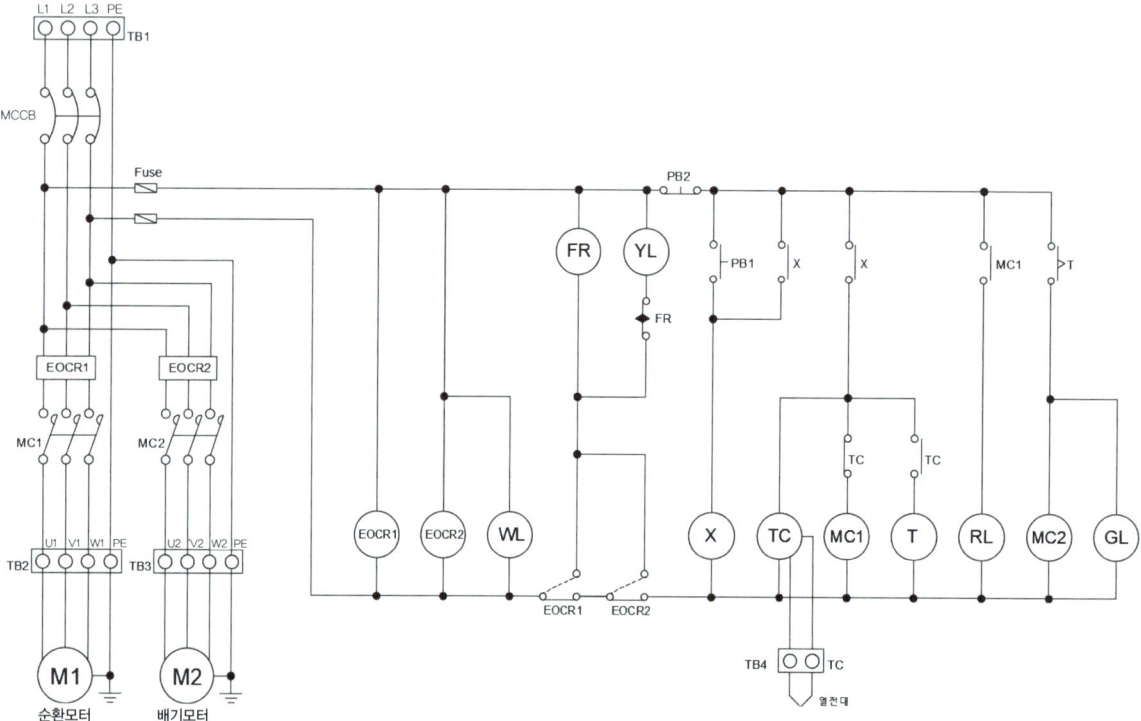

(2) 시험 기구 내부 결선도

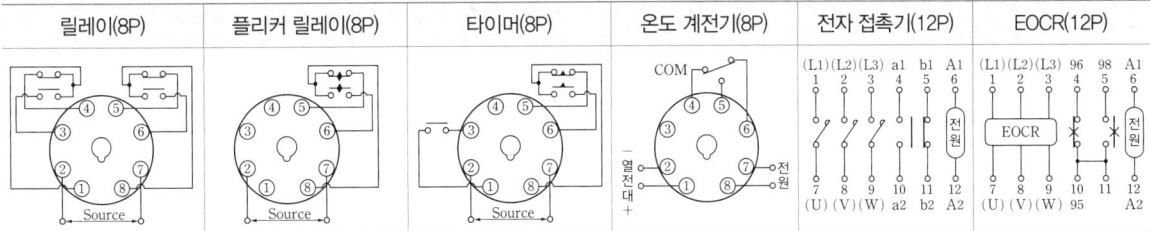

(3) 배관 및 기구 배치도 / 제어판 내부 기구 배치도

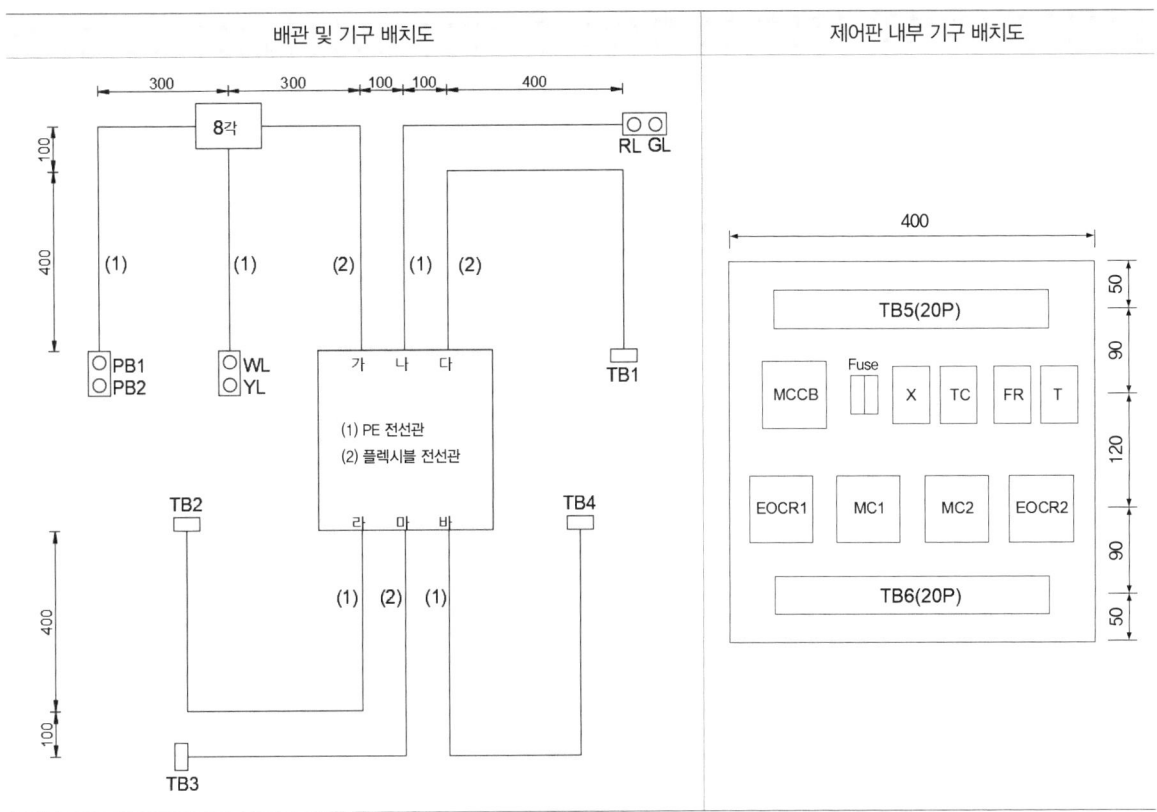

(4) 범례

기호	명칭	기호	명칭	기호	명칭
TB1	전원(단자대 4P)	F	퓨즈 및 퓨즈홀더	T	타이머(8P)
TB2	순환모터(단자대4P)	EOCR1, 2	과전류 차단기(12P)	TC	온도 계전기(8P)
TB3	배기모터(단자대4P)	MC1, 2	전자 접촉기(12P)	PB1, 2	푸시버튼 스위치(녹, 적)
TB4	열전대(단자대 4P)	X	릴레이(8P)	RL, GL	파일럿 램프(적, 녹)
MCCB	배선용 차단기(3P)	FR	플리커 릴레이(8P)	YL, WL	파일럿 램프(황, 백)
TB5	단자대 20P	TB6	단자대 20P		

16 온실 하우스 간이난방 운전

세부유형 ①

1. 동작

① MCCB를 ON하여 전원을 투입하면 WL이 점등된다.
② PB1을 누르면 R1과 MCH, T가 여자되어 히터가 동작되고 RL1과 GL이 점등되며 T의 설정시간 후 MCF가 여자되어 팬이 운전된다.
③ PB2를 누르면 R2가 여자, RL2가 점등되고 히터와 팬이 정지한다. 이때 센서(SENSOR)가 감지되면 MCH와 T가 여자되어 히터가 동작되고 GL이 점등되며 T의 설정시간 후 MCF가 여자되어 팬이 운전된다.
④ 운전 중에 EOCR이 동작하면 히터와 팬이 정지하고 FR의 설정시간에 따라 YL과 BZ가 교대 점멸된다.
⑤ 운전 중에 PB0를 누르면 모든 동작이 초기화된다.

2. 도면

(1) 동작 회로도

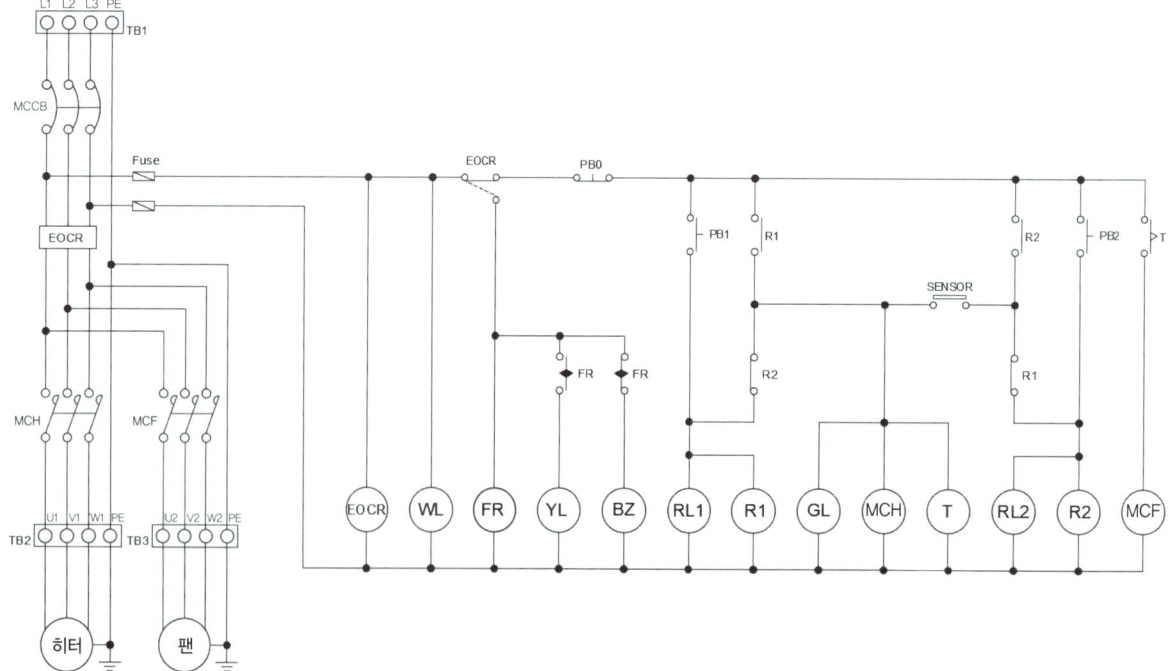

(2) 시험 기구 내부 결선도

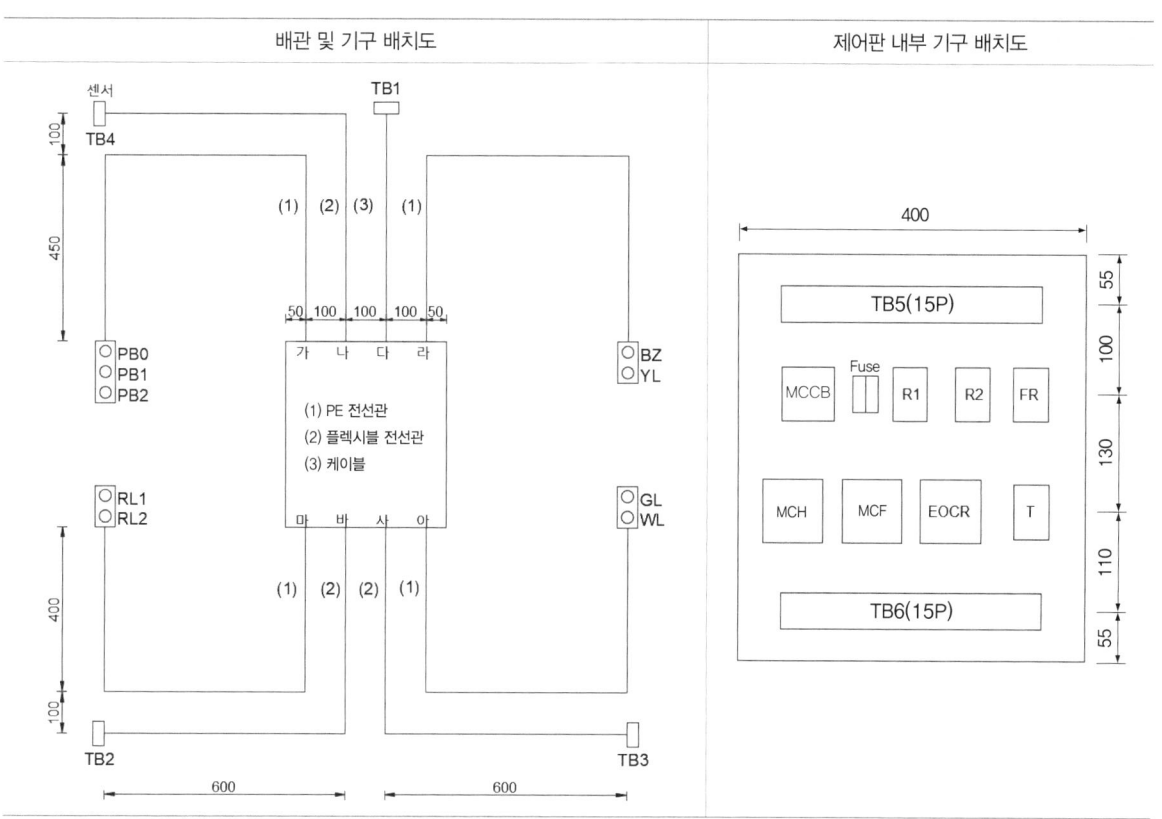

(3) 배관 및 기구 배치도 / 제어판 내부 기구 배치도

(4) 범례

기호	명칭	기호	명칭	기호	명칭
TB1	전원(단자대 4P)	EOCR	과전류 차단기(12P)	PB0	푸시버튼 스위치(적)
TB2, 3	전동기(단자대 4P)	MCH, MCF	전자 접촉기(12P)	PB1, 2	푸시버튼 스위치(녹)
TB4	센서(단자대 4P)	R1, 2	릴레이(8P)	RL1, 2	파일럿 램프(적)
MCCB	배선용 차단기(3P)	T	타이머(8P)	GL, BZ	파일럿 램프(녹), 부저
F	퓨즈 및 퓨즈홀더	FR	플리커 릴레이(8P)	YL, WL	파일럿 램프(황, 백)
TB5	단자대 15P	TB6	단자대 15P		

세부유형 ②

1. 동작

① MCCB를 ON하여 전원을 투입하면 WL이 점등된다.
② PB1을 누르면 R1과 MCH, T가 여자되어 히터가 동작되고 RL1과 GL이 점등되며 T의 설정시간 후 MCF가 여자되어 팬이 운전된다.
③ PB2를 누르면 R2가 여자, RL2가 점등되고 히터와 팬이 정지한다. 이때 센서(SENSOR)가 감지되면 MCH와 T가 여자되어 히터가 동작되고 GL이 점등되며 T의 설정시간 후 MCF가 여자되어 팬이 운전된다.
④ 운전 중에 EOCR이 동작하면 히터와 팬이 정지하고 FR의 설정시간에 따라 YL과 BZ가 교대 점멸된다.
⑤ 운전 중에 PB0를 누르면 모든 동작이 초기화된다.

2. 도면

(1) 동작 회로도

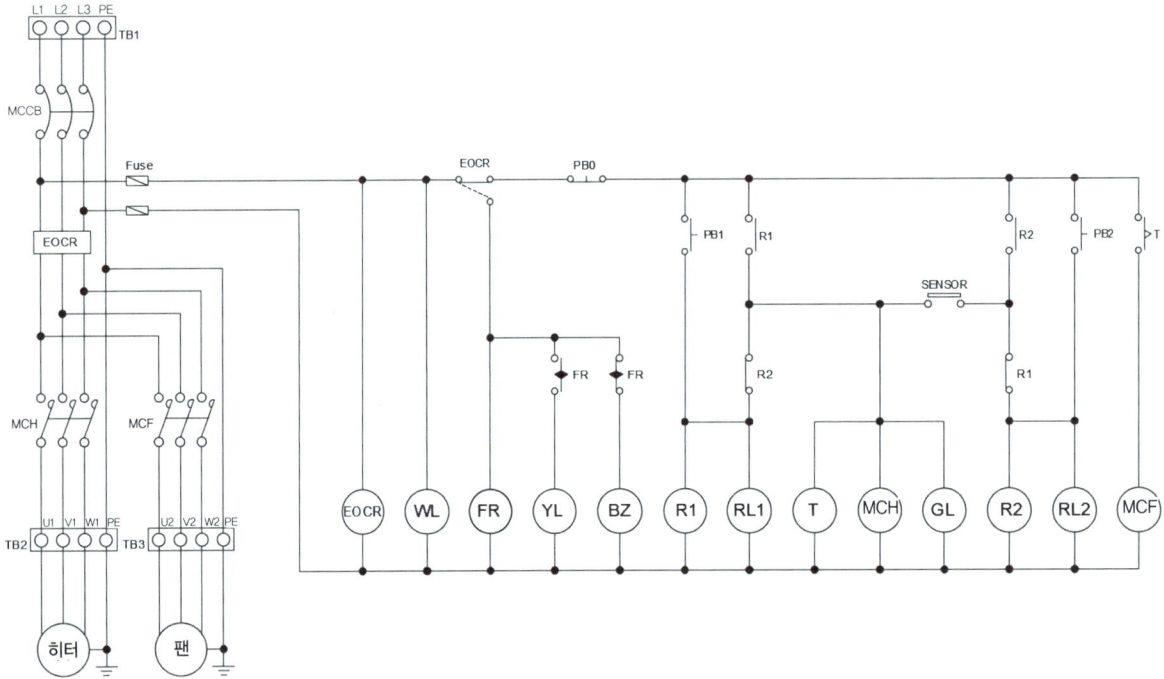

(2) 시험 기구 내부 결선도

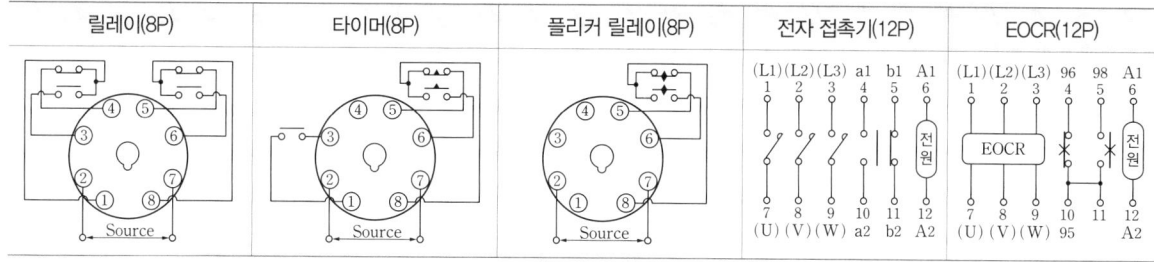

(3) 배관 및 기구 배치도 / 제어판 내부 기구 배치도

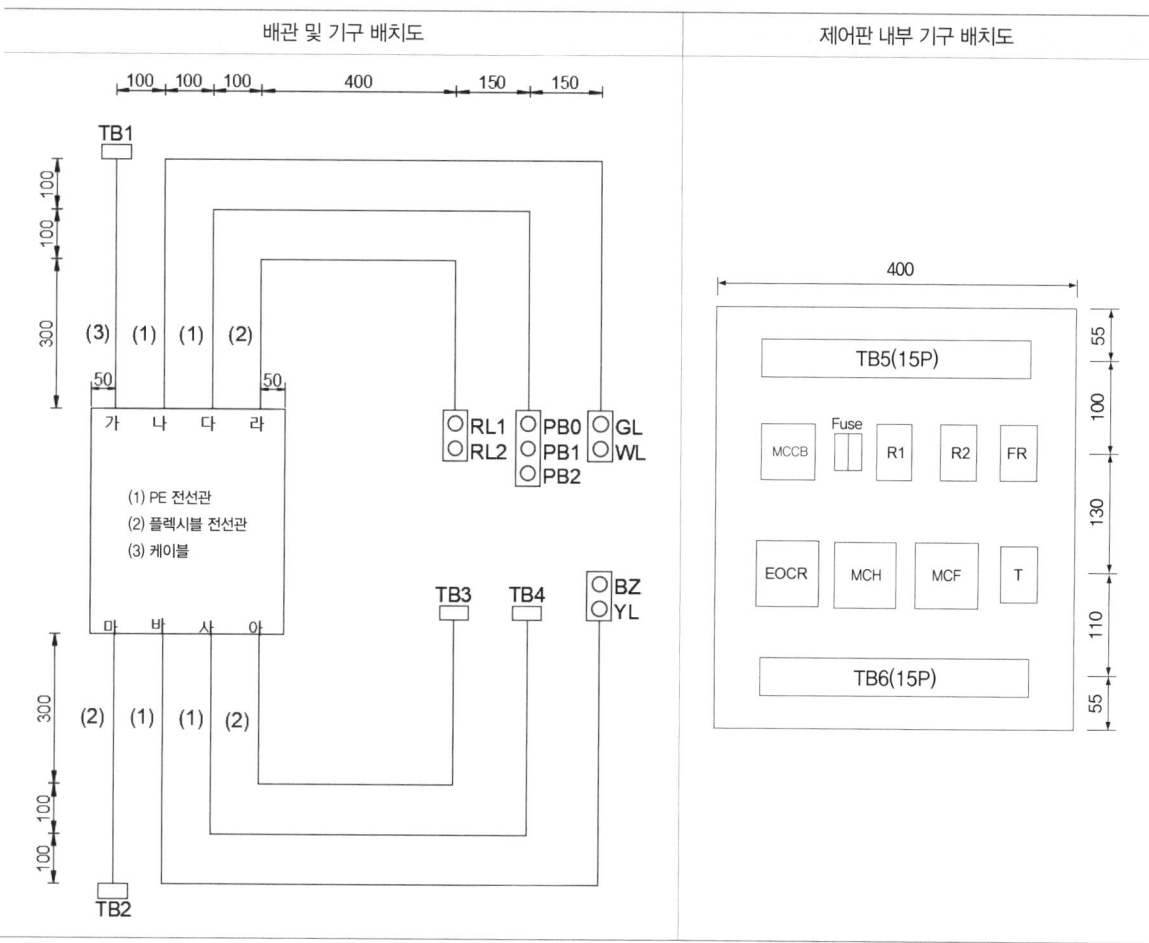

(4) 범례

기호	명칭	기호	명칭	기호	명칭
TB1	전원(단자대 4P)	EOCR	과전류 차단기(12P)	PB0	푸시버튼 스위치(적)
TB2, 3	전동기(단자대 4P)	MCH, MCF	전자 접촉기(12P)	PB1, 2	푸시버튼 스위치(녹)
TB4	센서(단자대 4P)	R1, 2	릴레이(8P)	RL1, 2	파일럿 램프(적)
MCCB	배선용 차단기(3P)	T	타이머(8P)	GL, BZ	파일럿 램프(녹), 부저
F	퓨즈 및 퓨즈홀더	FR	플리커 릴레이(8P)	YL, WL	파일럿 램프(황, 백)
TB5	단자대 15P	TB6	단자대 15P		

세부유형 ③

1. 동작

① MCCB를 ON하여 전원을 투입하면 WL이 점등된다.
② PB1을 누르면 R1과 MCH, T가 여자되어 히터가 동작되고 RL1과 GL이 점등되며 T의 설정시간 후 MCF가 여자되어 팬이 운전된다.
③ PB2를 누르면 R2가 여자, RL2가 점등되고 히터와 팬이 정지한다. 이때 센서(SENSOR)가 감지되면 MCH와 T가 여자되어 히터가 동작되고 GL이 점등되며 T의 설정시간 후 MCF가 여자되어 팬이 운전된다.
④ 운전 중에 EOCR이 동작하면 히터와 팬이 정지하고 FR의 설정시간에 따라 YL과 BZ가 교대 점멸된다.
⑤ 운전 중에 PB0를 누르면 모든 동작이 초기화된다.

2. 도면

(1) 동작 회로도

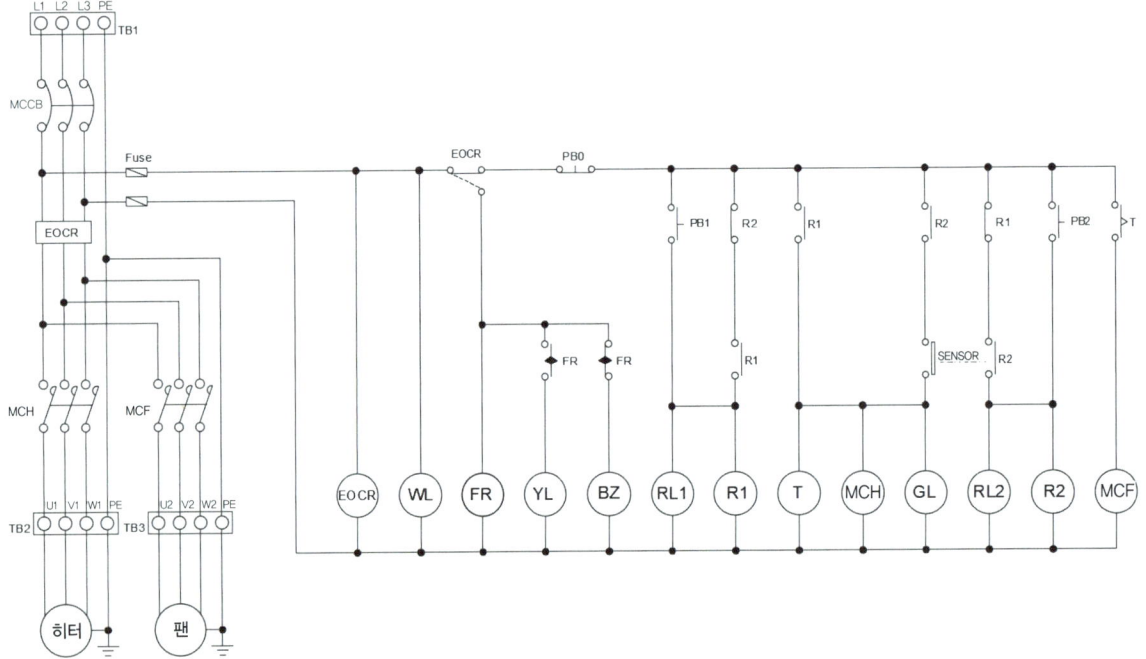

(2) 시험 기구 내부 결선도

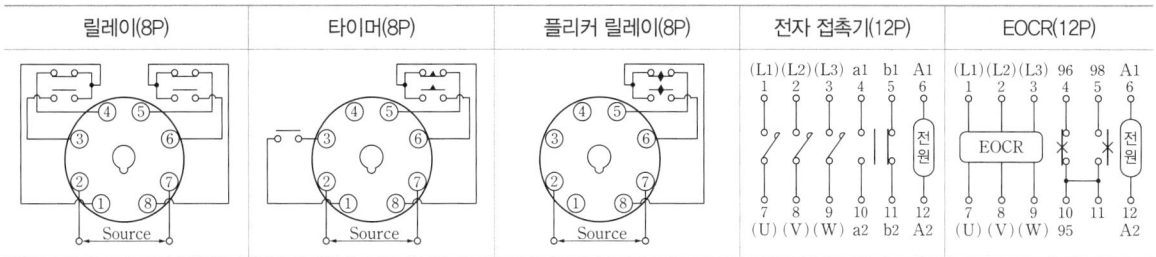

(3) 배관 및 기구 배치도 / 제어판 내부 기구 배치도

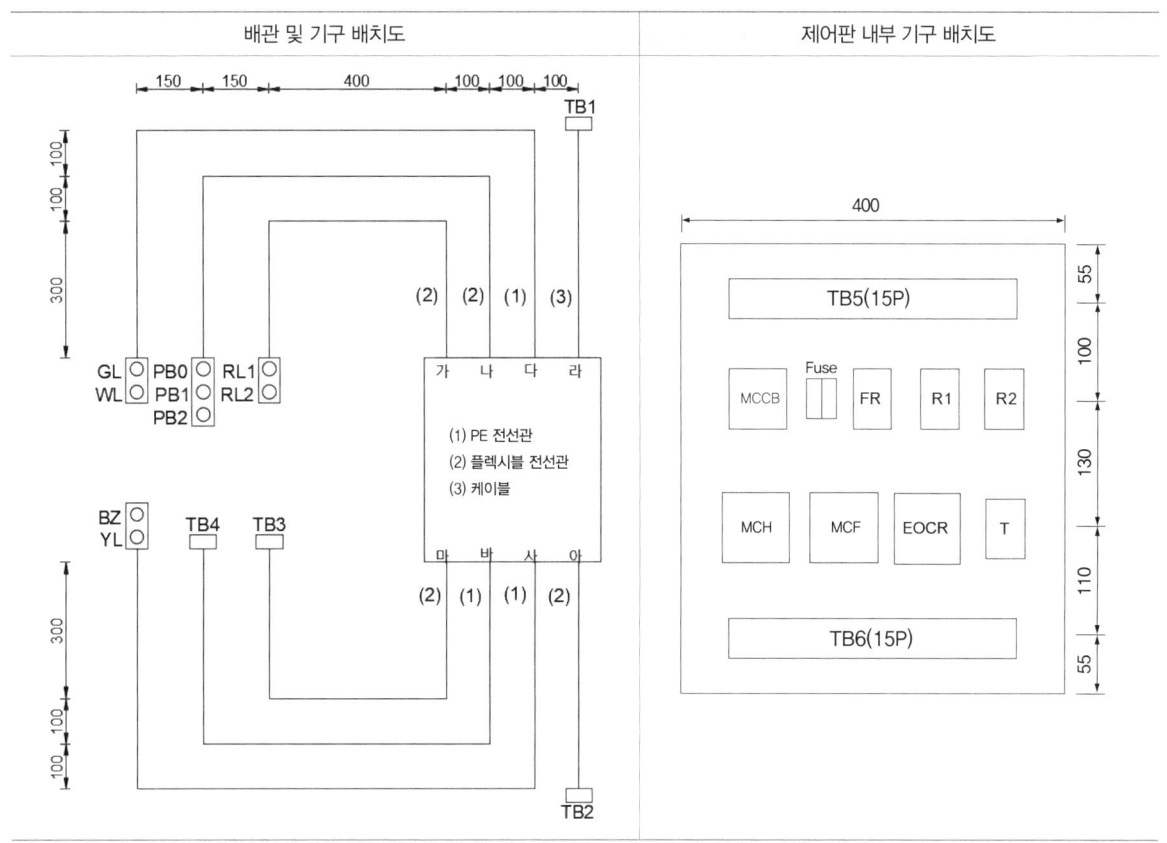

(1) PE 전선관
(2) 플렉시블 전선관
(3) 케이블

(4) 범례

기호	명칭	기호	명칭	기호	명칭
TB1	전원(단자대 4P)	EOCR	과전류 차단기(12P)	PB0	푸시버튼 스위치(적)
TB2, 3	전동기(단자대 4P)	MCH, MCF	전자 접촉기(12P)	PB1, 2	푸시버튼 스위치(녹)
TB4	센서(단자대 4P)	R1, 2	릴레이(8P)	RL1, 2	파일럿 램프(적)
MCCB	배선용 차단기(3P)	T	타이머(8P)	GL, BZ	파일럿 램프(녹), 부저
F	퓨즈 및 퓨즈홀더	FR	플리커 릴레이(8P)	YL, WL	파일럿 램프(황, 백)
TB5	단자대 15P	TB6	단자대 15P		

기출유형 16 · 225

세부유형 ④

1. 동작

① MCCB를 ON하여 전원을 투입하면 WL이 점등된다.
② PB1을 누르면 R1과 MCH, T가 여자되어 히터가 동작되고 RL1과 GL이 점등되며 T의 설정시간 후 MCF가 여자되어 팬이 운전된다.
③ PB2를 누르면 R2가 여자, RL2가 점등되고 히터와 팬이 정지한다. 이때 센서(SENSOR)가 감지되면 MCH와 T가 여자되어 히터가 동작되고 GL이 점등되며 T의 설정시간 후 MCF가 여자되어 팬이 운전된다.
④ 운전 중에 EOCR이 동작하면 히터와 팬이 정지하고 FR의 설정시간에 따라 YL과 BZ가 교대 점멸된다.
⑤ 운전 중에 PB0를 누르면 모든 동작이 초기화된다.

2. 도면

(1) 동작 회로도

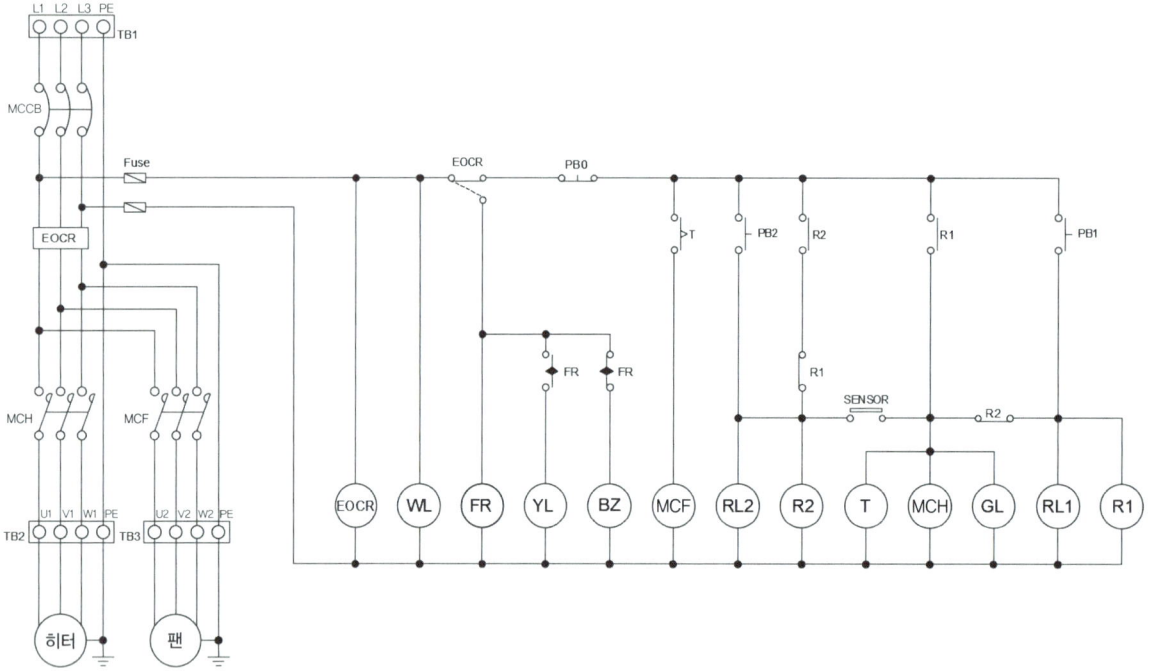

(2) 시험 기구 내부 결선도

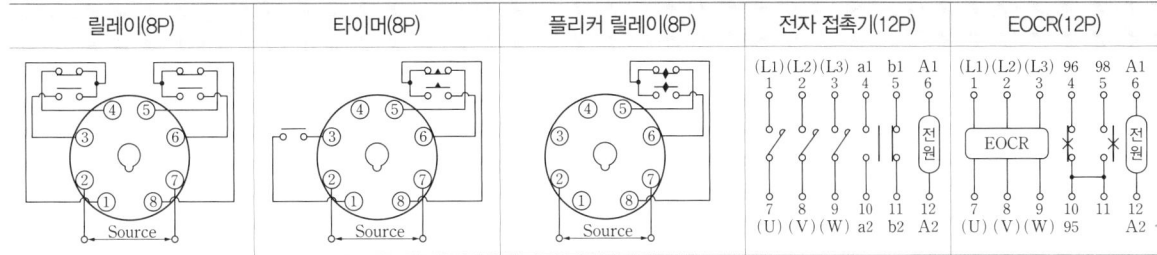

(3) 배관 및 기구 배치도 / 제어판 내부 기구 배치도

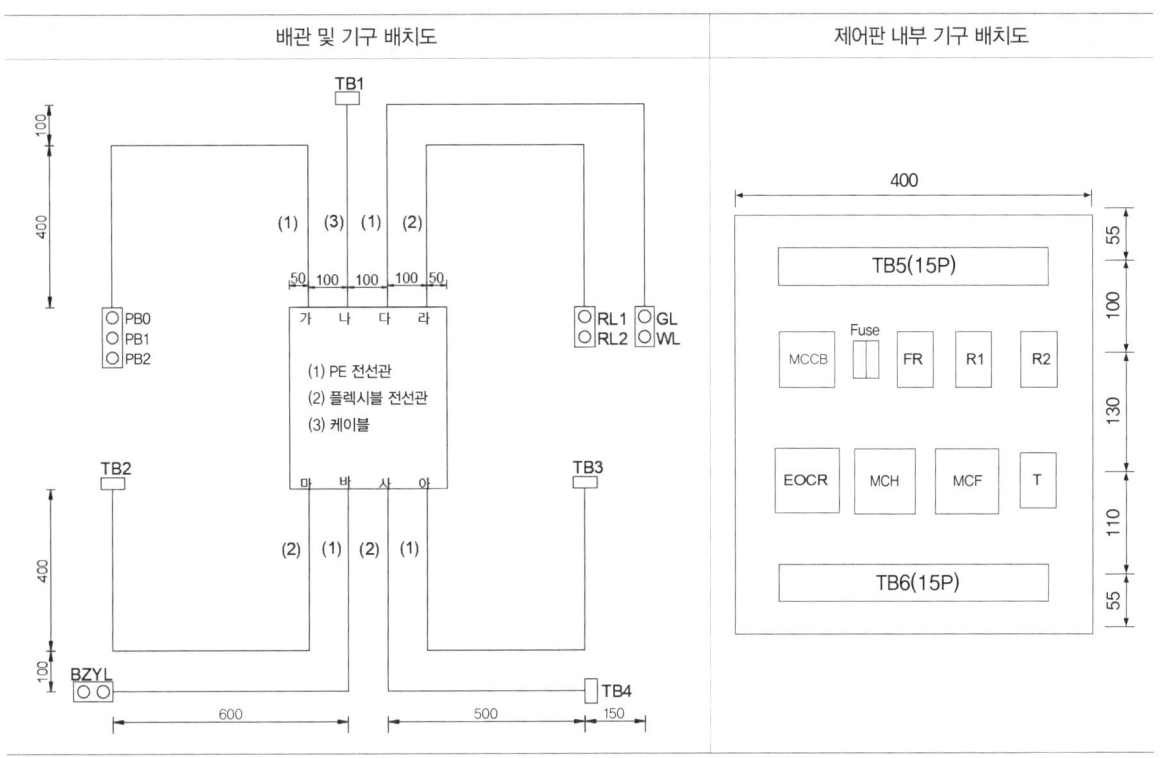

(4) 범례

기호	명칭	기호	명칭	기호	명칭
TB1	전원(단자대 4P)	EOCR	과전류 차단기(12P)	PB0	푸시버튼 스위치(적)
TB2, 3	전동기(단자대 4P)	MCH, MCF	전자 접촉기(12P)	PB1, 2	푸시버튼 스위치(녹)
TB4	센서(단자대 4P)	R1, 2	릴레이(8P)	RL1, 2	파일럿 램프(적)
MCCB	배선용 차단기(3P)	T	타이머(8P)	GL, BZ	파일럿 램프(녹), 부저
F	퓨즈 및 퓨즈홀더	FR	플리커 릴레이(8P)	YL, WL	파일럿 램프(황, 백)
TB5	단자대 15P	TB6	단자대 15P		

세부유형 ⑤

1. 동작

① MCCB를 ON하여 전원을 투입하면 WL이 점등된다.
② PB1을 누르면 R1과 MCH, T가 여자되어 히터가 동작되고 RL1과 GL이 점등되며 T의 설정시간 후 MCF가 여자되어 팬이 운전된다.
③ PB2를 누르면 R2가 여자, RL2가 점등되고 히터와 팬이 정지한다. 이때 센서(SENSOR)가 감지되면 MCH와 T가 여자되어 히터가 동작되고 GL이 점등되며 T의 설정시간 후 MCF가 여자되어 팬이 운전된다.
④ 운전 중에 EOCR이 동작하면 히터와 팬이 정지하고 FR의 설정시간에 따라 YL과 BZ가 교대 점멸된다.
⑤ 운전 중에 PB0를 누르면 모든 동작이 초기화된다.

2. 도면

(1) 동작 회로도

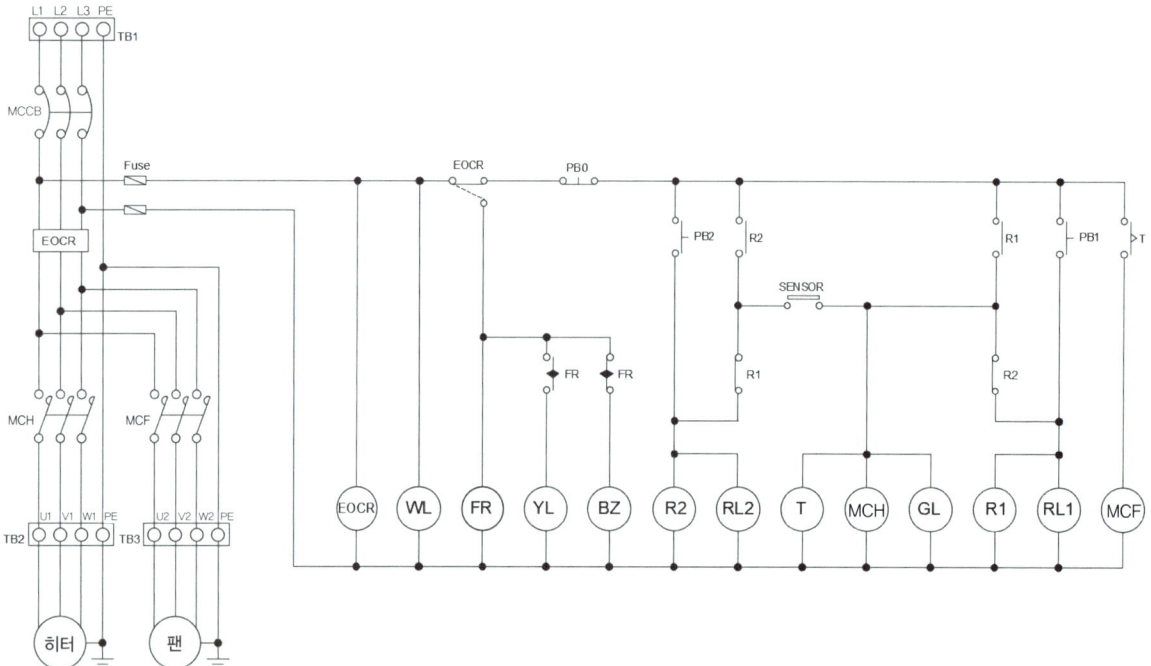

(2) 시험 기구 내부 결선도

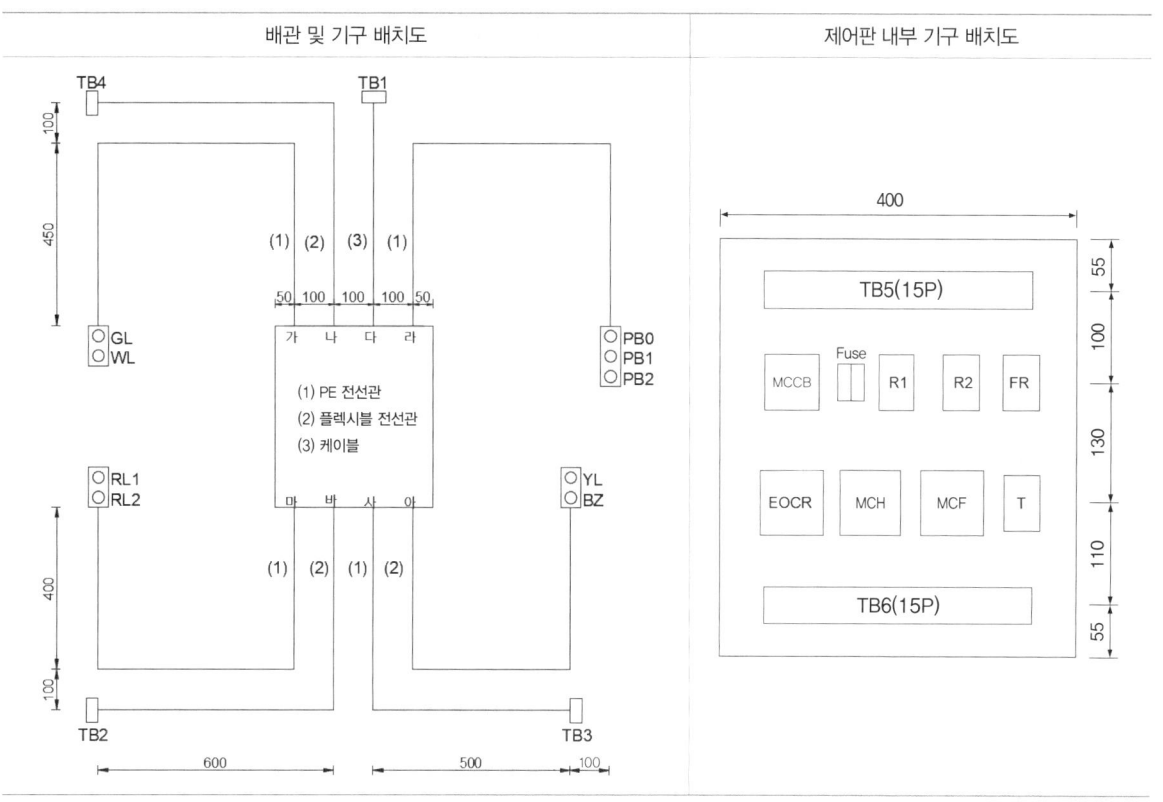

(3) 배관 및 기구 배치도 / 제어판 내부 기구 배치도

(4) 범례

기호	명칭	기호	명칭	기호	명칭
TB1	전원(단자대 4P)	EOCR	과전류 차단기(12P)	PB0	푸시버튼 스위치(적)
TB2, 3	전동기(단자대 4P)	MCH, MCF	전자 접촉기(12P)	PB1, 2	푸시버튼 스위치(녹)
TB4	센서(단자대 4P)	R1, 2	릴레이(8P)	RL1, 2	파일럿 램프(적)
MCCB	배선용 차단기(3P)	T	타이머(8P)	GL, BZ	파일럿 램프(녹), 부저
F	퓨즈 및 퓨즈홀더	FR	플리커 릴레이(8P)	YL, WL	파일럿 램프(황, 백)
TB5	단자대 15P	TB6	단자대 15P		

17 전기 설비의 배선 및 배관 공사

세부유형 ①

1. 동작

① MCCB를 통해 전원을 투입하면 EOCR에 전원이 공급되고 WL이 점등된다.
② PB1을 누르면 X1, MC1이 여자되어 WL이 소등되고 RL이 점등되며 전동기는 정회전한다.
③ PB2를 누르면 X1이 소자되고 X2, T가 여자되며 T 설정시간 t초 동안 전동기는 정회전한다.
④ T 설정시간 t초 후에 MC1이 소자되고 MC2가 여자되어 RL이 소등, GL이 점등되며 전동기는 역회전한다.
⑤ PB1과 PB2에 의해 제어회로는 후입력 우선회로로 동작한다.
⑥ PB0를 누르면 제어회로 및 전동기 동작은 모두 정지된다.
⑦ 전동기가 운전 중 전동기의 과부하로 과전류가 흐르면 EOCR이 동작되어 전동기는 정지하고 YL이 점등된다.
⑧ EOCR을 리셋(RESET)하면 제어회로는 초기 상태로 복귀된다.

2. 도면

(1) 동작 회로도

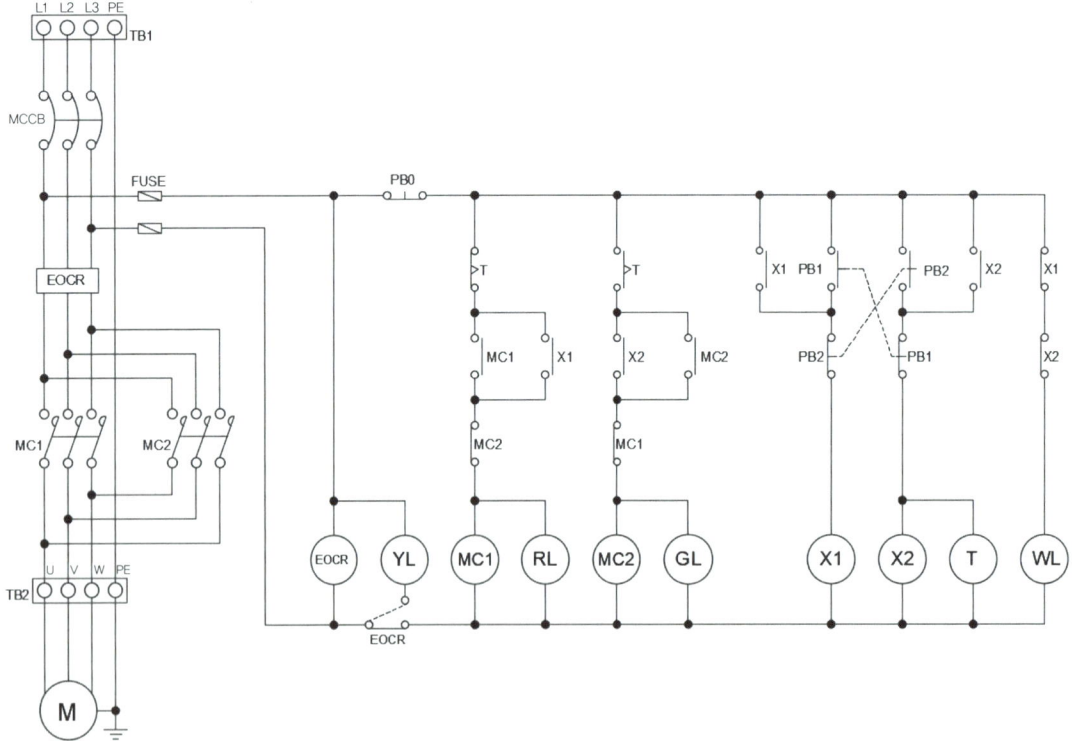

(2) 시험 기구 내부 결선도

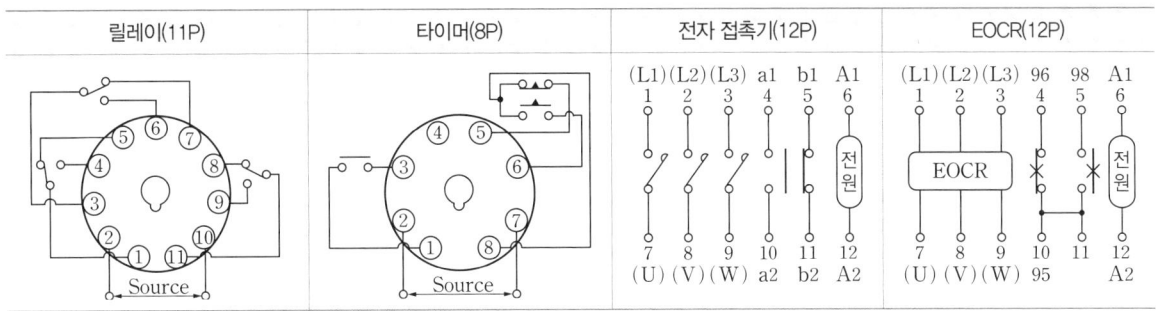

(3) 배관 및 기구 배치도 / 제어판 내부 기구 배치도

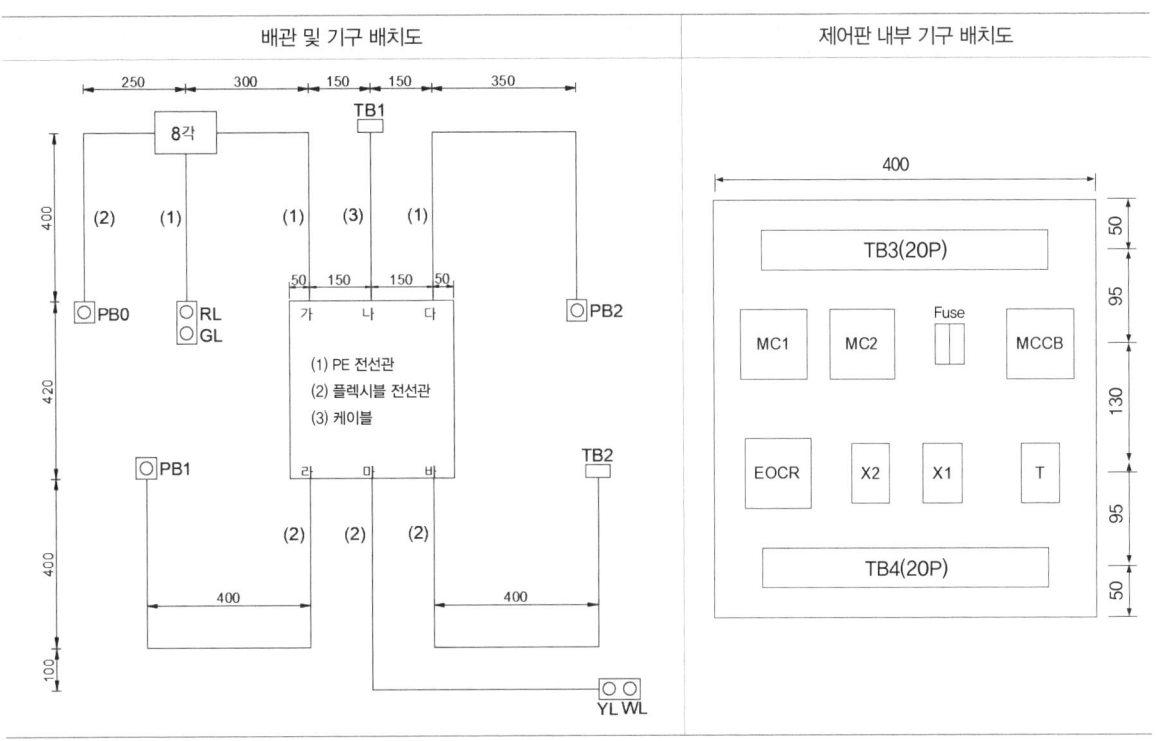

(4) 범례

기호	명칭	기호	명칭	기호	명칭
TB1	전원(단자대 4P)	X1, X2	릴레이(11P)	YL	파일럿 램프(황)
TB2	전동기(단자대 4P)	T	타이머(8P)	GL	파일럿 램프(녹)
TB3, TB4	단자대(20P)	MCCB	배선용 차단기(3P)	RL	파일럿 램프(적)
MC1, MC2	전자 접촉기(12P)	PB0	푸시버튼 스위치(적)	WL	파일럿 램프(백)
EOCR	과전류 차단기(12P)	PB1, PB2	푸시버튼 스위치(녹)	F	퓨즈 및 퓨즈홀더

세부유형 ②

1. 동작

① MCCB를 통해 전원을 투입하면 EOCR에 전원이 공급되고 WL이 점등된다.
② PB1을 누르면 X1, MC1, T가 여자되어 WL이 소등되고 RL이 점등되며 전동기는 정회전한다.
③ T 설정시간 t초 후에 MC1이 소자되고 MC2가 여자되어 RL이 소등, GL이 점등되며 전동기는 역회전한다.
④ PB2를 누르면 X1이 소자되고 X2가 여자되며 MC2가 여자되어 GL이 점등되며 전동기는 역회전한다.
⑤ PB1과 PB2에 의해 제어회로는 후입력 우선회로로 동작한다.
⑥ PB0를 누르면 제어회로 및 전동기 동작은 모두 정지된다.
⑦ 전동기가 운전 중 전동기의 과부하로 과전류가 흐르면 EOCR이 동작되어 전동기는 정지하고 YL이 점등된다.
⑧ EOCR을 리셋(RESET)하면 제어회로는 초기 상태로 복귀된다.

2. 도면

(1) 동작 회로도

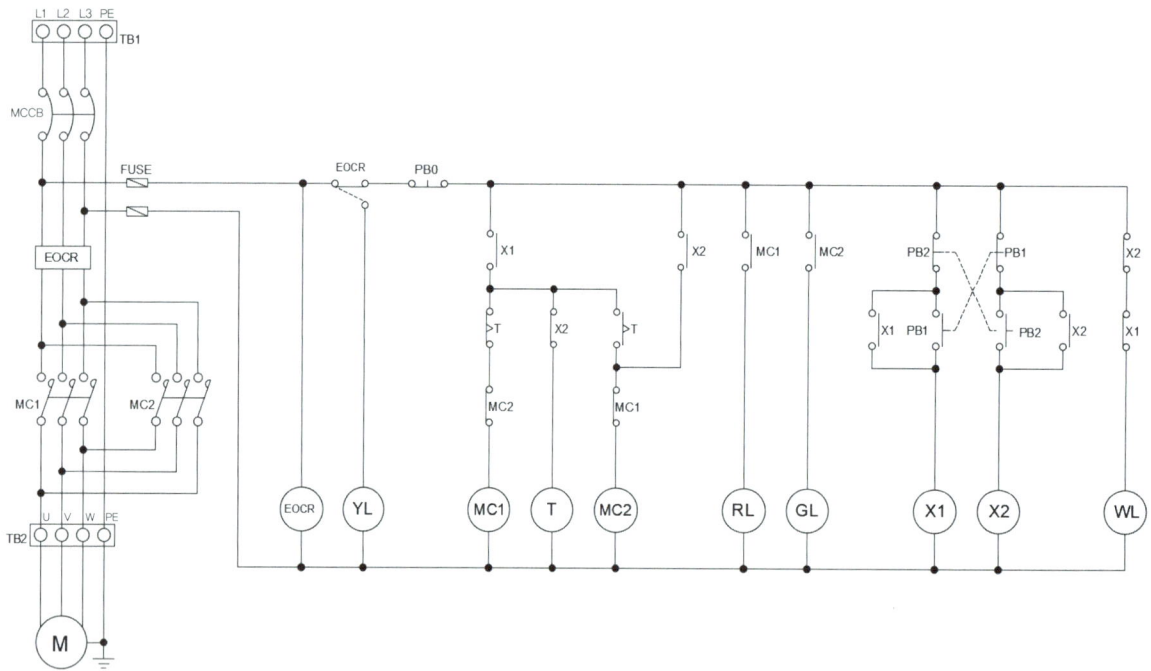

(2) 시험 기구 내부 결선도

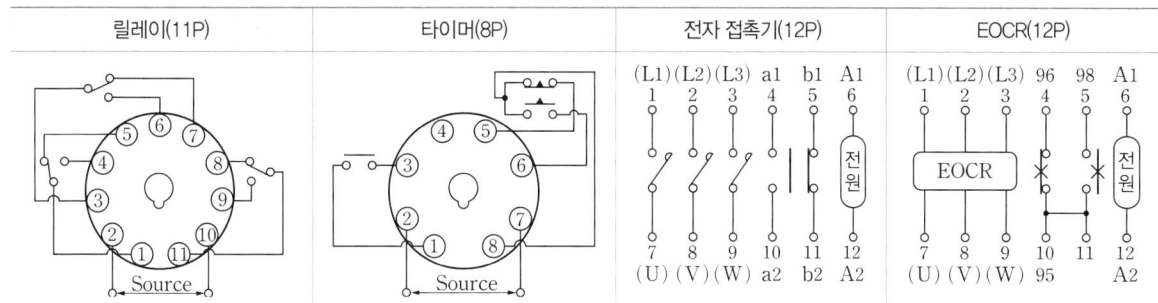

(3) 배관 및 기구 배치도 / 제어판 내부 기구 배치도

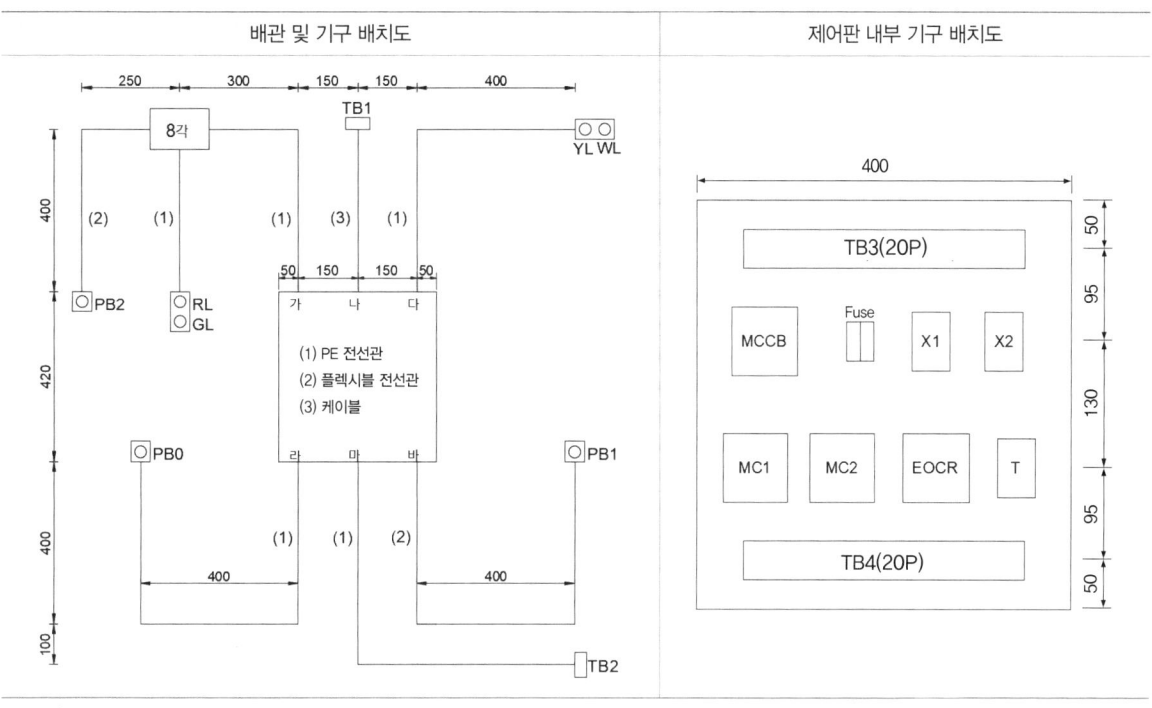

(4) 범례

기호	명칭	기호	명칭	기호	명칭
TB1	전원(단자대 4P)	X1, X2	릴레이(11P)	YL	파일럿 램프(황)
TB2	전동기(단자대 4P)	T	타이머(8P)	GL	파일럿 램프(녹)
TB3, TB4	단자대(20P)	MCCB	배선용 차단기(3P)	RL	파일럿 램프(적)
MC1, MC2	전자 접촉기(12P)	PB0	푸시버튼 스위치(적)	WL	파일럿 램프(백)
EOCR	과전류 차단기(12P)	PB1, PB2	푸시버튼 스위치(녹)	F	퓨즈 및 퓨즈홀더

기출유형 17 • 233

세부유형 ③

1. 동작

① MCCB를 통해 전원을 투입하면 EOCR에 전원이 공급되고 WL이 점등된다.
② PB1을 누르면 X1, MC1이 여자되어 WL이 소등되고 RL이 점등되며 전동기는 정회전한다.
③ PB2를 누르면 T가 여자되며 T 설정시간 t초 동안 전동기는 정회전한다.
④ T 설정시간 t초 후에 X1, MC1이 소자되고 X2, MC2가 여자되어 RL이 소등, GL이 점등되며 전동기는 역회전한다.
⑤ PB1과 PB2에 의해 제어회로는 후입력 우선회로로 동작한다.
⑥ PB0를 누르면 제어회로 및 전동기 동작은 모두 정지된다.
⑦ 전동기가 운전 중 전동기의 과부하로 과전류가 흐르면 EOCR이 동작되어 전동기는 정지하고 YL이 점등된다.
⑧ EOCR을 리셋(RESET)하면 제어회로는 초기 상태로 복귀된다.

2. 도면

(1) 동작 회로도

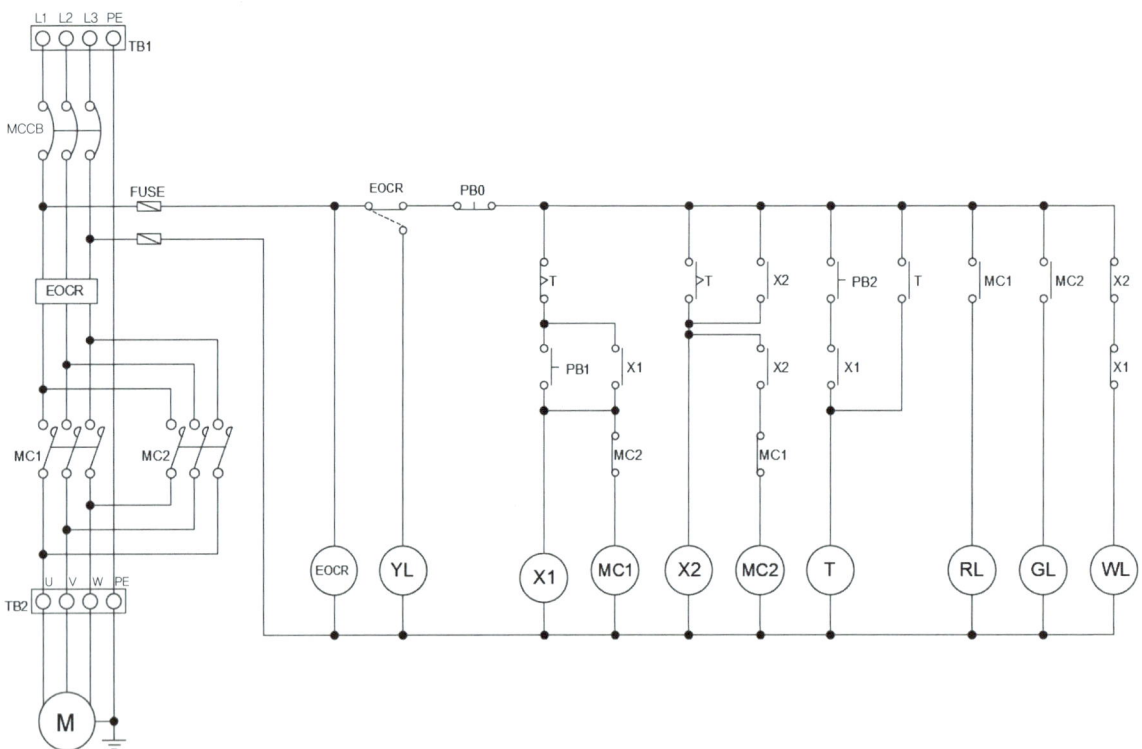

(2) 시험 기구 내부 결선도

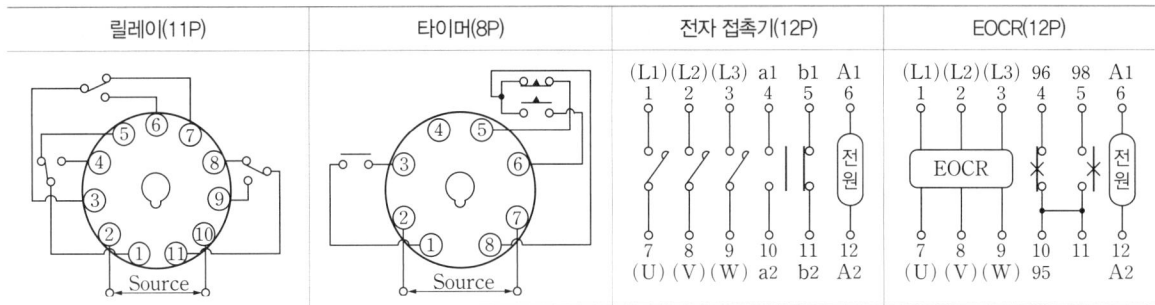

(3) 배관 및 기구 배치도 / 제어판 내부 기구 배치도

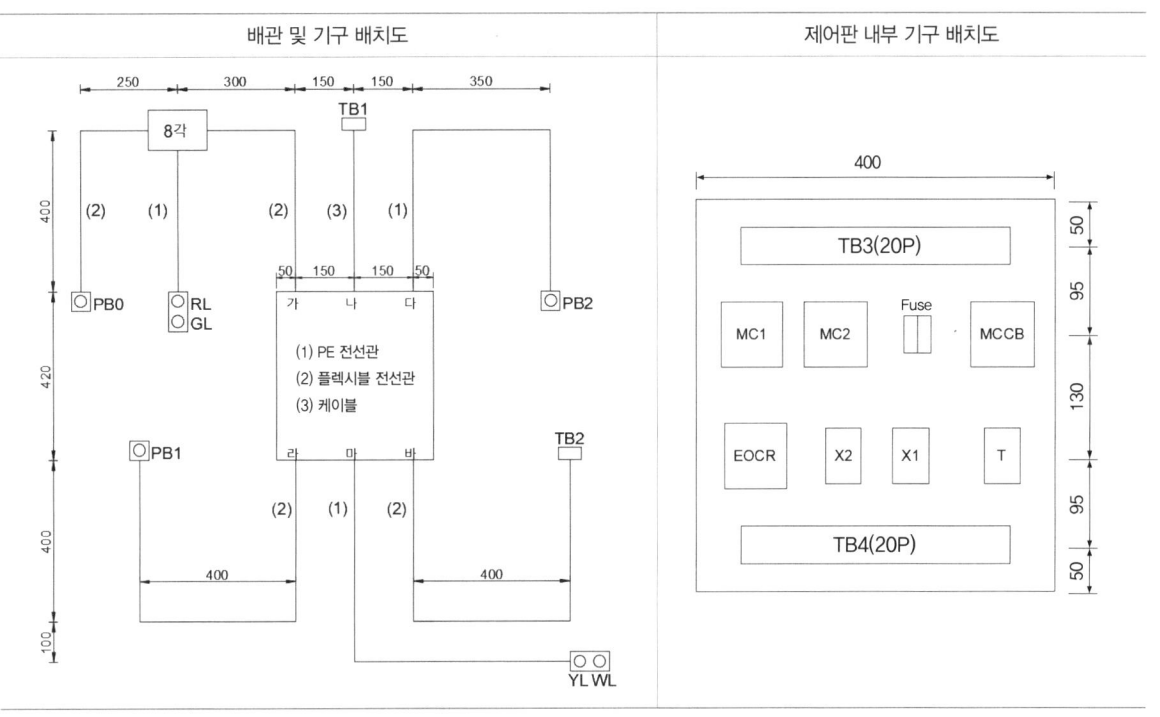

(4) 범례

기호	명칭	기호	명칭	기호	명칭
TB1	전원(단자대 4P)	X1, X2	릴레이(11P)	YL	파일럿 램프(황)
TB2	전동기(단자대 4P)	T	타이머(8P)	GL	파일럿 램프(녹)
TB3, TB4	단자대(20P)	MCCB	배선용 차단기(3P)	RL	파일럿 램프(적)
MC1, MC2	전자 접촉기(12P)	PB0	푸시버튼 스위치(적)	WL	파일럿 램프(백)
EOCR	과전류 차단기(12P)	PB1, PB2	푸시버튼 스위치(녹)	F	퓨즈 및 퓨즈홀더

세부유형 ④

1. 동작

① MCCB를 통해 전원을 투입하면 EOCR에 전원이 공급되고 WL이 점등된다.
② PB1을 누르면 X1, MC1이 여자되어 WL이 소등되고 RL이 점등되며 전동기는 정회전한다.
③ PB2를 누르면 T가 여자되며 T 설정시간 t초 동안 전동기는 정회전한다.
④ T 설정시간 t초 후에 X1, MC1이 소자되고 X2, MC2가 여자되어 RL이 소등, GL이 점등되며 전동기는 역회전한다.
⑤ PB1과 PB2에 의해 제어회로는 후입력 우선회로로 동작한다.
⑥ PB0를 누르면 제어회로 및 전동기 동작은 모두 정지된다.
⑦ 전동기가 운전 중 전동기의 과부하로 과전류가 흐르면 EOCR이 동작되어 전동기는 정지하고 YL이 점등된다.
⑧ EOCR을 리셋(RESET)하면 제어회로는 초기 상태로 복귀된다.

2. 도면

(1) 동작 회로도

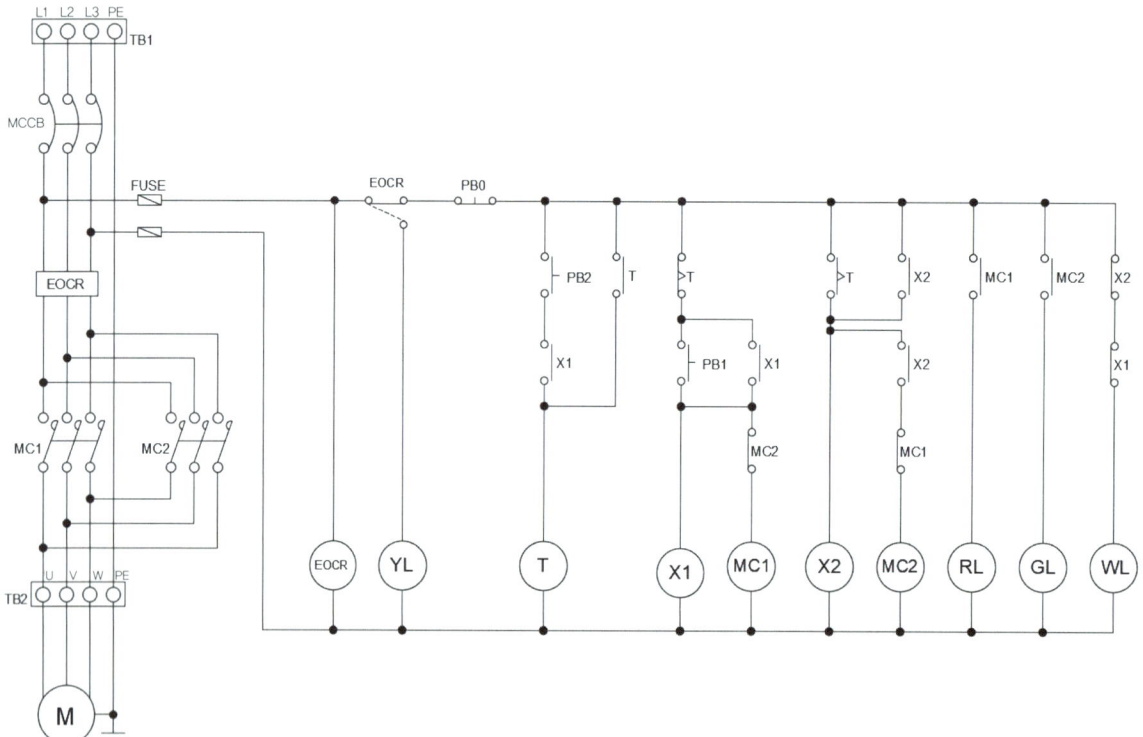

(2) 시험 기구 내부 결선도

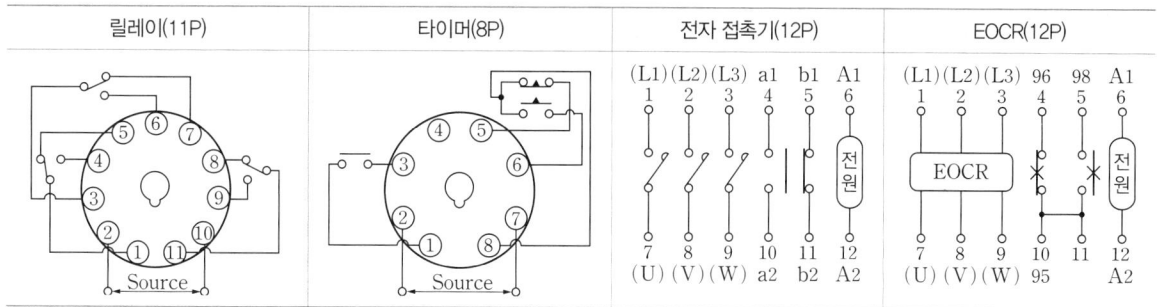

(3) 배관 및 기구 배치도 / 제어판 내부 기구 배치도

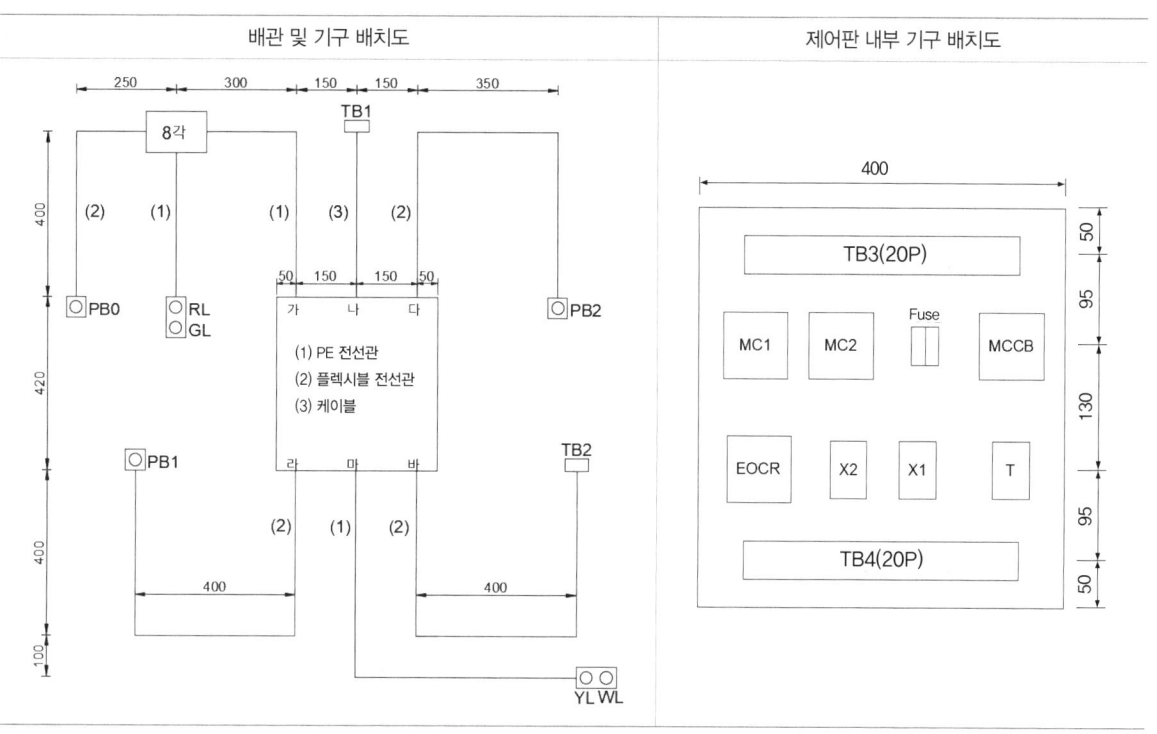

(4) 범례

기호	명칭	기호	명칭	기호	명칭
TB1	전원(단자대 4P)	X1, X2	릴레이(11P)	YL	파일럿 램프(황)
TB2	전동기(단자대 4P)	T	타이머(8P)	GL	파일럿 램프(녹)
TB3, TB4	단자대(20P)	MCCB	배선용 차단기(3P)	RL	파일럿 램프(적)
MC1, MC2	전자 접촉기(12P)	PB0	푸시버튼 스위치(적)	WL	파일럿 램프(백)
EOCR	과전류 차단기(12P)	PB1, PB2	푸시버튼 스위치(녹)	F	퓨즈 및 퓨즈홀더

세부유형 ⑤

1. 동작

① MCCB를 통해 전원을 투입하면 EOCR에 전원이 공급되고 WL이 점등된다.
② PB1을 누르면 X1, MC1이 여자되어 WL이 소등되고 RL이 점등되며 전동기는 정회전한다.
③ PB2를 누르면 T가 여자되며 T 설정시간 t초 동안 전동기는 정회전한다.
④ T 설정시간 t초 후에 X1, MC1이 소자되고 X2, MC2가 여자되어 RL이 소등, GL이 점등되며 전동기는 역회전한다.
⑤ PB1과 PB2에 의해 제어회로는 후입력 우선회로로 동작한다.
⑥ PB0를 누르면 제어회로 및 전동기 동작은 모두 정지된다.
⑦ 전동기가 운전 중 전동기의 과부하로 과전류가 흐르면 EOCR이 동작되어 전동기는 정지하고 YL이 점등된다.
⑧ EOCR을 리셋(RESET)하면 제어회로는 초기 상태로 복귀된다.

2. 도면

(1) 동작 회로도

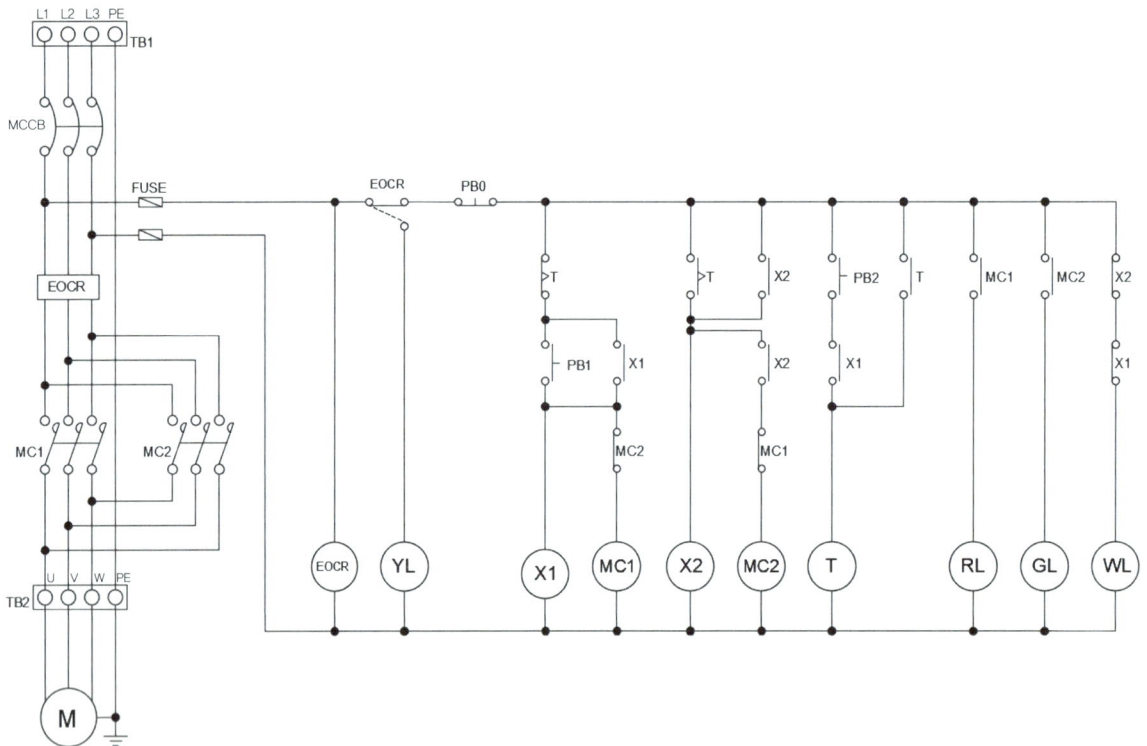

(2) 시험 기구 내부 결선도

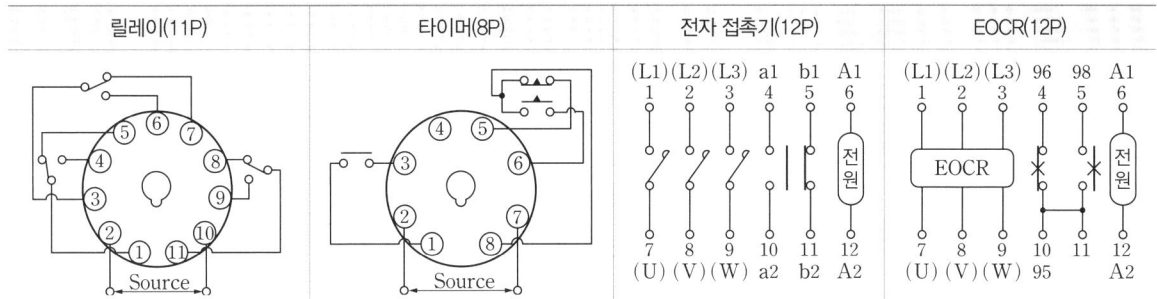

(3) 배관 및 기구 배치도 / 제어판 내부 기구 배치도

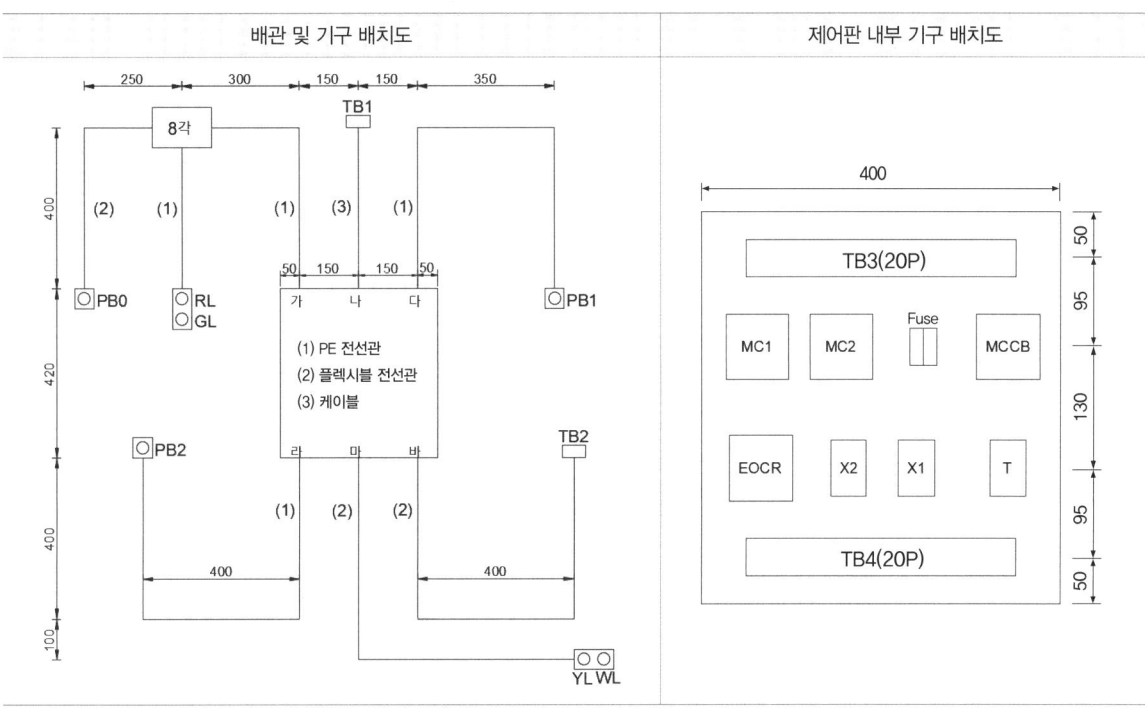

(4) 범례

기호	명칭	기호	명칭	기호	명칭
TB1	전원(단자대 4P)	X1, X2	릴레이(11P)	YL	파일럿 램프(황)
TB2	전동기(단자대 4P)	T	타이머(8P)	GL	파일럿 램프(녹)
TB3, TB4	단자대(20P)	MCCB	배선용 차단기(3P)	RL	파일럿 램프(적)
MC1, MC2	전자 접촉기(12P)	PB0	푸시버튼 스위치(적)	WL	파일럿 램프(백)
EOCR	과전류 차단기(12P)	PB1, PB2	푸시버튼 스위치(녹)	F	퓨즈 및 퓨즈홀더

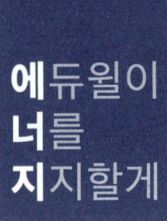

끝이 좋아야 시작이 빛난다.

– 마리아노 리베라(Mariano Rivera)